上教心理学教材系列

Cognitive Psychology:
Theories, Experiments and Applications (Third Edition)

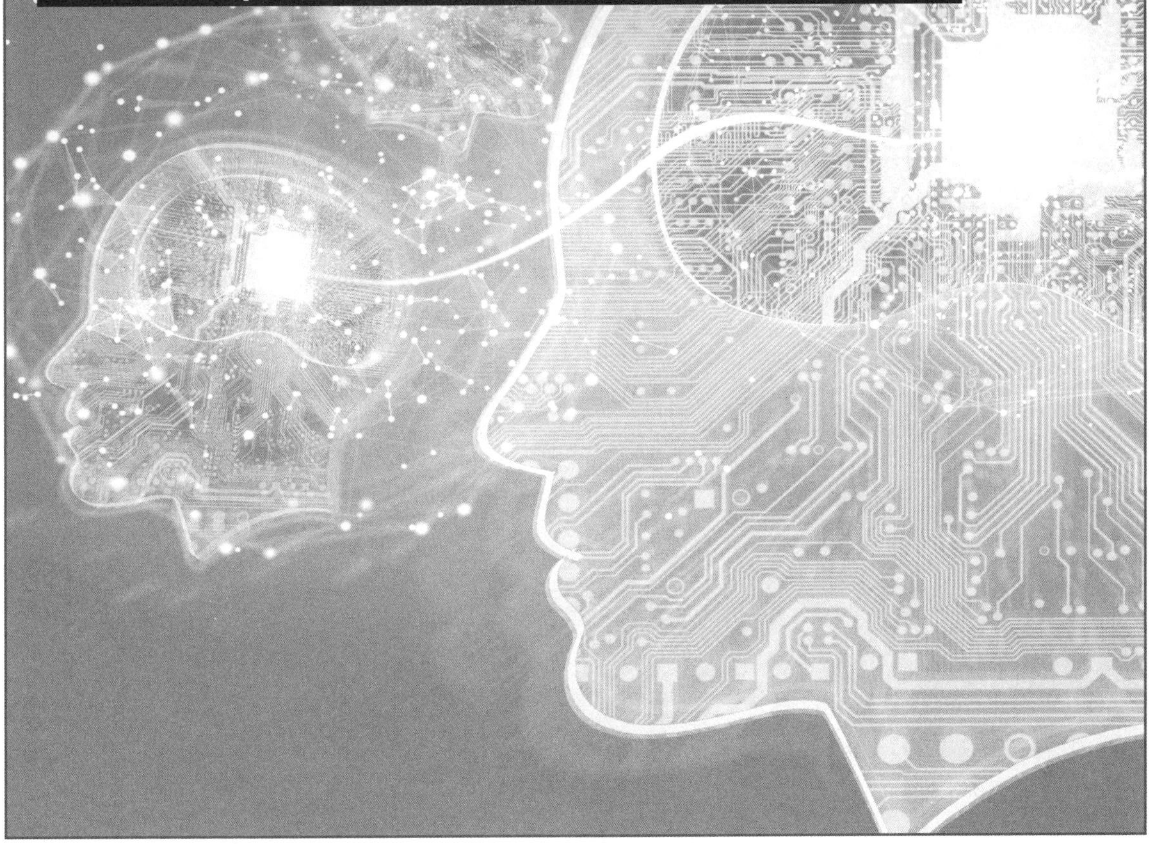

认知心理学（第三版）
——理论、实验和应用

邵志芳　著

上海教育出版社
SHANGHAI EDUCATIONAL PUBLISHING HOUSE

上海普通高校优秀教材

第三版序言

本书的第一版出版于2006年12月,转瞬之间,已经快到它的12岁生日了。非常感谢广大读者多年来对这本教材的厚爱和支持,你们的鼓励给了我莫大的信心和耐心,促使我不断地审视、修改和完善它。同时,我还要感谢为本书的写作、修订和出版提供宝贵意见和有力支持的编辑、老师、学生和读者。尤其是上海教育出版社的编辑,为保证本书的质量倾注了大量心血。精益求精的努力换来了回报:在这本书9岁那年,它光荣地获得2015年上海普通高校优秀教材奖。

从事认知心理学教学16年的经历告诉我,教师、学生、教材是形成有效教学过程的三大要素。如果说学生是学习的主体,教师是学生学习过程的主导,那么教材就是学生在教师引领下攀登的学科成熟知识的"主峰"!虽然现在有了互联网,有了各种教学视频,还有海量的中外文献资料可供参考,但是这些丰富多样同时又漫无边际、支离破碎、质量参差不齐的材料显然不能代替完整、系统、准确、细致地呈现学科成熟内容体系的教材。而且从某种意义上讲,教材更是一位可以随时访问、永无倦意的老师。因此,教材在教学中的作用无论怎样估计都不为过。当然,任何单本教材都难以独立形成一座"主峰",还需要多本教材取长补短,配合使用。

现在,本书第三版已经完稿。全书仍然大体维持索尔所的《认知心理学》留下的体系,继续坚持从本书第一版就确定的理论、实验与应用并重的格局和特色,但增删了部分内容。新增的内容在一定程度上弥补了前面版本的薄弱部分,如情绪与认知的相互影响方面的研究,虚假记忆的实验范式等,还替换了一些过时或不够恰当的例子,修改了一些不够严谨或不够清楚的表述。

本次修订对全书作了数百处修改,主要修改之处有:

● 增加了一节内容("12.5 身心状态与认知表现",主要介绍情绪与认知的关系)和20多个小节内容;

● 删去了2.4节中"精神分裂症患者的注意问题"小节;

● 修改了部分章节的标题;

● 替换了部分例子;

● 修改了一些表述。

本次修订增加的内容主要有:

1. 深度思考实验室(第1章);

2. 功能性近红外光谱技术(第1章);

3. 各种注意瓶颈现象(视觉拥挤)(第 2 章);

4. 分心与交通事故(第 2 章);

5. 听知觉中的整体性(第 3 章);

6. 警示音的效果(第 3 章);

7. 对工作记忆理论的展望(第 4 章);

8. 工作记忆能力测验(第 4 章);

9. 提取诱发的遗忘(第 5 章);

10. 显露效应(第 5 章);

11. 生存加工促进记忆(第 5 章);

12. 自传体记忆的主要功能(第 6 章);

13. 虚假记忆的基本实验范式——DRM(第 6 章);

14. "借来"的与"偷来"的记忆(第 6 章);

15. 事件分割模型(第 7 章);

16. 合取谬误(第 9 章);

17. 概率匹配(第 9 章);

18. 专家与新手特征的对比(第 10 章);

19. 控制错觉(第 10 章);

20. 词汇偏差效应(第 11 章);

21. 加强式双语与削弱式双语(第 11 章);

22. 身心状态与认知表现(第 12 章)。

在新增的内容里,以前的"被试"多被换成"参试者"。两者所指对象相同,但"参试者"似强调对象的主动性和平等性,而"被试"可用于动物。国内外许多教材常混合使用这两个词,本书也这样处理。

最后,我衷心希望这个新版本能帮助读者们更好、更快、更深刻地掌握认知心理学的博大体系和丰富内容,希望它能成为教师们讲授认知心理学的好助手;我也热切希望读者们继续提出意见和建议,让它的下一版更加精彩,为中国的心理学教学事业作出更大的贡献。

邵志芳
2018 年 6 月 8 日
于华东师范大学

第二版序言

本书自从2006年面世以来，得到许多师生的鼓励和建议。所以，在本书第二版面世之际，我要做的第一件事情，就是向各位读者表达衷心的感谢。同时，也要感谢我的学生赵娟、刘铎、余岚、杜逸旻、张盈琤、刘琳等在写作过程中提供的帮助。

第二版继续着力体现三个方面：(1)认知心理学的理论或模型；(2)检验这些理论或模型的实验；(3)有关认知的应用研究。记住第一版序言中所说，理论和模型是灵魂，实验是骨架，应用研究是血肉，三者不可偏废。

第二版仍分12章，分别讲述认知心理学的对象和研究方法、注意、知觉、记忆(感觉记忆、短时记忆、长时记忆)、知识(语义记忆、情节记忆、内隐记忆等)、思维(概念形成、推理、决策、问题解决)、言语、认知能力的发展与差异等内容。各章结构亦大体相同，前有导读问题以助阅读理解，后附内容提要、术语解释和深入阅读。各章推荐材料略有增删，以致篇数不等，读者可根据自己的情况选择阅读。

近20年来，认知神经科学获得巨大发展，成为认知心理学的一个重要领域。本次修订虽然编写原则和体系没有大的变化，但是补充了近10年来发表的一些重要研究，其中少数是认知神经层面的研究(当然，多数仍是行为层面的)。之所以没有将大量篇幅用于认知神经科学方面，是因为认知神经科学已经是心理学系的一门独立课程，其体系与行为层面的认知心理学有一定差别，而且已经出现了独立的教材。

邵志芳

2013年1月17日

于华东师范大学

第一版序言

恩格斯曾经说过,思维是地球上最美丽的花朵。这里的思维,其实是泛指人类的认知活动。认知心理学就是心理学家以最美丽花朵来研究最美丽花朵结出的果实。

自从 2002 年接过华东师范大学心理学系认知心理学课的教鞭,5 年间已经上了 6 个年级的课。这 5 年是我系大规模进行"国家理科基础科学研究和教学人才培养基地"建设的重要时期,认知心理学就是其中的课程建设项目之一。本系学生英语水平都很好,因此一直采用英语原版教材,倒也从未考虑自己编写一本教材。直到 2005 年下半年,在系主任吴庆麟先生的鼓励和督促下,终于爬上键盘,开始用中文描绘这朵最美丽的花朵。

正如书名"认知心理学——理论、实验和应用"体现出来的,本书有三个着眼点:一是认知心理学的理论或模型,二是检验这些理论或模型的实验,三是有关认知的应用研究。对于认知心理学来说,理论和模型是灵魂,实验是骨架,应用研究是血肉,三者不可偏废。这里尤其要强调实验的作用。实验是一门科学赖以独立存在的骨架。本书介绍了许多实验,有些精彩的实验还介绍得相当详细。每一个实验都是一块砖,整个心理学大厦就是用这些砖头结结实实地垒起来的。

本书共分 12 章,分别论述认知心理学的对象和研究方法、注意、知觉、记忆(感觉记忆、短时记忆、长时记忆)、知识(语义记忆、情节记忆、内隐记忆等)、思维(概念形成、推理、决策、问题解决)、言语、认知能力的发展与差异等内容。为了帮助初学者阅读,各章前面都列出了导读问题,带着这些问题,阅读就有了方向;等读完这一章,它们又可以作为思考题帮助读者复习。在每一章的结尾,还有一些附录。其中有内容提要,目的是帮助读者整理思路;有术语解释,可供复习、查阅。另外,每一章还推荐了两篇材料,供读者深入阅读。这些材料很多是英文的,很多还是论文,读者可根据自己的兴趣和英语水平,有选择地阅读。

读者经常反映,不同教材外国人名的译法不一,例如,华生(Watson)也有译成"瓦特生"的,把人搞得一头雾水。本书对所有外国人名的翻译,除了实在查不到的,基本上采用商务印书馆《英语姓名译名手册》的译法,仅有个别例外,例如 Newell 应译为"纽厄尔",考虑到习惯和词义,仍译为"纽威尔"。

有些教师进行课程建设时,喜欢搞个题库,以便测试学生。有些学生也特别希望弄个习题集来帮助他们通过考试。我不赞成这种做法。大学教材不能用于培养考试机器。本书所写的每一句话都不是结论,而是为读者进一步思考提供的材料。

我写教材有个习惯。这个习惯还是从白居易那里学来的。白居易写出一首诗作,先读给一老太听,如果老太睡着,其稿必予焚毁。大学教材若如法炮制,只怕几百年也交不出稿子。不过,我写出初稿后,必让学生拿去阅读,找出看不懂和文字上有毛病的地方,然后详加修改。我的学生余岚和何敏萱先后成为"啄木鸟",为提高本书的可读性作出了贡献,在此深表谢意。

很多人对心理学的理解是非常狭隘的。"学了认知心理学,才知道心理学原来是这样的呀!"我不止一次听到这样的感慨。其实我自己在第一次完整地读完一本认知心理学教材后,也有这种感受;在写完这本教材后,这种感受就更加深刻了。现在,认知心理学不仅成为心理学专业的主干课程之一,还进入教育学、人力资源甚至软件学等专业的课堂。希望广大读者在看了本书以后,不再将心理学仅仅等同于像心理咨询这样的应用分支。

邵志芳

2006 年 8 月

于华东师范大学

目录

1 / 第 1 章 认知心理学的简史、思潮和研究方法

1.1 认知心理学简史 …… 2
1.2 认知心理学的主要思潮和发展趋势 …… 14
1.3 认知心理学的研究方法 …… 21
本章附录 …… 26

31 / 第 2 章 注意

2.1 注意概述 …… 32
2.2 注意的选择功能 …… 34
2.3 注意的分配功能 …… 44
2.4 应用研究 …… 54
本章附录 …… 57

62 / 第 3 章 知觉

3.1 知觉概述 …… 63
3.2 模式识别 …… 68
3.3 知觉与经验 …… 82
3.4 应用研究 …… 90
本章附录 …… 95

100/第4章　感觉记忆与短时记忆

- 4.1 记忆多阶段模型 ……… 101
- 4.2 感觉记忆 ……… 105
- 4.3 短时记忆 ……… 109
- 4.4 工作记忆 ……… 119
- 4.5 应用研究 ……… 125
- 本章附录 ……… 128

133/第5章　长时记忆

- 5.1 长时记忆的特性 ……… 134
- 5.2 编码特异性理论与加工水平理论 ……… 145
- 5.3 表象 ……… 152
- 5.4 应用研究 ……… 162
- 本章附录 ……… 167

172/第6章　语义记忆与情节记忆

- 6.1 语义记忆与情节记忆概述 ……… 173
- 6.2 语义记忆模型 ……… 176
- 6.3 情节记忆 ……… 184
- 6.4 应用研究 ……… 196
- 本章附录 ……… 202

206/第7章　复杂知识的表征

- 7.1 陈述性知识的记忆 ……… 207
- 7.2 程序性知识的记忆 ……… 216
- 7.3 内隐记忆 ……… 219

7.4	应用研究	……… 227
	本章附录	……… 231

236 / 第 8 章　分类与概念

8.1	思维及其研究方法	……… 237
8.2	分类、概念与概念形成	……… 241
8.3	基于规则的概念形成	……… 243
8.4	基于线索的概念形成	……… 250
8.5	基于样例和基于图式的概念形成	……… 257
8.6	应用研究	……… 266
	本章附录	……… 271

275 / 第 9 章　推理与决策

9.1	形式逻辑推理	……… 276
9.2	自然推理与决策	……… 289
9.3	应用研究	……… 303
	本章附录	……… 309

313 / 第 10 章　问题解决

10.1	问题解决及其研究方法	……… 314
10.2	问题解决的模式	……… 319
10.3	专长与专家	……… 323
10.4	想象与创造	……… 330
10.5	应用研究	……… 339
	本章附录	……… 349

354/第 11 章 言语

11.1	语言、言语和言语的习得	······ 355
11.2	言语的理解	······ 359
11.3	言语的发生	······ 368
11.4	认知(思维)与言语的关系	······ 372
11.5	应用研究	······ 378
本章附录		······ 383

388/第 12 章 认知能力的发展、差异与表现

12.1	认知能力的发展	······ 389
12.2	认知能力的个别差异	······ 401
12.3	认知能力的性别差异	······ 410
12.4	元认知及其发展	······ 415
12.5	身心状态与认知表现	······ 418
12.6	应用研究	······ 420
本章附录		······ 426

外国人名英汉对照表	······ 431
参考文献	······ 436

第 1 章

认知心理学的简史、思潮和研究方法

· 本章细目

1.1 认知心理学简史
古代先贤对心理与认知的思考
希波克拉底 柏拉图 亚里士多德 笛卡尔与洛克 康德
心理学的独立与认知心理学的起源
联想主义 结构主义 机能主义 行为主义 新行为主义 格式塔心理学 发生认识论
认知心理学的蓬勃兴起
认知革命 认知心理学的诞生和两个重要时期

1.2 认知心理学的主要思潮和发展趋势
信息加工学说
计算机隐喻 信息加工学说的基本思想 信息加工学说对认知过程的解释
联结主义学说
当代认知心理学的发展趋势
学科互动 生态效度 当代认知心理学的分支 第二代认知科学

1.3 认知心理学的研究方法
观察法
实验法
测验法
自我报告法
神经生理学方法
CT 技术 MRI 和 fMRI 技术 PET 技术 脑磁图技术 ERP 技术 功能性近红外光谱技术 脑成像技术的局限性

·导读问题

- 认知心理学最早可以追溯到哪一位学者?
- 中国古人认为心脏是认知的器官吗?
- 联想主义在心理学史上起过什么特殊的作用?
- 结构主义和机能主义对当代认知心理学有何影响?
- 行为主义心理学从不讲高级认知过程吗?新老行为主义分别为当代认知心理学打下什么基础?
- 为什么说信息加工理论已经不是当代认知心理学的主要思潮?
- "观察是听自然演讲,实验是向自然发问。"为什么这么说?
- 实验室研究一定没有生态效度吗?

1.1 认知心理学简史

古代先贤对心理与认知的思考

希波克拉底

希波克拉底(Hippocrates,前460—前377)被西方学者公认为"医学之父",他率先采用解剖法等经验观察方法进行医学研究,打破了医学研究的思辨性和神秘性。同时,他对心理和认知也有着浓厚的兴趣,尤其希望回答这样一个问题:完成认知功能的心灵位于身体中的哪个位置?他的回答是,这个"认知之心"是一个独立存在的特殊的实体,它控制着人的身体活动。希波克拉底的这种观念就是我们熟知的"心身二元论"。这种二元论既是唯物的,又是唯心的:说到身体,它是唯物的;说到心灵,它是唯心的,认为心灵不是物质构成的。

希波克拉底的观念虽然没有摆脱唯心论,但是他对心灵所在位置的看法却是正确的。他认为,心灵"居住"在大脑当中。他根据经验观察提出了相应的证据:一个人如果头部半边受到严重伤害,身体的另一侧就会发生抽搐等症状。这说明,身体的活动是其自身内部机构控制的,不是什么神灵控制的(引自Robinson,1995)。希波克拉底的观点启发了后代心理学者:心理疾病的源头不是鬼神,而是生理上的疾病。

将大脑看作是心灵和认知的器官并不是西方人的独特发现。中国古书早已明示,心理和认知与大脑有关。有一种观点说,中国古人认为思维的器官是心脏,这从"思"字的构造就能看出来。其实,根据许慎《说文解字》的记载,"思"这个字"从心从囟"。"囟"所指却是"首之回合处",其字形很像"小儿脑未合也"。可见,中国古人造字的时候就已经知道,认知活动是脑的功能,同时又与以心脏活动为指征的情绪有关。

柏拉图

柏拉图(Plato,前427—前347)的思想对现代认知心理学有很大的影响。柏拉图主张理性主义,他也认为心灵位于大脑,但是他还认为,人有三种灵魂:理性灵魂、无畏灵魂和情绪灵魂。理性灵魂位于大脑,是不朽的;无畏灵魂位于胸腔,情绪灵魂位于腹腔,后两者随着身体的死亡而消失。

柏拉图认为,知识是与生俱来的,学习使得这些知识得以复苏。人们感知到的事物仅仅是永恒的、抽象的知识的不完整的副本。他还认为,教育的目的就是帮助理性灵魂实现对无畏灵魂和情绪灵魂的控制(《心理学:历史、现状和展望》,1995)。

亚里士多德

亚里士多德(Aristotle,前384—前322)是柏拉图的学生,不过,他对老师的理论持反对意见。他认为,知识是从具体事物那里得来的。他也反对从希波克拉底一直延续到柏拉图的心身二元论,认为心灵和身体不是独立存在的,研究心灵就是研究身体,只有通过研究身体才能了解心灵。

亚里士多德与柏拉图在哲学上的不同见解导致他们在方法论上的冲突。亚里士多德认为,要认识世界,基本的方法是观察:观察具体事物以及对事物施加影响产生的结果。这是一种经验主义的观点。而在柏拉图看来,经验的方法几乎一无是处,因为知识是抽象的,现实世界中可以观察到的具体事物是不完整的、表面的,因而观察法并不能获得正确的认识;正确的做法应该是哲学分析。

公元3世纪到5世纪,基督教逐步兴起,这段时间以及随后的中世纪(公元5世纪到14世纪)是心理学基本停滞的时期。柏拉图和亚里士多德的著作就是这段时间在西方社会散失的。值得庆幸的是,他们的著作流散到东方国家而保存了下来,以后又从阿拉伯文译出并重新引入西方。

笛卡尔与洛克

文艺复兴给哲学和科学带来了新的气象。笛卡尔(René Descartes,1596—1650)是现代哲学的主要开创者。他赞同柏拉图的理性主义,相信人能够借助内省的方法获得真理。他提出了著名的哲学论断:"我思故我在",并将其视作真理的第一条原理。

从心理学上讲,笛卡尔可以称为心理学的"祖父"。他的许多思想对心理学的发展产生了很大影响。笛卡尔也是心身二元论者,认为除了包括人类躯壳在内的物质世界以外,还有一个心灵或灵魂世界。物质世界是客观的,可以认识的,心灵世界则是主观的,也是可以认识的;但是两种世界认识的方式不同:物质世界通过科学研究来认识,心灵世界通过内省来认识。不过,他不是简单的心身二元论者,因为他同时认为,心灵控制着身体,身体也对心灵施加着巨大的影响,两者在大脑的松果体内发生交互作用,这就是心身交感论。

与笛卡尔相反,洛克(John Locke,1632—1704)是主张经验主义的。心理学史家认为,洛克的理论是一种真正的心理学,是心理学发展中一个重要的里程碑、转折点,因为他试图理解人类心理的操作过程。他认为心灵和身体是统一的。心灵依赖身体提供感觉经验,身体则依赖心灵储存和利用感觉信息。洛克认为心理是一块"白板",经验在这块白板上书写观念和知识。他还提出,语言是人类的物种特征,只有人类才有语言,并用它表达思想。这些思想对后来心理学和认知心理学的发展都有重大影响。

康德

康德(Immanuel Kant,1724—1804)生活的时代,正是一元论和二元论、理性主义和经验主义争论得不可开交的时期。此时的康德却开始思考它们之间的联系与融合。他认为,心身问题应该侧重于心灵和身体是怎样联系起来的,而不是谁控制着谁。为此,他提出了三个心理功能:感觉、理解和推理。粗略地说,感觉是身体的观念,推理是心灵的观念,而理解则在感觉和推理之间(也就是在身体和心灵之间)起到沟通作用。

关于理性主义和经验主义的关系问题,康德提出,先天的理性是形式,后天的经验是质料,两者结合起来形成了认识。科学起步于人类经验,并在经验的推动下前进;人类经验又天然地带有心灵的特征。康德将知识分为先验的和后验的,先验的知识不受个体经验的影响而独立存在,例如对于时间的观念;后验的知识则通过经验获得,例如关于各种现象之间的因果关系的知识。康德认为,理解过程需要先验知识和后验知识的共同作用。

康德时代的心理学还没有被当作是一门独立的科学,有些人把它看作是哲学的一个分支——研究心灵,还有些人认为它是医学的分支——研究感知觉。在康德以后的19世纪,随着哲学分支和生理学分支的融合,心理学的研究对象越来越明确,现代心理学开始逐渐发展成形,认知心理学也在这个时期有了较大的发展。

心理学的独立与认知心理学的起源

联想主义

联想主义心理学是历史最为悠久的心理学派。它的历史可以追溯到17世纪中叶。而其他几个学派不仅产生时间比较晚(均产生于19世纪末和20世纪初),而且其基本观点的提出也都从联想主义心理学中得到启发。可以说,联想主义心理学在西方心理学史上起着承前启后的作用(杨清,1980)。

联想主义心理学的基本思想是用联想来解释心理现象。早期的联想主义心理学的代表人物有霍布斯、洛克、贝克莱、休谟、哈特莱以及穆勒父子等人。他们深入地讨论了"联想"这一概念,并借此解释了某些心理现象。但是,他们基本上都是凭借思辨来论述问题,并没有进行精确的实验研究。

现代联想主义心理学者抱着要使心理学成为一门独立的、精确的科学的愿望,采用实验方法,研究了认知活动的一些重要问题,例如记忆和学习等等。其中对现代心理学具有极其重大影响的一个成果,就是艾宾浩斯(Hermann Ebbinghaus,1850—1909)于1885年发表的名作《论记忆》。这本书是艾宾浩斯采取严格的实验方法对记忆和学习问题进行长期研究的一个详细报告。从这本书的副标题"献给实验心理学的研究"以及紧接着的一句拉丁文"从一门最古老的科学中,我们要生产出一门最新颖的科学"中,我们可以看到艾宾浩斯的理想就是用实验方法使心理学成为一门独立的科学。

艾宾浩斯为了精确研究联想是怎样形成的,首先设计了一种没有产生过任何联想的学习材料——无意义音节。他既担任主试,又担任被试,经过多年的努力,研究了无意义音节系列的学习速度与其长度的关系,保持与重复次数的关系,保持和遗忘与时间的关系(得出著名的遗忘曲线),保持与学习方式(集中学习还是分散学习)的关系,以及保持与音节间隔长短的关系等问题。

联想主义者和注重研究基本心理过程的结构主义学派不同,他们对较高级的心理过程更感兴趣。学习就是联想主义心理学研究的重点内容之一。现代联想主义的另一位代表人物桑代克(Edward Lee Thorndike,1874—1949)在学习理论方面完成了奠基性的工作。他认为,学习是可以分类的,动物的基本学习方式是尝试错误学习;人类的学习则分为四类:普通动物式的形成联结、形成含有观念的联结、分析或抽象以及选择性的思维或推理。根据动物学习的研究结果,他总结出学习的三条基本定律:准备律、练习律和效果律。

结构主义

结构主义心理学派出现的时间远远晚于最早的联想主义心理学,它产生于19世纪后叶的德国,但是它的出现却标志着心理学成为一门实验科学,因而从哲学当中独立出来。结构主义学派的创始人就是冯特(Wilhelm Wundt,1832—1920),他于1879年将一个心理学实验室升级为第一个从事实验心理学研究的心理学研究学院。这个学院与同时代其他心理学实验室相比,规模大,设备好,人才辈出,因而这一年被心理学史家公认为心理学离开哲学怀抱的"独立年"。

一个学派并不一定一开始就有自己的名称。"结构主义"(structuralism)是冯特的学生铁钦纳(Edward Bradford Titchener,1867—1927)后来命名的。这个名称传达出一个信息:这个学派关注的是心理的内容和结构,而不是心理活动的功能。

冯特希望建立一门关于心灵的科学(science of mind),借此来解释意识经验。这门科学当然要由一系列的基本原理构建起来。他一心一意要找出心灵的最基本单元(元素),以及各种元素合成心理复合体的方式和规律,建立一个"心理化学"体系。这就是"结构主义"这个名称的由来。而后来的格式塔心理学派出于相反的理念,却不无讥讽地将其称为"砖块和灰泥的心理学"。

冯特和他的学生们为了建设其"心理化学"大厦,开展了系统的研究,前后进行了数百个实验。但是,他们在实验中采用的方法却是主观性相当强的"内省法",就是向经过严格训练的被试(通常是研究生)呈现各种刺激,并要求被试描述自己的意识经验,在搜集了这些意识经验的基础上就可以分析心理元素。那么,谁有资格来充当元素呢?冯特很自然地首先想到了感觉。他认为,任何意识经验首先都是各种感觉化合而成的,而感觉可以从四个方面严格地加以定义:通道(视觉、听觉、触觉还是嗅觉),质地(颜色、形状、结构等),强度和持续时间。除了感觉元素之外,还有所谓的情感元素——伴随着感觉、情绪、注意和意志动作的简单情感。这些元素多种多样的结合,构成了丰富多彩的意识经验。

可见,冯特并不很关心心灵的功能,他企图将研究深入到心灵的内在结构。应该说,这也是当代认知心理学的远大理想——探明认知活动的内在机制。但是,冯特及其学派的努力没有成功。他们的努力也告诉后人:心理现象不等于物质现象,简单地套用研究物质现象的成熟学科的方法来说明心理现象是行不通的。

机能主义

有趣的是,"机能主义"(functionalism)这个名称也是铁钦纳提出来的,它表达的含义与"结构主义"正好相反,强调心理活动的机能(功能)方面。机能主义正是在与结构主义的论争中成长起来的。

机能主义心理学的创始人詹姆斯(William James,1842—1910)也是实用主义哲学的创始人之一。不难想到,机能主义学派以实用主义哲学为理论基础来解释心理现象,因而他们的信条也好理解,那就是心灵所做的一切都是为了帮助人们适应自己面临的环境。

和冯特截然相反,詹姆斯几乎没有做过什么原创性的研究,但他是个写作快手,善于将心理学上的发现和日常生活联系起来,写出洋洋洒洒的文字。1890年,詹姆斯出版了他的长篇巨著《心理学原理》,这本书后来还被缩写成《心理学教科书》(1892)供教学使用。在这两本书中,心理学都被当作是一门自然科学,其使命是解释我们的经验。不过,詹姆斯并不打算解释心理的结构或内在机制,他感兴趣的是心理的功能——为什么以它特有的方式运行。在上述著作中,詹姆斯对意识、本能、习惯和情绪等多方面都有相当细致的讨论和分析,其中值得注意的是他对意识经验的理论。他认为,意识处于一种川流不息的状态——意识流,它有以下重要的特性:意识都是个人的,意识是经常变化着的,每一个人的意识都是连续不断的,意识决定于注意和习惯。意识流理论初步描绘了人类认知的表面特性。

机能主义学派强调在自然环境下研究心理现象。詹姆斯就提出,心理学研究除了内省法和实验法以外,还应采用比较法。因此,他们非常重视动物心理学、儿童心理学和变态心理学的研究工作。对于心灵功能的关注也使教育心理学、心理测量学和心理健康学等应用心理学研究在当时的美国得到了蓬勃发展。

詹姆斯在冯特之前就建立过一个小型实验室,只是"设备简陋,有名无实",詹姆斯本人也消极对待实验(杨清,1980),这使得机能主义学派对于心理活动的解释缺乏强有力的证据体系的支持。

行为主义

结构主义和机能主义都认为实验应该是心理学研究的主要方法。机能主义是口头实验派,几乎没有一项像样的实验研究,居然也大模大样地著书立说,就一门实验科学来说,其做法很令人瞠目。相反,结构主义学派则身体力行,开展了大量实验,但是其科学性、客观性也大可质疑,因为实验中大量采用的是主观报告的结果,而对于相同的刺激,不同的被试完全可能报告出不同的结果;其结果是否真实,也无法加以检验。

行为主义(behaviorism)是一个只认客观观察,不认主观内省的心理学派。其代表人物华生(John Broadus Watson,1878—1958)在 1913 年行为主义的一篇纲领性文献《一个行为主义者所认为的心理学》(*Psychology as the Behaviorist Views It*)中指出,心理学应该是一门纯粹客观的自然科学,其目标应该是预测和控制行为。在这门科学中,内省法不是一种根本的方法,意识经验不能作为有价值的科学资料。可见,行为主义是一个非常重视"可观察性"的学派。在一项心理学研究中,哪些事物是可观察到的呢? 一是刺激,这是主试精心设计和准备的;二是被试外显的反应,这是有目共睹的行为,或是可以精确记录的生理反应。这两方面的内容都可以完整、精确地加以描述,在此基础上作出的科学断言才是可信的。而主观报告的东西,没有有目共睹的、客观的可观察性特征,不足为训。

强调科学研究的客观性要求,应该说是心理学的一个重大进步。行为主义始于 20 世纪 10—20 年代,能在其后几乎半个世纪的时间里大行其道,与它提倡的科学精神密切相关。有人认为行为主义是机能主义的一个分支(阿姆泽尔/Amsel,1989),似乎轻视了这层意义。

华生还是一个还原论者,他认为一切心理现象都可以还原为行为和生理的反应,因此人和动物之间也就没有什么本质区别。在他看来,心理学家可以使用"刺激""反应""习惯"等术语(而不是"意识""心理状态""意志""意象"等名词),将所有的心理学问题都简化为刺激和反应之间的关系,从而建立一个完整的学科体系。于是,行为主义心理学的主要内容就是条件反射。他们甚至将远在俄国的巴甫洛夫(Ivan Petrovich Pavlov,1849—1936)拉来助阵,将其发现的条件反射奉为"经典条件反射",后来又添上"工具性条件反射"作为补充。

而对于那些传统术语,华生费了很多功夫将它们"翻译"成刺激-反应联结。他讨论了所谓"视的反应""听的反应"和"痛的反应",就是不提"感觉"一词;他愿意提刺激的"后效",却不愿意提"意象""表象"。为了取代詹姆斯的"意识流",华生还创立了"动作流"这一概念。可惜的是,虽然这种形式上的翻译和替代有很多,但是行为主义者对感知觉等基本认知过程本身并无特别的新发现。

不过,出人意料的是,行为主义学派对思维这一高级认知活动还是很有研究的。从华生开始,就认为思维是作为一个整体的躯体的机能。这种观点叫"边缘思维论",与传统的"中枢思维论"(认为思维完全是大脑的事)相反。正因为他们认为思维是整个躯体的机能,所以他们认为思维是可以观察到并进行研究的。

华生承认,思维是一种"内隐"的行为,同时又认为,思维和语言有密切联系,思维在很大程度上受语言机制的影响。他说,思想,只是自己对自己说话。这样一来,心理学就可以通过言语这种外显的行为来研究思维。华生还说:"我的学说主张,出声言语中习得的肌肉习惯,也负责进行潜在的或内部的言语(即思想)。"华生曾经记录过人思维的时候喉部和手部的肌肉活动,因为他坚信,"肌肉习惯"就是"思维"。华生还进一步认为,思维的发展,也是言语的肌肉活动日益熟练、缩减并过渡到内隐的过程。

华生的这个观点有一定的正确性。现在已经知道,思维往往伴随着躯体的活动,特别是与思想内容密切相关的肌肉的活动。例如,一个人想象自己举起重物时,从他的手臂上就能记录到肌肉活动,尽管他的手臂不一定真的动起来。但是,思维毕竟主要是人脑的机能,所以当代心理学家既承认中枢思维论的正确性,又承认边缘思维论的正确性,而不像行为主义那样,不承认思维是脑的功能。

斯金纳(Burrhus Frederick Skinner,1904—1990)也是最负盛名的、彻底的行为主义者之一。但是,他对内部的心理事实或心理表征等概念也并不完全排斥。他甚至认为,不应该因为研究上的困难就将诸如表象、感觉和思想等"心理实体"排除在心理学者的视野之外。不过,斯金纳还是认为,心理事件终究是由外部环境刺激引发的,并且继而可以引发行为。于是,他还是回到行为主义的老路,提倡研究刺激和行为之间的关系,而避开中间环节——心理事件。

斯金纳在认知心理学方面的最大贡献莫过于他对迷信行为的研究(1948)。迷信是与人类共生共存的一种思维现象。当其他学派的心理学家指责行为主义将人类心理降格还原为老鼠—鸽子心理的时候,斯金纳体现出了他彻底的行为主义的立场,用鸽子作为被试,在鸽子身上发现了类似于人类迷信的行为。他将8只鸽子分别放在经过改造的"斯金纳箱"(可以每隔15秒自动发放一次食物)中饲养,每个鸽子每天在斯金纳箱中待几分钟,在这段时间内,不管它们在做什么,都给予定时强化。结果发现,这8只鸽子中有6只各自发展出了有规律的行为。例如,一只鸽子以逆时针方式在箱子里面转圈,在两次食物强化之间可以转上2～3圈;另一只鸽子反复地奋力啄向箱子上方的一个角落;还有一只鸽子翻来覆去地将头低下,仿佛要将其置于一根看不见的棍子之下,然后缩回、抬头;另两只鸽子还仿佛"发明"了一套舞蹈动作。这些行为在实验之前是没有出现过的。食物强化与鸽子新行为之间并没有关系,但是它们的行为表现却提示,这些行为能"获得"食物,因此,斯金纳推论这些鸽子产生了迷信。

当然,行为主义将不可观察的、主观的心理状态和意识,以及一些主观的心理过程,例如期望、信仰、理解等等完全摈弃于心理学大门之外,也在一定程度上使心理学遭受了一些损失。但是,随着心理实验范式和技术的发展,过去许多缺乏可观察性的心理过程渐渐能够被客观地观察到了,从而回到心理学家的视野中。新行为主义就是这一过程结出的果实。

新行为主义

华生的狭隘的行为主义在创立伊始就不是壁垒森严的,到后期更是受到来自学派内部的挑战,出现了新行为主义(neo-behaviorism)。例如,托尔曼(Edward Chance Tolman, 1886—1959)虽然1920年就宣称自己信仰行为主义,但是也在一开始就对华生的学说提出异议。他认为,目的是影响行为的决定性因素,应当用目的论的观点来说明人和动物的一切行为,所以他的学说(Tolman,1932)可以称为"目的行为主义"。目的行为主义的主旨有三条:第一,行为是有目的的,总是指向一定的目标;第二,要达到目的,就要选择一定的途径和方式;第三,选择的途径或方式应当符合最小努力的原则。例如,白鼠进入迷宫,其目的就是找到食物,为此,它必须找到能够获得食物的通道;而当通道较多时,它总是选择那些较短的、耗时较少的通道。

后来,托尔曼更明确地提出,应当将"S(刺激)—R(反应)"公式改为"S—O(机体)—R",引入了一个中间变量O。这个中间变量主要包括三个范畴:(1)需要系统——特定时刻的生理剥夺和内驱力情境;(2)信念价值动机——表示宁可选择某种目的物的欲望的强度和这些目的物在满足需要中的相对力量;(3)行为空间——行为是在个体的行为空间中发生的。在这种行为空间中,有些事物吸引人(它们具有正效价),而另一些事物则令人厌恶(它们具有负效价)。中间变量是不能直接观察到的,但它却是行为的决定者。

在这样的理论前提下,托尔曼理所当然地承认内部心理表征的存在。他相信,即使是老鼠,也有自己的目标和期望。在此认识的基础上,他(Tolman,1932)进一步提出了著名的"认知地图"概念。他在老鼠走迷宫实验中发现,老鼠头脑中似乎形成了关于迷宫的地图,这个地图帮助它们对食物进行定位。

受到"中间变量"这个概念的启发,有人提出了"中间反应"这个概念。中间反应(Rm)是一种内隐的反应,它能产生中间刺激(Sm),而这个中间刺激又能引发下一个中间反应或外显行为。也就是说,S不能直接引起R,而是先在个体的内部产生中间反应,中间反应又成为中间刺激,中间刺激又产生下一步的中间反应,直至产生外显的反应(R)。心理的整个过程就可以用这样一个中间刺激和中间反应的链条来代表。

托尔曼的理论是新行为主义学派的代表,它使心理学者对认知的内在心理机制重新燃起了热情,从而促进了认知心理学及信息加工理论的产生和发展,因而被认为是当代认知心理学的源头之一。

格式塔心理学

在结构主义心理学派看来,心理现象是基本心理元素的"化合",要揭示心理现象的本质,就要把它内部的心理元素及其结合方式搞清楚。应该说,这种想法是有道理的,属于还原论的思路,如果成功,我们对心理现象就一览无余了。可惜,"心理化学"没能成功。

格式塔心理学(Gestalt psychology)创始于1911年。当时有三位心理学家在德国的法兰克福历史性地走到了一起,他们是魏特海默(Max Wertheimer,1880—1943)、考夫卡(Kurt Koffka,1886—1941)和苛勒(Wolfgang Köhler,1887—1967)。他们旗帜鲜明地提出了一个与结构主义完全对立的主张:心理现象不能分解还原成基本的元素,而应该在把握整体的前提下加以分析和研究,应该理解经验的整体结构。

什么是格式塔?产生于20世纪初的格式塔心理学派受到当时物理学创立的"场"的概念的启发,提出了这样的观点:心理经验不是若干个静态的、孤立的元素的总和,而是包括一个经过组织的、动态的、不断变化的、由相互作用着的一些事物构成的场。当一个人观察他所处的环境的时候,不是分别地对环境中各个部分进行孤立的知觉和反应,而是对环境中各种"力"的整体形态进行知觉和反应。面对外界刺激,人们总是用一定的结构、组织或秩序来整理自己的主观经验,将分散的部分组织成为一个整体。整个心理场的特征不等于它的各部分的简单总和;这些特征是各部分的相互组合和相互作用而形成的。简单地说,"格式塔"可以理解为一个整体"完形"。

格式塔心理学将"场""完形"全面贯彻到了对认知过程的研究中。

关于知觉,格式塔心理学提出了著名的知觉组织原则。魏特海默等人非常重视研究人们是怎样识别客体和形状的,他们认为,知觉的过程不是识别各个孤立特征或部件所能完成的,而是将事物作为一个"完形"来认知的。那么,如何得到这些"完形"呢?主要遵循以下原则:接近律(principle of proximity)、相似律(principle of similarity)、良好连续律(principle of good continuation)、闭合律(principle of closure)和共同命运律(principle of common fate)。图1-1体现了这些原则。其中(a)圆点因为接近而被看作是4行而不是5列;(b)因为相似而被看作是5列圆圈和5列圆点;(c)因为闭合被看作是一个圆;(d)因为良好连续而被看作是一条直线和一条曲线,而不被看作是(d′)所示的两个图形;(e)中有共同运动方向(命运)的图形将被看作是同一组。

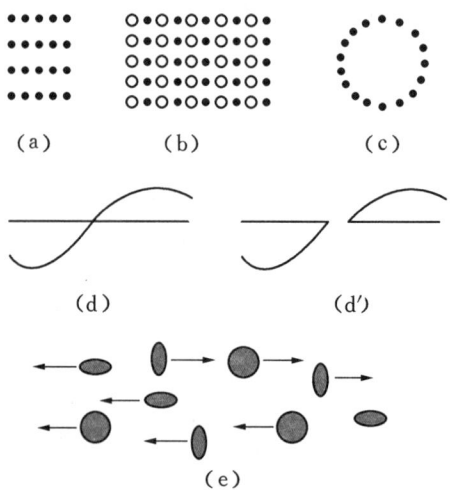

图1-1 知觉组织原则示意图

格式塔心理学的这些知觉组织原则后来被总结为一句话(Koffka,1935):如果对于图形存在多种可能的理解(组织),则倾向于采纳能产生最简单、最稳定的形状的那种组织。

关于思维,格式塔心理学派也有很重要的研究。他们认为,思维和知觉受相同原则的支配。思维过程是这样的:当个体环境里出现尚未得到解释的"紧张"时,就可以说出现了问题。问题答案似乎是在对"紧张"的知觉中,由紧张本身产生的,就像似动现象是在一定的观察条件下产生的一样。这就是说,思维实际上是知觉的一种形式,问题的答案不是想出来的,而是"知觉"出来的。当然思维不是简单的知觉,它实际上是一种知觉重组,解决问题的人必须重组环境,即从几个不同的角度进行观察,直到事件之间的相互作用产生出答案的一个清楚图解。也就是说,人是在观察中看出事物整体各方面的联系(即问题的解法或答案)来。一旦完形出现,看出答案,紧张就解除了。

苛勒曾经用黑猩猩做了许多问题解决的实验,最后得出结论:思维不是盲目的尝试,而是一种对情境的突然领悟。那么,根据什么现象来认定思维是一种顿悟呢?苛勒发现了以下现象:(1)黑猩猩常常出现很长时间的停顿,它们表现出迟疑不决,并环顾四周;(2)停顿表现为它们前后行动的转折点:停顿以前盲目行动,犹豫困惑,停顿后循序前进,目的明确,这是一个强烈的对比;(3)停顿或转折后出现了一个不间断的动作序列,形成了一个连续完整的活动,从而正确地解决了问题。从苛勒的这个总结性描述中,我们可以看出,停顿前后黑猩猩行为的鲜明对比,是苛勒提出顿悟说的一个决定因素。

魏特海默对创造性思维进行过系统的分析研究,并于1945年出版了《创造性思维》一书。他研究的范围比较广,从儿童解决简单的几何问题的过程,一直到爱因斯坦提出相对论的思维。魏特海默强调完形,强调整体,认为创造性思维与对问题中某些格式塔的顿悟有关;打破旧的格式塔,发现新的格式塔,这就是创造性思维。譬如说,要被试用六根火柴搭成四个等边三角形。很多被试感到这个问题很难,这是因为他们试图在平面上建立格式塔。而创造性思维,就是要打破平面这个旧的格式塔,建立立体这个新的格式塔。确立了正确的整体思路,问题就迎刃而解了。

发生认识论

如果说结构主义心理学派表达了心理学家对认知内部过程的浓厚兴趣,格式塔心理学派开展了对认知现象一般规律的大规模研究,那么,瑞士心理学家皮亚杰(Jean Piaget,1896—1980)的发生认识论(genetic epistemology)则进一步拓展了认知研究的视野,从儿童智能发展的角度给认知心理学的创立和发展提供了一个强大的推动力。

皮亚杰从小就对动物感兴趣。他仔细地观察各种鸟类、软体动物和化石,并写下心得。到了少年时代,他的研究视野不断扩展,对哲学也产生了浓厚的兴趣。后来,皮亚杰开始关注心理学问题。他儿时的科学实践这时有了用武之地。皮亚杰认为,儿童的智能结构与成人有着质的差别。他发现,生物体对环境的适应方式在许多方面与儿童的智力发展特点相吻合:两者都是某种适应的过程。智力发展正是心理结构对于自然和社会环境的适应过程,而且是儿童在自己的活动、试验和发现中进行的主动的、建构性的适应过程。

皮亚杰(Piaget,1963,1970/1988)关于儿童智力发展的理论中,有四个基本概念:图式、同化、顺应和平衡。图式就是动作的结构或组织,它可以产生迁移和概括。同化就是将环境因素纳入已有的图式之中,以加强和丰富主体的动作。顺应就是改变主体的图式或动作以适应环境的变化。个体就是通过同化和顺应的平衡来达到机体和环境的平衡。图式、同化、顺应和平衡相辅相成,推动心理结构和智力活动结构的发展。这就是皮亚杰的生物适应理论。儿童智力的发展就是图式的发展。一开始是感觉运动图式,以后出现表象图式、直觉思维图式,最后出现运算思维图式。而运算思维图式又可以分为两个水平:具体运算水平和形式运算水平。

认知心理学的蓬勃兴起

认知心理学(cognitive psychology)是在有选择、有批判地吸收上述各大学派的合理成分中蓬勃兴起的。当代的认知心理学家不仅在研究认知的内在结构和机制,也在研究认知的功能,研究认知的完形特征。当然,其根本的兴趣还是在于认知的内在结构和心理机制。他们完全赞同"整体大于部分的总和"在认知活动上的正确性,但是他们还在努力地探究这种完形是通过怎样的机制完成的。

认知革命

在认知心理学的发展历史上,发生过一场"认知革命"。这场革命的主要宗旨是反对行为主义。早期的认知心理学家对行为主义就很不以为然。例如米勒、加兰特和普里布拉姆(Miller, Galanter & Pribram, 1960)就提出,传统的行为主义者对于行为的阐述是不够精确的,因为他们没有说明认知是怎样产生的,这种"没有说明"实际上是一种忽视。而认知心理学要将这些被忽视的东西弄清楚。

除了上述内因以外,认知革命还有它的外部原因,其中非常重要的是源于第二次世界大战的需要。在战争期间,参战国必须高效率地训练军事人员操作复杂的设备,其结果是发展出"人因工程学"(human factors engineering),其目的是根据人类认知和操作等方面的特点为仪器设备设计合理高效的人机界面。

第二次世界大战中,通信技术也得到了重大发展和应用。心理学也从通信技术学中得到了许多启发。例如从通信术语"信道"得到启发,心理学家将人描述为一种特殊的信道,这种信道有接收、处理和发送信息的功能,有一定的通道容量;不同的环境条件可能会影响信息的传输,甚至歪曲信息。这种将人看作是"有限容量的信息处理器"(limited-capacity processors of information)的思想对后来的信息加工学说的建立应该说是一个不小的启发。

可以说,对于"有限容量"的研究是认知心理学者向着形成一个正式的心理学门派发起的第一波冲击。在这些研究中，米勒（Miller，1956）撰写的一篇综述性文章《神奇数字7±2》更是带有里程碑的意义。在这篇文章中，米勒作了这样三条总结：第一，我们能够清楚知觉到的互不关联的事物的数目是7±2；第二，我们能够即时回忆的互不关联的记忆项目的数目也是7±2；第三，我们能够作出辨别的刺激数目也是7±2。当然，上述关于认知加工有限容量的总结都是针对正常成人的。米勒还就此提出了信息加工容量（例如记忆广度）应当以组块作为计量单位的观点。

差不多与此同时，语言学研究也在为认知心理学添砖加瓦。乔姆斯基（Chomsky，1957，1959，1965）提出，语言具有深层结构和表层结构，两者分别涉及词组结构规则和转换规则。乔姆斯基还指出，行为主义无法解释语言能力的习得。在现实生活中，语言能力的获得远远不像行为主义的强化理论所描述的情形。例如，儿童可以说出他们没有听到过的话，这些话难道是强化所得吗？父母往往只对儿童说话的内容作出反应，而不怎么理会其言语形式，这也是强化理论不能解释的。乔姆斯基最后指出，儿童习得语言，不是因为强化，而是因为他们在出生时就有了某种先天就存在的"言语获得装置"，这种装置是人类进化过程中自然形成的。乔姆斯基的语言学理论启发了语言学家和心理学家，他们不约而同地将人如何习得语言、如何理解和产生语言作为各自学科的重要课题。

心理学还从计算机技术和人工智能科学中汲取了很多养分。早在1936年，数学家图灵（Alan Turing，1912—1954）就提出，可以设计一种能够解答逻辑和数学问题的机器。仅仅10年之后，在美国就诞生了世界上第一台电子计算机。半个多世纪以来，计算机技术和人工智能技术得到了巨大发展。如同冯特当年将化学作为心理学的范式一样，计算机的出现也使心理学家看到了另一个范式：将人类认知活动比作计算机的运算。确实，人与计算机有很多相似的地方：两者都需要输入信息和存储信息；为了存储信息，还需要存储介质和存储加工过程；更重要的是，还都需要对信息进行再编码等其他运算；最后，计算机要通过一定的界面输出信息处理的结果，人也要通过某种方式对刺激作出反应。因此，心理学家纽威尔和西蒙（Newell & Simon，1972）就提出，可以把人脑的认知加工描述为计算机的符号操作系统或符号计算系统的工作。他们还提出了思维和问题解决的各种详细模型，有些模型相当复杂，例如下棋的模型。

认知心理学的诞生和两个重要时期

认知心理学诞生的标志，当属奈瑟（Ulric Neisser，1928—2012）于1967年出版的名著《认知心理学》，这是心理学史上第一部专门系统研讨认知活动的著作，它综合了许多不同领域内相互渗透的学说。在这本书中，奈瑟强调指出，认知指的是感觉输入的转换、简化、储存、恢复和运用的所有过程。这样一来，认知心理学就可以定义为一门研究人怎样学习知识、储存知识和运用知识的学科。而且，他还认为，认知活动涵盖的范围非常广泛，信息检测、模式识别、注意、记忆、学习策略、知识表征、概念形成、问题解决、言语、认知发展等均包括于其中。

20世纪80年代和20世纪90年代则是认知心理学的两个重要时期。20世纪80年代是认知心理学完整体系基本成形的时期。在这期间,认知心理学的指导思想是信息加工理论,将人脑比作计算机,认为认知活动就是信息加工的过程。而20世纪90年代则是联结主义融入认知心理学的时期,这一进程大大促进了心理学家对人类认知过程特殊性的探索。联结主义使心理学家越来越认识到,认知过程在很多情况下并不能由计算机来类比,人脑对信息的加工往往是并行的(平行加工),不是信息加工理论所认为的是串行的(顺序加工)。

与几乎任何一个心理学派的发展一样,认知心理学的发展也逐渐开始进入一个极端,就是无限夸大自己的作用。这种倾向早在奈瑟的著作中就有所显现。奈瑟认为,认知涉及人类可以做的每一件事情;任何心理现象都是认知现象。后来的认知心理学逐渐产生了所谓的"认知主义"。认知主义认为,只要了解了人的认知,就可以解释人的行为。

1.2 认知心理学的主要思潮和发展趋势

信息加工学说

计算机隐喻

信息加工学说(information-processing theory)把人看作是信息加工系统,认为认知就是信息加工。信息加工学说是建立在所谓的"计算机隐喻"基础上的。"隐喻"就是将某一事物比作另一事物。其实,隐喻在科学研究中无所不在。就心理学而言,最早的结构主义学派就有自己的隐喻:心理现象可以比作化学现象,心理现象就是心理元素的化合物。信息加工论者则将人类认知系统比作计算机,而计算机的工作就是进行信息加工,这样,他们就可以把计算机的信息加工模型作为人类认知过程的心理模型。计算机确实能完成大量的智能性工作,例如计算、存储甚至推理等,用它作为认知的模型,在学科发展的初级阶段是很自然的。因此,作为一种广义的范式,信息加工学说在20世纪60年代和20世纪70年代一直统治着认知心理学,而且,直到今天,它仍保持着强大的影响力。

信息加工学说的代表人物就是纽威尔和西蒙,他们对计算机和人类的信息加工方式作了详细的比较和分析,提出可以通过编写流程图来表述人类认知活动的阶段、过程,甚至可以用计算机程序来模拟人类的认知活动。

信息加工学说的基本思想

按照信息加工学说,认知可以分解为一系列阶段,每一个阶段可以假定为一个单元,它对输入的信息进行某些操作,这一系列阶段和操作的产物就是反应。另外,信息加工系统的各个组成部分都以某种方式与其他部分相联系。图 1-2 是一个简单的信息加工模型图。

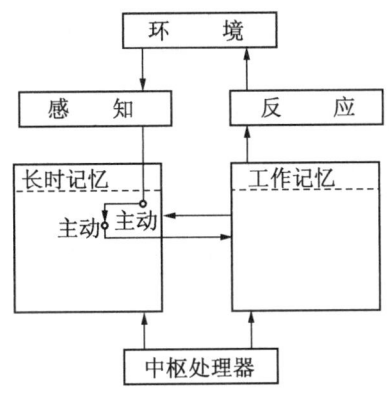

图 1-2　信息加工模型图(一)

(来源:《中国大百科全书·心理学·心理学史》,1985)

从这个模型图来看,人类认知活动有四个主要成分:感知系统、记忆系统、控制系统和反应系统。环境为感知系统提供输入,刺激经过编码后进入记忆系统,与记忆中的信息加以比较和匹配。记忆分为长时记忆和工作记忆。长时记忆是一个海量的信息存储库,其中在信息加工过程中被激活的一部分信息可以看作是正在工作的长时记忆,称为工作记忆。工作记忆的容量十分有限,但是它包含着处于注意中心的信息以及用于加工这些信息的特定操作。中枢处理器是控制系统,它的任务是决定系统怎样发挥作用,决定目标的先后次序,监督当前目标的执行。反应系统控制着系统的全部输出。

图 1-3 则是一个更为具体的信息加工模型图。

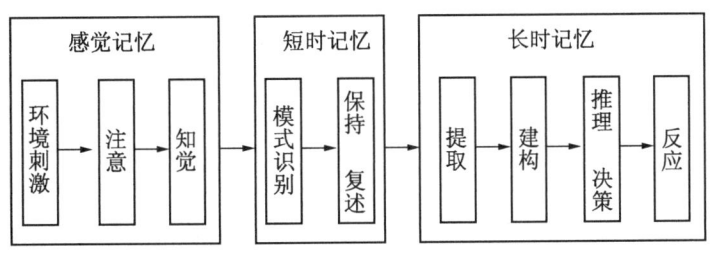

图 1-3　信息加工模型图(二)

(来源:《心理学百科全书》,1995)

从这个模型图来看,信息加工被分成感觉记忆、短时记忆和长时记忆三个大的阶段。首先是环境刺激进入注意,然后才被人知觉到,这一阶段属于感觉记忆。第二阶段则是在知觉的基础上进行模式识别,并将感知到的内容用复述的方式保持在记忆中,这就是短时记忆阶段。第三阶段的长时记忆负责提取细节、概念和程序信息,建构有条理的记忆与和谐的假设,进行推理和决策,以及最后作出反应。

从上面两个模型图可以看出,信息加工学说基本上是一个系列加工学说。所谓系列加工(serial processing),就是信息处理的各个阶段依一定的顺序起作用,前一个阶段的输出成为后一个阶段的输入。

信息加工学说对认知过程的解释

信息加工学说对认知过程有过许多精彩的解释。例如,对于模式识别,信息加工学说提出了自下而上的加工(数据驱动加工)和自上而下的加工(概念驱动加工)这两种加工形式。自下而上的加工是指由外来的刺激信息激发、导向和确定人的信息加工,它始于对刺激进行的低水平的特征分析,终于得出最后的解释;自上而下的加工则是指已有的知识经验控制着信息加工过程,它始于高水平的期望和假设,终于确定信息加工对象的意义。这两种加工方式是可以相互作用的。例如,言语理解包括多个层次的分析加工。低水平的加工是抽取言语材料的视觉的或听觉的物理特征,这些特征用于高水平的句法和语义的分析;关于语言的知识经验,包括字形、发音规则、语法规则和修辞手法等方面的知识,则可以产生各种假设和期望,从而帮助确定言语的意义。

信息加工学者不仅致力于解释知觉和言语理解,还花费了大量精力解释人的思维过程。具体做法是,把解决问题的过程编成一套程序或流程图,运用电脑把它模拟出来;如果这套程序是成功的,即与人解决问题的过程的特征相吻合,那么它就能够用来说明人的思维过程。1956年,纽威尔和西蒙提出了证明数理逻辑定理的程序,叫做"逻辑理论机",从此开始模拟人解决复杂问题的思维活动;1972年,他们又创制了"通用解题机"(简称GPS),这是一个主要采用启发式策略(例如手段-目的分析)进行问题解决的计算机程序,它可以相当成功地解决河内塔等难度较高的问题。当然,要编制出一个能完全模拟人类思维的计算机程序还有待时日。

安德森(Anderson,1983)用产生式系统来描述人类思维,这也是一种典型的信息加工理论。所谓产生式系统,是指计算机和人所能执行的一组活动。只要有了一定的条件,就能产生一定的活动:C→A。

以连续加法为例:4+7+3+8+2=24。首先,总的目标是做加法,在具体做的时候,先读4,将4保持在短时记忆中;再读7;7和4相加得11,又将11保存在短时记忆中……依此类推。在这个做加法的过程中,每一个步骤脑子里只保持一个数,另外读一个数。在计算过程中脑子里的短时记忆和读数是:4—7,11—3,14—8,22—2,24。从这个例子可以看到,在计算的时候,人的记忆有三个分活动:(1)关于总目标的信息——做加法;(2)每一步输入和输出的信息——每一步由两个数相加得出结果;(3)指针——在解题过程中,指出运算到哪一步。

以上所讲的每一步计算过程(N_1, N_2→N)就是一个产生式。短时记忆是"条件",从"条件"得出结果,并将这个结果存入短时记忆,成为下一步的"条件",依此类推。而在从条件得出结果的过程中,长时记忆起了作用。

联结主义学说

在信息加工学派看来,人类对于信息的加工与计算机一样,是系列加工的,是一步一步进行的。但是,神经生理学方面的发现以及认知过程的研究成果告诉我们,人类认知的许多方面是平行加工(parallel processing)的,是多项操作同时进行的。信息加工学说认为,认知中的每一个操作都是由中央处理器发出的指令驱动的,而认知心理学的研究却发现不同的认知过程有着不同的激活方式。这些信息加工学说不能解释的问题促成了联结主义学说的兴起。

早在20世纪80年代,就有许多来自不同领域的学者探讨建立一个新学说以取代信息加工学说的可能性。他们的首要论点与信息加工学说是针锋相对的,认为认知是平行分布式加工(parallel-distributed processing,简称PDP)。他们提出,许多认知过程可以在很短的时间内完成,而每个神经元完成一次活动至少需要数毫秒,因此,如果大脑的信息加工是系列加工,那么,模拟认知过程的计算机程序最好应将其基本操作控制在100步以内。但是,很难编出这样的程序来完成一个很平常的认知任务。这说明,大脑认知系统一定会以平行加工为基础。那么,这种平行加工是怎样有条不紊而又高速运行的呢?联结主义学说提出了神经网络的概念。

大脑中存在着无数神经元,它们在任何一个时刻都处于以下三种状态之一:

(1) 兴奋状态。处于兴奋状态的神经元产生神经冲动,冲动传导到突触后,可以释放兴奋性神经递质,从而提高下一神经元产生兴奋的可能性。

(2) 抑制状态。处于抑制状态的神经元也产生神经递质,但是这种递质是抑制性的,它可以使下一神经元进入抑制状态(难以达到阈值)。

(3) 安静状态。处于安静状态的神经元没有达到阈值,不产生兴奋,也不产生任何神经递质,不影响其他神经元的兴奋和抑制。

这些神经元的活动方式给了联结主义心理学家一个启示:人类能够同时进行大量认知操作,很可能就是因为这样一些处于不同状态的认知单元联结组成网络的结果。图1-4就是一个典型的联结主义模型。

图1-4中间圆圈中的小黑点表示节点。每一个节点表示一个人物。它们与其他表征人物信息的单元相联结,这样就可以激活特定人物的名字、性别、种族、职业,甚至爱吃哪一种奶酪等信息。各节点之间的连线两端都有箭头,表示这是一种兴奋性的联结。任何一个节点只要达到一定的激活水平,就会激活那些与之有兴奋性联结的其他单元。于是,当"Joe"这个节点被激活时,它就会激活中间圆圈中与"Joe"相连的节点,接着又激活"男"(性别信息)、"教授"(职业信息)、"Subaru"(车辆信息)和"Brie"(奶酪信息)等。另外,各个圆圈内部的节点之间会产生相互抑制的关系。因此,当"Joe"这个节点被激活时,它所在

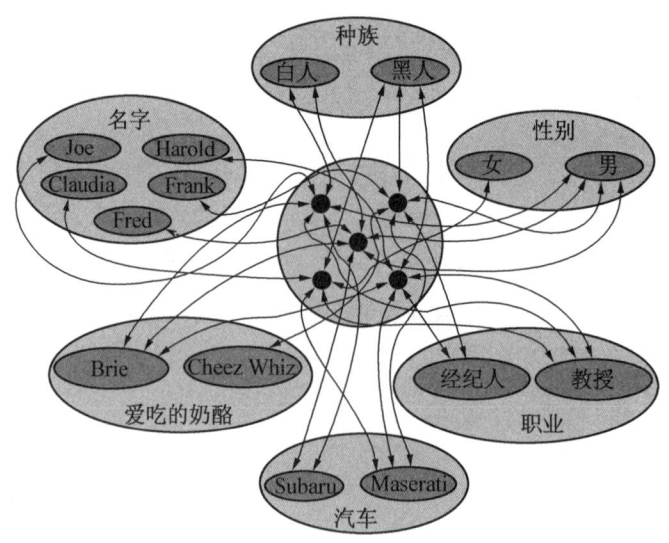

图 1-4 联结主义模型图

（来源：Gallotti，1999）

的圆圈内部的其他节点"Claudia""Fred""Frank"和"Harold"就受到抑制，从而不容易造成"张冠李戴"的错误。

现在，许多认知心理学家在孜孜不倦地研究可以同时执行多项认知功能的平行加工模型，这些模型基本上都是网络模型。

网络模型中最典型的就是关于陈述性知识的语义网络模型。在联结主义学派看来，一切知识都是由节点以及由节点构成的网络来表征的。每一个节点可以表征概念、命题等信息，而节点之间的联结模式则用来表征知识；学习的过程就是节点之间联结的建立、强化或弱化过程；利用网络节点及其联结，可以进行推断、概括等认知活动，从而产生新的信息和知识，帮助我们不断地改善对知识的表征和操作。

当代认知心理学的发展趋势

当代认知心理学的发展产生了两个鲜明的趋势：第一是认知心理学与其他相关学科之间的互动明显加强，尤其是与神经生理方面的研究相互验证；第二是认知心理学的研究更加注重生态效度，即更重视在一定的文化背景和情境中考察认知活动。

学科互动

除了心理学家以外，对认知活动感兴趣的还有许多人。他们是哲学家、神经生理学家、计算机科学家、人类学家、语言学家等。从 20 世纪 70 年代开始，这些学科的学者就开始意识到他们正在研究共同的问题，那就是：认知和心理的实质是什么？信息是如何获取、加工、储存和传递的？知识是怎样表征的？等等。于是，就自然而然地出现了一门综合性的"认知科学"（cognitive science）。加德纳（Gardner，1985）甚至认为这门学科的诞生可以追溯到 1956 年,那一年的 9 月 11 日,认知科学的几位创始人在麻省理工学院(MIT)历史性地开展了研讨活动。

认知科学既然是一个多学科的交汇点,那么一定有这些学科共同的基础,否则这些学科就无法交流和争论。加德纳(Gardner, 1985)指出,认知科学是建立在几个共同的假设基础上的。其中最重要的假设就是,认知可以在表征水平上加以分析。因此,"表征"这个术语在这些学科中都能找到踪影。另外,与表征有关的术语"图式"也是这些学科研究的对象。认知心理学就是在与其他认知科学的交流和互动中迅速发展着。

在与其他学科的互动中,认知心理学家从生理学受益最多。除了众所周知的认知神经科学、认知神经心理学之外,还出现了诸如行为遗传学这样的大跨度综合学科。

生态效度

近些年来,认知心理学界出现了提高认知研究的生态效度(ecological validity)的呼声,这是信息加工学说和联结主义学说共同忽略的。要对一个人的认知活动有一个真正的了解,就应该考虑认知活动发生的文化背景、社会背景、人格背景和任务背景,而不是孤立地看待活动本身。因此,如果在实验室用一个内容互不关联的词单让被试进行识记,就只能了解被试在面临一个没有结构、事物之间没有关联的场景下的记忆特征。而人们真正需要记忆的时候,面临的情境可能是完全不同的。因此,认知心理学家不能满足于单纯的实验室研究,而是应该将认知活动放到一定的"上下文背景"中去研究。

在生态化信念的鼓舞下,有许多心理学家将自己的研究工作从实验室搬到日常生活的情境中。其中一个著名的例子就是拉弗(Lave, 1988)等人对商场顾客计算行为的研究。他们发现,商场顾客的计算行为随着顾客所面临情境的不同而变化,与人在学校里学数学时的计算迥然不同。学校的数学教育,其目的在于传授高度概括的、普遍适用的计算方法体系;其答案也往往是唯一的。但是在商场中,顾客在决定某种商品的购买数量时,要考虑家中存货数量,未来一段时间的消费量,储存商品的空间,等等。拉弗指出,商场数学和学校数学的区别在于:第一,商场数学的计算结果是多变的,而学校数学往往有一个标准答案;第二,商场数学是顾客自己在购物过程中建构起来的,而学校数学一般总是由老师布置给学生的;第三,商场数学是实践性很强的数学,而学校数学与个人经验、目标、兴趣等总有一定的距离。

从拉弗的研究可以看出,强调生态效度的观点有两个来源:一个是机能主义学派,另一个是格式塔心理学学派。机能主义学派强调心理的功用,它十分注重认知过程的目的性,可以说是生态化研究的鼻祖。而格式塔心理学学派强调的是心理和经验的环境因素,与生态化研究注重文化、社会等背景不谋而合。

当然,在积极开展生态化研究的同时,也要防范忽视传统研究的倾向。主张生态化研究的学者认为人工环境(例如实验室)与日常社会环境是完全隔离的,因而否认在人工环境中研究认知活动的意义。因此,他们偏重采用自然观察法和现场研究法来考察认知活动,贬斥实验室实验和计算机模拟。应该说,这是失之偏颇的。实验室实验同样可以模拟现实生活,只要引入相应的变量和合适的实验材料。不仅如此,实验室实验得出的结果往往还是普遍适用的。巴甫洛夫用狗做的经典条件反射实验不仅可以解释动物,而且可以解释人类生活中从学习、训练、广告甚至到医疗等广泛领域的许多心理现象。

当代认知心理学的分支

长期的学科互动,使认知心理学焕然一新,形成了四个重要的分支。它们是实验认知心理学、认知神经科学、认知神经心理学和计算认知科学。

实验认知心理学(experimental cognitive psychology)是行为层面的认知心理学。它考察的是身体健康、心理正常的被试在各种认知任务中产生的行为反应,其指标往往是完成任务的效率(正确率和反应时),以及在此基础上鉴别出来的反应模式和偏向等。这些研究可以提示我们正常认知过程的基本机制和特点,为后面三个分支的研究奠定坚实的基础。可以说,一个不熟悉实验认知心理学的人,一定做不好其他与认知相关的跨学科研究。

认知神经科学(cognitive neuroscience)研究的是认知过程的脑机制。它考察的多数也是身体健康、心理正常的被试,有时还是动物被试。其行为任务比较简单,以便探查不同的任务与大脑活动的关联。认知神经科学家很希望弄清楚大脑是怎样完成各种认知任务的。不过,以现有的理论思想和技术条件,要达成这个愿望似乎还很遥远。

认知神经心理学(cognitive neuropsychology)研究的是大脑部分区域受到损伤对于认知活动的影响。由于疾病或外伤,全球有无数脑病患者,他们的认知活动因此受限。通过比较受损部位及其行为表现,同样可以了解认知过程的脑机制。不过,脑的损伤并不一定损害认知功能,因为某些损伤可能发生于那些与认知功能仅仅存在微弱关联,或者执行冗余功能的脑区,也可能因为完好的区域接管了原来的功能,或通过某种整合以完成原来的功能。另外,由于每个脑损伤病例都有其特殊性,需积累和比较众多病例才能比较清晰地了解不同脑区的认知功能。

计算认知科学(computational cognitive science)通过数学建模,用人工系统来模仿人类的认知功能。最基本的计算认知模型有两种,一种基于符号逻辑,例如安德森等人(Anderson et al.,2008)的 ACT-R 模型,另一种基于联结主义,例如各种神经网络模型。数学建模与传统的人工智能不尽相同,前者模仿机制,后者模仿输出(结果)。不过,近些年来人工智能的含义变得越来越广泛,它不仅指用人类设计的算法让计算机或机器人完成以前只有人类才能完成的智力活动,也指模仿人类认知机制的智能体。有些认知科学与人工智能的研究者甚至将人工智能体也当成被试,比较它们与真正的人类被试面对实验刺激时的不同表现,从而了解两者不同的认知机制。例如,有学者利用谷歌旗下人工智能公司的"深度思考实验室"(deepmind lab)建立了一个虚拟的心理实验室(psychlab),让

"深度强化学习智能体"(deep reinforcement learning agents)在这个实验室中接受各种实验或测验,例如视觉搜索、变化检测、随机点运动辨别、多客体追踪等(Leibo et al.,2018)。

第二代认知科学

还有一些学者提出了第二次认知革命或第二代认知科学的概念。美国认知科学家拉考夫(George Lakoff,1941—)和约翰逊(Mark Johnson,1949—)最早提出,认知研究正在从基于隐喻的"第一代认知科学"向基于具身心智观念的"第二代认知科学"转变。有人认为这是继20世纪五六十年代的认知革命后第二次认知革命的成果。拉考夫和约翰逊指出,第一代认知科学是"离身认知科学",因为它将大脑皮层抽象推理的功能视作独立于人的身体;第二代认知科学则是"具身认知科学",它重视精神和身体的交互作用,主张认知不能简单地比作计算机的信息处理,而是具有以下四种特性(李其维,2008)。

具身性——认知源于身体与世界的交互作用。认知活动的产生有赖于身体生理的、神经的结构和活动形式。因此,认知科学应该"回归大脑",才能真正理解心智。

情境性——认知都是情境指向的,所有的认知其实都是情境认知。第一代认知科学不重视情境,忽视认知所处的社会背景和文化环境。第二代认知科学强调生态效度,强调情境对认知的影响。

发展性——认知功能是进化而来的,某一时刻的认知仅是连续认知过程中的一个即时状态。

动力性——认知系统是一个复杂的动力系统,这个系统中存在着许多因素,各因素间交互影响。动力系统模型可能更有助于破解意识产生之谜,也有可能引起心理学研究的方法论的革命。

第二代认知科学是对认知研究范式的发展,正在成为认知心理学中的一个重要思潮。

1.3 认知心理学的研究方法

认知心理学家需要根据课题的实际情况选择具体的研究方法。这些方法中,主要有观察法、实验法、测验法、自我报告法、神经生理学方法等。

观察法

观察法(observation method)是在自然的条件下,有目的、有计划地描述和记录被试的外部表现(如言语、表情和行为等),从而总结认知活动规律的一种研究方法。例如,为了研究顾客在超市搜索商品的策略,研究者可以通过商场的摄像头跟踪顾客的行走路线,记录其察看的商品,从而总结出一定的规律。

观察法成功的关键是让被试在自然的气氛下自由活动,不对他进行任何形式的干预。

这样,被试的行为才是其本来面貌自然而然的流露。如果在上述超市搜索策略的观察中,研究者扛着摄像机跟着顾客拍摄,或者站在顾客身边,不时在笔记本上记点什么。顾客一定会心烦意乱,甚至停止购物。即使事先和顾客说明,要求他尽可能自然地购物,顾客也可能很不自然;有些顾客可能还会揣摩研究者的意图,并调整自己的行为。

观察法将被试置于现实情境之中,而不是经过精心设计的实验室环境中,是最具有生态效度的研究方式。当然,观察法也不是绝对不允许任何来自研究者的干预。研究者可以对现实情境进行一定的简化和更改,观察不同情境下被试行为的不同特点。

但是观察法也有很大的缺陷。一般来说,通过观察得到的往往是多因一果的关系,即某个结果或现象的可能原因有很多,但是根据观察又无法确认究竟是哪一个或哪一些原因。而科学研究需要获得的是确定的因果关系,这时就要借助实验法加以确认。另外,观察者对于被试行为的记录也往往是有选择性的,因而可能会漏掉一些重要的信息。因此,熟练地运用观察法是需要一定训练的。

在心理学研究中,运用观察法最多、最成功的恐怕就是皮亚杰。他对于儿童发展的阶段理论,基本上就是建立在他观察得到的事实的基础上的。但是,也正是由于他过于依赖观察法,其研究缺乏严格的实验控制,造成许多争论。例如,皮亚杰喜欢确定某个阶段的儿童不能干什么,但是后来的实验研究却说明这个阶段的儿童经过引导往往是可以完成这些任务的。

实 验 法

做实验,是科学研究的一个最重要手段,也是最能说明因果关系的一种方法。为了确认事物之间的因果关系,我们往往人为地将认为是原因的那个事物看作是自变量,将认为是结果的那个事物看作是因变量,并且控制住其他干扰变量,不让它们干扰我们所要考察的因果关系,然后观察自变量引起的因变量的变化。所以,做实验要注意以下三点:一是操纵自变量;二是观察因变量;三是控制好干扰变量。

例如,为了研究不同时间的记忆效果的差异,研究者可以通过观察,包括对自己的自我观察,总结出一天当中记忆效率最高的时段。很多人觉得早上记忆效果比较好,这可以作为一个观察结果。现在的问题是,早上记忆效果好,并不是因为天色还早的关系。其原因有很多:可能是刚刚睡醒,头脑清楚;也可能是早上气温低,空气清新;也可能是早上记忆的材料一般都比较简单;等等。这些都是足以影响观察结果的干扰变量。因此,为了确定早上是不是真正记忆好,就要通过实验。研究者可以选取早上、下午和晚上各一段时间,记忆之前都保证一定的休息时间,并且在材料难度、测验难度、实验室温度湿度等都相同的条件下,比较三段时间中被试的记忆效果,这样才能得出令人信服的结论。在这个实验中,记忆的时间段就是自变量,记忆测验的成绩就是因变量,需要保持恒定或相同的条件就是干扰变量。

实验法与观察法一样，也不是万能的。实验的本质在于对变量进行控制和测量，但是很多变量是无法控制的。因此，将两种方法结合起来，才能更好地研究认知活动。

测验法

测验法也是认知心理学研究的一个常用方法，尤其是用于个别差异的研究。心理学上有许多测验，例如智力测验、特殊能力测验、创造能力测验、人格测验和各种诊断测验。利用这些测验，我们可以测量个体的智力水平、特殊能力和认知策略等。利用这些测验，我们还可以了解某地区、某团体、某个人在认知方面的特征，了解人的成长过程中认知发展和成熟的规律，了解不同文化之间、不同国家之间、不同民族之间以及不同行业之间的人在认知方面的差别，用途十分广泛。

测验法常常不是孤立进行的。它可以用于观察法，也可以用于实验法。上述关于不同时间段记忆效果的实验，就需要利用或编制记忆测验，来检验记忆的效果。同样，在关于儿童认知发展的研究中，皮亚杰也设计了不少有趣的测验，例如客体永恒性的测验、各种变量的守恒性测验，以及确定儿童是否自我中心的测验等。

自我报告法

自我报告法是以冯特为代表的结构主义心理学派惯用的研究方法，又称为"内省法"。这种方法一度因为被行为主义学派批得体无完肤而被绝大多数心理学家摒弃。但是，单靠研究者肉眼和仪器进行观察得到的信息毕竟有限。了解在认知活动中被试的所思所想对于心理学家还是有很大吸引力的。为此，心理学家想出了很多办法来完善这种方法，使其再次焕发出活力。

自我报告指的是被试在实验时对自己认知活动的描述，也可以是他在实验之后的描述。如果要求在认知过程中进行言语报告，可以这样对被试提出要求："请你一边完成这个任务，一边告诉我你在想什么。"或者可以事先准备一些问题，例如"你现在看着什么地方？""你为什么这么做？""下一步你打算做什么？"等等。如果是事后叙述，可以在实验后启发被试进行回忆。

在当前的认知心理学研究中，要求被试在完成认知任务过程中进行言语报告的做法逐渐增加，技术也日趋成熟，从而形成一种"出声思维"分析技术。采用这种技术时，要求被试边进行任务操作，边清楚地说出自己思考的所有内容，而且在整个任务操作过程中，研究者可以根据实际需要，不断鼓励被试说出自己的想法。将被试说出的所有思考内容都记录下来，作为分析思维过程的依据。

出声思维（thinking aloud）有以下两个特点。

（1）与任务同时进行，并不干扰任务。出声思维要求被试完成任务时，不断说出脑海中的思想。被试进行任务时，只需要集中注意于任务本身，就当前状态下进行的思维作出同步表达，不需要对当前思维作出解释。而且主试鼓励被试不断作口头表达的时候，不能提出建议或疑问而干扰被试的思维。在这样的情况下，完成任务时进行口头表达不会干扰任务的进行。

（2）言语信息收集的同时性和直接性。既然出声思维是一种不对思维过程产生干扰的方法，那么口头表达信息的收集就是同步的、直接的，没有延误。也正因为如此，这种是一种非结构性的言语信息收集方法。出声思维得到的言语信息可以是不完整的，因为被试完成任务时，可能只是说出了部分思考内容。

神经生理学方法

心理学与神经生理学一直血脉相连。认知心理学上的发现同样需要在神经生理学中找到解释，这样就产生了认知神经科学。这是一门研究认知与神经活动之间关系的心理学分支。自20世纪70年代以来，各种脑成像技术和脑电技术迅速发展成熟，不但为患者带来了福音，也成为认知心理学研究的重要手段。

CT技术

脑成像技术可以帮助研究者了解大脑的神经解剖特征，甚至能够显示认知活动过程中大脑活动的特点。在认知心理学研究中，经常采用X线计算机体层扫描成像技术（X-ray computer tomography，简称CT）。这项技术早在1972年就公之于世。CT不同于一般的X线成像，是计算机和X线相结合的一项新技术。其基本原理是：不同的身体组织具有不同的组织密度，例如，骨骼的密度高于血液，血液的密度又高于脑组织，脑组织密度又高于脑脊液。不同的密度可以用CT区别开来。CT具有高密度分辨率，不仅能显示出脑室系统，还能分辨出脑实质的灰质与白质，如再引入造影剂以增强对比度，其分辨率将更为提高，能极其精细地分辨出各种软组织的不同密度，从而形成对比。这样，如果发现大脑中出现了较多密度相当于血液的区域，就应当考虑脑出血的可能性。

CT图像是层面图像，常用的是横断面。为了显示整个器官，总是通过CT设备上图像的重建程序建立多个连续的层面图像。

MRI和fMRI技术

认知心理学运用得更加广泛的一项脑成像技术是磁共振成像（magnetic resonance imaging，简称MRI）。磁共振是一种核物理现象，基本原理是这样的：含奇数质子的原子核（人体内广泛存在的氢，就是这样的原子核），其质子有自旋运动，带正电，是一个小的磁体。小磁体自旋轴的排列杂乱无章，但是如果在均匀的强磁场中，它们的自旋轴将按磁场磁力线的方向整齐排列。当用特定频率的射频脉冲对氢原子核进行激发时，这些氢原子核吸收一定能量而共振，即发生了磁共振现象。发射射频脉冲停止后，被激发的氢原子核将吸收的能量逐步释放出来，其相位和能级都恢复到激发前的状态。这一恢复过程称为弛豫过程（relaxation process），恢复过程所需的时间则称为弛豫时间（relaxation time）。有两种弛豫时间:一种是自旋-晶格弛豫时间(spin-lattice relaxation time),又称纵向弛豫时间(longitudinal relaxation time),称为 T1;另一种是自旋-自旋弛豫时间(spin-spin relaxation time),又称横向弛豫时间(transverse relaxation time),称为 T2。

人体不同组织的弛豫时间是相对固定的,而且相互之间有一定的差异,T1 和 T2 都是如此。这种组织间弛豫时间上的差异,就是 MRI 的成像基础。这与 CT 利用组织间密度不同进行成像有异曲同工之处。MRI 的成像方法也与 CT 相似,可以产生非常清晰的图像,甚至可以利用 3D 技术,产生立体图像。

近年来,MRI 出现了一种新的形式——fMRI,称为功能性磁共振成像(functional magnetic resonance imaging)。这种技术利用血液的磁性特征进行成像。血液刚刚离开心脏时,其磁性是最强的,随着它在血管中流动,磁性逐渐减弱。大脑活动区域中血流充氧量会发生一定的变化,这种变化会体现在磁性的变化上,可以借助 fMRI 技术发现。这样,研究人员就可以在认知活动进行的同时,观察大脑不同区域的活动情况。

在 fMRI 研究中,所用的方法为"图像相减法",与减法反应时方法十分相似。先是仔细地设计两种认知任务,使得这两种任务包含的认知操作仅有一两个特有的认知操作环节的差别。通过测量这两种任务状态下的血流量或放射量,并将它们相减,就可能发现与上述特有的认知操作有关的脑的部位。为了获得更可靠的数据,一般要利用多个被试或同一被试多次实验中反应的平均值来分析结果。

PET 技术

与 fMRI 一样,正电子发射断层扫描成像(positron emission computed tomography,简称 PET)也是一种功能性脑成像技术。其基本原理是,将人体代谢所必需的葡萄糖、蛋白质、核酸、脂肪酸等物质标记放射性核素,并将其注射入人体后进行扫描成像。人体不同组织的代谢状态不同,所以这些被核素标记了的物质在人体各种组织中的分布也不同,采用 PET 技术就能将这些特征通过图像反映出来。在认知研究中,可以通过断层扫描技术测量脑的各个部位的放射量来推测那里的血流量,从而推测不同脑区的活动情况。PET 是目前唯一可以在活体上显示生物分子代谢、受体及神经介质活动的影像技术。

脑磁图技术

脑磁图(magneto-encephalography,简称 MEG)是一种测量大脑电活动产生的磁场变化的技术。利用 MEG 可测量到脑部仅持续 1 毫秒的活动。不过,由于大脑产生的磁场强度远远小于地球磁场,故测量设备更加复杂、昂贵。而且,少数被试在实验后报告头痛或肌肉疼痛。

ERP 技术

在脑电技术方面,目前应用相当广泛的电记录技术就是事件相关电位(event-related potential,简称 ERP)技术。活的人脑总会不断释放成分复杂而不规则的脑电,研究者可以在头皮上安置一定数量的电极，记录来自大脑的电信号，进而测定和记录与某一具体事件相关的大脑区域的反应。自发脑电一般在 75 微伏以内，而由认知活动引起的脑电更弱，一般只有 2～10 微伏，通常被淹没在自发电位中，所以 ERP 需要从脑电中提取。提取 ERP 的基本原理是，将由相同刺激引起的多段脑电进行多次叠加，由于 ERP 信号潜伏期恒定、波形恒定，其波幅会不断增加；而自发脑电或噪声是随机变化的，相互叠加时就可以正负抵消；这样，当叠加到一定次数时，ERP 信号就显现出来。这样得到的 ERP 波幅还需除以叠加次数，最终得到平均 ERP 波形图。

功能性近红外光谱技术

功能性近红外光谱技术（functional near-infrared spectroscopy，简称 fNIRS）近年来发展迅速，是一种非侵入式脑功能成像技术。fNIRS 的原理与 fMRI 相当接近，都是依据脑活动导致的局部血液动力学变化，但 fNIRS 利用的是脑组织中的氧合血红蛋白和脱氧血红蛋白对近红外光吸收率的差异特性。研究者可以在被试执行指定任务时，对其大脑皮层的血液动力学变化进行实时检测，找到血液动力学变化与任务执行相关较高的脑区，从而推断大脑的活动。

脑成像技术的局限性

以上介绍的脑成像技术和 ERP 技术确实为我们了解认知活动的脑机制提供了很多帮助，但它们也不是万能的。其实，认知神经科学本身就面临着各种基本假设上的争议。具体来说，有三个基本假设是可疑的（参见 Eysenck, 2012）。

第一，完成某种认知功能时，相应脑区的活动水平高于基线水平。而这个基线水平往往通过测定休息状态时的活动水平而得。事实上，在被试完成认知任务时，研究者发现很多情况下相应脑区的活动水平反而降低了。而且即使活动水平提高了，也超不过基线水平的 5%。

第二，特定的认知功能与特定的脑区相联系。但是，任何认知活动都不是单独存在的，总会伴随着一定的情绪、期望等，特定脑区的活动也许正是这些认知之外的因素引起的。

第三，将特定的认知功能与特定脑区相联系，来源于认知活动的功能定位假设（不同的脑区都特异性地负责完成各自的认知功能）。但是，许多认知活动往往伴随着多个脑区（甚至整个大脑）的活动，而且脑区之间也存在相互协调和整合。

本 章 附 录

内容提要

（一）认知心理学是一门研究认知活动的功能、表现、内在结构和心理机制的学科。

它既是心理学的一个分支,也是认知科学的一个重要组成部分。其诞生的标志,是奈瑟1967年出版的名著《认知心理学》。

(二)古代先贤对认知问题有过长时间的思考,其中最有名的学者是希波克拉底、柏拉图、亚里士多德、笛卡尔、洛克和康德等,他们的理论成为认知心理学的萌芽。

(三)联想主义是最早的心理学流派之一,其后期学者的理想就是将心理学改造成独立于哲学的实验科学。这一理想最终由以冯特为代表的结构主义心理学派实现。

(四)结构主义关注心理的内容和结构,用化学范式来研究心理学,试图弄清心理元素合成心理复合体的方式和规律,建立一个"心理化学"体系。与之相反的机能主义则强调心理活动的机能方面。行为主义是最讲究客观观察的学派,它将所有的心理学问题都简化为刺激和反应之间的关系;新行为主义则引入中间变量,强调目的的重要性。格式塔心理学在把握整体的前提下对认知过程加以分析和研究,提出了著名的知觉组织原则。皮亚杰创立的儿童认知发展理论也为认知心理学的创立和兴起提供了一个强大的推动力。

(五)认知革命的宗旨是反对行为主义。米勒关于有限容量的研究,乔姆斯基关于语言习得的研究,是认知心理学发端的重要标志。此外,人因工程学、通信技术、计算机技术和人工智能科学等也成为早期认知心理学发展的助推器。

(六)20世纪80年代是认知心理学完整体系基本成形的时期。在这期间,认知心理学的指导思想是信息加工理论。20世纪90年代则是联结主义融入认知心理学的时期,联结主义主张人脑对信息的加工是平行加工。与几乎任何一个心理学派的发展一样,认知心理学的发展也逐渐开始进入一个极端,就是无限夸大自己的作用。

(七)当代认知心理学与其他相关学科之间的互动明显加强,其研究也更加注重生态效度,即更重视在一定的文化背景和情境中考察认知活动。

(八)认知心理学的四个重要分支是实验认知心理学、认知神经科学、认知神经心理学和计算认知科学。

(九)第二代认知科学是对认知研究范式的发展,正在成为认知心理学中的一个重要思潮。

(十)认知心理学的研究方法包括观察法、实验法、测验法等,近年来出声思维技术使用频繁。在认知神经生理学研究中,各种脑成像技术(CT、fMRI、PET、MEG 和 fNIRS等)以及事件相关电位(ERP)技术为理解大脑功能提供了重要参考依据。

术语解释

认知心理学(cognitive psychology) 研究认知活动的功能、表现、内在结构和心理机制的心理学分支。认知心理学是研究人怎样学习知识、储存知识和运用知识的学科,研究的范围包括注意、知觉、记忆、思维、问题解决、言语、认知发展等。它也是认知科学的一个重要组成部分。

结构主义(structuralism)　冯特创立的心理学派,关注心理的内容和结构,而不是心理活动的功能;该学派试图找出心灵的最基本单元(元素),以及各种元素合成心理复合体的方式和规律,建立一个"心理化学"体系。

机能主义(functionalism)　詹姆斯创立的心理学派,它强调心理活动的机能方面,以实用主义哲学为理论基础来解释心理现象,其信条是,心灵所做的一切都是为了帮助人们适应自己面临的环境。

行为主义(behaviorism)　以华生为代表的一个只认客观观察,不认主观内省的心理学学派。该学派认为,一切心理现象都可以还原为行为和生理的反应,因此人和动物之间也就没有什么区别;心理学家可以使用"刺激""反应""习惯"等术语(而不是"意识""心理状态""意志""意象"等名词),将所有的心理学问题都简化为刺激(S)和反应(R)之间的关系,从而建立一个完整的学科体系。

新行为主义(neo-behaviorism)　以托尔曼为代表的行为主义新派别,用目的论的观点来说明人和动物的一切行为;并引入一个中间变量 O,将"S(刺激)—R(反应)"公式改为"S—O(机体)—R"。它被认为是当代认知心理学的源头之一。

格式塔心理学(Gestalt psychology)　魏特海默、考夫卡和苛勒创立的心理学派。他们旗帜鲜明地提出了一个与结构主义完全对立的主张:心理现象不能分解还原成基本的元素,而应该在把握整体的前提下加以分析和研究,应该理解经验的整体结构。格式塔心理学提出了著名的知觉组织原则。

发生认识论(genetic epistemology)　皮亚杰创立的儿童认知发展理论,认为儿童的智能结构与成人有着质的差别,智力发展是心理结构对于自然和社会环境的适应过程,而且是儿童通过自己的活动、试验和发现进行的主动的、建构性的适应过程。该理论从儿童智能发展的角度为认知心理学的创立和发展提供了强大的支持。

人因工程学(human factors engineering)　应用心理学分支之一,目的是根据人类认知和操作等方面的特点来设计仪器设备中的合理高效的人机界面。

信息加工学说(information-processing theory)　把人比作计算机,看作是信息加工系统,认为认知就是信息加工。信息加工学说在 20 世纪 60 年代和 20 世纪 70 年代一直统治着认知心理学。

系列加工(serial processing)　信息处理的各个阶段依一定的顺序起作用,前一个阶段的输出成为后一个阶段的输入。

平行加工(parallel processing)　与系列加工相反,指多项信息处理或认知操作同时进行。

联结主义(connectionism)　认知心理学新思潮,认为人类认知是处于不同状态的认知单元联结组成的网络的功能。

生态效度(ecological validity)　要对一个人的认知活动有一个真正的了解,就应该考虑认知活动发生的文化背景、社会背景、人格背景和任务背景,而不是孤立地看待活动本身。强调生态效度的认知心理学研究偏重采用自然观察法和现场研究法来考察认知活动。

实验认知心理学(experimental cognitive psychology)　行为层面的认知心理学。它考察的是身体健康、心理正常的被试在不同的认知任务中产生的行为反应。其指标往往是完成任务的效率(正确率和反应时),以及在此基础上鉴别出来的反应模式和偏向等。

认知神经科学(cognitive neuroscience)　研究认知过程的脑机制。它考察不同的任务与大脑活动的关联。

认知神经心理学(cognitive neuropsychology)　研究大脑部分区域受到损伤对于认知活动的影响。

计算认知科学(computational cognitive science)　通过数学建模,用人工系统来模仿人类的认知功能。

出声思维(thinking aloud)　要求被试边进行任务操作,边清楚地说出自己思考的所有内容。研究者将被试说出的所有思考内容都记录下来,作为分析思维过程的依据。

X线计算机体层扫描成像技术(X-ray computer tomography,简称CT)　计算机和X线相结合的脑成像技术,根据不同的身体组织具有不同的密度这一特征,以多个连续的层面图像的方式显示身体不同的组织。

功能性磁共振(functional magnetic resonance imaging,简称fMRI)　利用血液的磁性特征进行脑成像的技术。可以检测出大脑活动区域中血流充氧量的变化。

正电子发射断层扫描成像(positron emission computed tomography,简称PET)　一种功能性脑成像技术,该技术根据脑各个部位的放射量来推测那里的血流量,从而推测不同脑区的活动情况。

脑磁图(magneto-encephalography,简称MEG)　一种测量大脑电活动产生的磁场变化的技术。

功能性近红外光谱技术(functional near-infrared spectroscopy,简称fNIRS)　利用脑组织中的氧合血红蛋白和脱氧血红蛋白对近红外光吸收率的差异特性进行脑成像的技术。

事件相关电位(event-related potential,简称ERP)　一种脑电采集和分析技术。在头皮上安置一定数量的电极,记录来自大脑的电信号,进而测定和记录与某一具体事件相关的大脑区域的反应。

深入阅读

(一) 王甦,汪安圣(1992),《认知心理学》(北京大学出版社),第一章,第1-29页。
——王甦先生是我国老一辈最充满激情的心理学家之一。该书可以看作是在以信息加工理论占主导的年代,中国心理学者对认知心理学的吸收和加工的代表作。其第一章绪论提出了学者们对信息加工理论的一些重要问题的讨论。

(二)张述祖,沈德立(1987),《基础心理学》(教育科学出版社)。第一、二章,第1-93页。

——这部62万字的著作写的是严肃的科学内容,行文也没有时髦的语言,却具备一流的可读性。更重要的是,书中引证了我国心理学家自己的大量研究成果,极富中国特色。

(三)李其维(2008),"认知革命"与"第二代认知科学"刍议。《心理学报》,第40卷第12期,第1306-1327页。

——该文讨论第一代认知科学的缺陷,阐述第二代认知科学的基本理论和主要特点。可以助读者拓宽视野。

(四)Leibo, J.Z., D'Autume, C.D.M., Zoran, D., Amos, D., Beattie, C. & Anderson, K. et al. (2018). *Psychlab: A psychology laboratory for deep reinforcement learning agents*. arXiv:1801.08116v2[cs.AI].

——该文介绍了可以对人工智能体开展认知实验的虚拟心理实验室Psychlab,并介绍了多个具体的认知实验。比较人类被试与人工智能体的表现,或许能让我们更深刻地了解人类认知的特性。

第 2 章

注　意

·本章细目

2.1 注意概述
什么是注意

注意的功能

2.2 注意的选择功能
过滤器模型

过滤器模型的基本思想　过滤器模型的实验证据　围绕过滤器模型的争论

衰减器模型

衰减器模型的基本思想　衰减器模型的实验证据　衰减器模型与过滤器模型的比较

其他注意选择模型

后期选择模型　多态模型　聚光灯比喻　能量分配模型　图式模型

2.3 注意的分配功能
自动加工与控制加工

斯特鲁普效应与自动加工　自动加工与控制加工的分野　自动化过程的注意假设

双任务作业研究——练习在认知任务中的重要作用

各种注意瓶颈现象

视觉拥挤　心理不应期　注意瞬脱和双通道理论研究

2.4 应用研究
关于警觉的研究

警觉的减缩函数　影响警觉的因素

与自动加工有关的错误

分心与交通事故

注意障碍

·导读问题

■ 不同的认知模型在争论得不可开交的时候,常常发现双方其实是一家人。为什么会这样？
- 选择性注意是独立存在的一种注意种类吗？
- 图式在注意中起什么作用？
- 注意和学习之间有什么样的关系？
- 聚光灯比喻和能量分配模型有什么联系？
- 自动加工和控制加工是怎样用实验区分开来的？
- 多个刺激争夺注意资源有哪两种形式？
- 哪些认知和行为上的错误与自动加工有关？

2.1 注意概述

什么是注意

在人类认知活动中，注意（attention）决定着注入认知过程的信息原料。在这些原料面前，注意是选择者，是放大器，是认知活动的指南针和认知资源的分派者。注意是以刺激的一部分特征得到加强而进入意识，另一部分特征被漠视而完成它的使命。

人类的心理能量是有限的，不可能同时加工处理许多不同的信息。如果一定要求同时完成多个认知任务，那么每项认知活动的效率都会不同程度地下降。因此，我们很少同时看两本书，同时和两个人谈论两个不同的话题，"一心不得二用"成为最经典的格言。

机能主义心理学派的鼻祖詹姆斯（James，1890，pp.403-404）曾经对注意下过一个清楚的定义：

> 每一个人都知道注意是什么。所谓注意，就是心灵从若干项同时存在的可能事物或思想的可能序列中选取一项，以清晰、生动的形式把握它。聚焦、集中、意识，就是注意的本质。它意味着从若干事物前脱身，以便更有效地处理其他事物。

应该指出，注意并不是一种独立的心理过程，而是感觉、知觉、记忆、思维、想象等心理过程的一种共同特性。我们平时讲一个人在注意着一个什么事物，就是说他的感觉、知觉、记忆、思维、想象都集中在这个事物上。我们讲"注意来往车辆"，实际上是说"注意看来往车辆"，也就是说把你的感觉和知觉等都集中到来往车辆上去。孤立的注意是不存在的，它只是认知过程的一种状态。

注意也是情绪过程和意志过程的共同特性。悲痛的时候，我们注意着引起悲痛的原因；遇到困难的时候，我们注意着当前需要克服的困难。所以，注意表现在人的全部心理活动之中，是心理活动的共同特性。

在大多数情况下,注意是产生意识的前提。只有注意看了,才能意识到自己看到了什么;只有注意听了,才能意识到自己听到了什么。不过范博克斯泰尔等人(Van Boxtel et al., 2010)的实验也告诉我们,两者之间的关系并非如此简单。实验中向被试呈现光栅,光栅消失后要求被试报告其后象的持续时间。在这个看似简单的任务中,研究者通过改变被试报告任务的难度控制注意的强度,通过改变干扰刺激的有无控制意识的程度,从而形成一个 2(高注意强度,低注意强度)×2(有意识,无意识)的设计。结果发现,高注意强度-有意识条件下,被试报告的后象持续时间为 3.06 秒,低注意强度-有意识条件下为 3.36 秒,高注意强度-无意识条件下为 1.71 秒,低注意强度-无意识条件下为 2.02 秒。这说明,看到光栅(有意识)的情况下,被试报告的后象持续时间较未看到光栅时长;而在高注意强度下,被试报告的时间反而较低注意强度时缩短。这一结果意味着,注意不等于意识,注意强度大也不等于意识程度高。

注意的功能

对于个体来说,注意具有重要的适应意义。任何实践活动,不论是生产劳动、科学研究,还是艺术创作、经济管理,都需要人们具有较强的注意力。工人做工,必须高度注意机器的转动和产品的加工步骤,才能生产出合格的产品。科学家做实验,必须全神贯注,仔细地操作、观察、记录,不能东张西望。演员上台,只想角色,不想家里的事,否则就会忘词。总之,注意是有意识的活动的先导和保证。

具体来说,注意有着几个方面的功能——选择、放大、指引和分派。

第一,注意是选择者。在很多情况下,人们需要对一些随时可能出现的重要刺激作出迅速的反应。这样,个体就需要通过注意机制筛选进入认知加工系统的信息,这就是认知心理学家常常说的"选择性注意"。这时,个体通常处于一种警醒状态或搜索活动中,主动进行着信号检测,并且不断地区分哪些信息是值得注意的,哪些信息是可以忽略的。

第二,注意是放大器。被选中的信息和没有被选中的信息得到的待遇是不同的。对于那些没有被选中的信息,个体对它们加以弱化,而这种弱化直接导致了被选中进入认知加工系统的信息的显著化。这些被选中的信息处于注意的焦点,就像被放大了一样,更加容易得到操纵和处理。

第三,注意是指南针。人类的认知并不完全是由外界信息决定的。认知活动既包括自下而上的加工,也包括自上而下的加工。认知过程的每一个环节集中处理的信息可能是不同的,正是注意机制引导着个体认知的方向。

第四,注意是分派者。个体常常会同时执行多项任务,而认知资源(例如短时记忆广度)却是有限的。这就需要注意机制来扮演分派认知资源的角色,对认知活动的主要方面维持较长时间的指向(持续性注意),并有序地变换认知活动的指向(分配性注意),从而使多项任务同时获取足够的资源,顺利进行平行处理;通过资源分派,甚至还可以达到任务之间相互配合的效果。

注意的上述功能并不是独立起作用的,而是相互依存、相互补充的。因此,前面所说的选择性注意、持续性注意和分配性注意也不是对注意的分类,而是从不同的角度审视注意过程。

2.2 注意的选择功能

注意的基本功能就是选择。认知心理学家所说的选择性注意(selective attention),就是这一功能的体现。但是,对于选择功能是怎样实现的这一重要问题,认知心理学家争论了很多年,提出了不少模型。这里介绍的就是布罗德本特(Donald Eric Broadbent,1926—1993)的过滤器模型、特雷斯曼(Anne Marie Treisman,1935—)的衰减器模型、多伊奇和多伊奇(J.Anthony Deutsch & Diana Deutsch)的后期选择模型、约翰斯顿和海因茨(William A.Johnston & Steven P.Heinz)的多态模型、卡尼曼(Daniel Kahneman,1934—)的能量分配模型以及奈瑟的图式模型。

过滤器模型

过滤器模型的基本思想

过滤器模型(filter model)是英国心理学家布罗德本特(Broadbent,1957,1958)提出的。他认为,同时注意到的信息受到加工容量的制约,而处于注意范围以外的信息是不会进入认知的,因而个体不可能在同一时刻注意两件事情,除非两者的信息含量少,或者呈现的速度很慢。注意的选择性在感觉水平就已经实现了。注意就是一个过滤器,或是一个闸门,在信息负荷超过认知加工容量的情况下阻断一部分信息,放行另一部分信息进入加工系统。例如,当两个耳朵同时听到不同的听觉刺激,它们就成为两个相互独立的感觉通道。注意这个过滤器就会选择其中一个通道的信息进行加工,而忽略另一个通道的信息。

布罗德本特(Broadbent,1957)解释了自己的模型。他将过滤器比作一个 Y 型漏斗(见图 2-1)。漏斗有两个"手臂",表示两个不同的感觉通道;在"手臂"交叉的地方,有一个可以左右摆动的闸门,它可以关闭漏斗的一个通道,而放行另一个通道的信息。一个人在同一时间只能接收一个通道传来的信息。注意的选择性就是这样实现的。布罗德本特还认为,注意的选择性在感觉水平就实现了,这时个体对

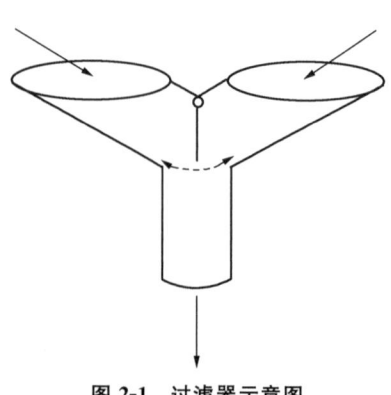

图 2-1 过滤器示意图
(来源:Broadbent, 1957)

刺激还没有产生意义认知。

过滤器模型的实验证据

为了验证这个模型,布罗德本特采用了一种叫做"分听任务"(dichotic listening task)的实验范式。在分听任务中,被试通过耳机接收声音刺激,左右耳机中传来的信息内容是不同的,并且可以要求被试仅注意其中一个耳朵听到的声音(这个耳朵称为"追随耳"或"注意耳"),对于另一个耳朵那里的声音不要注意(这个耳朵就是"非追随耳"或"非注意耳")。这个范式为许多注意实验采用。图 2-2 所示就是一个分听任务,右耳是追随耳。被试努力倾听右边耳机,而不理会左边耳机。两边耳机同时分别播放两段话,如果被试只能报告追随耳的信息,就能够证明注意的选择性是在感觉水平实现的。

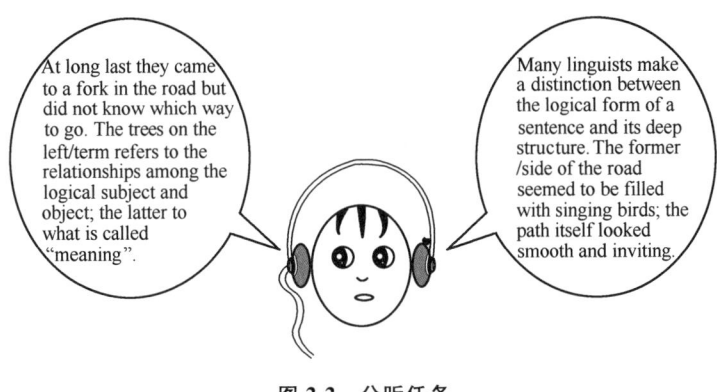

图 2-2 分听任务

布罗德本特(Broadbent, 1954)利用分听任务,找到了支持他的模型的一些证据。在其中一个实验中,他采用两种呈现刺激的方式:第一种是通常方式接收声音刺激,即两个耳朵同时听到相同的数字串,例如左耳=右耳=734215;第二种是分听方式,即左耳=734,右耳=215。将被试分成 3 组(其中前 2 组的结果就足以说明问题):第一组被试先以通常方式听 5 个数字串(长度均为 6 个数字),然后以分听方式听 10 个数字串(每个数字串长度也是 6 个数字,但是同时呈现给左耳 3 个,右耳 3 个);要求被试以任意顺序记录他听到的数字,这样,在左耳=右耳=734215 时,最正常的记录应该是 734215。第二组被试以分听方式听 24 个数字串,并要求他们按照听到数字的时间顺序进行记录,例如,当左耳=734、右耳=215 时,应该记录下 723145。上述分听方式不要求被试只注意一个耳朵听到的声音而忽视另一个耳朵,即没有追随耳与非追随耳之分。

实验的结果是,第一组被试(被要求以任意顺序记录),采用通常方式呈现数字串的正确率最高,达到 93%;采用分听方式时,正确率降低到 65%。

而第二组被试的情况大不相同。由于采用分听方式,并且要求按照听到数字的时间顺序进行记录,反应正确率降低到约 20%。

布罗德本特对于上述结果的解释是,第一组被试的注意不需要频繁转移,即过滤器的闸门无须多次摆动——通常方式时没有注意转移,分听方式时只需要 1 次转移,故成绩就比较好;而第二组被试由于要求按照听到数字的时间顺序进行记录,就必须连续多次(至少 3 次)摆动闸门以转移注意,成绩就严重下降。

围绕过滤器模型的争论

但是,过滤器模型在解释一些常见的注意现象时表现出它的缺陷。例如,莫里(Moray,1959)发现了著名的"鸡尾酒会效应"(cocktail party effect):在一个人声鼎沸的社交场合,一个人正在和别人交谈,突然听到背后有人提到他的名字,而他对名字前面的话却根本没有印象。也就是说,如果一个人集中注意某一个行为,一般情况下不会对注意范围以外的事物作出反应,但是如果有人说起他的名字(无论是否在他注意的范围内),都会引起反应。但是,按照过滤器模型,应该不会产生"鸡尾酒会效应",因为注意的闸门将非追随的信息完全堵在认知加工过程之外了。对此,莫里提出,一些重要的信息,例如姓名,可以穿透过滤器进入人的认知,产生一定的意义。但是,问题在于,过滤器怎么知道哪些信息是重要的,哪些是不重要的呢?更何况,"鸡尾酒会效应"也不是总会出现的。据帕什利(Pashler,1998)的研究,在没有事先警示的情况下,非注意通道传来的信息中即使包含被试的名字,也只有大约 1/3 的概率被注意到。对此,可以作这样一个解释:被追随的信息也许并不能 100% 地占用被试的注意资源,偶然的向着非追随信息的注意转移也是可能的,而正是这种偶然的注意转移,使得 1/3 的名字进入被试的认知。

衰减器模型

衰减器模型的基本思想

为了进一步证实过滤器模型的缺陷,注意与知觉研究领域的另一个重要人物——特雷斯曼登场了。她反对过滤器能将非追随信息完全阻隔于认知过程以外的观点,而是将注意比作一个衰减器,它可以"调低"无需注意的非追随信息的"音量",但不是完全关闭相应的通道。这样,某些具有重要意义的非追随信息还是可以进入认知过程。这就是注意的衰减器模型(attenuation model)。

特雷斯曼(Treisman,1960)认为,接收的信息要经历三个阶段(并非全部需要)的分析或检验:

第一阶段:分析刺激的物理属性。以声音刺激为例,首先分析的就是声音的音调、响度等特征。声音刺激都能够通过这一阶段。

第二阶段:确定刺激是不是语言,如果是,就将它们分为音节和单词。在分听任务中,非追随耳的信息经过这一阶段时受到衰减,而追随耳的信息没有受到衰减。

第三阶段:识别单词并赋予意义。这里,特雷斯曼引入了阈限的概念。她认为,追随耳的信息没有受到衰减,可以顺利地激活有关的单词,从而得到识别。非追随耳的信息由于衰减而往往达不到单词的识别阈限。但是,有些意义比较重大的单词,例如个人的姓名等,阈限是比较低的,即使信息受到衰减,也能够被激活。影响阈限的因素是很多的,有个性因素、信息的意义、熟悉程度、上下文、指导语等。

衰减器模型的实验证据

特雷斯曼采用分听任务验证自己的假设。在实验中,用两个耳机分别向被试呈现两段不同的语句,要求被试注意或者追随其中一只耳朵听到的语句;而在语句呈现到句子中间的时候,两个耳机交换了它们呈现的语句,也就是说,原来用左耳机呈现的语句的后半句转移到了右耳机,而原来用右耳机呈现的语句的后半句转移到了左耳机。例如:

左耳:Many linguists make a distinction between the logical form of a sentence and its deep structure. The former / side of the road seemed to be filled with singing birds; the path itself looked smooth and inviting.

右耳:At long last they came to a fork in the road but did not know which way to go. The trees on the left / term refers to the relationships among the logical subject and object; the latter to what is called "meaning".

上面两段文字中,以"/"表示语句的交换之处。左耳的前半句和右耳的后半句是同一语句,右耳的前半句和左耳的后半句是另一语句。结果发现,发生这种交换后,许多被试能够重复非追随耳的一两个单词。有些被试甚至没有觉察到这种交换,继续复述与原来追随耳连贯的语句(其实已经到了非追随耳),而没有觉察到自己复述错了耳朵。

可见,被试选择注意哪些信息在一定程度上是根据信息的意义,而这正是过滤器模型排斥的。因为按照过滤器模型,那些非追随通道中的信息是被完全隔绝的,不能进入认知加工系统的,当然更不用说得到语义加工了。

特雷斯曼和格芬(Treisman & Geffen, 1967)的另一个实验进一步验证了衰减器模型。在这个实验中,同样让被试完成分听任务,并要求只注意追随耳的信息;不同的是,被试还被要求同时完成另一项任务:无论是追随耳还是非追随耳,当听到一个预先选择的目标词时,都要做出一个轻轻的拍打动作。结果发现,呈现给追随耳的目标词得到了较高比例(86.5%)的拍打反应,而非追随耳的反应比例虽然比较低,但还是达到了(8.1%)。这一结果同样说明非追随通道的部分信息还是能够进入再认环节的。

还有更神奇的:麦凯(MacKay, 1973)在一个关于理解和注意的实验中发现,如果向追随耳呈现一个含义模糊的句子,例如:

They threw stones toward the bank yesterday.

其中的"bank"在句子中可以理解为"河岸",也可以理解为"银行"。但是,如果同时向非追随耳呈现的信息中有一个能使追随耳句子含义清晰化的提示词,例如针对上句可以呈现"river"(河),被试就可能将句子理解为"昨天他们向河岸上扔石块"。这说明非追随耳的信息同样可以进入认知,得到语义水平的加工。不过,帕什利(Pashler, 1998)后来指出,这一效应仅在对非追随耳呈现单个词语(而不是一系列词语)的时候较为显著,并提出了单个词语造成注意"重启"的解释。

针对过滤器模型用"偶然的注意转移造成了姓名再认"来解释鸡尾酒会效应，伍德和考恩（Wood & Cowan, 1995）的一个实验给出了更有力的驳斥。在这个实验中，也要求被试完成分听任务，并规定只注意追随耳的信息。向两个耳朵播放的句子分别摘自两篇不同的文章，朗读的速度很快，每分钟约175个单词。追随耳的句子按正常方式播放，而非追随耳的句子播放过程中，有一段时间（30秒）采用反向播放方式。这样做的目的在于观察这段文字的反向播放能否影响被试对追随耳的信息的加工。

实验中设置了三种条件：A组为控制组，听到的全部是正常播放的句子；B组在反向播放后继续听到2.5分钟的正常播放；C组被试在反向播放后继续听到0.5分钟的正常播放。听完句子后，对被试进行测验，要求他们回忆追随耳听到的信息。

实验的结果很耐人寻味。伍德和考恩记录了被试对追随耳信息的反应错误率，结果见图2-3。图中有5条线，分别表示A组被试、B组中注意到反向播放的被试、B组中没有注意到反向播放的被试、C组中注意到反向播放的被试和C组中没有注意到反向播放的被试的错误情况。可以看到，在30秒反向播放阶段（中段），那些注意到反向播放的被试的错误率显著高于未注意到的被试和控制组的被试，而且在进入反向播放阶段10～20秒后达到顶峰。这说明，追随耳与非追随耳之间的注意转移并不是随机的，也不是周期性的，而是有规律的。正是非追随耳中反向播放的信息"俘获"了原本对于追随耳的注意，导致了错误率的高峰。因此，这一实验同样证明了衰减器模型的合理性。

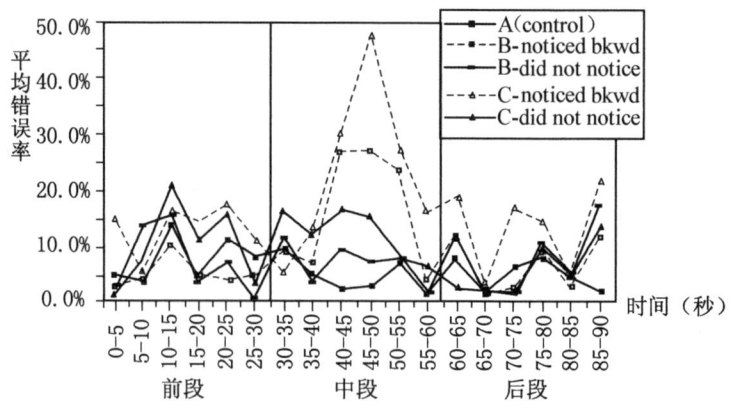

图2-3　被试对追随耳信息的反应错误率

（来源：Wood & Cowan, 1995）

衰减器模型与过滤器模型的比较

比较一下过滤器模型和衰减器模型，可以发现它们有差别，也有相同之处。它们的不同之处在于，过滤器模型采取的是"全或无"方式：在信息闸门的作用下，同一时间只有一个通道开放，使得信息要么可以通过，要么完全不能通过。而衰减器模型则是一种双通道或多通道模型,在解释实验现象方面显得更为灵活、可信,因而得到了许多心理学家的肯定。但是,两者的出发点是相同的,都认为注意的选择功能是为了适应高级分析水平容量的有限性;而且这种选择都作用于知觉层次,都是为了选择一部分信息进入高级的知觉分析水平。因此,这两个模型常常被看作是注意的知觉选择模型。但是,注意的选择功能是不是一定出现在知觉层次呢?在反应层次是否也能出现选择呢?在这样一个前提性问题没有得到比较确信的答案之前,无论是过滤器模型还是衰减器模型,它们是否成立都应该打上一个大大的问号。

其他注意选择模型

后期选择模型

后期选择模型(late-selection model)是一个考虑在反应水平上进行选择的理论,由多伊奇和多伊奇(Deutsch & Deutsch, 1963)提出。该模型与前面两个知觉选择模型的区别在于,注意的选择功能作用的阶段晚于知觉,当信息进入工作记忆时,才出现信息的选择。两位多伊奇设想了这样一种机制:各个通道输入信息都可以进入高级分析水平,得到完全的知觉加工,即使非追随耳也是如此。信息进入工作记忆以后,重要的信息得到精细的反应,不重要的信息则不会得到反应;在对重要的信息进行反应时,如果有更重要的信息出现,原来的信息就会被挤走,作出另外的反应。

诺曼(Norman, 1968)对多伊奇的理论作了进一步的完善和扩展。他认为,所有的信息都被传入工作记忆中,这种信息传递是以平行方式进行的,由于平行传递超越了工作记忆的容量,就需要进行选择。一些信息之所以未被注意,只是因为对其他信息作出了反应。这样,就有一些信息在得到知觉识别以后未能得到继续加工,因而不能从记忆中提取出来。

按照后期选择模型,对于熟悉物体的再认是不需要选择的,也不受加工容量的限制。因此,一个人不能有意识地选择识别什么而不识别什么(Pashler, 1998)。

信息的重要性受到许多因素的影响,包括信息的上下文和个人意义(例如一个人的名字)。个体的警醒水平也很重要:熟睡时的人处于最低的警醒水平,只有那些极其重要的信息才会得到注意;而在较高的警醒水平下,不太重要的信息也可能得到加工。注意的选择功能就体现在选择最重要的信息,这些信息将在以后得到反应。

后期选择模型也得到了一些实验结果的支持。例如,刘易斯(Lewis, 1970)的一项分听任务研究中,让被试注意追随耳听到的单词,而忽略非追随耳中的任何信息。非追随耳中呈现的信息也是单词,不过这些单词与追随耳的单词有时没有语义上的联系,有时却又是同义词。实验要求被试在执行分听任务时,对追随耳的单词作出声音反应,并测量从追随耳单词出现开始到被试对其作出反应之间的反应时。结果发现,非追随耳呈现的是追随耳单词的同义词时,被试对追随耳单词的反应时会延长,而非追随耳呈现无关单词时则观察不到这种效应。

这个结果与过滤器模型和衰减器模型都有冲突。根据过滤器模型，非追随耳被完全关闭，这里呈现的同义词不应该延长被试的反应时。根据衰减器模型，非追随耳的单词信息的强度受到衰减，虽然其语义有时会得到加工，但是像同义词这样的语义关系则不在语义加工之列，而在上述实验中，被试识别出了追随耳和非追随耳信息之间的语义关系。可见，双耳信息都进入了高级认知加工阶段，只是由于追随耳与非追随耳单词的语义关系造成了对被试反应时的影响：非追随耳的同义词得到反应，从而延长了对追随耳单词的反应时。

多态模型

约翰斯顿和海因茨(Johnston & Heinz, 1978)提出的多态模型(multimode model)也是基于加工容量的有限性原则，但是这个模型更加灵活。他们认为，注意是一个十分灵活的系统，它不像知觉选择模型和反应选择模型所坚称的，仅在知觉层次或反应层次进行选择，而可以在不同的阶段对信息作出选择。注意可以在以下三个阶段中的任何一个完成选择功能。

第一阶段，可以称为感觉阶段。在这个阶段，刺激的物理特征得到加工，建立其感觉表征。过滤器模型所说的选择就发生在这个阶段。

第二阶段，可以称为语义阶段。在这个阶段，认知系统建构起刺激的语义表征。语义加工需要比较多的知识，因而比感觉加工要付出更大的努力。一个不懂外语的人可以对外语作出感觉表征，但是不可能对其作出语义表征。因此，如果感觉表征提供了足够的信息使个体作出选择，个体将不愿意进行语义层次的选择。

第三阶段，可以称为意识阶段。在这个阶段，感觉表征或语义表征进入个体的意识。这个阶段发生的选择相当于后期选择模型所称的选择。

虽然各个阶段都可以完成注意的选择功能，但是毕竟加工越多越耗费资源。因此，能在第一阶段完成的选择理论上不应拖到第二阶段或第三阶段来完成。可见，选择发生得越晚，任务难度就越大。

约翰斯顿和海因茨(Johnston & Heinz, 1978)用一个非常精彩的实验检验了自己的假设。在这个实验中，要求被试同时执行两项任务。第一项任务是标准的分听任务，这可能需要感觉表征，也可能需要语义表征；第二项任务是对随机呈现的灯光刺激作出按键反应，这只需要感觉表征。按照加工容量有限的原则，如果同时完成两项任务，一项任务得到的资源多，另一项任务得到的资源就会相对减少。如果在第一项分听任务中需要语义表征，由于它占用的资源比感觉表征多，完成第二项任务得到的资源就会少，反应成绩就应该差一些；相反，如果第一项任务中只需要感觉表征，则第二项任务的成绩就会好一些。

为了检验上述假设，约翰斯顿和海因茨对第一项分听任务进行了精心设计。在分听任务中,被试从双耳听到一些由男声或女声朗读的语词,并设置了两种条件。一种条件是,时常变换朗读者的性别,要求被试追随男声或女声,目的是仅产生较低水平的感觉表征,使被试可以完成早期选择;另一种条件是,同一个朗读者(性别相同)朗读不同类别的语词(例如家具名称和水果名称),要求被试追随家具名称或水果名称,由于区分不同类别语词需要更强的语义加工,被试不得不进入第二阶段才能完成选择。

实验的结果正如上述推测。在第一种条件下,选择朗读者的性别相对来说容易得多,因而被试在第二项任务(对随机呈现的灯光刺激作出按键反应)上的反应时要短;相反,根据语义选择追随信息就困难得多,被试对灯光刺激的反应时也就长得多。这样,上述假设得到了有力的证明。

约翰斯顿和海因茨(Johnston & Heinz, 1978)所做的一个后续实验还表明,如果上述语词的类别数增加,并不进一步影响第二任务的反应时。这说明处理非追随信息并不占用多少心理资源,否则的话,从三类信息中选择一类信息应该比从两类中选择一类信息困难更大,反应时也应该更长。

聚光灯比喻

前面所述的注意选择模型都以认知加工能力有限性为前提,这个前提也是信息加工理论流派的出发点。但是,这个前提可能是比较"消极"的,因为它容易把研究者的目光更多地引导到那些不能处理的信息,认为选择的功能就是把这些信息挡在认知加工系统的大门之外。这样来说明注意选择的机制似乎是不够的。因此,更多的认知心理学家将目光投向那些被个体集中注意进行加工的信息,并力图用中枢能量的分配机制来说明注意的机制。这样一来,他们就不再重视"过滤器""衰减器"之类的瓶颈机制,而是将注意看作是个体将有限的中枢能量分配于他执行的任务。

为了更好地描述注意机制,认知心理学家提出了"聚光灯比喻"(spotlight metaphor)。聚光灯的特点是:光线集中,仅照射比较小的一个范围;可以按照需要调整照射的方向;所照之处的中心最亮,周围比较模糊;物体越大,占用聚光灯资源(光线面积)就越多,等等。注意也是这样:个体可以将自己的注意集中在一项或少数几项任务上,而不理会其他事情;注意可以按照个体的意愿从一项任务转移到另一项任务上;处于注意中心的任务得到的处理最精细,其他任务能够得到的处理就比较初级;任务对认知加工的要求越高,占用的注意资源就越多。

埃里克森和埃里克森(Eriksen & Eriksen, 1974)运用侧抑制任务(flanker task)验证了聚光灯比喻。在侧抑制任务中,向被试呈现一排字母(例如 H H H S H H H),要求被试只注意中间位置的那个字母(S),而忽视其两侧的字母(H)。实验设置了两种条件:(1)侧抑制刺激与中间刺激相距较近(例如 H H H S H H H);(2)侧抑制刺激与中间刺激相距较远(例如 H　S　H)。结果表明,第一种条件下的反应时(平均 540 毫秒)显著高于第二种条件(平均 465 毫秒),这说明两侧的刺激(位于聚光灯所照之处的周边)仍得到较微弱的光线关照,并抑制了对中间位置刺激的反应。

不过,埃格利等人(Egly, Driver & Rafal, 1994)指出,决定能量分配的主要因素不是离"灯光"中心的远近,而是处于注意范围中的物体。他们用实验对此作出验证。实验所用的刺激如图 2-4 所示。在第一个画面中,呈现两个长方形,其中有一个长方形的一端(例如图 2-4 右边长方形的上端)以改变亮度的方式产生一个提示线索,目的是告知被试刺激可能在此位置出现。接着呈现第二个画面,刺激随机出现在两个长方形的两端(位置 A、B、C,且 AB＝ AC)。

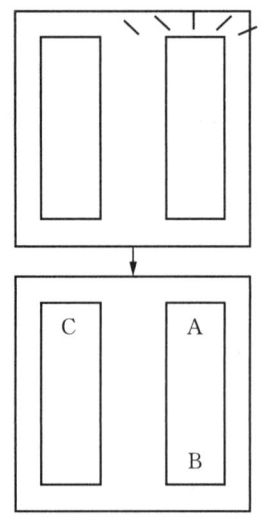

图 2-4 基于物体的注意

(来源:Egly, Driver & Rafal, 1994)

如果单纯按照聚光灯比喻,出现在 A 处的刺激可以得到最快的反应,因为刚才第一个画面提示刺激将出现在这里;而出现在 B、C 两处的刺激应该得到相同的反应时,因为两处距离提示线索位置的距离是相同的。实验的结果支持了第一个预测,被试对出现在 A 处刺激的反应时确实最短(324 毫秒)。但是第二个预测没有兑现:B 处反应时为 358 毫秒,C 处为 374 毫秒。B 处反应时短于 C 处,显然是因为 A、B 位于同一个物体(长方形)中。

能量分配模型

卡尼曼(Kahneman, 1973)提出的能量分配模型(mental resources allocation model),可以说是上述比喻的发展。他认为,认知加工资源受到唤醒水平的制约,而唤醒又受到各种因素的影响,诸如情绪、药物、肌紧张和强烈刺激等。唤醒水平越高,个体得到的认知加工资源(可及能量)也就越多。接着,由一定的唤醒水平动员起来的可及能量通过一定的策略分配给不同的任务。而影响资源分配策略的因素就更多了:可及能量、当时意愿、对完成任务所需能量的评价,甚至比较永久起作用的个人特质,都会影响到资源的分配。一般来说,可及能量会更多地分配给个体认为比较感兴趣的、喜欢的或重要的任务。图 2-5 就是卡尼曼的能量分配模型示意图。根据这个模型,只要有限的认知资源足够分配,个体就可以同时接收多个输入,进行多项活动,否则它们之间就会相互干扰,这时个体只能调整策略,集中注意于一项活动。这就是为什么个体总是将比较重要的、费神的工作留到清醒的、精力充沛的时间去完成。

诺曼和博布罗(Norman & Bobrow, 1975)对上述模型作了进一步发展。众所周知,个体在有些情况下不能很好地完成任务,不是因为资源有限,而是任务本身难以完成。例如,要在一个很强的噪声背景下检测一个微弱的声音信号,那是很难的,有时甚至是无法做到的,无论个体多么努力。为此,诺曼和博布罗进一步区分了材料限制加工(data-limited process)和资源限制加工(resource-limited process)。卡尼曼的模型体现的正是资源限制加工——只要得到较多的资源,活动就能顺利地进行下去。而材料限制加工则是强调刺激本身的限制。如果刺激本身难以加工,则即使分配到较多的资源也无济于事。

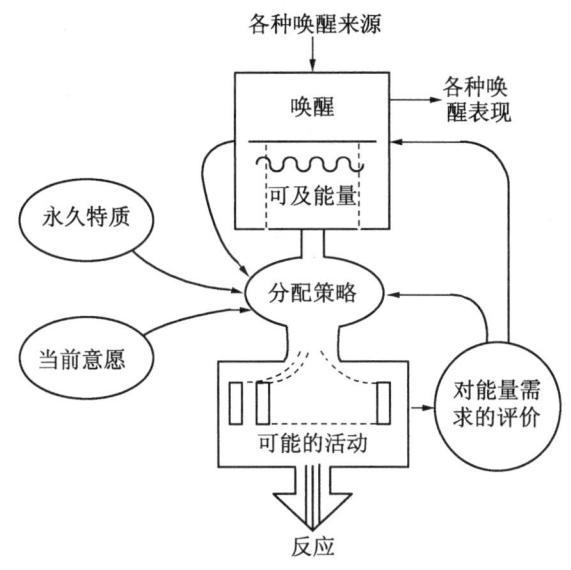

图 2-5　注意的能量分配模型

(来源:Kahneman,1973)

道森和谢尔(Dawson & Schell,1982)的一个研究还指出,大脑两半球在它们的可及能量和分配策略上是不同的。优势半球由于语义加工的需要而占用较多的资源,而非优势半球则只需要比较少的或者不同的资源。

图式模型

奈瑟(Neisser,1976)提出的注意模型——图式模型(schema model)更是与众不同。他提出了一个"摘苹果比喻":树上有很多苹果,一部分被我们摘下来了,另一部分还留在树上。留在树上的苹果只不过没有被摘下来,谈不上被"过滤"掉或者被"衰减"掉。个体注意到的材料就是被摘下来的苹果,而没有注意到的材料就是那些还在树上的苹果。可见,奈瑟认为,注意不是过滤器,不是衰减器,也不是根据重要性决定是否进入记忆;个体注意的事物,与他当时的任务激活的图式密切相关。

为了证实自己的理论,奈瑟和贝克伦(Neisser & Becklen,1975)创造了一种新的任务——选择性观看(selective looking)任务,任务中同时重叠放映两个影片,其中一个影片拍摄的是一种拍手游戏,另一个影片中有三个人传递、拍打篮球。要求被试在两个影片中选择一个观看,而且当事先约定的一个目标事件(例如拍手或传球)发生时,按下一个键。

他们得到了两个发现。第一,被试能够相当轻松地追随选定的电影,即使该电影中的目标事件的发生频率高达 40 次/分钟。他们可以很容易地忽略掉非追随电影中的目标事件。第二,被试未能注意到非追随电影中发生的不寻常事件。例如,追随"传球"电影的被试甚至没有注意到非追随的"拍手"电影中的一个人停下拍手游戏,参加到了传球游戏中。

奈瑟和贝克伦对此的解释是,被试的选择性观看是熟练的知觉造成的,而不是过滤器或衰减器造成的。以观看传球游戏为例,与传球相关的图式会引导被试的选择:被试看到一个人在拍球,就会注意他什么时候将球传出去,传出去以后谁接着,等等。用他们的话说,就是"看到过的指引着正在看的"。这种现象用图式来解释是很自然的,用过滤器或衰减器来解释就比较牵强。

其实,奈瑟的图式模型未必能彻底驳倒过滤器模型和衰减器模型,但是这个模型显然是带上了全局的眼光。过滤器模型也好,衰减器模型也好,都是讲注意的选择功能是在哪里实现的,是怎样实现的,充其量说出了一种局部的机制。而图式模型提出了"为什么这样选择"的问题,使我们进一步思考注意与经验、动机、任务要求之间的关系。

2.3 注意的分配功能

在日常生活中,我们可以同时顺利地进行两种活动,这就需要注意的分配功能发挥作用。注意的分配功能和选择功能密不可分,没有分配就不需要选择,没有选择就实现不了分配。两者只是侧重点不同:选择功能强调的是如何将注意力集中到当前注意的任务上,而暂时阻断来自其他途径的信息;分配功能强调的是个体如何将注意力合理地分配和转移,以便同时有效地处理多项任务。

自动加工与控制加工

如果在同时进行的几项任务中,有些任务是自动加工(automatic processing)的,由于它们几乎不需要占用认知资源,这就可以使个体集中注意于其他任务,从而提高工作效率。而自动加工并不是天生的,是通过练习获得的。

斯特鲁普效应与自动加工

斯特鲁普(Stroop, 1935)设计了一种任务,他向被试呈现一系列各种颜色(红、蓝、绿、棕、紫)的长方形色块和有关颜色的单词(red, blue, green, brown, purple),这些单词的打印颜色与它们的语义所指的颜色是相互冲突的,例如用绿色墨水打印表示红色的单词"red",要求被试以最快的速度说出印刷这些色块和颜色单词的墨水颜色。这就是后来人们所说的斯特鲁普任务。结果发现,被试能够很好地报告色块的墨水颜色,但是在报告颜色单词所用墨水颜色时却显得非常困难,经常不由自主地读出单词本身。这就是著名的斯特鲁普效应(Stroop effect)。

斯特鲁普认为,上述效应的产生是长期训练的结果。因为这个实验的被试都是有文化的成年人,长期的阅读训练使得他们不用集中太多的注意力就能流利地读出文字,面对单词他们总是情不自禁地产生阅读反应。而在斯特鲁普任务中,他们必须抑制住自己的阅读,还要报告与单词意思不同的墨水颜色,因此是相当困难的。

斯特鲁普的看法在以后的许多研究中得到了佐证。麦克劳德(MacLeod,1991)总结了从斯特鲁普效应发现 50 多年以来的有关研究报告,发现该效应在儿童开始学习阅读的同时相伴着出现,在儿童读小学二三年级时达到高峰,然后随着年龄的增长而缓慢下降,直到大约 60 岁。这说明,频繁的阅读练习可以帮助放大斯特鲁普效应。

由此可见,在斯特鲁普任务中,对于颜色单词的阅读反应是一种只需要很少资源就能够有效进行的、难以抑制的认知加工。这就是我们现在所称的"自动加工"。

波斯纳和斯奈德(Posner & Snyder,1975)提出了自动加工的三个判断标准:(1)个体没有进行该加工的意图;(2)个体没有意识到正在进行该加工;(3)该加工不能干扰其他心理活动。

对照上述标准,我们可以发现斯特鲁普效应与第三条标准有些出入。斯特鲁普任务中,对于颜色单词的阅读反应干扰了被试遵循主试的要求作出的反应。应该说,这是自动加工在特殊情形(斯特鲁普任务)中对其他不熟练的活动造成了干扰。不过,斯特鲁普效应可以通过练习放大,也可以通过练习降低。在斯特鲁普进行的研究中,被试在进行上述实验后,再经过长达 8 天的训练,结果发现,被试报告颜色单词的墨水颜色时受到单词语义的干扰显著降低,速度也大大提高。

自动加工的对立面就是控制加工(controlled processing)。这是一种需要运用注意的加工,受到意识的控制,其容量有限,可以灵活地适应变化着的环境。

自动加工与控制加工的分野

施奈德和希夫林(Schneider & Shiffrin,1977)在严格控制实验条件的前提下,将自动加工和控制加工分离了开来。这是一系列的视觉搜索实验,要求被试在一定的框架内搜索某些目标刺激——字母或数字。例如,先让被试识记一个目标刺激(字母 J),然后呈现一系列刺激(字母 B M K T),要求被试回答其中有没有目标刺激(本例中正确答案应该是"没有")。

在施奈德和希夫林的实验中,需要识记的目标刺激(识记集合)和搜索中呈现的再认刺激的安排又分为两种情况:相同范畴条件(varied-mapping condition)和不同范畴条件(consistent-mapping condition)。相同范畴条件指的是目标刺激和分心刺激属于相同的范畴。识记集合中包括一个或多个字母(或数字),搜索时呈现的刺激也包括字母(或数字)。任何一次试验中的目标刺激都可能在以后的实验中担任分心刺激。例如,在前一次试验中,字母 J 担任目标刺激,字母 M 担任分心刺激,而在后面一个试验中,两者的关系就可能颠倒过来。这种条件下的搜索相对困难一些。

不同范畴条件指的是目标刺激和分心刺激属于不同的范畴。如果识记集合中的目标刺激是字母,搜索时呈现的分心刺激就都是数字;或者相反,目标刺激是数字,分心刺激都是字母。在实验中,一次试验用过的目标刺激不会成为后续试验的分心刺激。例如,识记集合中的目标刺激是字母J,要求从再认刺激(1,6,3,J,2)中找出它来。由于目标刺激和分心刺激属于不同的范畴,字母J似乎可以从一系列的数字当中自动"弹出"(pop out),搜索的难度就比较小,可以看作是一种自动加工。

在全部实验中,还有三个变量得到系统的操纵。第一,再认刺激的呈现时间(frame time)从约20毫秒变化到800毫秒;第二,再认刺激的数目(frame size)设定为三个水平:1个、2个和4个,呈现画面中那些没有字母或数字的位置用随机点填充;第三,识记集合中的项目数,可能只要求搜索1个字母(J),也可能要求搜索4个字母(J M T R)。操纵上述三个变量的目的在于改变任务对于注意的需求程度。

实验结果表明,在相同范畴条件下,上述三个变量都会影响到被试的作业成绩。当识记刺激和再认刺激均为1个时,要达到80%的正确率,再认刺激的呈现时间要达到120毫秒;而当识记刺激和再认刺激均为4个时,再认刺激的呈现时间要达到800毫秒,正确率也仅达到70%左右。但是在不同范畴条件下,被试的成绩仅受到再认刺激呈现时间的影响。无论识记刺激和再认刺激的数量是多少,再认刺激的呈现时间只要达到80毫秒,正确率就达到80%以上。图2-6体现了以上结果。这些结果说明,不同范畴条件下,被试只需要很少的资源就能很快地进行加工,不需要有意识的努力,这是自动加工的特征;而在相同范畴条件下,被试进行的是控制加工,因为在这种条件下必须将每一个目标刺激与每一个再认刺激进行顺序比较。

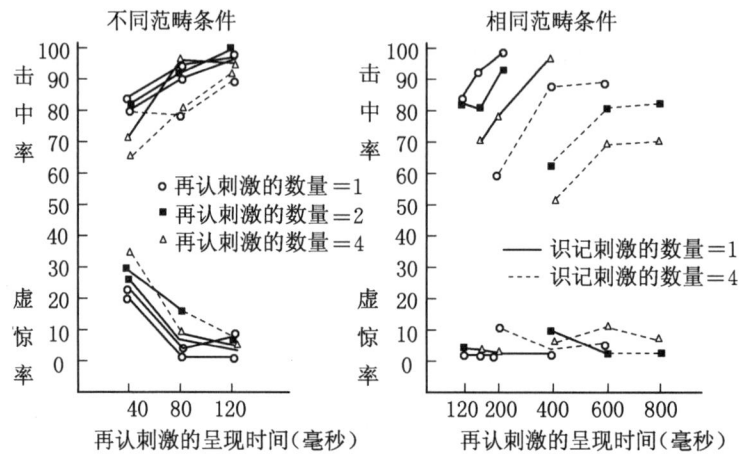

图2-6 自动加工和控制加工效率上的差异

(来源:Schneider & Shiffrin, 1977)

施奈德和希夫林在区分出自动加工和控制加工后进一步指出,自动加工总是出现在比较容易的任务中,或对熟悉刺激进行加工的过程中。自动加工是一种平行加工,不需要限制加工容量。在上述实验的不同范畴条件下,被试搜索1个目标和搜索4个目标的效率相同,说明多个搜索能够同时进行,这是平行加工的表现。相反,控制加工出现在比较困难的任务中,或对不熟悉刺激进行加工的过程中。控制加工是一种系列加工,同一时间只能对一小部分刺激进行加工,需要限制加工容量,是在意识控制之下完成的。在上述实验的相同范畴条件下,刺激越多,被试达到一定正确率需要的刺激呈现时间越长,这是系列加工的表现。

自动化过程的注意假设

心理学家常常将注意和练习结合起来考察认知活动。洛根和埃瑟顿等人(Logan & Etherton, 1994; Logan, Taylor & Etherton, 1996)在这个领域做了重要的工作。他们提出了一个"自动化过程的注意假设"(attention hypothesis of automatization),认为练习需要注意的参与,因为注意帮助确定练习当中应该学习哪些东西、记住哪些东西。这样一来,学习就被看作是注意的副效应(side effect),注意到的东西将得到学习,未被注意到的将得不到充分的学习。

洛根等人做了一系列实验来证明自己的理论。在一个实验(Logan & Etherton, 1994)中,他们向被试呈现一系列配对单词,要求被试检测一个特定的目标单词(例如金属类单词),并作出尽可能快的反应。实验中设置了两种条件:第一种条件是,配对单词始终不变,例如单词 steel 和 Canada 在一次试验中配对后,双方都不再与别的单词配对。第二种条件是,配对单词可以变化,例如单词 steel 与 Canada 在一次试验中配对后,又与 broccoli 配对。实验结果似乎是毫无悬念的——第一种条件下被试的成绩应该好于第二种条件。

但是,接下来看到的结果很有些戏剧性。如果主试将配对的单词中的一个涂上绿颜色(另一个不涂颜色),并且告知被试只需判断绿色单词是不是目标单词,这时两种条件下的被试成绩就变得不相上下了。这说明,如果不强调只须注意绿色单词并作出反应,被试只能将注意力平均分给配对的两个单词,第一种条件的难度就比较低,成绩就比较好;而在只须注意绿色单词的情况下,第一种条件的优势就烟消云散了。而且,在事后的回忆测验中,只须注意绿色单词的情况下的被试能够回忆出来的非绿色单词也比较少。可见,颜色线索使他们可以忽视一些本来必须注意的刺激,减少了需要学习的材料数量,从而降低了被试的作业难度。

洛根等人还对第一种条件下的被试进行了长时间的练习,希望他们即使在只须注意绿色单词的情况下也能学会那些单词的配对关系。但是,结果表明,只要被试觉得没有理由注意绿色单词以外的刺激,这种学习就很难发生。

双任务作业研究——练习在认知任务中的重要作用

在注意的分配功能的研究中,还常常采用双任务(dual task)作业。同时进行两种活动,有些情况下是顺利的。例如,一边走路,一边聊天;一边写文章,一边听音乐。但是有些情况下,同时进行两种活动却很困难。例如,我们很难一边写文章,一边跟人聊天;初学开车的人,不敢和旁座的人说话,等他熟练以后,才能进行一些交谈。可见,能否顺利地进行两种活动,受到活动的相似性、活动对认知资源的需求,以及一些个人因素的制约。心理学家一般认为,个体要能够同时有效地进行两种活动,其机制可能有以下三种:第一,在完成两种活动时,个体的注意频繁地在两项任务之间来回转移,使两项任务交替获得认知资源;第二,在两项任务中,有一个是自动进行的;第三,个体通过训练,学会将两项任务整合在一起执行。

首先要证明,同时进行两种活动是一种技能,是可以习得的。这一点在斯佩克、赫斯特和奈瑟(Spelke, Hirst & Neisser, 1976)的一个研究中得到了证实。两名康奈尔大学学生作为这个研究的被试。他们在连续 17 周的时间里面,每周 5 天,每天花 1 个小时,练习这样一项双任务作业:一边阅读短篇故事,一边听写单词。为了保证阅读的质量,他们还要定期接受阅读理解测验。一开始,由于听写单词的关系,两位被试的阅读速度受到了严重的影响。在经过 6 周的训练之后,他们的阅读速度逐步恢复正常(见图 2-7,其中由低到高三条线分别表示平均数和两个四分位数)。而且,这时无论是否正在听写单词,阅读理解测验成绩也已经没有显著差异了。进一步的研究还发现,在不损害阅读速度和理解水平的前提下,被试还能够将单词按照含义归类,甚至找到单词之间的各种联系。

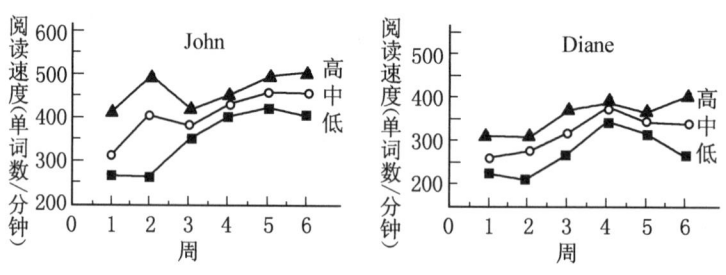

图 2-7 双任务实验结果

(来源:Spelke, Hirst & Neisser, 1976)

在进一步的实验中,赫斯特和斯佩克等人(Hirst, Spelke, Reaves, Caharack & Neisser, 1980)对 7 名被试进行同样的训练,不同的是,让他们在听写单词时阅读不同类型的文字。一部分被试阅读短篇故事,另一部分被试阅读百科全书中的段落。短篇故事冗余度比较大,对于注意的要求相对比较低;百科全书则比较精炼,冗余度小,需要更加专心。通过训练,两部分被试都能在听写单词的同时达到正常的阅读水平。这时,将两部分被试的任务对调:那些在训练中阅读短篇故事的被试现在阅读百科全书,而原来阅读百科全书的被试现在阅读短篇故事。结果发现,有 6 个被试在任务对调后作业成绩没有显著变化。这说明被试在完成上述双任务作业时,其注意并不像前面第一个可能的机制所描述的,是在两项任务之间来回转移。因为如果真是这样的话,在训练中阅读短篇故事的被试形成的转移模式应该与在训练中阅读百科全书的被试的模式不一样,在任务对调后不会产生这样好的迁移效应。

赫斯特和斯佩克等人的实验同时也试图证明,在他们设计的双任务作业中,前文所述的第二个可能的机制也是不成立的。因为实验中的被试既能够很好地理解阅读材料的意思,也能够清楚地意识到自己在完成听写任务,并且能够在任务完成后立即进行的测验中,正确再认大部分(约80%)的单词。这说明两项任务都得到了一定的认知资源。这样,前文所述的第三个可能的机制就间接地得到了支持。如果这个假设成立,这就意味着在练习前后被试完成两项任务的方式是不同的。另外,如果有第三项任务加入,被试应该进行新的练习才能将它整合进原来的双任务作业模式。

但是,上述实验研究远远没有说清楚注意的分配机制,斯佩克和赫斯特等人的实验也并不是没有漏洞。例如,在双任务作业中,不能排除自动化加工的可能性。但是,这些工作都说明,练习在认知任务中起重要作用。

各种注意瓶颈现象

视觉拥挤

练习也不是万能的。在同时进行两个乃至多个任务的过程中,由于认知资源是有限的,不可避免地会出现多个刺激争夺注意资源而造成认知加工的瓶颈现象。两个空间上过于接近的刺激会争夺注意资源,从而影响人对它们的知觉效率;同样,两个在时间上过于接近的刺激也会因争夺注意资源而影响知觉效率。

视觉拥挤就是空间上过于接近的刺激相互争夺注意资源的表现。所谓视觉拥挤(visual crowding),指的是人无法清楚地识别那些堆挤成一团的刺激或物体(Whitney & Levi, 2011)。当你注视着图 2-8 中的"+"时,会觉得左下角的那个五角星清楚可辨,但是难以看清与之对称的右下角那个被其他 4 个图形包围着的同样大小的五角星。

而要看清楚右下角的五角星,必须直接注视它才能做到。这也说明,视觉拥挤主要发生在周边视知觉中。而且,从图 2-8 来看,被其他刺激紧密包围的刺激往往最不容易获得注意资源。

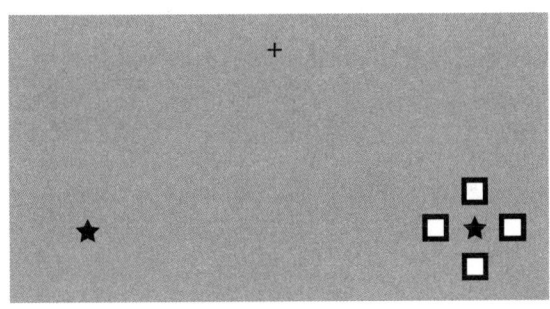

图 2-8　视觉拥挤

但是，人对拥挤在一起的刺激绝非视而不见，换言之，视觉拥挤能影响人对刺激的辨认，却不影响对刺激的检测。

心理不应期

心理不应期和注意瞬脱现象都是时间上过于接近的刺激相互争夺注意资源的表现。韦尔福德(Welford，1952)首先提出了"心理不应期"(psychological refractory period，简称PRP)这一术语；帕什利(Pashler，1993，1994)在总结自己和其他学者的实验室研究的基础上详细讨论了这个问题。

设想一个被试同时进行两项认知任务，一项是听觉任务，一项是视觉任务。听觉任务要求被试辨别音调，即有一高一低两个音调，向被试呈现其中一个音，要求被试报告听到的是高音还是低音。视觉任务要求被试分辨字母，即向被试显示不同的字母，要求被试辨别并根据不同的字母按下不同的键。听觉任务呈现的刺激(S1)和视觉任务呈现的刺激(S2)之间的时间间隔是可以系统变化的(见图2-9)。实验中要记录被试的反应时和准确率。

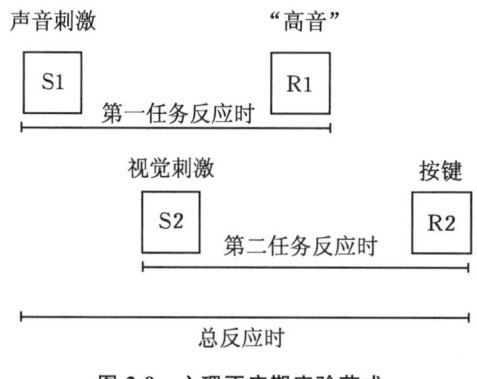

图 2-9 心理不应期实验范式

(来源：Pashler，1993)

在 S1 和 S2 之间的间隔比较长的情况下，上述两项任务实际上是相互错开的，被试能够很好地完成。而随着时间间隔逐渐缩短，两项任务之间的重叠成分越来越多，这时，完成第一项任务所用的时间没有变化，而完成第二项任务所用的时间就变得越来越长。这说明，被试完成第一项任务的过程中，有的阶段是不能同时处理第二项任务的，这种不能共享资源的认知阶段正是加工中的瓶颈。第二项任务正是因为得不到同时处理而造成反应时间上的延迟，这就是心理不应期的由来。

那么，加工中的瓶颈究竟发生在哪个阶段呢？大致有三种看法。图 2-10 体现了这些看法。

看法(A)：瓶颈出现在知觉阶段。两个任务都有感觉阶段、知觉阶段、反应选择阶段和反应产生阶段，其中知觉阶段不能同时进行。当第一项任务进入知觉之后，第二项任务可以继续其感觉加工;但是在第一项任务完成知觉加工之前,第二项任务不能进入知觉加工。最后,第一项任务进入反应选择阶段和反应产生阶段,这不影响第二项任务同时进行的知觉加工。

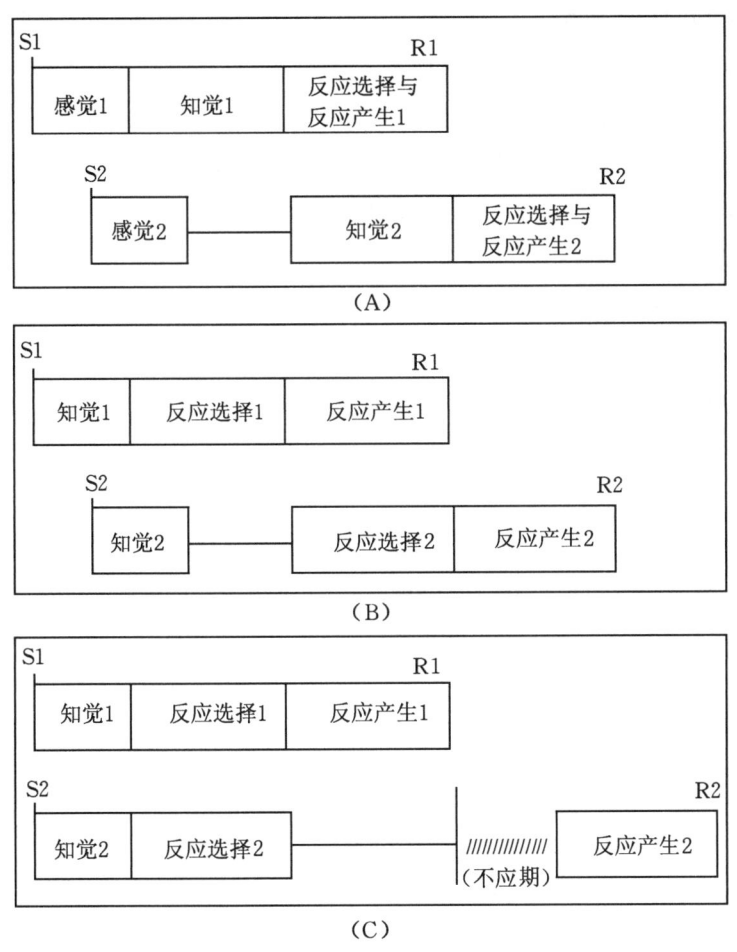

图 2-10　加工瓶颈的位置

(来源:Pashler,1993)

看法(B):瓶颈出现在反应选择阶段。第一项任务和第二项任务的刺激可以同时进行感知觉加工,而当第一项任务进入反应选择阶段时,第二项任务可以继续其感知觉加工,但是不能进行随后的反应选择。直到第一项任务进入反应产生阶段,第二项任务才能继续进行反应选择。

看法(C):瓶颈出现在反应产生阶段。两个任务前几个阶段可以同时进行,但当第一项任务进入反应产生阶段时,第二项任务不能产生反应;而且在第一项任务的反应结束后,第二项任务的反应还要经过一个"不应期"才能产生。

帕什利等人的工作支持的是看法 B。这个看法同样是当年韦尔福德提出来的。不过,帕什利等人还发现,从记忆中提取信息也会成为加工的瓶颈。

注意瞬脱和双通道理论研究

注意瞬脱(attentional blink)与心理不应期有着密切关系。对于注意瞬脱的研究可以看作是心理不应期研究的深入。

注意瞬脱指的是,在快速连续地呈现两个目标刺激的情况下,第一个目标刺激出现后的数百毫秒的时间内,人无法准确地辨别(甚至检测)出第二个目标刺激。不同的刺激都可以产生注意瞬脱现象,包括字母、数字、单词、几何图形和颜色等。

关于注意瞬脱的理论也以考虑资源有限性居多。例如,有人认为注意瞬脱是因为工作记忆缺乏足够的加工容量使得目标刺激没有建立起可以长期保持的痕迹;也有人认为注意瞬脱是因为加工容量不足以同时将两个客体的表征维持在能够引导外部行为(反应)的状态;还有人认为注意瞬脱是因为早期知觉分析的输出在进入视觉短时记忆时得到不同的权重,由于权重的总和是有限的,后期进入的刺激将得不到足够的权重而不能报告出来。

但是,奥等人(Awh, Serences, Laurey, Dhaliwal, Jagt & Dassonville, 2004)的进一步研究发现,在快速连续地呈现两个目标刺激的情况下,并不都产生注意瞬脱现象。这是一个系列实验研究,以字母、数字、人脸等作为刺激。在第一个目标刺激(T1)作短时间呈现后,出现一个掩蔽刺激,接着,在间隔不同的时间(刺激激发异步间距,stimulus onset asynchrony,简称SOA)后,呈现第二个目标刺激(T2),短时间后同样加以掩蔽。实验步骤见图2-11,图中数字"3"是T1,人脸是T2。被试分成两组,实验组被试要求按键报告看到的两个目标刺激,控制组被试只要求报告第二个目标刺激。比较两组的结果就可以判断有没有发生注意瞬脱现象。

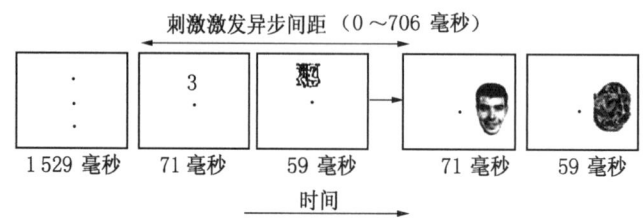

图 2-11 注意瞬脱实验中采用的呈现技术

(来源:Awh, Serences, Laurey, Dhaliwal, Jagt & Dassonville, 2004)

实验1以数字为T1,以字母为T2。结果显示出显著的注意瞬脱效应。实验2仍以数字为T1,但是以人脸为T2。结果发现,注意瞬脱效应却消失了。两个实验的结果见图2-12,其中(a)图为实验1的结果,(b)图为实验2的结果。

在用实验3排除了实验1中的实验组分配了更多的资源给T1,实验2的控制组也可能产生注意瞬脱效应,以及人脸识别的熟练效应等因素之后,奥等人将实验2中的T1和T2交换,即用人脸做T1,用数字做T2,进行实验4,结果发现,注意瞬脱效应又出现了,见

图2-12(c)。实验5进一步排除了人脸的掩蔽刺激因素对实验结果的可能影响。

对于实验2和实验4恰好相反的结果,奥等人提出了双通道理论。他们认为,对于数字的辨别只需通过以特征加工为基础的系统(特征通道),而对人脸的辨别既需要特征系统,又需要一个以完形加工为特征的系统(完形通道)。在实验2中,被试先进行数字辨别,只需要特征通道,另一个完形通道就可以用来同时加工紧接着出现的人脸,因而没有出现注意瞬脱;而在实验4中,情况正好反过来,先进行的人脸辨别同时占用了特征通道和完形通道,紧接着出现的数字将得不到任何加工,直到人脸辨别完成,这样就出现了注意瞬脱现象。

为了进一步检验双通道理论,实验6采用人脸做T1和T2。根据上述理论,由于T1占用了两个通道,可以推断应该产生注意瞬脱。实验结果确实如此。

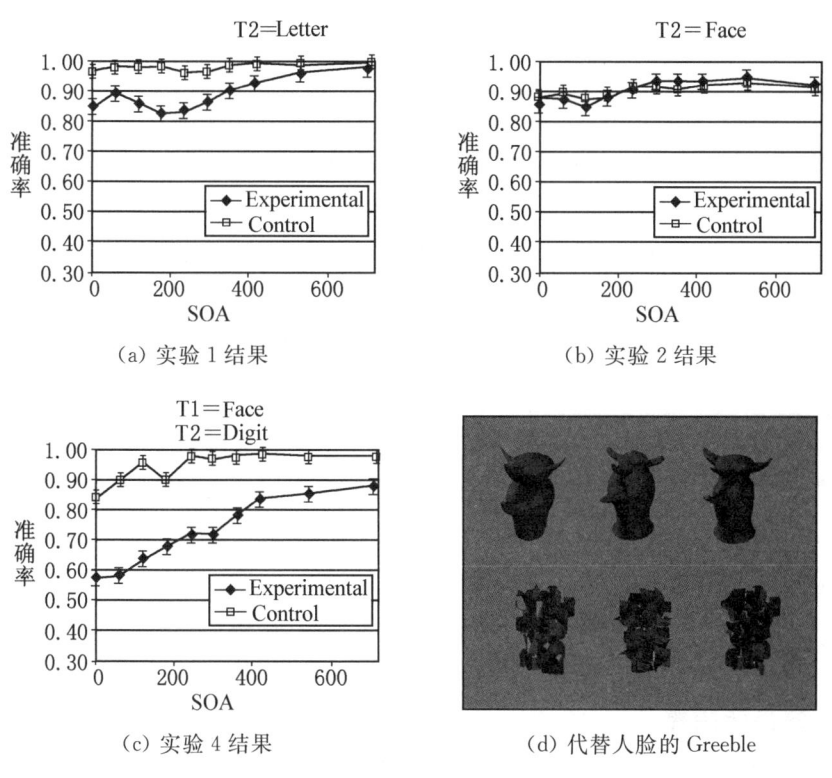

(a) 实验1结果　　　　　　　　(b) 实验2结果

(c) 实验4结果　　　　　　　　(d) 代替人脸的Greeble

图2-12　注意瞬脱实验的结果和材料

(来源:Awh, Serences, Laurey, Dhaliwal, Jagt & Dassonville, 2004)

为了排除人脸认知的熟悉性效应,奥等人用一种新的实验材料来代替人脸,这种被称为"Greeble"的人工材料见图2-12(d)。接着,他们又分别进行了T1=数字/T2=Greeble的实验7,T1=人脸/T2=Greeble的实验8,以及T1=Greeble/T2=人脸的实验9。根据双通道理论,实验7应该没有注意瞬脱,实验8和实验9应该有注意瞬脱。实验结果与理论推断基本吻合。这样,双通道理论得到了近乎完满的验证。

2.4 应 用 研 究

关于警觉的研究

警觉(vigilance)是注意的一种特殊形式,它是个体对于可能出现的重要信号的持续性指向,具有极其重要的适应意义。

警觉的减缩函数

研究警觉的方法,一般采用信号检测任务或信号辨别任务。信号检测任务要求被试判断信号是否出现,根据被试的判断与信号实际有无,将被试的反应分为击中(y/SN)、虚报(y/N)、正确拒斥(n/N)和漏报(n/SN)四种情况。而信号辨别任务则要求被试区分不同的信号,并根据不同的信号作出不同的反应。

麦克沃思(Mackworth,1950)是较早在实验室条件下进行警觉研究的学者之一。他设计了一个没有刻度、没有任何参照点、只有一个黑色指针(以 0.3 英寸/秒速度移动)的"钟",进行信号检测任务的实验。在实验中,这个指针在以上述速度移动的基础上,以随机的方式作 0.6 英寸/秒的快速移动(关键信号),要求被试在发现关键信号的时候用按键方式作出报告。整个实验持续 2 小时,每半小时为一个时间段,统计被试的作业成绩(漏报关键信号的百分率)。实验结果显示,在前一个小时内,被试漏报关键信号的百分率快速上升,这意味着作业效率的快速下降,而在以后的时间里,虽然作业效率继续下降,但是下降曲线趋于平缓(见图 2-13)。麦克沃思将这条曲线称为警觉的减缩函数(decrement function)。

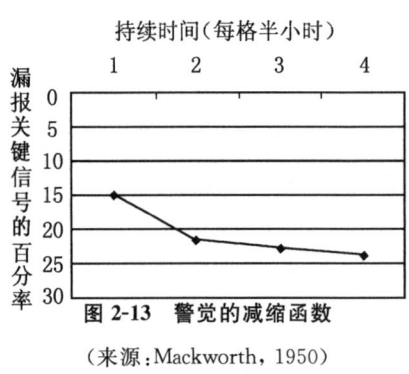

图 2-13 警觉的减缩函数

(来源:Mackworth,1950)

影响警觉的因素

除了上面讲的个体本身的减缩函数倾向以外,刺激物的特性、感觉通道的特性、个体的期待和知识经验等也都是影响警觉的因素。

刺激物的特性对警觉的产生和维持具有十分重要的作用。洛布和宾福德(Loeb & Binford,1963)的实验证明,目标刺激与背景刺激的强度相差越大(信噪比高),作业成绩越好,显示警觉水平越高;反之,作业成绩或警觉的衰减就越明显。另外,刺激的持续时间也会影响警觉。贝克(Baker,1963)发现,目标刺激的持续时间分别为 20 毫秒,30 毫秒,40 毫秒,60 毫秒和 80 毫秒时,目标检测的成绩逐渐上升。在 2 个小时的警觉作业中,目标刺激持续时间越短,警觉的衰减越快;而目标持续时间越长,警觉衰减越慢。

警觉还受到关键信号和背景事件的发生频率的影响。杰里森和皮克特(Jerison & Pickett,1964)的研究表明,信号检测的击中百分数随着关键信号发生率的上升而提高,随着背景事件频率的上升而下降。

个体的期待和知识经验也能影响警觉。麦克沃思(Mackworth,1950)在上述钟表实验中的另一个发现是,如果把结果告诉被试,可以提高信号检测的成绩,防止警觉的衰减。

与自动加工有关的错误

在我们的日常生活中会产生各种认知和行为上的错误,其中有许多与自动加工有关。根据理森(Reason,1990)的总结,可以将这些错误分为7个类别(见表2-1)。

表2-1 与自动加工有关的错误

错误类别	定 义	实 例
俘获错误	本打算在熟悉的环境中执行一项例行任务时对某个细节做一定的改动,但是在实际执行时却忘记了应做的改动,因为执行到这个环节时没有及时得到注意,从而习惯成自然地继续原来的例行行为。总之,是自动加工"俘获"了我们的行为。	詹姆斯(James,1890)举的一个例子:有一次,他脱下工作服,自然而然地穿上睡衣,并躺到床上,这时才突然想起,原本是打算脱下工作服后出门吃饭的。
遗漏错误	自动加工中途受到干扰后,遗漏以后的个别剩余环节。	在去另一个房间取东西的过程中,出现了一个分心刺激(例如电话铃响),接完电话后忘记取物,直接回到原地。
固执错误	重复执行已经完成的自动加工中的部分环节。	发动汽车后,如果受到分心刺激的干扰,尽管汽车没有熄火,你也可能会重做发动汽车的动作。
描述错误	对有意行为的内心描述造成将正确的行为施加于错误的对象上。	放置买来的食品时,将冰激凌放进碗橱,将汤料罐头放进冰箱。
材料驱动错误	在自动加工程序中,正在输入的感觉信息占据了主要地位,使得原来的意图未能实现。	在拨打一个熟悉的电话号码时,听到别人报出另外一组数字,你可能会按下几个当时听到的数字,从而拨错号码。
联想激活错误	强烈的联想造成自动加工的错误。	等人来访时听到电话铃响,你可能会说"请进"。
丧失激活错误	自动加工激活不足,使其不能进行到底。	本来打算去一个地方拿东西,到了那里却糊涂了:我到这儿来干什么?直至得到提示,这才想起要做的事情。这种情况下,你往往会产生很强的挫折感。

(来源:Reason,1990)

分心与交通事故

在个体执行一些高风险任务时,由于注意资源是有限的,所以必须心无旁骛,否则就容易出事故。但是，很多人在执行任务的技能相当熟练后，却常常因为自信不会出错，结果因分心而导致事故。表 2-2 中的数据来自麦克沃伊等人（McEvoy et al.，2007）关于分心因素导致车辆碰撞事故的研究。注意，这些数字来自比较严重的交通事故（发生车祸后有伤员送到医院救治），不包括一些轻微事故。从表中数据可以看出，造成驾驶员分心的因素五花八门，其中频率最高的因素竟是同车的乘客。表中的数据似乎还表明，使用手机造成的分心不如车内乘客。不过，查尔顿（Charlton，2009）发现，仅仅与乘客交谈对驾驶的影响不如使用手机那么大。查尔顿提出的证据表明，这可能是因为乘客在觉察到危险时会减少交谈。至于车内有乘客对应的事故比例高于使用手机对应的事故比例，可能是由于乘客往往全程都在车内，而很少有驾驶员驾车时全程在打手机。

表 2-2 驾驶员自我报告的碰撞前分心事物

分散注意的因素	驾驶员报告撞车时该分心因素所占百分比
车内的乘客	11.3
缺乏专注	10.8
车外的人、物体或事件	8.9
调节车载设备	2.3
手机之类	2.0
车内其他物体、动物或昆虫	1.9
抽烟	1.2
吃东西或喝饮料	1.1
其他（如打喷嚏、咳嗽、揉眼睛……）	0.8

注意障碍

注意障碍常见于脑损伤患者。认知神经心理学研究发现了两种主要的注意障碍——忽视和消退。

第一种注意障碍的特征是忽视（neglect），而且是一侧忽视。从患者的举止看，他身体一侧的半个世界仿佛不存在似的。他们会忽视一侧的人和物，吃菜只吃菜碟的半边，另一半不碰，甚至刮胡子也只刮半边。如果让他们临摹图画，也只画半边。图 2-14 是一位右侧顶叶受损患者临摹的两张图画（钟和房子）。可以看到，原图左侧的细节都被忽略掉了。可见，这种注意障碍忽视的是大脑受损部位对侧的一半世界。

第二种注意障碍的特征是消退（extinction）。消退指的是当一个刺激呈现给大脑受损部位同侧的视野中时，患者会看不到受损部位对侧视野中出现的另一个刺激。一般认为，造成消退的原因是竞争机制，即对侧刺激竞争不过同侧刺激，从而"销声匿迹"。

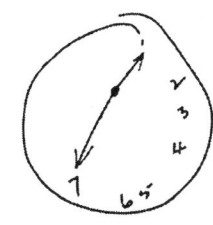

图 2-14 注意障碍患者(右侧顶叶受损)临摹的图画

(来源:Posner & Raichle, 1994。第一、第三张是原画,第二、第四张为患者所画)

如果利用棱镜将受损部位对侧视野中的景象传到同侧视野,可以大大改善上述注意障碍。而且,乔克朗等人(Chokron, Dupierrix, Tabert & Bartolomeo, 2007)还发现,这种改善可以在去除棱镜后继续发挥作用。

本 章 附 录

内容提要

(一)注意是选择者,是放大器,是认知活动的指南针和认知资源的分派者。注意是以刺激的一部分特征得到加强而进入意识,另一部分特征被漠视而完成它的使命。注意并不是一种独立的心理过程,而是感觉、知觉、记忆、思维、想象、情绪和意志等心理过程的一种共同特性。

(二)注意和意识密切相关。注意的结果就是意识。但是,两者并非一个事物的两面,它们有时并不同时出现。

(三)注意的基本功能就是选择。选择性注意就是这一功能的体现。对于选择功能是怎样实现的这一重要问题,认知心理学家提出了不少模型:布罗德本特的过滤器模型、特雷斯曼的衰减器模型、多伊奇和多伊奇的后期选择模型、约翰斯顿和海因茨的多态模型、卡尼曼的能量分配模型以及奈瑟的图式模型等。

(四)布罗德本特提出了过滤器模型的基本思想。他认为,注意就是一个过滤器,或是一个闸门,在信息负荷超过认知加工容量的情况下,这个过滤器阻断一部分信息,放行另一部分信息进入加工系统。注意的选择性在感觉水平就已经实现了。布罗德本特采用了一种叫做"分听任务"的实验范式来验证这个模型。莫里发现"鸡尾酒会效应",对过滤器模型提出了质疑。

(五)特雷斯曼的衰减器模型反对过滤器能将非追随信息完全阻隔于认知过程以外的观点,而是将注意比作一个衰减器,它可以"调低"非追随信息的"音量",但不是完全关闭相应的通道。这样,某些具有重要意义的非追随信息还是可以进入认知过程。衰减器模型的实验证据也来自分听任务。

（六）衰减器模型与过滤器模型都认为注意的选择功能是为了适应高级分析水平的容量有限,而且这种选择都作用于知觉层次,都是为了选择一部分信息进入高级的知觉分析水平。因此,这两个模型常常被看作是注意的知觉选择模型。

（七）后期选择模型是一个考虑在反应水平上进行选择的理论,该模型认为,注意的选择功能作用的阶段晚于知觉,当信息进入工作记忆以后,重要的信息得到精细的反应,不重要的信息则不会得到反应。信息的重要性受到许多因素的影响,包括信息的上下文、个人意义和个体的警醒水平等。多态模型也是基于加工容量的有限性原则。该模型认为,注意可以在不同认知加工阶段中的任何一个完成选择功能。选择发生得越晚,任务难度就越大。

（八）能量分配模型将注意看作是个体将有限的中枢能量分配于他执行的任务。"聚光灯比喻"就是一个很好的体现。卡尼曼提出的模型可以说是上述比喻的发展。奈瑟的图式模型认为,注意不是过滤器,不是衰减器,也不是根据重要性决定是否进入记忆;个体注意的事物,与他当时的任务激活的图式密切相关。

（九）注意的分配功能和选择功能密不可分,两者只是侧重点不同:选择功能强调的是如何将注意力集中到当前注意的任务上,而暂时阻断来自其他途径的信息;分配功能强调的是个体如何将注意力合理地分配和转移,以便同时有效地处理多项任务。如果在同时进行的几项任务中,有些任务是自动加工的,由于它们几乎不需要占用认知资源,这就可以使个体集中注意于其他任务,从而提高工作效率。

（十）在斯特鲁普任务中,对于颜色单词的阅读反应是一种只需要很少资源就能够有效进行的、难以抑制的认知加工——自动加工。自动加工并不是天生的,是通过练习获得的。自动加工的对立面就是控制加工。这是一种需要运用注意的加工,受到意识的控制,其容量有限,可以灵活地适应变化着的环境。施奈德和希夫林在严格控制实验条件的前提下,将自动加工和控制加工分离了开来。

（十一）心理学家常常将注意和练习结合起来考察认知活动。自动化过程的注意假设认为,练习需要注意的参与,学习是注意的副效应:注意到的东西将得到学习,未被注意到的将得不到充分的学习。双任务作业研究体现出练习在认知任务中的重要作用。

（十二）两个空间或时间上过于接近的刺激会争夺注意资源,从而影响人对它们的知觉效率。视觉拥挤就是空间上过于接近的刺激相互争夺注意资源的表现,而心理不应期和注意瞬脱则是时间上过于接近的刺激相互争夺注意资源的表现。不能共享资源的认知阶段正是加工中的瓶颈。帕什利等人认为,上述瓶颈出现在反应选择阶段,从记忆中提取信息也会成为加工的瓶颈。注意瞬脱的研究可以看作是心理不应期研究的深入。关于注意瞬脱的理论以考虑资源有限性居多。奥等人提出的双通道理论认为,对于数字的辨别只需通过以特征加工为基础的系统(特征通道),而对人脸的辨别既需要特征系统,又需要一个以完形加工为特征的系统(完形通道)。

(十三)警觉是注意的一种特殊形式,它是个体对于可能出现的重要信号的持续性指向,具有极其重要的适应意义。麦克沃思采用信号检测任务,总结出警觉的减缩函数。

(十四)各种认知和行为上的错误有许多与自动加工有关。理森将这些错误分为7个类别:俘获错误、遗漏错误、固执错误、描述错误、材料驱动错误、联想激活错误和丧失激活错误。

(十五)造成驾驶员分心的因素中,频率最高的因素是同车的乘客。使用手机造成的分心不如车内乘客。不过也有研究发现,仅仅与乘客交谈对驾驶的影响不如使用手机那么大。

(十六)注意障碍常见于脑损伤患者。两种主要的注意障碍是忽视和消退。

术语解释

注意(attention) 注意选择和放大刺激特征,从而完成认知活动的导向和认知资源的分派功能。注意是以刺激的一部分特征得到加强而进入意识,另一部分特征被漠视而完成它的使命。

选择性注意(selective attention) 注意的基本功能就是选择,选择性注意就是这一功能的体现。

过滤器模型(filter model) 布罗德本特提出的注意理论。他认为,注意就是一个过滤器,或是一个闸门,在信息负荷超过认知加工容量的情况下阻断一部分信息,放行另一部分信息进入加工系统。

分听任务(dichotic listening task) 被试通过耳机接收声音刺激,左右耳机中传来的信息内容是不同的,并且可以要求被试仅注意追随耳听到的声音,对于非追随耳听到的声音不要注意。

鸡尾酒会效应(cocktail party effect) 莫里发现,在一个人声鼎沸的社交场合,一个人正在和别人交谈,突然听到背后有人提到他的名字,而他对名字前面的话却根本没有印象。按照过滤器模型,应该不会产生"鸡尾酒会效应"。

衰减器模型(attenuation model) 特雷斯曼将注意比作一个衰减器,它可以"调低"非追随信息的"音量",但不是完全关闭相应的通道。这样,某些具有重要意义的非追随信息还是可以进入认知过程。接收的信息要经历三个阶段:分析刺激的物理属性,确定刺激是不是语言,识别单词并赋予意义。

后期选择模型(late-selection model) 由多伊奇和多伊奇提出的一个注意模型,认为注意的选择功能作用的阶段晚于知觉,当信息进入工作记忆时,才出现信息的选择。

多态模型(multimode model) 约翰斯顿和海因茨提出的注意模型,认为注意是一个十分灵活的系统,可以在不同的阶段(感觉阶段、语义阶段和意识阶段)对信息作出选择。

聚光灯比喻(spotlight metaphor) 将注意比作聚光灯:个体可以将自己的注意集中在一项或少数几项任务上,而不理会其他事情;注意可以按照个体的意愿从一项任务转移到另一项任务上;处于注意中心的任务得到的处理最精细,其他任务能够得到的处理就比较初级;任务对认知加工的要求越高,占用的注意资源就越多。

能量分配模型(mental resources allocation model) 卡尼曼提出的注意模型,可以说是聚光灯比喻的发展。该模型认为,由一定的唤醒水平动员起来的可及能量通过一定的策略分配给不同的任务。影响资源分配策略的因素有:可及能量、当时意愿、对完成任务所需能量的评价、甚至比较永久起作用的个人特质等。

图式模型(schema model) 奈瑟的注意模型,主张个体注意的事物与他当时的任务激活的图式密切相关。

自动加工(automatic processing) 几乎不需要占用认知资源就能进行的认知加工,其特征是:个体没有进行该加工的意图;个体没有意识到正在进行该加工;该加工不能干扰其他心理活动。

控制加工(controlled processing) 需要运用注意才能进行的认知加工,受到意识的控制,其容量有限,可以灵活地适应变化着的环境。

斯特鲁普效应(Stroop effect) 向被试呈现一系列有关颜色的单词,这些单词的打印颜色与它们的语义所指的颜色是相互冲突的,被试经常不由自主地读出单词本身。

自动化过程的注意假设(attention hypothesis of automatization) 该假设认为,练习需要注意的参与,因为注意帮助确定练习当中应该学习哪些东西、记住哪些东西。注意到的东西将得到学习,未被注意到的将得不到充分学习。

视觉拥挤(visual crowding) 指的是人无法清楚地识别堆挤成一团的刺激或物体。它是空间上过于接近的刺激相互争夺注意资源的表现。

心理不应期(psychological refractory period,简称 PRP) 在进行两个乃至多个任务的过程中,由于认知资源是有限的,从而出现认知加工的瓶颈现象。表现在第二项任务因为得不到同时处理而造成反应时间上的延迟。

注意瞬脱(attentional blink) 在快速连续地呈现两个目标刺激的情况下,第一目标刺激出现后的数百毫秒的时间内,人无法准确地辨别(甚至检测)出第二目标刺激。不同的刺激都可以产生注意瞬脱现象,包括字母、数字、单词、几何图形和颜色等。

警觉(vigilance) 注意的一种特殊形式,它是个体对于可能出现的重要信号的持续性指向,具有极其重要的适应意义。

深入阅读

(一) 王甦,汪安圣(1992),《认知心理学》(北京大学出版社),第三章,第 79-102 页。

——该章有关注意的实验讲得比较细致。

（二）Van Boxtel, J. J. A., Tsuchiya, N. & Koch, C. (2010). Opposing effects of attention and consciousness on afterimages. *Proceedings of the National Academy of Sciences of United States of America*, 107, 8883-8888.

——一个简单的实验设计，却揭示出注意和意识之间的另一种关系。

（三）Awh, E., Serences, J., Laurey, P., Dhaliwal, H., Jagt, T. & Dassonville, P. (2004). Evidence against a central bottleneck during the attentional blink: Multiple channels for configural and featural processing. *Cognitive Psychology*, 48, 95-126.

——这是一个关于注意瞬脱的实验报告，可以说是本书作者读到的最优秀的实验报告之一。读懂了的人，都会感到强烈的震撼。

第 3 章

知 觉

·本章细目

3.1 知觉概述
什么是知觉

感觉与知觉的关系　知觉的种类

知觉的基本特性

知觉的选择性　知觉的整体性　知觉的理解性　知觉的恒常性

3.2 模式识别
模板匹配理论

模板匹配理论的基本思想　模板匹配理论的缺陷

特征分析理论

特征分析理论的基本思想　特征分析理论的实验验证　特征整合理论　特征分析理论的缺陷

成分识别理论

成分识别理论的基本思想　成分识别理论的实验验证　成分识别理论的缺陷

原型匹配理论

原型匹配理论的基本思想　原型匹配理论的实验验证

3.3 知觉与经验
启动效应

启动效应的含义　启动效应的实验证据

结构优势效应与视觉拓扑理论

结构优势效应　视觉拓扑理论

知觉学习

知觉学习的过程　变化盲

直接知觉

3.4 应用研究
知觉障碍

司法实践中的知觉偏差
知觉的跨文化差异
警示音的效果

· 导读问题

■ 认知心理学为什么是以知觉而不是以感觉为出发点？

■ 知觉有哪些特征？

■ 哪几个知觉模型主要体现了自下而上的加工？哪几个体现了自上而下的加工？

■ 模板匹配理论失去了生命力吗？

■ 特雷斯曼怎样把实验的作用发挥得淋漓尽致？

■ 启动效应与意识有什么关系？

■ 结构优势效应和视觉拓扑理论有什么相通的地方？

■ 变化盲是视知觉障碍吗？

■ 在嫌犯指认工作中，警察应当怎样做才能避免指认者的反应倾向造成的误差？

■ 知觉的跨文化差异是种族因素造成的吗？

■ 设计警示音需要注意什么？

3.1 知 觉 概 述

什么是知觉

知觉（perception）是对事物各方面感觉特性的整体的、综合的反映。知觉是个体对世界进行解释的第一个成果，它回答的问题是：个体正在关注的对象（客体）是什么？因此，在认知心理学的学科体系中，知觉处于最底层，是最初级的认知，同时也为更高级的认知提供原材料。但是，这种最初级的认知过程却有着极其复杂的实现机制。

感觉与知觉的关系

初学认知心理学的朋友往往会觉得奇怪：以前都说认识活动是从感觉开始的，可是为什么认知心理学体系中没有"感觉"这一章（哪怕是一节）呢？对于这个问题的回答是：感觉不能回答客体"是什么"这样的问题，属于更低级的心理反映形式，因而没有被包括在认知心理学体系中。

感觉之所以不能回答客体"是什么"的问题，是因为它仅仅是对事物的个别属性的直接的、孤立的反映。单靠感觉而没有知觉的个体,很难适应复杂的环境。我们人人都熟悉的蚂蚁,就是因为只有感觉而没有知觉等高级心理过程,所以经常受到欺骗。有一种流浪甲虫会把卵产到蚂蚁窝里,孵出来的小流浪甲虫肚子尖上能分泌一种吸引蚂蚁的外激素。蚂蚁一嗅到这种气味,就会像对待自己的孩子一样,精心哺育这些小流浪甲虫。这些"流浪儿"也毫不客气,给吃就吃,给喝就喝,有时候还偷吃蚂蚁产下的卵,改善伙食。

蚂蚁之所以吃亏上当,就是因为它只对气味这一个别的属性进行反映,只用嗅觉孤立地感受外部世界,只要气味对头,就算作自己的后代,这样当然就要误事了。如果可以这样假设一下:蚂蚁睁大眼睛看一看这些外来小虫子身上的颜色,或伸出腿去触摸一下它们的质地,然后将各种感觉信息综合一下,产生对幼虫多方面的综合的反映——知觉,就不难判断这些幼虫是不是真是自己的后代了。小流浪甲虫虽然身上的气味对头,但其他方面却和小蚂蚁不一样。孤立地感受气味,是一家;综合起来一看,就是外来户了。当然,蚂蚁大概永远也做不到这一点了,但脊椎动物却可以在感觉的基础上,将感觉信息加以综合,从而产生知觉。

在辨别一个图形的时候,我们至少综合了两种感觉信息:视觉信息和动觉信息。只要眼睛看着图形,这个图形就会在视网膜上留下一个形象,这是视觉信息;同时,我们的眼球也在不断活动。如果用眼动仪跟踪被试在看一个图形的时候注视点的变动轨迹,可以发现注视点是在不断移动的,这样就产生了动觉信息。视觉信息与动觉信息综合起来,形成对图形的一个整体性的反映,完成对图形的知觉。

可见,知觉和感觉有共同的地方。它们都是客观事物直接作用于感觉器官,在头脑中产生的对当前事物的反映。但它们又有区别。区别就在于,通过感觉,个体只能孤立地感受事物的个别属性——颜色、气味、声音,等等。至于究竟是什么东西产生了这样的颜色、气味、声音……就不知道了。而通过知觉,我们能把这些颜色、气味、声音等感觉信息综合起来,对事物有一个比较全面的了解(尽管仍在感性范围内),并且判断出这是一个什么东西。所以说,知觉源于感觉,又高于感觉。

知觉的种类

根据知觉过程中起主导作用的是哪一种感官,可以把知觉分为视知觉、听知觉、触知觉,等等。如果两种或两种以上的感官都起主导作用,可以并列起来称呼。比如说看电影,眼睛和耳朵都起重要作用,就称为视-听知觉。

也可以根据事物的空间特性、时间特性和运动特性把知觉分为空间知觉、时间知觉和运动知觉。

空间知觉是对事物空间特性的知觉,它包括形状知觉、大小知觉、深度知觉和方位知觉。例如,辨别一个图形,就要加工其形状特性,这就是一种空间知觉;听到一个声音,判断声源的方位,也是进行空间知觉。在认知心理学研究中,大量涉及的就是空间知觉,尤其是视觉通道的空间知觉。

时间知觉是对事物时间特性的知觉。例如，要估计一个刺激持续了多长时间，就需要时间知觉。对时间的反映可以采用不同的手段：可以用计时工具，也可以用自然界的周期性现象，还可以用生物节律。

运动知觉是对事物运动特性的知觉。例如，判断一个物体运动的大致速度，观看别人的动作等，都需要运动知觉。

米尔纳和古德尔(Milner & Goodale, 2008)提出，人类的视觉可以分为两个系统，一个用于知觉(vision for perception)，其功能是辨认物体；另一个用于行动(vision for action)，其功能是提供个体与物体间位置关系的信息。这两个系统既有分工，又相互依存。我们大致上可以将用于知觉的系统对应于形状知觉，用于行动的系统对应于大小知觉和深度知觉。

布鲁诺等人(Bruno et al., 2008)有关错觉的研究表明，当被试完成与错觉图形相关的知觉任务时(例如面对缪勒-莱尔错觉图形估计线段长度)，错觉效应高达22.4%。当要求被试用手指快速指向线段另一端时，其错觉效应降低到5.5%。这说明，知觉系统和行动系统是相对独立的。

认知神经科学的研究成果也表明，作为视觉加工的两条通路，腹侧通路(ventral pathway)与物体或形状识别有关，对应于知觉系统，背侧通路(dorsal pathway)则对应于行动系统。

知觉的基本特性

知觉的选择性

知觉的任务是辨别个体正在关注的对象。但是，个体面前可能同时出现多个事物，因此，首先必须将正在关注的对象与其他对象分离开来。图3-1是一个两可图。长时间注视这个图，可以发现，我们有时看到一只白色花瓶，有时看到两个黑色侧面人像。这种现象就是知觉选择性的体现。

知觉的选择性也是注意在知觉中的体现，有着非常重要的适应意义。个体不能在同一时刻知觉所有刺激，而只能选择性地知觉少数刺激。看两可图的时候就是这样。当我们注意白

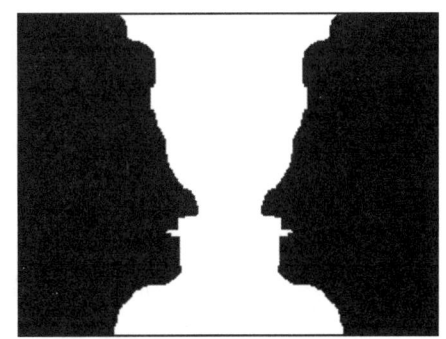

图3-1 花瓶-人像两可图

色部分时，白色花瓶就成为知觉对象，会觉得比较清晰，而黑色部分就得不到充分的知觉加工，会觉得比较模糊；反之，当我们注意黑色侧面人像时，白色部分就看得不大分明。结果就是，或者只能看到花瓶，或者只能看到人像，却不能同时看到花瓶和人像。

知觉的选择性就是知觉时将少数知觉对象从其他对象中分离（或选择）出来的特性。由于绝大多数知觉研究都集中在视知觉方面，因此我们根据习惯，把分离出来的对象叫做图形，把其余的那些看得比较模糊的对象叫做背景。在上面这个两可图中，白色花瓶和黑色人像互为图形和背景。

知觉的整体性

知觉的整体性从知觉的定义中就可以看出来。因为知觉是对事物各方面感觉特性的整体的、综合的反映，所以知觉具有整体性是不言而喻的。

知觉的整体性还有一个意思，就是：一些单个的图形倾向于被知觉为一个聚集在一起的整体。这是为了简化信息。格式塔心理学充分研究了知觉的整体性，得出了接近律、相似律、良好连续律、闭合律和共同命运律等原则。对此，第1章已经有详细叙述。

有时候，格式塔原则之间还会产生冲突。请看图3-2(a)、(b)、(c)中的图形。其中(a)行8个小图形的排列形成了接近律和相似律的冲突，(b)行的7个图形形成了形状相似性和颜色相似性的冲突，(c)行则形成了另一种形式的形状相似性和颜色相似性的冲突。昆兰和威尔顿(Quinlan & Wilton, 1998)发现，对于(a)行的图形，半数被试以接近律分组，半数被试以相似律分组；对于(b)和(c)行图形，大多数被试以颜色分组，仅少数以距离上的接近或形状上的相似作为分组依据。

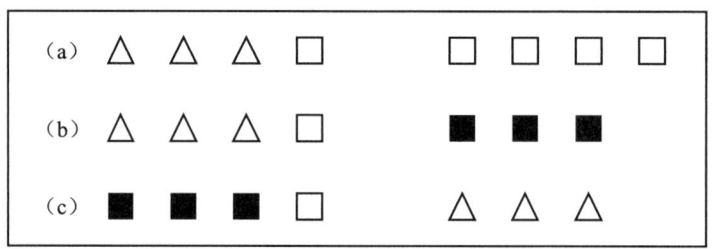

图3-2 接近还是相似

（来源：Quinlan & Wilton, 1998）

格式塔原则不仅在平面视知觉中成立，而且在深度知觉和其他感觉通道的知觉过程中起作用。帕尔默和罗克(Palmer & Rock, 1994)证明，格式塔定理至少部分地可以在深度知觉和知觉恒常性形成以后起作用。他们的逻辑是这样的：如果深度线索或恒常性的出现可以影响被试对刺激的组合，那就说明组合在深度知觉和知觉恒常性形成以后还在继续。在一个实验中，他们要求被试判断图3-3中最中间（阴影部分）的一组圆点应该与左边的圆点合成一组，还是与右边的圆点合成一组。由于这一组圆点是椭圆形的，在平面的情况下，它们应该和右边同样是椭圆的圆点合成一组；而在立体的情况下，这些椭圆应该看作是圆的变形（深度线索产生了形状恒常性），应该和左边的圆点合成一组。结果，在有一定深度线索的情况下[见图3-3(a)]，被试比较强烈地觉得中间的那些圆点应该和左边的圆点合成一组;而没有深度线索[见图 3-3(b)]的控制组被试则更多地认为应该和右边的圆点合成一组。

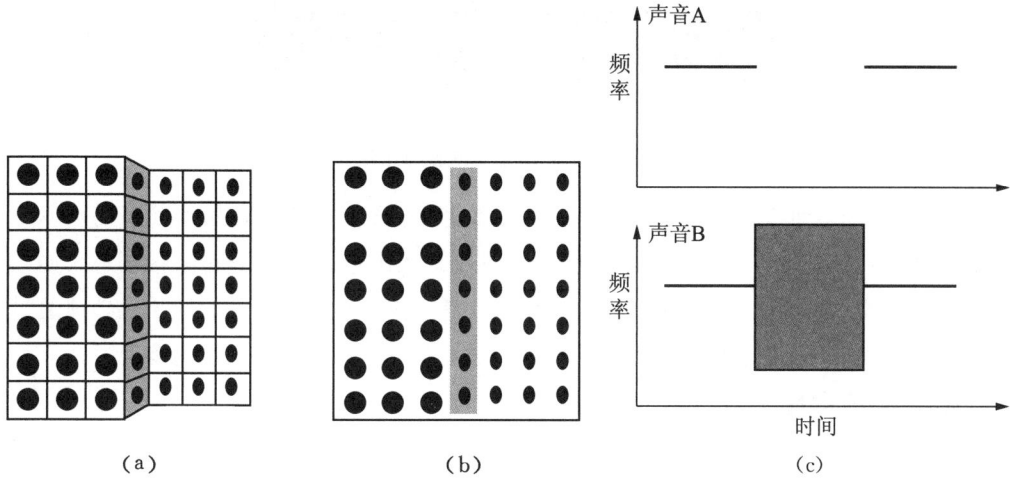

图 3-3 深度知觉与听知觉中的整体性

(来源:Palmer & Rock, 1994; Groome & Eysenck, 2016)

人类的听知觉也遵循格式塔原则。例如,图 3-3(c)中的声音 A 是两个相同音高的"嘀"声,中间有一个短暂的静默;而声音 B 则是两个"嘀"声中间有一个"嗡嗡"声。对于声音 A,人听到的就是间断的两声"嘀",而对于声音 B,大多数人听到的却不是"嘀—嗡嗡—嘀",而是在听到连续的一声长"嘀",中间还同时听到"嗡嗡"声。格式塔心理学家的解释是,因为连续律,听觉系统期望"嘀"声能延续下去,而声音 B 中的"嗡嗡"声恰好给了一个长的"嘀"声中间被噪声遮断的理由,知觉就将两声短"嘀""恢复"成一声长的"嘀"。声音 A 则没有这个理由。

知觉的理解性

人在知觉当前事物的时候,总要借助以往的知识经验对获得的感觉信息作出最佳的解释,知觉的这一特性称为知觉的理解性。

知觉在选择对象或图形的时候,受到多种因素的制约。例如,我们往往选择比较有"意义"的刺激来作为知觉对象。越是有意义的刺激(如花瓶、人像),越可能成为知觉对象。在花瓶-人像两可图中,由于花瓶和人像的意义程度差不多,所以还会发生"竞争",一会儿花瓶"胜利"了,成为知觉对象;一会儿人像"胜利"了,被选为知觉对象;再过一会儿,花瓶又卷土重来,重新"当选"为知觉对象。这就是看两可图的乐趣。

当然,有意义也不一定能够成为知觉对象。例如,我们乍一看图 3-4 中的(a)图,总是把两个对称的黑影作为知觉对象,要长时间注视以后,才发现这里面还有一个意义性很强的对象:一个"王"字!假如我们在"王"字上加上两条轮廓线[图 3-4 中的(b)图],"王"字就很容易知觉到了。可见,轮廓线在知觉中很重要。

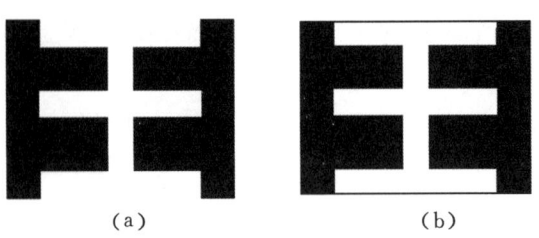

图 3-4 轮廓线在知觉中的作用

在知觉水平上的理解,可以分成直接理解和间接理解。如果我们对当前事物可以不需要通过任何中间环节就能迅速地作出认知,准确地叫出它的名称,这是直接理解。如果知觉的时候各种感觉信息提供得不充分、不够清楚,这时,要进行准确的认知就必须通过一定的中间环节,比如言语提示、思维推理等。这种知觉水平的理解叫做间接理解。

知觉的恒常性

我们手指可以遮住不远处的一棵大树的树干,这说明,手指在视网膜上形成的像比树干的像要大。可是,如果把手指移开,先看一看树干,再看一看手指,却又觉得树干无论如何还是要比手指粗得多。这种现象表现了知觉的一个很重要的特性——恒常性。

知觉的恒常性,就是当知觉的条件在一定范围内改变时,知觉仍然保持相对不变。

知觉的恒常性在视知觉当中表现得最为明显。刚才说的手指和树干的例子,就是大小恒常性的体现。从远处看树干,尽管它在网膜上的像缩得非常小,但我们却觉得,它比近处的树干细不了多少;手指形成的网膜像虽然很大,可知觉的大小还是大不过远处的网膜像很小的树干。

除了大小恒常性,还有形状恒常性。一块砖头,不论从哪个角度看,我们都觉得它是个长立方体。还有亮度恒常性:强烈的阳光下,煤块反射的光量远远大于晚上白纸反射的光量,但是黑煤不因此被看作是白煤,白纸也不因此被知觉成黑纸。颜色也有恒常性:红旗不论在黄光还是在蓝光照射下,总能知觉为红色。

知觉恒常性往往和周围环境提供的线索有密切关系。周围景物的参考作用一排除,恒常性也就消失。例如,大小恒常性受到距离知觉的线索的影响,如果排除距离线索,大小恒常性就会消失。用绿色光照射一张白纸,然后让被试通过一个纸筒观察这张纸,被试就以为纸是绿色的;如果不通过纸筒,而是直接观察,被试可以既看到那张纸,又看到绿色光源,这样一来,他就会觉得这张纸变得白多了。

3.2 模式识别

知觉研究的一个中心课题就是模式识别(pattern recognition)。在认知心理学中,模式指的是一组刺激或刺激特征组成的一个有空间和(或)时间结构的整体。例如三条直线构成一个闭合的图形,就是三角形,这是一种视觉刺激模式;几个时间上连续的音节组成一个单词,若干个单词又进一步组成一个句子,这是一种听觉刺激模式;一种食品的色香味,则组成一种跨通道的刺激模式。不同的事物有不同的可以相互区别的模式,这种模式通过学习以一定的表征方式储存在头脑中。要识别当前知觉对象是一个什么事物,必须将得到的刺激信息与头脑中已经积累着的模式加以比较,然后才能作出判断。那么,这种比较的过程究竟是怎样的呢?这是一个极其复杂的问题。学者们先后提出很多个理论来加以描述,但是至今还是众说纷纭,莫衷一是。本节介绍其中主要的几个理论,包括模板匹配理论、特征分析理论、成分识别理论和原型匹配理论等。

模板匹配理论

模板匹配理论的基本思想

最容易想到的,也许就是通过模板的比较来进行模式识别,就好像我们拿着事先印好的照片,找出照片上的人。这种理论就是模板匹配理论(template-matching theory),其基本观点就是,不同事物在个体的头脑中存在着对应的模板,当个体面对着一个未知的刺激模式时,他就将这个刺激模式与头脑中的模板一一比较,找出匹配程度最高的那个模板,从而完成模式识别。

以字母识别为例,如果一个字母 A 出现在个体面前,它反射出的光线通过瞳孔和晶状体,在个体的视网膜形成一个网膜像。这个映象经由视神经传向大脑,在那里进行译码。当网膜像激活的细胞与字母 A 的模板指定的网膜细胞一一对应时,个体就能判定自己看到了字母 A。如果输入的刺激与模板在大小、方向、字体上不完全吻合,视觉系统就会将输入的信息加以"标准化",然后进行模板的匹配。如果找不到合适的模板,该模式就被当成是一个未知的模式,通过学习,建立起表征这种新模式的模板,以便以后的模式识别。

模板匹配理论的一个重要的理论意义,就是确认了在人的头脑中应该存在与各种刺激模式相对应的表征。在实际生活中,模板匹配理论也得到了一定的应用,计算机就采用这个理论进行文字识别。条形码就是最早成功的例子。计算机通过光学设备将条形码输入后进行模板匹配,然后转换成数字。后来采用同样的办法,可以直接对标准的阿拉伯数字和其他文字进行光学识别。

模板匹配理论的缺陷

但是,如果头脑中的表征真的是像照片那样简单的模板,就不能解释这样一个问题:为什么采用了模板匹配算法的计算机不能像人类那样灵活地识别各种形状差异很大的相同刺激?以汉字光学识别为例,每一个汉字都需要模板,由于字体不同,还需要无数个模板,才能帮助计算机识别从宋体、楷体直到行书和草书的不同变式,但是计算机尚不能储存如此巨量的模板,因此只能较好地识别一些常见的印刷字体,例如宋体、楷体等,而对手写的字体,尤其是行书和草书等字体,因为模板的缺乏,就很难识别;而且,模板越多,匹配所花的时间也会越长,故文字识别的效率还会随着模板的增加降低。而人类的情况正好相反：人在识字的时候学的是印刷体和老师比较工整的手写体，但是以后看到别人写行书甚至草书的时候，他也能比较快地识别出来，不需要重新学习识字，也不会随着识字量的增加，识别的效率越来越慢。

还有一个更重要的问题是，人的知觉还有一定的概括性，即使对于差别很大的事物，我们有时也会把它们看作是同一个事物。例如，我们看到十多年不见的老友，尽管双方都发生了很大变化，却能很快彼此相认。这是模板匹配理论无论如何也解释不通的。

模板匹配理论虽然被心理学家几乎一致地认为不能很好地解释人类的模式识别过程，但是，作为模式识别的一个方面或环节，模板匹配还是有一定的作用，不应完全加以否定。在后来提出的模式识别模型中，也不能完全避开模板匹配这种机制。

特征分析理论

特征分析理论的基本思想

既然模式是一组刺激或刺激特征组成的一个有空间和（或）时间结构的整体，特征分析理论（feature analysis theory）就首先将模式分解或还原成它的原来特征。例如，字母 A 可以分解为一条横线、两条斜线和三个锐角。特征分析理论认为，人的头脑中，各种模式是以它们分解后得到的一系列特征的形式来表征的；模式识别的过程就是抽取当前刺激的各方面的特征，与记忆中的各种模式的特征进行比较，找到最佳的（至少是最满意的）匹配。

吉布森（Gibson，1969）曾列表说明每一个拉丁字母的各种特征组合（见表3-1）。

表 3-1 吉布森给出的大写字母的特征组合表

特征	直线	水平线	垂直线	斜线/	斜线\	曲线	闭合	垂直开放	水平开放	交叉	冗余	循环	对称	间断	垂直	水平
A		+		+	+					+			+		+	
E		+	+							+	+	+				+
F		+	+							+					+	
H		+	+							+			+		+	
I			+										+		+	
L																+
T		+								+			+		+	+
K			+	+	+								+		+	
M			+	+	+						+	+				
N															+	
V				+	+								+			

(续表)

特征	直线	水平线	垂直线	斜线/	斜线\	曲线	闭合	垂直开放	水平开放	交叉	冗余	循环	对称	间断	垂直	水平
W			+	+	+							+	+			
X				+	+					+			+			
Y			+	+	+								+		+	
Z		+		+												+
B			+				+			+		+	+			
C								+					+			
D			+				+						+			
G		+						+								
J								+	+							
O							+						+			
P			+				+			+				+		
R			+		+		+			+				+		
Q					+		+			+						
S									+			+				
U								+					+			

（来源：Gibson，1969）

不过，同样对于这26个大写字母，不同的学者可能给出不同的特征组合。表3-2是林赛和诺曼（Lindsay & Norman，1977）总结的字母特征组合表。

表3-2　林赛和诺曼给出的大写字母的特征组合表

	垂直线	水平线	斜线	直角	锐角	连续曲线	间断曲线
A		1	2		3		
B	1			3		4		2
C							1
D	1	2		2			1
E	1	3		4			
F	1	2		3			
G	1	1			1		1
H	2	1		4			

(续表)

	垂直线	水平线	斜线	直角	锐角	连续曲线	间断曲线
I	1	2		4			
J	1						1
K	1		2	1	2		
L	1	1		1			
M	2		2		3		
N	2		1		2		
O						1	
P	1	2		3			1
Q			1		2	1	
R	1	2	1	3			1
S							2
T	1	1		2			
U	2						1
V			2		1		
W			4		3		
X			2		2		
Y	1		2		1		
Z		2	1		2		

(来源:Lindsay & Norman,1977)

以识别字母 A 为例,根据戈尔茨坦(Goldstein,2005)的描述,大致可以分为两个阶段。第一阶段是特征分析阶段。字母 A 可以激活三个特征:一条斜线"/",一条斜线"\"和一条水平线"—"。第二阶段是字母分析阶段。26 个字母各有一套特征集合,每个字母特征集合都可以与第一阶段激活的部分特征进行比较,由于字母 A 的特征集合与上述三个激活的特征最接近,因而字母 A 在字母分析水平得到最强烈的激活,从而得到识别;而其他字母(例如"N"或"T"等)也可能由于部分特征得到匹配而得到一定程度的激活,但是其激活程度不能和字母 A 相比,因而在正常情况下不会被误认。

塞尔弗里奇(Selfridge,1959)的魔域模型(pandemonium model)是较早提出的比较复杂的模型。这个模型也是以字母识别为例来说明特征分析的过程。"魔域"就是用来完成字母识别的系统。在这个魔域中,有四种小鬼,各司其职,相互配合(见图 3-5)。四种小鬼在不同的层次上完成自己的工作。直接与刺激(图中的字母 R)接触的是映象鬼,它负责将字母的形象输入到"魔域"里面,产生对字母形象的表征,以便接受进一步加工。接下来,各种特征鬼对映象鬼送来的表征进行扫描,每个特征鬼都负责寻找一种特征,例如水

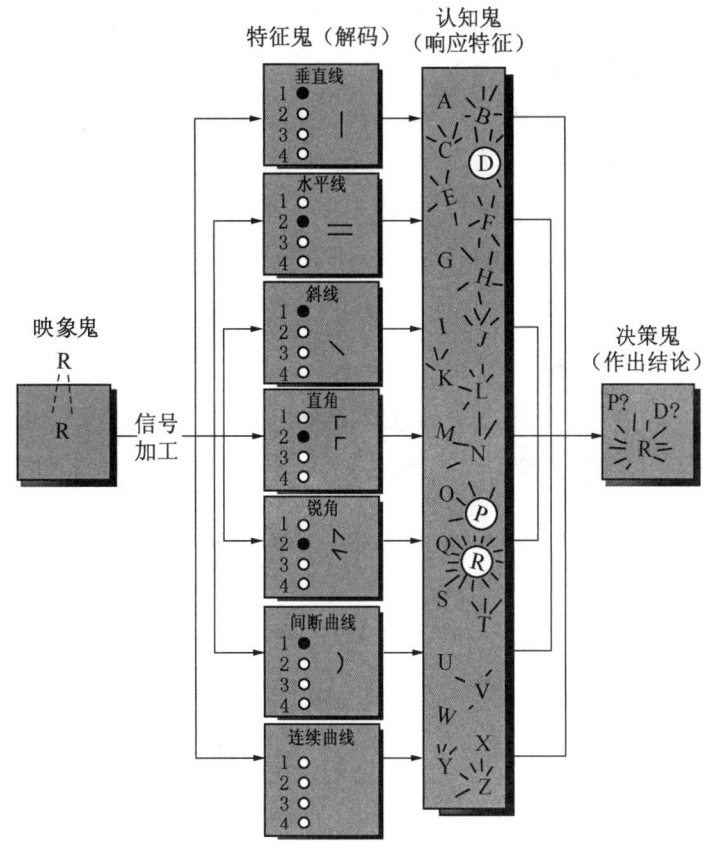

图 3-5 魔域模型示意图

(来源:Goldstein,2005)

平线、垂直线,等等。当某个特征鬼发现自己负责的那个特征时,就使劲叫喊,作出响应。更高层次的鬼叫认知鬼,每一个认知鬼负责对一个特定的字母作出响应。它们"倾听"特征鬼的叫喊,如果发现叫喊着的特征鬼与自己负责的字母的一系列特征相对应,就同样叫喊着作出响应。不过,它们的叫声有大有小,如果对应的特征少,叫声就小些;如果对应的特征多,叫声就大些。最后出场的是唯一的决策鬼,它的任务是倾听认知鬼的叫喊,作出最后的决策。

特征分析理论的实验验证

来自神经生理学方面的证据

早在 1959 年开始,休贝尔和威塞尔(Hubel & Wiesel,1959,1963)就开展了关于视觉感受域的一系列研究。他们将微电极植入猫和猴子的视觉皮层中,然后向这些动物被试呈现各种图形刺激,记录这些图形引起的单个神经元的冲动。当光刺激作用于视网膜时,有些神经元发生冲动,有些神经元没有反应,这样就可以得到视网膜的不同部位与不同神经元的对应关系。视网膜上与某个神经元相联系的区域,就是这个神经元的感受域(receptive field)。研究发现,有一些神经元只对视野中的垂直光条发生反应,另一些神经元则只对水平光条发生反应。进一步的研究还发现,视觉皮层中还存在着分别只对视觉刺激的某种边界、线条、夹角甚至运动作出特异性反应的特殊神经元。这说明,皮层中不同的神经元具有不同的感受域,这种分工使得个体能够区分不同模式的特征。休贝尔和威塞尔将这些神经元称为特征检测器(feature detector)。图3-6就是一种只对一定方向的线段作出反应的特征检测器。可以推想,在人的皮层中也应该有特征检测器。

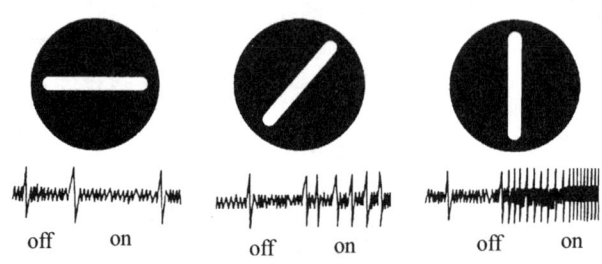

图3-6　只对一定方向的线段作出反应的特征检测器

(来源:Hubel & Wiesel,1959,1963)

根据感受域的研究,休贝尔和威塞尔进一步将特征检测器分为简单神经元、复杂神经元和超复杂神经元三种水平。简单神经元直接从视网膜上的感受器获得输入,并对某种简单模式(例如边界、细缝、线条等)产生反应;复杂神经元从特定组合的若干个简单神经元那里获得输入,以确定是否应当产生反应;再进一步,就是超复杂神经元从特定组合的若干个复杂神经元那里获得输入,以确定是否应当产生反应(见图3-7)。这样,个体就能够分析越来越复杂的特征组合,从简单神经元只能检测边界、细缝、线条等简单特征,到超复杂神经元可以检测一定大小的刺激的运动或特征之间的关系。

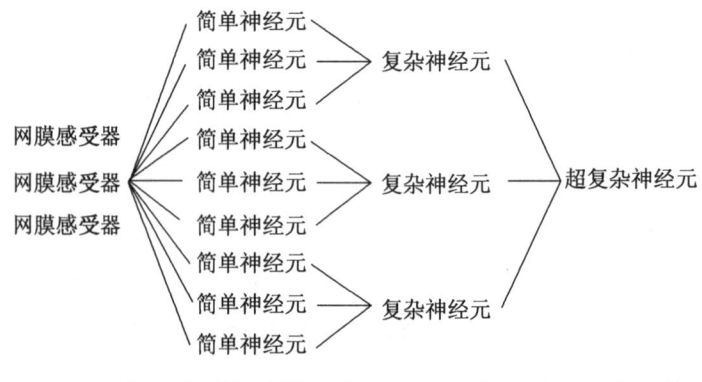

图3-7　简单神经元、复杂神经元和超复杂神经元之间的关系

(来源:Hubel & Wiesel,1959,1963)

来自实验心理学方面的证据

奈瑟(Neisser,1963)通过一系列的视觉搜索实验证明个体是采用特征检测的方式来识别字母的。在实验中,被试的任务是从许多字母中搜索某个目标字母,例如分别在表 3-3 的两组字母中搜索字母 Q 或 Z,并记录被试搜索目标字母花费的时间。实验条件分为两种,两者之间的区别在于非目标字母的特征。A 条件下,材料中的非目标字母都是直线字母(A,E,I,H 等),B 条件下则都是曲线字母(B,C,D,G 等)。结果发现,同样是搜索字母 Q 或 Z,在 A 条件下搜索,字母 Q 容易找到,而字母 Z 不容易找到;而在 B 条件下搜索,情况正好相反。如果采取的是模板匹配方式,由于识别字母 Q 或 Z 时用于比较的模板是相同的,所以两种搜索条件下的搜索时间应该是相同的,不应该有这样的差别。这就证明,目标字母的识别不是依靠模板匹配,而是通过特征检测:A 条件下,被试只要搜寻到字母 Q 独有的曲线特征就能作出反应,而字母 Z 的特征和非目标字母相同,没有独特的区别性特征,因而造成搜索字母 Q 快于搜索字母 Z;在 B 条件下,字母 Z 有独特的区别性特征而字母 Q 没有,结果就反了过来。

表 3-3　奈瑟的字母搜索实验材料

EIMVWX	CDGORU
XMZWVI	RDQOCG
VIEXWM	GRDCOU
WVXQIE	DCURZG
(A)	(B)

(来源:Neisser,1963)

听知觉当中也有类似的情况,两个音节之间共有的特征越少,就越不容易混淆。例如,da 和 ta 相对来说比 da 和 sa 更容易混淆,因为 da 和 ta 的区别在于辅音的清浊,而 da 和 sa 除了辅音一清一浊之外,还有一个区别:d 是爆破音,s 是摩擦音。

关于静止网膜像的实验也为特征分析理论提供了支持性证据。普里查德(Pritchard,1961)采用一种技术使刺激图形在视网膜上成像的位置不因眼球的不随意运动而改变,即

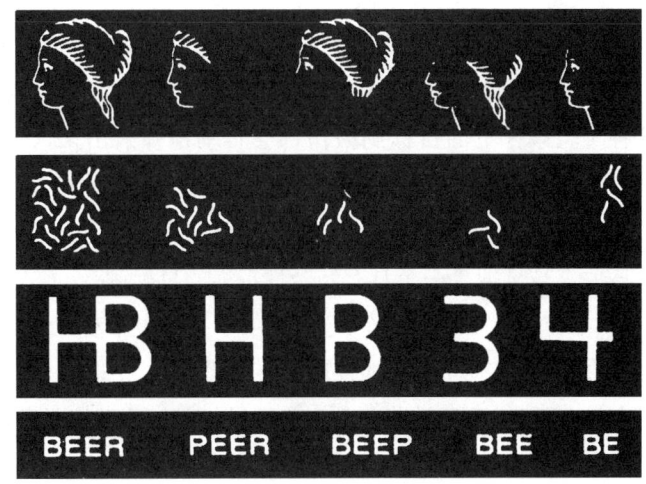

图 3-8　静止网膜像实验

(来源:Pritchard,1961)

产生静止网膜像(stabilized image)。结果发现,被试对于图形的知觉在维持了很短的时间后逐渐消失。但有趣的是,这种消失是渐进的(见图3-8)。图中最左边是刺激图形,右边4个图形是知觉渐进性消失的过程中,被试报告出来的图形片断。从图中可以看出,无论是消失的部分,还是暂时保留下来的部分,都是相对完整的特征。这说明,知觉的基本单元就是特征。

特征整合理论

特征整合理论(feature integration theory,简称 FIT)是特雷斯曼(Treisman,1982)在施奈德和希夫林关于自动加工和控制加工的理论基础上发展出来的,她将这两种加工的配合方式更加具体化,提出了模式识别的双阶段模型:在模式识别过程中,第一个阶段是前注意阶段,其加工方式是自动加工或平行加工;第二个阶段是特征整合阶段,其加工方式是控制加工或系列加工。特雷斯曼认为,在早期的前注意阶段,物体的特征处于"自由漂移"的状态,认知系统中只能首先形成一"特征地图";而在后期的特征整合阶段,各个特征犹如经过胶水"粘连"而结合在一起,形成一"位置地图",对于物体的知觉就这样完成了。

特雷斯曼做了很多实验来证明她的理论,主要有视觉搜索实验和错觉性结合实验。

视觉搜索实验

特雷斯曼和格雷德(Treisman & Gelade,1980)共同完成的一个视觉搜索实验中,向被试呈现一系列简单的刺激(例如字母),这些刺激在多个维度(例如颜色和形状)有不同之处,接着设置了两种实验条件。第一种条件是:要求被试在其中搜寻一个具有独特特征的目标刺激(例如,在一些其他颜色的字母中搜寻一个粉红色的字母,或从其他字母中搜寻一个不论何种颜色的字母 T)。在目标刺激具有独特特征的情况下,目标刺激与作为背景的其他分心刺激在关键特征上明显不同,例如在一些绿色和棕色字母中搜索一个粉红色字母,关键特征就是颜色的不同,被试甚至不用看清楚字母,就可以指出那个粉红色的字母。而从多个字母 O 中搜索字母 T,关键特征就是形状,可以不管目标刺激是什么颜色。结果表明,这种实验条件下的目标刺激仿佛会自动地弹射出来,无需费力寻找。而且,分心刺激的个数不会影响被试的反应时。而这正是自动加工的典型证据。这说明,要检测出一个单一特征是相对容易的,在前注意阶段就能完成。

第二种条件是:要求被试搜寻一个具有结合性特征的目标刺激,而作为背景的分心刺激可以具有两个参与结合的特征中的一个。例如,要求搜索一个粉红色的字母 T,但是在分心刺激中有粉红色的其他字母,也有其他颜色的字母 T。实验结果表明,在这种情况下,被试的反应时会显著延长,而且随着分心刺激数目的增加而继续显著增加。这正是控制加工或系列加工的特征:从机制上讲,要完成这样的搜索,必须逐一比较目标刺激和分心刺激的颜色和形状,而不能仅仅根据颜色或仅仅根据字母形状就直接作出判断;从时间上讲,它完成的时间比较靠后,应该属于后期的特征整合阶段。

特雷斯曼和索瑟(Treisman & Souther，1985)还采用非对称性搜索任务进一步证明特征整合理论。

非对称性搜索,指的是这样的情形:在若干个 A 类项目中找到一个 B 类项目,与从同样的若干个 B 类项目中找到一个 A 类项目,两者的搜索速度有显著差异。

如图 3-9 所示,要求被试完成两种不同的搜索:(A)从若干个 ◯ 中搜寻一个 ◯̧ ,或者反过来,(B)从若干个 ◯̧ 中搜寻一个 ◯ 。结果表明,A 搜索要比 B 搜索快得多。而且,A 搜索条件下分心刺激的数目不显著影响被试的反应时,而 B 搜索条件下分心刺激的数目越多,反应时越长。由此推想,A 搜索应该是自动加工的,产生的是相对简单的特征地图(被试只要看到圆上有条小"尾巴"就能作出肯定的判断);B 搜索应该是控制加工的,产生的是位置地图(被试必须将圆和竖线这两个特征结合起来,将目标刺激与分心刺激逐一比较,才能最终作出正确的反应)。

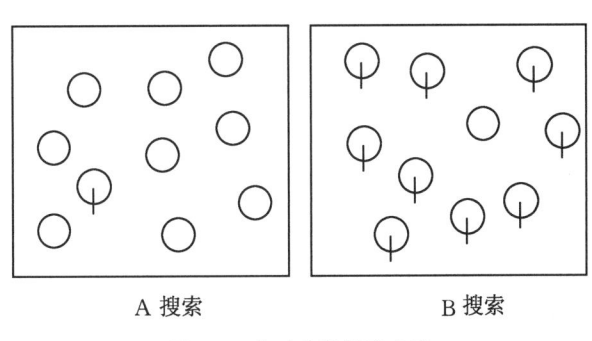

图 3-9 非对称性搜索实验

(来源:Treisman & Souther，1985)

错觉性结合实验

错觉性结合指的是在注意分散或过载时不同客体的特征发生彼此交换的现象。例如,呈现的是绿色的 X 和红色的 O,被试却报告绿色的 O 和红色的 X。特雷斯曼和施密特(Treisman & Schmidt，1982)做了不少这样的实验,试图以此来证明,在知觉的初期,特征是处于"自由漂移"的状态,以后才出现特征间的结合,当然也就可能产生错误的结合。

特雷斯曼和施密特采用字母、图形和文字作为刺激材料,都发现了相应的错觉性结合。这里介绍两个以字母为材料的实验。

第一个实验是用速视器向被试呈现卡片,卡片上两边印着数字,中间印着字母。被试的任务是先报告数字,例如图 3-10 中的"6"和"2",再报告看到的字母及其位置与颜色。实验中涉及的字母有 5 个(T，S，O，N，X),颜色也有 5 种(粉红、黄、绿、蓝、棕)。对于数字的报告有准确率的要求,这样可以使得被试的注意力集中到观察数字上,从而使对于字母的注意力被分散出去。另外,每张卡片的呈现时间仅 200 毫秒,以便产生注意过载。这两项措施的目的在于激发自动加工。

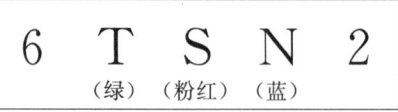

图 3-10 字母错觉实验用卡片

(来源:Treisman & Schmidt,1982)

结果表明,报告数字的正确率高于 90%,而报告字母的正确率仅 52%。在报告字母发生的错误中,有两种不同类型:特征错误和结合错误。特征错误是指被试报告出卡片上没有的特征,例如在呈现图 3-10 所示的卡片后,被试报告看到了"左面的黄的 T"或"右面的蓝的 O"。结合错误是指被试报告的特征没有无中生有的成分,但是位置发生交换,例如同样看到图 3-10 所示的卡片后,报告看到了"左面的粉红的 T"或"中间的粉红的 N"。在 39% 的试验中发现了结合错误——错觉性结合。

第二个实验称为字母同时匹配实验。实验中也向被试快速呈现一些卡片,也要求被试先报告两侧数字,然后报告有无形状颜色都相同的一对字母。图 3-11 是该实验的刺激卡片。由于 a 刺激卡中有一对形状和颜色都相同的字母(红色的 X),d 刺激卡中更有两对这样的字母(红色的 X 和蓝色的 O),因而被试对这两张刺激卡报告"有"的比率应该比较高,而且 d 刺激卡应该比 a 刺激卡更高。而 b、c、e 这三张刺激卡中并不包含形状和颜色都相同的字母,但是如果产生错觉性结合错误,被试也可能报告"有"。而且,错觉性结合的概率取决于产生错觉的难度:b 刺激卡中只要将红色 X 和蓝色 O 的颜色对换就可以产生错觉;c 刺激卡中则必须同时将两个 S 的颜色换成红色,难度最高;e 刺激卡中有两种途径可以产生错觉性结合,难度最低。这样就可以推断,被试对五种刺激卡报告"有"的比例应该是 d>a>e>b>c。实验结果完全证明了这一推断。报告"有"的比例,分别是 a:49.7%,b:25.4%,c:21.4%,d:74.7%,e:40.0%。这一实验结果同样证明错觉性结合的存在,而且排除了记忆和言语编码等非知觉因素的影响。

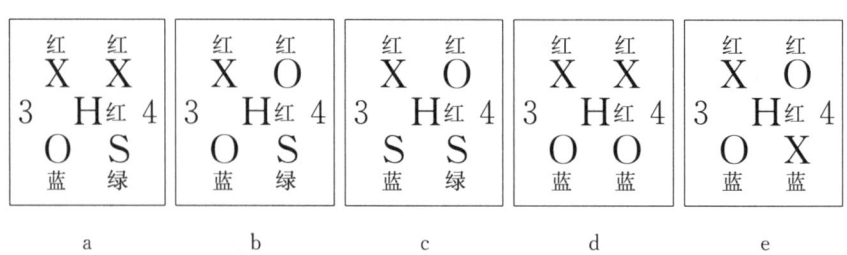

图 3-11 字母同时匹配实验刺激卡片

(来源:Treisman & Schmidt,1982)

对于特征整合理论的反对意见

特征整合理论也不是人人都赞成的。邓肯和汉弗莱斯(Duncan & Humphreys, 1989,1992)就提出相似性理论(similarity theory)来解释特雷斯曼的实验结果。他们认为,事情没有特雷斯曼所说的那么复杂。就视觉搜索实验的结果而言,完全可以简单地归结于目标刺激和分心刺激之间的相似性。两者之间的相似性越高,搜索就越难,反之就越容易。另外,分心刺激之间的相似性也会影响到搜索的难度。分心刺激越相似,搜索就越容易。而参与整合的特征的数量却不会影响搜索的速度。

凯夫和沃尔夫(Cave & Wolfe, 1990)则提出了引导搜索模型(guided search model)。他们认为,任何搜索都包括两个阶段:第一阶段是平行加工阶段,这时个体根据对于目标刺激的特征的掌握,在头脑中激活一个心理表征,这个表征被称为"激活地图",它标定各个位置存在目标刺激的可能性,这种表征在后面的加工阶段中将起到引导的作用;第二阶段是系列加工阶段,个体根据激活地图,按照可能性由高到低的原则,逐个评价被激活的要素,根据激活程度来选择真正的目标刺激。

特征分析理论的缺陷

特征分析理论也有一些缺陷。第一,特征的定义很难把握。作为一个特征,需要满足什么条件,没有操作性的说法。第二,先确认事物还是先确认特征?世界上有各种各样的事物,也就有无数的特征。如果是先确认特征,那么,在模式识别的初期,个体怎样确定应该检测哪些特征?如果个体事先知道应该检测哪些特征,那岂不是他早就知道自己面对的是什么事物?第三,特征分析阶段中的特征是怎样激活的呢?安德森(Anderson, 1980)提出,每一个特征对应于一个"微型模板",也就是说,特征激活的过程也是一种模式识别,而且是以模板匹配的方式进行的,这样一来,特征分析理论极力反对的模板匹配理论竟反过来成为它组成部分。第四,模式识别不仅依赖特征信息,还受到周围背景以及个体知识经验的影响,这些单单用特征分析理论是难以解释的。

成分识别理论

成分识别理论的基本思想

成分识别理论(recognition by components theory)可以看作是特征分析理论的进一步延伸,是由比德曼(Biederman, 1987)提出的。这个理论吸取了特征分析理论和格式塔理论关于知觉组织的合理成分,提出了几何离子(geometrical ion 或 geon)的概念,因而得到广泛的关注。比德曼提出,任何几何图形都可以分解成一些简单的成分,即几何离子。当人们看到面前的物体时,就将这个物体具有的几何离子及其相互关系与长时记忆中已经储存的表征进行匹配,从而完成模式识别。这种匹配是自动化的,速度很快,而且抗错性很强。

几何离子是由一些边界联合组成的,有的像锥体,有的像圆柱体(见图3-12)。比德曼的理论中包含 36 种几何离子,它们之间可以产生 108 种关系(例如"在上""旁接""大于"等)。这些几何离子按照一定的关系组织起来,理论上可以产生几乎是无数种可能的物体(见图 3-13 和图 3-14)。

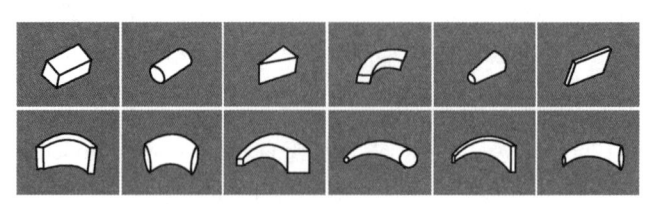 

图 3-12　部分几何离子　　　　　　　　图 3-13　由几何离子构成的假想物体

（来源:Biederman,1987）　　　　　　　　（来源:Biederman,1987）

图 3-14　由相同的几何离子按照不同的关系构成的不同物体

（来源:Biederman,1987）

成分识别理论的实验验证

比德曼等人用物体命名实验验证自己的理论。在一个实验中,要求被试对不同几何离子组成的图形进行命名。组成图形的几何离子数目有 3 个、4 个或 6 个。实验中共呈现 36 种图形,呈现时间为每幅图片 100 毫秒。结果发现,组成图形的几何离子数目越多,被试命名反应的速度就越快,精确性也越高,但是变化幅度并不很大。这说明,少数关键的几何离子就足以帮助被试识别物体。

在另一个实验中,比德曼(Biederman,1985,1987,1990)设计了两种不同的图片让被试识别。这两种图片都是将完整物体图形加以衰减,即去除部分线条。两种图片的区别在于,第一种图片保留了物体轮廓线上的接合点和端点,而第二种图片上的轮廓线没有接合点和端点(见图 3-15,其中的 a 图形都有接合点和端点,b 图形没有)。图片的呈现时间都是 100 毫秒。结果发现,有接合点和端点的图形比较容易辨认,正确率约为 70%;而对于擦除了接合点和端点的图片,被试辨认的正确率降低到约 50%。在格式塔心理学中,相连的成分或无间隙的成分容易被看作是一个整体,这就是连续性原则(principle of continuation)和间隙填充原则(principle of filling)。比德曼的这一发现与格式塔的原则不谋而合。

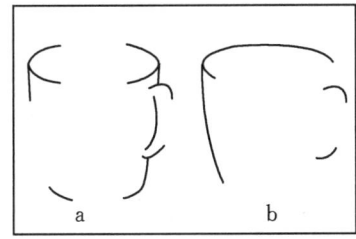
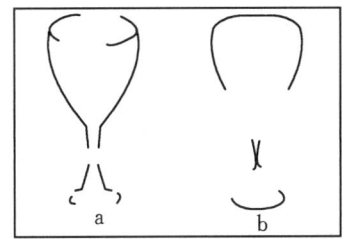

图 3-15　对衰减物体的辨别

(来源：Biederman，1987)

由于成分识别理论列出了数量有限的几何离子及其相互关系，容易被移植到计算机模式识别软件中，因此在计算机视觉领域也得到一定的应用，甚至有人试图将其运用到汉字识别中。

成分识别理论的缺陷

比德曼本人也承认，成分识别理论有严重的缺陷。他(Biederman，1990)认为，如何更好地描述物体各组成成分之间的关系，仍是一个值得进一步探讨的课题。另外，成分识别理论和模板匹配理论、特征分析理论一样，都重视自下而上的加工，缺乏对自上而下的加工的研究，从而很难解释个体的知识经验、愿望、动机以及环境背景对模式识别的影响。

原型匹配理论

原型匹配理论的基本思想

为了克服模板匹配理论和特征分析理论的局限性，一些认知心理学家提出了原型(prototype)这个概念。所谓原型，就是对事物的形象产生的一种简约的心理表征。在知觉心理学中，原型指的是具有某种标准模式的刺激，其他刺激和它之间存在不同程度的偏离。例如在图 3-16 中，左上角的一个由 9 个点组成的三角形就是标准的原型，旁边那个三角形与其几乎没有差别，而其他几个图形则是它的变形，其偏离程度一个比一个大。心理学家认为，被试在观察各个偏离刺激的时候，会产生某种简约或抽象，其产物就是原型，相当于普通心理学中讲的概括化的表象。

原型匹配理论(prototype matching theory)认为，原型是通过学习获得的。当个体面对着一个特定的事物的时候，就相当于看到了它的原型加上一定的偏离。因此，只要能够将事物与其对应的原型匹配起来，就能够完成模式识别。换句话说，原型匹配不需要像模板匹配那样精确的一一对应，从而为刺激的变式留下了广阔的空间。

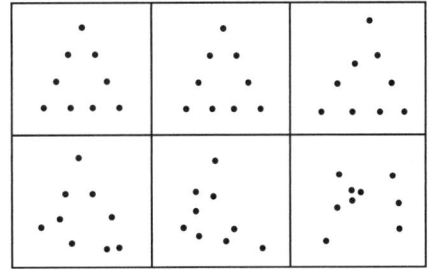

图 3-16　知觉研究中的原型(图左上角)

(来源：Posner & Keele, 1968)

原型匹配理论的实验验证

波斯纳和基尔(Posner & Keele, 1968)的一项研究可以证明原型的作用及其形成过程。他们采用的实验材料就是图 3-16 所示的点子图。除了三角形以外,还有字母(M 和 F)和随机图形。每一种刺激都有标准的原型和一些偏离刺激。实验分为学习阶段和测验阶段。在学习阶段,被试只对偏离刺激作出分类反应,并得到主试的反馈。整个学习阶段没有见过原型刺激。在测验阶段,原型刺激和学过的、未学过的偏离刺激混合呈现给被试,要求进行分类反应。结果发现,学过的偏离刺激和没有学习过的原型都得到了比较高的正确率(分别为约 87% 和 85%),而对于新出现的偏离刺激,正确率比较低(约 67%,仍高于随机水平)。这说明在学习阶段,被试通过对偏离刺激的分类,已经形成了此类刺激的原型,并在后面的测验阶段体现出迁移效应。

图 3-17 索尔所和麦卡锡实验所用的材料

(来源:Solso & McCarthy, 1981)

索尔所和麦卡锡(Solso & McCarthy, 1981)的一项关于虚假记忆的研究也为原型的存在提供了实验证据。他们的实验程序与波斯纳和基尔的实验基本相同。实验材料是人面画像(如图 3-17 所示),左边的人面画像是原型,在学习阶段并不出现;右边的 4 张画像是偏离刺激,它们与原型分别有 75%、50%、25% 和 0% 的共同点。结果发现,在测验阶段,被试会错误地将没有见过的原型反应为学习过的,并且其反应的信心度超过那些学过的画像。

原型匹配理论是一个比较灵活的模型。实际上,我们可以把原型看作是一种特殊的模板,原型匹配理论也就可以看作是模板匹配理论的深化。这一深化的意义在于,只要能够找到相应的原型,新的、不熟悉的事物也是可以识别的。这样就降低了记忆的负担,也使人的模式识别比计算机识别有巨大的优越性。

3.3 知觉与经验

知觉和感觉的一个重要区别在于,感觉受先前刺激、刺激所在的环境背景和知识经验的影响相对较小,而知觉与这些自上而下起作用的因素却有着密切的联系。模式识别部分介绍的一些理论,都比较多地考虑了自下而上的加工,很少(不是完全没有)考虑自上而下的加工。本节将重点介绍这一方面的理论和实验。

启动效应

启动效应的含义

启动效应(priming effect)指的是先前加工的刺激对后来加工同样的刺激或有关联的刺激产生的促进作用。它有点类似于学习理论中所说的迁移,但是局限于知觉层次。启动效应是个体不自觉地产生的,因而具有无意识的特征,可以归入前意识信息加工的范畴。

启动效应分为直接启动和间接启动。直接启动是指先前加工的刺激对后来加工同样的刺激产生的促进作用。例如,先前加工的是"国家"这个词,后面加工的也是"国家",这种情形下产生的启动效应就是直接启动。间接启动则是指先前加工的刺激对后来加工不同但是又有关联的刺激产生的促进作用。例如,先前加工的是"国家",后面加工的不是"国家",而是"国旗""民族"等与"国家"有一定关系的词语,这种情形下产生的启动效应就是间接启动。

产生启动效应的先前加工的刺激,称为启动刺激(priming stimuli)。如果要求将启动刺激的加工保持在前意识阶段,就需要作一些特殊的处理,它们或者强度特别弱,或者呈现时间特别短,或者环境噪声(分心刺激)特别多,从而无法进入有意识的加工。

启动效应的实验证据

早在 20 世纪 70 年代,认知心理学者,如迈耶等人(Meyer & Schvaneveldt, 1971; Meyer, Schvaneveldt & Ruddy, 1974),就开始注意到启动效应现象。他们采用的刺激是词(例如 COLLEGE)和非词(例如 NART)。实验范式是这样的:先向被试呈现一个启动刺激,例如 COLLEGE,然后呈现另外一个检测刺激,例如 UNIVERSITY,要求被试判断后面那个检测刺激是词还是非词,并测定被试的反应时间。结果发现,如果启动刺激和检测刺激分别是 JELLY 和 UNIVERSITY 时,被试对 UNIVERSITY 的反应时间比较长;而启动刺激和检测刺激分别是 COLLEGE 和 UNIVERSITY 时,被试反应时间显著缩短。从语意上看,COLLEGE 与 UNIVERSITY 之间的关系比较密切,两者互为近义词;而 JELLY 与 UNIVERSITY 关系不大,所以可以认为是语意上的联系使得被试看过 COLLEGE 后对 UNIVERSITY 的加工产生了启动效应。

马塞尔(Marcel, 1983a, 1983b)的研究揭示了一种更有趣的启动效应。这个实验中,也是向被试呈现单词作为刺激,但是启动单词的呈现时间非常短(20～110 毫秒),呈现之后还用一个掩蔽刺激阻止网膜后象的作用,这样做的目的是让被试对启动单词的加工停留在前意识阶段,不产生有意识的加工。为了检验是否达到这样的效果,可以让被试猜测启动单词,只要对单词的加工是前意识的,他们的猜测应该不会超过随机瞎猜的水平。马塞尔发现,在这种情况下也会产生启动效应。例如,先呈现一个启动单词 palm,在视觉掩蔽后呈现单词 wrist,要求被试说出后续单词的类别,由于两者都是人体器官,结果发现存在启动效应。

但是进一步的实验结果更加有趣。如果启动刺激 palm 呈现的时间足够长,被试对后面呈现的单词可能产生正启动,也可能产生负启动(即启动刺激抑制了对后续刺激的加工)。这是因为,马塞尔在实验中采用多义词做启动单词,palm 就是一个多义词,它有两个含义:"手掌"和"棕榈树",前者属于人体器官,后者属于植物。在 palm 呈现的时间足够长的情况下,如果被试激活了作为人体器官的义项(手掌),则对同样属于人体器官的后续刺激 wrist 产生正启动,而对 pine(松树,属于植物)就产生负启动;相反,如果被试激活了作为植物的义项(棕榈树),接下来的效果正好相反:对于 pine 产生正启动,对于 wrist 产生负启动。

看到这样的结果之后再回过头来审视启动单词的呈现时间非常短的情况下的结果,就可以作出这样一个推断:前意识阶段,被试虽然连单词都没有看清,但是 palm 的两个义项都被激活了。而如果呈现时间足够长,到了有意识加工阶段,被试看清了单词,才选定激活其中一个义项。

鲍尔斯等人(Bowers, Regehr, Balthazard & Parker, 1990)的另一个关于启动效应的重要研究,进一步证明了对于单词的前意识加工甚至存在于直觉水平。这个研究是用一种被称为"三项配对"(dyad of triads)的范式进行的。这个范式向被试呈现配对的两组单词,每组有三个单词。两组单词中,有一组加入第四个单词后可以体现出单词之间的密切联系。例如,有一组单词是"playing""credit"和"report",加入恰当的第四词"card",就可以看到,前三个单词和 card 都可以组成词组:"playing card""credit card"和"report card"。另一组单词则是随机选择的,相互之间没有密切关系,例如"still""pages"和"music"。在向被试呈现了成对的两组单词后,要求被试从一些单词中选择一个作为第四词加入其中可以产生意义联系的一组。

根据一般的经验,如果被试选不出合适的第四词,就说明他认为两组里面的单词之间都是没有关联的。但是奇怪的是,即便被试选不出第四词,如果要求他们指出哪一组单词有关联,他们也能很好地回答,成绩远远高于随机的瞎猜。这说明,被试对单词的加工并不都是有意识的,应该存在前意识的成分。

启动效应作为先前加工对后续加工的影响,初步体现了自上而下的加工在知觉中的重要作用。

结构优势效应与视觉拓扑理论

过去经验对知觉的作用常常表现为上下文效应,即模式识别受到刺激对象以外的其他环境背景的影响。结构优势效应就是上下文效应的一个重要表现,由此引出的视觉拓扑理论和特征分析理论也针锋相对地开展了激烈争论。

结构优势效应

结构优势效应(structure-superiority effect)是一组优势效应的总称。从1969年开始，人们相继发现了各种整体结构促进模式识别的效应，如：字词优势效应(word-superiority effect)，指识别一个单词中的字母的正确率高于识别一个单独的字母；客体优势效应(object-superiority effect)，指识别一个物体图形中的线段要优于识别结构不严的图形中的同一线段或单独呈现的同一线段；完形优势效应(configural-superiority effect)，指识别一个完整的图形要优于识别图形的一个部分。这些效应都与整体结构有关，故统称为结构优势效应。

赖彻(Reicher,1969)最早发现了字词优势效应。他的实验范式是这样的：用速视器快速呈现字母、单词或非词，接着进行视觉掩蔽，然后在特定位置给出两个字母(例如D和K)，要求被试判断刚才这个位置上呈现的是哪一个字母。以图3-18为例，首先快速呈现的是字母D，或单词WORD，或非词ORWD；接着呈现掩蔽刺激，然后在原来字母D的位置呈现两个待选的字母D和K，要求被试判断原来这个位置上的字

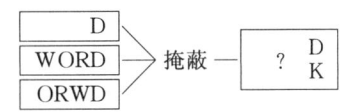

图3-18 字词优势效应实验范式

(来源：Reicher,1969)

母是D和还是K。结果表明，识别单词中的字母要优于识别单个字母或非词中的字母，选择的正确率分别高出8%，达到统计学规定的显著水平。也就是说，速视器上呈现过单词WORD的情况下，对于字母D的选择得到了某种促进。这可以说是另一个版本的启动效应。

字词优势效应发现没多久，韦斯坦和哈里斯(Weistein & Harris,1974)就发现了客体优势效应。他们的实验范式是，让被试在不同的条件下，检测快速呈现的目标线段。条件有两种，第一种条件是，目标线段单独出现在注视点附近的不同方位；第二种条件是，目标线段作为一个有结构的图形的一部分，但是与注视点的相对位置和第一种条件相同。图3-19体现了这两种条件，其中上面两个图表示第一种条件，下面两个图表示第二种条件。被试的任务就是报告线段相对于注视点的方位。结果表明，第一种条件下被试的正确报告率低于第二种条件。这说明，线段成为客体图形的组成部分后促进了被试对它的识别。

除了字词优势效应和客体优势效应以外，波梅兰茨等人(Pomerantz, Sager & Stoever,1977)还发现了完形优势效应。他们的实验中也用到两种实验条件，一种是没有上下文的两个刺激(⌐和⌐)；另一种有上下文，即(⌐)和(⌐)。可以看到，两种条件的区别在于有上下文的刺激仅仅是右边多了一个⌐而已，但是前者可以看作是后者的一部分。结果发现，第二种条件下被试的辨别速度快于第一种情况。

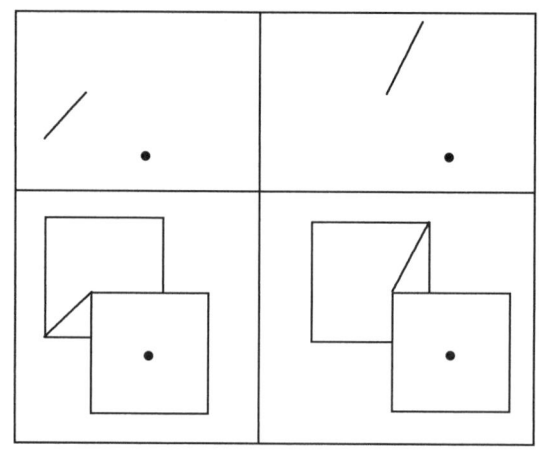

图 3-19 客体优势效应实验范式(圆点为注视点)

(来源:Weistein & Harris,1974)

视觉拓扑理论

结构优势效应显示了知觉系统对整体特征的敏感性。后来,陈霖(Chen,1982)提出的视觉拓扑理论(visual topological theory)更是将几何学中的拓扑理论引入视知觉研究,进一步深化了人们对整体特征的了解。拓扑学是数学的一个分支,它主要研究不受形状或大小变化影响的几何图形或固体物体的特点。图形的拓扑性质是指在拓扑变换下图形保持不变的性质和关系。典型的拓扑性质包括连通性(connectedness)、封闭性(closeness)、洞(hole)等,而大小、角度、平行性等几何特性在拓扑变换下会发生变化,因而不是拓扑特征。

陈霖认为,视觉处理的早期阶段检测的是图形大范围的、整体的拓扑性质,以后才处理图形的局部特性。为了证明这一点,陈霖设计了这样一个实验:用速视器呈现成对的几何图形。成对的两个图形有的具有等价的拓扑性质,有的则不等价。例如图 3-20 中,有正方形、三角形、圆盘和圆环四种图形。其中正方形、三角形、圆盘都是实心的,在拓扑性质上可以归入同类;而圆盘和圆环虽然都是圆,直觉上常常被分为一类,但是在拓扑性质上,它们却是不等价的。如果将正方形、三角形和圆环分别和圆盘配对呈现,而且呈现的时间非常短(实际实验中每一对图形的呈现时间仅有 5 毫秒),让被试判断两个图形的异同,就可以探明在视觉处理的早期是对拓扑性质敏感还是对局部性质敏感。

图 3-20 拓扑性质与图形异同实验的材料

(来源:Chen,1982)

实验结果显示,被试将圆环和圆盘报告为不同的最多(64.5%),而报告正方形和圆盘不同的比较少(43.5%),报告三角形和圆盘不同的最少(38.5%)。这说明,被试判断异同的标准倾向于拓扑性质是否等价。

在另一个实验中,陈霖进一步考察了连通性和封闭性在早期视觉信息加工中的作用。实验的范式和客体优势效应实验几乎相同:让被试在不同的条件下,检测快速呈现的目标线段。一种是单独呈现目标线段(图3-21中上面的两种情况),一种是目标线段作为一个封闭、连通的图形的一部分(图3-21中下面的两种情况)。目标线段的呈现时间为50毫秒。实验的结果和客体优势效应如出一辙:当目标线段单独出现时,被试报告其方位的正确率只有55%;而当目标线段作为封闭、连通的图形的组成部分时,报告正确率却高达86%。这说明,连通性、封闭性这样的拓扑特征在视觉加工的早期得到了较充分的加工。

图 3-21　连通性和封闭性与线段检测实验的材料

(来源:Chen,1982)

视觉拓扑理论强调模式识别始于对模式的大范围拓扑性质的提取,而特征分析理论强调模式识别始于局部特征的检测、终于特征整合为特定模式。这两个相映成趣的理论之间存在着激烈的争论,不过争论的前景应该和心理学史上许多针锋相对的论争一样:殊途同归。

知觉学习

知觉学习的过程

知觉学习(perceptual learning)是知觉成绩随着训练逐步提高的过程。这种训练经常不需要反馈,其成果往往不能被意识到,但是可以保持较长时间,甚至是永久性的。知觉学习还有一个特点,就是与训练时特定的任务相联系,很少迁移到不同任务中。

吉布森和吉布森(Gibson & Gibson,1955)关于知觉学习过程的一个经典实验可以很好地揭示知觉学习的过程。在这个实验中,被试的任务是学习一种画着线圈状图形的卡片(见图3-22)。实验步骤是,先向被试呈现图3-22最中心的那张卡片(原卡片),呈现时间为5秒。接着逐一呈现其他卡片,中间插入4次被试最先看到的那张原卡片,要求被试认出这些原卡片。整个学习过程没有反馈,只是在全部卡片看完一轮后,再呈现原卡片5秒,让被试细细察看,接着按照新的顺序开始新一轮的训练。就这样一轮一轮地训练下去,直到被试每次看到原卡片就能正确地将其指认出来。

两位吉布森分析了被试在训练过程中所犯错误的特点。这个谁都猜得到:其他卡片与原卡片的共同特征越多,被试就越容易把两者混淆起来。在图3-22中,可以看到那些卡片中的线圈有三个特征:圈数、绕圈的方向和纵横比。一张卡片上的线圈如果在圈数和方向上与原卡片相同,就比只在圈数上相同或只在方向上相同更容易被误认为是原卡片。

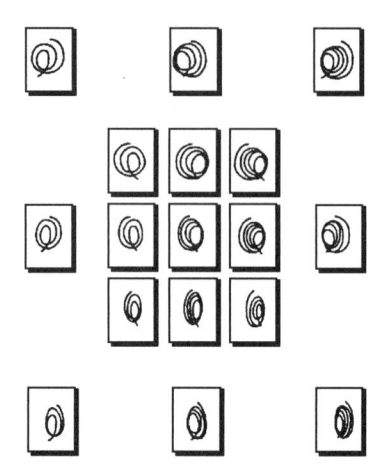

图3-22　吉布森关于知觉学习的实验材料

(来源:Gibson & Gibson, 1955)

接下去是被试在训练中体现出来的特点。两位吉布森指出,被试一开始对线圈的特征并没有清晰的认识,随着训练的进行,被试逐步发现他们以前忽略的各种特征。就像一位古董鉴赏家,刚开始搜集古董的时候真假不分,看得多了,逐步学会根据各种特征来鉴别真伪。显然,发现那些忽略的特征,目的还是为了更好地作出辨别。

这样简单的实验现象却不能被前面所述的模式识别理论解释。例如,根据特征检测理论,被试早就该把特征搞清楚,然后根据特征匹配的结果作出判断,哪里还需要什么训练。只有自上而下的加工才能解释这种现象:不断积累的经验引导着个体去关注那些新的、能够帮助区分图形的特征。

变化盲

变化盲(change blindness)是一种常见的知觉现象,指的是个体检测不到事物的变化。我们都会有这样的体验,如果一个熟人突然戴上一副眼镜,或者变了一种发型,一见面就会被我们注意到;但是,如果他常穿的衣服上换上了不同式样的纽扣,就很难被发现。我们对纽扣的变化毫无察觉,就是变化盲。

还有一种变化盲现象,就是人们对事物的渐进变化熟视无睹。一个人从幼年逐渐长大成人,他的父母和家人往往觉察不到他在渐渐长大,倒是几年不见的亲友能够发现他的变化。

变化盲现象说明,人的知觉不像摄影那样一览无余。细微特征的某些变化只要不影响事物的意义,可能就不会引起我们的注意。可见,变化盲与自上而下的加工有密切联系。

西蒙斯和勒温(Simons & Levin, 1997)的一个实验证明了变化盲与自上而下加工的关系。这个实验是在大学校园中进行的。实验者精心导演了一幕"问路"短剧。先由实验者甲假扮问路者与选中的路人(作为被试)交谈。在被试解释的时候,另外两名实验者扛着一块板粗鲁地从实验者甲和被试中间强行通过,就在被试视线被那块板遮住的时候,实验者甲迅速地与后面那个扛板的实验者乙交换了角色。结果,留下实验者乙继续和被试交谈。尽管这两个实验者个头、嗓音、发型和服饰都不同,但是很多被试(尤其是年长的被试)没有发现这一变化。

接下来的结果更耐人寻味。当让学生做被试时,他们倒是比较容易看出这一变化。

但是,如果让实验者甲和实验者乙都换上建筑工人的服装时,发现角色交换的被试同样减少到不足一半。这一结果表明,学生被试在实验时受到期待等主观因素的影响,他们只需笼统地获取人物的地位和职业信息。由于这个实验是在大学里面做的,当短剧中的人物比较像学生时,学生被试会更加注意地观察他们,以便进行进一步的区分。而当这两个人物看上去像建筑工人时,他们不再需要进一步区分,也就不再仔细观察。

直接知觉

按照前面讲的理论,尤其是自上而下加工的理论,我们几乎可以得出一个结论,那就是个体在对事物进行知觉加工时,一定对通过感觉器官得到的有关信息进行了裁减、强化、补充等处理。最简单的例子就是,我们得到的网膜像是平面的,但是感受到的却是立体的世界。平面和立体之间的鸿沟必然是经验填平的。这就是所谓的建构主义知觉观(constructivist approach to perception)。

但是,吉布森(Gibson,1979)的看法与之截然相反。他提出了直接知觉(direct perception)理论,强调知觉对个体活动的意义,他认为,知觉从外部世界获得了大量的信息,足以用来指导人的行动,无需那么多事,建构点新的东西出来。个体确实只看到一个平面,但是平面信息已经足够了,个体并不需要也没有看到立体的深度、距离,他只是看到环境表面的某种布置情况,但是这种布置情况可以告诉个体应该怎样活动,这就足够了。

吉布森用约翰森(Johansson,1973)的一个实验来说明自己的观点。实验者先让模特穿上黑衣服,仅在肩部、肘部、腕部、臀部、膝部等处安装上发光的小灯泡,然后在暗室中表演做各种事情(见图3-23)。实验者将模特的表演拍成照片和录像。实验时,实验者将这些照片和录像呈现给被试。由于灯泡不很亮,被试只能看到模特身上的光点。看到照片的被试说,只看到一些随机的亮点,看不出什么名堂。但是看录像的被试却很迅速地报告说,看到一个人在走路、跳舞、爬行等。后来还有人发现,观看这样的录像的被试甚至能够区分出模特的性别。这说明,只要极少量的信息,个体就可以完成知觉。正常情况下,个体得到的知觉信息显然是太多了。

吉布森还提出,为了更好地开展活动,个体在对事物进行知觉的时候,不仅对形状和整个物体进行加工,而且还要获得这一事物的"赋予"(affordance)特征。赋予特征有点类似于事物的功能,即这个事物能够允许个体进行的活动或行为。当我们看到一把椅子的时候,不仅知觉到椅子本身,还会意识到椅子是让人坐的。我们走路不会撞墙,是因为墙壁没有赋予我们穿越它的"权利"。

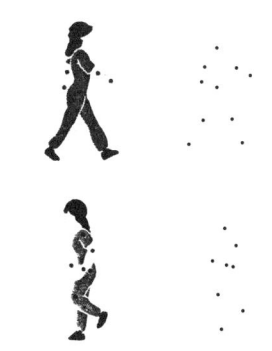

图 3-23 约翰森的暗室实验

(来源:Johansson,1973)

吉布森的理论看上去似乎把知觉想得太简单了,但是它可以启发我们重新考虑知觉问题。例如,我们过去讲"远""近",都理所当然地看作是深度知觉的产物,是主观填补的产物,但是在吉布森看来,远、近无非是为了说话方便造出的概念。个体未必知觉到深度,只要个体能够正确地活动就足够了。大小恒常性也是如此。物体和背景信息都完备,恒常性就出现;如果只看到物体,看不到背景,恒常性就消失了。恒常性之所以消失,是因为环境的表面布置信息不完备。总之,不同的环境布置,就会有不同的活动与之匹配。

3.4 应用研究

知觉障碍

知觉障碍指的是对于看到的事物不能理解和再认。知觉障碍患者有正常的感觉,能够正确地对事物的颜色、声音等作出反应;他们也有正常的记忆,但就是难以将感觉到的信息综合起来作出知觉水平的反应,即认出事物、给事物命名等。

知觉障碍中,各种视知觉失认是比较常见的。它们又分为两个类型,一个是统合失认(apperceptive agnosia),一个是联想失认(associative agnosia)。此外,还有一种奇特的视觉失认——面貌失认(prosopagnosia)。

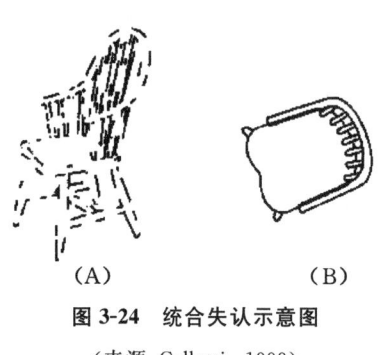

图 3-24 统合失认示意图

(来源:Gallotti, 1999)

统合失认患者能够完整地再认轮廓,但是不能再认事物本身,不能将事物进行匹配,也不能对事物加以归类。统合失认可以有程度上的差异。有的患者连物体命名都做不到;有的患者强一些,在正常情况下(呈现的是最常见的"标准刺激")能够识别事物并加以命名,但是刺激信息有所遗漏和扭曲,就无法像正常人那样作出反应。图 3-24 就是统合失认的一个例子。图中(A)用断续线条画了一把椅子。正常人能够将断续的地方"接续"起来,认出是一把椅子,但是统合失认的患者无法认出来。图中的(B)则是椅子的俯视图,统合失认患者同样感到非常困难。

联想失认指可以(有时是非常缓慢地)认出事物,但是集中注意于细枝末节。联想失认患者可以再认事物,他们甚至可以画出事物,但是不会采用常见的绘画技法,例如先画轮廓,再补充细节,因而画得十分缓慢,显得极其小心,简直就是逐点摹画。图 3-25 是联想失认患者画的画,虽然不那么漂亮,但是毕竟很相像,细节也很丰富;但是他们却不能很快地报告看到的或者自己画的是什么。

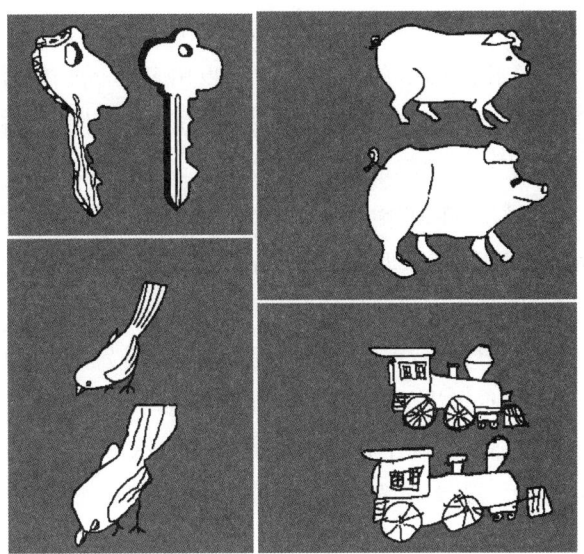

图 3-25 联想失认示意图

(来源:Gallotti,1999)

面貌失认很特别,指的是不能再认人脸(无论是亲戚的、名人的,还是自己的镜像或照片),而别的事物却能够再认。

神经生理学研究认为,统合失认可能与大脑右半球后部的损伤有关,联想失认则与大脑双侧枕叶与颞叶交界区域的损伤有关,面貌失认则可能是右半球特定部位(左半球也可能有所牵扯)的损伤造成的。

司法实践中的知觉偏差

在司法工作中,常常遇到一些认知上的问题,包括知觉、记忆、判断、推理、决策等方面,都可能产生一些偏差。这里专门讲一种知觉上的偏差——嫌犯指认中的偏差。

为了破案的需要,警方常常会找到一些嫌疑人,让当事人或目击证人指认。在向他们呈现这些嫌疑人的时候,嫌疑人的个数和组成结构是影响被试知觉的重要因素。我们可以设想,如果只呈现 2 个嫌疑人,指认者瞎猜其中任意一人为罪犯的概率就是 1/2;如果有 5 个嫌疑人,被试瞎猜其中任意一人为罪犯的概率就是 1/5。因此,为了减少随机瞎猜造成的错误,就要同时呈现比较多的嫌疑人。另外,为了避免指认者的反应总是倾向于"有",还应该选择和呈现一些其实肯定不是嫌犯的人,如果指认者总是反应"有",就说明他的知觉偏差比较大,其指认不可靠。

另外,嫌疑人之间的相似性也是影响指认者知觉的一个重要因素。如果有一个目击证人说,嫌犯是一个肤色很黑的高个男子,而警官找来了几个人的照片,其中只有一个是黑皮肤、高个男子,其他人不是白皮肤,就是矮个子,或者是女性,那么这个黑皮肤高个男子被指认的概率就比较高,尽管他不一定是真正的罪犯。

其实,在实验室里采用的再认测验方法完全可以用来为上述司法活动服务。例如,在实验室中常常用信号检测理论来检验被试的辨别能力和反应倾向。在信号检测实验中,如果被试将一个实际是信号的刺激正确地指认为信号,这种情况称为"击中";如果将不是信号的噪声刺激指认为信号,称为"虚报";如果将信号指认为噪声,称为"漏报";如果将噪声指认为噪声,称为"正确拒斥"。如果将真正的嫌犯比作信号,那么其他嫌疑人就是噪声。指认者的指认也可能产生上述四种情况。

实验室实验的结果告诉我们,被试的辨别能力常常是稳定的,而反应倾向常常因为各种因素而发生变化。在嫌犯指认工作中,反应倾向也是一个容易变化的因素。如果指认者急于指认出一个嫌犯,那么实际不是嫌犯而被指认的概率(在信号检测理论中被称为"虚报")就会增加。但是,如果太谨慎,真正的嫌犯未被指认的概率(在信号检测理论中被称为"漏报")就会增加,从而放跑坏人。为了解决这个问题,埃利森和巴克霍特(Ellison & Buckhout,1981)提出,可以让指认者分两步作出反应:第一步,对问题"这些人当中有没有嫌犯"作出回答;如果指认者回答"有",则进入第二步,指出具体哪一个是嫌犯。埃利森和巴克霍特指出,指认者对第一个问题的回答常常标准偏低,从而倾向于回答"有",对于这样的指认者应该采取一些措施减少他们的偏差。埃利森和巴克霍特提出了三个措施:第一,作为警官,不要认为指认者觉得很有把握就认为他们记得很清楚,两者之间其实没有多少相关;第二,向指认者说明,呈现的嫌疑人当中不一定有嫌犯;第三,想办法让呈现的嫌疑人在服装穿戴等与犯罪行为无关的特征上尽可能相近。

知觉的跨文化差异

同样的刺激,不同的人对其产生的知觉并不是完全一样的,有个别差异、性别差异和跨文化差异。知觉是这样,后面讲的记忆、思维、想象等高级认知过程也是这样。就知觉而言,个别差异和性别差异还不太显著,但是跨文化差异还是比较大的。

研究人类心理的跨文化差异并不是心理学家的专利。早在 20 世纪 50 年代,人类学家特恩布尔(C.M.Turnbull)在非洲茂密森林深处考察那里的原始部落时,就对当地人奇特的知觉现象产生了浓厚的兴趣,并在心理学杂志上报告了他的发现。特恩布尔(Turnbull,1961)报告说,他从当地找来一位青年人做向导。一次,他们开车驶出这片森林,这位从未走出森林的向导指着远处的山峦问:"那些是小山头还是云彩?"更有趣的是,当向导看到远处的一群水牛时,竟向特恩布尔询问:"那是哪一种昆虫?"这说明长期生活在森林中、没有远距离观察经验的青年向导未能产生知觉恒常性。但是向导在特恩布尔的帮助下很快就适应了平原地带的知觉环境,显示出知觉恒常性是后天习得的。

赫德森(Hudson,1960,1967)采用图 3-26 中的图片对非洲人的图片知觉进行了实验研究。他找到的被试看电影很吃力,可能缺乏三维知觉。但是实验表明,在这些被试中,上过学的人能够对图片作三维解释；而没有文化的工人，无论是黑人还是白人，都是二维解释。不过，赫德森没有简单地下结论说，三维解释是学校教育的成果。他认为，一个人只要生活在"图片文化"中，即经常看到图片、照片等，就能形成三维解释。

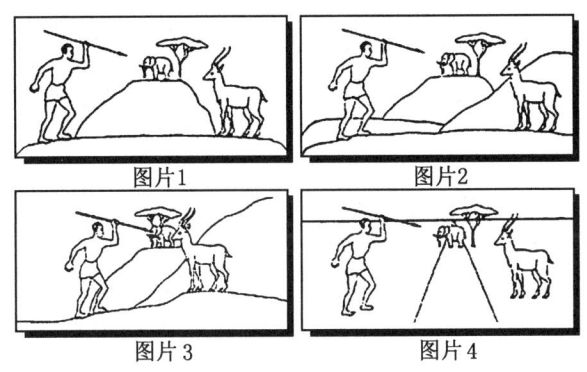

图 3-26　图片的三维解释

（来源：Hudson，1960，1967）

另一位学者德雷高夫斯基（Deregowski，1968）也在非洲开展研究。他认为，赫德森给被试的任务可能太难了，没有读过书的被试难以理解。他在一个实验中要求被试完成两项任务：第一项任务是对赫德森设计的图片进行解释；第二项任务比较容易，是根据图片（见图 3-27）用棍子搭建模型。对于儿童和成年工人的研究表明，尽管 80% 的被试不能对赫德森任务作出三维判断，但是超过半数的人能够搭建三维模型。这就说明，有三维知觉的被试用赫德森任务难以鉴别出来。

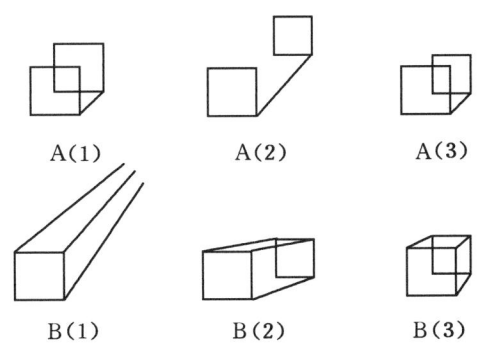

图 3-27　德雷高夫斯基要求搭建的模型

（来源：Deregowski，1968）

利德尔（Liddell，1997）的一个重要的比较研究则说明了不同国家学校教育的差异造成的跨文化知觉差异。她在实验中对一些一至三年级的非洲儿童呈现各种彩色人物和景物图片，要求这些儿童看图说明自己看到了些什么。在记录了被试反应后进行编码。编码包括三个方面:"标签",指被试反应中涉及的事物(例如"那是一朵花","那是帽子");"关联",指被试找出的事物之间的关系("桌子就在那位女士面前");"叙述",指被试对图片作出的"解释"("那位母亲正在将孩子抱上床")。结果发现,被试平均提到 65 个"标签",23 个"关联"和 3 个"叙述"。而且,随着被试年级的增高,"叙述"反而越来越少。而对英国儿童的研究却表明,年级越高,"叙述"越多。完全相反的结果提示我们,非洲小学教学的特点是重视事实和描述,这使得前面的实验中被试对图片的解释缺少主观的推断。

错觉当中也有跨文化差异。西格尔等人(Segall, Campbell & Herskovits, 1966)对著名的视错觉——缪勒-莱尔错觉和水平线-垂直线错觉(图 3-28)进行了一项大规模的研究。参加这项研究的被试人数将近 2 000 人,他们来自非洲、美国和菲律宾的 14 个地区。实验时,主试向被试详细讲解如何完成任务,然后让他们每次看一对线段,并判断哪一条线段比较长。结果表明,木匠家族对缪勒-莱尔错觉比较敏感。而且,他们还发现,生活在平原和沙漠中的人对水平线-垂直线错觉比较敏感,而对于生活在平原和沙漠中的人来说,地平线是他们看到的环境的组成部分。由此可见,经验对于错觉的影响是相当大的。而且,错觉可能还有一定的生态意义,人们总是根据经验作出一些推论,以便更好地适应他们的生存环境。

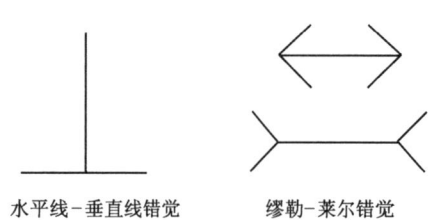

水平线-垂直线错觉　　缪勒-莱尔错觉

图 3-28　两种常见的错觉

警示音的效果

声音可以通过各种介质向四周传播,而且可以绕过障碍物;听觉系统可以同时收集来自各个方向的声音,并且在一定条件下还能确定声源的大致方位。正因为如此,动物常常以环境中的声音判断猎物和天敌的到来。人类更是善于利用声音作为警报,因为声音的效果通常好于视觉刺激。当然,声音能否成为有效的警示刺激,还有赖于科学的设计。历史上曾经有过一个设计失败的警示音——为消防队员配发一种能发出 3 000 赫兹左右的高音的定位器,以便他们能够相互"听到"同伴的位置。然而,3 000 赫兹左右的声音却会产生较大的定位误差(Handel, 1989)。

驾驶员尤其需要对警车和救护车等的警示音作出定位,以便及时让行。威辛顿(Withington, 1999)让参试者对救护车警报器发出的 4 种警示声音作出定位。实验时,让参试者坐在模拟驾驶器中,周围布置了 8 个扬声器。这 4 种声音是:由双音信号(670~1 100 赫兹,55 周期/分钟)合成的传统的"hi-lo"(高低)警报音;由脉冲声(500~1 800 赫兹,70 周期/分钟)合成的"脉冲"警报音;由连续的上升和下降音(500~1 800 赫兹,11 个周期/分钟)合成的 wail 音(消防音);由连续、短促的颤音(500~1 800 赫兹,55 周期/分钟)合成的 yelp 音(治安音)。威辛顿发现,许多参试者分不清警示声来自前方还是后方,其反应成绩相当于随机水平——基本上相当于瞎猜。为此,她设计了一系列旨在优化警示和定位效果的新信号。这些警示音与传统的警示音有明显的区别,它们是由频率快速上升的脉冲加上宽频噪声合成的。结果,参试者的前后定位正确率从56%提高到82%,左右定位正确率从79%提高到97%。霍华德等人(Howard et al.,2011)的研究也表明,低频声音能够更有效穿透路上其他车辆,是比较好的警示音。

设计警示音时除了要考虑信号应当有利于帮助听者确定声音的方向,同时也要考虑声音传达的意思,减少警示音之间的混淆。因此,良好的设计理念应该是,要么减少警示音的数量,要么加大它们的差别,还可以考虑与视觉信号配合,等等。

本 章 附 录

内容提要

(一)在认知心理学的学科体系中,知觉处于最底层,是最初级的认知,同时也为更高级的认知提供原材料。但是,这种最初级的认知过程却有着极其复杂的实现机制。知觉的任务是辨别个体正在关注的对象。人类的视觉可以分为两个系统,一个用于知觉,其功能是辨认物体;一个用于行动,其功能是提供个体与物体间位置关系的信息。

(二)知觉有四个重要特性:选择性(知觉时将少数知觉对象从其他对象中分离出来)产生图形和背景的区分;整体性使得知觉成为整体的、综合的反映,格式塔心理学充分研究了知觉的整体性,得出了接近律、相似律、良好连续律、闭合律和共同命运律等原则;理解性体现了人在知觉时总要借助以往的知识经验对获得的感觉信息作出最佳的解释;恒常性使得观察条件在一定范围内改变时,知觉仍然保持相对不变。

(三)模式识别是知觉研究的一个中心课题。模式指的是一组刺激或刺激特征组成的一个有空间和(或)时间结构的整体。模式识别的理论很多,包括模板匹配理论、特征分析理论、成分识别理论和原型匹配理论等。

(四)模板匹配理论的一个重要的理论意义,就是确认了在人的头脑中应该存在与各种刺激模式相对应的表征。在实际生活中,该理论也得到了一定的应用,但是这个理论比较古板,无法解释人类为什么能够辨别差异很大的相同物体。

(五)特征分析理论是得到最充分论证的模式识别理论。该理论的基础是将模式分解为特征,这得到了神经生理学方面的证据(特征检测器)的支持。塞尔弗里奇的魔域模型是较早提出的特征分析模型,而特雷斯曼的特征整合理论是实验证据最丰富的一个模型。

(六)由比德曼提出的成分识别理论可以看作是特征分析理论的进一步延伸。这个理论吸取了特征分析理论和格式塔理论关于知觉组织的合理成分,提出了几何离子的概念,这些几何离子按照一定的关系组织起来,理论上可以产生几乎是无数种可能的物体。该理论容易被移植到计算机模式识别软件中,因此在计算机视觉领域也得到一定的应用。该理论缺乏对自上而下的加工的研究,从而很难解释个体的知识经验、愿望、动机以及环境背景对模式识别的影响。

（七）原型匹配理论认为,一个特定的事物就是它的原型加上一定的偏离。原型匹配不需要像模板匹配那样精确的一一对应,因而原型匹配理论是一个比较灵活的模型,也可以看作是模板匹配理论的深化。

（八）启动效应有点类似于学习理论中所说的迁移,但是局限于知觉层次。作为先前加工对后续加工的影响,启动效应初步体现了自上而下的加工在知觉中的重要作用。

（九）过去经验对知觉的作用常常表现为上下文效应,即模式识别受到刺激对象以外的其他环境背景的影响。结构优势效应就是上下文效应的一个重要表现,它反映了知觉系统对整体特征的敏感性。陈霖提出的视觉拓扑理论更是将几何学中的拓扑理论引入视知觉研究,进一步深化了人们对整体特征的了解。

（十）知觉学习揭示的实验现象不能被模式识别理论解释。只有自上而下的加工才能解释这种现象:不断积累的经验引导着个体去关注那些新的、能够帮助区分图形的特征。变化盲这一常见的知觉现象,也体现了自上而下的加工:特征的某些变化只要不影响事物的意义,可能就不会引起我们的注意。

（十一）建构主义知觉观认为,个体在对事物进行知觉加工时,一定对通过感觉器官得到的有关信息进行了裁减、强化、补充等处理。吉布森提出了与之相反的直接知觉理论,认为知觉从外部世界得到的信息已经足够指导人的行动,无需上述处理。该理论启发我们重新考虑知觉问题。

（十二）知觉障碍患者有正常的感觉和记忆,但是难以将感觉到的信息综合起来作出知觉水平的反应。其中各种视知觉失认比较常见,例如统合失认、联想失认和面貌失认。知觉障碍一般都与大脑损伤有关。

（十三）司法实践中常常遇到知觉上的偏差,例如嫌犯指认中的偏差。实验室里采用的再认测验方法和信号检测理论完全可以用来帮助减少这种偏差,因为人的辨别能力常常是稳定的,而反应倾向常常因为各种因素而发生变化。

（十四）知觉表现出一定的跨文化差异。这种差异往往来自学校教育、社会文化、职业甚至地理环境。

（十五）警示音必须仔细设计,方能得到较好的定位效果;同时也要考虑声音传达的意思,减少警示音之间的混淆。

术语解释

知觉(perception) 对事物各方面感觉特性的整体的、综合的反映。它回答的问题是:

个体正在关注的对象（客体）是什么？根据知觉过程中起主导作用的感官，可以将知觉分为视知觉、听知觉、触知觉等；也可以根据事物的空间特性、时间特性和运动特性把知觉分为空间知觉、时间知觉和运动知觉。

用于知觉的视觉（vision for perception） 其功能是辨认物体。

用于行动的视觉（vision for action） 其功能是提供个体与物体间位置关系的信息。

模式（pattern） 一组刺激或刺激特征组成的一个有空间和（或）时间结构的整体。不同的事物有不同的可以相互区别的模式，这种模式通过学习以一定的表征方式储存在头脑中。

模式识别（pattern recognition） 识别当前知觉对象是一个什么事物的过程。

自下而上的加工（bottom-up processing） 知觉时，从刺激特征出发，将信息综合起来作出知觉的过程，又称为数据驱动加工（data-driven processing）。

自上而下的加工（top-down processing） 知觉者的知识经验、动机和期望等主观因素对于知觉过程的引导作用。与自下而上的加工相反，又称为概念驱动加工（conceptually driven processing）。

模板匹配理论（template-matching theory） 基本观点是，不同事物在个体的头脑中存在着对应的模板，当个体面对着一个未知的刺激模式时，他就将这个刺激模式与头脑中的模板一一比较，找出匹配程度最高的那个模板，从而完成模式识别。

特征分析理论（feature analysis theory） 该理论认为，人的头脑中，各种模式是以它们分解后得到的一系列特征的形式来表征的；模式识别的过程就是抽取当前刺激的各方面的特征，与记忆中的各种模式的特征进行比较，找到最佳的（或最满意的）匹配。

特征检测器（feature detector） 皮层中不同的神经元具有不同的感受域，这种分工使得个体能够区分不同的模式的特征。

特征整合理论（feature integration theory，简称 FIT） 特雷斯曼提出的模式识别的双阶段模型：在模式识别过程中，第一个阶段是前注意阶段，其加工方式是自动加工或平行加工；第二个阶段是特征整合阶段，其加工方式是控制加工或系列加工。特雷斯曼认为，在早期的前注意阶段，物体的特征处于"自由漂移"的状态，认知系统中只能首先形成一"特征地图"；而在后期的特征整合阶段，各个特征犹如经过胶水"粘合"而结合在一起，形成一"位置地图"。

成分识别理论（recognition by components theory） 比德曼提出的模式识别理论。该理论认为，任何几何图形都可以分解成一些简单的成分，即几何离子。当人们看到面前的物体时，就将这个物体具有的几何离子及其相互关系与长时记忆中的已经储存的表征进行自动化匹配，从而完成模式识别。

原型（prototype） 个体对事物的形象产生的一种简约的心理表征。在知觉心理学中，原型指的是具有一种标准模式的刺激，其他刺激和它之间存在不同程度的偏离。

原型匹配理论(prototype matching theory) 该理论认为,当个体面对着一个特定的事物的时候,就相当于看到了它的原型加上一定的偏离。因此,只要能够将事物与其对应的原型匹配起来,就能够完成模式识别。

启动效应(priming effect) 先前加工的刺激对后来加工同样的刺激或有关联的刺激产生的促进作用。启动效应是个体不自觉地产生的,因而具有无意识的特征,可以归入前意识信息加工的范畴。启动效应分为直接启动和间接启动。

结构优势效应(structure-superiority effect) 一组优势效应的总称,指各种整体结构促进模式识别的效应。其表现形式有:字词优势效应(word-superiority effect),指识别一个单词中的字母的正确率高于识别一个单独的字母;客体优势效应(object-superiority effect),指识别一个物体图形中的线段要优于识别结构不严的图形中的同一线段或单独呈现的同一线段;完形优势效应(configural-superiority effect),指识别一个完整的图形要优于识别图形的一个部分。

视觉拓扑理论(visual topological theory) 陈霖提出的知觉理论。他认为,视觉处理的早期阶段检测的是图形大范围的、整体的拓扑性质,以后才处理图形的局部特性。

知觉学习(perceptual learning) 知觉成绩随着训练逐步提高的过程。这种训练经常不需要反馈,其成果往往不能被意识到,很少迁移,可保持较长时间。

变化盲(change blindness) 个体检测不到事物的变化,或对事物的渐进变化熟视无睹。

直接知觉理论(direct perception theory) 吉布森提出的知觉理论,他强调知觉对个体活动的意义,认为知觉从外部世界获得了大量的信息,足以用来指导人的行动。不同的环境布置,就会有不同的活动与之匹配。

统合失认(apperceptive agnosia) 患者能够完整地再认轮廓,但是不能再认事物本身,不能将事物进行匹配,也不能对事物加以归类。可能与大脑右半球后部的损伤有关。

联想失认(associative agnosia) 患者可以(有时是非常缓慢地)认出事物,但是集中注意于细枝末节。可能与大脑双侧枕叶与颞叶交界区域的损伤有关。

面貌失认(prosopagnosia) 患者不能再认人脸(无论是亲戚的、名人的,还是自己的镜像或照片),而别的事物却能够再认。可能是右半球特定部位(可能与左半球也有关联)的损伤造成的。

深入阅读

(一)陈霖(1986),《拓扑性质检测》,见于钱学森主编的《关于思维科学》,上海人民出版社。

——视觉拓扑理论是中国心理学者提出的在国际上产生较大影响的少数几个心理学理论之一。

(二) Quinlan, P.T.(2003). Visual feature integration theory: Past, present, and future. *Psychological Bulletin*, *129*, 643-673.

——认知心理学的魅力很大程度归功于像特雷斯曼这样优秀的创新实验者。该文对特雷斯曼的特征整合理论的发展历史作了详细的阐述。

(三) Groome, D. & Eysenck, M.W.(2016). *An Introduction to Applied Cognitive Psychology*(*Second Edition*)(pp.12-39). Psychology Press.

——本书第 2 章讲述注意与知觉方面的应用研究,第 5 章讲述了听知觉的应用研究。

第 4 章

感觉记忆与短时记忆

・本章细目

4.1 记忆多阶段模型
记忆多阶段模型的基本思想
感觉记忆与短时记忆的分野
短时记忆与长时记忆的分野
系列位置效应　神经生理学方面的证据

4.2 感觉记忆
两种主要的感觉记忆
视象　声象
感觉记忆的特性
感觉记忆的容量　感觉记忆的保持时间
感觉记忆的作用

4.3 短时记忆
短时记忆的容量
短时记忆的编码
听觉编码与 AVL 单元　视觉编码　语义编码
短时记忆的保持和遗忘
短时记忆的提取

4.4 工作记忆
工作记忆的证据
工作记忆的定义和组成部分
语音环路　视觉空间展板　中央执行机构和情景缓冲器
工作记忆理论对短时记忆理论的发展

4.5 应用研究
工作记忆能力测验
刺激独立思想与工作记忆

精神分裂症患者的短时记忆问题

· 导读问题

- 记忆多阶段模型产生于何种理论框架?
- 为什么要采用部分报告法?
- 心理学家怎样用实验来验证短时记忆和长时记忆是两个不同的系统?
- 感觉记忆和短时记忆有何联系与区别?
- 如何测定短时记忆的广度?
- AVL 单元怎么回事?
- 短时记忆中信息的提取有什么特点?
- 工作记忆就是短时记忆吗?
- 怎样测量工作记忆容量?
- 睡眠状况不良时,反复数数就能睡着吗?

按照普通心理学的说法,记忆是过去经验在人脑中的反映——是人脑对感知过的事物,思考过的问题,体验过的情绪和做过的动作的反映。记忆是一个过程,它包括信息的编码(识记)、储存(保持)和提取(回忆或再认)三个环节。提取过程有两种表现形式:经验过的事物不在眼前,能把它重新回想起来的过程,称为回忆;经验过的事物再度出现,能把它认出来,称为再认。再认基本上可以等同于知觉中所说的模式识别,只是所指的侧重点不一样。知觉里面说的再认重在辨别,而记忆里面说的再认重在将当前看到的事物与过去经验联系起来。记忆按照保持时间的长短分为感觉记忆、短时记忆和长时记忆。本章重点介绍感觉记忆和短时记忆。

4.1 记忆多阶段模型

记忆多阶段模型的基本思想

心理学家根据记忆保持时间的不同,将记忆分为感觉记忆、短时记忆和长时记忆,这就是记忆多阶段模型。拥护这个模型的代表人物有阿特金森和希夫林(Atkinson & Shiffrin, 1968)、沃和诺曼(Waugh & Norman, 1965)等人。这些学者认为,当刺激进入个体的认知系统时,首先在感觉水平被登记下来;但是,刺激在感觉登记中储存的时间相当短,不到 1 秒钟就会消失。这里所说的感觉登记,就是感觉记忆。不过,感觉登记中的一部分信息在注意的帮助下进入短时记忆,这里的储存时间可以达到数十秒。而短时记忆中的信息在复述的帮助下又能够进入长时记忆。三个记忆阶段之间存在着错综复杂的关系。图4-1是阿特金森和希夫林的记忆多阶段模型示意图。

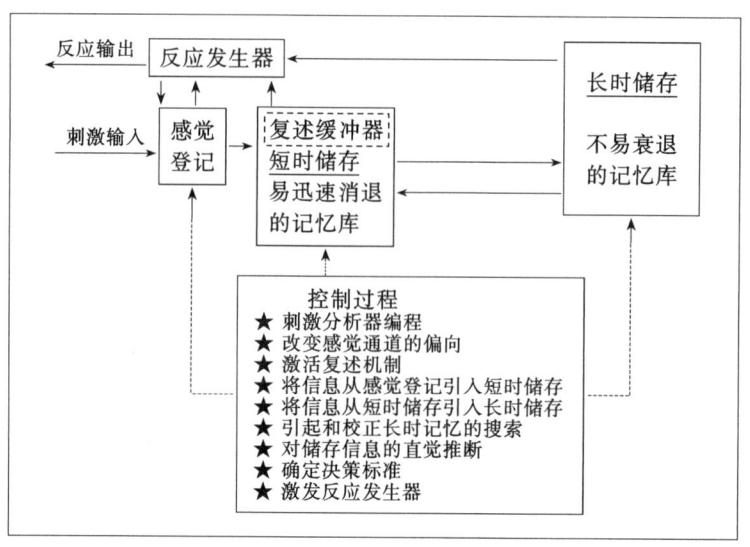

图 4-1　记忆多阶段模型示意图

(来源:Atkinson & Shiffrin, 1968)

感觉记忆与短时记忆的分野

记忆多阶段模型是建立在有力的实验证据的基础上的。感觉记忆和短时记忆之所以被看作是两个不同的阶段或系统,当然并不仅仅是因为其信息保持的时间不同,原因还在于其他各方面特征的不同。区别感觉记忆和短时记忆的一个重要方面,就是两者的容量(广度)大不相同。

早期研究记忆广度的方法是全部报告法(whole-report technique),即向被试呈现一些刺激项目,例如一串数字,要求被试从头到尾复述出来。在这种情况下,由于报告过程中随时发生的遗忘,被试能够报告出来的项目可能会少于他原来记得的。例如,根据斯珀林(Sperling, 1960)的实验结果,在呈现时间非常短(50~500毫秒)的情况下,向被试呈现12个字母,被试平均只能报告其中4~5个字母;而被试却抱怨说,他们其实看到的更多。为了解决这一问题,斯珀林改进了原来的实验方法,设计出部分报告法(partial-report technique),从而将感觉记忆和短时记忆清楚地区分开来。

部分报告法的实施步骤大致是这样的:仍向被试同时呈现一系列刺激(12个字母),但是这些字母分成3行,每行4个,呈现时间仍然是50毫秒。另外,实验之前与被试约定,当字母呈现终止时,立即呈现一个声音信号,这个声音的音调是随机的,有高、中、低三个音调；不同的音调作为复述哪一部分字母的线索：高音表示要求复述第一行，中音表示要求复述第二行，低音表示要求复述第三行(见图4-2)。实验结果是，无论出现哪一种音调，报告哪一行字母，被试的正确率都在75%以上，也就是说，每行的4个字母至少能正确地报告出3个来。由此推理，被试原来的抱怨是有道理的，因为他们实际看清的字母应该至少是9个(12×75%)。这个成绩远远高于全部报告法。

X M L T	延	高音
A F N B	迟	中音
C D Z P	时	低音
	间	

图 4-2　部分报告法程序示意图

为什么部分报告法的成绩会有这么大的提高呢？斯珀林解释说，在全部报告法的实验中，被试在长长的报告中不断遗忘前面看见的刺激，报告得越多，忘记得也越多，终于在报告了4~5个刺激后，被试再也说不出更多他曾经看到的内容了。

接下来的实验处理非常关键。前面所说的声音信号是在字母呈现终止后立即出现的，这时还没有开始遗忘。但是，斯珀林在接下来的实验中系统地改变字母和声音之间的时间间隔(见图4-2)，这就使得声音信号延迟呈现。在这延迟时间里应该产生遗忘。实验结果也确实表明，随着延迟时间的延长，部分报告法的成绩也急剧下降，直至与全部报告法相同(见图4-3)。

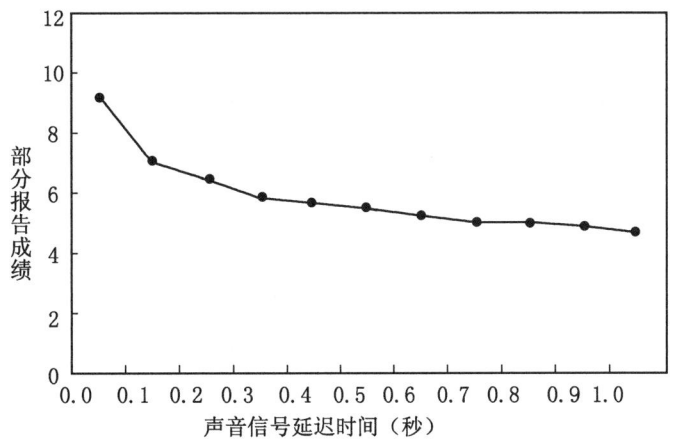

图 4-3　声音延迟与部分报告法的成绩

(来源：Sperling, 1960)

大致地概括一下上述实验结果，那就是：被试刚刚看到字母刺激的时候，他的记忆广度远远超过5个;而1秒钟以后,他的记忆广度稳定在5。这1秒前后的记忆特性的反差使得我们相信,存在着两个不同的记忆系统,即感觉记忆和短时记忆。它们以保持时间1秒为分水岭。1秒之前记忆的容量是比较大的,但是其中只有一部分信息进入1秒以后的记忆阶段,其他信息则被迅速地遗忘了。

短时记忆与长时记忆的分野

早在19世纪末期,机能主义心理学派的创始人詹姆斯就提出,记忆有两种形式,一种是初级记忆(primary memory),另一种是次级记忆(secondary memory)。初级记忆只能重现刚刚知觉到的事情,次级记忆则能够将这些信息永久保存。换句话说,初级记忆就是短时记忆,次级记忆就是长时记忆。这一分类当时并没有什么实验依据,但是它对后人的影响很大。现在已经有许多实验证据表明,短时记忆和长时记忆也是两个不同的记忆系统。

系列位置效应

在记忆心理学中,有一个著名的系列位置效应(serial position effect),是由迪斯和考夫曼(Deese & Kaufman, 1957)提出来的。他们在自由回忆(即不要求按照刺激的原来顺序)的情况下,测试被试对一系列刺激项目的学习成绩,结果发现每一个项目的学习成绩与其所在的系列位置有关。位于系列前端和末尾的刺激项目成绩较好,位于中间的成绩较差,形成一个U形曲线。前端项目成绩好,被称为首因效应(primacy effect);末尾项目成绩好,被称为近因效应(recency effect)。

默多克(Murdock, 1962)对系列位置效应进行了深入的研究。他发现,首因效应和近因效应可能体现了两种不同性质的记忆。在实验中,主试快速朗读一系列单词给被试,使得被试没有办法复述,结果发现,首因效应消失了,但是近因效应还是存在的。

后来,波斯特曼和菲利普斯(Postman & Phillips, 1965)又做了一个干扰近因效应的实验。心理学家认为,近因效应是由于刚刚呈现的刺激还留在短时记忆甚至感觉记忆中造成的。事实上,被试也常常说,听完一系列字母以后,耳畔还回响着最后几个单词;被试首先报告的也往往是最后几个单词。为此,波斯特曼和菲利普斯设计了一个实验,让被试在听完单词后立即完成一个与单词记忆无关的计算任务,然后再复述单词。实验的结果也很有意思:近因效应消失了,但是首因效应没有受到影响。

在实验心理学中,如果两个效应在相同的实验处理下的表现不一致甚至相反,就可以认为它们有不同的心理机制。在默多克的实验中,同样是消除复述,仅仅影响了首因效应;在波斯特曼和菲利普斯排除"回响"的实验中,仅仅影响了近因效应。这说明系列位置效应的两个分效应代表了两种不同的机制。被试对于最前面的单词回忆成绩好,是因为它们保留的时间比较长,因此首因效应反映了长时记忆的作用。而被试对于最后的单词回忆成绩好,是因为复述的时候它们仍存在于短时记忆中,可见近因效应反映了短时记忆的作用。这就是短时记忆和长时记忆属于两个不同系统的实验证据。

神经生理学方面的证据

短时记忆和长时记忆有其不同的神经生理基础。一般认为,短时记忆是神经系统某种暂时存在的活动模式,例如活跃着的神经回路(例如语音回路)。这种活动模式一消失,短时记忆也就结束了。但是这种活动模式如果不断进行下去,就可以引起神经系统某些结构上的变化,而这种变化正是长时记忆的物质基础。在医院里常常可以看到,有些车祸中头部受伤的人,不记得自己是怎么受伤的,但是对更早的事情却能记得。这是因为车祸没有破坏他们的脑组织,而只是破坏了当时的神经活动,使得当时的短时记忆中的信息全部消失,长时记忆中的内容却未受损失。

心理学家通过动物实验为上述说法提供了一定的证据。乔洛福和席勒(Chorover & Schiller, 1965)在老鼠身上模拟过上述过程。他们把老鼠放在一个高出地板几英寸的平台上。出于天性,老鼠会跳下平台。某一次试验时,让地板带电,老鼠跳下后,四肢受到电击,疼痛难忍。经过这样的训练,再将老鼠放到平台上,它就不肯往下跳了。这说明老鼠得到了经验:跳下平台就会遭受惩罚。即使经过 24 小时后再把它放到平台上,老鼠还记得昨天的经历。

但是,如果在老鼠跳下平台并遭受电击后,立即对老鼠脑部通以电流(这种程序称为电痉挛休克,必要时用于精神病治疗),扰乱其神经活动,结果,当第二次把老鼠放上平台时,只见它又爽快地跳了下来。可见,脑部通以电流干扰了它的短时记忆,使它忘记了受电击的痛苦经验。但是,如果在老鼠受到电击后,经过较长时间再对它的脑部通电流,那么,它再上平台时也不肯往下跳了。这说明随着时间的流逝,神经系统发生了结构上的变化(意味着信息进入长时记忆),而电流干扰对这变化了的结构是无能为力的。既然对脑部通电干扰已无效,痛苦经验得以长时间的保持,老鼠当然就不肯跳了。这也是短时记忆和长时记忆相互独立存在的一个证据。

4.2 感 觉 记 忆

感觉记忆(sensory memory)被看作是感觉的残留现象。刺激作用于人的感官,引起感觉;刺激停止作用以后,感觉并不马上消失,它还能有一段极短暂的残留,这一段残留表现为后象,就形成感觉记忆。感觉记忆直接按它原来的物理特性进行编码,原来是听觉信息,就是听觉编码;原来是视觉刺激,就进行视觉编码。这就是感觉记忆的通道相关性。由于不同的感觉通道具有不同的特性,心理学家普遍认为存在不同的感觉记忆系统,包括视感觉记忆、听感觉记忆、嗅感觉记忆、味感觉记忆和触感觉记忆等。不过,研究最多的还是视觉和听觉的感觉记忆。奈瑟(Neisser, 1967)提出将视感觉记忆研究的对象称为视象(icon),将听感觉记忆研究的对象称为声象(echo)。

两种主要的感觉记忆

视象

视觉刺激消失后,人们仍能"看到"它残余的视觉形象,这就是视象,它是对视觉材料的感觉记忆。视象的保持时间为几百毫秒,最长不会超过1秒。这是斯珀林(Sperling,1960)在部分报告法实验中估计出来的。视象受到的信息加工还比较初级,因此保留了物理刺激的大量的原始特征。

可以证明视象的原始感觉性质的一个实验也是斯珀林(Sperling,1960)做的。他在部分报告法的实验中要求被试根据不同的提示音线索分别报告他看到的所有的元音字母或辅音字母(而不是前文所述根据不同音调的提示音报告相应的一行字母)。结果发现,被试的成绩接近全部报告法。这说明,在感觉记忆还来不及对字母的语音特征或所属类别进行加工。

埃夫巴克和科里尔(Averbach & Coriell,1961)发现,视象是可以被干扰甚至被"擦除"的,这就是视象的掩蔽效应(masking)。办法很简单,就是在视觉刺激消失后,在它原来的位置呈现其他刺激。例如,呈现的字母很短时间后消失,并且在原来字母的位置呈现圆圈。结果可以发现,原来字母的后象受到掩蔽而迅速消失。后面的圆圈起到了掩蔽原刺激的作用,被称为掩蔽刺激。

声象

声象是声音刺激消失后留下的听觉形象。心理学家也希望用部分报告法来考察声象的特点。莫里等人(Moray, Bates & Barnett,1965)提出了"四声道部分报告法"。这种方法有点像注意研究中的双耳分听任务,复杂之处在于利用了立体声混响技术。主试事先制作一段录音,其内容是四个随机字母串,声音分别从四个明显不同的方向传来。实验中,被试通过耳机同时听到这来自四个不同方向的字母串,但是不用全部报告,而是根据四个信号灯的提示报告其中一个方向的字母串。如果全部报告,那就是"四声道全部报告法"。

在四声道刺激的情况下,将被试运用全部报告法和部分报告法得到的结果加以比较,可以发现与斯珀林实验相似的现象:部分报告法能够报告出比较多的字母。这就说明,声象的记忆广度也是比较大的。不过,莫里等人的实验有很大的缺陷,那就是在呈现连续的声音刺激的过程中,难保被试不进行复述,这样一来,感觉记忆就成了短时记忆,甚至可能进入长时记忆。这对后面的报告成绩可能会造成污染。

达尔文等人(Darwin, Turvey & Crowder,1972)对于声象进行了进一步的研究。他们重复了莫里等人的实验,但是方法有所改进。他们让被试带上立体声耳机,通过耳机分别向双耳呈现两个刺激,其中一个是字母,另一个是数字。例如,向左耳呈现"B"和"8",同时向右耳呈现"F"和"8"。这样,双耳听到的项目有不同的,也有相同的。当然,刺激项目还可以是其他组合(见表4-1)。项目呈现时间都是1秒。

表 4-1 达尔文等人声象实验呈现的刺激安排

左耳	双耳	右耳
B	8	F
2	6	R
L	U	10

(来源:Darwin, Turvey & Crowder, 1972)

被试在达尔文等人设计的实验条件下,产生了有趣的反应。当向左耳呈现"B"和"8",同时向右耳呈现"F"和"8"时,他们觉得左耳听到了"B",右耳听到了"F",而"8"好像来自头脑内部(其实是从双耳得来的)。这样就出现了三个听觉通道。刺激呈现完毕后,如果要求进行部分报告,就在被试面前的屏幕上左、中、右不同的位置显示一个光条,分别提示被试报告左耳、双耳还是右耳听到的信息。提示光条呈现之前的延迟时间定为 0,1,2,4 秒,这是为了像斯珀林那样估算声象的保持时间。

实验的结果虽然同样发现了部分报告法成绩比全部报告法要好些,但是差距不大。与视象相比,声象的容量似乎还小于视象,部分报告的成绩仅有 5 个项目。不过,声象的保持时间长于视象,大约可以维持 4 秒。另外,他们还发现,被试能够在一定程度上根据提示线索报告不同类别的刺激。这说明声象的加工可能比视象更精细。

声象也可以受到掩蔽。克劳德(Crowder, 1972)提出的后缀效应(suffix effect)就是声象中的掩蔽效应。如果在实验中以声音形式向被试呈现一串随机的数字或字母,而在呈现结束后给予一个声音刺激(例如听到一个单词),被试对最后听到的那几个数字或字母就很难复述出来。这个后出现的声音刺激称为"后缀",它掩蔽了之前的听觉刺激。因此,在声音刺激的部分报告法实验中,一般不能再用声音刺激来作提示线索。莫里等人的实验中就采用了灯光刺激作提示。当然,不同的声音刺激产生的掩蔽作用有强有弱,与前后刺激的相似性有很大的关系。如果前面的刺激是数字、字母或单词,而后面的提示刺激是简单的声音信号,掩蔽的效果就差很多,甚至与用视觉刺激作提示一样,没有多少掩蔽作用。反过来,视感觉记忆实验中也应该采用声音刺激作为提示线索,正如斯珀林所做的那样。

在实际生活中,有时需要注意避免后缀效应。在告诉别人一些重要信息(例如一个电话号码)后,不要紧接着说别的话。当然,听记信息的人也要注意记录,记完后最好核对一下,以免因为后缀效应造成错误。

感觉记忆的特性

感觉记忆除了与感觉通道有关以外,还在储存的容量和时间上与短时记忆有重大的差别。

感觉记忆的容量

根据部分报告法和全部报告法实验结果的比较,我们已经知道,感觉记忆的容量大于短时记忆的容量。而且由于部分报告法仍然存在着在报告过程中随时间推延而产生的遗忘，可以推想感觉记忆的容量比现在估计的更大。有人甚至认为，感觉记忆中包括了刺激的所有物理属性，其信息量几乎是无限的，不过这一点不太容易进行实验验证。埃夫巴克和科里尔（Averbach & Coriell，1961）曾经将斯珀林的实验细节加以改动：不用高、中、低三种声音作为提示线索，而是将条形标记打在卡片某个字母的位置上作为提示线索，要求被试报告这个位置原来呈现的字母。这样做显然是为了获得更高的回忆率。但是这样做的效果也是有限的，更何况它带来了新的问题：在视象实验中采用视觉刺激作为提示线索可能带来掩蔽效应。

视象和声象的容量也是不同的。前文所述达尔文等人的实验显示声象的容量似乎小于视象，但是也有不同意见。克劳德（Crowder，1976）在总结了当时关于声象记忆的有关文献后指出，声象记忆的容量大于视象记忆。

感觉记忆的保持时间

就保持时间而言，一般认为感觉记忆的保持时间小于 1 秒。不过，这只是斯珀林提出的一个大致的推定。如果仔细研究斯珀林部分报告实验的结果，可以发现，随着刺激消失到提示线索出现之间的中间间隔（或延迟时间）的延长，被试的回忆率呈先快后慢的下降趋势。当延迟时间为 150 毫秒时，回忆率下降到约 70%；延迟时间为 300 毫秒时，回忆率降至约 55%；延迟时间为 500 毫秒及其以上时，回忆率的下降速度已经很慢。这些结果显示感觉记忆的保持时间应该比 1 秒更短些，可以认为是 500 毫秒，甚至是 300 毫秒。

上述数据都是视觉刺激的结果。而达尔文等人（Darwin，Turvey & Crowder，1972）的实验则提示声象和视象的保持时间是不同的。声象的保持时间长于视象，大约可以维持 4 秒。沃特金斯和沃特金斯（Watkins & Watkins，1980）在研究声象的掩蔽效应（即后缀效应）时，在词表呈现完毕之后、后缀呈现之前插入计算任务，结果发现，即使计算活动长达 20 秒，也存在掩蔽效应。因此他们提出，声象最长可以维持 20 秒。不过，这一观点并不被多数学者支持。

感觉记忆的作用

感觉记忆容量大，保持的时间却太短，很多人怀疑它的作用，甚至认为感觉记忆研究完全是心理学家给被试设计的没有什么生态意义的人工任务。而且，也很少有人将感觉记忆理论与其他认知心理学理论整合起来。但是，许多心理学家还是认为，感觉记忆是非常重要的。戈尔茨坦（Goldstein，2005）列举了感觉记忆三个方面的作用：第一，搜集信息，以备加工；第二，在最初的加工过程中保持信息；第三，填补因刺激断断续续出现而造成的空白。

感觉记忆的容量比短时记忆大得多，这可能给人造成一个印象：这么多信息最后只有少量进入短时记忆，其他全都丢失了，岂不是太不经济了。但是，心理学家（例如 Solso，2005）认为，正是由于感觉记忆储存了完整的感觉印象，才使得我们能够通过扫描选择那些最显著的刺激，并将它们送进复杂的记忆系统。我们的阅读活动就是建立在视象的基础上的,视象帮助我们从视野中提取有意义的特征,忽略那些多余的、无用的特征。同样,声象帮助我们在新音节不断传入耳朵的情况下保持住一些听觉线索,以便根据语音上下文提取重要的特征供进一步加工。

4.3 短时记忆

保持时间不超过1分钟的记忆叫做短时记忆(short-term memory)。感觉记忆中的信息只要得到注意,就能进入短时记忆。短时记忆可以说是人类认知系统进化的重要成果。如果没有短时记忆,个体就无法将最重要的少数刺激提取出来进行精细加工。短时记忆中的内容在经过复述后可以进入长时记忆,作为知识经验长期储存起来。

短时记忆的容量

7在很多人的心目中是一个神奇的数字。米勒(Miller,1956)关于信息加工容量的著名论文就是以《神奇数字7,加减2》(*The magical number seven, plus or minus two: Some limits on our capacity for processing information*)作为大标题的。文章开头就以玄虚神秘的文字吊足读者的胃口:

> 有一个整数,它一直困扰着我,这些年来它如影随形地跟着我,不断闯入我的个人资料,常常把我的注意从很多杂志上引开。这个数字总是披上各种各样的伪装,有时比平常大一些,有时又小一些,但是从来没有变得面目全非而无法辨认。这个数字以其远远超过偶发事件的持之以恒的毅力困扰着我。用一位著名参议员的话来说,这后面一定有一个设计,一定有某种模式主宰着它的表现。要么确实有这么一个不同寻常的数字,要么是子虚乌有的一种受困错觉。

这个困扰了米勒许多年的数字7以及它的"伪装"(±2),也正是在米勒层层推进的分析中成为当今心理学界公认的短时记忆广度(容量)。米勒搜集了大量的实验证据,它们表明,随机数字的记忆广度在7左右,其他各种随机的刺激单元(例如字母、单词和缩略语等)的记忆广度也同样如此。但同样是记忆广度7,7个数字或字母与7个单词的实际长度是不等的。米勒最后引入了一个认知心理学中重要的概念——组块(chunk)。也就是说,短时记忆的广度是7±2个组块。每个组块的容量具有较大的伸缩性,可以是一个数字、一个单词、一个词组,甚至一句话、一段文字。形成组块(chunking)的过程就是学习和识记的过程,就是将小的刺激单元组合成大的刺激单元。如果没有学习和识记,看到MTV三个字母,还是认为它们是没有关联的三个单元。因此,米勒将组块的形成看作是克服短时记忆广度限制的一个重要策略。

测定被试短时记忆广度的程序:先呈现刺激项目,一次呈现的项目数(长度)逐步增加,刺激消失后被试复述;每一种长度可以反复多次;随着长度的增加,被试的复述将越来越困难,直到不能正确复述为止。最后,根据被试的复述情况计算出记忆广度,计算方法主要有两种。

第一种方法,先找到被试复述完全正确的刺激项目最大长度。例如,假定每一种长度都反复3次,某个被试在长度为6和6以下时,3次复述全部正确,则定记忆广度基数为6。接下来对长度超过6的复述计分。由于被试对长度大于6的刺激的复述有对有错,故每一次正确复述都计1/3分。例如长度为7时,被试3次复述2次正确,得2/3分;长度为8时,被试3次复述1次正确,得1/3分;长度大于等于9时,被试复述无一正确,得0分。这样,被试的记忆广度就是 $6+2/3+1/3=7$。

第二种计算记忆广度的方法类似于心理物理学中的恒定刺激法。由于对不同的长度都进行了一定次数的重复试验,就可以找出正确重复率为50%的刺激系列的长度。可以采用直线内插法求得。图4-4是直线内插法的示意图,此例得到的记忆广度约为7.4个组块。

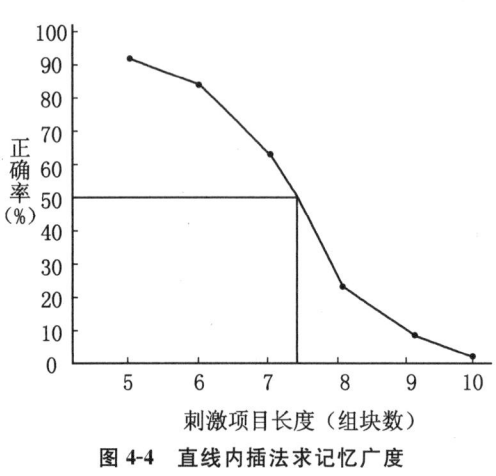

图4-4 直线内插法求记忆广度

短时记忆的编码

所谓编码,就是对信息加以心理表征的方式。短时记忆研究的一个重点就是其编码方式。最早出现的一个影响深远的理论是康拉德(Conrad,1964)提出的听觉编码理论,后来相继有人提出短时记忆中也存在视觉编码和语义编码。但是,听觉编码占优势,这基本成为共识。

听觉编码与 AVL 单元

康拉德认为,短时记忆的编码形式是听觉编码,即使是视觉刺激,也往往按听觉的声音特性进行编码。康拉德的实验用字母作为刺激,每次试验呈现的字母都是6个,但是其中有些字母的发音很相近,例如 B—X—C—T—F—S。字母呈现后要求被试立即按顺序回忆各个字母。康拉德试图通过被试反应的错误特点来判断短时记忆的编码方式。

实验分为两个阶段。第一阶段的实验考察在视觉呈现字母的情况下,被试对字母的回忆错误有何特点。结果表明,在视觉呈现的条件下,被试的回忆错误竟然与字母的形态无关,而是与它们的发音有关。例如,B—C—T 和 X—F—S 往往容易张冠李戴,相互混淆。康拉德根据被试的错误反应,将字母之间的混淆次数记录在一个混淆矩阵中。表4-2就是这个混淆矩阵。其中的数字就是某个作为刺激的字母被错误地回忆为另一个字母的次数。

从这个混淆矩阵来看,被试所犯的错误集中在矩阵的左上部分和右下部分,这两个部

表4-2 视觉呈现条件下字母的回忆混淆矩阵

		刺激字母									
		B	C	P	T	V	F	M	N	S	X
反应字母	B		18	62	5	83	12	9	3	2	0
	C	13		27	18	55	15	3	12	35	7
	P	102	18		24	40	15	8	8	7	7
	T	30	46	79		38	18	14	14	8	10
	V	56	32	30	14		21	15	11	11	5
	F	6	8	14	5	31		12	13	131	16
	M	12	6	8	5	20	16		146	15	5
	N	11	7	5	1	19	28	167		24	5
	S	7	21	11	2	9	37	4	12		16
	X	3	7	2	2	11	30	10	11	59	

(来源:Conrad,1964)

分体现的正是发音相近的字母之间的混淆。由于字母是视觉呈现的,张冠李戴的错误却主要发生在发音相近的字母之间,这说明短时记忆的编码方式是听觉的或语音的编码。即使呈现的是字母的视觉形象,也要将它们转换成语音来表征。

实验的第二阶段和第一阶段的唯一区别是,在白噪声背景下向被试朗读上述字母,这是听觉呈现的条件了。可以想见,被试的反应错误应该类似于第一阶段,即错误主要发生在发音相近的字母之间,而且表现得应该更加强烈。表4-3就是听觉呈现条件下字母的回忆混淆矩阵。

表4-3 听觉呈现条件下字母的回忆混淆矩阵

		刺激字母									
		B	C	P	T	V	F	M	N	S	X
反应字母	B		171	75	84	168	2	11	10	2	2
	C	32		35	42	20	4	4	5	2	5
	P	162	350		505	91	11	31	23	5	5
	T	143	232	281		50	14	12	11	8	5
	V	122	61	34	22		1	8	11	1	0
	F	6	4	2	4	3		13	8	336	238
	M	10	14	2	3	4	22		334	21	9
	N	13	21	6	9	20	32	512		38	14
	S	2	18	2	7	3	488	23	11		391
	X	1	6	2	2	1	245	2	1	184	

(来源:Conrad,1964)

短时记忆的听觉编码倾向在后来的实验中得到了很多进一步的验证。康拉德（Conrad，1970）的实验还表明，刺激材料是图画的时候，听觉编码还是存在的。他对先天失聪的学生也进行了记忆混淆的实验，发现说话技能强的学生产生比较多的听觉混淆，而说话技能差的学生则犯有其他错误。由此可见，聋人也会将视觉符号转换成在功能上与语音代码类似的一种代码。

由于上述实验都与听觉和语音有关，而两者之间又难以分离，因此，很多心理学家常常将听觉的（auditory）、口语的（verbal）和言语的（linguistic）编码联合起来，称为 AVL 单元。

虽然短时记忆编码有强烈的言语听觉性质，但是其他方式的编码也是有的，这就是视觉编码和语义编码。

视觉编码

波斯纳等人（Posner，Boies，Eichelman & Taylor，1969）的研究表明，短时记忆存在着视觉编码。在实验中，向被试同时或继时地呈现两个字母，要求被试判断这两个字母是否相同（无论大小写），并记录被试判断的反应时间。同时呈现的那两个字母可以是音同形也同（例如字母 A 和 A），也可以是音同形不同（例如 A 和 a），但是对于这两种情况，被试都应该反应"相同"。当然，实验中还要设置音形都不同的情况。两个字母如果继时呈现，其时间间隔有三个水平：0.5 秒、1 秒和 2 秒；两个字母同时呈现可以看作是继时呈现的特例，意味着两者之间的时间间隔为 0 秒。

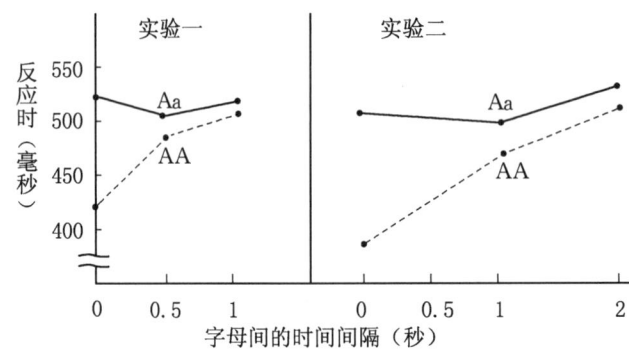

图 4-5 波斯纳等人的实验结果：反应时是字母间隔的函数

（来源：Posner，Boies，Eichelman & Taylor，1969）

实验的结果如图 4-5 所示。从图中可以看到，在两个字母同时呈现的情况下，AA 对的反应时小于 Aa 对。这倒并不奇怪：AA 音形皆同，根据字形就能作出判断；而 Aa 形状不同，必须提取出它们的读音才能报告"相同"。奇怪的是，在继时呈现的情况下，时间间隔越长，AA 对的反应时迅速增加，越来越接近 Aa 对的反应时。当间隔时间为 2 秒时，AA 对和 Aa 对的反应时已经相差无几了。而在时间间隔从 0 秒增加到 2 秒的过程中，Aa 对的反应时几乎没有大的变化。

波斯纳的想法是这样的：既然 AA 对和 Aa 对的差别仅仅是前者字形相同而后者字形不同，那么在两个字母同时呈现或者时间间隔较短的情况下，AA 对反应时短于 Aa，只能归因于字形因素，但是字形因素随着时间间隔的增加似乎呈现弱化的趋势。当时间间隔达到 1 秒以上时，字形相同造成的优势已经很小，到时间间隔为 2 秒时，字形因素的影响几近消失。这样似乎可以作出这么一个推断：在时间间隔比较短的情况下，个体显然还能根据字母的视觉形象来进行判断；随着时间间隔的增加，视觉形象保留不了这么久，就只好完全借助语音特征来编码。结论是，至少在短时记忆的早期，还是存在视觉编码。也可以这样说，短时记忆可以分为视觉编码和听觉编码两个阶段。

波斯纳等人的实验结果表明，视觉编码最多只能维持 2 秒。这可能是因为在 AA 对相继呈现的中间等待过程中，视觉编码自然而然地转换成听觉编码。为了探求可能存在的更长时间的视觉编码，克罗尔（Kroll，1975）想出了一个办法，就是在波斯纳实验的基础上略作改进：在第一个字母呈现终止后、第二个字母呈现前的中间等待过程中，让被试口头重复耳机中听到的字母，其目的就是干扰上述形-音转换，迫使被试更久地在短时记忆中保留视觉编码。中间等待的时间间隔同样可以系统地加以变化。结果表明，AA 对的视觉编码优势可以维持 8 秒之久。这一结果对短时记忆早期的视觉编码阶段提供了更强有力的证据。

语义编码

威肯斯（Wickens，1970，1972，1973）的实验则证明了短时记忆中存在语义编码。威肯斯的实验采取的是前摄抑制释放（release from proactive inhibition）范式。在前摄抑制的实验中，每个被试都应进行一系列实验，每个实验中学习同类的材料，例如水果的名称。可以发现，第一个实验的回忆成绩最好，后面实验的成绩逐步下降。这是前摄抑制造成的结果。将上述实验再加以改造，就是前摄抑制释放范式：设置一个实验组和一个控制组，实验组的最后一个实验中学习与前面实验不同类别的材料，例如学习花的名称；控制组

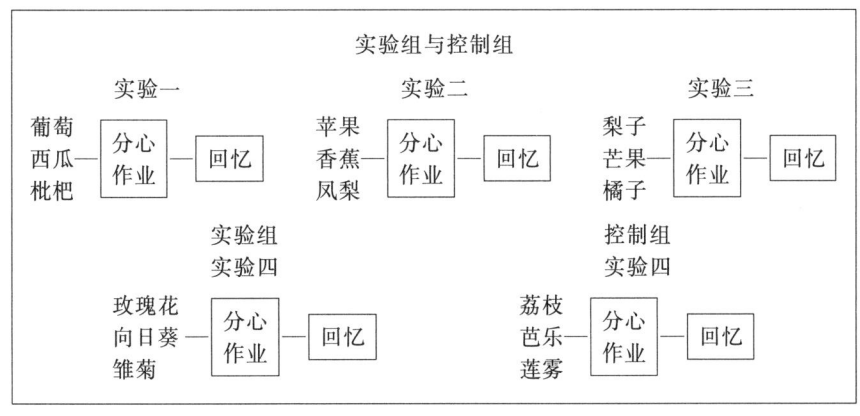

图 4-6 前摄抑制释放实验范式的示意图

（来源：Wickens，1973）

的最后一个实验还是学习原来类型的材料。这样,实验组的成绩就会比控制组要好很多,这就是前摄抑制释放。图4-6就是前摄抑制释放实验范式的示意图。从图中可以看出,前三个实验都学习水果名称。每个实验中,在刺激呈现以后,还要完成一项分心作业,时间为20秒钟,目的是防止被试复述。接着才进行回忆测验。在第四个实验中,实验组被试学习其他类别的名称,控制组被试继续学习水果的名称。

威肯斯的实验结果见图4-7。从图中可以看出,控制组的成绩逐渐下降,而实验组被试第四个实验的成绩并不继续下降,反而有所上升。而且,第四组学习的材料类别与前几组材料类别的差异越大,上升幅度也越大。例如,从图4-7可以看出,原来学的是水果,最后学的是专门职业的名称,前摄抑制释放效应最强。

威肯斯的实验说明,被试在学习中应该运用了一定的语义编码,否则不会因为学习材料类别上的变化而产生前摄抑制释放。

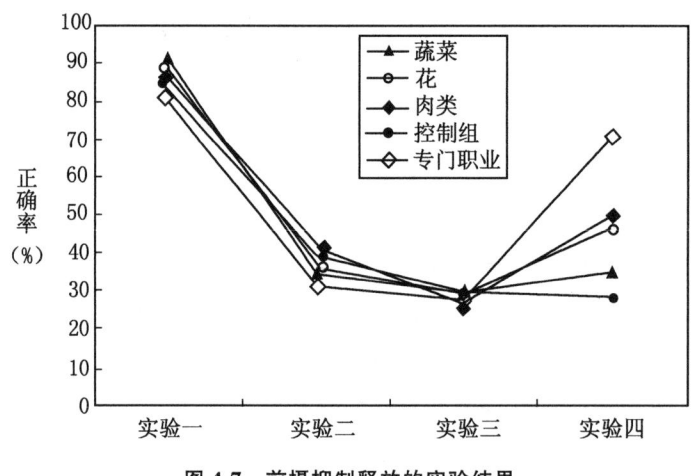

图 4-7　前摄抑制释放的实验结果

(来源:Wickens,1973)

短时记忆的保持和遗忘

短时记忆中的信息能够保持多长时间呢?研究这个问题首先要明确一个前提,也就是这里所说的保持是信息在没有复述的情况下的保持。如果信息不断地得到复述,那么它不仅可以长时间地保持在短时记忆中,而且可以进入长时记忆。而我们要研究的是短时记忆本身保持信息的特点。这样,就要求研究者在进行短时记忆保持实验时将复述这一因素排除出去。

但是,要让被试不进行复述,也是不太容易的事情,因为被试在实验中看到或听到一些信息之后,总会不由自主地加以复述。为了解决这个问题,布朗(Brown,1958)与彼得森和彼得森(Peterson & Peterson,1959)几乎同时分别独立地完成了一个著名的实验,这个实验后来被称为布朗-彼得森实验。他们得出的结论是相同的,那就是短时记忆中的信息在没有复述的情况下只能保持 20 秒。

实验是这样进行的:用 1 秒钟向被试听觉呈现 1 个由 3 个辅音字母组成的三音连串,例如 J—Q—B,B—T—R……,要求被试在分别经过 3 秒、6 秒、9 秒、12 秒、15 秒和 18 秒以后进行回忆(各种条件分别试验)。而在这些时间间隔内,被试要对一个三位数进行减 3 计算,例如给出 309 这个数,被试要每次减 3 地倒数:"306、303、300、297……"每秒钟数一个;等达到了规定的时间间隔,就给被试发信号,让他回忆刚才呈现的是哪三个辅音字母。结果表明,仅仅间隔 3 秒钟(只倒数了 3 个数),就产生了遗忘,但是仍有 80% 的正确率。当间隔时间为 6 秒时,正确率急剧降到了 55%。以后随着间隔时间的延长,正确率继续下降,到了间隔 18 秒钟时,已经不到 10% 了。可以设想,如果不让被试做减 3 计算,被试就会默默地重复这三个字母,保持时间就会延长,甚至进入长时记忆。这种现象说明,复述是在短时记忆中保持信息的手段;如果不让被试复述识记材料,就会很快产生遗忘,并且在 1 分钟内把短时记忆的内容几乎忘个一干二净。

默多克(Murdock,1961)的一个类似的实验则表明,识记材料性质上的改变不会影响短时记忆的保持或遗忘。他采用了 3 个辅音字母、由 3 个字母组成的单个单词(例如 CAT)、由 3 个字母组成的 3 个单词作为识记材料。实验程序与布朗-彼得森实验基本相同,另外还增加了一个新的条件——即时回忆(时间间隔为 0)。实验结果表明,3 个辅音字母和 3 个单词的保持或遗忘情况几乎相同,当时间间隔为 18 秒时,回忆正确率降低到 20% 左右。但引人注目的是,由 3 个字母组成的单个单词一直保持着很高的回忆正确率。减法计算的干扰似乎没有什么作用。这可能与组块有关:1 个单词就是 1 个组块,而 3 个辅音字母和 3 个单词在没有学习的情况下就是 3 个组块。它们占用的注意资源大不相同。1 个组块占用的资源比较少,就可以腾出较多的资源来进行复述。换句话说,1 个组块的情况下要彻底排除复述因素比较困难。

无论是布朗-彼得森实验还是默多克实验,都说明了复述在短时记忆保持中的重要性。但是为什么没有复述就会遗忘呢?最简单的解释就是痕迹消退说:随着时间的流逝,那些得不到复述的信息在头脑中产生的记忆痕迹就会逐步消退,直至消失。

但是,问题似乎没有这么简单。凯佩尔和安德伍德(Keppel & Underwood,1962)仔细考察了彼得森和彼得森的实验结果。结果发现,在第一次试验的时候,从间隔时间 3 秒到间隔时间 18 秒,被试回忆正确率的下降并不显著;然而,在进行第三次试验的时候,正确率的下降就相当明显(见图 4-8,其中黑色和白色柱条分别表示延迟 3 秒和 18 秒时的正确率)。如果遗忘仅仅是因为记忆痕迹消退,那么第一次和第三次试验中的下降幅度应该都是一样的。现在的结果则表明在第一次试验的时候,阻碍复述并没有使得痕迹消退。这样,痕迹消退说就受到了质疑。凯佩尔和安德伍德认为,遗忘的原因应该是前摄抑制干扰。这是遗忘的干扰说的基本论点。

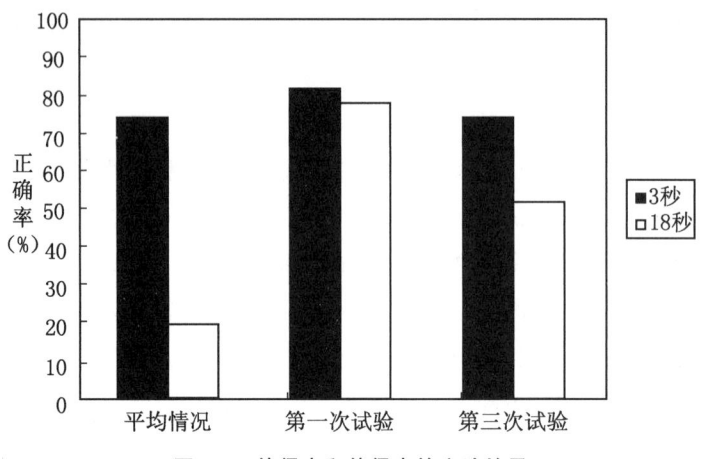

图 4-8　彼得森和彼得森的实验结果

(来源：Keppel & Underwood，1962)

布朗-彼得森实验的结果确实可以用干扰说来解释。实验中的减法计算任务可能不仅仅是阻止了被试的复述，而且还对被试短时记忆中的信息造成了干扰。计算产生的信息不断地进入短时记忆，可以取代短时记忆中原来的信息。

但是，要彻底否定遗忘的痕迹消退说也不是一件容易的事情。道理很简单，在布朗-彼得森实验中，计算任务的过程中也可能存在痕迹消退。为此，沃和诺曼(Waugh & Norman，1965)设计了一种新的实验范式——数字探测任务(probe digit task)。在实验中，先向被试呈现一个 16 位的数字串，例如 1596234789024815，其中最后一位数字是提供给被试的一个线索，它在之前也出现过，被试应该报告最早出现的这个数字的后面一位数字。例如，上述数字串的最后一位数字是 5，被试就应该找到数字串中最早出现的 5，然后报告它后面的那一位数字 9。

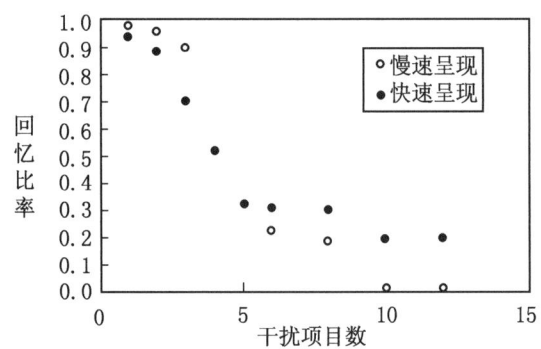

图 4-9　数字探测任务实验结果示意图

(来源：Waugh & Norman，1965)

沃和诺曼在实验中还控制了数字呈现的速度，从而将实验条件分为快速呈现(每秒 4

位数字)和慢速呈现(每秒 1 位数字)。这样做的原因是,两位学者认为,如果遗忘是消退造成的,那么在慢速呈现的条件下,由于时间拖得比较长,记忆痕迹的消退量就会多一些;但是这种条件与快速呈现条件下的干扰因素是一样的,因此慢速呈现的条件下被试的遗忘量就会多一些,作业成绩会比较差。如果遗忘仅仅是由干扰因素造成的,这两种呈现速度就不会造成成绩的差异。最后的实验结果表明,两种呈现速度并没有造成被试成绩的差异。而且,随着最后一位线索数字与最先出现的该数字之间的间隔位数的增加,被试的成绩逐步下降。这样就支持了干扰说,否定了痕迹消退说。图 4-9 是实验结果示意图。

威肯斯等人(Wickens, Born & Allen, 1963)通过前摄抑制释放实验为干扰说提供了进一步的证据。在实验中,让被试学习一系列的三位字符串,有的是数字(例如 179),有的是字母(例如 DKQ),总共进行 10 次试验。被试分成两部分:一部分被试学习的 10 个字符串都是同类的,即都是字母的,或都是数字的;另一部分被试学习的中途改变字符串类型,例如先学习 3 个字母串,以后一直学习数字串。结果发现,同类型的学习受到前摄抑制的影响,字符串越靠后,学习成绩越差。而中途变换字符串类型的学习却没有受到前摄抑制的影响,即出现了前摄抑制释放效应。

不过,也有学者提供了对痕迹消退说有利的证据。赖特曼(Reitman, 1971, 1974)也采用布朗-彼得森任务范式,但是其干扰任务改为从一连串听觉呈现的音节(toh)中检测一个与之接近的音节(doh),目的仍然是防止被试复述短时记忆中的信息,同时又避免了原来的计算任务对识记信息的干扰。结果确实发现,在没有复述也没有干扰的情况下,短时记忆中的信息并没有随着保持时间的延长而下降。这原本是符合干扰说的结果。但是,在后来的实验中,赖特曼(Reitman, 1974)发现她的被试不太"老实":他们会在完成检测任务的同时偷偷地复述识记材料,两不耽误。如果将那些没有偷偷复述识记材料的被试的结果单独提取出来,就发现在 15 秒以后,只有 65% 的材料能够回忆出来。这就说明,短时记忆中的信息如果不加以复述,是可能消退的。

短时记忆的提取

关于短时记忆中信息的提取,斯腾伯格(Sternberg, 1966, 1969)的研究是最经典、最引人注目的。他设计了这样一种实验范式:第一步,向被试视觉呈现一系列识记项目(记忆集合),例如数字 5—8—7—3。以每个项目 1.2 秒的速度相继呈现,直至全部项目呈现完毕。第二步,全部项目呈现完毕后,经过 2 秒,呈现一个测试项目,并开始计时。被试的任务就是判断这个测验项目是不是刚才识记过的。例如,如果测试项目是 5,被试应该反应"是";如果测试刺激是 9,被试应该反应"否"。要求被试尽可能又快又正确地作出反应。被试作出判断后,即记下反应时。实验中进行多次试验,每次试验采用的识记项目和测试项目都是不同的,识记项目中包括和不包括测试项目的情况各占一半;而且,如果包括测试项目,它在识记项目系列中的位置是随机的,分布是均匀的。实验除了视觉呈现识记项目以外,也可以采用听觉的形式。识记的项目可以是数字,也可以是字母。

在斯腾伯格的实验中,自变量就是识记项目的数量(1～6个),目的是通过系统地改变识记项目的数目,观察它与被试反应时之间的关系,从而推测被试在完成上述信息提取任务时所用的信息搜索方式。

信息搜索方式无非是两种:平行扫描(parallel scanning)和系列扫描(serial scanning)。系列扫描又分为终止扫描(self-terminating scanning)和终竭扫描(exhaustive scanning)。

平行扫描是指将所有的识记项目与测试项目同时进行比较。如果真是这样,识记项目数的多少就与反应时长短无关[如图4-10(a)所示]。

系列扫描是指将各个识记项目逐一提取出来,分别与测试项目进行比较。这样的话,识记项目数越多,反应时应该越长。如果在系列扫描中发现了测试项目就停止扫描,就是终止扫描。这种情况下,反应"是"和"否"的反应时的斜率应该是不同的[如图4-10(b)所示],因为"否"意味着扫描到了记忆集合的"尽头",而"是"往往意味着只扫描了部分项目。

如果在系列扫描中发现测试项目后并不停止扫描,而要将所有识记项目全部扫描完毕,就是终竭扫描。终竭扫描时,无论反应"是"还是"否",扫描的项目数是相同的,因而反应时的斜率也应该相同[如图4-10(c)所示]。

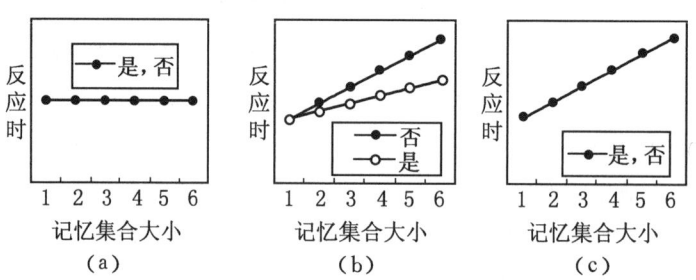

图 4-10 平行扫描(a)、终止扫描(b)和终竭扫描(c)的预期实验结果

(来源:Sternberg, 1969)

实验的实际结果是,无论是"是"反应还是"否"反应,反应时都随着记忆集合的增大而增加,并且"是"反应时和"否"反应时的斜率是相同的。这说明,短时记忆中信息的提取是逐个进行的,并且还要全部提取出来,是一种终竭扫描。

但是,短时记忆的提取是否都是终竭扫描呢?学者们对此是有争论的。实际上也出现了相反的实验证据,例如德罗莎和特卡克兹(DeRosa & Tkacz, 1976)的一个实验就出现了有利于平行扫描假设的实验结果。他们的实验采用的识记材料不是数字和字母,而是系列图片。这些图片其实是一系列动画,例如鸟儿起飞、打高尔夫球等(见图4-11)。

实验结果表明,如果记忆集合中的图片是从上述图片中随机选择的,例如从打高尔夫球的9张图片中随机选择1,4,6,8和9号图片,被试的反应非常接近斯腾伯格的终竭扫描模式。但是，如果选择的是连号的图片，例如2，3，4，5和6号图片，就会发现被试的反应接近平行扫描——识记5张图片和识记2张图片的反应时是一样的。更有趣的是，实验者还设置了两种条件，第一种条件是连号图片按照原来的顺序(2—3—4—5—6)呈现，第二种条件是按照随机顺序(例如5—2—6—4—3)呈现。两种条件造成的结果是一样的，都支持平行扫描。这些结果说明，个体对于有组织的材料的信息处理模式不同于未经组织的材料的处理模式。在实验室实验中，往往偏重使用那些人工的、未经组织的材料。但是在生活中，人们面临的材料却都是经过一定组织的。可见，实验室研究应该从采用人工材料到采用实际生活中的材料，形成一个完整的系列，这样就能得到较好的生态效度。

图4-11 德罗莎和特卡克兹采用的识记材料

(来源：DeRosa & Tkacz, 1976)

4.4 工作记忆

工作记忆的证据

阿特金森和希夫林(Atkinson & Shiffrin, 1968)的记忆多阶段模型中有一个观点，就是短时记忆中的信息在一定程度上会激活长时记忆中的相关信息，而长时记忆又会将其中的一些信息加入短时记忆中。他们认为，短时记忆就是意识，它的作用之一就是控制信息流动。

为了验证这个模型，巴德利和希契（Baddeley & Hitch，1974）开展了一系列实验研究。这些实验的一般模式是，让被试在短时记忆中储存一些数字，与此同时还要执行另一任务，诸如推理、语言理解等。记住数字的目的是占用被试一部分短时记忆容量，同时执行的任务也是为了占用被试的短时记忆，而且是占用其控制过程。很容易想到的是，数字记忆占用的容量越大，用于其他任务的资源就越少，这些任务就越难以完成。

现在来看其中一个实验。实验中，要求被试在短时记忆中储存 1~6 个数字，同时完成一个判断句子正误的任务。这个任务是这样的：呈现两个字母和一个句子，例如"BA"和"B 在 A 之前"（原文：A is preceded by B），要求被试尽可能快地判断这个句子是否正确地描述了那两个字母的先后顺序。结果发现，如果要求被试仅仅在短时记忆中储存 1~2 个数字，他们判断句子的任务可以完成得很好，与不识记任何数字的条件下完成该任务的成绩相当；但是如果要求被试储存 6 个数字，被试的反应时就显著地增加了——尤其是在句子既是否定句又是被动语态（例如"B is not preceded by A"）的情况下。但是，反应时的增加并不意味着不能完成判断任务。也就是说，尽管被试需要不断地复述那些数字，因而造成句子判断的迟缓，但是任务毕竟还是能够完成的。但是根据阿特金森和希夫林（Atkinson & Shiffrin，1968）的短时记忆理论，在复述这么多数字的同时，短时记忆应该已经没有能力处理别的信息、执行别的任务了。

还有一些相关的实验证明，在短时记忆中储存较多数字的情况下，阅读理解和新近学习的材料也会受到损害。巴德利和希契在总结大量研究的基础上提出了工作记忆（working memory）的概念，试图对这些结果加以解释。第一，他们认为应该存在一个信息暂存、推理、言语理解等认知过程共享的系统。前面所述的实验中，识记的数字越多，完成其他任务的效率就越低，说明这个共享系统确实是存在的。第二，存在着一个"工作空间"，它可以分为储存库和控制系统两个组成部分。虽然储存库被占满，但是控制系统仍能继续工作。这就是为什么识记的信息接近甚至达到短时记忆容量却仍不能彻底停止其他认知操作。

后来，巴德利进一步将储存库分解为语音环路（储存言语听觉信息）和视觉空间展板（储存视觉空间信息）两部分，它们和控制系统一起构成了工作记忆系统。

工作记忆的定义和组成部分

巴德利（Baddeley，2000）对工作记忆下的定义是：工作记忆是一个容量有限的系统，它用于暂时储存信息和操纵加工信息，以便完成复杂的任务，例如理解、学习和推理。可见，巴德利在承认工作记忆储存信息的作用的同时，还十分强调它对信息的操纵和加工的作用。

在最早的版本中，工作记忆包括三个组成部分：中央执行机构（central executive）、语音环路（phonological loop）和视觉空间展板（visuospatial sketch pad）。三者之间的关系如图 4-12 所示。

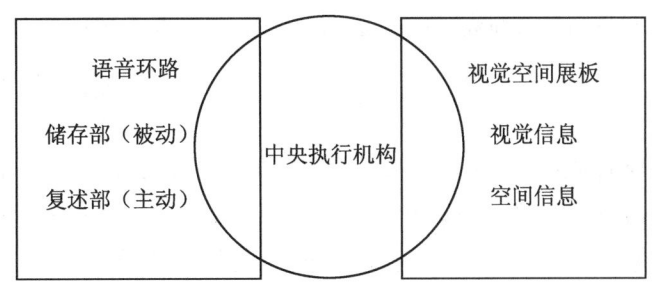

图 4-12 工作记忆三成分示意图

(来源：Baddeley，2000)

中央执行机构是工作记忆的中枢系统，它负责控制和引导信息的流动，并通过注意的集中和转移来协调语音环路和视觉空间展板的活动；它还负责当前环境的输入与过去经验之间的协调工作，使得个体能够甄别见解或形成策略。中央执行机构的工作不需要占用很多的资源。巴德利(Baddeley，1993)将这种协调功能看作是意识。语音环路负责保持言语和听觉信息，它又包括两个组成部分：储存部——保持记忆痕迹的仓库；复述部——负责复述信息、刷新记忆痕迹的部门，如果没有复述部的工作，记忆痕迹将在 2 秒左右消失。最后，视觉空间展板负责保持视觉和空间信息。语音环路和视觉空间展板都受到中央执行机构的制约。

语音环路

语音环路具有十分明显的言语相关性。这一特性体现在音近效应(phonological similarity effect)、词长效应(word-length effect)和听觉抑制(articulatory suppression)等现象中。

音近效应是指在字母或单词发音接近的情况下产生的记忆混淆。康拉德关于听觉编码的理论就是根据字母的音近效应提出来的。下面是一个单词的音近效应的例子。以较慢的速度朗读以下单词系列(A)，读完后视线离开单词并从 1 数到 15，然后默写。

单词系列(A)：mac，can，cap，man，map

接下来，用同样的程序完成单词系列(B)的朗读和默写。

单词系列(B)：pen，pay，cow，bar，rig

结果表明，对于单词系列(A)，被试容易将其中的单词混淆，因为它们都是发音比较接近的单词；而对于单词系列(B)则没有这个问题。

词长效应是指长度较短的单词比长度较长的单词容易记忆。例如，同样是按照刚才的程序朗读和默写下面两个单词系列，可以发现单词系列(A)比单词系列(B)更容易记住。图 4-13 是巴德利等人(Baddeley，Lewis & Vallar，1984)的实验结果。

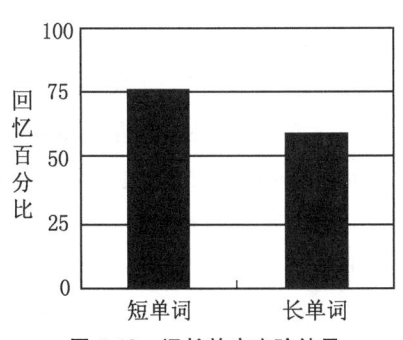

图 4-13 词长效应实验结果

(来源：Baddeley，Lewis & Vallar，1984)

单词系列(A)：beast, bronze, wife, golf, inn, limp, dirt, star

单词系列(B)：alcohol, property, amplifier, officer, gallery, mosquito, orchestra, bricklayer

产生词长效应的原因是长单词占用了语音环路中更多的容量，减弱了复述机制的作用。埃利斯和亨内利(Ellis & Hennelly, 1980)认为，美国儿童的短时记忆广度长于威尔士儿童，不是因为美国儿童更加聪明，而是因为威尔士的数词比较长(un, dau, tri, pedwar, oump, chwech…)。

听觉抑制指的是在听单词时无关声音对其效果的破坏。例如，在听觉上分别呈现下面两个单词系列，同时让被试不断发出单词"the"的声音，然后回忆单词。结果发现，在这种情况下，被试对这两个系列的单词的回忆成绩都会下降，而且原来应该发生的词长效应也会受到抑制。

单词系列(A)：automobile, mathematics, apartment, syllogism, basketball, Catholicism

单词系列(B)：story, ant, towel, car, coffee, swing

巴德利认为，尽管被试发出的是"the"的声音，但是其他单词也会进入语音环路，这时，音近效应可能发挥作用，从而损害作业的成绩。如果两个单词系列采用视觉呈现，听觉抑制就会消除。

视觉空间展板

虽然短时记忆主要以听觉编码为主，但是视觉空间展板也起着不小的作用。布鲁克斯(Brooks, 1968)关于反应依存注意的实验充分体现出这种作用。在其中一个实验中，要求被试先识记一个句子，例如"John ran to the store to buy some oranges."或"The bird flew out the window to the tree."；然后依次指出句子中的每一个单词是不是名词。指出是不是名词的反应在两种任务(条件)下进行：第一种任务就是口头报告(Yes/No)；第二种任务是动作指点，即在视觉呈现的一系列"Y"和"N"中指出他想说的字母。如图4-14(a)，如果被试想说第一个单词是名词，就在第一行中指向Y；接着，如果想说第二个单词不是名词，就在第二行中指出N；再下一个单词依此类推。结果发现，被试进行口头报告比动作指点更加困难一些。

布鲁克斯的另一个实验也包括两种任务。第一种任务是，向被试呈现一个如图4-14(b)所示的字母，然后从左上角的星号开始，依次想象(不是注视着原来的刺激)并口头报告每个角是不是外角，也是用"Y"和"N"作出反应。第二种任务也是对着视觉呈现的一系列"Y"和"N"中指出他想说的字母。结果，这次被试进行口头报告(Yes/No)时更加容易一些。

布鲁克斯的实验说明，被试的反应类型(口头报告还是动作指点)对反应是有一定影响的。而且，当刺激是言语性的情况下，与视觉空间有关的动作指点任务比较容易；在刺激带有视觉空间属性的情况下，与言语有关的口头报告比较容易。用工作记忆理论来解

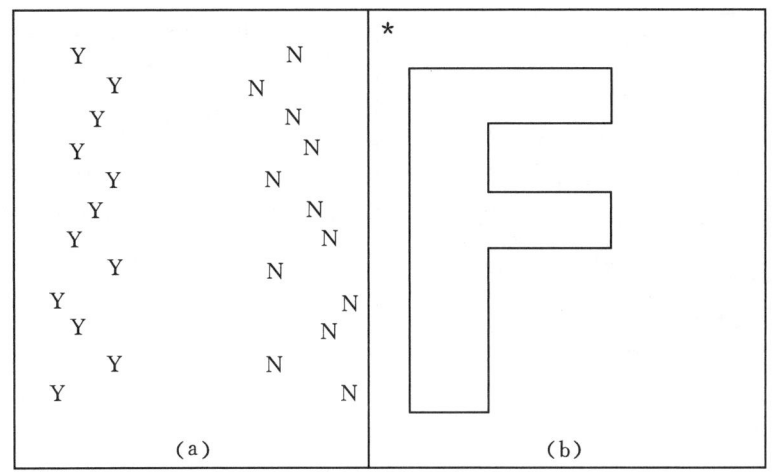

图 4-14　反应依存注意示意图

（来源：Brooks，1968）

释，那就是口头报告依赖语音环路，动作指点依赖视觉空间展板。因此，刺激和反应属于同一类型的时候，反应就会困难些。

从上述实验也可以看出，语音环路和视觉空间展板是相对独立起作用的，这使得个体能够处理同时呈现的言语信息和视觉空间信息。

中央执行机构和情景缓冲器

中央执行机构执行些什么呢？巴德利（Baddeley，1996）将中央执行功能分解为 4 个方面。第一是集中注意；第二是在有多个目标需要注意时，由其对注意加以分配；第三是在多个目标的情况下进行目标转换；第四是将工作记忆与长时记忆联系起来。巴德利开始时认为，中央执行机构不应该存储信息，但是这一假设遇到了很多问题，从而导致了第四个组成部分——情景缓冲器（episodic buffer）的提出。

很多针对工作记忆的实验结果难以用三成分模型作出合理的解释。其中最重要的一个结果是，工作记忆所能储存的信息似乎大于语音环路和视觉空间展板的总和。如果认为中央执行机构也有一定的储存信息的能力，似乎与其功能不符。于是，巴德利（Baddeley，2000）提出了一个新成分——情景缓冲器。这是一种可以使用多种形态编码的信息储存系统，其储存的信息通常是情景性的；而且，它可以将视觉空间展板、语音环路以及长时记忆中的信息整合起来，作为一种场景或者情景进行储存。

这样，三成分模型就发展成四成分模型（见图 4-15）。该模型分为三个层次，第一层中央执行机构，完成最高级的控制过程；第二层是工作记忆的储存区，包括视觉空间展板、情景缓冲器和语音环路；第三层是长时记忆系统，包括视觉语义、情节长时记忆和语言。工作记忆属于流体系统（fluid systems），它们本身不能直接通过学习改变；长时记忆属于晶体系统（crystallized systems），它能够积累长时知识。

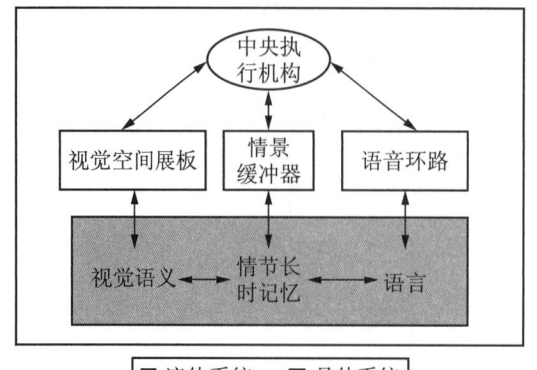

图 4-15 工作记忆四成分示意图

（来源：Baddeley, 2000）

普拉巴卡兰等人（Prabhakaran et al., 2000）的研究为情景缓冲器提供了神经科学方面的证据。他们发现，在记忆任务中，如果要求将词语与位置绑定，右侧前额叶显示出特异性激活。这说明存在着一个独立于视觉空间展板和语音环路的工作记忆成分，即情景缓冲器。

在对工作记忆理论的展望中，巴德利（Baddeley, 2012）甚至设想提出了一个能更广泛解释认知现象的工作记忆模型，而且情景缓冲器在其中的地位甚至可能高于视觉空间展板和语音环路（见图 4-16）。

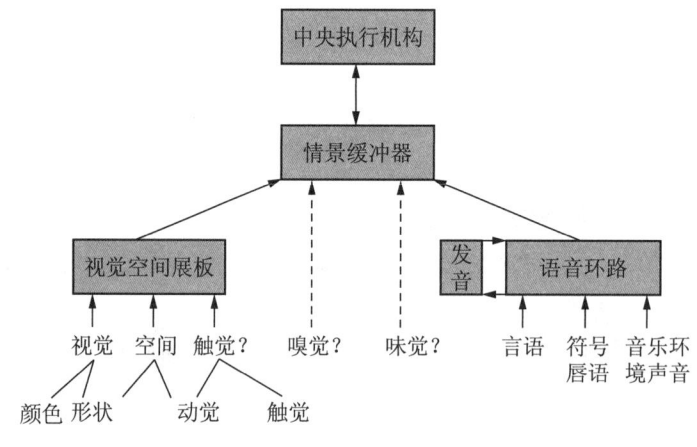

图 4-16 工作记忆模型设想

（来源：Baddeley, 2012）

工作记忆理论对短时记忆理论的发展

巴德利（Baddeley, 1992）认为，他的工作记忆理论是短时记忆理论的进化形式，但不是用来替代短时记忆的。过去将短时记忆看得比较被动，觉得它不过就是一个容量有限的、暂时储存信息的仓库而已。工作记忆理论则探讨短时记忆的积极作用。工作记忆参与视觉信息向听觉编码的转化、组块的形成、复述甚至信息的其他精细加工过程。

斯腾伯格（Sternberg, 2003）总结了阿特金森和希夫林关于短时记忆的理论和新近的工作记忆理论的差异，从中可以看到人们对于短时记忆的研究和理解的不断深化。

第一，最早的记忆多阶段模型将短时记忆和长时记忆分解开来，认为它们是两个独立的系统。工作记忆在刚刚提出的时候,也常常被看作是短时记忆的同义词。但是现在,工作记忆被看作是长时记忆中最近被激活的那一部分陈述性和程序性知识。

第二,短时记忆原来被认为是封闭的,现在它与长时记忆、工作记忆一起组成了一个"同心球体"系统:短时记忆位于球体的核心,它实际上是工作记忆中消失最快、变化最迅速的一小部分;工作记忆则仅仅是长时记忆中最近激活的那一部分。

第三,原来的短时记忆理论也讲长时记忆中的信息可以提取出来进入短时记忆,但是这种提取是直接的"信息移动",同一信息不能同时位于短时记忆和长时记忆中。而现在的理论却是,提取出来的信息其实始终停留在长时记忆中,只不过是成为工作记忆的一部分,并进一步成为短时记忆的内容而已。

可见,早期的短时记忆理论和新近的工作记忆理论的侧重点不同:前者侧重短时记忆与长时记忆的区别;后者强调激活机制在信息流向工作记忆中的作用以及工作记忆在记忆过程中的地位。

巴德利也认为,工作记忆与长时记忆相关区域的激活有关。而且,他深入思考了工作记忆和长时记忆之间复杂的关系(如图4-17所示)。他(Baddeley,2012)认为,工作记忆可以多通道、多阶段地处理信息,是认知(cognition)和行为(action)之间的一个接口(interface)。输入的信息在长时记忆、语义知识和知觉的相互作用下进入工作记忆,并通过工作记忆影响被试的行为。

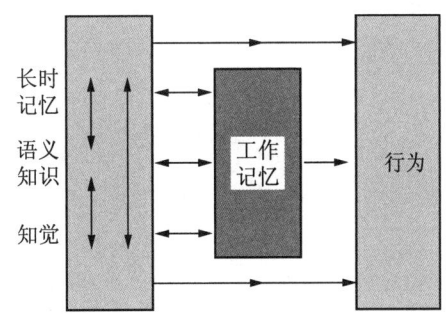

图4-17 工作记忆是认知和行为之间的接口
(来源:Baddeley,2012)

4.5 应 用 研 究

工作记忆能力测验

工作记忆能力的测验方式很多,主要有以下几种任务。

(1)保持延迟任务。这是一种比较简单的记忆任务。先呈现一个记忆刺激(例如一个数字、字母或几何图形),该刺激消失后并经过一段时间,向受测者呈现一个测试刺激(可以是刚才呈现过的那个记忆刺激,也可以是一个不同的刺激),要求受测者报告它是新刺激还是旧刺激。

(2)工作记忆提取任务。任务中,先依次(而非同时)呈现一系列记忆刺激,例如依次呈现数字3,9,8,2,1,该系列刺激消失后并经过一段时间,再呈现一个测试刺激(例如数字8),要求受测者回答该项目是新刺激还是旧刺激。因为"8"这个数字之前出现过,所以正确答案是"旧"。这个任务与斯腾伯格的短时记忆提取任务无异。

(3) 时间排序任务。任务中依次呈现一系列记忆刺激,例如依次呈现数字 3,9,8,2,1,消失后并经过一段时间,呈现 2 个测试刺激。这 2 个测试刺激都是前面出现过的,例如"8"和"2",但要求受测者回答其中哪一个测试刺激是最近出现的。如果是上述刺激,则正确答案应该是"2",因为"2"出现在"8"之后。

(4) n-back 任务。所谓 n-back 任务,是向被试连续呈现一系列的刺激,每呈现一个刺激,要求被试判断当前刺激与前面第 n 个刺激是否相同。以图 4-18 中的刺激(3,5,8,5,4,4,8)为例,如果 n=2,那么受测者在看到第 2 个 5 时,应报告其与前面第 2 个刺激(即第 1 个 5)相同,其余情况依此类推。或者,在特定时间点上,要求受测者说出倒数回去的第 n 个刺激。例如,可能在呈现到最后一个数字"8"时要求受测者说出倒数第 1 个(也就是刚刚呈现的那个)数字"4",也可能要求其说出倒数第 3 个数字"5"。

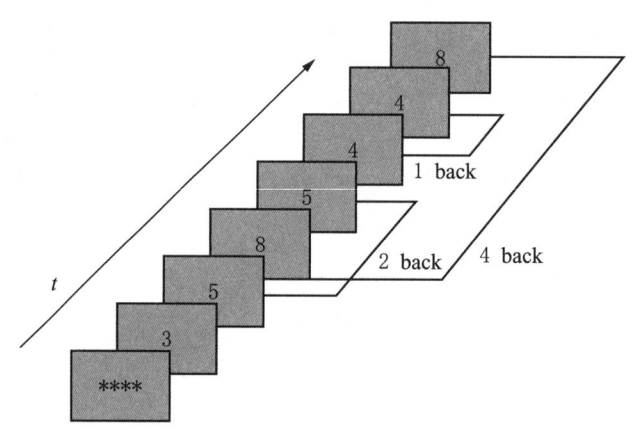

图 4-18 n-back 任务

(如果 n=2,当看到第 2 个 5 时,应报告其与前面第 2 个刺激(即第 1 个 5)相同,其余情况依此类推)

(5) 工作记忆广度任务。在任务中,向受测者呈现一系列记忆刺激,例如数字 5,8,1,3,7,9,5,刺激呈现完毕后,要求受测者按原顺序复述这些刺激。这与测定短时记忆广度的数字广度任务(如果以数字作为记忆刺激的话)无异。该任务的一个变式是,让受测者以与倒序(由后向前)复述刺激。

(6) 运算广度任务,即同时进行算术运算的工作记忆负荷任务。向受测者依次呈现一系列简单的算术题及其答案,例如:

5+3=8(正确)

9−2=5(错误)

8−4=4(正确)

7+2=9(正确)

……

要求受测者判断每一题的答案(和或差)是否正确,与此同时还要记住所有答案,最后要求受测者依顺序复述所有题目的答案。与运算广度任务类似的,还有阅读广度任务——阅读一系列句子并记住各句的最后一个字(或词)。

需要注意的是,上述任务主要用于测量记忆容量,一般还需要配以一项"次要任务",例如说出一系列随机数字。这样可以帮助研究者更多了解中央执行机构是如何分配心理资源的。

刺激独立思想与工作记忆

刺激独立思想(stimulus-independent thought,简称SIT)指的是一种类似"意识流"的思想或表象流,其内容与个体当前接受的、直接的感觉输入没有什么关系。根据这个定义,可以将那些与当前感觉无关的想象活动,以及不请自来、挥之不去的侵入性思想都视作刺激独立思想。

蒂斯代尔等人(Teasdale,Dritschel,Taylor,Proctor,Lloyd,Nimmo-Smith & Baddeley,1995)运用工作记忆的理论对刺激独立思想进行了一个有趣的应用研究。他们试图让被试执行一项任务以干扰刺激独立思想的产生。其中一部分任务与听觉有关,因为他们认为此类任务可以介入工作记忆中的语音环路。例如,有一种"傻句子"任务,向被试呈现一些句子(例如"Bishops can be bought in shops."),要求被试尽可能快地报告每个句子是否正确。另外还有一些任务则与视觉或空间有关,它们可以介入视觉空间展板。例如,让被试观察复杂的图片,要求他们从中找出隐藏着的几何形状;或者是以某种特定的方式击打键盘上不同的键。在实验过程中,在不同的时间点打断被试完成任务的活动,并要求他们报告在主试叫"停"的同时正在想到的事情。实验结束后,将被试的报告加以分类,分类的依据就是报告的内容与被试当时完成的任务是否有关。如果是无关的,那就是刺激独立思想。实验结果发现,听觉任务和视觉空间任务都可以有效地干扰刺激独立思想。这说明,语音环路或视觉空间展板不能单独产生刺激独立思想。

在以后的实验中,蒂斯代尔等人试图确定中央执行机构是不是介入了产生刺激独立思想。他们在实验中先要求被试单独训练完成一项空间任务或一项记忆任务,然后再同时完成上述两项任务,并且同样是在不同的时间点打断被试的活动,要求被试报告他们的思想。结果发现,只要某种任务的操作是得到过训练的,它对刺激独立思想的干扰能力就减弱了许多。蒂斯代尔等人认为,这就是为什么新的任务或富于挑战性的任务总能够干扰刺激独立思想的产生,使得个体可以全神贯注地执行有关任务的操作。用工作记忆的术语来说,那就是未经训练的任务操作从工作记忆的中央执行机构中攫取了比较多的资源,使得个体无暇思考其他事情;而熟悉的任务正好相反,能使个体有充裕的资源产生刺激独立思想。

因此，如果一个人要排除杂念，不是简单的数数之类的活动就能胜任的，因为它们占用中央执行机构的资源太少。效果更好的办法也许是每隔一个随机的时间间隔产生一个单词或短语，因为这样做需要持续地监控自己的操作，还需要持续地协调当前的和过去的反应。

精神分裂症患者的短时记忆问题

精神分裂症患者在各种记忆任务上都表现出缺陷。奥特曼斯和尼尔（Oltmanns & Neale, 1975）指出，随着识记材料长度的增加，精神分裂症患者的记忆成绩与正常人相比，差距越来越大。我们知道，正常人遇到比较长的识记材料，一般会将材料加以组织，形成组块，这样可以记住更多的内容。但是，精神分裂症患者似乎不善于组织，难以形成组块。形成组块能力的缺乏使得他们经常表现出难以集中注意来阅读文字和与人对话。奥特曼斯和尼尔怀疑，患者内心产生的分心观念（侵入性思想）可能是干扰其组织过程的原因。弗雷姆和奥特曼斯（Frame & Oltmanns, 1982）总结了大量研究结果后提出，分心刺激的出现虽然会降低患者的记忆成绩，但是随着临床症状的缓解，记忆也可以得到改善。

另外，拉塞尔等人（Russell, Consedine & Knight, 1980）比较了精神分裂症患者和正常人完成视觉或记忆搜索任务的情况，发现患者与正常人之间仅仅在反应产生方面有一定的差距。他们让被试在视觉显示器上搜索目标字母。显示器上分别呈现1个、5个或15个字母。目标字母则来自一定的记忆集（其中分别包括1个、3个或6个字母）。拉塞尔等人利用施奈德和希夫林（Schneider & Shiffrin, 1977）提出的模型来分析他们得到的实验结果。根据原来的模型，被试从活动着的短时记忆中选择识记的项目，将其与显示器上呈现的项目一一比较，并依此作出匹配或不匹配的决策。如果一个识记项目未能与显示器上的项目匹配，就选择另一个新的识记项目，重复以上过程，直至得到匹配、产生反应，或者直到识记项目全部做完。正常人完成这样的任务时，他们的反应时受到记忆集大小和显示项目数的双重影响，是两者乘积的线性函数。

实验结果表明，精神分裂症患者和正常人的反应时都随着记忆集大小和显示项目数的乘积的增大而呈线性增加。但是，总的来说，精神分裂症患者的线性函数的截距以及反应时都高于正常人。而两组被试的线性函数的斜率却没有差异。研究者由此推断，精神分裂症患者将记忆中的信息与呈现的信息进行比较的过程与正常人是一样的，不同的应该是，他们产生反应比较缓慢迟钝。

本 章 附 录

内容提要

（一）记忆多阶段模型根据保持时间的不同，将记忆分为感觉记忆、短时记忆和长时记忆。

（二）区别感觉记忆和短时记忆的一个重要方面，就是两者的容量大不相同。斯珀林的部分报告法实验说明，存在着两个不同的记忆系统，即感觉记忆和短时记忆。它们以保持时间1秒为分水岭。

（三）有关系列位置效应的研究说明，短时记忆与长时记忆也是两个不同的记忆系统，有不同的神经生理基础。一般认为，短时记忆是神经系统某种暂时存在的活动模式，而这种活动模式如果不断进行下去，就可以引起神经系统某些结构上的变化，形成长时记忆的物质基础。

（四）心理学家普遍认为存在不同的感觉记忆系统，包括视感觉记忆、听感觉记忆、嗅感觉记忆、味感觉记忆和触感觉记忆等。奈瑟提出将视感觉记忆研究的对象称为视象，将听感觉记忆研究的对象称为声象。视象的保持时间为几百毫秒，最长不会超过1秒，它受到的信息加工还比较初级，并可以受到掩蔽。声象的容量似乎小于视象（有不同意见），但保持时间长于视象，也可以受到掩蔽。

（五）戈尔茨坦列举了感觉记忆三个方面的作用：第一，搜集信息，以备加工；第二，在最初的加工过程中保持信息；第三，填补因刺激断断续续出现而造成的空白。

（六）短时记忆可以说是人类认知系统进化的重要成果。如果没有短时记忆，个体就无法将最重要的少数刺激提取出来进行精细加工。感觉记忆中的信息只要得到注意，就能进入短时记忆。短时记忆中的内容在经过复述后可以进入长时记忆，作为知识经验长期储存起来。短时记忆的容量是7±2个组块。短时记忆的编码主要是听觉编码，也存在视觉编码和语义编码。复述是在短时记忆中保持信息的手段，识记材料性质上的改变不会影响短时记忆的保持或遗忘。

（七）短时记忆的遗忘理论主要分为痕迹消退说和干扰说。沃和诺曼设计的数字探测任务试图在恒定中间干扰量的前提下改变保持时间，从而证明两种学说孰是孰非。威肯斯等人则通过前摄抑制释放实验为干扰说提供了进一步的证据。不过，也有学者提供了对痕迹消退说有利的证据。

（八）斯腾伯格的减法反应时实验是关于短时记忆中信息提取的最经典的实验研究。实验的结果证明，短时记忆中信息的提取是逐个进行的，并且还要全部提取出来，是一种终竭扫描。但是也出现了相反的实验证据。

（九）巴德利等人在总结大量研究的基础上提出了工作记忆的概念。工作记忆理论是短时记忆理论的进化形式，但不是用来替代短时记忆的。巴德利在承认工作记忆储存信息的作用的同时，还十分强调它对信息的操纵和加工的作用。工作记忆参与视觉信息向听觉编码的转化、组块的形成、复述甚至信息的其他精细加工过程。早期的短时记忆理论和新近的工作记忆理论的侧重点不同：前者侧重短时记忆与长时记忆的区别；后者强调激活机制在信息流向工作记忆中的作用以及工作记忆在记忆过程中的地位。

（十）有很多任务可以用来测量工作记忆能力，包括保持延迟任务、工作记忆提取任务、时间排序任务、n-back任务、工作记忆广度任务、运算广度任务和阅读广度任务等。

（十一）关于刺激独立思想与工作记忆关系的研究表明，听觉任务和视觉空间任务都可以有效地干扰刺激独立思想。这说明，语音环路或视觉空间展板不能单独产生刺激独立思想；而且，只要某种任务的操作是得到过训练的，它对刺激独立思想的干扰能力就减弱了许多，因为它们占用中央执行机构的资源太少。

（十二）精神分裂症患者不善于组织，形成组块能力的缺乏使得他们经常表现出难以集中注意来阅读文字和与人对话。大量研究结果表明，分心刺激的出现虽然会降低患者的记忆成绩，但是随着临床症状的缓解，记忆也可以得到改善。另外，患者将记忆中的信息与呈现的信息进行比较的过程与正常人是一样的，不同的应该是，他们产生反应比较缓慢迟钝。

术语解释

全部报告法（whole-report technique） 向被试呈现一些刺激项目，要求被试从头到尾复述出来。

部分报告法（partial-report technique） 向被试同时呈现一系列刺激，被试根据约定的信号，只需报告部分刺激。

系列位置效应（serial position effect） 在系列刺激、自由回忆的情况下，各个项目的学习成绩与其所在的系列位置有关。位于系列前端和末尾的刺激项目成绩较好，位于中间的成绩较差，形成一个U形曲线。前端项目成绩好，被称为首因效应；末尾项目成绩好，被称为近因效应。

感觉记忆（sensory memory） 感觉记忆被看作是感觉的残留现象。感觉记忆直接按它原来的物理特性进行编码，故心理学家普遍认为存在不同的感觉记忆系统，包括视感觉记忆、听感觉记忆、嗅感觉记忆、味感觉记忆和触感觉记忆等。

视象（icon） 视觉材料的感觉记忆系统。视象的保持时间为几百毫秒，最长不会超过1秒。

掩蔽效应（masking） 视觉刺激消失后，在它原来的位置呈现其他刺激，后面的刺激可以起到掩蔽原刺激的作用。

声象（echo） 声音刺激消失后留下的听觉形象。

后缀效应（suffix effect） 声象中的掩蔽效应，指的是后出现的声音刺激对于前面的声音刺激的掩蔽作用。

短时记忆（short-term memory） 保持时间不超过1分钟的记忆。感觉记忆中的信息只要得到注意，就能进入短时记忆。短时记忆的广度是7±2个组块。短时记忆的编码以听觉为主，也存在视觉编码和语义编码，心理学家常常将听觉的、口语的和言语的编码联合起来,称为 AVL 单元。

组块(chunk) 由小的刺激单元组合成的大的刺激单元。每个组块的容量具有较大的伸缩性,可以是一个数字、一个单词、一个词组,甚至一句话、一段文字。

数字探测任务(probe digit task) 先向被试呈现一个 16 位的数字串,其中最后一位数字是提供给被试的一个线索,要求被试报告最早出现的这个数字的后面一位数字。

平行扫描(parallel scanning) 信息搜索方式之一,指将所有的识记项目与测试项目同时进行比较。识记项目数的多少与反应时长短无关。

系列扫描(serial scanning) 信息搜索方式之一,指将各个识记项目逐一提取出来,分别与测试项目进行比较。识记项目数越多,反应时应该越长。

终止扫描(self-terminating scanning) 在系列扫描中发现了测试项目就停止扫描。

终竭扫描(exhaustive scanning) 在系列扫描中发现了测试项目后并不停止扫描,而要将所有识记项目全部扫描完毕。

工作记忆(working memory) 一个容量有限的系统,它用于暂时储存信息和操纵加工信息,以便完成复杂的任务,例如理解、学习和推理。工作记忆包括三个组成部分:中央执行机构、语音环路和视觉空间展板。

中央执行机构(central executive) 工作记忆的中枢系统,它负责控制和引导信息的流动,并通过注意的集中和转移来协调语音环路和视觉空间展板的活动;它还负责当前环境的输入与过去经验之间的协调工作,使得个体能够甄别见解或形成策略。中央执行机构的工作不需要占用很多的资源。

语音环路(phonological loop) 工作记忆中负责保持言语和听觉信息的组成部分,它又包括两个组成部分:储存部和复述部。语音环路具有十分明显的言语相关性。

视觉空间展板(visuospatial sketch pad) 工作记忆中负责保持视觉和空间信息的组成部分。语音环路和视觉空间展板都受到中央执行机构的制约。

情景缓冲器(episodic buffer) 工作记忆中可以使用多种形态编码的信息储存系统,其储存的信息通常是情景性的。

刺激独立思想(stimulus-independent thought,简称 SIT) 一种类似于"意识流"的思想或表象流,其内容与个体当前接受的、直接的感觉输入没有什么关系。与当前感觉无关的想象活动,以及不请自来、挥之不去的侵入性思想都可以视作刺激独立思想。

深入阅读

(一) Miller, G. A. (1956). The magical number seven, plus or minus two: Some limits on our capacity for processing information. *Psychological Review*, 63, 81-97.

——现代认知心理学名著之一,最早用加工容量有限思想审视认知过程。

(二) Sternberg, S. (1966). High-speed memory scanning in human memory.

Science, *153*, 652-654.

——斯腾伯格关于短时记忆提取的实验,是反应时实验的典范。

(三) Baddeley, A.(2012). Working memory: Theories, models, and controversies. *Annual Review of Psychology*, *63*, 1-29.

——巴德利关于工作记忆的最新综述。

第 5 章

长 时 记 忆

> **· 本章细目**

5.1 长时记忆的特性
长时记忆的容量

长时记忆的编码方式

语义编码　表象编码

长时记忆的保持和遗忘

记忆的巩固与再固　遗忘曲线　遗忘理论

长时记忆的提取

5.2 编码特异性理论与加工水平理论
编码特异性理论

场合依存效应　状态依存效应

加工水平理论

加工水平理论的基本思想　加工水平理论的实验依据　生存加工促进记忆　加工水平理论对于复述在记忆中作用的看法　加工水平理论受到的批评

5.3 表象
表象的特点和分类

表象的特点　表象的分类

表象的理论

关联-组织理论　命题理论　心理模型理论　多水平模型

表象的操作

心理旋转　心理扫描　大小效应

5.4 应用研究
记忆术

Loci 记忆术　相互作用表象记忆术　桩词记忆术

记忆的跨文化差异

自由回忆　视觉-空间记忆

遗忘症

顺行性遗忘症　逆行性遗忘症

·导读问题

- 长时记忆对于个体的重要性体现在哪里？
- 长时记忆的容量真的是无限的吗？兰道尔估算长时记忆容量的方法有什么缺陷？
- 记忆双重编码假说怎样证明表象编码的存在？
- 艾宾浩斯的遗忘曲线能否推广到日常生活中？
- 编码特异性理论与记忆的场合依存效应、状态依存效应和情绪依存效应有何关系？
- 加工水平理论有何实验依据？该理论存在怎样的缺陷？
- 认知心理学家研究了表象哪几种主要的操作？
- 记忆术的基本原理是什么？
- 不同文化背景会不会影响个体长时记忆的表现？
- 遗忘症有哪些特点？

长时记忆(long-term memory)与感觉记忆、短时记忆构成了人类完整的记忆系统。它们之间最早是以信息的保持时间作为区别的。感觉记忆的信息保持时间最长一般不超过 1~2 秒；短时记忆的保持时间最长一般不超过 1 分钟；而长时记忆则是一种信息保持时间在 1 分钟以上，最长可以保持终生的记忆。按照詹姆斯(James, 1890)的说法，长时记忆构成了一个人"心理上的过去"，它储存的信息总是过去的所见所闻。因此，长时记忆是个体经验积累和认知能力发展乃至整个心理发展的前提。

5.1　长时记忆的特性

长时记忆的容量

提起长时记忆的特性，我们可以将它与短时记忆对照起来考察。短时记忆的容量(或短时记忆的广度)是用组块来表示的，为 7±2 个组块。而长时记忆的容量是短时记忆无法比拟的。一个人一生可以记住无数的事情，学到无数的知识，掌握无数的技能。因此，心理学家一般都认为，长时记忆的容量几乎是无限的。

不过，也有人试图计算长时记忆的准确容量。兰道尔(Landauer, 1986)就曾经做过这个尝试。他用两种方式来估计长时记忆的容量。第一种方式是根据突触的数量来估计。

突触就是两个神经元之间的联结处,它主要以化学递质为媒介在两个神经元之间传递信息。在我们的大脑皮层中约有 10^{13} 个突触,人的长时记忆应该可以储存 10^{13} 比特的信息。

兰道尔采用的第二种方式是根据个体一生的神经冲动的数目来估计长时记忆的容量。这样的话,长时记忆就能存储 10^{20} 比特的信息。

不过,兰道尔认为上述两种估计还应该打掉一些折扣,因为不是每一次神经冲动或突触联结都意味着个体记住了什么事情。再加上学习速度与遗忘速度平衡,估计一个中年人(约 35 岁)保持的信息在 10 亿比特左右。

长时记忆的编码方式

一般认为,短时记忆的编码方式主要是言语听觉编码,少量的是视觉编码或语义编码。而长时记忆中,语义编码和表象编码并重,并且相互补充。语义编码是通过词语来加工信息,通过意义、语法关系、系统分类等因素的作用将语言材料组织起来,存入长时记忆;而表象编码则利用视觉、听觉、味觉和触觉等产生的形象作为表征形成长时记忆。当然,在人类的长时记忆中占支配地位还是能够储存抽象知识的语义编码。

语义编码

在关于短时记忆编码方式的研究中,学者们注意考察短时记忆的错误,发现即使是在视觉呈现的情况下,产生混淆的也是那些读音相近的字母。这种范式同样用来检验长时记忆的编码方式。

有许多研究已经表明,在从长时记忆中提取信息时发生的错误常常不是因为形或音的混淆,而是语义的混淆。这就提示我们,长时记忆的编码方式应该是语义编码(semantic code)。例如,巴德利(Baddeley,1966)在一个实验中,向一部分被试呈现一系列发音相近的单词(例如:mad,map,man)或发音不同的单词(例如:pen,day,rig),向另一部分被试呈现语义相近的单词(例如:huge,big,great)或语义差别较大的单词(例如:foul,old,deep)。单词呈现完毕后,让被试做其他工作,持续时间为 20 分钟,以阻止其复述,保证回忆提取的是长时记忆中的信息。最后,让被试回忆刚才呈现的单词。结果发现,发音相近的单词出现的错误并不多,而语义接近的单词却产生了比较多的回忆错误。

另一位学者萨克斯(Sachs,1967)的实验也清楚地说明了语义编码在长时记忆中的作用。他在实验中让被试听一段关于首次使用望远镜的文章。其中有这样一个目标句子:

他写了一封关于这件事的信给伽利略——伟大的意大利科学家。

在被试听完目标句子后,再向他们呈现四种不同类型的测试句子:

他写了一封关于这件事的信给伽利略——伟大的意大利科学家。(同一句子,与原目标句子完全相同);

他写的关于这个事件的一封信被送到了伽利略——伟大的意大利科学家那里。(语态发生变化,主动语态变成了被动语态)

他写给伽利略——伟大的意大利科学家,有关这件事的一封信。(句子形式结构发生变化)

伽利略——伟大的意大利科学家,给他写了有关这件事的一封信。(语义发生变化)

在呈现上述句子时,萨克斯系统地控制目标句子与测试句子之间的时间间隔,即在被试听完目标句子后,插入0个音节(立即呈现),或插入8个或16个音节后呈现测试句子,这样做的目的是检验被试对于目标句子的记忆会不会随着时间间隔的变化而变化,实验结果见图5-1。

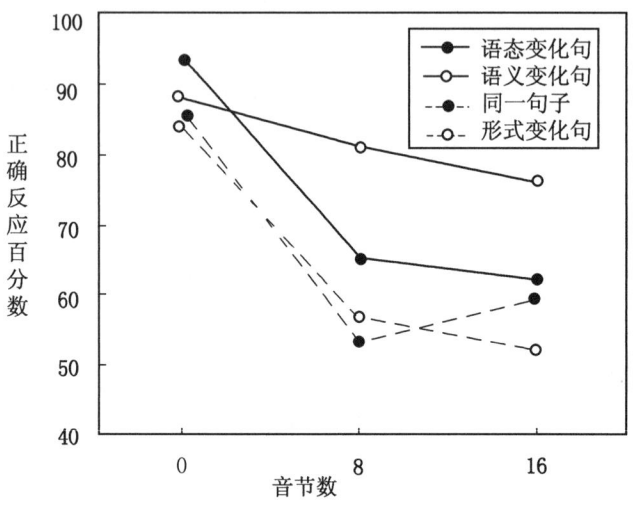

图5-1 不同时间间隔条件下对四种测试句子的正确回忆百分数

(来源:Sachs,1967)

实验结果表明,随着时间间隔的加大,被试的反应正确率逐步下降,但是其中下降速度最慢的是语义变化句,而其他三类句子的反应正确率却快速下降,其中甚至还包括文字完全相同的"同一句子"。这说明,在听到目标句子的初期,被试还能记得这个句子所有的特征(包括语序、声音等)。这样,他们就能根据这些特征正确地判断测试句子与目标句子是否相同。但是在保持时间比较长的情况下,其他特征逐步淡忘了,只剩下语义特征可以用来作为判断的依据。这时,测试句子只有在发生了语义的变化后才能被正确辨认。最后的结论就是,长时记忆是按照语义进行编码的。

表象编码

佩维奥(Paivio,1969,1971,1983)提出的记忆双重编码假说(dual-coding hypothesis of memory)认为,长时记忆包括两种明显不同的编码系统:一种是言语性质的,它负责表征和储存识记项目的抽象的语义信息;另一种则是表象性质的,它表征和储存事物的外表信息。任何一个识记项目要么采用语义编码,要么采用表象编码,当然在某些情况下也可能同时采用这两种编码。总之,佩维奥反对长时记忆中仅仅存在语义编码的观点。

表象,用通俗的话说,就是"心灵之眼"看到的图画,是"心灵之耳"听到的声响,是"心灵之手"感受到的动作……它们分别是视觉表象、听觉表象和动觉表象等。应该说,表象是心理学研究的重要对象。但是,它一度被行为主义赶出心理学研究的大门,因为行为主义认为表象是感觉中的"幽灵",毫无功能上的意义。一直到20世纪60年代以后,轻视表象的状况才有所改变。随着认知心理学的兴起,表象又成为人们关心的重要问题之一。佩维奥就是最早验证表象编码在记忆中的作用的学者。他认为,表象是迄今为止人们发现的最强有力的记忆因素之一。

佩维奥曾经做过多个实验,验证表象编码的存在。其中有些实验试图证明,图片以及内容具体的单词比抽象的单词更容易学习,或者当语义编码和表象编码同时运用时,记忆的保持效果比单独运用其中一种编码要好。这其中又有一个引人注目的实验似乎很能说明问题。实验中向被试呈现一些卡片,卡片上画着两个物体(例如:台灯—斑马),或者印着两个名词(LAMP—ZEBRA)。卡片上的物体都画成一大一小,名词则印成一大一小。被试的任务就是看到卡片后,判断卡片上面的物体或者名词所指的物体哪一个应该是大的,哪一个应该是小的。例如,如果看到上述卡片,按理都应该说斑马比台灯大。实验中记录了被试的反应时间。佩维奥的设想是,如果长时记忆真的只存在言语性质的编码,被试对图画卡片的反应时应该比对文字卡片的反应时长,因为他们需要先将图画转译成语词,然后才能加以判断。如果长时记忆中存在表象编码,就无须对图画卡片进行上述转译,反应时也不必延长。

佩维奥在上述实验中还操纵了另外一个变量,即卡片上两个物体间大小比例的和谐性。有的卡片,把实际上比较大的物体画得比较大,或者将其名称文字印得比较大,即比例和谐。例如,把斑马画得比台灯大,或者把单词"ZEBRA"(斑马)印得比"LAMP"(台灯)大。有的卡片则相反,把大的物体画得小,而把小的物体画得大于大的物体。文字卡片也是这样,大的物体名称文字印得很小,小的物体名称文字则印得大于大的物体名称文字。这就是比例失调。佩维奥认为,如果长时记忆中确实存在表象编码,则比例失调的图画卡片会造成某种冲突,从而延长被试的反应时;而比例失调的文字卡片则不会造成这种冲突,因为文字是语义性的。

实验结果证实了佩维奥的预测:被试对图画卡片的反应时不仅不比文字卡片慢,相反还快一些;同时,他们对比例失调的图画卡片的反应慢于对比例和谐的图画卡片的反应,而文字卡片上字体大小比例是否和谐却并不影响被试的反应时。以上事实说明,表象编码确确实实是存在的;而且可以说,物体的大小主要是以表象来表征的。

长时记忆的保持和遗忘

记忆的巩固与再固

信息进入记忆系统之后,就进入或长或短的巩固(consolidation)阶段。在这个阶段,保持和遗忘两股力量此消彼长,其特征是,"新记忆清晰而脆弱,旧记忆褪色而顽固"(威克斯特德/Wixted,2004,p.265)。

记忆的巩固分为两个阶段。第一个阶段发生在记忆产生后数小时,巩固过程主要发生在大脑的海马区。此时,记忆最容易受到干扰(主要受倒摄抑制的干扰)。海马受损的患者常常无法保持新近的记忆,甚至醉酒也可以让人将喝醉期间意识到的事情忘得干干净净。紧随其后的第二个阶段可持续数日至多年,巩固过程主要体现在海马区和新皮层的相互作用。

记忆的再固(reconsolidation)涉及记忆内容的更新。在日常生活中,经常需要更新原来的记忆,例如原定于下午一点开会,现在改为下午三点,或者时间不变,但要求带上某一个文件,等等。这就要将原来关于一点开会的信息提取出来,更新为三点开会(或加入其他信息)后再进入新的巩固状态。

沃克等人(Walker et al.,2003)的实验体现了再固过程的一个重要特点:原来的记忆在更新前重新激活,会导致其更容易瓦解。他们在两种相似的条件下让被试记忆两个反应序列,两个反应序列的记忆相隔24小时。区别仅仅在于,第一种条件下,被试在记忆第二个反应序列前,简短地复述一下24小时前记忆的第一个反应序列;而第二种条件没有这一安排。结果发现,简短的复述反而损害了对第一个反应序列的记忆。

遗忘曲线

保持和遗忘是一个问题的两个方面。保持量和遗忘量相加,就是原来的识记量。因此可以说,保持的特点就是遗忘的特点。长时记忆的保持时间在1分钟以上,长的可以终生不忘。实验心理学史上研究长时记忆的保持和遗忘特点的最早成果是艾宾浩斯(Ebbinghaus,1885)总结出来的遗忘曲线(见图5-2)。遗忘曲线告诉我们,遗忘的速度是

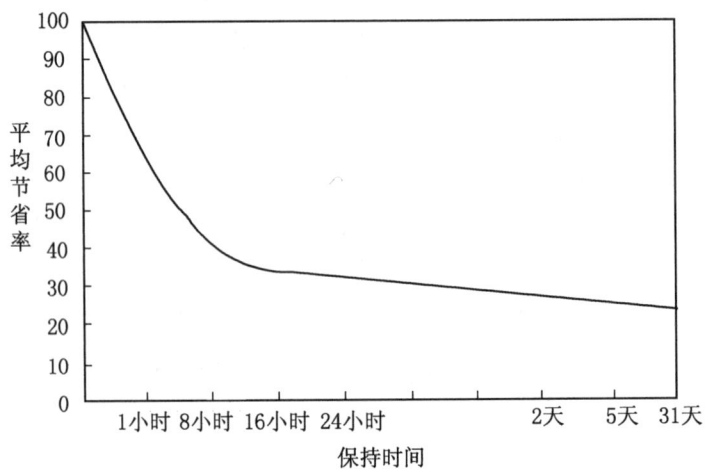

图5-2 艾宾浩斯遗忘曲线

(来源:Ebbinghaus,1885)

先快后慢(这正好印证了记忆巩固第一阶段中,记忆最容易遭受干扰的理论)。不过,艾宾浩斯当时采用的识记材料是无意义音节,这样做虽然可以基本上排除人的知识经验对信息保持和遗忘的影响,但是同时也留下了一个疑问:个体对日常生活中的识记材料的保持和遗忘是否也是这个特点?现在,我们已经有了大量的证据,说明在日常生活中发生的保持和遗忘基本上符合艾宾浩斯的遗忘曲线。

巴利克(Bahrick,1983,1984)的研究更是将信息保持时间的跨度延长到数十年之久。在一个研究中,巴利克测定了一些被试对于一个城市的空间景象的记忆。这些被试都曾在这个城市生活过,但是已经离开那里1~50年。这个研究的被试包括851名俄亥俄卫斯理大学的在学学生和校友。巴利克要求被试对该大学校园和学校所在的俄亥俄州特拉华市作出描述。图5-3是巴利克在研究中使用的特拉华市简图。被试的描述分多个方面:第一,列出他们所能回忆出的特拉华市的所有街道名,并按照街道的走向将其区分为南北向和东西向两类;第二,回忆特拉华市和校园的建筑物或地标的名称;第三,根据主试

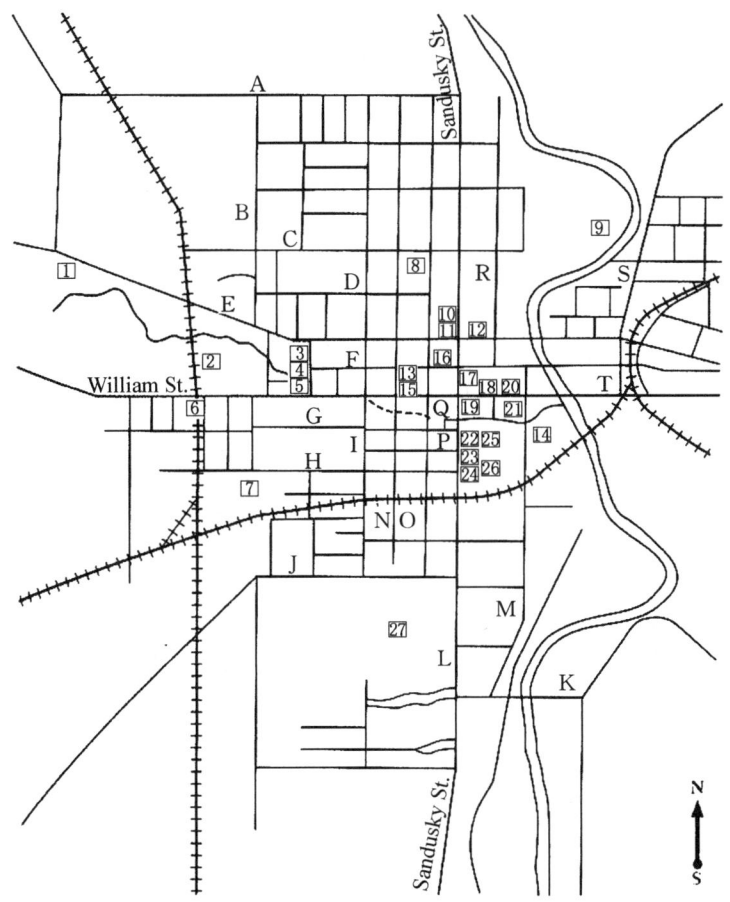

图 5-3 巴利克在研究中使用的特拉华市简图

(来源:Bahrick,1983)

提供的地图(视觉线索),写下地图上标出的所有街道、建筑物和地标的名称;第四,主试呈现一系列街道、建筑物和地标的名称,由被试指出他们不能再认的名称,而对可以再认的项目,则说出街道的走向,或将建筑物和地标按照南北和东西两个方向作出排列;第五,主试在地图上标出一些街道、建筑物和地标,并提供一系列街道、建筑物和地标的名称,要求被试将两者匹配起来。

为了更严格地控制一些干扰变量,巴利克详细询问了被试在特拉华市居住的时间(排除那些就读该大学前后曾在该城市居住,且居住时间超过2年的校友),校友们回访该城市的次数,驾车环绕该城市和(或)使用该城市地图的次数。这些数据用于校正由于被试对于该城市的不同经验造成的偏差。

巴利克先考察了在学大学生对特拉华市的熟悉程度与他们在该市居住时间的关系。结果并不出人意料(见图5-4):随着居住时间的增加,对于街道名称的回忆正确率稳步提

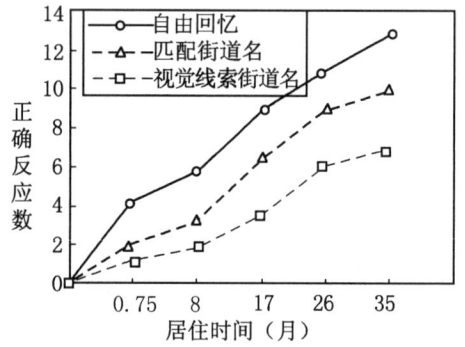

图 5-4　街道名称的学习曲线

(来源:Bahrick,1983)

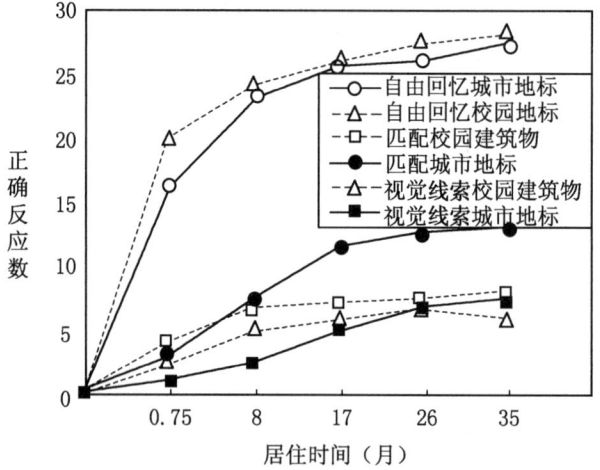

图 5-5　建筑物和地标名称的学习曲线

(来源:Bahrick,1983)

高。但是,对于建筑物和地标名称的学习曲线(见图5-5)从一开始就显示出陡峭的上升,并且显示出被试在一年左右的时间就几乎完成了学习。巴利克认为,这种学习速度的差异来源于建筑物和地标对于学生来说比街道更重要;而且,学生比较多的时间都在城市或校园的小范围中活动,较少驾车上街,因而对街道熟悉得比较慢。

接下来,巴利克考察了校友被试的遗忘情况,并绘制出遗忘曲线(见图5-6和图5-7)。遗忘曲线的时间跨度为被试毕业后1~46年。这些曲线以应届毕业生的测验成绩为基准(100%),计算校友成绩与基准成绩之比值作为保持成绩。从实验结果来看,遗忘曲线的特点也是先快后慢。其中街道名称的遗忘速度一开始更快些,毕业10年以后已经基本遗忘。而建筑物和地标名称的遗忘速度要缓慢得多;在毕业46年后,被试保持测验成绩仍达到应届毕业生40%(测验仅涉及存在时间达50年以上的建筑物和地标)。

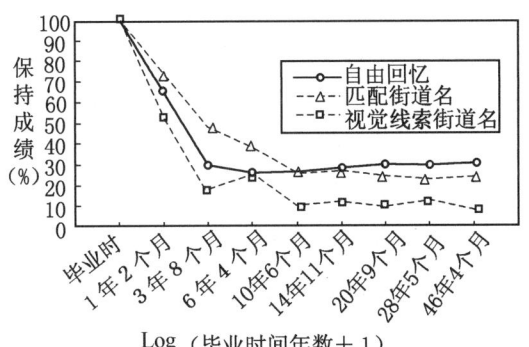

图5-6 街道名称的保持曲线(校正后)

(来源:Bahrick,1983)

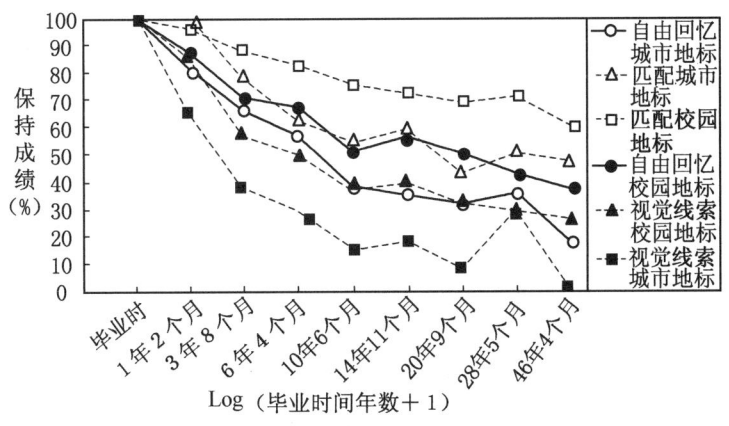

图5-7 建筑物和地标名称的保持曲线(校正后)

(来源:Bahrick,1983)

在后来的一个研究中,巴利克(Bahrick,1984)还研究了733位曾经在学校学习过西班牙语的成人对所学语言的遗忘特点。这些被试少则1年,最长的已经有50年没有学习西班牙语了。结果表明,停止学习后的3~6年间,被试的遗忘速度比较快;而在以后的30多年时间,遗忘速度趋于缓慢,几乎没有更多的遗忘;但是大约在30~35年以后,保持量又产生最后一次下降。

遗忘理论

短时记忆中所说的痕迹消退说或干扰说同样被学者用来解释长时记忆中的遗忘。其中干扰说占据主要地位。

配对联想学习(paired-associates learning)为干扰说提供了大量的实验依据。这种实验的基本范式如下:先让被试学习(学习的次数根据研究目的确定)——配对的单词,例如desk/roof,flag/spoon,或drawer/switch,等等;然后向被试呈现配对中的一个单词,要求被试回忆与之配对的另一个单词,例如看到desk就要求回忆roof,看到flag就要求回忆spoon,等等。

通过配对学习实验,可以检测出影响长时记忆的两种形式的干扰,一是前摄抑制,二是倒摄抑制。前摄抑制又称为前摄干扰(proactive interference,简称PI),指的是前面项目的学习对后面项目的学习造成的干扰或损害;倒摄抑制又称为倒摄干扰(retroactive interference,简称RI),指的是后面项目的学习对前面项目的学习造成的干扰或损害。表5-1说明了用配对联想学习检测前摄干扰和倒摄干扰的实验步骤。

表 5-1 检测前摄干扰和倒摄干扰的实验步骤

阶段	实验组	控制组
前 摄 干 扰		
Ⅰ	学习配对词表 A-B	(无关活动)
Ⅱ	学习配对词表 A-C	学习配对词表 A-C
Ⅲ	测验配对词表 A-C	测验配对词表 A-C
倒 摄 干 扰		
Ⅰ	学习配对词表 A-B	学习配对词表 A-B
Ⅱ	学习配对词表 A-C	(无关活动)
Ⅲ	测验配对词表 A-B	测验配对词表 A-B

安德伍德(Underwood,1957)曾经用14项研究的数据证明前摄干扰的存在(见图5-8)。他认为,完成某项学习任务之前经历的相关试验次数越多,这次学习的成绩就越差。

波斯特曼等人(Postman, Stark & Fraser, 1968)则提出了反应集合干扰假设(response-set interference hypothesis)来解释干扰的成因。

在配对学习时,要求被试掌握的单词是有限的,并不是他们学过的所有单词,而是词

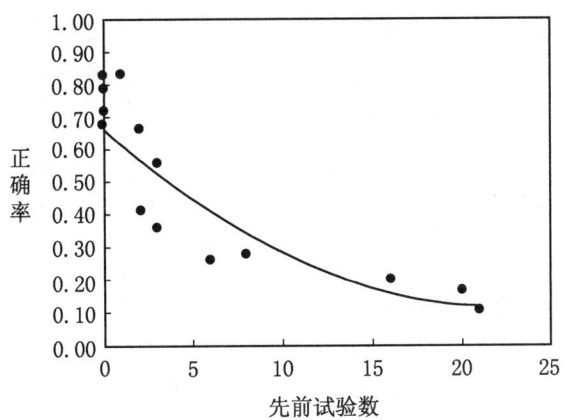

图 5-8　先前试验次数与学习正确率的关系

(来源：Underwood，1957)

表中规定的那些单词。由于看到了这一点,波斯特曼等人认为,被试一开始对配对词表 A-B 的学习包括了两种过程：一是形成 A-B 联想；二是了解词表中的"B"是应该加以记忆的一个集合。这样,被试就学会在"A"出现时从"B"集合中寻找和选择一个合适的反应。为了得到这个反应,还需要一个反应选择器。这样的选择机制使得被试能够集中于一个反应的集合而抑制不属于该集合的所有反应。这样一来,就容易理解为什么随后学习词表 A-C 会发生困难了,因为被试的反应选择机制"念念不忘"的还是原来的"B"反应集合。为了完成新的学习任务,被试应该抑制"B"反应集合,将反应选择机制转换到"C"反应集合上,这样 A-C 的联想才能建立起来。这就是干扰产生的原因。

不过,需要强调的是,在反应集合干扰假设中,对词表 A-C 的学习并不会造成对词表 A-B 的记忆的消退,而只是抑制了被试从"B"集合中选择反应的倾向。因此,在对词表 A-C 的学习完成以后,A-B 联想和 A-C 联想都没有受到破坏,它们都是完整的,只不过提取起来比较困难而已。

安德森等人(Anderson et al.，1994)发现了一种回忆失败的现象,并将其命名为"提取诱发的遗忘"(retrieval-induced forgetting,简称 RIF)。他们注意到,从记忆中提取一个项目可能阻碍被试提取同一范畴的项目。例如,让被试先记忆几种类型的事物,包括水果等。结果显示,成功提取"苹果"可能损害对"橘子"和"梨子"等水果的提取,但是不影响被试提取其他范畴的项目("衬衣""袜子"等)。其实验范式大致分为如下三个阶段。

第一阶段,让参试者学习一系列配对项目(分属不同的范畴或类型,如水果和爱好等),例如：FRUIT-Orange, HOBBY-Soccer, FRUIT-Banana, FRIUT-Pear, FRUIT-Cherry, HOBBY-Running 等。

第二阶段,对被试进行"提取训练"(retrieval practice),但是仅限于某一个范畴,例如水果：FRUIT-Or____，FRUIT-Ba____ 等。

第三阶段,最终提取测验。测验项目分为三类。第一类是在第二阶段所涉特定范畴(如"水果")中得到过提取训练的内容(简称 RP＋项目),例如 FRUIT-O____,FRUIT-B____等。第二类是在第二阶段所涉特定范畴中未得到过提取训练的内容(简称 RP－项目),例如 FRIUT-P____,FRUIT-C____等。第三类是不属于第二阶段所涉特定范畴的内容(简称控制项目或 C 项目),例如 HOBBY-S____,HOBBY-R____等。

不出意料,在最终提取测验中,RP＋项目的成绩显著高于 RP－和 C 项目。这会不会是因为 RP＋项目在第二阶段得到过提取训练,相当于进行了一轮复习?显然不完全是,因为同样没有得到提取训练的 C 项目的成绩竟然也显著高于 RP－项目。这说明,RP＋项目对属于同范畴的 RP－项目的提取产生了抑制。

为此,安德森和尼利(Anderson & Neely, 1996)作出以下解释:成功提取某个记忆项目(例如"苹果")的前提,是有一个提取线索("水果")指向该项目。但是,如果这个线索同时指向了另一个记忆项目("橘子"),两者之间就会产生竞争。这种竞争可以同时损害对两者的成功提取。安德森和尼利的这种理论非常适用于配对联想学习实验。A-B 联想和 A-C 联想的线索(A)是一样的,但是目标记忆(B 和 C)却会产生竞争,从而"两败俱伤",相互干扰。而上述 RIF 范式的第二阶段进行的提取训练,仅"复习"了线索指向的部分项目,从而抑制了其他项目。

如果接受了安德森和尼利的理论,就很容易理解为什么一个仅仅去过一次的地方可以使人回忆起很多事情,而一个去过无数次的地方却没有这样的奇效。例如,你第一次在某个地方停车,取车时可以很容易想起来当时停车的位置。但是如果你以后常常在这个地方停车(这里没有你专用的车位,所以每次停的地方是不一样的),你反而容易忘记停车的位置,因为无数次停车的位置都可能出来竞争。

长时记忆的提取

无论长时记忆有多大的容量,有一点是肯定的,那就是并非所有储存着的信息都能够随时随地被提取出来。同时,提取出来的信息也不一定与原来识别的时候一模一样。

长时记忆中信息的提取方式有两种——再认和回忆。再认是将新信息与记忆中的旧信息相匹配的过程;回忆则是对旧信息的再现过程。认出一个站在面前的熟人是再认,当熟人不在面前时想起他的音容笑貌则是回忆。再认从性质上往往可以等同于知觉中的模式识别,而且一般来说比回忆容易。

信息的提取受到多种因素的影响。从长时记忆中提取出来的信息往往是分了类的,还常常受到情境或上下文的影响。

长时记忆中的信息主要是采用语义形式编码的,因此经常以分类的形式提取出来。也正是因为语义编码,那些分类呈现的信息也比相互之间没有多少关系的信息更容易提取。而且,未经组织的识记材料在提取的时候,长时记忆也会尽可能地加以组织,使它们能够分类提取。这就是分类原则(principle of categorization)。

鲍斯菲尔德(Bousfield,1953)曾经做过这样一个实验:向被试呈现一个词表,其中有60个单词。这些单词分为4类:动物名称、植物名称、人名和职业名称,但是呈现的时候被打乱顺序。被试识记以后任其自由回忆。结果发现,被试总是倾向于将原来打乱了顺序的单词按照类别回忆出来。他们可能先说出一些动物名称,然后说出一些植物名称,再依次分别说出人名以及职业名称。

曼德勒(Mandler,1967)还发现,即使是那些相互之间没有什么关系的识记材料,如果被试开动脑筋想出一些人为的联系,也能提高回忆的成绩。

人类的长时记忆有时也相当脆弱,它时刻遭受着来自各个方面的因素的影响甚至扭曲。显露效应(revelation effect)就明显地体现了记忆的脆弱性。所谓显露效应,指的是在再认实验的测验阶段之前加上一个先导任务,导致被试更多地将某些项目报告为"旧项目"的现象。沃特金斯等人(Watkins & Peynircioglu,1990)的一个实验表现了典型的显露效应。在其再认任务中,参试者先要学习一系列单词,然后在测验阶段判断一个混合词表(有学习过的旧项目,也有没有学习过的新项目)中的每个单词是新项目还是旧项目。但是,在进行再认测验之前,加入一个新的因素(即是否插入一个特定的先导任务)。这个先导任务就是显露一个单词——向参试者呈现一个单词中的部分字母,例如_ _r_l_ _ _,然后逐一显露其他字母(a_r_l_n_, air_lan_),直至显露出完整的单词 airplane。参试者只要尽早说出这个单词即可。结果发现,如果在进行再认测验前插入了这个显露单词的先导任务,参试者会将后面再认测验中呈现的项目(无论新旧)更多地报告为旧项目。后人改换了其他先导任务,甚至仅仅让参试者做简单的加法(例如149+325=?),很多情况下也发现了类似的结果。

5.2 编码特异性理论与加工水平理论

编码特异性理论

编码特异性(encoding specificity)指的是长时记忆的这样一种特性:在识记阶段进行信息编码时的上下文环境如果在回忆时再次出现,回忆的成绩就会好一些。这是塔尔文和汤姆森(Tulving & Thomson,1970,1973)提出来的一个重要观点。它直接关系到后文介绍的记忆的场合依存性、状态依存性等效应。

塔尔文和汤姆森(Tulving & Thomson,1973)设计了这样一个实验来揭示编码特异性现象:向被试呈现一些词表,其中用大写字母的就是要求识记的单词,实验设置了两种条件。实验组的条件是每一个要求识记的单词都匹配一个小写的线索词,而且两者之间的关系又设置成"高度关联"和"低度关联"两种情况。例如,呈现的单词配对可以是高度关联的 hot/COLD,也可以是低度关联的 ground/COLD。控制组的条件是需要识记的单词没有相配对的线索词,例如仅呈现单词 COLD。在测验阶段,将对被试呈现线索词。

实验的结果表明,控制组的被试虽然在识记阶段没有看到线索词,但是如果在测验阶段看到了高度关联的线索词,成绩就会得到提高;如果在测验阶段看到的是低度关联的线索词,对回忆的帮助并不大。如果说这样的结果毫无悬念可言,那么下面的结果就很值得注意了。实验组的被试在识记阶段是看到过线索词的,他们在测验阶段也得到线索词的帮助。结果发现,曾经出现过的、低度关联的线索词再次出现时同样可以帮助被试回忆,其效果甚至还要好于未呈现过的、高度关联的线索词。塔尔文和汤姆森由此得出结论:即使是低度关联的单词也可以成为长时记忆的提取线索,只要它在识记(编码)阶段出现过。

塔尔文和汤姆森将需要识记的信息与线索之间的关系比喻为气球和钩子关系:气球里面装的是需要识记的信息,钩子就是可以钩出气球的线索。如果在信息编码阶段气球和钩子之间建立了一定的联系,当回忆时再度出现钩子时,气球就会被钩出来,其中的信息也就容易被提取出来了。

编码特异性理论可以用来解释为什么学习比较复杂的材料的时候,应该避免集中突击学习,而应该采用分散学习的方式,即将学习材料分成多个部分,每学习完一部分后有一段休息时间。这段休息时间中发生的事情就可能成为刚才学习材料的钩子,帮助以后更好地回忆,从而达到事半功倍的效果。而且,由于在不同的休息时间中发生的事情各不相同,给出的钩子也不一样,这样就使回忆时不容易产生内容之间的混淆。

场合依存效应

在塔尔文和汤姆森的实验中,充当钩子的是单词。其实,即使是那些与识记材料根本没有任何关系的因素,例如编码过程中的环境刺激,也可以成为帮助回忆的钩子。场合依存效应(context-dependent effect)指的就是环境刺激对回忆起到的线索作用。我们常常有这样一种感受:在一个十分陌生的地方看到一位熟人,会觉得难以相认;而在经常见面的地方看到他,就很快能够认出来。

早在 20 世纪 30 年代,人们就开始注意到场合因素与信息提取的关系。戈登和巴德利(Godden & Baddeley, 1975)的一个实验更有说服力。他们让潜水员学习 40 个相互之间没有多少关联的单词。学习的场合分为岸上和深水中,各学 20 个单词;测验的场合也分为岸上和深水中,这样就有四种情况:岸上学习/岸上测验,岸上学习/深水测验,深水学习/岸上测验,深水学习/深水测验。实验结果如图 5-9 所示。从中可以看出,学习和测验的场合相同,成绩会比场合不同要好一些。

不过,戈登和巴德利(Godden & Baddeley, 1980)在后来的研究中发现,如果测验方式是再认,就体现不出场合依存效应。这也许意味着再认和回忆具有不同的机制。罗迪格

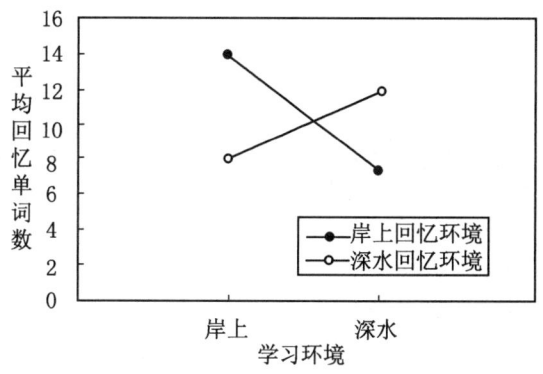

图 5-9 场合因素与回忆单词数的关系

(来源:Godden & Baddeley, 1975)

和盖恩(Roediger & Guynn, 1996)提出,这是因为在回忆过程中,个体需要作出更多的努力来产生回忆线索,这些线索中就可能包括学习时的环境场合方面的信息;而再认任务本身就能够提供一些线索,场合线索的作用就体现不出来。

状态依存效应

状态依存效应(state-dependent effect)指的是生理或情绪状态对回忆起到的线索作用。心理学家发现,在一定的身心状态下识记的材料,在同样的状态下比较容易回忆出来。

关于生理方面的状态依存效应的一个典型的研究是古德温等人(Goodwin, Bowell, Bremer, Hoine & Stern, 1969)完成的。实验是这样进行的:先让被试喝下不同的饮料,产生不同的生理状态,例如喝下果汁或鸡尾酒产生两种状态:清醒或醉酒状态,接着要求被试识记一些材料。一天后,还是用上述饮料,使一部分被试产生与学习时同样的状态,另一部分则产生不同的状态,然后接受回忆测验。这样也产生四种情况:清醒学习/清醒测验,清醒学习/醉酒测验,醉酒学习/清醒测验,醉酒学习/醉酒测验。回忆的结果如图 5-10 所示,图中 S 代表清醒状态,I 代表醉酒状态。从中可以看出,学习和测验时的生理状态相同,成绩会比状态不同要好一些。另外,罗迪格和盖恩(Roediger & Guynn, 1996)指出,与场合依存效应相似,当测验方式是再认时,状态依存效应也体现不出来。

后来,人们还发现,情绪作为一种心理状态,也会产生依存效应,这就是情绪依存效应(mood-dependent effect)。巴特利特和桑特罗克(Bartlett & Santrock, 1979)的实验证实了这一推想。他们在实验中用故事或图画诱导儿童的情绪,然后让儿童在不同情绪状态下学习和测验。实验条件的安排与状态依存效应实验接近,也是分为四种条件:自然情绪下学习/自然情绪下测试(N/N),自然情绪下学习/快乐情绪下测试(N/H),快乐情绪下学习/自然情绪下测试(H/N),快乐情绪下学习/快乐情绪下测试(H/H)。实验结果如图 5-11 所示。

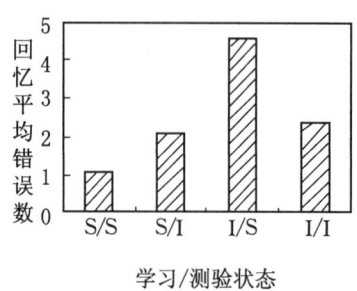

图 5-10 学习/测验状态与回忆的成绩

（来源：Goodwin, Bowell, Bremer, Hoine & Stern, 1969）

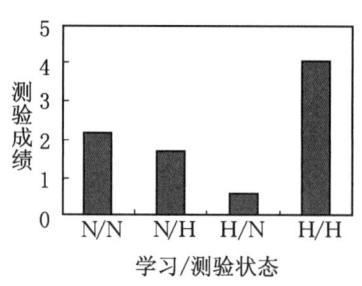

图 5-11 学习/测验情绪状态与回忆的成绩

（来源：Bartlett & Santrock, 1979）

加工水平理论

在上一章"感觉记忆与短时记忆"中，我们已经了解记忆多阶段模型。这个理论认为，记忆有不同的种类或者阶段，包括感觉记忆、短时记忆和长时记忆。它们处理、储存和保持信息的方式是不同的，信息的保持时间也是不同的。其实，在这个理论提出前后，一直存在着另一种与之相反的看法。这种看法主张，记忆只有一种。例如，梅尔顿（Melton, 1963）就认为，不同类型的信息加工可以在同一储存系统中进行，因此，记忆系统只有一个。

继梅尔顿之后，克雷克和洛克哈特（Craik & Lockhart, 1972）对记忆多阶段模型提出了激烈的批评，并提出了一个更加完整的单一记忆系统理论——加工水平理论（levels-of-processing theory）。他们认为，记忆多阶段模型存在着一些难以回答的问题。例如，短时记忆的容量是有限的，但是如何界定这个有限容量的性质？长期积累下来的研究结果告诉我们，短时记忆和长时记忆的信息编码并不是真的截然不同，两者都有听觉编码、视觉编码和语义编码，何以就分成了两个阶段？另外，根据遗忘的特征也很难区分不同的记忆系统。克雷克和洛克哈特认为，这些难题动摇了记忆多阶段模型的基础，因而需要一种新的解释模型，这个模型应该以信息加工的操作来解释记忆系统。

加工水平理论的基本思想

要理解加工水平理论，首先要明白什么是加工水平。克雷克和洛克哈特认为，个体对呈现在他面前的刺激，可以进行不同水平的加工。最低水平的是感觉加工，例如特征提取；较高水平的是模式识别或知觉；最高水平的就是语义提取。因此，衡量加工水平的一个重要指标就是后两种加工的多寡。加工水平的"高低"又常常被说成"深浅"，不过意义是一样的。

加工水平理论的基本思想是，记忆痕迹的持久性是加工水平的直接函数。一个刺激如果较长时间地呈现在个体面前，就可能得到较高水平的加工。例如，个体面对一串无意义的随机数字，经过较长时间的联想，可以想出某种人为的意义联系，从而加深记忆痕迹。

更不要说一部优秀的小说,在反复品味之下印象日益加深。总之,那些得到深入分析、精细联想、清晰表象、丰富意义的信息可以产生比较深刻的记忆痕迹,从而维持较长时间;而那些仅仅受到表层分析的信息则只能产生较弱的记忆痕迹,持续时间也就比较短。

加工水平理论的实验依据

早在克雷克和洛克哈特的加工水平理论成型之前,就有人证明了加工水平对于记忆效果的影响。例如,海德和詹金斯(Hyde & Jenkins,1969)在一个实验中,设置了 4 种不同的任务。第一种任务要求被试以每 2 秒钟读 1 个单词的速度,读一张包括 24 个单词的词表;第二种任务要求被试对该词表的每一个单词作出"愉快"或"不愉快"的评价;第三种任务是要求被试指出该词表的单词当中是否包括"E"这个字母;第四种任务是计算该词表的单词中包含的字母数。实验中,每一种任务都由一组被试完成。在被试完成上述任务后,都要求他们回忆这些单词。各组成绩如图 5-12 所示。实验的结果说明,只要对信息进行了深层次的加工,例如评价是否愉快等,就可以得到较好的记忆成绩。这个结果到克雷克和洛克哈特那里就变成了这么一句话:"记忆是信息加工的副产品。"

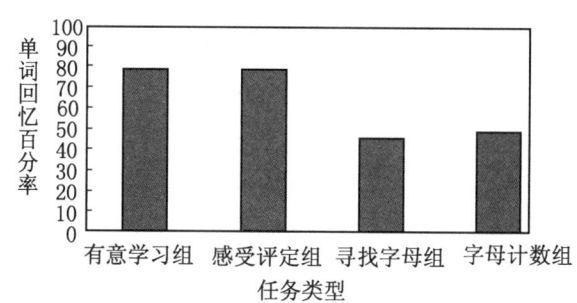

图 5-12　不同任务条件下被试的回忆成绩

(来源:Hyde & Jenkins,1969)

克雷克和塔尔文(Craik & Tulving,1975)的一个实验也为加工水平理论提供了有力的证据。在这个实验中,向被试呈现关于特定单词的一系列问题,这些问题分为结构水平、语音水平和语义水平。例如:

结构水平的问题:这个词是大写的吗?

语音水平的问题:这个词与 WEIGHT 押韵吗?

语义水平的问题:这个词能否填入以下句子:"The girl placed the _____ on the table."

实验中,先呈现问题,再呈现单词,然后要求被试尽可能快地作出"是"或"否"的反应,记录他们的反应时。由于事先不告诉被试将要进行任何记忆或学习测验,可以认为被试的学习是一种不随意学习(incidental learning)。

在问题回答完毕之后,进行单词再认测验,结果见图 5-13(a)和图 5-13(b)。实验结果表明,反应时与再认成绩都受到加工水平的影响。加工越深,所需的反应时或信息加工时间就越长;同时,加工越深,再认的成绩就越好。在三种加工任务中,语义加工所需的反应时最长,其再认成绩也最好。

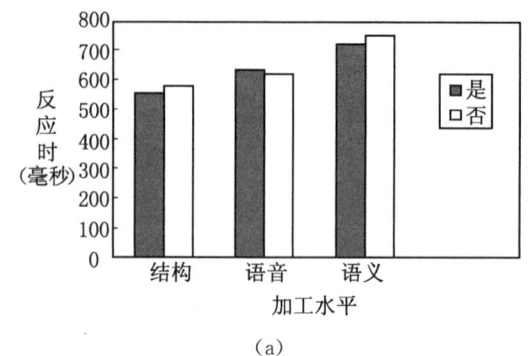

(a)

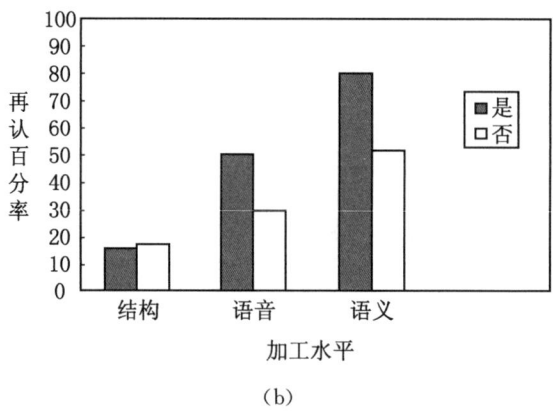

(b)

图 5-13　不同加工水平下的反应时(a)和再认成绩(b)

(来源:Craik & Tulving,1975)

克雷克和塔尔文(Craik & Tulving,1975)进一步提出,同样是语义加工,加工越精细,记忆的效果就越好。例如,在简单的句子中填写单词(She cooked the _____.)与在复杂句子中填写单词(The great bird swooped down and carried off the struggling _____.),两者的加工水平虽然都是语义加工,但是仍有深浅之分。后一种情况下对单词的识记效果明显更好。

如果说前面的实验中的识记材料都是单词,还不足以证明识记其他类型的材料也受到加工水平的影响的话,那么鲍尔和卡林(Bower & Karlin,1974)从人脸记忆的实验中获得的结果就为加工水平理论提供了非言语材料方面的实验证据。他们在实验中向被试呈现一系列人脸照片,要求被试对每张照片上的人脸作出一定的判断。有的是判断其诚实性,有的判断其魅力,有的则仅仅判断其性别。所有照片的判断结束后,进行照片再认测验。结果发现,作了诚实性或魅力判断的被试的再认成绩高于仅仅作性别判断的被试。判断照片上人的性别是比较简单的任务,无需较高的加工水平;而要对诚实性或魅力作出判断,必须进行比较深度的加工。这说明,非言语材料的识记也受到加工水平的影响。

罗杰斯等人(Rogers, Kuiper & Kirker, 1977)让被试回答关于一些单词的问题,然后自由回忆这些单词。这些问题分为4类:(1)结构类问题:是否大写? (2)音韵类问题:是否押韵? (3)语义类问题:是否同义? (4)自我关联类问题:与你自己情况相符吗? 结果发现,在回答自我关联类问题条件下,被试对单词的回忆成绩最好。

生存加工促进记忆

奈恩等人(Nairne et al., 2007)提出,有一种特殊的加工对记忆产生较大的影响,那就是生存加工效应(survival processing effect)——当记忆材料与个体的生存密切关联时,记忆的效果显著好于不需要生存加工的情形。在他们的实验中,参试者分成3组,分别是生存组、搬家组和控制组。生存组的参试者需要想象自己来到异域一片陌生的草地上,那里没有基本的生存资料,在其后的几个月里,他们需要找到稳定的食物源和水源。接着,主试向他们呈现一系列单词,要求他们就这些词对于生存情境的重要性给出评定。搬家组参试者则想象自己筹划迁移到异域的新家,之后的几个月里,他们需要确定新家的地点,取得房子,然后把家搬过去。接着,主试同样向他们呈现一系列单词,要求他们就这些词对于搬家任务的重要性给出评定。控制组被试不需要想象任何任务情境,只需要对这一系列单词作出愉快度评定。三组参试者看到的单词都是随机选择的。三组参试者作完各自的评定后,对上述被评定的单词进行自由回忆测验。结果表明,生存组参试者的成绩显著好于搬家组和控制组。奈恩等人还发现,即便是参试者内设计,生存组的优势仍很明显。

加工水平理论对于复述在记忆中作用的看法

按照记忆多阶段模型,复述是在短时记忆中保持信息和将信息从短时记忆转入长时记忆的重要保证。但是,加工水平理论认为,复述不等于良好的记忆。为此,克雷克和沃特金斯(Craik & Watkins, 1973)设计了一个精巧的实验来证明自己的论断。实验中向被试呈现一系列单词,要求他们在观看词表的过程中记住见到的最后一个以某个字母开头的单词。例如,向被试呈现单词 daughter, oil, rifle, garden, grain, table, football, anchor, giraffe, ……,要求被试记住以 g 开头的最后一个单词。在这些一一呈现的过程中,被试先后将 garden, grain 和 giraffe 作为"以 g 开头的最后一个单词"加以复述。而在这些单词之间插入了不同数量的不是以 g 开头的单词(table, football, anchor 等)。被试每看到一个不是以 g 开头的单词就要复述一下那最后一个以 g 开头的目标单词,这样,两个以 g 开头的单词之间插入多少个非目标单词,就决定了那些目标单词的复述次数。以上述词表为例,garden 不会得到复述,grain 则应该得到 3 次复述。应该说,这种实验范式可以比较精确地控制复述次数。

在上述词表呈现完毕之后，克雷克和沃特金斯出乎被试意料地要求他们尽量多地回忆刚刚呈现过的所有单词。得到的结果同样出人意料：复述的次数对回忆成绩几乎没有任何影响。这说明复述本身不会使得信息得以保持，或使信息从短时记忆转入长时记忆。因此，他们进一步将复述分为维持性复述（maintenance rehearsal）和精致性复述（elaborative rehearsal）。维持性复述只能使记忆的单词维持在语音层次，不能长期保持；精致性复述则能使记忆的单词得到较深层次的分析，从而长期保持。

加工水平理论受到的批评

虽然加工水平理论从信息操作的角度看待记忆，似乎将多种记忆系统统一了起来，但是它也受到了不少批评。巴德利（Baddeley，1978）就全面地批评了这个理论，并指出了三个方面的问题。第一，加工水平或加工深度的定义既不精确，也不独立；第二，许多研究表明，在某些条件下，接受听觉加工的信息反而比接受语义加工的信息更容易回忆；第三，加工水平理论的实验结果可以用记忆多阶段模型加以解释。

除了上述批评，加工水平理论还受到其他批评。例如，加工水平理论认为有意义的事件比较容易记住，这是自古就有的常识；加工水平理论存在循环论证：深度加工记得好，记得好的加工深。

当然，加工水平理论对记忆理论的贡献还是不能抹杀的。它使心理学家认识到编码方式的重要性；它还进一步支持了某些理论假设，例如编码特异性原则，以及"提取线索越多，记忆效果越好"等看法。

5.3 表　　象

表象的特点和分类

表象的特点

表象源于知觉，又高于知觉。

表象是人们对事物形象（包括视觉的、听觉的、动觉的）的回忆。因此，表象带有一定的直观性。有些人甚至可以得到十分生动详细的表象——"我可以看到他，好像他就站在那儿一样"。说这话的人当然非常清楚"他"并不"在那儿"，这种体验不同于幻觉。表象具有直观性，是因为它是在知觉的基础上获得的，是真实事物的类似物。这样，对于表象的加工也就类似于知觉真实事物时的加工。不过，除了少数例外，多数情况下表象的直观形象比不上知觉表象那样鲜明生动、稳定持久、详细完整，而是显得暗淡模糊、短暂易变、笼统残缺。另外，表象的直观性还表现出个别差异。有些人有异常鲜明的表象，有些人则很少觉得自己有过表象。

表象虽然近似于知觉,但是它的另一个特性又使得它的加工水平高于知觉,这个特性就是表象的概括性。一般来说,表象是人们多次知觉的结果,每次知觉时,被知觉的事物的表现形式可能都不一样。这就使表象可以不反映事物的个别特点,而反映事物的大体轮廓和主要特征。例如,我们关于某个人的表象可能仅仅突出了这个人的面貌和身材特征,而其他不常见、不重要的细节却没有表现出来。因此可以说,表象是关于某个事物甚或是某类事物的概括的形象。表象的概括性为概念的形成提供了感性的基础。例如,"人"这个概念是在许多见过的人的表象的基础上形成的,对于许多人的表象是个体对于人的认知从感知觉过渡到相应概念的中间环节。

表象的分类

表象主要有四种:后象、遗觉象、记忆表象和想象表象。这四种表象在清晰性、生动性、定位、稳定性、完整性、对扫描的易感性以及与感觉映象的相似程度等方面都有不同程度的差别。

后象非常接近感觉映象,它具有强烈的感觉特征。后象又有正后象和负后象之分。在注视灯光后闭上眼睛,眼前会出现灯在黑色背景中的一个光亮形象,这是正后象;以后可能看到一个光亮背景中黑色形象,这是负后象。后象虽然没有实际刺激物的映象那么生动,但是仍然具有仿佛看见了一样的感觉品质。后象不易受扫描影响,因为它们随着眼睛一起运动。在所有表象中,后象最少依赖中枢神经系统,网膜刺激就足以产生后象。

遗觉象也是一种感觉映象般的表象。遗觉象也有两种:一种好像是由感觉映象引起的后象的延伸;另一种是在记忆或一般的想象过程中产生的。遗觉象相当清晰,有的儿童在对图片进行了30秒的知觉后,能够保持几乎与图片本身一样清晰的遗觉象,并能详细描述图中的各个细节,仿佛图片仍在眼前一样。遗觉象相当稳定,但是在暗示的情况下,其组成部分可能产生一定程度的变动。遗觉象在儿童中比较普遍,在成人中比较少见。另外,由于研究者采用的标准和方法不尽相同,所以很难将一个表象十分确定地认定为遗觉象。

记忆表象的一般特点是苍白、零碎、位置不确定,而且持续时间短。然而,它们有变得极端生动和清晰的潜力,并且这种品质是可以培养的。我们通常提到的表象往往指的就是记忆表象。

想象表象是想象活动的产物,是人们在头脑中对记忆中的形象进行加工、改组后形成的新形象。这种形象是人们没有亲身经历过的,甚至是从未有过的,因而具有新颖性和创造性。

表象的理论

如前文所述,关于长时记忆的编码方式,佩维奥提出了记忆双重编码假说,认为长时记忆包括两种明显不同的编码系统:一种是言语性质的,它负责表征和储存识记项目的抽象的语义信息;另一种则是表象性质的,它表征和储存事物的外表信息。这可以说是关于表象的第一个重要理论。这里介绍其他一些学者提出的理论。

关联-组织理论

鲍尔(Bower,1970)提出了关联-组织理论(relational-organizational theory)。这个理论认为,外在的刺激都是以代码的形式储存在头脑中的。这些代码是按照一定的层次结构组织起来的,表象就是其中的一个层次。表象可以将识记项目组成一个单元,增强项目间联想的程度。换句话说,表象之所以能够帮助识记,不是因为表象储存的信息多于言语标签,而是因为表象能够在识记项目之间产生更多、更强的联想。我们知道,塔尔文和汤姆森将需要识记的信息与线索之间的关系比喻为气球和钩子关系。按照鲍尔的看法,表象的作用就是产生丰富的钩子。

为了证明自己的理论,鲍尔做了一个实验来区分双重编码和关联-组织理论。实验中,被试被分成三组,分别对应于三种条件,完成的任务都是配对联想学习;实验条件之间的区别在于每一组得到的指导语不同。对于第一组被试的指导语比较简单,仅仅要求机械地出声复述;第二组被试得到的指导语是要求他们为配对的两个单词构建两个互不关联的表象,由于两个表象之间互不关联,可以认为它们在想象空间中处于相互分离的状态;第三组被试则被要求想象配对的两个单词之间产生相互作用的情景。结果表明,当要求对上述配对联想学习中的单词进行回忆时,机械复述的被试只能回忆出30%,构建两个互不关联的表象的被试只能回忆出27%;而想象配对的两个单词之间产生相互作用的情景的被试成绩最高,达到53%。鲍尔对这一结果作出以下解释:双重编码假说认为表象本身就能产生更加细致的编码,果真如此的话,第二组被试(构建两个互不关联的表象)的成绩就应该超过第一组,并且不比第三组差。但是事实上只有那些构建相互作用的情景的被试的回忆成绩超过了第一组。可见,表象本身并没有帮助记忆,帮助记忆的是对表象的利用方式。第三组被试之所以得到比较高的回忆成绩,是因为他们构建的相互作用产生了丰富的线索或者"钩子"。

命题理论

安德森和鲍尔(Anderson & Bower,1973)提出了一个更加彻底的反对表象作为编码方式的理论——命题理论(propositional theory)。这个理论认为,世界上既没有视觉编码,也没有言语编码,唯一的编码方式是命题编码。也就是说,一切信息的储存和表征都是由命题来实现的。命题是体现概念之间关系的工具。例如,"上海位于中国东部"可以用命题形式表征为:城市(上海);东部(中国)。命题之间还能形成网络。个体在回忆时出现的言语和表象活动,就是从同一命题表征中产生的。可见,命题理论并不否认表象的存在和作用,只是对其提出了不同的解释。由于表象能比言语更迅速地达到命题表征,因而可以产生更好的回忆效果。

匹利欣(Pylyshyn,1973)认为,命题理论可以很好地解释表象实验的结果。他认为,在视觉表象实验中的被试看上去似乎能够考察和操纵其内部视觉表征,但是他们使用的命题表征与言语活动背后的命题表征是一样的。

科斯林(Kosslyn,1976a)的研究在一定程度上验证了匹利欣的看法。首先,科斯林检验了动物及其生理特征之间的联想强度(association strength)。例如,猫有爪子,也有头,但是对于大多数人来说,"爪子"与"猫"的联想强度高于"头"与"猫"的联想强度。科斯林发现,当被试不使用表象的时候,对于"猫有爪子"的反应时比较短,对于"猫有头"的反应时比较长。而在表象介入的情况下,反应时的结果正好相反。按照后来芬克(Finke,1989)的看法,两个项目之间的联想强度越高,表明两者之间的命题联系就越多,所以反应速度就越快。可见,表象的介入产生的结果与命题理论的预测是矛盾的。"猫"、"爪子"和"头"之间是通过命题而不是通过表象联系起来的。不过,这个研究只能证明表象和命题可能是两种不同的表征方式,不能令人信服地验证命题是唯一的表征形式。

心理模型理论

约翰逊-莱尔德(Johnson-Laird,1999)等人通过长期的研究,提出了关于表象的心理模型理论(mental models theory)。他们认为,心理表征有三种形式:命题、心理模型和表象。命题是用言语来表达的,它是语义的、高度抽象的表征形式。心理模型则是个体构建的知识结构,用于帮助理解和解释他们的经验;心理模型是个体内隐理论的体现,因此不一定准确。表象这种表征方式则具体得多,它保留了事物大量的知觉特征,包括从不同的角度、从不同的样例那里看到的特征。

马尼和约翰逊-莱尔德(Mani & Johnson-Laird,1982)曾经做过一个实验来验证心理模型理论。他们向被试呈现两种不同确定程度的空间位置描述。比较确定的描述可能是这样的:"首都华盛顿位于弗吉尼亚州的亚历山大市和马里兰州的巴尔的摩市之间";比较不确定的描述可能是这样的:"首都华盛顿位于太平洋和大西洋之间"。结果发现,那些看到确定描述的被试可以推断出一些额外的空间信息(描述中没有),但是这些被试又不能很好地逐字回忆原来的描述。额外的推断说明被试针对得到的信息构建了自己的心理模型,不能逐字回忆原来的描述则说明被试依赖的是心理模型,而不是依赖其心理表征的言语描述。那些得到不确定描述的被试则很少能够作出额外的推断,但是能够很好地逐字回忆原来的描述。这是由于对不确定描述可以构建的心理模型太多了,以至于实际上无法构建任何特定的模型。

约翰逊-莱尔德不仅用心理模型理论来解释表象,更用来解释推理过程。本书将在讲述推理的章节(第9章)中进一步介绍他的观点。

多水平模型

斯诺德格拉斯(Snodgrass,1984)提出了多水平模型(multilevel model),将表象的编码分成三个水平(见图5-14)。

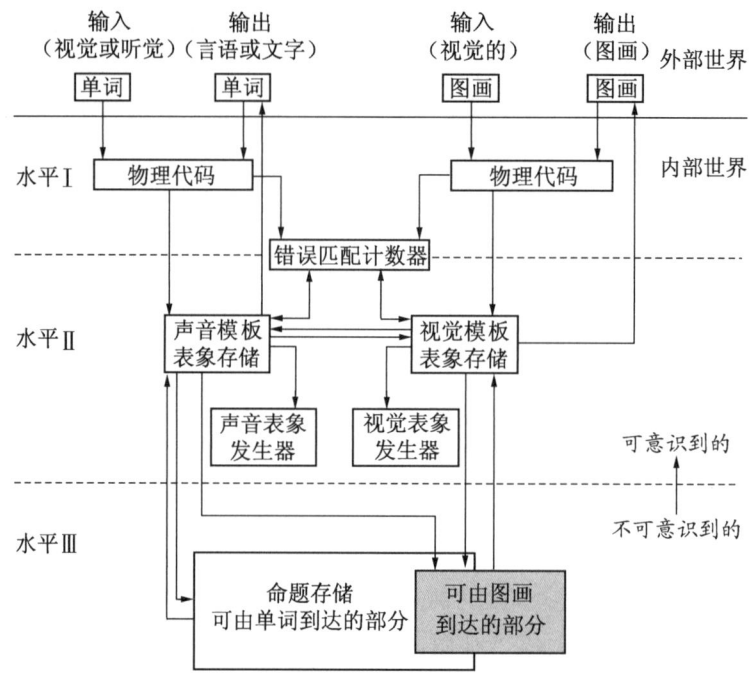

图 5-14 图画-单词加工的多水平模型示意图

（来源：Snodgrass，1984）

水平Ⅰ对应于单词和图画的模式识别阶段，这时认知系统正在对外界刺激进行物理分析，对刺激的大小、形状、方向以及语音、声调等特征进行加工。可以说，水平Ⅰ就是知觉水平。

水平Ⅱ对应于长时记忆阶段的表象编码水平，其间形成了关于听觉和视觉刺激的大量模板信息，储存了事物的基本特征，但是忽略了事物的个别细节。在水平Ⅰ和水平Ⅱ之间有一个错误匹配计数器，其作用是记录刺激与模板不一致的信息数量。

水平Ⅲ则对应于命题编码水平（或语义编码水平），这种编码表征的是单词或图画的意义。在命题储存构成的网络中，有许多声音表象可以到达的结点，视觉表象未必都能到达——可由单词到达的部分比较多，可由图画到达的部分比较少，两者仅有部分重叠。

多水平模型似乎是想把记忆双重编码假说和表象存储的命题理论统一起来，但是在这个框架下仍有很多重要问题没有得到解决。

表象的操作

心理旋转

用实验证实心理旋转（mental rotation）现象是表象研究史上的一件大事。心理旋转现象不但说明了表象的存在，更重要的是说明了表象是可以加以操作的。

谢泼德和梅茨勒(Shepard & Metzler,1971)最早进行了经典的心理旋转实验。在实验中,向被试呈现一些配对的图片,每张图片上都有一个立体物体。图片之间的区别在于,有些图片上的物体的立体结构是相同的,只是旋转了一定的角度而已;有些图片上物体的立体结构却是不同的。例如,图5-15中,物体(a)和(b)在结构上相同,只是角度不同;物体(c)和(d)也是如此;但是物体(e)和(f)在结构上是不同的。被试的任务就是判断这些配对图片上的物体在结构上是否相同。主试通过操纵物体旋转角度的大小,考察由此造成的反应时的变化。

实验结果(见图5-16)表明,随着旋转度数的增加,被试的反应时也随之延长,两者之间呈线性关系;二维旋转和三维旋转情况下反应时

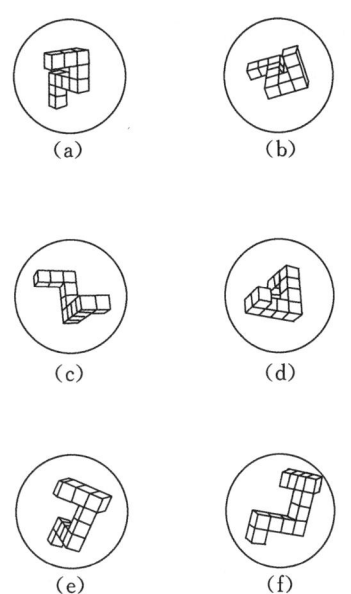

图 5-15 心理旋转实验刺激材料示意图

(来源:Shepard & Metzler,1971)

的差异不大。可见,视觉表象在头脑中的旋转类似于外界物体的旋转,且旋转速度比较恒定。

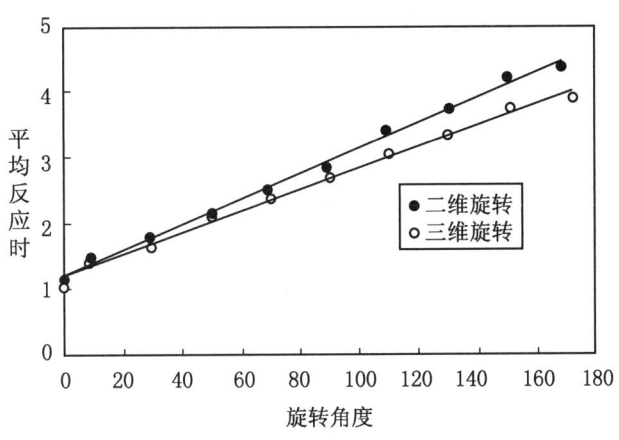

图 5-16 心理旋转实验结果示意图

(来源:Shepard & Metzler,1971)

后来,库珀和谢泼德(Cooper & Shepard,1973,1975)还发现,对于那些容易辨别的刺激(例如字母、数字等),被试也会对它们进行心理旋转操作。以字母为例,在实验中,用不同倾斜度的正面和反面的 R 作为刺激物。其中一些试验是这样进行的:每次试验都先呈现一个正面或反面的字母 R,接着呈现一个箭头作为线索,提示后面的测试字母的旋转方

向,最后呈现测试字母,要求被试确定呈现的字母是正面的(R)还是反面的(Я)(如图 5-17 所示)。

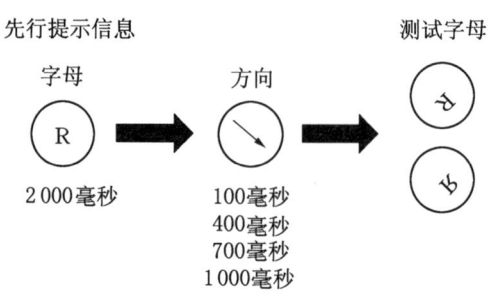

图 5-17　字母用于心理旋转实验示意图

(来源:Cooper & Shepard,1973)

结果表明,如果先前呈现的字母和箭头出现得足够早(例如早于测试字母 1 000 毫秒),则无论字母旋转角度是多大,被试的反应时都保持恒定。但是,如果先前呈现的字母和箭头与测试字母之间的时间间隔比较短,甚至在测试字母前不出现那两个提示刺激,则随着字母旋转角度的增大,被试的反应时也就相应延长;但是,当旋转角度超过180°以后,反应时不再延长,反而逐渐缩短。显然,被试头脑中的心理旋转并非总是顺时针方向,字母旋转角度超过180°后,心理旋转就改为逆时针方向。实验结果见图 5-18,其中"结合信息"表示在另一些试验中,先行呈现的字母本身就同时提示了正反和倾斜度。

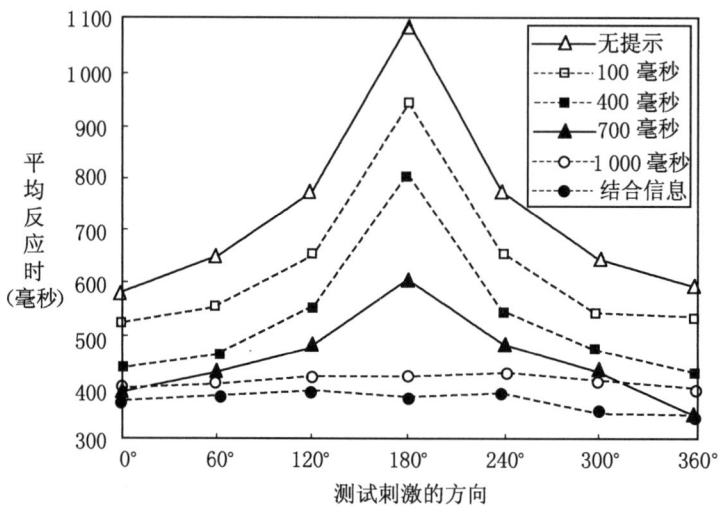

图 5-18　字母刺激心理旋转实验的结果

(来源:Cooper & Shepard,1973)

这里还存在这样一个问题:被试在上述实验当中是在头脑中对整个刺激进行了心理

旋转,还是仅仅观察了刺激的某些部分?为了回答这个问题,库珀(Cooper,1975)采用不规则多边形为刺激材料进行了新的实验。这些多边形的边数各不相同(如图 5-19 所示)。结果发现,无论多边形有几条边,心理旋转的速度都是相同的。可见,被试不是根据多边形的枝节信息作出判断,而是对整个多边形进行了心理旋转。

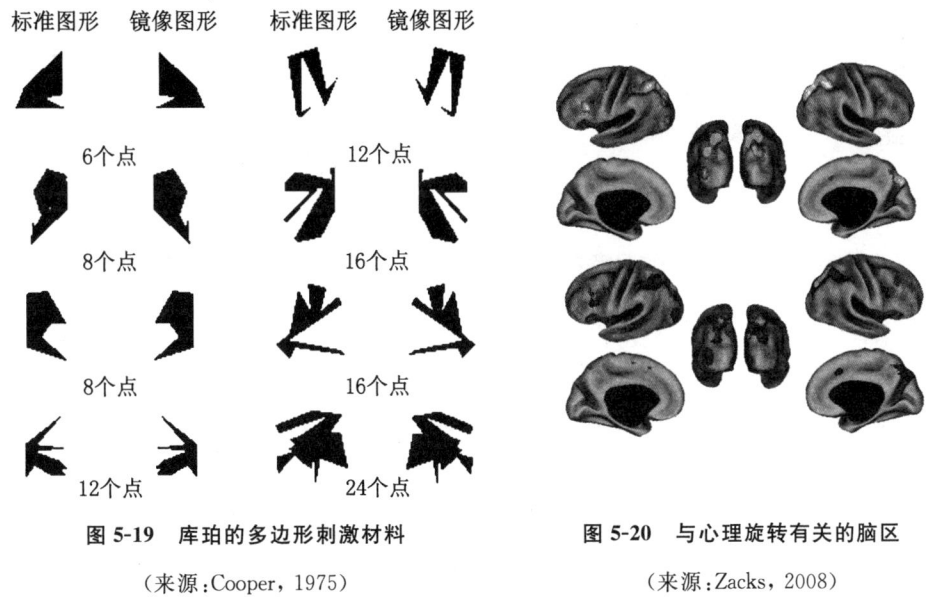

图 5-19　库珀的多边形刺激材料

(来源:Cooper,1975)

图 5-20　与心理旋转有关的脑区

(来源:Zacks,2008)

关于心理旋转的神经机制,扎克斯(Zacks,2008)综合了一系列研究报告,指出心理旋转时,大脑顶内沟及其附近区域激活水平提高(见图 5-20)。这些脑区包括空间地图表征。此外,心理旋转伴以模拟动作时,内侧中央前沟皮层(其实就是运动辅助区)也被激活。

心理扫描

对于表象除了可以进行心理旋转操作以外,还可以进行心理扫描(mental scanning)操作。科斯林等人从 20 世纪 70 年代就开始进行心理扫描的研究。他们在实验中先让被试产生一个视觉表象,然后对表象进行观察,以确定其中的客体或其空间特性,记录反应时。

在科斯林(Kosslyn,1973)的一个实验中,被试先记住一些图片,例如飞机、小船、花卉等等,这些图片很容易被区分成首、尾、中间三个组成部位,而且它们之间要么垂直排列,要么水平排列(如图 5-21 所示)。识记阶段结束后,要求被试产生某张图片的表象,并且从某个部位出发,去"寻找"另一个组成部位,并回答这个部位有没有某个物件。例如,想象一架飞机,先想象自己注视着机尾,然后去"寻找"飞机的机头,并告诉主试那里有没有螺旋桨。科斯林发现,出发部位与目标部位距离越远,被试的反应时越长。例如,同样是报告机头有没有螺旋桨,从飞机的机尾出发的反应时就长于从机翼出发。这与对实际图片进行知觉搜索的结果是一致的,可见表象带有很多实际图片的特点。

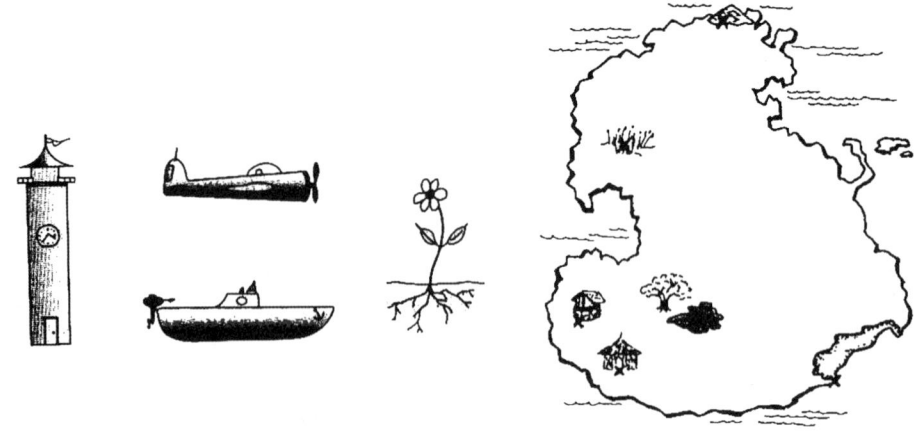

图 5-21　科斯林的心理扫描实验材料　　　图 5-22　科斯林的地图扫描实验材料

（来源：Kosslyn，1973）　　　　　　　（来源：Kosslyn，Ball & Reiser，1978）

不过，这个实验没有考虑到扫描的出发部位与目标部位之间的项目对反应时的影响。反应时延长不一定就是因为两者距离比较远，而可能是因为它们中间的项目也需要扫描。为此，科斯林等人（Kosslyn，Ball & Reiser，1978）设计了另一组实验。其中有一个实验后来成为非常著名的心理扫描实验之一。在这个实验中，先向被试呈现一个假想小岛的地图。这个小岛上有 7 个地点，分别是房屋、树、石头、水井、池塘、沙地和草地。7 个地点之间可以配成 21 对，就有 21 个距离（2～19 cm），但是任意两个地点之间的连线上都没有任何其他事物（中间项目），如图 5-22（图中的"×"表示 7 个地点的准确位置）。要求被试识记这个地图，构成精确的表象。识记完成后，告诉被试，当他们听到实验者说出一个地点名称后，要回想地图的表象，并"注视"着实验者说的那个地点（"注视"时间为 5 秒）；随后实验者说出另一个地点名称，如果这个地点在地图中是存在的，被试就应该将"注视点"从原来的地点"转移"（扫描）到新的地点，并在扫描完成后按键作出反应。扫描的办法是想象一个小黑点从一个地点沿最短的直线尽快地运动到第二个地点。如果实验者讲的第二个地点不存在，就按另一个键作出反应。实验结果同样表明，对表象进行扫描所需的时间随着扫描距离的增加而增加。这就再一次说明表象与实际图片的相似性。

科斯林的实验还引发了关于地图记忆的研究。特沃斯基（Tversky，1981）在地图记忆的研究中发现，人们对于地图的记忆往往存在系统误差。人们在记忆地图时会采用各种启发式方法，将地图上的事物排列得更加有序。于是，说到"南美洲"，人们就觉得它在北美洲的正南方（其实在东南方）。

大小效应

科斯林的心理扫描实验证实表象类似于对图画的知觉，那么，知觉中的图画有大小，表象应该也有大小；小的图画不如大的看得清楚，小的表象也应该不如大的表象清楚。是不是这样呢？科斯林（Kosslyn，1975）对此问题进行了一系列实验研究。在一个实验中，他先让被试想象四种不同的动物配对:第一种是一头大象和一只兔子配对;第二种是一只兔子和一只苍蝇配对;第三种是一只兔子与一只比例如大象般大小的苍蝇配对;第四种是一只兔子与一头比例如同苍蝇般大小的大象配对(如图5-23所示)。然后,他向被试提出有关于兔子的特征的一些特定的问题,并测定被试的反应时。正如科斯林事先估计的,被试用与大象或大象般大小的苍蝇配对的兔子的表象(第一、三种情况)来回答关于兔子的问题,其反应时要长于用与苍蝇或苍蝇般大小的大象配对的兔子的表象(第二、四种情况)。这说明,对较小的表象进行扫描要难于较大的表象。

图 5-23　被试想象任务示意图

(来源:Kosslyn,1975)

在另一个实验中,科斯林先让被试形成四个大小不同的正方形的表象,每种大小的正方形都有一个颜色代号(例如,从最小的到最大的正方形的颜色分别是:橙色、绿色、淡红色、褐色)。经过一段时间的练习后,被试能够在听到一个颜色名称后想象出相应大小的正方形。在此基础上,实验者说出一个颜色,再说出一个动物名称,要求被试将动物想象成与该颜色对应的正方形一样大。例如,当被试听到"橙色、老虎",就要想象有一只老虎,它的大小正好可以填满橙色正方形(最小的正方形)。最后,实验者说出该动物可能具有的一个特征(例如"老虎身上有条纹吗?"),要求被试作出肯定或否定的判断,并记录反应时。结果发现,与动物名称配对的正方形越大,被试的反应就越快。这与上面的实验一样,也说明小的表象难以扫描。

科斯林(Kosslyn,1976b)还进行了一项研究,考察比较一年级学生、四年级学生和大学生对于动物的生理特征问题的回答。这些问题都很简单,例如猫有没有爪子(爪子是猫的一个比较特别的特征),猫有没有头(头是猫的一个普通特征),等等。实验还分两种条件:第一种条件是,要求被试先想象自己看到问题中提到的动物,即产生其表象,然后才能回答问题;第二种条件是,不要求被试产生表象就回答问题。

在第一种实验条件下,被试可以更迅速地回答出类似于"猫有没有头"的问题;而在第二种实验条件下,被试的反应与年龄有关。四年级学生和大学生能够更迅速地回答类似于"猫有没有爪子"的问题,虽然猫的头比爪子要大得多,但是这个因素并没有对被试的反应产生促进效应。与此相对照的是,一年级学生仍然更迅速地回答出类似于"猫有没有头"的问题,这说明大小因素还是影响了他们的反应。进一步的询问证实,多数年幼的儿童无论在哪一种条件下都利用表象来回答问题。这些结果进一步说明,事物的物理大小在表象中得到了体现,并影响到个体对于它们的扫描。

5.4 应 用 研 究

记忆术

记忆术(mnemonics)与表象总是有着千丝万缕的联系,这是因为表象可以提供丰富的回忆线索。一般来说,可以唤起高度清晰的表象的单词比只能唤起模糊表象或者不能唤起表象的单词要容易识记。这里介绍几种比较常用的记忆术:Loci 记忆术、相互作用表象记忆术和桩词记忆术。

Loci 记忆术

Loci 记忆术(method of loci)是一种古老的记忆术,是运用表象帮助记忆的典范。这种记忆术分三个步骤:(1)记住一系列熟悉的场所;(2)产生需要识记的项目的生动表象;(3)将各个识记项目逐一与第一步中的场所相配对。假定第一步确定了以下场所:厨房、卧室、写字台、椅子、沙发、床、门把手,要求识记的项目是:香蕉、苹果、毛巾、酒杯、吸尘器、书、猴子。这时你可以想象:香蕉放在厨房里,苹果扔在卧室里,毛巾铺在写字台上,酒杯倒在椅子上,吸尘器在吸沙发上的灰尘,书放在床边,猴子抓着门把手打算开门。以后要回忆上述项目时,只要先想到那些场所,就可以轻松地回忆起这些场所中的事物。

Loci 记忆术非常有效。罗斯和劳伦斯(Ross & Lawrence,1968)曾经用一个实验检验其效果。实验中,一部分被试运用 Loci 记忆术,将校园中的 40 个地点作为场所,识记 40 个项目;另一部分被试采用机械识记法,识记同样的 40 个项目。运用 Loci 记忆术的被试在项目仅仅呈现一遍以后,就可以回忆出 38 个项目;一天以后测验,仍能回忆出 34 个。而单凭机械识记的被试成绩差了很多。

相互作用表象记忆术

另一种常用的记忆术更加有意识地运用表象的特性,这就是相互作用表象记忆术(technique of interacting images)。这也是一种较早出现的记忆术,早在 19 世纪末,柯克帕特里克(Kirkpatrick,1894)就预言过它的作用。有关的研究发现,对于具体名词的记忆可以通过形成其表象加以改善。

但是，单纯想象出表象，对于记忆的帮助还是比较有限的。如果在表象的基础上让表象产生相互作用，效果就更加明显。例如，在记忆"树"和"箭"时，想象一支箭穿透一棵树的情景，识记效果就更好。鲍尔(Bower，1970)为了检验其关联-组织理论所做的实验就曾经证明了这种方法的效果。他设计了三种实验条件，让被试完成配对联想学习。其中第三组被试被要求想象配对的两个单词之间产生相互作用的情景。结果表明，想象配对的两个单词之间产生相互作用的情景的被试成绩最高，达到53%(详见本章表象的理论中"关联-组织理论"部分的内容)。鲍尔认为，这些被试之所以得到比较高的回忆成绩，是因为他们构建的表象之间的相互作用产生了丰富的线索或者"钩子"。

如果根据相互作用表象记忆术的做法来改造一下Loci记忆术，两者的实质就趋于一致。我们可以设想，在运用Loci记忆术时，不仅简单地想象将识记项目放到不同的场所中，而且想象这些识记项目与场所中的事物产生相互作用，例如猴子(识记项目)捣鼓门把手(场所)试图开门，就能进一步提高识记效果。

桩词记忆术

桩词记忆术(pegword method)也是运用表象来提高识记效率。它与Loci记忆术的不同之处在于，两者采用的线索不同。Loci记忆术的记忆线索是场所，而桩词记忆术的线索是一系列的名词，这些名词可以有不同的版本。这里是一个英文版：

> One is a bun, two is a shoe, three is a tree, four is a door, five is a hive, six is sticks, seven is heaven, eight is a gate, nine is wine, and ten is a hen.

这里的bun(面包)，shoe(鞋子)，tree(树)，door(门)，hive(蜂房)，sticks(棍子)，heaven(天堂)，gate(大门)，wine(葡萄酒)，hen(母鸡)等就是可以用作线索的名词。桩词记忆术就是想象识记项目与上述名词之间产生相互作用。

运用各种各样的记忆术的前提就是先要记住一些额外的事物(例如各个场所等)，这使得记忆术有时难以应用，尤其是初学记忆术的新手，这种感觉更加明显。这是因为，对于新手来说，光是记住那些额外的事物就可能占用了许多加工容量。不过，这些额外事物是可以重复利用的，因此一旦记熟，就可以受益无穷。

当然，影响记忆的因素是很多的。在某些情况下，更重要的是理解识记材料的意义，对材料进行组织，提高加工水平，而不能单纯依靠记忆术。贝尔蒙特和巴特菲尔德(Belmont & Butterfield，1977)综合运用各种方法，训练心理发展迟缓的儿童。他们运用的方法包括建立识记项目之间的联想，对项目进行分类，复述，小步前进等，目的是建立组块或较大的良好组织的认知单元。其实这些方法没有什么新鲜之处，都是一般的成功学习者惯用的。他们的努力取得了显著的效果，这些发展迟缓的儿童的成绩几乎赶上了同年龄普通学生。这些方法也可以用到年长的学生甚至成人身上。当然，运用这些方法的前提是，这些受训练者要有强烈的学习动机和足够的耐心。

记忆的跨文化差异

文化环境对记忆也会产生一定的影响。很多学者致力于记忆的跨文化研究,取得了许多有趣的成果。

自由回忆

科尔等人(Cole, Gay, Glick & Sharp, 1971)对生活在非洲利比里亚的格贝列人的记忆进行了一系列的研究。其中有一个研究是关于他们的自由回忆的。研究者向被试朗读由格贝列人都很熟悉的事物的名词组成的词表。其中一个词表中的名词可以分为不同的类别(例如工具、衣物等);另一个词表中的名词没有明确的分类(见表5-2)。年龄从6岁到14岁的格贝列儿童和成人被试参加了这个实验。儿童被试中有些是在学的(一年级到四年级),有些则没有上学;成年人被试无一上过学。将他们的实验结果与美国南加利福尼亚白人中产阶级家庭的儿童的实验结果进行比较。在美国被试中,科尔等人发现了很大的年龄差异:年长的儿童可以回忆的单词远远多于年幼儿童;年长儿童对可以分类的词表进行自由回忆时也确实按照类别组合了起来。但是,格贝列人却没有表现出这种差异。他们只体现出轻微的年龄差异,甚至上过学的被试也不比没上过学的被试出色多少;而且,对于可以分类的词表,他们在自由回忆中也没有采用应有的分类策略。

表5-2 科尔等人实验所用的词表

可分类的		难分类的	
Plate	Cutlass	Bottle	Nail
Calabash	Hoe	Nickel	Cigarette
Pot	Knife	Chicken feather	Stick
Pan	File	Box	Grass
Cup	Hammer	Battery	Pot
		Animal horn	Knife
Potato	Trouser	Stone	Orange
Onion	Singlet	Book	Shirt
Banana	Headtie	Candle	
Orange	Shirt	Cotton	
Coconut	Hat	Hard mat	
		Rope	

(来源:Cole, Gay, Glick & Sharp, 1971)

科尔等人在进一步的实验中要求被试按照类别来回忆词表中的单词。例如,要求被试说出他记得的所有衣物,然后要求说出所有的工具,等等。这时,被试的表现发生了戏剧性的变化:他们可以分类别作出回忆。科尔和斯克里布纳(Cole & Scribner, 1974)后来提出,尽管格贝列人在记忆任务上的表现很特别,但是他们记忆系统的工作方式与发达国家的被试相比也许并没有本质的差异。

视觉-空间记忆

基林斯(Kearins，1981)研究了澳大利亚沙漠地区土著儿童和成人的视觉-空间记忆的特点。基林斯认为，沙漠中居民传统的生活中常常需要进行远距离迁徙，但是迁徙的目的地很多是"视觉上难以区分"的。由于无法预测的降雨、狩猎和食物采集等多方面的原因，沙漠中各个地点之间的道路很少长期保持原样。也许这就需要更多的空间知识而不是路线知识，从而使得沙漠居民具有更强的空间关系记忆能力。

基林斯实验招募的被试是澳大利亚的土著儿童和白人儿童。在实验中先要求被试观察一些排列好顺序的若干个物品，时间为30秒；然后将这些物品打乱，要求被试将它们按照原来的顺序重新排列出来。实验中还控制了两个变量：物品的来源（人造的还是天然的）和它们是否属于同一类别，从而设置了4种条件。其中有2种条件使用人造的物品（例如小刀和顶针），另2种条件使用天然的物品（例如羽毛和岩石）；有2种条件下的物品是相同类别的（例如都是岩石或瓶子），且物品数目为12个，另有2种条件下的物品属于不同类别（例如小刀、橡皮擦、顶针），且物品数目为20个。测试时，在操场上或树荫下放一条长椅子，尽量让被试觉得轻松愉快，而不是感到在进行考试。

实验结果（见图5-24）表明，在任何一种实验条件下，土著儿童的视觉-空间记忆都比他们的白皮肤的同龄人强。而且，土著儿童在完成任务的过程中总是安静地坐着，而白人儿童却绕着座位团团打转，口中还念念有词。在恢复物品排列顺序的过程中，土著儿童从容镇定，物品一旦放下，很少再去改变位置；而白人儿童则风风火火，而且常常改变主意。基林斯认为，土著儿童采用的是视觉策略，而白人儿童采用的是言语策略。她还进一步指出，社会环境可以影响到个体选择何种认知技能，而且这种被选择的技能还将在以后得到进一步的训练，从而占据更加优势的地位。最后，某种文化背景中占优势的认知技能和习惯还会得到成人的鼓励，使得儿童从小就选择这些技能和习惯。

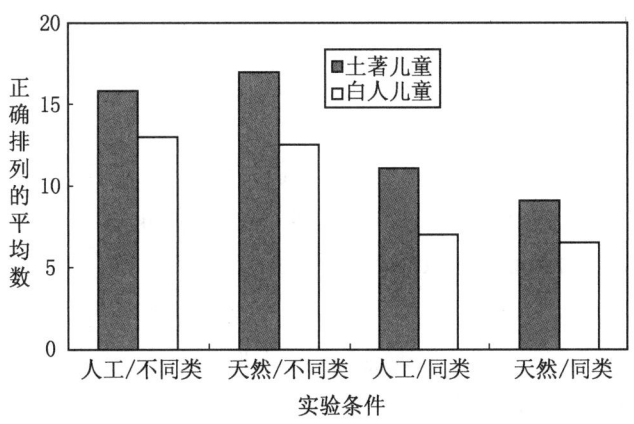

图 5-24　基林斯的实验结果

(来源：Kearins，1981)

遗忘症

遗忘症（amnesia）是很常见的认知障碍。大脑海马趾系统（包括海马和杏仁核）和大脑中间区域的损伤，都可以引起遗忘症。这种损伤可能由大脑缺氧、中风、脑炎病毒和脑损伤等造成，也可能受到阿兹海默症、柯萨科夫综合征、脑肿瘤或者电痉挛休克治疗的影响。遗忘症分为顺行性遗忘症（anterograde amnesia）和逆行性遗忘症（retrograde amnesia）。前者的表现是不能回忆发病以后发生的事情，后者的表现是不能回忆发病前的事情。

顺行性遗忘症

根据科恩（Cohen，1995）的总结，顺行性遗忘症有以下五个主要特征。

第一，顺行性遗忘症影响长时记忆，但是不影响工作记忆。科恩在对一位严重脑损伤患者的调查中发现，这位患者记得自己早年曾拥有手枪和来复枪，但是他回忆有关细节的时候却周而复始地重复着"手枪——来复枪——手枪——来复枪……"。科恩认为，这是因为患者工作记忆中的信息无法转移到长时记忆中，他在讲完来复枪的事情后，已经忘记自己讲过手枪的事情；等重复完手枪的事情后，又忘记自己曾经讲过来复枪的事情，这才造成周而复始的讲述。

第二，顺行性遗忘症对于记忆的影响与通道无关。无论是视觉信息、听觉信息、嗅觉信息还是动觉信息等，都会受到影响。

第三，顺行性遗忘症对于发病前就较好地掌握了的一般知识影响不大，但是对于新知识产生严重的影响。这与第一个特征有一定的关系。由于工作记忆中的信息难以转移到长时记忆，使得患者对新知识难以产生牢固的识记。

第四，顺行性遗忘症不影响动作技能。有些研究甚至发现患者可以学会新的技能，例如画镜画或追踪目标等，而且他们的学习曲线与其他人基本相同。

第五，虽然顺行性遗忘症患者能够学到一些技能，但是他们的记忆是高度具体的。只有在与学习阶段几乎一模一样的上下文环境中，他们才会表现出以前学习的效果。这很像前文提到过的编码特异性现象。

逆行性遗忘症

所有的遗忘症患者都会多少表现出逆行性遗忘症状，但是不一定表现出顺行性遗忘症状。逆行性遗忘症与顺行性遗忘症有一些相似之处，也有一些重要的区别。科恩（Cohen，1995）对逆行性遗忘症也总结了四个特征。

第一，逆行性遗忘症患者丢失的记忆的时间跨度大不相同。阿兹海默症、柯萨科夫综合征、帕金森氏症等疾病的患者可以表现出时间上非常广泛的遗忘，甚至可能丢失数十年来的记忆。但是另外有些患者丢失的记忆比较少，可能仅仅损失了发病之前几个月甚至几个星期的记忆。

第二，逆行性遗忘症患者遗忘较多的是距离发病较近的事情。例如，电痉挛休克治疗之后,患者最容易丢失的是最近的记忆;脑部受伤造成的逆行性遗忘,最远的记忆即使丢失,也最容易得到恢复。有些患者一开始丧失了发病前数年的记忆,但是经过一年的康复,只剩下发病前两个星期的记忆尚未恢复。

第三,逆行性遗忘症不损害发病前通过过度学习掌握的知识或技能。过度学习掌握的是关于世界的知识、语言、知觉和社会技能,等等。患者在这些方面的记忆几乎不受什么影响。当然,如果脑损伤是进行性的,这些记忆也将逐步受到侵害。

第四,与顺行性遗忘症一样,逆行性遗忘症也不损害技能学习。

对于遗忘症的研究可以帮助我们更好地了解记忆系统的组成和特性。例如,前面所说的顺行性遗忘症可以影响长时记忆而不影响工作记忆这一现象,就为记忆多阶段模型提供了非常重要的证据。另外,对于遗忘症的研究也发现,海马在信息提取方面起着十分关键的作用。

本 章 附 录

内容提要

(一)长时记忆是个体经验积累和认知能力发展乃至整个心理发展的前提。长时记忆的容量是短时记忆无法比拟的,几乎是无限的。兰道尔估计,一个中年人(约 35 岁)保持的信息在 10 亿比特左右。长时记忆的语义编码和表象编码并重,并且相互补充。

(二)许多研究表明,在从长时记忆中提取信息时发生的错误常常不是因为形或音的混淆,而是语义的混淆。这就提示我们,长时记忆的编码方式应该是语义编码。

(三)表象包括视觉表象、听觉表象和动觉表象等,是心理学研究的重要对象。但是,它一度被行为主义赶出心理学研究的大门。随着认知心理学的兴起,表象又成为人们关心的重要问题之一。佩维奥认为,表象是迄今为止人们发现的最强有力的记忆因素之一。

(四)实验心理学史上研究长时记忆的保持和遗忘特点的最早成果是艾宾浩斯总结出来的遗忘曲线。遗忘的速度是先快后慢。巴利克的研究更有生态效度,而且将信息保持时间的跨度延长到数十年之久。

(五)短时记忆中所说的痕迹消退说或干扰说同样被学者用来解释长时记忆中的遗忘。其中干扰说占据了主要地位。配对联想学习为干扰说提供了大量的实验依据。通过配对学习实验,可以检测出影响长时记忆的前摄抑制和倒摄抑制。

(六)长时记忆中储存着的信息并非都能随时随地被提取出来,而且提取出来的信息也不一定与原来识别的时候一模一样,而往往是分了类的。塔尔文和汤姆森提出的编码特异性理论更揭示了长时记忆的提取还常常受到情境或上下文的影响,记忆的场合依存性、状态依存性等效应也可以看作是编码特异性的体现。在再认实验的测验阶段之前加上一个先导任务，可能导致被试更多地将某些项目报告为"旧项目"。

（七）克雷克和洛克哈特对记忆多阶段模型提出了激烈的批评，并提出了一个单一记忆系统理论——加工水平理论。这个理论以信息加工的操作来解释记忆系统，其基本思想是，记忆痕迹的持久性是加工水平的直接函数。而且，复述不等于良好的记忆。但是，巴德利指出了该理论多个方面的问题。

（八）表象源于知觉（直观性），又高于知觉（概括性）。不同种类的表象在清晰性、生动性、定位、稳定性、完整性、对扫描的易感性以及与感觉映象的相似程度等方面都有不同程度的差别。

（九）鲍尔的关联-组织理论认为，表象的作用就是产生丰富的钩子。安德森和鲍尔的命题理论则认为，一切信息的储存和表征都是由命题来实现的。约翰逊-莱尔德等人提出的关于表象的心理模型理论则认为心理表征有多种形式：命题、心理模型和表象。斯诺德格拉斯提出的多水平模型似乎是想把记忆双重编码假说和表象存储的命题理论统一起来，他进一步引入层次概念，将表象的编码分成多个水平。

（十）心理旋转现象不但说明了表象的存在，更重要的是说明了表象是可以加以操作的。心理扫描实验引发了关于地图记忆的研究。大小效应实验则说明，事物的物理大小在表象中得到了体现，并影响到个体对于它们的扫描。

（十一）记忆术与表象总是有着千丝万缕的联系，这是因为表象可以提供丰富的回忆线索。Loci 记忆术就是运用表象帮助记忆的典范；此外还有相互作用表象记忆术和桩词记忆术等。

（十二）文化环境对记忆产生一定的影响。表面上看，原始部落的民族在自由回忆中很少采用分类策略，但是他们记忆系统的工作方式与发达国家的被试相比也许并没有本质的差异。基林斯的实验表明，沙漠地区土著儿童采用的是视觉策略，而白人儿童采用的是言语策略。社会环境可以影响到个体选择何种认知技能，而且这种被选择的技能还将在以后得到进一步的训练，从而占据更加优势的地位。

（十三）遗忘症是很常见的认知障碍。对于遗忘症的研究可以帮助我们更好地了解记忆系统的组成和特性。

术语解释

长时记忆（long-term memory）　储存时间超过 1 分钟乃至终生的记忆。其容量几乎是无限的。长时记忆中语义编码和表象编码并重，并且相互补充。

语义编码（semantic code）　通过词语来加工信息，通过意义、语法关系、系统分类等因素的作用将语言材料组织起来，并存入记忆系统。

表象（image）　长时记忆中表征和储存事物的知觉信息的部分。包括视觉表象、听觉表象和动觉表象,等等。

配对联想学习(paired-associates learning) 一种实验范式:先让被试学习一一配对的单词,然后向被试呈现配对中的一个单词,要求被试回忆与之配对的另一个单词。这种范式为干扰说提供了大量的实验依据。

分类原则(principle of categorization) 长时记忆中的信息主要是采用语义形式编码的,因此经常以分类的形式提取出来。分类呈现的信息也比相互之间没有多少关系的信息更容易提取;未经组织的识记材料在提取的时候,长时记忆也会尽可能地加以组织,使它们能够分类提取。

显露效应(revelation effect) 在再认实验的测验阶段之前加上一个先导任务,导致被试更多地将某些项目报告为"旧项目"的现象。

编码特异性(encoding specificity) 指的是长时记忆的这样一种特性:在识记阶段进行信息编码时的上下文环境如果在回忆时再次出现,回忆的成绩就会好一些。

场合依存效应(context-dependent effect) 环境刺激对回忆起到的线索作用:那些与识记材料根本没有任何关系的因素,例如编码过程中的环境刺激,也可以成为帮助回忆的钩子。如果测验方式是再认,就体现不出场合依存效应。

状态依存效应(state-dependent effect) 生理或情绪状态对回忆起到的线索作用。在一定的身心状态下识记的材料,在同样的状态下比较容易回忆出来。

情绪依存效应(mood-dependent effect) 状态依存效应的特殊形式,在一定的情绪状态下识记的材料,在同样的状态下比较容易回忆出来。

加工水平理论(levels-of-processing theory) 克雷克和洛克哈特提出的单一记忆系统理论。个体对于呈现在他面前的刺激,可以进行不同水平的加工,加工水平越高,记忆痕迹就可以保持得更加持久。该理论还对复述做出进一步的分类:维持性复述只能使记忆的单词维持在语音层次,不能长期保持;精致性复述能使记忆的单词得到较深层次的分析,从而长期保持。

记忆双重编码假说(dual-coding hypothesis of memory) 佩维奥提出的记忆编码理论。他认为,长时记忆包括语义编码和表象编码这两种明显不同的编码系统。语义编码是言语性质的,它负责表征和储存识记项目的抽象的语义信息;表象编码则表征和储存事物的外表信息。

关联-组织理论(relational-organizational theory) 鲍尔提出的表象理论。他认为,外在的刺激都是以代码的形式按照一定的层次结构组织起来的,表象就是其中的一个层次。表象可以将识记项目组成一个单元,增强项目间联想的程度。

命题理论(propositional theory) 安德森和鲍尔提出的表征理论。该理论认为,人脑中唯一的编码方式是命题编码,一切信息的储存和表征都是由命题来实现的。个体在回忆时出现的言语和表象活动,就是从同一命题表征中产生的。

心理模型理论(mental models theory) 约翰逊-莱尔德等人提出的关于表象的理论。他们认为,心理表征有三种形式:命题、心理模型和表象。命题是用言语来表达的,它是语义的、高度抽象的表征形式;心理模型则是个体构建的知识结构,用于帮助理解和解释他们的经验;表象这种表征方式则具体得多,它保留了事物大量的知觉特征。约翰逊-莱尔德不仅用心理模型理论来解释表象,还用它来解释推理过程。

多水平模型(multilevel model) 斯诺德格拉斯提出的表象模型。他将表象的编码分成三个水平:水平Ⅰ对应于单词和图画的模式识别阶段,是知觉水平;水平Ⅱ对应于长时记忆阶段的表象编码水平,其间形成了关于听觉和视觉刺激的大量模板信息,储存了事物的基本特征,但是忽略了事物的个别细节;水平Ⅲ则对应于命题编码水平(或语义编码水平),这种编码表征的是单词或图画的意义。

心理旋转(mental rotation) 在头脑中对表象进行的旋转操作。

心理扫描(mental scanning) 在头脑中产生一个视觉表象,然后对表象进行观察,以确定其中的客体或其空间特性。

记忆术(mnemonics) 提高记忆效率的程序性办法。记忆术与表象总是有着千丝万缕的联系,这是因为表象可以提供丰富的回忆线索。比较常用的记忆术有 Loci 记忆术、相互作用表象记忆术和桩词记忆术等。

Loci 记忆术(method of loci) 一种古老的记忆术,分三个步骤:(1)记住一系列熟悉的场所;(2)产生需要识记的项目的生动表象;(3)将各个识记项目逐一与第一步中的场所相配对。

相互作用表象记忆术(technique of interacting images) 记忆时,在表象的基础上让表象产生相互作用,这样效果更加明显。

桩词记忆术(pegword method) 也是运用表象来提高识记效率,原理与 Loci 记忆术相同,只不过其线索是一系列的名词,这些名词可以有不同的版本。

遗忘症(amnesia) 记忆方面的认知障碍。大脑海马趾系统(包括海马和杏仁核)和大脑中间区域的损伤,都可以引起遗忘症。分为顺行性遗忘症和逆行性遗忘症。前者的表现是不能回忆发病以后发生的事情,后者的表现是不能回忆发病前的事情。

深入阅读

(一)王甦,汪安圣(1992),《认知心理学》(北京大学出版社),第七章,第 202-239 页。

——本章详细介绍了关于表象的理论和实验。

(二)Solso, R. L., MacLin, M. K. & MacLin. O. H. (2008). *Cognitive psychology* (8th Edtion), pp.158-234,机械工业出版社 2010 年影印本。

——该书是国外认知心理学知名教材之一。这里所选内容为该书第 5~7 章,主要涉及记忆模型和记忆术等。

（三）Groome, D. & Law, R.(2016). Memory improvement. In Groome, D. & Eysenck, M.W.(Eds.), *An Introduction to Applied Cognitive Psychology*(*Second Edition*) (pp.125-153). Psychology Press.

——本书第 6 章讲述遗忘的规律，以及如何提高记忆效率等。

第 6 章

语义记忆与情节记忆

·本章细目

6.1 语义记忆与情节记忆概述
语义记忆和情节记忆的定义
语义记忆和情节记忆的关系

6.2 语义记忆模型
层次语义网络模型
层次语义网络模型的基本思想　层次语义网络模型的实验验证　对层次语义网络模型的质疑
集合理论模型与谓词交叉模型
特征比较模型
语义距离和语义空间　特征比较的双阶段模型　对特征比较模型的质疑
激活扩散模型

6.3 情节记忆
自传体记忆
记忆的扭曲　日常事件的记忆　闪光灯记忆　自传体记忆系统
虚假-恢复性记忆
虚假-恢复性记忆的提出　关于虚假-恢复性记忆的研究
前瞻记忆
前瞻记忆的基本概念和类型　前瞻记忆的研究方法　前瞻记忆的机制　前瞻记忆的老龄化研究　儿童前瞻记忆的研究

6.4 应用研究
心理词典
目击者证词
"借来"的与"偷来"的记忆

• 导读问题

- 塔尔文对长时记忆作了怎样的划分？沙克特和巴德利对此分别有何反应？
- 层次语义网络模型怎样体现认知经济性原则？为什么说层次语义网络模型无法解释典型性效应？
- 集合理论模型与谓词交叉模型有什么关系？
- 定义性特征和描述性特征在判断中分别起到什么样的作用？
- 激活扩散模型怎样发展了层次语义网络模型？
- 闪光灯记忆是怎样形成的？
- 林顿对于日常生活事件的记忆是怎样进行研究的？这种方法有什么优缺点？
- 心理学家为什么把虚假记忆和恢复性记忆"混为一谈"？
- 前瞻记忆有什么重要意义？
- 目击者证词真的可靠吗？记忆再固是不是虚假记忆和目击者回忆发生扭曲的可能原因？

长时记忆可以储存浩如烟海的信息。这些信息有些是比较抽象的一般知识，有些是具体的事件或情节信息。一般知识，就是那些可以应用于不同情境的知识，例如概念的定义、单词的释义、数学公式、物理学定理、化学反应式等。一般知识总是以语义的形式编码的，形成语义记忆（semantic memory）。情节信息，就是在个体生活中实际发生的具体事件的信息，个体对于情节信息的记忆，形成情节记忆（episodic memory）。语义记忆与情节记忆合起来，可以看作是陈述性记忆（declarative memory），因为两者都是可以用语言表述出来的知识。

6.1 语义记忆与情节记忆概述

语义记忆和情节记忆的定义

塔尔文（Tulving，1972，1983，1989）提出，语义记忆和情节记忆是信息在长时记忆中储存的两种基本形式，它们具有不同的认知机制，是既相互独立又相互作用的两个记忆系统。他认为，语义记忆是运用语言时必须用到的，它接收和储存的是各种一般知识。语义记忆中的信息与时间和地点无关。例如，对于一个小学生来说，刚才数学课上发生的事情保存在情节记忆中，而课堂上学到的"九九乘法表"，则保存在语义记忆中。情节记忆接收和储存的信息都是按照事件发生的时间以及事件之间的时空关系排列的。可以说，情节记忆中的信息都是个体的生活经历,它们与特定的时间和地点相联系。小学生多年后还记得"九九乘法表",但是未必记得当初学习"九九乘法表"时发生的事件。

对于语义记忆和情节记忆是两个不同的记忆系统的论断,沙克特(Schacter,1996)提供了一些遗忘症方面的证据。例如,有一个叫做吉恩的患者,在30岁的时候遭遇车祸,造成了严重的脑损伤。在他身上既表现出顺行性遗忘,又表现出逆行性遗忘;特别奇怪的是,即使给予足够的线索,他也无法回忆起任何过去发生的具体事件,没有任何情节记忆。但是他却可以回忆过去生活中的许多事实,他记得过去在哪里上学和工作,能叫出同事的名字,能够解释过去在工厂中接触过的技术术语,等等。

沙克特也发现了另一个与吉恩完全相反的患者。这个患者无法回忆出语义记忆中的知识,例如历史事件、著名人物、生命体的特征等,但是她可以细致、准确地回忆自己的婚礼和蜜月、父亲的患病和去世,以及其他一些具体事件。沙克特认为,这两个患者截然不同的症状说明,语义记忆和情节记忆是两个不同的记忆系统。

后来,塔尔文等人(Tulving,Schacter & Stark,1982)又提出,启动效应代表着一种新的记忆系统,它独立于语义记忆和情节记忆。本书将在下一章"复杂知识的表征"进一步探讨这种新的记忆系统。

语义记忆和情节记忆的关系

塔尔文提出,语义记忆和情节记忆在储存的信息类型、提取的条件和结果、易受干扰的程度等方面有很大的差别。后来,他(Tulving,1983)提出了区分这两个记忆系统的更多特征。这些特征可以分为三类(见表6-1):第一类与两个系统的信息或知识种类有关;第二类与两个系统的操作有关;第三类与两个系统的应用有关。

语义记忆和情节记忆也有共同点。例如,它们都包含视觉信息,即表象。塔尔文还指出,有许多知识和信息既保存在语义记忆中,又保存在情节记忆中。

塔尔文的理论引起了激烈的争论。有人(例如沙克特)为他的理论找到了支持性的证据,也有许多心理学家认为很难在语义记忆和情节记忆之间划出一道明确的界限。巴德利(Baddeley,1984,p.238)作了一个有趣的类比——从飞机上俯瞰广袤的森林:

> 向窗外看去,底下的森林像一块暗绿色的地毯,和我身处其间看到的景象完全不同。我可以轻而易举地罗列出一大堆知觉上的差异来说明在空中和在地面观察森林的不同,例如,光线、声音,甚至气味。我就可以因此理所当然地认为它们是两个不同的森林吗?显然不能。依此类推,我们只能理智地承认语义记忆和情节记忆只是侧重于体现同一个记忆系统的不同方面。

尽管在语义记忆和情节记忆是不是两个独立的系统问题上存在争论,但是两者之间的差异总还是有目共睹的。关于两者的实验研究也早就蓬蓬勃勃地开展起来,成就了丰富多彩的理论、模型和假说。

表 6-1　情节记忆和语义记忆的差异

鉴别性特征	情节记忆	语义记忆
信息		
来源	感觉	理解
单元	事件、场景	事实、观念、概念
组织	时间	概念
参照	自我	宇宙、社会
真实性	个人信赖	社会承认
操作		
登记	经验	符号
时间编码	在场的、直接的	不在场的、间接的
情感	较重要	不重要
推论潜力	有限	丰富
上下文依赖性	较显著	不显著
易受干扰性	易受干扰	不易受干扰
存取	细致	自动
提取问题	时间？地点？	什么？
提取结果	改变系统	不改变系统
提取机制	协同	展开、演化
回想经历	记忆中的过去	实际的知识
提取报告	回忆	知道
发展顺序	较迟	较早
童年期遗忘	受影响	不受影响
应用		
教育	无关	有关
一般应用	用途较少	用途广泛
人工智能	问题多	出色、成熟
人类智能	无关联	相关联
经验证据	遗忘	语言分析
实验室任务	特定场景	一般知识
法定证词	可接受，目击者	不可接受，专家
遗忘症	受影响	不受影响
"双灵人"	无	有

（来源：Tulving，1983）

6.2 语义记忆模型

层次语义网络模型

层次语义网络模型的基本思想

层次语义网络模型（hierarchical semantic network model）是由柯林斯和奎利恩（Collins & Quillian, 1969）提出来的，是语义记忆研究领域中最著名的理论。这个模型的基本思想是，语义记忆是由概念之间的相互联系形成的一个巨大网络，而且这个网络是有一定层次结构的，知识的提取就是这个层次网络作用的结果。具体地说，在语义记忆中，概念被分层次地组织成有逻辑性的种属关系。例如，"金丝鸟"的上位概念是"鸟"，"鸟"的上位概念是"动物"。每一类事物的特征总是储存在对应于该类别的层次上。例如，"有翅膀"只储存在"鸟"这一层次，不会储存在"金丝鸟"等下位概念的层次，尽管金丝鸟也是有翅膀的。这样的安排可以体现"认知经济性原则"——各种特征或事实总是储存在尽可能最高的层次上，下属层次可以"共享"这些特征或事实而不必另外占用储存空间。图 6-1 是语义记忆层次网络的示意图。

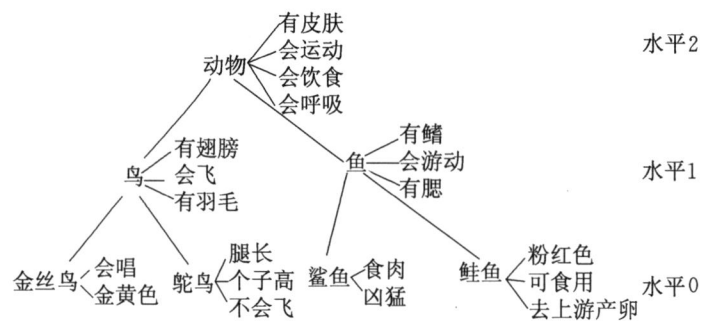

图 6-1 语义记忆层次网络的示意图

（来源：Collins & Quillian, 1969）

如果我们要判断"金丝鸟有翅膀"这句话是否正确，就要从上述层次网络中提取信息。提取的过程是，先找到"金丝鸟"这个结点，并在这个层次（图 6-1 中的水平 0）寻找"有翅膀"这个特征，如果找不到，则向上一层次搜索，进入"鸟"这一结点，并在这里（图 6-1 中的水平 1）寻找"有翅膀"这个特征。结果发现鸟是有翅膀的，这样就完成了知识的提取。接下来就是进行判断：既然鸟有翅膀，那么它的下位概念——金丝鸟也应该有翅膀。

层次语义网络模型的实验验证

为了检验层次语义网络模型的正确性，柯林斯和奎利恩进行了一项重要的实验研究。他们在实验中向被试呈现一些句子，让被试判断这些句子的对错，并记录被试的反应时间。呈现的句子包括：

> 金丝鸟会唱歌。（对）
> 金丝鸟会飞。（对）
> 金丝鸟有皮肤。（对）
> 金丝鸟是粉红色的。（错）
> 金丝鸟是鸟。（对）
> 金丝鸟是鱼。（错）
> 金丝鸟是动物。（对）
> ……

所有的句子都可以按照语义水平加以分类。例如,"金丝鸟有皮肤"这句话中,"有皮肤"这一信息储存在"动物"这一层次（水平2），与"金丝鸟"差了两个层次；"金丝鸟会飞"中,"会飞"这一信息储存在"鸟"这一层次（水平1），与"金丝鸟"只差一个层次；"会唱歌"则恰好位于"金丝鸟"这个层次（水平0）。柯林斯和奎利恩认为,层次差得越多,反应时应该越长。

实验的结果（见图6-2）证实了他们的推测。就反应时来说,水平0的"金丝鸟会唱""金丝鸟是金丝鸟"最短,因为不需要跨层次的搜索；"金丝鸟会飞"和"金丝鸟是鸟"就要转向上一层次才能搜索到相应知识；"金丝鸟有皮肤"和"金丝鸟是动物"要跨2个层次才能搜索到相应知识,因此对它们的反应时依次增加。

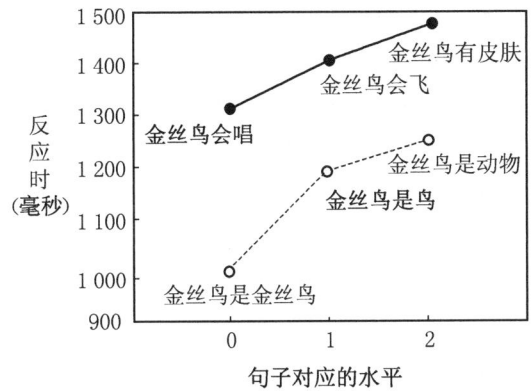

图6-2　对不同层次句子作出判断的反应时

（来源：Collins & Quillian, 1969）

启动效应也可以作为层次语义网络模型的一个佐证。在第2章"注意"中我们曾经提到迈耶等人（Meyer & Schvaneveld, 1971；Meyer, Schvaneveld & Ruddy, 1974）的词汇决策研究。他们采用的刺激是词（例如 COLLEGE）和非词（例如 NART）。实验结果显示,当启动刺激和检测刺激之间具有语义上的联系的时候（例如 COLLEGE 和 UNIVERSITY），被试可以比较快地判断检测刺激是不是一个词；反之,如果两者之间缺乏语义上的联系

（例如 JELLY 和 UNIVERSITY），被试的反应时就长。

另外，词优效应也可以看作是层次语义网络模型的支持性证据。我们知道，当字母 D 或 K 作为单词 WORD 或 WORK 的一部分出现时，被试识别它们的反应时一般比较短；而它们单独出现或者出现在非词上下文中，反应时就长。这个现象也可以用语义网络来解释：单词对应的节点在识别字母之前得到了激活，从而加快了后面的识别进度。

对层次语义网络模型的质疑

柯林斯和奎利恩的理论对语义记忆领域的研究影响极大，得到许多心理学家的支持。但是随着研究的深入，他们的理论也受到一些批评。

就在柯林斯和奎利恩提出他们的模型后不久，就有人发现不利于该模型的证据。例如，康拉德（Conrad，1972）针对"每一类事物的特征总是储存在对应于该类别的层次上"的论断，设计了一个实验。实验中也是要求被试判断一些句子的正误。其关键是用了以下三个句子：

鲨鱼会动。

鱼会动。

动物会动。

按照层次语义网络模型，为了达到认知经济性，"会动"这一特征应该储存在"动物"这一层次，"鱼"是"动物"的下位概念，"鲨鱼"又是"鱼"的下位概念，可以通过它们的相互联系共享"会动"这个特征，但是由于相差 1 个和 2 个层次，搜索时间会增加，因此反应时由短到长的排列应该是"动物会动""鱼会动"和"鲨鱼会动"。但是，实验结果却显示出没有多少差异。康拉德认为，"会动"这一特征可能常常与"动物""鱼"和"鲨鱼"联系在一起，联系的频率比认知经济性原则更能影响被试的反应时。

在柯林斯和奎利恩的模型中，概念之间的层次高低是不变的。例如，"动物""哺乳动物"和"猪"的层次依次下降。这样，被试对"猪是动物"的反应时应该长于对"猪是哺乳动物"的反应时。但是，里普斯、肖本和史密斯（Rips, Shoben & Smith, 1973）的实验发现，被试对于"猪是动物"的反应时短，对于"猪是哺乳动物"的反应时却比较长，实验结果与理论预测正好相反。

里普斯等人（Rips, Schoben & Smith, 1973）还发现了另一个与层次语义网络模型相抵触的证据，那就是典型性效应（typicality effect）。他们发现，如果让被试对于"知更鸟是鸟"和"火鸡是鸟"这两个句子作出判断（都是正确的），两者的反应时是不一致的。对于"知更鸟是鸟"的反应时会比较快。但是，按照层次语义网络模型，"知更鸟"和"火鸡"的层次相同的，它们都是"鸟"的下位概念，只不过"知更鸟"是"鸟"的比较典型的例子。类似这样的典型例子，反应时总是短一些。层次语义网络模型无法解释这种典型性效应。

集合理论模型与谓词交叉模型

集合理论模型（set-theoretic model）是迈耶（Meyer，1970）提出的。这个理论将语义记忆看作是许多集合构成的系统,而基本的语义单元仍是概念。以"狗"这个概念为例,可以有两个集合来表示:一个集合包括"狗"的所有样例,于是"哈巴狗""牧羊犬"和"警犬"等都是这个集合的成员,这种集合称为样例集合;另一个集合则包括"狗"的所有特征("嗅觉灵敏""摇尾巴"等),这种集合称为特征集合或属性集合。

那么,语义记忆中的信息是如何得到利用的呢?迈耶提出了一个双阶段模型——谓词交叉模型(predicate intersection model)(如图 6-3 和图 6-4 所示)。一个判断包括主词(S)和谓词(P),其组成形式为"所有的 S 都是 P"(全称判断),"有些 S 是 P"(特称判断)等等。在"所有的麻雀都是动物"中,"麻雀"是主词(S),"动物"是谓词(P)。迈耶认为,全称判断和特称判断都可以分为两个阶段,但是全称判断更加复杂一些。例如,要判断"警犬都是狗"这个句子是否正确,我们首先要搜寻一下所有与谓词(P 项,即"狗")相重叠或相交叉的事物。我们可以找出"哈巴狗""牧羊犬""警犬",还可能找出"动物"等概念。如果发现找到的项目也是主词(S 项,即"警犬")的成员,则说明 S 项与 P 项相交,第一阶段以"相匹配"为阶段性结果。相反,如果发现 S 项与 P 项没有任何共同成员,不相交叉,就认为"所有的 S 都是 P"是错误的。在第二阶段,必须利用 S 项与 P 项的特征集合,确定 P 项事物的特征是否同时也是 S 项事物的特征。如果是,则认为命题正确,否则认为命题错误。例如,"狗"的所有特征"警犬"都具备,因此"警犬都是狗"这个句子就是正确的。而对于"所有的妇女都是作家"这个命题就应判断为错误,因为"作家"的特征并不都是"妇女"的特征。

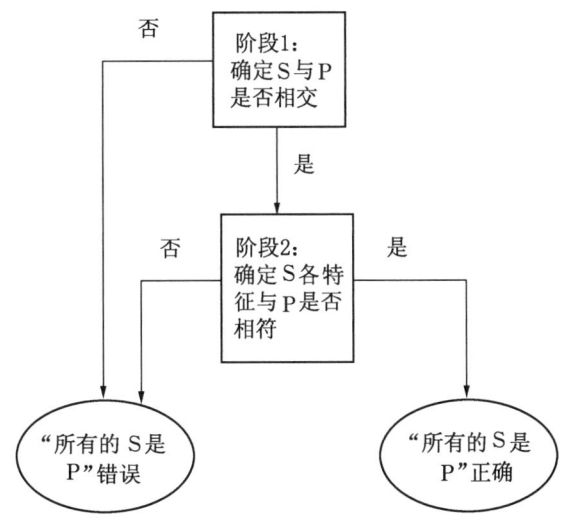

图 6-3　迈耶的谓词交叉模型示意图(全称判断)

(来源:Meyer,1970)

在特称判断的情况下,我们只需要确定 S 项与 P 项有无相交的情况。如果有相交,就应该认为"有些 S 是 P"正确,反之则认为其错误。

正是由于特称判断只需执行第一阶段,而全称判断则常常需要执行第二阶段,全称判断反应时就应该比特称判断长。迈耶的实验结果证实了上述预测。迈耶的模型也可以比较好地解释某些迅速作出的否定判断。

不过,迈耶的模型仍不能解释为什么典型样例的反应时较短。其实,一切以严格的逻辑学为基础的理论都无法解释这种典型性效应。

还有一个证据对于迈耶的模型也是相当不利的。在迈耶的实验中,全称判断和特称判断是分开呈现的:先作完特称判断,再作全称判断。而在后来里普斯(Rips,1975)的实验中,将全称判断和特称判断混合呈现,结果上述反应时的差异消失了。

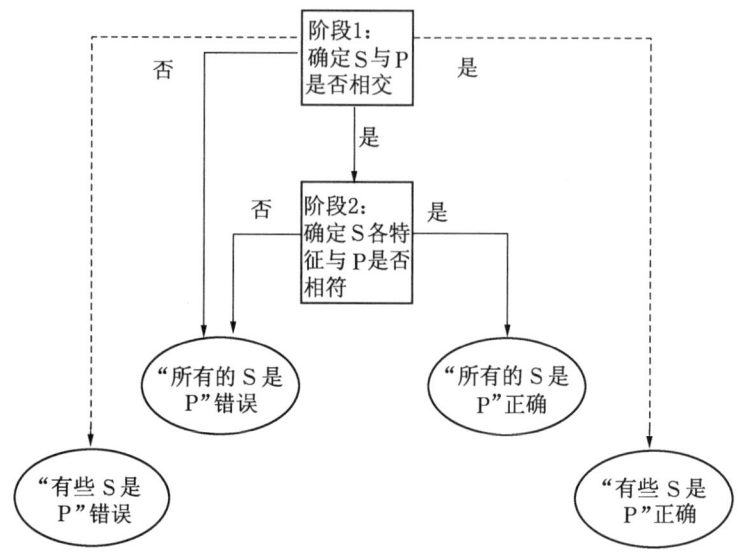

图 6-4　迈耶的谓词交叉模型示意图(特称判断与全称判断)

(来源:Meyer,1970)

特征比较模型

语义距离和语义空间

特征比较模型(feature comparison model)是史密斯、肖本和里普斯(Smith, Schoben & Rips, 1974)提出的,这个模型在某种程度上类似于集合理论模型。他们也认为,概念就是一些特征的集合。按照特征比较模型,概念之间的相同特征越多,联系越紧密。为了说明特征在命题判断中的重要作用,里普斯等人(Rips, Schoben & Smith, 1973)曾进行过一个重要的研究。他们让被试评价一些概念之间的语义距离——接近程度或密切程度,例如判断"鸡""鸭""知更鸟"和"鸟"等动物概念两两之间的语义距离,然后运用多维标度法将被试的评定转化为实际的距离,并在一个二维空间中将其表现出来,成为一个语义空间。图 6-5 就是这样一个语义空间,图中左侧四个象限为各种鸟之间的接近程度,右侧四个象限为各种哺乳动物的接近程度。里普斯等人认为,可以通过考察语义空间来发现被试用什么维度来评价概念之间的接近程度。以图 6-5 为例，可以推断看出，横坐标代表了动物的大小，纵坐标则代表动物的驯化程度。

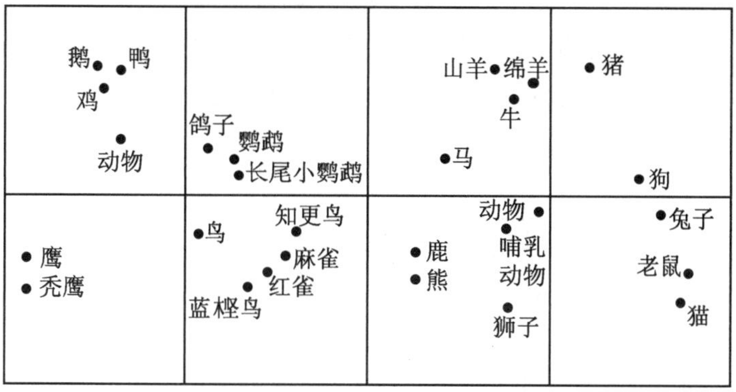

图 6-5 被试对鸟类和哺乳动物类成员间接近程度的评价结果

（来源：Rips，Schoben & Smith，1973）

特征比较的双阶段模型

特征比较模型对特征作了进一步的区分：某类事物必须具备的特征，即用来定义一个概念的特征，称为定义性特征（defining feature）；那些并非必需的但又具有一定描述功能的特征，称为描述性特征（characteristic feature）。

以知更鸟为例，其定义性特征是"有生命""有羽毛""有翅膀""胸部为红色"等，其描述性特征是"会飞""树上栖息""体小"等。特征比较模型认为，当被试判断"知更鸟是鸟"这一命题的正误时，他们会将"知更鸟"和"鸟"的特征分别分成定义性特征和描述性特征两个子集（见表 6-2），然后分别进行比较。两者之间相同特征越多，判断的速度就越快。

表 6-2 "知更鸟"和"鸟"的两类特征

	知更鸟	鸟
定义性特征	有生命 有羽毛 有翅膀 胸部为红色 ……	有生命 有羽毛 有翅膀 …… ……
描述性特征	会飞 树上栖息 体小 不筑巢 ……	会飞 树上栖息 体小 …… ……

那么,对于"知更鸟是不是鸟"的判断究竟是如何进行的呢?史密斯等人提出特征比较的双阶段模型。图 6-6 是这个模型的流程图。在第一阶段,判断者提取两个概念的定义性特征和描述性特征,并合在一起进行比较,以确定相似程度。如果相似程度很高,就直接反应"正确";如果觉得相似程度很低,则直接反应"错误";如果相似程度中等,无法直接得出结论,则进入第二阶段,比较两个概念的定义性特征(不再考虑描述性特征),然后根据定义性特征是否匹配来作出反应。

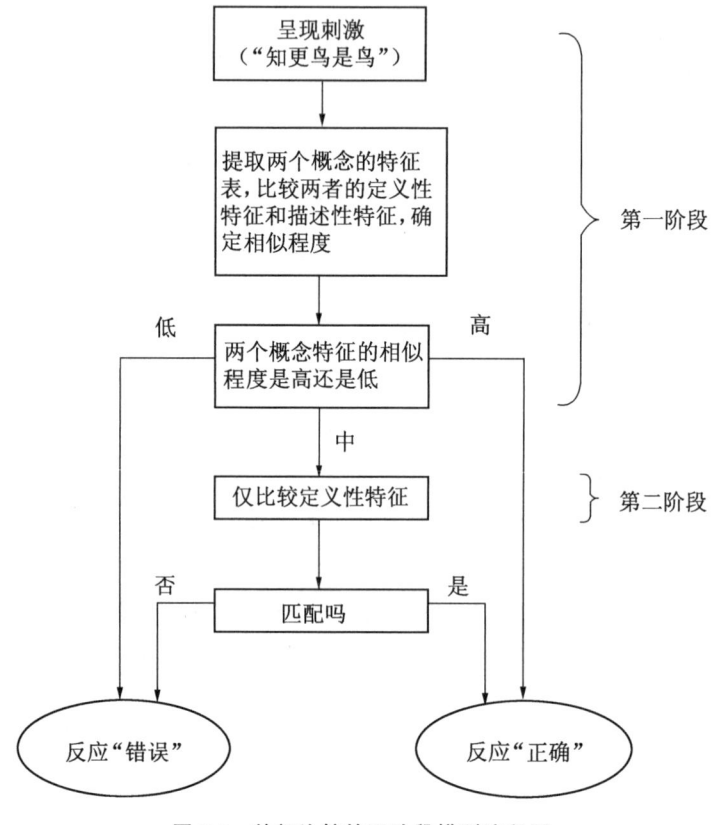

图 6-6　特征比较的双阶段模型流程图

(来源:Smith, Schoben & Rips, 1974)

应该说,特征比较模型似乎更加合理,因为用它可以说明许多现象,包括用层次语义网络模型和集合理论模型难以解释的一些现象。例如,它可以很好地解释人们为什么对"麻雀是鸟"的反应比对"鸭子是鸟"的反应要快一些。这是因为,在人们的过去经验中,"麻雀"和"鸟"之间相同的特征更多些。同样,它也可以很好地解释,为什么人们否定"桌子是鸟"的反应时比否定"蝙蝠是鸟"的反应时短一些。

特征比较模型也可以比较好地解释范畴大小效应(category size effect)。根据兰道尔和迈耶(Landauer & Meyer, 1972)的说法,范畴大小效应指的是,如果一个概念是另一个概念的下位概念，即范畴一个大（上位概念），一个小（下位概念），则针对下位概念的反应一般比针对上位概念的快一些。例如，对"柯利牧羊犬是狗"的反应会比对"柯利牧羊犬是动物"快一些，因为"狗"是"动物"的下位概念。根据特征比较模型，这是因为概念范畴越大，抽象程度就越高，定义性特征就越少，这样，在比较的第一阶段，它与较低位的概念在特征上重叠得比较少，需要进入第二阶段进行精细加工，因而反应时就会比较长。

对特征比较模型的质疑

当然，特征比较模型也有一些反对的证据。例如，格拉斯和霍利约克（Glass & Holyoak，1975）让被试判断一些句子的正误，其中有两个错误的句子是：

一些椅子是桌子。

一些椅子是岩石。

结果发现，被试否定前一个句子的反应时比否定后一个句子短。而根据特征比较模型，结果应该反过来，因为"椅子"和"桌子"之间的共同点更加多一些，反应时就应该长一些。

激活扩散模型

激活扩散模型（spreading activation theory）是由柯林斯和洛夫特斯（Collins & Loftus，1975）提出来的。这个模型针对层次语义网络模型的欠缺，提出了一些重要的修正，从而既继承了原来理论中的网络思想，又照顾到实验中发现的新现象。柯林斯等人重申，语义记忆仍是一个巨大的网络，其中节点对应于概念，概念之间通过一定的路径相互联系（如图6-7所示）。接着，他们进一步指出，一旦某个节点被激活，它产生的兴奋会沿着节点间的路径扩散开来，从而兴奋其他的节点。当然，兴奋的强度会随着扩散的距离加大而减弱。因此，某节点的兴奋可以波及一些比较接近的节点，这些接近的节点其实就是与原节点关联性比较高的概念，而比较遥远的节点很少能受到波及。这一观点总结成一句话，那就是，节点之间路径的长短体现了概念之间联系的紧密程度。而两个概念之间共同特征越多，它们之间的联系就越密切。可见，柯林斯等人的理论实际上已经接纳了特征比较模型中的语义距离和语义空间的概念。

在激活扩散模型中，概念节点之间的路径除了有长短远近之分，还有强弱之别。激活在网络中的传播受到路径的强度或易进入性的影响，路径强度越高，激活扩散得越快；而路径的不同强度又依赖其使用频率的高低。

另外，激活扩散模型的加工机制中包括决策机制。柯林斯和洛夫特斯认为，一个概念节点可能从不同的路径得到交叉激活，这些激活可以是肯定性的，也可以是否定性的，而该节点从各个来源得到的激活的总和达到活动阈限时，这种交叉激活就将产生一个评价，从而得到综合性的肯定或否定反应。

至于原来层次语义网络模型中提到的认知经济性原则和层次组织，在激活扩散理论中不再提及，从而在一定程度上避免了原来的理论遇到的困难。

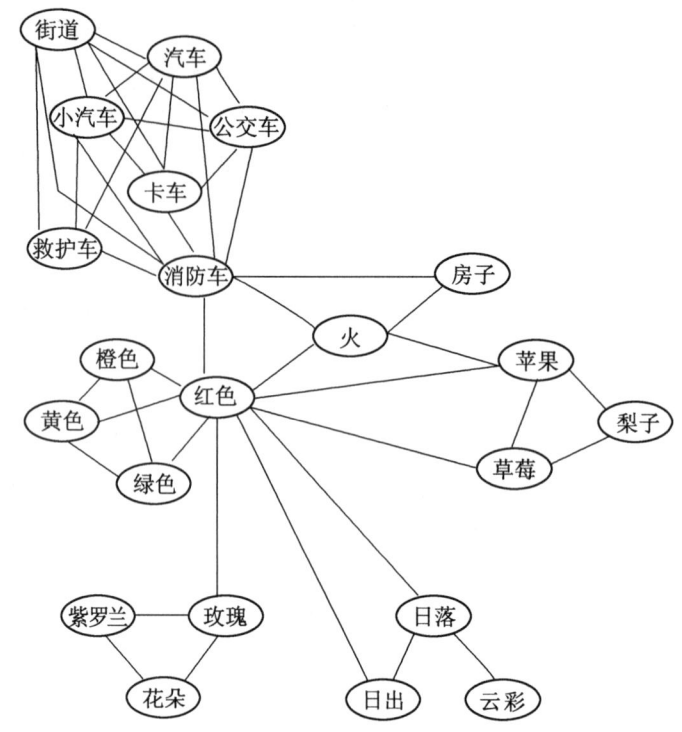

图 6-7　激活扩散模型的一部分

（来源：Collins & Loftus, 1975）

6.3　情节记忆

自传体记忆

自传体记忆（autobiographical memory）指的是个体对于自己生活中经历的事情的记忆。威廉斯等人（Williams et al., 2008）提出了自传体记忆的三个主要功能。一是指引功能——过去经验可以用来指引个体后来的行为和决策；二是社交功能——促进社交互动和群体凝聚力；三是自我功能——使个体产生认同感，促使个体理解自己是谁以及自己在这个世界上的位置。

自传体记忆原本是一个非常重要的课题，但是，可能由于研究方法上的不足，一直到20世纪70年代初，它才得到学者的注意。

记忆的扭曲

个体在回忆自己经历过的事情时，由于各种各样的原因，经常会产生各种偏差和扭曲。沙克特（Schacter, 2001）提出"七宗罪"，对记忆进行了"无情"的"口诛笔伐"。现将七大"罪状"历数如下,作为本节内容的引子。

"罪状"之一:保持短暂(transience)。记忆痕迹保持的时间短,未及从容玩味,很快就"灰飞烟灭"了。沙克特举例说,在美国,尽管很多人都知道,橄榄球星辛普森被指控杀害妻子,后来又被宣布无罪,但是他们已经说不出自己是如何知道这件事的(尽管他们一度能够说出来)。

"罪状"之二:心不在焉(absent-mindedness)。有些人刚做完一件事情,马上又重做一遍。原因倒不是为了改进做法,而是因为忘记刚才做了什么。所以,就会出现刷两遍牙的事情,或者冲进某个房间,却忘记自己要找的是什么。

"罪状"之三:阻断(blocking)。有时,我们明明觉得自己记得什么事情,就是回忆不起来。这就是众所周知的"舌尖现象"。

"罪状"之四:张冠李戴(misattribution)。人们常常忘记他们听到某事情或读到某文章时所在的地点。有的时候,人们还会认为自己看到或听到过某些事情,其实却是无中生有。

"罪状"之五:受暗示性(suggestibility)。人们很容易接受暗示。如果你告诉一个人,说他应该见过谁,那个人就可能真的觉得自己见过谁。你问一个人有没有看过一个飞船撞击大楼的电视剧(其实没有这部电视剧),如果得到的回答是"有",你也不必奇怪,因为有些回答者是很容易受到问题本身的影响的。

"罪状"之六:偏向(bias)。人们对过去的回忆常常产生偏向。当一个人正在遭受慢性疼痛的折磨时,他会更容易想起以前曾经经历过的疼痛;如果这时疼痛不发作,他就"好了伤疤忘了疼",不容易想起以前的痛楚。当你和一个熟人吵架的时候,你会更多地回忆起他对你做过的坏事,而忘记他对你的好处;只有等到你和他言归于好时,才想起他的种种好处。

"罪状"之七:固执(persistence)。人们常常固执地把那些其实不合理的事情当成是顺理成章的。例如,一个经常获得成功的人,受到了一次严重的挫折,他以后可能总是更容易回忆起这次挫折,而不是那些成功的经历。

日常事件的记忆

对于日常生活中的记忆,很难用实验室实验加以严格的考察,而是必须在保持生活一如寻常的基础上,积极地控制各种变量,开展实验。林顿(Linton,1975,1982)就进行了这样一项艰巨的工程。她以艾宾浩斯为榜样,花了6年的时间研究自己对于日常生活中的事件的记忆。林顿的实验是按如下程序进行的。

(1)每天要做的事情。每天都要在卡片上记录当天发生的一些事件,每张卡片的正面写下关于一个事件的简短描述,反面则记录该事件发生的日期,并对该事件作出一些评定(例如,将来能否清楚地回忆这一事件,对于这一事件的情绪反应,这一事件对于个人生活目标的重要性等)。如果每天记录2~3个事件,每个月就可以积累下60~90张卡片。卡片的形式见图6-8。

(2)每月都要做的事情。在每个月末,将该月积累下来所有的卡片随机地分成14堆,作为之后3年的测验材料:其中12堆卡片将在该月之后的12个月中进行测验(每月1次),另外2堆卡片则分别用于事件发生2年和3年后的测验。

(3)测验方式。第一步,在每个月的测验中,先对生活中的事件进行短时间的自由回忆,以此作为测验前的热身,然后洗乱本月待测卡片。第二步,进行正式测验。抽出2张卡片,同时按下秒表,记录卡片的编号,然后根据卡片正面记载的事件描述将这2张卡片按照发生的时间(因为写在反面,故看不见)排序,并记录排序所花的时间。接着,重新启动秒表,开始回忆左手所持卡片上的事件发生的准确日期,记录反应时间。最后,再重新启动秒表,开始回忆右手所持卡片上的事件发生的准确日期,也记录反应时间。

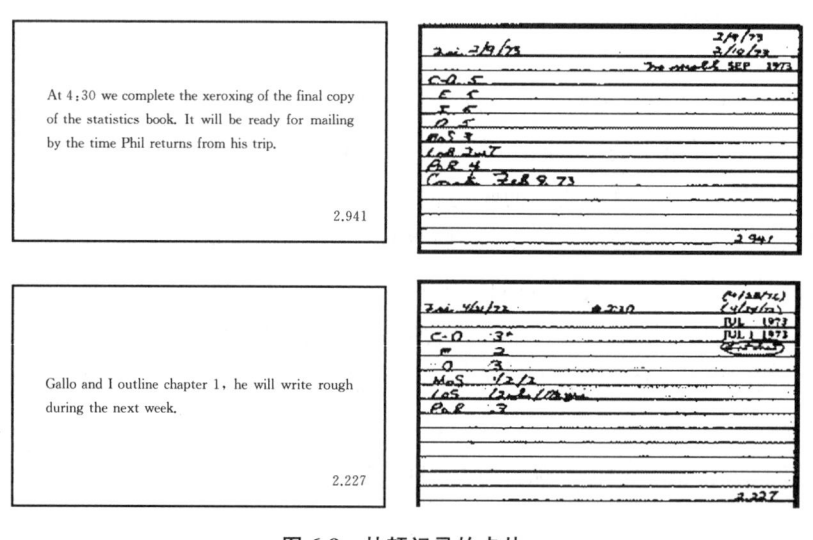

图6-8 林顿记录的卡片

(来源:Linton,1975)

在这个实验进行的前20个月当中,林顿就记录了2 003个事件,进行了3 006张卡片的测试(其中1 468张卡片重复测验)。在实验之前,她曾经相信自己很快就会忘记日常生活中的许多事情,但是,实验结果表明这种情况没有发生。这可能是因为测验的时候她看到了事件的描述,也就是说,她对事件本身进行的是再认,而不是回忆,这就降低了测验的难度。不过,林顿的实验还是告诉我们,对于真实事件的记忆比过去的实验室研究所认定的要持久得多。

林顿还记录了她在回忆事件发生日期时的出声思维的内容。她发现,自己常常采用问题解决的各种策略来帮助回忆日期,这种策略甚至可以用于那些已经不能外显地回忆出来的事件。

林顿还分析了那些自己不能回忆的项目,发现它们至少可以分成两大类型:第一种类型的项目已经完全不能回忆,这时,原来记录下来的事件描述起不到一点作用。第二种类型的项目则不是简单的遗忘,而是不能与其他熟悉的项目区别开来。对于后一种类型的遗忘,鲁宾逊和斯旺森(Robinson & Swanson,1990)提出了一个看法,认为熟悉的事件是由于重复发生造成的。在重复的过程中,事件中那些相似的方面可以形成一种事件图式(event schema)。例如,一个人多次经历"复印资料"这一事件,他每一次复印的经历都大同小异,结果这些经历混在一起就变得难以区分;就像写文章,几易其稿之后,就不知哪一部分是第一次修改的,哪一部分是第二次修改的。

巴萨卢(Barsalou,1988)也进行了一个关于日常生活事件的记忆研究,不过这个研究的时间跨度和精细程度远远比不上林顿的实验。他和他的同事在大学校园里拦下一些行人,对他们进行"采访",要求他们回忆并描述自己在刚刚过去的那个夏季中经历过的具体事情。尽管对这些被访者提出的要求是回忆和描述具体事件,但是在搜集到的回忆中,只有21%的回忆是具体的,其他回忆往往是一些概括性事件(summarized events),例如"有一周我每天都去海滩"等,这些回忆占了所有搜集到的回忆的几乎三分之一。还有一些回忆被巴萨卢称作是"延伸性事件"(extended event)。这些事件的时间跨度超过一天,例如"我在某夏令营做事"等。被试倾向于报告概括性事件和延伸性事件,其实也说明了这种回忆的重要性。

不过,林顿的研究方法还是受到了一些质疑。布鲁尔(Brewer,1988)认为,在林顿的实验中,林顿本人既是主试又是被试,这在方法学上不如将主试与被试分离的标准实验。更重要的是,林顿每天记录下的事件可能是当天发生的事件中印象最深的。这就可以解释为什么林顿认为生活中的事件不容易遗忘。鉴于这两方面的考虑,布鲁尔招募了8名非常具有合作精神的本科生,进行了一项持续几个星期且要求很高的实验。实验分成两个阶段:数据搜集阶段和记忆测验阶段。

在数据搜集阶段,每一位被试进行正常的活动,但是每人都配备了一个类似于BP机的电子提醒器,它可以随机地发出提示音(大约每2个小时发出1次)。每次听到提示音后,被试都要在一张卡片上记录下提醒器响起时经历的事件。具体来说,要记录时间、地点、行为、思想,并完成一些评价量表(评价这些事件发生的概率、愉快感受以及重要性等)。当然,如果涉及隐私,或者任何不便报告的理由(例如与女友约会等),被试也可以不做详细报告。最后,被试每天晚上要将当天印象最深的事件记录下来。

在记忆测验阶段,布鲁尔要求被试回忆他们记录在卡片上的那些事件。每位被试都经过三次测验:数据搜集阶段结束时一次,大约两个半月以后一次,大约四个半月以后一次。测试的项目都是从卡片上随机抽取(而不是特意选择)的。测验的结果如图6-9所示。

实验的结果一方面验证了以前实验室实验中发现的规律,另一方面也发现了一些新现象。从图6-9可以看出,被试对于日常生活中事件的记忆还是相当不错的,超过60%的项目得到了正确的再认。对行为的记忆要好于对思想的记忆;对于每天总结出来的(记住的)项目的记忆好于随机抽取的项目。特别值得一提的是,被试对于自己比较少去的场所中经历的事件的记忆好于常去的地方经历的事件；很少采取的行为也比经常性的行为更容易回忆。在这一点上，布鲁尔和林顿的看法倒是相同的。另外，布鲁尔实验的几个星期中正好赶上感恩节，被试对这个假期中的事件记得特别好，原因可能也在于假期提供了比较独特的背景线索。

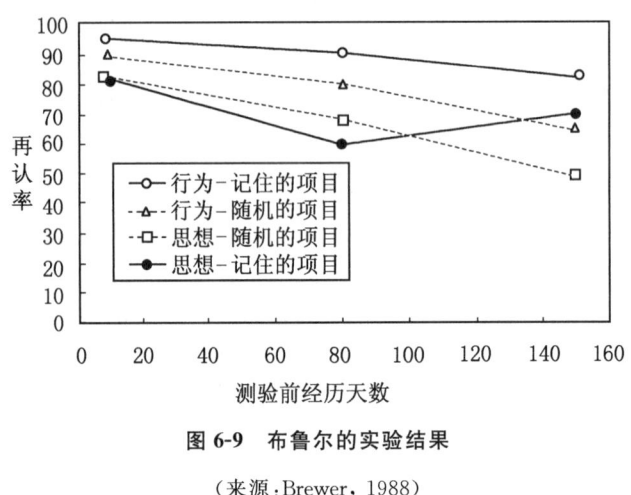

图 6-9　布鲁尔的实验结果

（来源：Brewer，1988）

汤普森等人（Thompson，Skowronski，Larsen & Betz，1996）进行了一组时间跨度更大（15 年）的研究。他们的研究方法与林顿利用卡片日记相似，也得出了许多与林顿研究和布鲁尔研究相似的结果。但是研究结果也显示，被试回忆中出现了更多的错误。他们还提出，对于事件的记忆随着时间的流逝会越来越富于建构性，而对于事件（包括相对来说最近发生的事件）发生的时间的判断则更富于建构性。

对于老年人自传体记忆的研究发现，老人（70 岁左右）其实并不能回忆起多少童年往事，他们能够回忆的主要还是青少年时期和成年早期发生的事情。鲁宾等人（Rubin et al.，1986）发现，老人往往会大量地回忆起他们成年早期（尤其是 10～30 岁之间）经历的事件。这一现象被称为旧事隆起（reminiscence bump）。鲁宾等人（Rubin et al.，1998）还发现，人们对于新闻、书籍和学术奖获得者等公共事件的记忆，也存在旧事隆起现象。对此，有人认为是这段时期发生了许多重要的事件，也有人认为这仅仅是因为人的记忆力在这段时期是最强的。自传体记忆还体现出人际相似性，而且多是积极回忆居多。鲁宾等人（Rubin，Berntsen & Hutson，2009）认为，这说明每个人的生活脚本（life script）与社会的期待总是大致相同的。

闪光灯记忆

如果问你：你最近一次是在哪里看到某某同学（同事）？当时你在做什么？有谁和你在一起？你会觉得难以回答。但是很多人可以回忆起他们听说"9·11"事件的时候，人在哪里，和谁在一起，以及在做什么。我就还记得：事件发生后第二天上午，在办公室，一个研究生告诉我的。可见,我们不仅可以记住重大事件本身,还能记住我们得知该事件时自己的其他经历。这就是闪光灯记忆(flashbulb memory),它是由布朗和库利克(Brown & Kulik,1977)提出的一个术语。

那么,为什么我们会有闪光灯记忆呢?布朗和库利克认为,在听说重大事件的时候,个体会产生比较强烈的情绪生理反应,这些反应激活了大脑与情绪有关的部位,其结果就是记住了大量与该事件无直接关联的事情。后来,奈瑟(Neisser,1982)提出了一个不同的解释。他认为,人们总是在寻找自己与历史的联系,重大事件产生的强烈情绪促使人们不断重复自己在听说该事件时的经历。这样,闪光灯记忆就产生了。随着时间的流逝,闪光灯记忆也会逐渐发生扭曲或重构。

关于闪光灯记忆,韦弗(Weaver,1993)进行了一个重要的研究。实验选择了一个重要的时机——第一次海湾战争。1991年1月,韦弗向一些学生布置了一项任务:在他们下一次与室友或朋友见面时,尽可能详细地记住当时经历的一切事情。韦弗的意图在于,这种普普通通的见面会不会也产生类似于闪光灯记忆的效果。为此,他还编制了一份问卷,让学生在见面过程结束后,尽可能早地启封、填写。

就在那天晚上,当时的美国总统布什宣布,第一次海湾战争爆发了。虽然这场战争早就在人们的意料之中,但是毕竟是一个重大事件,尤其是对于那些有亲友或朋友参战的人来说。韦弗立即行动起来,迅速编写了第二份问卷,要求被试描述他们听到布什宣告的时候的记忆。学生们在2天后交回了问卷。

在战争爆发3个月后(1991年4月)和1年后(1992年1月),韦弗又发出了相似的问卷,询问关于那场战争和与室友(朋友)见面的记忆情况。

结果表明,学生们对于战争的记忆与见面的记忆在精确性上没有多大的差异。而且其遗忘的特征也一如艾宾浩斯制定的遗忘曲线:先快后慢。不同的倒是学生们对自己的记忆的信心度。学生们对于自己关于战争的回忆很有信心,而对于自己与室友或朋友见面的回忆却信心不足。而且,信心度与正确率其实并不呈正相关。韦弗得出结论说,闪光灯记忆不一定真的需要"闪光灯",只要有一定的识记意图就可以。而"闪光灯"的作用仅限于影响人们对于自己的记忆的信心程度。

自传体记忆系统

关于自传体记忆心理成分,有一个自传体记忆系统理论,该理论由康韦等人(Conway & Pleydell-Pearce,2000)提出,之后他(Conway,2005)又对此加以发展。他们认为,自传体记忆具有自传知识库和工作自我两个成分。

自传知识库(autobiographical knowledge base),指的是个人信息的储存库。库中的信息根据其具体性可以分为三个水平:(1)生活片断知识(lifetime period knowledge),指的是关于生活中的重要阶段的知识,例如关于自己大学时代的记忆。(2)一般事件知识(general events knowledge),指的是从多个事件中抽象出来的事件。例如,你在大学求学时经常上图书馆,多次上图书馆的事件就被抽象为一般化的"上图书馆";也可以是几个不同的具体事件组成的复合事件,例如布置晚会就是一个组合事件,其中要完成排演节目、置办服装、采购物品、租用场地等多个不同的事项。(3)具体事件知识(event-specific knowledge),指的是单个具体事件,有具体的细节,往往伴随着生动的表象。皮利默(Pillemer,2001)认为,开创性事件(开始为达到某个长期目标而行动)、转折性事件(改变既定计划)、锚定性事件(肯定个体信念和目标)和类比性事件(能够指导个体当前行为的过去经历)都是重要的具体事件。

工作自我(working self),指的是个体当前的目标系统和与之相连的自我表象。这个目标系统影响着自传体记忆的储存和提取。在自传体记忆的提取过程中,可能包括精细化线索——访问某一生活片断——访问对于该生活片断的普通知识——访问某一一般事件——访问感知觉细节及其他具体事件知识等周而复始的环节,这种需要努力才能完成的提取被称为生成提取(generative retrieval)。当然,如果线索足够特异化,可以避开上述复杂的环节,从而得到迅捷的直接提取(direct retrieval)。

康韦(Conway,2005)还认为,对于自传体记忆,始终存在着融贯性(记忆应与当前的目标和信念相统一)和符合性(即记忆的精确性)之争,而且常常是融贯性占了上风。

虚假-恢复性记忆

虚假-恢复性记忆的提出

我们小时候的许多记忆也许已经淡忘,这些记忆还能恢复出来吗?巴斯和戴维斯(Bass & Davis,1988)在《医治的勇气:童年遭受性虐待的女性之治疗指南》(*The courage to heal: A guide for women survivors of child sexual abuse*)一书中,鼓励那些希望知道自己童年时期是否遭受性虐待的读者在自己身上寻找各种各样的症状,例如自卑、抑郁、性功能障碍、自残或有自杀的想法,这样就可以逐渐恢复童年期遭受性虐待的记忆。作者甚至宣称:"如果你记不得任何前文介绍的(受虐待的)具体事实,但是仍感受到自己曾经受到过虐待,那么你也许确实受到过虐待。"(第21页)"如果你觉得自己受到过虐待,而且你的生活中也表现出这样的症状,那么你确实受到过虐待。"(第22页)该书还介绍了许多方法,帮助人们恢复受虐待的记忆。这就挑起了一场严重的争论:这种恢复性的记忆有多少真实性?受虐者能否压抑受虐时的记忆,以后又在心理治疗中得到恢复?心理治疗者会不会对工作记忆中的信息产生错误的理解,无意间使来访者"回忆"出子虚乌有的事情,即产生虚假的记忆?要知道,无中生有地指责来访者的父母对孩子进行虐待,有可能破坏他人的家庭幸福。

自从20世纪80年代到20世纪90年代初,产生了多起由于恢复性记忆造成的刑事诉讼案,其中最经典的案例是著名的"麦克马丁幼儿园案"(McMartin Preschool Case)。在这个案件中,麦克马丁幼儿园的6位教师以涉嫌对孩子进行性骚扰、体罚、拿动物做祭品以及邪教崇拜而遭到起诉。其证据居然是有所谓"记忆恢复专家"用了许多恢复记忆的方法帮助儿童"回忆"起被猥亵的经历。经过7年的法庭辩论,在付出老师职业生涯被毁、无数儿童受到情绪伤害、政府耗费1 500万美元金钱的代价以后,案子最终不了了之。其原因在于诉讼过程中,证词混乱、自相矛盾,说明那些儿童"被唤起的记忆"其实是"记忆恢复专家"鼓励出来的虚假记忆。另外,全美受虐待儿童和被遗弃儿童救护中心1994年的一项调查显示,类似的诉讼案件共有12 000起,但是都没有确凿的证据。

关于虚假-恢复性记忆的研究

心理学家用实验证明,在一定的条件下,个体可能产生虚假记忆,它与错误的记忆不同。错误的记忆只是将发生过的事情记错了,而虚假记忆记得的是从未发生过的事情。

虚假记忆的基本实验范式——DRM(Deese-Roediger-McDermott)范式是,让参试者阅读并尝试记住一组或多组的单词。每一组单词都与一个共同的靶词(亦称"诱词")相关联,但这个诱词始终不出现。例如:

第一组单词:床,休息,清醒,疲倦,做梦,打盹,毯子,瞌睡,熟睡,呼噜,小睡,平静,打哈欠,昏沉;与这些单词都有关联的诱词是"睡眠"。

第二组单词:门,玻璃,窗格,玻璃罩,窗台,窗沿,房子,打开,窗帘,窗框,景观,微风,百叶窗,窗扇,纱窗;与这些单词都有关联的诱词是"窗户"。

第三组单词:护士,生病,律师,医药,健康,医院,压抑,外科,病痛,病人,办公室,听诊器,手术,诊所,治愈;与这些单词都有关联的诱词是"医生"。

第四组单词:酸,糖果,糖,苦,好,味道,牙齿,美妙,蜜,苏打,巧克力,心,蛋糕,蛋挞,馅饼;与这些单词都有关联的诱词是"甜"。

……

由主试向朗读一组单词,要求参试者在听完最后一个单词后,尽快写下记得的单词,无须考虑顺序,但不得凭猜测作答。如此完成多组单词的记忆测验。

罗迪格等人(Roediger & McDermott,1995)运用上述范式进行的实验表明,每组单词平均"诱导"参试者"回忆"出0.55个从未呈现过的诱词。可见,虚假记忆是非常容易发生的。

在情节记忆或自传体记忆中,虚假记忆也是一种常见的记忆现象。而将"虚假记忆"(false memory)与"恢复性记忆"(recovered memory)并列,其实就已经体现出许多心理学家对于所谓的记忆恢复的看法。与一般的记忆扭曲不同,虚假-恢复性记忆是通过一定的方法(例如,想象和暗示等)使被试产生人生早期经历的回忆。鉴于自传体记忆的真实性本来就受到怀疑,这种从无到有的恢复性记忆就更加可疑了。

洛夫特斯和皮克雷尔(Loftus & Pickrell,1995)做的一个研究表明,子虚乌有的事件完全可能通过暗示技术"植入"人们的自传体记忆中。他们找来24名被试进行这一"植入"记忆的实验。先要做一些准备工作。主试拜访了这些被试的亲戚(他们比较熟悉被试童年早期的情况），为每一个被试记录下他们在 4～6 岁之间真实发生过的 3 则事件，以及其他一些生活上的情况。

接着，主试为每一个被试编了一个虚假的故事：他们在 5 岁的时候，跟着一位家人去一个大型购物中心，结果在那里走失了。由于事先访问过被试的亲戚，因此故事编得有鼻子有眼：当时离被试家最近的购物中心的名称，同去的家人的名字等细节都言之凿凿，由不得人不信。

最终进行实验的时候，被蒙在鼓里的被试拿到了一个小册子，里面包括实验的指导语和三真一假四个故事。每个故事旁边还留有空白，被试可以在此描述他自己对这个事件的回忆。过了一两个星期以后，主试对这些被试又进行了第一次个别访谈，要求他们尽可能详细地回忆这四个事件。第二次访谈则在第一次访谈之后两个星期进行。

实验的结果是：被试对于真实事件的回忆率为 68%。但是，24 名被试中有 7 位（占 29%）"想起"了那个在购物中心走失的事件。这 7 位被试中有 1 人在其后的第一次访谈中纠正了自己的虚假回忆，但是其余 6 人（占 25%）始终没有排除这一事件。

还有一些研究者也得到了类似的发现。例如海曼等人（Hyman, Husband & Billings, 1995）报告说，他们以本科生作为被试，使其中 25% 的人"想起"了各种其实并不存在的童年往事，例如因为耳部感染而住院，5 岁生日聚会上有比萨饼和小丑表演，等等。凑巧的是，洛夫特斯实验和海曼实验中产生虚假记忆的人数都占 25%，这也许意味着有些人特别容易接受暗示而产生虚假记忆。

不过，也不是所有的心理学家都完全赞同洛夫特斯等人的看法。例如，佩兹德克（Pezdek, 1994）指出，利用某种方法可能产生虚假记忆并不意味着虚假记忆（尤其是儿童受虐之类的记忆）就是这样形成的。另外，记忆恢复疗法（memory recovery therapy）使用得并不像有人说的那么泛滥，也没有强有力的证据证明治疗者在来访者记忆中植入什么经历。

佩兹德克等人（Pezdek, Finger & Hodge, 1997）还对植入记忆的条件进行了研究。她们认为，能否产生虚假记忆取决于是否存在有关事件的脚本相关知识（script-relevant knowledge）。佩兹德克在一个研究中招募了一些分别信奉天主教和犹太教的中学生被试。天主教被试有 29 名，他们不了解犹太教仪式的"脚本"；犹太教被试有 32 名，他们也不熟悉天主教仪式的"脚本"。不难预料，信奉天主教的被试应该比较容易植入天主教仪式的记忆，不容易植入犹太教仪式的记忆。对于信奉犹太教的被试来说，情况应该正好相反。与洛夫特斯的实验相似，事先让这些学生的母亲描述自己的孩子 8 岁时发生过的 3 个真实故事，然后主试再加入 2 个虚假故事。这 2 个虚假故事中分别描述被试 8 岁时参加一个天主教的仪式和犹太教仪式时的活动表现。5 个故事的最后都有这么一句话："这是你母亲对这件事情的回忆，现在看看你能回忆起什么？"

实验的结果是这样的：29 名天主教被试中，有 7 人认为天主教仪式事件是真实存的,只有1人认为犹太教仪式事件是真实存在的。而在32名犹太教被试中,认为2个虚假事件真实存在的人数分别是0(天主教仪式事件)和3(犹太教仪式事件)。这就验证了脚本知识在虚假记忆形成中的作用。被试从小在家庭生活中形成的宗教仪式的脚本,在阅读虚假事件的描述时会起到"验证"的作用。只要主试撰写的描述贴近被试的脚本,被试就很容易觉得那是真实发生过的事情。

前瞻记忆

前瞻记忆的基本概念和类型

前面涉及的记忆都是对过去事情的记忆,这种记忆称为回溯记忆(retrospective memory)。我们在日常生活中还需要记住一些将来要做的事情。这就提出了一个新的术语:前瞻记忆(prospective memory),指的是对计划中的将来事件或行为的记忆。例如,你预定要参加星期六晚会,半个小时后把炖汤的火关掉,每天临睡前要喝杯牛奶,等等。显然,前瞻记忆是另一种形式的长时记忆,是目前记忆心理学研究的重要生长点。

前瞻记忆与回溯记忆最本质的区别在于,前瞻记忆任务包括两种成分:一种是自发启动先前意向的前瞻成分(这是回溯记忆没有的),另一种是对意向内容进行提取的回溯成分。此外,前瞻记忆的特殊性还在于它和人们的社会交往有更为密切的关系,而不仅仅在于它是个人的认知问题。

前瞻记忆这一术语为学术界广为认可和采用是在1996年前后,这一年,布兰迪蒙特等人(Brandimonte, Einstein & McDaniel, 1996)编辑出版了第一本有关前瞻记忆的专著——*Prospective Memory: Theory and Applications*。这是一本具有里程碑意义的著作,其中收录了大量关于前瞻记忆的论文,是前瞻记忆早期研究的一个重要总结和展望。

前瞻记忆有三种类型:基于时间的前瞻记忆(time-based prospective memory)、基于事件的前瞻记忆(event-based prospective memory)以及基于活动的前瞻记忆(activity-based prospective memory)。基于时间的前瞻记忆要求个体在某一个时间或间隔一定时间做某件事情,例如下午2点去参加一个会议。基于事件的前瞻记忆要求个体在某个特定的事件(靶事件)出现时做某件事情,例如路过邮局时进去寄一封信。基于活动的前瞻记忆要求个体在结束当前活动后,执行前瞻记忆任务,例如要求儿童在做完作业后去买东西,这似乎可以看作是基于事件的前瞻记忆的特殊形式。

前瞻记忆的研究方法

前瞻记忆研究的发展依赖研究方法的不断改进,从自然观察法、严格控制的实验法到情境模拟法,前瞻记忆研究经历了多次方法上的变革。这里介绍实验法和情境模拟法。

实验法

1990年之前,前瞻记忆的实验研究一直没能找到令人满意的范式,直到1990年爱因斯坦和麦克丹尼尔(Einstein & McDaniel, 1990)设计出这样一种范式:实验中,把前瞻记忆任务嵌套在其他任务过程中。具体做法是：实验开始时，先向被试布置一项短时记忆任务，接着告知前瞻记忆任务，要求被试在完成一系列短时记忆任务过程中，发现某个特定的单词（目标词）就按下反应键。在短时记忆任务之前还会有一些干扰任务，这是为了避免前瞻记忆任务保存在工作记忆中，然后再执行嵌有靶词的短时记忆任务。实验的因变量主要是反应的正确率，以评估前瞻记忆任务的执行情况。

这种实验范式非常适合研究基于事件的前瞻记忆。而对基于时间的前瞻记忆任务，因为提取过程没有外部线索引导而需要自己启动，采用下面的情境模拟法更加合适些。

情境模拟法

情境模拟法既模拟现实生活，又可对控制变量作出严格限制，集自然观察法和实验室实验法的优点于一身，是一种很有前途的方法。

情境模拟法没有固定的模式。有一个实验，研究者要求被试解决一些问题，并且将每个答案写在不同的答题纸上，前瞻记忆任务是在每张答题纸上写上自己的名字。还有一个实验，研究者要求被试在从一个实验室走到另一个实验室，从那里的第二个主试那里取回一些数据给第一个主试，而第二个主试说他不能立刻查找那些数据，要求被试提醒他在完成任务后查找，8分钟后，记录被试是否提醒主试。

前瞻记忆的机制

一般认为，中央执行机构是前瞻记忆完成的关键。中枢执行机构是工作记忆的核心。从已有的关于中央执行机构的成分和功能的实验研究结果来看，它在两个分离的任务上负责协调工作，可以有选择地注意某一个刺激而抑制其他刺激，并负责保持和控制长时记忆中的信息。神经心理学的很多实验研究表明，中央执行机构的异常与额叶的损伤有关。由于前瞻记忆任务的完成需要中央执行机构的控制，所以额叶损伤严重影响前瞻记忆。

麦克丹尼尔和爱因斯坦（McDaniel & Einstein, 1993）用熟悉-提取机制来解释前瞻记忆。他们认为，前瞻记忆包括熟悉和提取两个过程。熟悉过程提醒被试想起有某事要做，当指导语没有要求再认判断时，较高的熟悉值将直接产生关于某事项意义的信息，较低的熟悉值将导致对该事项的搜索，处于两者之间的熟悉值将启动恢复事项信息的提取过程。

还有人认为前瞻记忆中存在着自动激活机制。这是从语义记忆的激活扩散模型那里借鉴过来的。在激活扩散模型中，对于命题的信息加工包括搜索和决策两个过程。当一个概念受到刺激，这个概念节点就会产生兴奋而进入激活状态，激活沿着该节点与其他结点之间的各个路径扩散开去，这就是搜索。某一个节点可以得到来自其他不同节点的交叉激活，当这些激活总和超过阈限时，产生这种交叉激活的网络通路就将得到某种评价，这种评价实际上就是一个决策过程。

戈什科和库尔（Goschke & Kuhl, 1993）认为，前瞻记忆的自动激活机制是这样的：被试接受了一个前瞻记忆任务后，就会在工作记忆中形成一个关于目标线索-行动联系的编码，尽管该编码很快就从工作记忆中消失，但是一直处于阈下激活状态，而这种状态导致对后来呈现的靶线索更加敏感,使之更容易留下痕迹,进一步加强了目标线索-行动的联系。当这个联系增强到阈限以上时就进入意识,使被试注意到目标线索,激活从该线索对应的节点出发沿着目标线索-行动的路径扩散,从而激活行动节点。

前瞻记忆的老龄化研究

老龄化与前瞻记忆一直是前瞻记忆研究的重点,大约有一半的前瞻记忆研究是针对老年人的。

爱因斯坦和麦克丹尼尔(Einstein & McDaniel, 1990)做了一个堪称经典的研究,目的是验证前瞻记忆是否会受到年老化的影响而衰退。他们共进行了两个实验。实验1的目的是比较青年人和老年人前瞻记忆表现的差异,并比较有无外部提示线索对被试前瞻记忆的影响。外部提示线索指的是可以起到提示作用的各种物品(例如主试提供的铅笔、橡皮筋、订书机、橡皮、纸条、胶带、剪刀等)。实验的范式如前文所述,将前瞻记忆任务嵌入其他任务过程中,并采用2(青年,老年)×2(有外部提示线索,无外部提示线索)的被试间设计,每组12人,测试单独进行。实验中的前瞻记忆任务是当目标刺激(单词rake)出现时按下某一反应键,该单词在42组单词中随机出现3次。实验结果表明,年龄并不影响前瞻记忆,有无外部提示线索会影响到成绩。这一结果颠覆了老年人的前瞻记忆不如年轻人的观念。

爱因斯坦和麦克丹尼尔认为,产生上述结果,比较合理的解释是前瞻记忆情境本身就包含提取线索。为此,他们进行了实验2。爱因斯坦和麦克丹尼尔认为,成功的前瞻记忆可能依赖目标事件对行动的引发。熟悉的目标事件因为与其他事件有过多的联结,会对前瞻记忆产生干扰;而特殊的、不熟悉的目标事件与其他事件的联结比较少,且在背景中显得比较突出,对前瞻记忆任务的干扰应该比较小。实验2采用了2(青年,老年)×2(熟悉的靶事件,不熟悉的靶事件)的被试间设计,熟悉的目标事件是"rake"和"method",不熟悉的靶事件是"sone"和"monad",所有的被试都接受无外在提示线索的指导语,其他实验步骤与实验1相同。实验结果证实了爱因斯坦和麦克丹尼尔的假设:熟悉的目标事件阻碍前瞻记忆。而且,年龄仍不影响前瞻记忆的成绩。不过,上述实验建立在基于事件的前瞻记忆任务基础上,并不一定适合基于时间的前瞻记忆任务。

儿童前瞻记忆的研究

前瞻记忆研究的另一个重要方面是有关儿童发展的研究。威诺格拉德(Winograd, 1998)提出,前瞻记忆技能从儿童早期就开始发展起来了,甚至比回溯记忆更早。

克瓦韦拉什维立等人(Kvavilashvili, Messer & Ebdon, 2001)进行了一项实验研究。实验中的被试是4岁、5岁和7岁的儿童。实验中,让这些儿童一边翻一堆卡片,一边说出卡片上物体的名称。当发现卡片上是动物时,要求将这张卡片藏在一个盒子里,这个动作大概需要5~6秒。结果发现,7岁儿童在前瞻记忆任务中的表现虽然好于4岁和5岁的儿童,但差异并不大。这一结果与先前的许多研究相一致,可以看作是对威诺格拉德的观点的支持。

然而,也有一些研究发现,如果扩大被试的年龄范围或改变任务类型,会发现年龄与前瞻记忆还是有关系的。例如有人发现7岁和9岁儿童在前瞻记忆上有显著差异,甚至发现7岁和12岁的被试之间也有显著差异。这些结果与威诺格拉德的观点相左,表明前瞻记忆可能是在学龄期才发展起来的。另外,有些研究者认为与父母相处的成长环境能对儿童的前瞻记忆产生积极的影响。

克恩斯和普赖斯(Kerns & Price,2001)研究了注意缺失多动综合征(Attention Deficit Hyperactivity Disorder,ADHD)儿童前瞻记忆的特点。在此之前,神经生理学研究已经基本确认,前瞻记忆在一定程度上依赖额叶。而 ADHD 儿童也往往是在完成那些需要额叶功能参与的任务时会发生困难,因此,克恩斯和普赖斯认为 ADHD 儿童在前瞻记忆上可能表现出缺陷。他们的测验结果表明,ADHD 儿童的前瞻记忆能力确实比那些在年龄、智商、性别方面与他们相同的控制组儿童差。前瞻记忆成绩与多动症指数(ADHD 临床诊断标准)显著相关,但与智商无显著相关。

6.4 应用研究

心理词典

传统的词典在实际教学实践中会产生种种弊病。例如,米勒和吉尔德(Miller & Gildea,1987)给儿童一个生词:erode(腐蚀),要求儿童查词典造句。儿童查到这个词的解释是:eats away, eats out。接着造出来的句子令人啼笑皆非——"My family erodes a lot."。显然,儿童的句子是"My family eats out a lot."。米勒提出,应该利用计算机技术设计出新型的心理词典(mental dictionary),帮助学生更正确地使用语言,而避免传统词典的弊病。

如何设计这种新型词典呢?米勒认为,可以用单词之间的语义联系来组织词典。这样的词典与人的语义记忆系统有相似的概念结构,每个单词都处于丰富的语义网络中,学生可以很轻松地从语义联系中掌握生词的意义。

米勒等人的计划是,以语义为基础,将同义词组织在一起。例如,词典中"dog"有三个义项:(1)一种家养的犬,属于哺乳动物;(2)一种支撑或固定用的机械装置;(3)像狗一样地跟踪。这就要为每一个义项寻找同义词,从而得到以下同义词集合:

  {canine, dog};
  {catch, click, detent, dog, pawl};
  {chase, dog, go after, tag, tail, track, trail}。

这样，使用者就可以通过这些同义词集合更准确地理解生词，也容易检索到与其意义相近的词语。

除了利用同义词集合学习单词，还可以根据词与词之间的其他关系（例如反义词、概念的层次、部分-整体关系）进行词典的组织。图 6-10 就是米勒计划中的词典组织图解。近年来，类似这样可以帮助使用者构造自己的语义网络或概念地图的系统出现了不少。

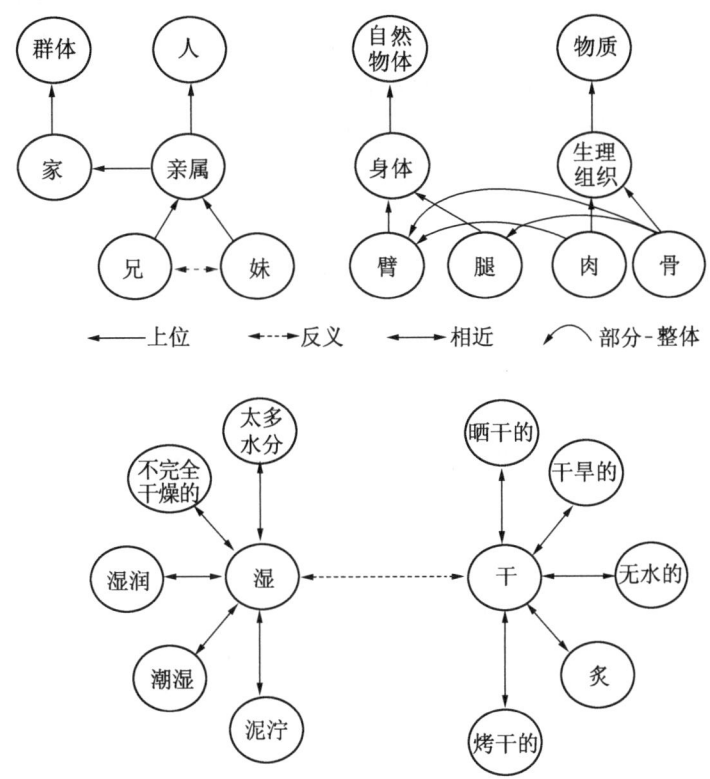

图 6-10 米勒计划中的词典组织图解

（来源：Miller，1986）

目击者证词

目击证人的证词在司法实践中具有重要意义。我们看电影和电视剧，经常看到这样的情节：法庭上控辩双方相持不下，各自拥有的证据均不足以压倒对方。眼看案子就要不了了之，甚至真正的罪犯将要逃脱法律的制裁。在这千钧一发之际，突然出现了一个重要的目击证人，此时形势顿时出现了彻底的改观，最终正义战胜了邪恶。不过，这可能是只有在文艺作品中出现的事情。其实，目击者证词的可靠性很早以前就受到了人们的质疑。对目击者证词可靠性的科学研究始于闵斯特伯格（H.Müsterberg），他曾经提到了记忆歪曲、语言准确性、易受暗示性等问题。但是，真正被公认为不仅在研究方法上，而且在理论上都得到了改进的研究,当属 20 世纪 70 年代洛夫特斯关于目击者证词的研究。

传统的记忆观点认为,人的记忆是稳定的,人们对所经历过的事件能够准确地再现其原本面目。但是洛夫特斯认为,人的记忆并不是稳定不变的,在受到各种新信息的影响之后,人的记忆是会调整和改变的,人们对经历过的事件的报告可能是记忆重构以后的结果。而且目击证人对于自己的证词的信心度经常是过高的。

洛夫特斯(Loftus,1975)在早期研究中发现细微的影响(例如提问时措辞上的细微差异)也可以改变一个人对某件事的回忆。如果目击者所接受的询问中包含着他与他所目击事件相关的虚假前提,那么在随后的目击者的证词中,这些新的虚假信息就会出现,并且会存在很长的时间。接下来,她以一系列精心设计的实验进一步论证了她的观点。

洛夫特斯的第一个实验是这样进行的:让 150 名被试观看相同的一段电影资料,内容为一辆车越过了停车线闯入了车流中,导致一起严重的交通事故。看完以后被试还要填写一张有 5 个问题组成的问卷,其中第一个问题是关键性的,而且有两种问法。一种问法是:

How fast was car A going when it ran the stop sign?

(A 车超越停车标志时的速度有多快?)

我们可以看到,这种问法似乎已经确认了一个预设的前提:有停车标志。而另一种问法是:

How fast was car A going when it turned right?

(A 车右转弯时的速度有多快?)

150 名被试被分成 2 组,分别接受上述两种不同的问法。

后面的 3 个问题无关紧要,带有凑数的性质。最后一个(第五个)问题是:

Did you see a stop sign for car A?

(你有没有看到停车标志?)

第五个问题也提到了停车标志。如前文所述,第一个问题的第一种问法确认了"有停车标志"这样一个预设前提,第二种问法没有这个前提。这对第五个问题的回答会不会有影响呢? 实验结果表明,确实是有影响的。回答第一个问题第一种问法的被试(被问到停车标志)中有 40 个(53%)在回答第五个问题时说自己看到了停车标志,而另一半被试(被问到右转弯)中只有 26 个(35%)声称看到了停车标志,两个比例之间存在显著差异。可见,预设前提对被试的记忆产生了显著的扭曲作用。

洛夫特斯的第二个实验是让 40 个学生观看一个 3 分钟的电影片断,内容是 8 个示威的学生闯进教室,打断了课堂教学的情景。看完以后,被试回答一份有 20 个问题的问卷。和第一个实验中采用的手法相似,其中有一个问题的问法不一样。第一种问法是:

Was the leader of the 4 demonstrators who entered the classroom a male?

(进入教室的 4 名示威者的头头是男性吗?)

另一种问法是：

Was the leader of the 12 demonstrators who entered the classroom a male?

(进入教室的 12 名示威者的头头是男性吗?)

和第一个实验一样，接受两种问法的被试各占一半。一周以后，将被试重新集中起来，再做一份有 20 个问题的问卷，其中一个关键的问题是：

How many demonstrators did you see entering the classroom?

(你看到有几个示威者进入了教室?)

实验的结果是，一周前接受第一种问法(预设前提为 4 个示威者)的被试报告的人数 6.40,而接受第二种问法(预设前提为 12 个示威者)的被试报告的人数平均为 8.85,这个差异也是显著的。这说明被试对于数量的记忆也会受到预设前提的影响。

洛夫特斯的第三个实验的目的在于验证问题中虚假的预设假设能否导致目击者在记忆中植入原来不存在的东西。实验中还是让 150 个学生观看一个录像，内容也是一场与一辆白色跑车有关的车祸。看完录像后回答一份有 10 个问题的问卷。其中有一个关键问题又出现了两种不一样的问法。一半的学生被问道：

How fast was the white sports car going when it pass the barn while traveling along the country road?

(白色跑车在乡间公路上行驶经过谷仓时速度有多快?)

另一半学生则被问道：

How fast was the white sports car going while traveling along the country road?

(白色跑车在乡间公路上行驶的速度有多快?)

一周后，被试又被要求回答 10 个问题，其中关键问题是：

Did you see a barn?

(你有没有看到谷仓?)

实验的结果是，前一半的被试(一周前在问题中看到过"谷仓")中有 13 个(17.3%)回答"看到过"，而后一半的被试(一周前没有在问题中看到过"谷仓")中只有 2 个(2.7%)回答"看到过"。两个比例之间的差异达到显著性水平。其实，录像里面没有出现谷仓。这一结果再一次证明了洛夫特斯的看法。

洛夫特斯的第四个实验进一步解释了前几个实验中的记忆重构效应。在这个实验中，被试分为 3 组，每组 50 个人，他们都先观看一段 3 分钟的录像，内容也是车祸，然后每一组被试都回答一些有关录像的问题，三组的区别如下：

直接问题组的被试回答 40 个无关紧要的问题和 5 个关键问题。问题中直接询问那些并不存在的事物。例如：

Did you see the barn in the film?

(你在片子中有没有看到谷仓?)

虚假前提组的被试也回答 40 个无关紧要的问题和 5 个关键问题,与直接问题组的区别是,问题中包含了并不存在的事物的虚假假设,例如:

Did you see a station wagon in front of the barn?

(你有没有看到谷仓前有一辆客货两用车?)

控制组被试只回答 40 个无关紧要的问题。

一个星期后,所有的被试被重新召集起来,回答 20 个新问题,其中有 5 个是一周前直接问题组中问到的直接问题,例如"你在片子中有没有看到谷仓?"结果发现,虚假前提组的被试中回答"是"的人数的比例显著地高于直接问题组和控制组。

洛夫特斯通过以上实验说明,一个完善的记忆理论应当包括一个记忆重新组合的过程,在这个过程中,新的信息整合进有关事件的原始记忆。而过去的记忆理论不能解释这些研究结果。洛夫特斯认为,目击者证词经常可能出现偏差,就是因为提问中虚假的预设前提在他们的记忆中植入了新信息,而且这种新信息被无意中整合进了对事件的原始记忆中,使得他们在回忆时不仅发生了错误,而且对自己的陈述深信不疑。

布兰斯福德和弗兰克斯(Bransford & Franks, 1971)的一个实验揭示了句子的记忆中产生的建构现象,可以作为目击者证词中产生的记忆建构的佐证。在实验的学习阶段,主试向被试呈现一系列句子,这些句子都是以下简单句或者它们的组合:

The ants were in the kitchen.

(蚂蚁在厨房里。)

The jelly was on the table.

(果冻在桌子上。)

The jelly was sweet.

(果冻是甜的。)

The ants ate the jelly.

(蚂蚁吃了果冻。)

呈现给被试的句子包括上述 2 个简单句,由 2 个简单句组成的复合句,例如:

The sweet jelly was on the table.

以及由 3 个简单句组成的复合句,例如:

The ants ate the sweet jelly on the table.

在后来的再认测验中,再向被试呈现一些句子,要求他们判断是否见过完全相同的句子,并对自己的判断作信心度评价。结果发现,被试们再认信心度最高的句子是由上述全部 4 个简单句组成的复合句(即使这样的句子实际上并没有出现过),例如:

The ants in the kitchen ate the sweet jelly that was on the table.

对于上述实验结果,布兰斯福德和弗兰克斯的解释是,被试在学习阶段储存了一些句子,然后又对这些句子进行了概括和重组,从而建构出一些新信息,这些信息也被储存了起来。于是,到了再认阶段,被试就分不清楚哪些是过去呈现过的句子,哪些是自己建构出来的句子。这与洛夫特斯关于目击者证词的记忆理论不谋而合。

不过,也有一些学者指出,实验室实验揭示的目击者记忆现象与实际生活中的情况不一定相同。实验室中呈现的录像资料往往是阶段性事件,与实际的抢劫、谋杀等案件是两回事。另外,案件的受害者和其他人(包括实验中的被试)注意的方面也可能是不一样的。

"借来"的与"偷来"的记忆

有些情况下,人们可能把别人的自传体记忆当成自己的。这就是所谓记忆借用(memory borrowing),它是生活中常见的一种记忆现象,它指的是人将别人的自传体记忆当成自己的故事来讲述。不过,虽然都叫记忆借用,但是个体对自己借用别人的记忆与自己的记忆被别人借用,感受是不同的。所以,前者被自己称为"借",后者被自己称为"偷"。记忆借用与虚假记忆的形成有关,故有重要的研究价值。

布朗等人(Brown, Caderao, Fields & Marsh, 2015)考察了大学生的记忆借用状况及其意义。研究者先询问了受访者在生活中记忆借用和被借用的情况,如果有这样的情况,则进一步问发生的频度(一次、偶尔还是经常)。问题与结果见表6-3。

表6-3 受访者对问题的肯定反应百分比

题号	问题:你是否曾经……	有	一次	偶尔	经常
Q1:借用记忆	听到别人的个人经历,然后将其当成自己的经历说给其他人听?	46.5	12.1	33.1	1.3
Q2:借用细节	在自己的故事中加入他人的相似经历?	32.7	6.3	23.7	2.7
Q3:记忆被偷	听到别人说着发生在你身上的事情,却好像是他的经历?	53.0	24.1	25.4	3.4
Q4:忘记借用	讲着以为是自己的故事,但事后却发现是别人的故事?	30.6	16.8	13.8	0.0
Q5:来源含糊	觉得不能确定某个事情到底是发生在自己身上还是别人身上的?	27.1	5.4	21.0	0.7
Q6:记忆争议	与别人争论某个事情发生在自己还是对方身上?	56.6	12.8	40.9	2.9

(来源:Brown, Caderao, Fields & Marsh, 2015)

布朗等人还调查了受访者借用记忆的理由。结果发现,有以下四种主要理由。

一是有意无意的"挪用"(占38.4%),其中有意挪用占23.9%,受访者表示别人的故事引人入胜,希望这个故事成为自己生活的一部分;无意挪用占14.5%,受访者表示别人的详细故事让自己觉得很投入,也可能是其他人的旧事记忆与自己的事情相混淆。

二是社会联结(26.5%),例如,受访者觉得,用第一人称讲故事更令听者兴奋。

三是为了方便(16.7%),例如,受访者表示用第一人称讲述事情只是因为比较方便。

四是为了巩固地位(7.7%),例如,受访者觉得如果故事发生在自己身上,旁人会觉得他是一个有趣的、重要的人。

本 章 附 录

内容提要

(一)陈述性记忆包括语义记忆和情节记忆,是长时记忆研究的重要内容之一。塔尔文最早提出,语义记忆和情节记忆是信息在长时记忆中储存的两种基本形式,它们具有不同的认知机制,是既相互独立又相互作用的两个记忆系统。对此,沙克特提供了一些遗忘症方面的证据。

(二)语义记忆模型中,最著名的是柯林斯和奎利恩的层次语义网络模型。其基本思想是,语义记忆是由概念之间的相互联系形成的一个巨大的、有一定层次结构的网络,这样的安排可以体现"认知经济性原则"。柯林斯和奎利恩用不同句子的反应时实验来验证自己的模型。另外,启动效应和词优效应也可以作为层次语义网络模型的佐证。但是也有人发现不利于该模型的证据,例如典型性效应等。柯林斯和洛夫特斯后来还提出激活扩散模型。

(三)集合理论模型和谓词交叉模型都与集合概念有关,能够解释的范围小。史密斯等人提出的特征比较模型在某种程度上也类似于集合理论模型,但是能够说明许多现象,包括典型性效应等。

(四)情节记忆的研究中,自传体记忆是一个重要领域。个体在回忆自己经历过的事情时,由于各种各样的原因,经常会产生各种偏差和扭曲。

(五)林顿对于日常事件的记忆进行了长期的研究,发现对于真实事件的记忆比过去的实验室研究认定的要持久得多。那些不能回忆的项目至少可以分成两大类型:已经完全不能回忆的项目和不能与其他熟悉的项目区别开来的项目。老人能够回忆的主要是青少年时期和成年早期发生的事情。

(六)闪光灯记忆可能来自个体强烈的情绪生理反应,也可能来源于重复。虚假-恢复性记忆的研究表明,由所谓的记忆恢复技术鼓励出来的往往是虚假的记忆,因为子虚乌有的事件完全可能通过暗示技术"植入"人们的自传体记忆中。

(七)自传体记忆系统理论认为,自传体记忆包括自传知识库和工作自我。自传知识库中的信息根据其具体性可以分为三个水平:生活片断知识、一般事件知识和具体事件知识。工作自我指的是个体当前的目标系统和与之相连的自我表象。知识库与工作自我交互作用,完成自传体记忆的存储和提取。

（八）前瞻记忆是相对于回溯记忆的另一种形式的长时记忆。前瞻记忆在儿童和老年人身上更具有特殊的意义，其特殊性还在于，它和人们的社会交往有更为密切的关系，而不仅仅在于它是个人的认知问题。

（九）前瞻记忆与回溯记忆最本质的区别在于，前瞻记忆任务包括两种成分：一种是自发启动先前意向的前瞻成分（这是回溯记忆没有的），另一种是对意向内容进行提取的回溯成分。前瞻记忆研究的发展依赖研究方法的不断改进，从自然观察法、严格控制的实验法到情境模拟法，前瞻记忆研究经历了多次方法上的变革。

（十）传统的词典在实际教学实践中会产生种种弊病。心理词典与人的语义记忆系统有相似的概念结构，每个单词都处于丰富的语义网络中，学生可以很轻松地从语义联系中掌握生词的意义。

（十一）目击证人的证词在司法实践中具有重要意义。洛夫特斯在早期研究中发现细微的影响可以改变一个人对某件事的回忆，例如预设前提对被试的记忆可能产生显著的扭曲作用。不过，也有一些学者指出，实验室实验揭示的目击者记忆现象与实际生活中的情况不一定相同。

（十二）人们有时可能把别人的自传体记忆当成自己的。这可能与虚假记忆有关。

术语解释

陈述性记忆(declarative memory) 可以用语言表述出来的知识，包括语义记忆和情节记忆。

语义记忆(semantic memory) 塔尔文提出的长时记忆系统的组成部分之一，它接收和储存的是各种一般知识，与时间和地点无关。

情节记忆(episodic memory) 塔尔文提出的长时记忆系统的组成部分之一，它接收和储存的信息都是按照事件发生的时间以及事件之间的时空关系排列的。其信息都是个体的生活经历。

层次语义网络模型(hierarchical semantic network model) 由柯林斯和奎利恩提出来的语义记忆模型。其基本思想是，语义记忆是由概念之间的相互联系形成的一个巨大网络，而且这个网络是有一定层次结构的，知识的提取就是这个层次网络作用的结果。

典型性效应(typicality effect) 对于典型的例子，反应时总是短一些。例如，让被试对于"知更鸟是鸟"和"火鸡是鸟"这两个句子作出判断，前者的反应时较短。

集合理论模型(set-theoretic model) 迈耶提出的语义记忆模型。他将语义记忆看作是许多集合构成的系统，而基本的语义单元仍是概念。

谓词交叉模型(predicate intersection model) 迈耶提出的模型，用于解释全称判断和特称判断反应时间的不同。

特征比较模型(feature comparison model) 史密斯等人提出的语义记忆模型。他们将事物的特征分为定义性特征和描述性特征。如果两个概念之间相同特征很多或很少,判断的速度就快;如果相似程度中等,则须进一步比较两个概念的定义性特征,然后根据定义性特征是否匹配来作出反应,故反应时间较长。

范畴大小效应(category size effect) 如果一个概念是另一个概念的下位概念,针对下位概念的反应一般比针对上位概念的快一些。

激活扩散模型(spreading activation theory) 由柯林斯和洛夫特斯提出的语义记忆模型。该模型针对层次语义网络模型的欠缺,提出了一些重要的修正。他们认为,语义记忆仍是一个巨大的网络,其中节点对应于概念,概念之间通过一定的路径相互联系;一旦某个节点被激活,它产生的兴奋会沿着节点间的路径扩散开来,从而兴奋其他的节点;节点之间路径的长短体现了概念之间联系的紧密程度。

自传体记忆(autobiographical memory) 个体对于自己生活中经历的事情的记忆。

旧事隆起(reminiscence bump) 青少年时期和成年早期发生的事情被记住最多。

闪光灯记忆(flashbulb memory) 一种记忆现象,指个体不仅可以记住重大事件本身,还能记住得知该事件时自己的其他经历。

自传知识库(autobiographical knowledge base) 指的是个人信息的储存库。库中的信息根据其具体性可以分为生活片断知识、一般事件知识和具体事件知识。

虚假-恢复性记忆(false-recovered memory) 通过一定的方法(例如,想象和暗示等)使个体产生虚假的人生早期经历的回忆。

DRM(Deese-Roediger-McDermott)范式 让参试者阅读并尝试记住一组或多组的单词。每一组单词都与一个共同的靶词(亦称"诱词")相关联。虽然这个诱词始终不出现,但是参试者在随后的回忆中往往将其当作曾经见过的词报告出来。

回溯记忆(retrospective memory) 对过去事情的记忆。

前瞻记忆(prospective memory) 对计划中的将来事件或行为的记忆,包括基于时间的前瞻记忆、基于事件的前瞻记忆以及基于活动的前瞻记忆。

心理词典(mental dictionary) 利用计算机技术设计的新型词典,它与人的语义记忆系统有相似的概念结构,每个单词都处于丰富的语义网络中。

记忆借用(memory borrowing) 将别人的自传体记忆当成自己的故事来讲述。

深入阅读

(一) Tulving, E.(1993). What is episodic memory? *Current Perspectives in Psychological Science*, 2, 67-70.

——该文系统地介绍了情节记忆的基本特征。

(二) Hock, R.(2004). *Forty studies that changed psychology: Explorations into the history of psychological research* (5th Edtion), Section 16, Prentice Hall.

——该书第 16 节(Thanks for the memories)讨论的是洛夫特斯关于目击者证词的研究。

(三) Conway, M. A. (2005). Memory and the self. *Journal of Memory and Language*, 53, 594—628.

——本文详尽阐述了自传体记忆与自我的关系。

(四) Solso, R. L., MacLin, M. K. & MacLin, O. H. (2005). *Cognitive psychology* (7th Edtion), pp.260-289, Allyn and Bacon.

——该书对知识的表征问题作了简洁的介绍。

第 7 章

复杂知识的表征

·本章细目

7.1 陈述性知识的记忆

陈述性知识的一般概念

图式与脚本

图式　脚本

文本记忆与故事记忆

文本记忆　故事记忆

综合性记忆模型

人类联想记忆模型　ELINOR 模型

7.2 程序性知识的记忆

程序性知识的一般概念

程序性知识的表征

ACT* 模型　产生式规则　产生式系统的形成　流程图

7.3 内隐记忆

内隐记忆的一般概念

内隐记忆的实验验证

内隐记忆的测验方法　遗忘症患者的内隐记忆　正常人的内隐记忆

关于内隐记忆的争议

传输适当认知程序理论　关于内隐记忆研究的小结

7.4 应用研究

教学中的信息加工

从阅读中获得更多信息　从听讲中获得更多信息　测试有益于记忆

知识与技能的组织

概念地图　过程分析

·导读问题

- 为什么说图式是一种广义的概念？
- 图式和脚本是一回事吗？
- 脚本与事件分割有何关系？
- 文本记忆与故事记忆有什么不同？
- 程序性知识有什么特点？
- 产生式系统是如何形成的？
- 实验性分离逻辑是否真正合理？
- "读书百遍，其义自见"，真的这么灵吗？
- 概念地图在教学过程中有何作用？

第 6 章的语义记忆一节阐述了以一个概念及其特征为中心的简单知识的记忆，本章阐述的是复杂形式知识（例如对于文本、故事、定理、程序等）的表征和记忆。斯夸尔（Squire，1987，1993）认为，知识可以分为陈述性知识和程序性知识，前者可以用语言表述，后者难以用语言表述，但是可以用活动表现出来。还有一类知识是内隐的，它无法用语言表述，也难以用活动表现，但是对个体的行为却能够产生一定的影响。

7.1 陈述性知识的记忆

陈述性知识的一般概念

陈述性知识是一般意义上的知识，它包括书本知识，也包括一切可以用语言表述和传授的知识。这些知识往往是关于事实、理论、事件等的表述，涉及"是什么"的知识，例如："上海位于中国的东部""物质的基本形态是固态、液态和气态""夏天比冬天暖和，是因为夏天阳光直射地面"，等等。因为以语言作为载体，陈述性知识随时可以提取，也容易因为记忆痕迹消退或受到干扰而产生遗忘。认知心理学家认为，陈述性知识涉及图式和脚本，并且以命题网络的形式加以表征。

陈述性知识的特点是概念之间形成许多联想。瑞安等人（Ryan et al.，2000）认为，遗忘症患者往往陈述性记忆受到很大影响，而非陈述性记忆却保存下来，就是因为遗忘症破坏了联想的形成。

图式与脚本

图式

图式(schema)这个概念,是巴特利特(Bartlett,1932)研究人类记忆问题时提出的。图式就是一种广义的概念,它是认知活动的基本构件,是经过组织的知识。

为什么说图式是一种广义的概念呢？举个例子就明白了。有人这样描述大学生活:"大学生活是一个什么概念呢？就是宿舍——教室——食堂,三点一线"。这里说的"大学生活",不是一个严格的概念,它没有明确的定义,但是我们还是觉得对于大学生活的这样一个总结很简洁,也很贴切,尽管它没有包括大学生活的全部内容,但是至少给了我们一个既概括又不乏生动的认识。"宿舍——教室——食堂"不是词典当中给出的严格定义,但是它概括了大学生活的基本内容。这样定义出来的概念是一种广义的概念,我们称其为图式。

图式常常既是形象的,又是概括的。在文学作品中,绝少有人像辞书那样对一个概念下定义,作家往往用图式来说明某种概念。例如,中国古典喜剧《救风尘》中,描写了一个浮浪弟子周舍。作者没有概念化地叙述周舍的浮浪,而是用一段对白把"浮浪"这个"概念"(广义的)表达得活灵活现。在第三场周舍跟店小二上场时有如下一段对白:

周舍:店小二,我要你开着这个客店,我那里稀罕你那房钱养家……你便来叫我。

小二:我知道,只是你脚头乱,一时间哪里寻你去？

周舍:你来粉房里寻我。

小二:粉房里没有呵？

周舍:赌房里来寻。

小二:赌房里没有呵？

周舍:牢房里来寻。

(来源:《中国十大古典喜剧集》,上海文艺出版社,1982年第1版,前言部分,第20-21页)

这就是"浮浪弟子"的图式。这里面没有一个定义,却充分体现了一个概念。可见,图式是形象思维的基石。

一般来说,认知心理学家将图式看作是"信息包",其中同时包括固定的成分和可变的成分。例如,关于猫的图式就可以包括如下固定的成分:哺乳动物,有四条腿,可以家养;其可变的成分则是品种、毛色、性情,等等。另外,图式也常常用来表示信息之间的关系,例如猫的身体各个部分要组合在一起才能成为一只猫。正如概念之间可以产生各种联系(例如上位概念、下位概念、同位概念)一样,图式之间也可以有各种各样的联系。

有时,图式所指的事物比概念还要大。例如,我们一般不会认为"初次见面"是一个概念,但是我们对于"初次见面"会有相应的知识,这些知识就是以图式的形式组织起来的:初次见面时第一步说什么、做什么,接下来说什么、做什么;要注意哪些问题(对方是男性时怎样称呼,是女性时又是怎样称呼,等等)。

脚本

脚本(script)是由尚克和埃布尔森(Schank & Abelson,1977)提出来的概念。图式往往和脚本联系在一起。可以说,脚本就是一种特殊的图式,是一种关于常规性事件或人类行为的某些相对固定的程序的图式。例如去饭店就餐,其脚本就是:第一步,找位子坐下;第二步,点菜;第三步,等待(其间常常会去洗手间);第四步,就餐;第五步,结账;第六步,离开饭店。无论去问谁,他说的基本上就是这些步骤。很少有人会说得更加详细,也很少有人说得更加简单笼统。所以,上述六个步骤就是去饭店就餐的脚本。

脚本可以引导我们进行各种各样的推论。如果有一个人很喜欢吃川菜,他在一天的日记中写道:"我这两天实在太想吃川菜了,下班之后就进了单位旁边的一家川菜馆,点了几样菜。一直到七点钟才结账付款,心满意足地离开。"这段日记虽然没有将整个就餐过程写出来,但是我们可以根据脚本推测:他进入餐馆的时候应该先找到合适的座位,然后有服务员上来写菜单,上菜,等等。日记中无需唠叨这些固定的程序,但是我们并不觉得信息量不够,因为脚本自动填补上了这些信息。

脚本的一种特殊形式是事件模型。当个体观看一个事件的发生过程时,运用自己关

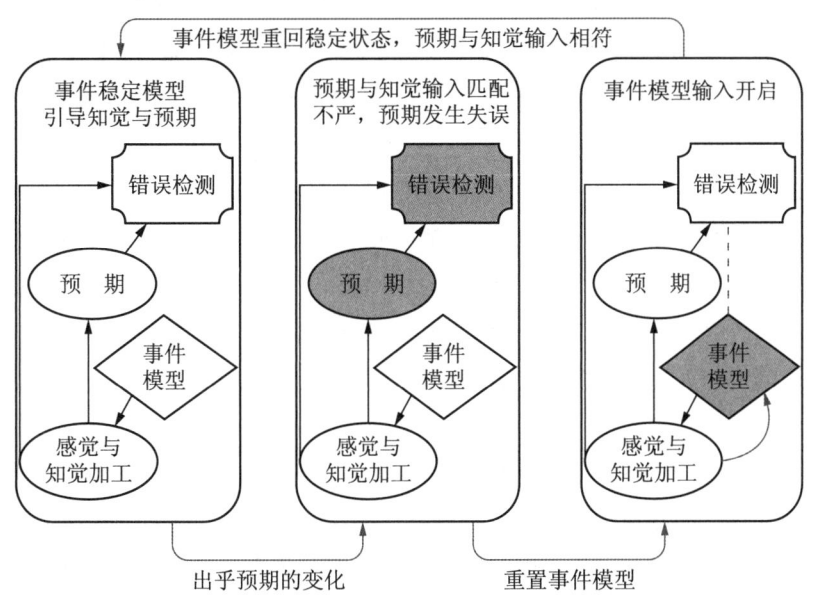

图 7-1 关于事件分割的理论模型

注意灰色箭头和灰色背景的图块,它们是预期发生失误时对模型进行调整的关键环节
(来源:Kurby & Zacks, 2008)

于这一事件的知识对其进行事件分割(event segmentation)——将整个事件分解成为一系列组成部分,这些部分往往是有一定意义的子事件。库尔比和扎克斯(Kurby & Zacks, 2008)提出了一个关于事件分割的模型(见图 7-1),指出事件模型负责指导事件知觉,并在预期与事件知觉不符(即预期发生的子事件与实际观察到的子事件不同)时,对模型加以调整。该模型充分体现了脚本在事件知觉中所起的自上而下加工的作用。值得注意的是,事件分割较少受感知觉信息的影响,分割结果主要受事件内容的影响(Swallow et al., 2018)。这说明,事件分割更像是一个分类的过程。

文本记忆与故事记忆

一个人从小到大会识记无数的文本和故事,但是对于文本的记忆和对于故事的记忆是有区别的。对于文本的记忆意味着需要逐字逐句的背诵,不能用自己的语言进行转述;而对于故事的记忆则不需要逐字逐句的背诵,只需记住其涵义以及情节就可以。因此,一般而言,对于文本的记诵会比较困难一些。

文本记忆

鲁宾(Rubin, 1995)通过一个实验来研究文本记忆的特点。他让被试背诵一些著名的篇章,例如美国宪法的前言、脍炙人口的演讲等等,逐字逐句地记录下被试的回忆。表 7-1 就是 50 名被试对美国宪法前言的回忆情况(表中每一行就是该前言中一个单词的回忆情况,右边有竖线"|"的地方表示被试回忆出左边的单词)。实验结果表明,回忆出相同数量的词的被试,倾向于回忆出相同的词。最简单的例子就是最后面的 5 名被试,他们都只回忆出 3 个单词,而这 3 个单词都是"WE""THE"和"PEOPLE"。另外,被试倾向于回忆整句或整个短语,如果背诵当中发现遗忘,被试往往会跳到下一个短语或句子的起始处开始继续背诵。

故事记忆

对于故事记忆进行的实验,最经典的还是巴特利特(Bartlett, 1932)的《鬼的战争》的回忆实验。在这个研究中,巴特利特以北美民间故事作为材料,以大学生作为被试,要求他们将故事读 2 遍,并采用了系列再现法(serial reproduction method),即被试在识记故事以后经过不同的时间间隔(从 15 分钟到 10 年)多次进行回忆。巴特利特的兴趣在于考察被试记住了哪些信息,忘记、歪曲或重新编排了哪些信息。下面的文字就是要求被试识记的故事:《鬼的战争》。

一天晚上,两个来自艾古拉克的年轻人,想下河去捕捉海豹。当他们走到河边时,四周寂静下来,并且开始起雾。一会儿,他们听到厮杀的呐喊声。他们想,这里可能有一场战争游戏。于是,他们躲到岸上,藏在一根大的原木后面。接着,他们听到了桨声,只见来了几只小舟,其中一只小舟向他们划过来。这只小舟上有五个人,对着他们说:

"带你们一起去好吗?我们要去上游和那里的人打仗。"

表 7-1　被试对美国宪法前言的回忆情况

文　　本	50 名被试的回忆结果（有竖线处表示该被试对左侧单词作出了正确回忆）	文　　本	50 名被试的回忆结果（有竖线处表示该被试对左侧单词作出了正确回忆）
WE	||||||||||||||||||||||||||||||||||	THE	||| |
THE	||||||||||||||||||||||||||||||||||	GENERAL	||| |
PEOPLE	|||||||||||||||||||||||||||||||||	WELFARE	|| |
OF	|||||||||||||||| | |||||||| |	AND	|||
THE	||||||||||||||| | | |||||	SECURE	|||
UNITED	||||||||||||| | ||||||	THE	|||
STATES	|||||||||||||||| | ||||||	BLESSINGS	|||
IN	|||||||||||||||||||||| |	OF	|||
ORDER	|||||||||||||||||||| |	LIBERTY	|||
TO	||||||||||||||||||	TO	||
FORM	|||||||||| |||||| || |	OURSELVES	|||
A	||||||||||||||||||	AND	|||
MORE	|||||||||||||||||	OUR	||
PERFECT	||||||||||||||| ||	POSTERITY	|||
UNION	||||||||||||||| |	DO	||||| |
ESTABLISH	|||||| ||||	ORDAIN	||||| |
JUSTICE	|| |||| ||	AND	||||
INSURE	|| ||||	EASTABLISH	||||
DOMESTIC	||||||	THIS	|||| |
TRANQUILITY	||||||	CONSTITUTION	|||||
PROVIDE	|| ||	FOR	|| ||
FOR	|| ||	THE	||||
THE	|| ||	UNITED	|||||
COMMON	|| ||	STATES	||||
DEFENSE	|| ||	OF	||||
PROMOTE	||	AMERICA	|||||

（来源：Rubin, 1995）

一个年轻人说："我没有箭。"

船上的人说："船上有箭。"

年轻人说："我不想去,去了可能会被杀死,家里人就不知道我的去向了。"接着他转过来对着另一位年轻人说："不过,你可以跟他们去。"

于是,其中一个年轻人就跟着走了,另一个则回到了家里。

这些战士继续逆流而上,来到卡马拉河对岸的一个村庄。人们下到水中,开始战斗,有许多人被杀死。不一会儿,这个年轻人听到一个战士说:"快点,我们回家吧!印第安人已经被击中了!"年轻人这才想到:"哎呀,他们是鬼!"他没有觉得不舒服,但是人家说他被射中了。

于是,乘独木舟回到了艾古拉克,年轻人上岸回到了家里,生了火。接着,他告诉在场的每一个人说:"请注意,我曾经和鬼结伴而行,并且去打了仗。我们这边有很多人被杀死,攻击我们的人也有许多被杀死。他们说我被射中,但是我不觉得有什么不舒服。"

他说完后,变得安静起来。当太阳升起时,他倒在地上。他的口中吐出黑色的东西,脸也扭曲起来。人们惊跳起来,呼喊着。

他死了。

接下来的文字是一个被试在阅读材料20分钟后作出的回忆:

来自艾古拉克的两个年轻人去钓鱼。他们到达河边时,听到远方传来的吵闹声。

其中一个人说:"像是在喊叫。"接着,出现了一些乘小舟的人,这些人邀请他们两个参加冒险活动。两个人中有一个以家人为由拒绝参加,另一个则参加了。

他说:"可是没有箭啊!"

船上的人回答说:"船上有箭。"

于是,他加入了,而他的同伴回家去了。那伙人逆流而上,划到卡马拉河,开始上岸。敌人向他们展开攻击,激烈的战斗爆发了。不一会儿就有人负了伤,接着喊声大起,说敌人是鬼。

这伙人顺流而回,那个年轻人回到家里,他自己并不觉得有什么不舒服。第二天早晨,他试图讲述自己的历险经过。说着说着,他的嘴角流出了一些黑色的东西。他突然大喊一声,倒了下去。朋友们向他围拢过来。

可是,他已经死了。

(来源:Bartlett,1932)

可以看到,被试在20分钟以后的回忆中,一些情节消失了,一些情节次序颠倒了,一些情节记反了。而且,随着时间的延续,被试的回忆中重构的内容越来越多。可见,被试在无意识中歪曲了记忆中的信息,使得故事更加合理和一致。因此,巴特利特认为,回忆是一种建构的过程。

不同的人对于相同材料的回忆有所不同,这是由于阅读者的先验图式造成的。皮切特和安德森(Pichert & Anderson,1977)的一个实验证明了这一点。在他们的实验中,被试阅读两篇文章,一篇讲的是两个男孩在其中一个的家里玩逃学游戏,另一篇讲的是两只海鸥在遥远的海岛上嬉戏。在阅读第一个故事的时候,将被试分成3组:要求1/3的被试把自己想象成购房者,从购房的角度来阅读;1/3的被试把自己想象成盗贼,从对房屋财物进行盗窃的角度来阅读;其余1/3的被试是控制组,在阅读时不做任何的要求。阅读第二个故事的时候,也将被试分成 3 组:要求 1/3 的被试把自己想象成一个喜欢奇异花草的养花人;1/3 的被试想象自己是渴望生还的遇难者;其余的被试作为控制组。阅读结束后进行立即回忆,并且在一周以后再次进行回忆。

实验结果表明,被试阅读角度的不同,使他们产生了不同的图式,从而强烈地影响到立即回忆的结果。这种影响在一周以后的第二次回忆中仍然存在,只是不那么强烈了。例如,在第一个故事中,屋顶是漏的。这一信息对于想象自己是购房者的被试来说是非常重要的,而对于想象自己是盗贼的被试来说没有什么关系。在这个故事中,屋子里面有一台大型彩色电视机,这对于"盗贼"被试很重要,对于"购房"被试却是无所谓的。但是,无论预先设定的是哪一种阅读角度或图式,对于被试来说,信息越重要,回忆的成绩就越好。这一研究结果正合了鲁迅先生所说的,一部《红楼梦》,"经学家看见《易》,道学家看见淫,才子看见缠绵,革命家看见排满,流言家看见宫闱秘事……"

综合性记忆模型

人类联想记忆模型

人类联想记忆模型(human associative memory model),是由安德森和鲍尔(Anderson & Bower, 1973)提出来的。这也是一个网络模型。只是这个网络的基本单元不是单个的概念,而是将概念联系起来的命题。命题和句子相似,但又不是句子本身,它是一种更加抽象的表征。两个不同的句子可能表示的是一个命题。例如,"鸟在天上飞"和"天上飞着鸟"表达的是同一个命题,只不过它们的句式不同罢了。

命题又是一系列联想构成的,每个联想将两个概念联系在一起。联想又根据不同的内容分为以下四种主要类型(见表 7-2)。

表 7-2 人类联想记忆模型中的主要联想类型

联想类型	例 子	联想类型	例 子
上下文-事实联想	昨天在学校 约翰哭过 在家 我们吃	主词-谓词联想	恺撒 死了 我的姑姑 是教师
地点-时间联想	巴黎 1942 学校 昨天	关系-宾词联想	高于 比尔 喜欢 汤姆

(来源:Anderson & Bower, 1973)

上下文-事实联想——"事实"是指发生的事情,"上下文"是指事情发生时的时间和地点。

地点-时间联想——"地点"说明的是事情发生于何地,"时间"说明的是事情发生于何时,它们的结合构成上面讲的"上下文"。

主词-谓词联想——"主词"指的是事情的主体,是施动者;"谓词"指的是主体的特性或实施的动作。

关系-宾词联想——"关系"指的是主体的动作或主体与其他事物的联系,"宾词"是指动作的对象。"关系"和"宾词"的结合构成上面讲的"谓词"。

除了上述四种主要的联想以外,还有概念-实例联想,例如:家具—椅子。

将若干个联想结合起来,就可以表征一个命题。例如,对于句子:

Children who are slow eat bread that is cold.

(动作慢的孩子们吃到的面包是冷的。)

这句话,可以用图 7-2 表示它的命题模型图。韦斯伯格(Weisberg,1969)曾经在一个实验中让被试记住这句话。在句子呈现完毕后,给出其中的一个单词,要求被试报告出现在他脑海中的第一个单词(也是该句子中的)。例如,呈现单词 slow(慢的),被试第一反应是 children(孩子们),而不是离 slow 比较近的 bread(面包)。如果考察一下命题模型图,就可以看到,从"慢的"到"孩子们"要通过的节点少于到"面包"。

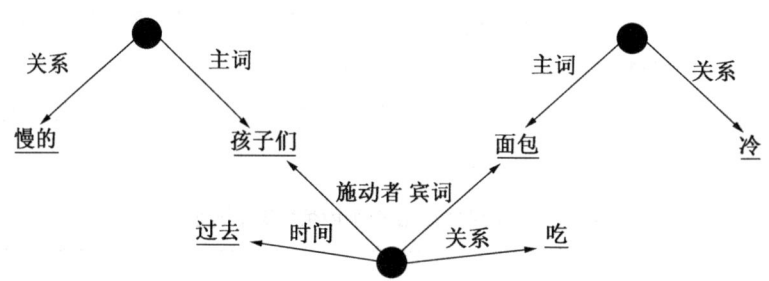

图 7-2 句子"动作慢的孩子们吃到的面包是冷的"的命题模型

(来源:Weisberg,1969)

当需要从记忆系统中提取知识来回答问题或理解句子时,首先应将问题或句子与长时记忆中的知识信息进行匹配。在人类联想记忆模型中,这个匹配过程分为四个阶段:(1)输入句子;(2)分析句子,构建命题模型;(3)在长时记忆中找到一个以同样方式联系同样概念的命题模型;(4)两个模型相互匹配。

人类联想记忆模型的一个重要优点是既可以表征语义记忆,又可以表征情节记忆,从而将两者结合起来,这是一般的语义记忆模型未能做到的。另外,命题之间可以嵌套,即一个命题嵌入另一个命题之中,产生类似于主从复合句的命题形式,可以用来表征比较复杂的知识。

ELINOR 模型

ELINOR 模型(ELINOR model)是由诺曼、林赛和鲁梅尔哈特于 20 世纪 70 年代中期提出来的(Norman & Rumelhart, 1975; Lindsay & Norman, 1977),有人认为 ELINOR 这个名字是三位提出者姓氏开头的字母组合而成的。用 ELINOR 模型也可以将语义记忆和情节记忆结合起来,并表征比较复杂的知识。

诺曼等人认为,长时记忆中储存着三类信息,即概念、事件和情节。概念指的是特定的观念或思想,事件是一个由动作、施动者和受动者等构成的场景,情节则是由多个事件按一定时间关系结合而成的。在 ELINOR 模型中,起核心作用的基本单元是事件,换句话说,人的记忆是以事件为中心组织起来的。

ELINOR 模型也是一个网络模型,其节点代表概念和事件等,连线表示节点之间的意义联系。节点和连线共同形成的网络就用来表征知识。例如,以下句子表达的信息可以用图 7-3 所示的网络进行表征。

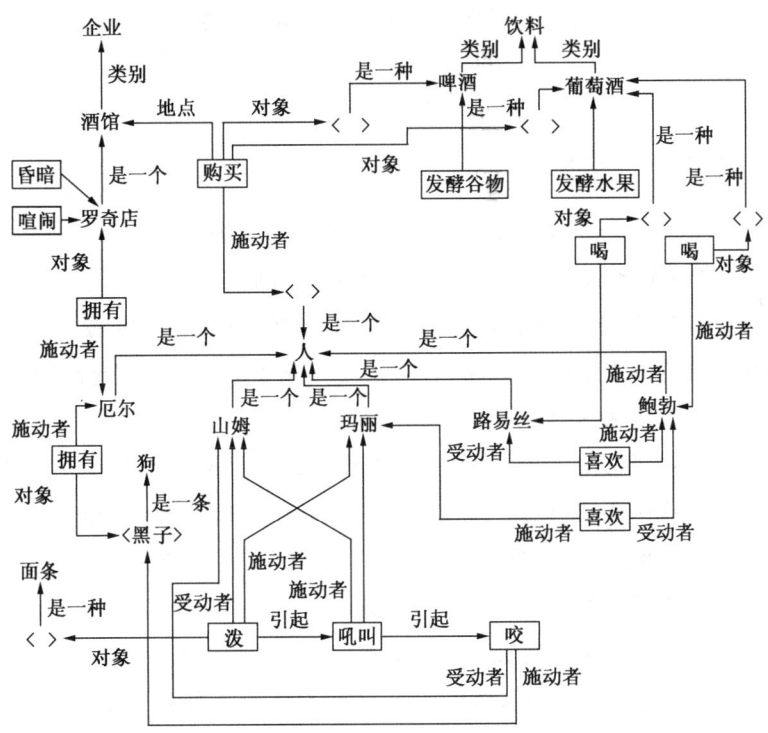

图 7-3 用 ELINOR 模型进行知识表征的示意图

(来源:Lindsay & Norman, 1977)

罗奇店是一个酒馆/
路易丝喝葡萄酒/
鲍勃喝葡萄酒/

玛丽把面条泼到山姆身上／
厄尔拥有罗奇店／
鲍勃喜欢路易丝／
厄尔的狗"黑子"咬山姆，因为山姆对玛丽吼叫／
玛丽喜欢鲍勃

图 7-3 就是一个网络，其中的节点包括多种形式。第一种是概念节点，例如图中的"企业""饮料""鲍勃"等；第二种是动作节点，例如方框中的"拥有""购买"等；第三种是概念的实例或特定的感觉信息，在图中用〈 〉符号表示，其内容为缺省值。各个节点之间又标出不同信息的连线，表示节点之间的关系。这些节点及其连线可以表示语义记忆，例如"啤酒是一种发酵谷物""葡萄酒是一种发酵水果"；也可以表示情节记忆，例如"玛丽把面条泼到山姆身上"，引起"山姆对玛丽吼叫"，这又引起"厄尔的狗咬山姆"。

7.2 程序性知识的记忆

程序性知识的一般概念

程序性知识（procedural knowledge）其实不是狭义的知识，它更多地体现为技能和程序，是关于一件事情应该"怎样做"的知识。它包括动作技能和认知技能，例如开车、打球、计算、修理等等。程序性知识通常不能用语言或不能单纯用语言加以描述，更不是靠背诵语言描述就能掌握的。程序性知识往往需要通过反复尝试或练习才能获得。另外，程序性知识不像陈述性知识那样随时可以提取，必须在执行相关的操作时才能提取出来；它也不像陈述性知识那样容易遗忘或混淆，一项技能学会以后，即使几年不用，也能比较顺利地提取出来。对于程序性知识的记忆，就是程序性记忆（procedural memory）。

程序性知识分为两大类：与领域无关的程序性知识和与领域相关的程序性知识。与领域无关的程序性知识指的是认知活动中普遍应用的程序性知识，它是个体顺利进行认知活动必须掌握的一般方法或途径。与领域相关的程序性知识则是那些帮助个体在具体条件下有效地解决具体问题的特殊方法或途径。例如，一位有经验的程序员在编写一个对数据进行排序的程序时，需要同时具备上述两方面的程序性知识。首先，他要懂得编写程序和做任何事情一样，先要弄清楚问题的要求以及可以借助的已知条件或数据，然后寻找或设计某种排序方案，并将方案的各个步骤转化为程序，从而解决问题。这里所说的他要"懂得"的做事情的一般做法，就是与领域无关的程序性知识。其次，他可以借鉴各种排序方法，例如起泡法、选择法等等，这些方法是历代程序员经验的结晶，只适用于数据排序这一领域，是与领域相关的程序性知识。一个专业领域的专家就是积累了丰富的与领域相关的程序性知识并能灵活应用的人。

神经生理学研究表明,程序性记忆涉及的神经结构与陈述性记忆也是不同的。前者依赖内侧颞叶(其中的主要结构有海马、内嗅皮层、旁海马皮层等)和间脑;后者除了牵涉到上述区域之外,还依赖小脑、杏仁核、尾状核和新纹状体等。

程序性知识的表征

ACT* 模型

有关程序性知识的表征模型,安德森(Anderson,1976,1983)提出的 ACT* 模型(adaptive control of thought model)最为著名。安德森原来的理想是建立一个认知结构模型,用来描述人类认知操作的基本原理,而 ACT* 就是这个模型的后期版本(早期版本为 ACT)。这个模型中不仅包括存储陈述性知识的陈述性记忆系统、存储程序性知识的产生式记忆系统和工作记忆系统,还包括具体的信息加工方式(见图 7-4)。

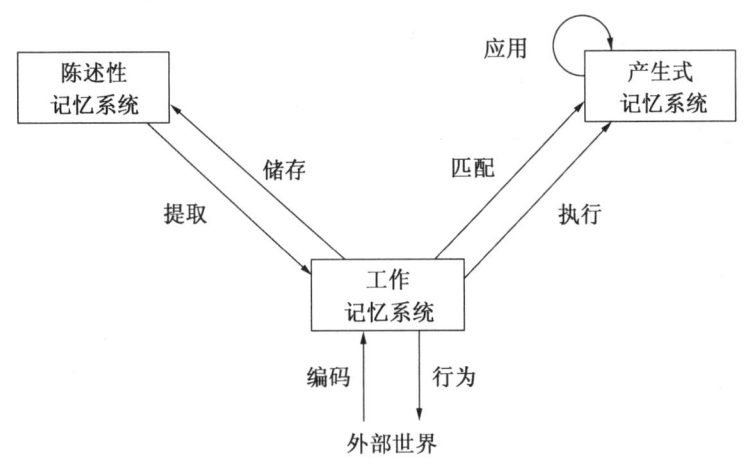

图 7-4 安德森的认知结构模型

(来源:Anderson,1983)

在 ACT* 模型中,工作记忆其实就是陈述性记忆中最活跃的部分。三个成分相互作用,完成各种认知任务。模型中的产生式记忆系统以各种产生式规则(production rules)表征着程序性记忆。

产生式规则

产生式规则描述的是在什么条件下可以进行什么动作,以达到什么目标。产生式规则可以十分简单,例如:

为了不让雨淋湿(目标),如果天下雨(条件),就带上雨伞出门(动作)。

产生式规则不仅表示怎么做事,还可以用来表示怎样进行判断。例如:

如果有一个平面图形,且该图形是由三条边构成的封闭图形,那么可以判定该图形为三角形。

也有更加复杂的产生式规则,其中包含多个或一系列简单规则,又称为产生式系统。例如,做减法的规则就可以看作是一个产生式系统:

如果目标是解决减法问题,
那么设置一个子目标,对最右边的一列数字进行运算。
如果当前列的运算已经有了答案,并且左边还有一列数字,
那么设置一个子目标,对左边列的数字进行运算。
如果目标是对一列数字进行运算,并且底行没有数字,
那么顶行的数字就是答案。
如果目标是对一列数字进行运算,并且顶行数字大于等于底行数字,
那么两者之差就是答案。
如果目标是对一列数字进行运算,并且顶行数字小于底行数字,
那么将顶行数字加10,并设置一个子目标,从左列数字借位。
如果目标是从左列数字借位,并且该列的顶行数字不为0,
那么该顶行数字减去1。
如果目标是从左列数字借位,并且该列的顶行数字为0,
那么该顶行数字改为9,并设置一个子目标,从其左列数字借位。

运用上述"如果-那么"公式,可以表达出任何复杂的程序性知识。

产生式系统的形成

安德森认为,产生式系统的形成是一个过程,在这个过程中,不连贯的简单动作操作转化为自动化的熟练技能。这个过程还包括以下三个阶段:认知阶段、联结阶段和自动化阶段。

在认知阶段,个体学习相关知识和动作要领,例如,一个人学开车,先要学习相关的知识,了解各种操作的要领。这时个体行为的一个重要特征就是,对于所要解决的问题是看一步走一步,对每一个产生式规则都有清晰的意识,并付出相当大的意志努力。

在联结阶段,个体的主要任务是通过反复练习熟悉产生式系统。这时,个体联结执行各个产生式规则,使之成为一个解决问题的程序系统,并达到熟练应用的程度。这个阶段,个体解决问题时已经不需要太多的意识和意志努力。

在自动化阶段,个体在熟练运用产生式系统的基础上,对其进行协调和精细化。这时的个体更加善于识别各种条件以及条件之间的细微差别,使自己的反应更加适当、更加精确,解决问题时的意识和意志努力也进一步减少。

流程图

产生式系统重在描述做事情的规则,但是在规则比较多的情况下,规则之间的联系以及做事的程序不容易看清楚。为了理清头绪,可以采用流程图的方法。流程图是一种专

门用来表示做事程序的方法，它包括三种基本结构：顺序结构（其中的操作按顺序执行）、选择结构（根据条件是否满足决定何种操作）和循环结构（在一定条件下反复执行一个或一系列操作）。图 7-5 就是一个在 n 个数字中寻找最大值的流程图，其基本思想是：先将看到的第一个数字设为最大值，然后依次考察后面的数字，只要有任何一个数字超过最大值，就让该数值取代原来数值，成为新的最大值，直到考察完全部数字。流程图中的实线方框表示顺序结构，带分支的菱形表示选择结构，虚线方框表示循环结构，箭头表示程序路径和方向。

7.3 内隐记忆

我们能否在无意识中进行记忆？过去，人们对于这个问题的回答总是"不能"。但是，自从 20 世纪 70 年代以来，越来越多的心理学家相信，个体的记忆可以在无意识条件下进行，只是由于这种记忆的结果不容易用语言形式外显地提取出来，因此称为内隐记忆。

内隐记忆的一般概念

如果个体没有记忆的意识或意图，却加工和储存了一些信息，而且这些信息是难以

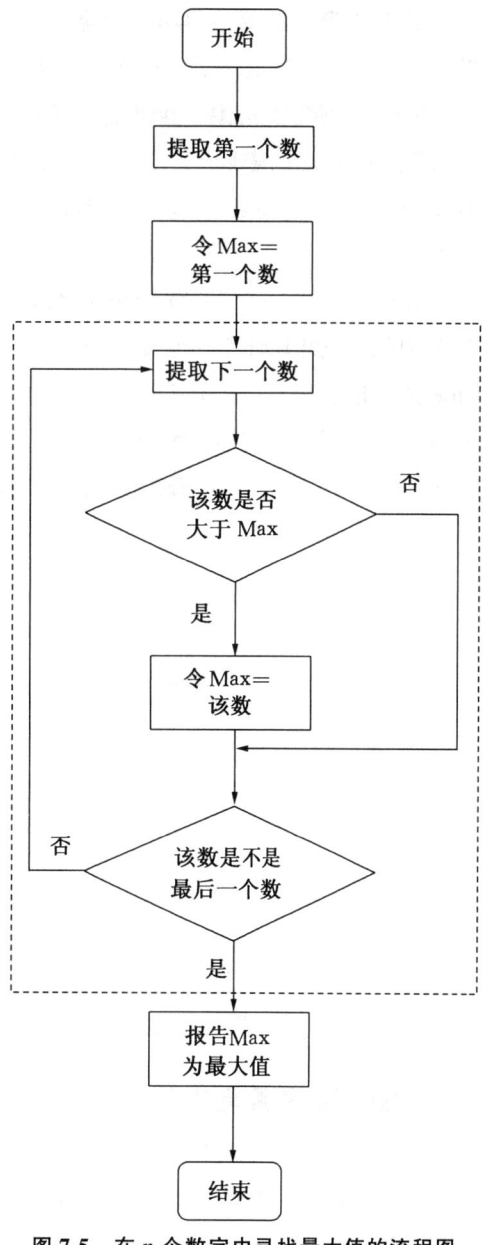

图 7-5　在 n 个数字中寻找最大值的流程图

用语言表述的，这样的信息储存就是内隐记忆（implicit memory）。虽然内隐记忆中的信息难以用语言加以表述，从而增加了有意识提取这些信息的难度，但是这些信息可以通过某些方法在个体的行为中检测出来。也就是说，这些信息可以影响到个体的行为。

与内隐记忆相反的概念就是外显记忆（explicit memory）。前面涉及的绝大部分记忆都是外显记忆，它是个体通过有意识的识记储存下来的信息，这些信息可以用语言表述出来。

说到内隐记忆,就不得不提到启动效应。启动效应指的是先前加工的启动刺激对后来加工同样的刺激或有关联的刺激产生的促进作用。虽然被试可能没有看清楚启动刺激(更不要说有意识地记住了),但是之后的行为仍可能受到启动刺激的影响,可见启动效应至少是内隐记忆的表现形式之一。正是基于这样的事实,塔尔文等人(Tulving,Schacter & Stark,1982)才提出,启动效应代表着一种新的记忆系统,它独立于语义记忆和情节记忆。

斯夸尔(Squire,1987)对于记忆系统的划分比塔尔文等人更加细致。他认为,知识可以分为陈述性知识和程序性知识,相应地,记忆也就可以分为陈述性记忆和程序性记忆。而陈述性记忆又包括情节记忆和语义记忆,是外显记忆;程序性记忆则包括启动效应、技巧、简单经典条件反射等,因为这些记忆不能或较难用语言表达,斯夸尔将它们全部看作是内隐记忆。图 7-6 是斯夸尔的记忆分类理论示意图。

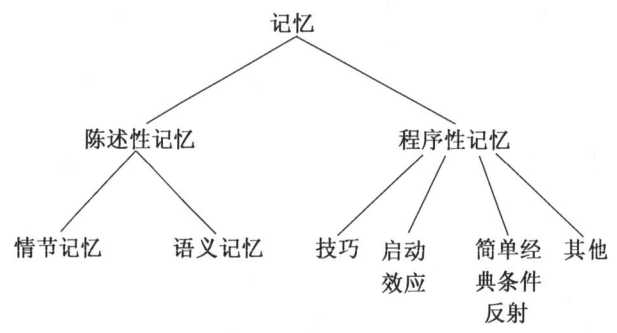

图 7-6　斯夸尔的记忆分类理论示意图

(来源:Squire,1987)

内隐记忆的实验验证

内隐记忆的测验方法

心理学家普遍将传统的回忆法和再认法称为外显记忆测验,因为它们要求被试有意识地、努力地、直接地提取信息。这样提取出来的信息是可以意识到的,而且是可以用语言表示的。但是这样的测验不能检测内隐记忆。而要检测内隐记忆,必须采用间接的方式。

早在 19 世纪后期,艾宾浩斯(Ebbinghaus,1885)就指出,有一类记忆是"在意识之外隐藏着,但是产生很重要的效果,确证它们以前的存在"(曹日昌译《记忆》第 2 页,科学出版社,1965 年)。艾宾浩斯还采用节省法或重学法来测量这种无意识的记忆。可以说,节省法是最早有目的地测量内隐记忆的方法。

检测内隐记忆的经典方法主要有知觉辨认、词干补笔、单词补全等。

知觉辨认就是先让被试辨认一些刺激(主要是单词或汉字),考察先前学习对当前辨认的影响。例如,先向被试呈现一些单词,然后将它们与一些新单词混在一起,以极短的时间呈现给被试,要求进行辨认。由于呈现时间极为短暂,被试应该对新老单词都难以辨认。但是,那些老单词(被试不一定能回忆出来)的辨认成绩往往高于新单词,两者成绩之差可以用来表示内隐记忆的作用。

知觉辨认的一种变式是模糊字辨认。模糊字可以通过投影仪焦距的改变产生,也可以运用电脑软件制作获得。

词干补笔是一种单词填空测验。具体做法是:先向被试呈现一些单词,让被试学习;然后加入一些新单词,向被试呈现各个单词的前几个字母,要求填写后面的词干。例如,先向一组被试呈现单词 shape 和 worry,然后加入两个新单词 table 和 trade。接着呈现 sha____,wor____,tab____ 和 tra____,让被试填写。被试填对 shape 和 worry 的比例减去填对新单词 table 和 trade 的比例所得之差,就是内隐记忆的效果。

单词补全也是一种补笔测验,只不过要补的不是词干,而是任一位置的字母,例如向被试呈现 p__ych__lo__y,要求被试填写出一个完整的单词:psychology。

除了利用语言材料以外,非语言材料也可以用来检测内隐记忆。例如,先向被试呈现一些图片,图片上画着桌子、汽车、牛、羊等事物。在后面的测验中,向被试呈现不完全的残缺图片或快速呈现完整图片,要求被试进行辨认。还有人曾经向被试快速呈现可能和不可能图形,要求被试判断图形是否可能。

遗忘症患者的内隐记忆

要证明内隐记忆的存在,除了上述测验方法以外,还需要一套确定其真实存在的实验逻辑,这就是实验性分离逻辑。这个逻辑认为,如果同一个自变量对于两种测验产生了不同的甚至是相反的结果(即实验性分离),这就说明这两种测验体现了两种不同的记忆。

心理学家首先在遗忘症患者身上发现了实验性分离现象。沃林顿和韦斯克兰茨(Warrington & Weiskrantz, 1970)让 4 名遗忘症患者(其中 3 名是柯萨科夫综合征患者,另有 1 名颞叶被切除的患者)与 8 名无脑损伤的控制组患者学习一系列的单词,然后进行自由回忆、再认、模糊字辨认和词干补笔测验。从实验结果(见表 7-3)中可以看到实验性分离现象:遗忘症患者在自由回忆和再认测验(这两个测验被看作是自觉记忆测验,现在更被看作是外显记忆测验)中的成绩都远远不如控制组患者,但是在模糊字辨认和词干补

表 7-3 沃林顿和韦斯克兰茨的实验结果

	自觉记忆测验		不自觉回忆测验	
	自由回忆	再 认	模糊字辨认	词干补笔
控 制 组	0.55	0.75	0.45	0.69
遗忘症患者	0.44	0.45	0.47	0.58

(来源:Warrington & Weiskrantz, 1970)

笔测验(不自觉记忆测验)中,两组被试的成绩竟然不相上下。换句话说,不同的患者(自变量)在两类不同的测验情境中产生了不同的结果。这说明,自觉记忆测验测到的记忆和不自觉记忆测验测到的记忆分属两个不同的系统。

无独有偶,格拉夫等人(Graf, Squire & Mandler, 1984)在对三种遗忘症患者的研究中也发现了实验性分离现象。他们在实验中先要求被试对一系列的单词作出喜欢与不喜欢(5点量表)的评判,然后进行自由回忆、线索回忆和词干补笔测验,结果见表7-4。从三个测验的结果可以看出,在自由回忆和线索回忆测验中,遗忘症患者显著不如正常人;但是在词干补笔测验中,患者的成绩反而高于正常人,这说明,遗忘症患者还是保留了一些记忆,只不过难以直接回忆出来。

表 7-4 格拉夫等人的实验结果

	自由回忆	线索回忆	词干补笔
正 常 人	0.37	0.69	0.49
遗忘症患者	0.15	0.58	0.57

(来源:Graf, Squire & Mandler, 1984)

正常人的内隐记忆

实验性分离现象并不仅仅发生在遗忘症患者身上。塔尔文等人(Tulving, Schacter & Stark, 1982)用正常人作为被试,也发现了类似的实验性分离现象。在实验中,被试先学习一些使用频度很低的英语单词,学习之后1小时和7天分别进行再认测验和单词补全测验,实验结果见图7-7。从图中可以看到,1小时后的再认成绩比较好,但是7天后大量遗忘。而属于不自觉记忆的单词补全测验的成绩却很少变化。另外,塔尔文等人考察了单词补全测验的成绩与被试自认为单词是否学过的关系,发现两者相互独立,没有关联。

在正常人身上发现了实验性分离现象之后,塔尔文进一步指出,记忆可以分为三个系统:情节记忆、语义记忆和由启动效应代表的新记忆系统——知觉表征系统(perceptual representation system)。他认为,启动效应(或知觉表征系统)与情节记忆没有相关,与语义记忆也没有相关,因此是一个独立存在的系统。

后来,塔尔文和沙克特(Tulving & Schacter, 1990)进一步用单词补全实验来验证上述理论。他们在实验中让被试学习一系列单词,然后连续进行两次单词补

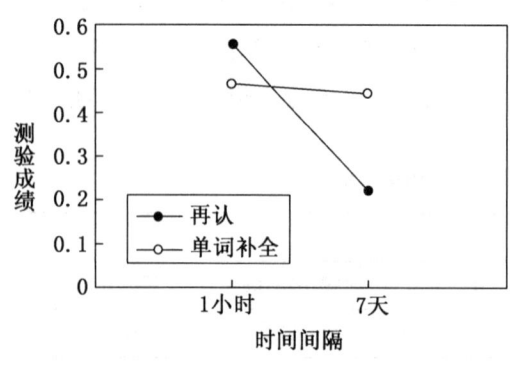

图 7-7 塔尔文等人的实验结果

(来源:Tulving, Schacter & Stark, 1982)

全测验。实验的关键是:两次测验提供的缺笔词可能相同,例如对于单词 PYRAMID,两次测验都可以用缺笔词(_Y_A_ID);也可能提供不同的缺笔词,例如对于单词 MOS-QUITO,两次测验提供的缺笔词是不同的(分别是_O_Q_TO 和_S_UI_O)。结果表明,两次测验如果使用相同的缺笔词,这两次测验成绩就高度相关;如果使用了不同的缺笔词,两次测验成绩几乎没有什么相关。

在进一步的实验中,被试学习一系列单词,例如 AARDVARK,UMBRELLA 等,然后同样进行两次测验,第一次测验中,缺笔词中出现 3 个字母,例如_A_D_R_和U_R_L_,第二次测验中,缺笔词中出现 5 个字母(其中有 3 个与第一次测验重复),例如_ARD__AR_ 和 U_BR_LA。要知道,U_R_L_也好,U_BR_LA 也好,答案都是 UM-BRELLA,两次测验似乎理所当然应该有相关。但是结果证明,两次测验竟然没有相关。这说明,大脑中接通有关信息从而产生启动效应的通路是非常特异化的,在一种场合下某一线索是否接通单词的表征与另一场合另一线索是否接通同一单词的表征无关。这可以说是启动效应的一个重要特征。

另一位心理学家雅各比(Jacoby, 1983)的实验也很有代表性。这个实验让被试在三种实验条件下进行再认和知觉辨认测验。三种实验条件分别是无上下文关系、有上下文关系和自己产生(见表 7-5)。

表 7-5 雅各比实验的三种条件

	实 验 条 件		
	无上下文关系	有上下文关系	自己产生
先行呈现 待学单词	×××× cold	hot cold	hot ?
感觉加工程度 意义加工程度	最强 弱	强 强	无 最强

(来源:Jacoby,1983)

"无上下文关系",就是在呈现待学习的单词之前,先呈现一排符号"××××",这排符号与单词没有任何关系,因而没有上下文环境。而在"有上下文关系"的条件下,情形正好相反:呈现待学单词之前,先呈现它的反义词。例如待学的单词是"cold"(冷),先呈现一个反义词"hot"(热),使被试事先得到"cold"的信息。在"自己产生"的条件下,待学单词不再呈现,只剩下其反义词(例如"hot"),要求被试自己想出相应的单词("cold")来。

通过三种实验条件的设置,雅各比很巧妙地控制了被试对单词的感知觉加工和意义加工的程度:在无上下文的条件下,被试必须看清楚单词形状,感知觉加工的成分比较多,意义加工比较少;在有上下文的条件下,被试既看到反义词从而产生意义加工,又看到待学单词,也进行了一定程度的感知觉加工;在自己产生单词的条件下,被试只进行意义加工,不进行感知觉加工。

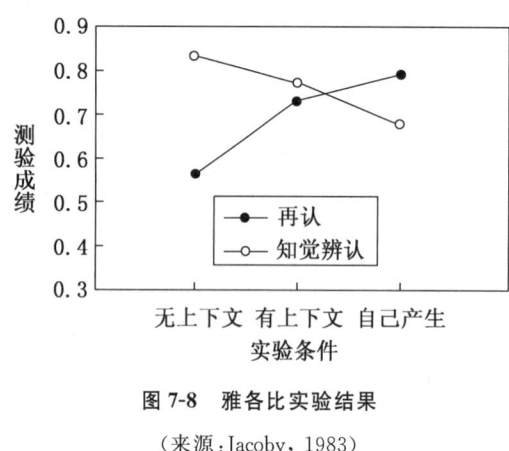

图 7-8　雅各比实验结果

(来源:Jacoby,1983)

实验的学习阶段结束后,对被试进行再认测验或知觉辨认测验,实验结果(见图 7-8)表明,再认测验的成绩随着感觉加工程度的减少、意义加工程度的增加而上升,知觉辨认的成绩却正好相反,呈现出实验性分离现象。

但是,雅各比并不同意将记忆分成外显记忆和内隐记忆。他(Jacoby,1991)后来提出了过程分离模型(process dissociation framework),认为记忆任务引发了两种过程:有意识的加工过程和自动化加工过程。如果要求被试回忆一些具体的事件或事实,这将引发比较多的有意识加工;如果仅仅是判断熟悉程度,就会引发较多的自动化加工。更多的情况是,完成记忆任务时两种加工相互补充。例如,默写一首唐诗,我们可能先写下一两句,接着停下来看看写得像不像原来看到的那首诗。

雅各比等人(Jacoby,Woloshyn & Kelley,1989)的"假名人"实验可以作为过程分离模型的一个很好注脚。在这个实验中,先向被试呈现一系列人名,这些人都名不见经传,例如 Sebastian 和 Weisdorf 等。要求第一组被试集中注意、专心致志地学习这些人名,要求第二组被试在完成另一个任务的同时分配一些注意来学习这些人名。随后,两组被试都得到一份新的名单,其中有名人的名字,有先前呈现过的普通人的名字,也有先前未呈现过普通人的名字,要求他们判断新名单上每个名字的知名度。结果,分配注意的那一组被试对先前呈现过的普通人的名字赋予了较高的知名度。雅各比认为,这是因为第一组被试集中注意学习,记住了那些名不见经传的名字,并且以后比较容易回忆出来;而第二组被试在学习时仅仅进行了自动化的加工,没有牢牢记住名单,后来判断新名单知名度的时候就只好用熟悉度作为线索。

关于内隐记忆的争议

自从塔尔文将内隐记忆作为一个新的记忆系统提出来以后,争议一直不断。读者也许还记得第 6 章讲到语义记忆和情节记忆的区分的时候,反对这种分类的巴德利(Baddeley,1984)做的有趣的类比——从飞机上俯瞰广袤的森林,他认为,我们只能理智地承认语义记忆和情节记忆只是侧重于体现同一个记忆系统的不同方面。这个论断也许同样适合外显记忆和内隐记忆的区分。

传输适当认知程序理论

罗迪格等人(Roediger,1990；Roediger,Weldon & Challis,1989)提出了一个与塔尔文的多重记忆系统理论分庭抗礼的观点,即传输适当认知程序理论(transfer-appropriate processing framework)。他们认为,记忆系统只有一个,自觉记忆测验与不自觉记忆测验并不代表不同的记忆系统,它们的实验性分离现象只是反映出两者要求的认知程序(过程)的不同。虽然这个理论很接近雅各比的过程分离模型,不过它还是有自己独特的内容和体系。

第一,罗迪格等人提出,如果记忆任务在测验阶段要求的认知过程与学习阶段要求的认知过程相似或重叠,测验的成绩就好,否则就差。这实际上就是公认的编码特异性原则。第二,自觉记忆与不自觉记忆测验要求的提取过程不同,因而与学习阶段要求的认知过程匹配程度也不同,获得的收益也不一样。第三,大多数不自觉记忆测验几乎都是提取过去经验中的知觉成分,因而主要进行知觉加工,可以认为是材料驱动加工。相反,大多数自觉记忆测验要求的是概念驱动加工。正是由于不同的测验要求不同的加工类型造成了前面看到的实验性分离现象。

罗迪格用上述理论来解释雅各比(Jacoby,1983)的实验结果。雅各比的实验表明,"自己产生"的实验条件下,被试自己想出来的单词在自觉记忆测验中的成绩好于"无上下文"条件下的成绩,是因为前一条件下学习时要求的纯粹是意义加工或概念驱动加工,再认测验也是一种概念驱动测验,因而可以更好地传输信息,导致较好的成绩。后一种条件下学习时要求更多的感知觉加工或材料驱动加工,到了测验阶段,知觉辨认等不自觉记忆测验就更合适用来传输信息。

不过,雅各比的实验结果用多重记忆系统理论也完全可以解释。为此,罗迪格提出了一种更全面的实验设计(见表7-6)。他认为,要判断多重记忆系统理论和传输适当认知程序理论孰是孰非,应该同时比较四类记忆测验(分别对应于表7-6中四个方框)的结果,而以往绝大多数实验仅仅涉及右上角与左下角的测验,因而不能说明问题。

表 7-6 罗迪格应用于区分加工方式与记忆系统作用的实验设计

加工方式 \ 记忆系统	陈述性记忆 (外显记忆)	程序性记忆 (内隐记忆)
感知觉加工 (材料驱动)		知觉辨认 单词补全
意义加工 (概念驱动)	自由回忆 再认	

(来源:Roediger,1990)

布拉克斯顿(Blaxton,1989)其实早就做过这样一个同时采用四类记忆测验的实验,并被罗迪格用来作为自己理论的重要证据。实验设置了两种实验条件和四种测验。两种条件是在学习阶段设置的"阅读"条件和"产生"条件。在"阅读"条件下,被试面临着相当于雅各比实验中的无上下文关系的情况:先看到一行符号"××××",然后读出呈现的单词,例如"treason"(叛逆)。在"产生"条件下,被试根据概念线索和第一个字母的提示,自己写出一个单词。例如,根据线索词"espionage"(间谍活动)以及第一个字母 t_____,写出单词"treason"。

在测验阶段采用的四种类型分别是字母线索回忆、模糊单词补全、自由回忆和一般知识测验。字母线索回忆是让被试回忆字形与发音上类似于线索词的目标词,例如根据线索词"treasure"(财富),回忆出单词"treason"。这种测验属于情节记忆,但是对感知觉加工的要求比较高,属于材料驱动测验。一般知识测验中,先问被试一般知识问题,例如"罗森伯格斯因为什么原因被处死?"由于前面学过单词"treason",被试比较容易回答这个问题,从而产生意义加工情况下的启动效应,故该测验属于概念驱动测验。模糊单词补全和自由回忆测验则与前面的实验相同,分别属于材料驱动测验和概念驱动测验。这四种测验分别对应于罗迪格实验设计模式要求的四种类型。实验结果见表 7-7。

表 7-7 布拉克斯顿实验的四种测验及其结果

	材料驱动测验		概念驱动测验	
	字母线索回忆 (情节记忆)	模糊单词补全 (内隐记忆)	自由回忆 (情节记忆)	一般知识 (内隐记忆)
阅读组	0.45	0.75	0.19	0.34
产生组	0.34	0.46	0.31	0.50

(来源:Blaxton,1989)

实验结果表明,无论是情节记忆还是内隐记忆,如果测验是材料驱动测验,则"阅读"条件下的被试成绩比较好(0.45 > 0.34 和 0.75 > 0.46),原因是这两种测验都需要感知觉加工,而"阅读"条件下的学习有较强的感知觉特性。如果测验是概念驱动测验,则"产生"条件下的被试成绩比较好(0.31 > 0.19 和 0.50 > 0.34),原因是相应的两种测验与"产生"条件下的学习都要求意义加工。而同样是情节记忆测验或内隐记忆测验,两种学习条件产生的作用是相反的,这也是一种实验性分离现象。可见,实验性分离是根据测验类型而不是根据记忆系统区分的。这就证明了罗迪格的理论。

关于内隐记忆研究的小结

应该说,对于内隐记忆的研究深化了我们对于知识记忆的了解。在我们的记忆系统中,有些信息是比较容易显示出来的,尤其是那些可以用语言表达的知识,也有一些是需要特殊的测验手段才能显现出来的。但是,用实验性分离逻辑能否就可以十分有把握地证明存在两个或多个独立的记忆系统,还是存在疑问。罗迪格就曾经指出,按照现有的资料和实验性分离逻辑,我们可以区分出 20 多种记忆系统。这么多的记忆系统似乎既不必要,也不大可能。

7.4 应 用 研 究

教学中的信息加工

从阅读中获得更多信息

个体获取知识的一个主要途径就是阅读。但是,许多学生很难从阅读中受益,甚至对阅读产生反感,从而造成学习的失败。

过去,人们总是批评学生没有多读几遍课文,并且搬出"读书百遍,其义自见"的古训来说服学生。但是,克劳斯(Crouse, 1974)进行的一个实验中,设置了一个学习——测验——再学习——再测验的循环,要求学生不断学习,直至觉得自己可以通过测验;测验后再进行学习,准备通过下一个测验。被试进行了5个学习-测验循环。但是结果却表明,反复学习并不能提高学习效果。

另外,学生们也往往低估自己可以从课文中学到多少东西。因此,提高学习的目标对提高成绩很有帮助。在拉波特和纳什(LaPorte & Nath, 1976)的一个实验中,将被试分成两组,并设置不同的学习目标:一组被试阅读一套材料,并要求他们在测验中达到不低于90%的正确率;另一组被试阅读同样的材料,但是要求他们在测验中"尽力做好"。在阅读前和阅读后,都要求被试估计一下自己可以达到的正确率。实验结果见表7-8,从表中可以看出,有着较高目标的被试(即"在测验中达到不低于90%的正确率")相信自己可以并且实际上确实取得了较好的成绩,而仅仅要求在测验中"尽力做好"的被试成绩不很理想。而且即使学习时间是固定的,提高目标也能够提高成绩。

表 7-8 拉波特和纳什的实验结果

目 标	阅读前的估计	阅读后的估计	测验成绩
90%的正确率	64%	58%	56%
"尽力做好"	47%	38%	40%

(来源:LaPorte & Nath, 1976)

另外,被试阅读前后的活动也是影响其阅读效率的重要因素。鲁宾逊(Robinson, 1972)在《有效学习》一书中提出的SQ3R(survey, question, reading, recite, review)方法就是要求学习者在阅读之前先浏览(survey)要阅读的材料,并针对阅读材料提出一些问题(question),这样做有助于学习者了解阅读的要求,将已有的知识与材料联系起来;而且带着问题学习也能够提高兴趣。在阅读(reading)之后,还应该尝试着回答前面提出的问题,复诵(recite)和复习(review)学习材料。

雷德和安德森(Reder & Anderson, 1980)对于学习课文后总结的效果进行了一个有趣的研究。他们让一些被试学习课文,另一些被试花同样的时间学习课文的总结。结果发现,单纯学习总结和学习课文的效果一样好(见表7-9)。这说明,写得好的总结至少可以达到长篇大论的课文一样的学习效果。当然,雷德和安德森并没有因此否定课文学习的必要性,因为学习课文可以帮助学生更好地理解和把握所学的内容。

表7-9 雷德和安德森的实验结果

测验时间	总 结	课 文
立 即	0.739	0.693
一周后	0.675	0.600
半年至一年后	0.595	0.575

(来源:Reder & Anderson, 1980)

从听讲中获得更多信息

做笔记是学生试图提高听讲效果的典型方法,但是做笔记的效果究竟如何呢?有人认为,做笔记本身就可以产生深度的加工,从而提高学习效率。这一论点看上去很有道理,其实早就被证明是不成立的。做笔记本身要占用一定的认知资源,这样就可能降低听讲时加工水平。倒是学习者用自己的语言整理笔记,或者在考试前复习笔记,可以获得更好的收益。

演讲者的因素也是很重要的。因为学习者需要做笔记,因此如果任凭演讲者连珠炮般滔滔不绝地讲下去,其效果是不会好的。所以,有经验的演讲者应该在一段演讲之后略作停顿,以便听者回味内容,记录要点。

在演讲中掺入幽默感也被看作是提高演讲效果的一个重要方法。适度的幽默感确实具有一定的社会功能,可以活跃气氛。但是,充满笑声的一堂课效果是不是一定好呢?卡普兰和帕斯科(Kaplan & Pascoe, 1977)的研究表明,幽默对于学习成绩没有多少影响。他们比较了关于人格理论和人格测评的演讲的不同版本的效果。其中第一个版本是严肃的、庄重的;第二个版本是轻松的,用了一些幽默的例子来阐明演讲中的主要概念;第三个版本中,概念讲解部分是严肃的,评论部分是幽默的。结果表明,那些用幽默的例子阐明的概念确实好于没有幽默例子阐明的概念,但是就总的学习成绩而言,三个版本的效果是相同的。

金奇和贝茨(Kintsch & Bates, 1977)还对演讲中不同内容的遗忘特点进行了实验研究。他们先让被试听课,经过不同时间间隔后再认听课的内容。他们区分了三种不同的句子:第一种句子是演讲中的主要标题;第二种句子是演讲中的细节;第三种句子是无关紧要的或多余的句子(例如玩笑和通知等)。结果发现,在2天和5天之后的再认测验中,这三种句子的记忆成绩都很好,只是2天后的测验中被试还能对相当一部分原句子作出再认,到了 5 天之后的测验就只能根据主旨再认句子了。但是随着时间的继续延长,被试对前两种句子的再认成绩显著下降(且两者之间没有显著差异),而对第三种句子的再认成绩却是最好的。这可能是因为第三种句子比较特别(尤其是那些玩笑),而独特性是记忆效率的重要影响因素。因此,给那些重要的内容以准确而独特的表述,这是每一位演讲者必须考虑的重要问题。

测试有益于记忆

心理学家早就发现,如果在学习一段课文后,进行一个记忆测验,其效果优于再读一遍课文。罗迪格和卡皮克(Roediger & Karpicke, 2006)的一个实验很好地展示了这种测试效应(testing effect)。他们让被试先阅读一篇文章,然后将被试分为三组。第一组被试重复学习上述文章,总共学习 4 次(简称 SSSS);第二组被试减少 1 次重复学习,而以 1 次记忆测试代替(简称 SSST);第三组被试不再重复学习,而是进行 3 次测试(STTT)。在以上程序完成后的 5 分钟和 1 周后分别进行测验,测验结果见图 7-9。从图中可以看到,在程序结束后 5 分钟,第一组的测验成绩最好,第二组次之,第三组最差,即 SSSS > SSST > STTT;而到了 1 周之后,测验成绩却反了过来(SSSS < SSST < STTT),而且,第一组成绩远远低于其他组。这说明,就远期效果而言,将学习和测试结合起来效果远远好于单纯重复阅读。但是,很多人往往被重复学习的近期效果相对最好蒙蔽。

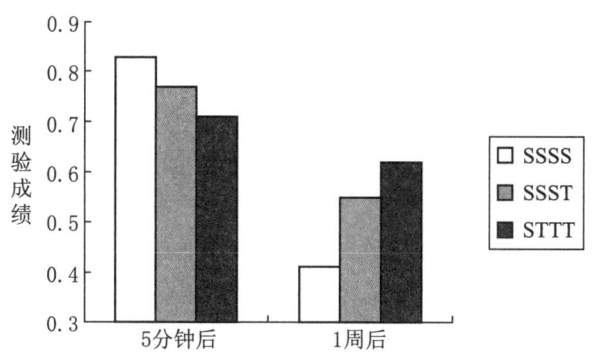

图 7-9　测验效应(S 表示学习,T 表示测试)

(来源:Roediger & Karpicke, 2006)

知识与技能的组织

概念地图

有效的学习,应该是将知识有机地组织起来。概念地图(concept mapping)就是对知识进行组织的重要方法之一,它用图示方法展现与某个问题有关的重要人物、地点、事件等要素之间的关系。许多优秀教师其实早就在教学中运用概念地图了,但是将这种方法规范化、系统化并用于教学和写作各个环节的,还是诺瓦克(Novak, 1977; Novak & Musonda，1991）。

概念地图由节点和连线组成，节点表示概念（人物、地点、事件等），连接各节点的连线表示两个概念之间存在某种关系，必要时可以给连线加上说明文字（连接词，例如"原因""结果""举例"等）。根据不同的教学材料，可以画出大不相同的概念地图，不过构造概念地图的基本步骤是相同的，主要分三个阶段：第一阶段是根据教材制作一张包括主要内容的表格；第二阶段是按照最符合教材要求的框架对这些内容进行整理，列出各部分内容之间的联系；第三阶段是评价内容之间的关系，并画出概念地图。图 7-10 是诺瓦克等人绘制的用于解释概念地图主要特征的概念地图。

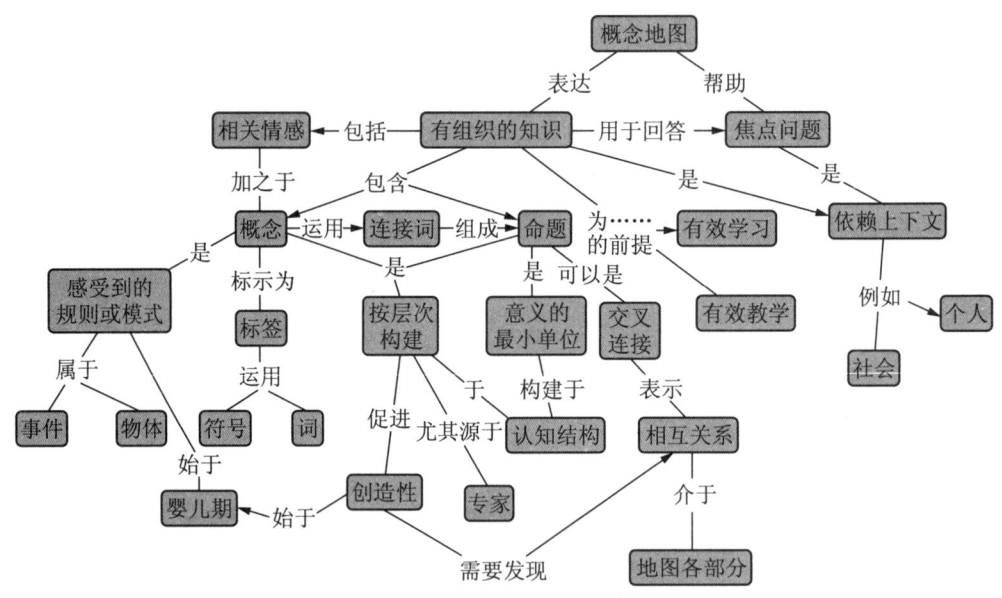

图 7-10　关于概念地图的概念地图

（来源：Novak，J.D. & Cañas，A.J. The Theory Underlying Concept Maps and How to Construct Them，Technical Report IHMC CmapTools 2006-01，Florida Institute for Human and Machine Cognition，2006，available at：http://cmap.ihmc.us/Publications/ResearchPapers/TheoryUnderlyingConceptMaps.pdf）

概念地图能够完整、简洁、形象地呈现某一特定领域内的知识结构。它能帮助学习者组织知识，从整体上更好地把握教材中涉及的各个知识点，还能用来帮助作者构思文章的结构和层次。养成运用概念地图习惯的学习者，可以加强对自己学习过程的自觉意识，提高元认知学习技能。概念地图甚至可以成为教学评价的工具。学习者对概念常常出现不完整的甚至是错误的理解，通过学习者画的概念地图可以了解被他们误解的概念，这将有助于教师及时发现教学中存在的问题。

过程分析

过程分析（process analysis）指的是对认知操作中的基本过程或执行程序进行分析并

加以组织和表征。这实际上就是将程序性知识外显化的过程。弗劳尔和海叶斯(Flower & Hayers,1981)曾对学生的课堂写作进行过程分析,并提出了一个写作模型。该模型类似于一个流程图,体现了写作中各个认知成分之间的关系(如图 7-11 所示)。在这个模型中,有三个基本成分:任务环境、写作者的长时记忆和写作过程。其中,任务环境和写作过程还有各自的子成分。任务环境包括两个子成分:写作的修辞问题(论点、读者的特点以及写作者需要了解的各种外部条件)和文章已经完成的部分。写作过程则更加复杂,分为四个子成分:计划(设置写作目标——产生论点——整理或组织思想),转换(将思想转化为语词),检验(对所写内容进行评价和检查)以及监控(写作者在整个过程中随时了解自己的写作情况)。有了这样的模型,教师就可以更好地辅导学生写作,有的放矢地解决学生的问题,提高其写作水平。

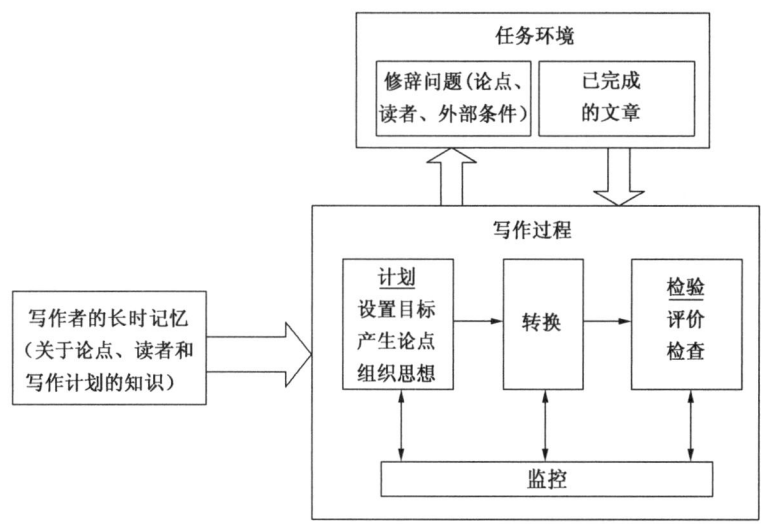

图 7-11　弗劳尔和海叶斯的写作模型图

(来源:Flower & Hayers,1981)

本 章 附 录

内容提要

（一）斯夸尔认为,知识可以分为陈述性知识和程序性知识,前者可以用语言表述,后者难以用语言表述,但是可以用活动表现出来。还有一类知识是内隐的,它无法用语言表述,也难以用活动表现,但是对个体的行为却能够产生一定的影响。

（二）图式与脚本是两个相互关联的概念。图式最早是巴特利特研究记忆问题时提出的。图式常常既是形象的，又是概括的，是形象思维的基石。脚本是一种特殊的图式，可以引导我们进行各种各样的推论。事件分割是个体在脚本（事件模型）的指导下，将整个事件分解成为一系列组成部分（有意义的子事件）。

（三）文本记忆的实验结果表明，回忆出相同数量的词的被试，倾向于回忆出相同的词；被试倾向于回忆整句或整个短语，如果背诵当中发现遗忘，被试往往会跳到下一个短语或句子的起始处开始继续背诵。就故事记忆而言，随着时间的延续，个体对故事的回忆中重构的内容越来越多，无意识中歪曲了记忆中的信息，使得故事更加合理和一致。因此，巴特利特认为，回忆是一种建构的过程。

（四）人类联想记忆模型的一个重要优点是既可以表征语义记忆，又可以表征情节记忆，从而将两者结合起来。另外，命题之间可以嵌套，可以用来表征比较复杂的知识。ELINOR模型也是一个网络模型，其中的节点包括多种形式：概念节点，动作节点，概念的实例或特定的感觉信息，也可以用来表征比较复杂的知识。

（五）程序性知识更多地体现为技能和程序，通常不能用语言或不能单纯用语言加以描述，往往需要通过反复尝试或练习才能获得。另外，程序性知识不像陈述性知识那样随时可以提取，必须在执行相关的操作时才能提取出来；它也不像陈述性知识那样容易遗忘或混淆。

（六）程序性记忆涉及的神经结构与陈述性记忆是不同的。前者依赖内侧颞叶（其中的主要结构有海马、内嗅皮层、旁海马皮层等）和间脑；后者除了牵涉到上述区域之外，还依赖小脑、杏仁核、尾状核和新纹状体等。

（七）ACT*模型是最为著名的程序性知识的表征模型。这个模型中不仅包括存储陈述性知识的陈述性记忆系统、存储程序性知识的产生式记忆系统和工作记忆系统，还包括具体的信息加工方式。模型中的产生式记忆系统以各种产生式规则表征程序性记忆。

（八）安德森认为，产生式系统的形成是一个过程，在这个过程中，不连贯的简单动作操作转化为自动化的熟练技能。这个过程还包括以下三个阶段：认知阶段、联结阶段和自动化阶段。

（九）越来越多的心理学家相信，个体的记忆可以在无意识条件下进行，只是由于这种记忆的结果不容易用语言形式外显地提取出来。检测内隐记忆的经典方法主要有知觉辨认、词干补笔、单词补全等。非语言材料也可以用来检测内隐记忆。内隐记忆的检测还需借用实验性分离逻辑。

（十）塔尔文进一步指出，记忆可以分为三个系统：情节记忆、语义记忆和由启动效应代表的新记忆系统——知觉表征系统。他认为，启动效应是一个独立存在的系统。但是，罗迪格等人提出了一个与塔尔文的多重记忆系统理论分庭抗礼的观点，即传输适当认知程序理论。

（十一）反复学习并不能提高学习效果，学生们也往往低估自己可以从课文中学到多少东西。因此，提高学习的目标对提高成绩很有帮助。被试阅读前后的活动也是影响其阅读效率的重要因素。SQ3R 方法有助于学习课文。做笔记本身要占用一定的认知资源，这样就可能降低听讲时的加工水平。演讲中的幽默因素对于学习成绩也没有多少影响。测试有益于记忆。

（十二）有效的学习，应该是将知识有机地组织起来。概念地图就是对知识进行组织的重要方法。过程分析是将程序性知识外显化的过程，体现的是认知活动中各个认知成分之间的关系，目的是建立程序性知识的模型。

术语解释

图式(schema) 一种广义的概念。它是认知活动的基本构件，是经过组织的知识。认知心理学家将图式看作是"信息包"，其中同时包括固定的成分和可变的成分。图式所指的事物有时比概念还要大。

脚本(script) 一种特殊的图式，是一种关于常规性事件或人类行为的某些相对固定的程序的图式。脚本可以引导我们进行各种各样的推论。

事件分割(event segmentation) 将整个事件分解成为一系列组成部分，这些部分往往是有一定意义的子事件。

系列再现法(serial reproduction method) 研究记忆的一种方法，被试在识记故事以后经过不同的时间间隔多次进行回忆。

人类联想记忆模型(human associative memory model) 由安德森和鲍尔提出的记忆的网络模型。其基本单元不是单个的概念，而是将概念联系起来的命题。命题又是一系列联想构成的，每个联想将两个概念联系在一起。

ELINOR 模型(ELINOR model) 由诺曼、林赛和鲁梅尔哈特提出的记忆模型。他们认为，长时记忆中储存着三类信息，即概念、事件和情节。在该模型中，起核心作用的基本单元是事件，人的记忆是以事件为中心组织起来的。

程序性记忆(procedural memory) 对于程序性知识的记忆。

程序性知识(procedural knowledge) 关于一件事情应该"怎样做"的知识。它包括动作技能和认知技能。分为与领域无关的程序性知识和与领域相关的程序性知识。

ACT* 模型(adaptive control of thought model) 安德森提出的程序性知识的表征模型。该模型包括陈述性记忆系统、产生式记忆系统和工作记忆系统，还包括具体的信息加工方式，三个成分相互作用，完成各种认知任务。

产生式规则(production rules) 描述在什么条件下可以进行什么动作,达到什么目标的规则系统。产生式规则不仅表示怎么做事,还可以用来表示怎样进行判断。其基本形式是"如果-那么"公式,可以表达复杂的程序性知识。

内隐记忆(implicit memory) 个体没有记忆的意识或意图,却加工和储存了一些信息,而且这些信息是难以用语言表述的。虽然难以用语言加以表述,但是这些信息可以影响到个体的行为。

外显记忆(explicit memory) 个体通过有意识的识记储存下来的信息,这些信息可以用语言表述出来。

过程分离模型(process dissociation framework) 雅各比提出的解释其实验结果的理论框架,认为记忆任务引发了两种过程:有意识的加工过程和自动化加工过程。

传输适当认知程序理论(transfer-appropriate processing framework) 罗迪格等人提出的记忆理论。该理论认为记忆系统只有一个,自觉记忆测验与不自觉记忆测验并不代表不同的记忆系统,它们的实验性分离现象只是反映出两者要求的认知程序(过程)的不同。

SQ3R方法(method of SQ3R) 一种学习方法。要求学习者在阅读之前先浏览(survey)要阅读的材料,并针对阅读材料提出一些问题(question),在阅读(reading)之后,还应该尝试着回答前面提出的问题,复诵(recite)和复习(review)学习材料。

概念地图(concept mapping) 对知识进行组织的重要方法之一。它用图示方法展现与某个问题有关的重要人物、地点、事件等要素之间的关系;它由节点和连线组成,节点表示概念,连接各节点的连线表示两个概念之间存在某种关系。概念地图能够完整、简洁、形象地呈现某一特定领域内的知识结构,甚至可以成为教学评价的工具。

过程分析(process analysis) 对认知操作中的基本过程或执行程序进行分析并加以组织和表征。

深入阅读

(一) Solso, R.L., MacLin, M.K. & MacLin, O. H. (2005). *Cognitive psychology* (7th Edtion), pp. 140-165, Allyn and Bacon.

——内隐记忆和外显记忆与意识的对应关系是一个很复杂的问题,这是因为"意识"本身就是一个极其混乱的概念。这里选的是该书第5章,它对意识状态进行了一些深入的阐述。

(二) Novak, J.D. & Cañas, A.J. (2006). *The theory underlying concept maps and how to construct them*. Technical Report IHMC CmapTools 2006-01, Florida Institute for Human and Machine Cognition, available at:http://cmap.ihmc.us/Publications/ResearchPapers/TheoryUnderlyingConceptMaps.pdf.

——介绍概念地图的原理和制作方法。

（三）Reber, R. & Greifeneder, R. (2017). Processing fluency in education: How metacognitive feelings shape learning, belief formation, and affect. *Educational Psychologist*, *52*, 84-103.

——雷伯等人的这篇论文介绍了加工流畅性对学习、信念和情感的影响，以及学生如何利用流畅感。

第 8 章

分类与概念

·本章细目

8.1 思维及其研究方法
思维的定义
西方心理学界的观点　苏联和中国心理学界的观点
思维的研究方法
任务分析　反应模式分析

8.2 分类、概念与概念形成
什么是概念
从逻辑学角度看　从心理学角度看
概念形成

8.3 基于规则的概念形成
假设检验理论
基本理论　假设检验理论的缺陷
假设检验理论的实验方法
实验范式　行为的测量　刺激材料
概念形成策略的实验研究
聚焦　扫描　真值表策略　怀疑与新实验

8.4 基于线索的概念形成
基本理论
人工语法与内隐学习实验
人工语法实验　内隐学习的其他研究范式
内隐学习——基于线索的概念形成
内隐指导语的作用　50%标准和线索的存在　相似性理论　组块理论

8.5 基于样例和基于图式的概念形成
样例学习理论
什么是样例学习理论　基本水平概念　样例学习理论的缺陷

原型学习理论

原型与家族相似性　原型学习的实验

基于图式的概念形成

图式和脚本　图式在概念形成中的作用　心理本质论

8.6　应用研究

概念形成与文化背景

概念形成与受教育水平的关系　概念形成与职业背景的关系　文化背景在概念形成中的作用

概念教学的方法

样例的选择　样例的编排　样例的呈现　特征分析　学生举例

·导读问题

- ■ 思维的定义有哪两种角度？
- ■ 怎样进行思维研究？
- ■ 概念形成有哪几种基本形式？
- ■ 样例学习理论和原型学习理论有什么联系和区别？
- ■ 内隐学习理论为什么遭到许多人的反对？
- ■ "我坐车来的"这句话，为什么不一定要说明坐的是什么车？
- ■ 概念形成有哪些策略？
- ■ 基于图式的概念形成与其他概念学习形式有什么区别？
- ■ 概念形成与文化背景有什么关系？
- ■ 怎样更好地开展概念教学？

8.1　思维及其研究方法

思维的定义

关于思维（thinking）的定义，很多心理学家从不同角度提出不同的见解。西方心理学偏重于思维过程本身，苏联和中国心理学界偏重于思维区别于其他认知过程的特点。

西方心理学界的观点

给思维下定义是很困难的。在西方心理学界，关于思维的定义，一向众说纷纭。这里举几个例子。

布鲁纳(Bruner,1957)提出:思维是对给出的信息的超越。

巴特利特(Bartlett,1958)提出:思维是填补证据间空白的复杂而高级的技能。

纽威尔和西蒙(Newell & Simon,1972)提出:思维是在问题空间中进行的搜索过程。

巴伦(Baron,1988)提出:思维是在我们不知道如何行动、不知道该相信什么或者不知道该希望什么的时候做的事情。

伯恩等人(Bourne,Ekstrand & Dominowski,1971)综合各家学说,对思维作了一个比较完整的描述:思维是一个复杂的、多侧面的过程;思维主要是一个内在的(而且可能是非行为的)过程,它是运用不直接存在的事物或物体的符号表征而进行的,但又是由某个外部事件激起的;思维的作用是产生和控制外显行为。

思维是一个复杂的、多侧面的过程。在每一个思维过程中,在从问题的提出到问题的解决之间包括刺激类化、假设形成、决策等一系列活动;其他认知活动包括的环节就没有这么多了。

思维是一个内在的或内隐的过程。思维者采取行动之前,有一系列隐蔽的心理活动。对这些活动的详细情况进行描述和解释应当是思维心理学研究的基本目标之一。一般认为,这些活动有"寻找刺激""记忆""检索""决策""执行"等。

思维往往是运用不直接存在的事件或物体的符号进行表征的。利用记忆,思维可以预测尚未发生的事件,可以想象各种从未发生过的事件。个体内在的认知活动包括对动作表象、知觉表象和言语表象的表征和操作。这些表象都不是直接存在的事件或物体,而是它们的表征(其中符号表征是最高级的)。

思维是行为的一个决定因素。行为只是内在过程的产物;作为一种内在过程,思维的功能之一就是产生和控制外显行为。

苏联和中国心理学界的观点

苏联和中国心理学界对思维的定义比较一致,即思维是对客观事物间接的概括的反映,它反映的是事物的本质属性和事物之间的规律性联系。本质属性就是一类事物特有的属性,规律性联系就是必然联系。

思维的间接性,指的是通过思维过程可以根据已知的信息推断出没有直接观察到的事物。例如,看到地上到处都是湿的,就可以推断一定下过雨。尽管我们没有亲眼看到下雨,但是通过间接的推断可以得出下过雨的结论。

思维的概括性,就是思维反映了事物之间固有的、必然的联系。其推理形式是"凡是这样就会那样"。例如,凡是木材一定能燃烧(当然要在满足燃烧条件的前提下),下雨地上一定会湿,等等。思维的概括性是间接性的基础。

在生活和实践活动中,概括有不同的程度。从知觉开始,就有概括的萌芽。知觉的整体性和恒常性，使得我们在观察知觉对象时有了相对稳定的反映，这就是知觉的概括性的体现。表象的概括性更高，它反映的是事物最常见、最显著的特征，但不是本质的特征。

以上对思维的两类定义，从不同的侧面总结了思维的本质和特性。

但是近年来的认知心理学和思维心理学著作中，往往回避思维的定义。例如，著名的认知心理学家斯腾伯格等人（Sternberg & Ben-Zeev，2001）的著作《复杂认知》（*Complex Cognition*）专门阐述"人类思想的心理学"，却没有对思维下一个定义，甚至在该书的"术语"附录中，也找不到"思维"这个词。尽管如此，我们还是可以从这本书的目录中知道斯腾伯格心目中的思维包括以下几个组成部分：概念形成、知识的表征与获得、推理、问题解决、决策、言语活动等。其中概念形成、推理、问题解决是思维活动的主要形式。

思维的研究方法

思维研究除了采用认知心理学的一般方法之外，还有在其领域内部比较通用的两种特殊方法：任务分析和反应模式分析。

任务分析

大多数思维研究是从任务分析开始的。任务分析（task analysis）就是分析被试在完成主试布置的思维任务时要经过哪些过程。

但是，要具备良好的任务分析的功夫是很不容易的。研究者必须学会从现有的认知理论、前人的研究结果、人工智能方面的工作和问题解决者的言语报告中得到启发，才能比较接近实际地分析任务。

下面是一个对成人进行个位数加法所作的分析。我们可以将这个过程分成三个主要阶段：(1)将书面问题转换成内部问题，即对问题进行编码，使它进入工作记忆。(2)多年的加法训练，使加数及它们的和一起储存在长时记忆中。解题的第二步就是在长时记忆中搜寻出与工作记忆中的加数相吻合的一对加数。(3)相吻合的加数找到后，储存在一起的和也同时被提取出来，被试就能说出答案了。

注意，任务分析并不是提出一个终极的结论。相反，它只是提出了一个假设模型。这个假设模型必须是可以检验的，否则任务分析就失去了意义。

反应模式分析

为了检验任务分析中提出的模式是否正确，就要采取以下步骤：(1)在假设的、重要的维度上系统地变换任务的结构，产生一系列相互关联的问题；(2)根据任务分析提出的模型，设想出解决这一系列问题时应该出现的反应模式；(3)将这个预测的反应模式与实际反应进行比较。

例如，解决如图8-1所示的平衡判断问题，即在天平支点左右不同距离放置不同数目的砝码,让被试判断当天平两端的支架撤去后,天平的哪一边会下沉。

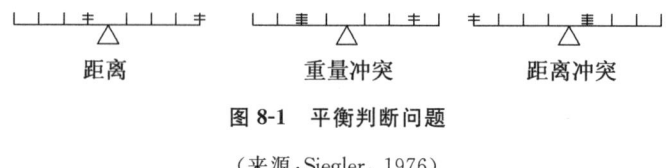

图 8-1 平衡判断问题

(来源:Siegler, 1976)

先进行任务分析。可以分析出下列四种解题方式:(1)只考虑重量;(2)一般情况下只考虑重量,只有在支点两边重量相等时,才考虑砝码与支点的距离;(3)在所有问题上都同时考虑重量和距离,但是当重量和距离发生冲突的时候(比如一边距离长而另一边重量大时),就胡乱猜测;(4)考虑距离和重量的乘积(力矩)。

为了判别被试运用哪一种方式进行解题,西格勒(Siegler, 1976)编制了六种不同的题目,其中三种见图 8-1 的三个图。(1)在"距离"问题上,支点两边的重量相等而距离不相等;(2)在"重量冲突"问题上,支点两边的重量和距离均不相等,而当支架移去后重量大的一边下沉;(3)在"距离冲突"问题上,支点两边也是重量和距离均不相等,但是当支架移去后,距离大的一边下沉。

运用方式(1)解题的被试是很容易鉴别出来的,因为他们只考虑重量,那么在第二个问题("重量冲突"问题)上,他们总能做对,在第三个问题("距离冲突"问题)上,他们总是做错。用方式(2)解题的被试总能做对第一、二题。用方式(3)解题的被试,第一个问题都是对的。用方式(4)解题的被试则都能做对。结果见表 8-1,其中"T"表示总能做对;"F"表示总要做错;"?"表示瞎猜。

表 8-1 平衡判断问题反应模式

题 目	解 题 方 式			
	(1)	(2)	(3)	(4)
(1)	?	T	T	T
(2)	T	T	?	T
(3)	F	F	?	T

(来源:Siegler, 1976)

巧妙地利用反应模式分析方法,可以研究被试解决问题的策略。但是这种方法也有一定的局限性:第一,当问题比较复杂或者当模型比较多的时候,就很难判断用某种方式解题一定会产生哪一种反应模式,可能会出现两种解题方式产生相同的反应模式的情况。第二,进行反应模式分析时,是假定被试自始至终采用某种解题方式的,但是如果被试中途改变了方式,结果就很难分析了。

8.2 分类、概念与概念形成

本章讲的内容是关于个体如何形成概念的。形成概念的原动力在于人们希望对事物作出分类，以便区别对待不同类别的事物。所以说，概念是分类的产物，是分类在个体头脑中的表征。

"分类"这个术语，看上去强调的是"分"，其实里面也包含"合"。"分"就是将事物分门别类，其目的是"区别对待"。例如，鸽子和飞机都有翅膀，都会飞行，还都有"导航能力"，但是我们还是将它们看作两种不同的事物，因为我们对待鸽子和对待飞机的行为是完全不同的：要飞机继续飞行，应该给它加油；而要鸽子继续飞行，则应该给它喂食而不是加油。"合"就是同一类事物采取相同的对待方式。飞机有大有小，但是要继续飞行，加的都是油，只是加油数量不同罢了；鸽子喂什么食，每次喂多少，也都有一定的规律。不用对每一只鸽子重新摸索一套"食谱"。

什么是概念

从逻辑学角度看

从逻辑学上讲，概念（concept）是反映事物本质属性的一种思维形式。

逻辑学分形式逻辑和辩证逻辑两个分支。形式逻辑中讲的概念属于抽象概念，它研究的是抽象概念中的一般规定性；而辩证逻辑讲的概念是具体概念，它不但研究概念的一般规定性，还要把握事物特殊和个别的属性。

从心理学角度看

心理学认为，概念是分类在个体头脑中的表征。它指的是一种规则，依据这种规则，我们根据一定的、明显的刺激特征对事物加以分门别类，或推知事物的其他特征。

概念的种类是很多的，实验心理学研究得比较多的是类概念（class concept）。类概念的特征是把刺激物的总体分为几个组。任何一个可以描述的总体都可以进行这种分组。比如说，我们可以把一些单词（它们构成总体）按照不同的维度进行分类：

+++	++−	+−+	+−−
college	bird	bridge	beauty
progress	child	metal	evening
−++	−+−	−−+	−−−
force	burn	black	poor
tax	worry	rock	sorrow

分类的维度有三个：评价（好＋、坏－），活动（快＋、慢－），潜能、力量（强＋、弱－）。上述正负号就是分类的结果，例如对"college（大学）"的分类就是"＋＋＋（好、快、强）"。

对总体的分类水平可以是不同的。最简单的分类就是把总体分成两大类：符合概念定义的刺激物称为"实例"或"正例"，不符合概念定义的刺激物则称为"非实例"或"负例"。

我们常常用下面这个关系式来描述类概念：

$$C = R(x, y, \cdots)$$

这里的 x, y, ……都是正例上可以识别出来的特征，R 是这些特征之间的关系。

比如说，"红的三角形"就是一个类概念。它应该有两个关键特征：红色、三角形，这两个特征在正例上是可以看到的。因此，关系式应该是：

$$C = R(红色, 三角形)$$

但这还不够，还要讲清楚特征之间的关系，即在进行分类的时候，上述特征是如何结合起来构成分类原则。这个例子中的 R 很显然是一种"合取"关系（即"红色"和"三角形"这两个特征必须同时出现）。这时关系式就成了：

$$C(红的三角形) = 合取(红色, 三角形)$$

概念形成

概念形成（concept formation），指的是获得一类事物的本质属性的认知过程，是一种掌握事物分类规则的认知过程。规律或规则的复杂程度相差很大，有些表现得比较充分的简单规则很容易掌握，比如说，有一类字，叫"A 类字"，这一类字有以下一些例子：

A 类字：照、昭、召、刀、凹……本质属性：韵母为 ao。

概念的本质属性就是一种规则，它比较简单，我们可以直接用抽象的语言将它表达出来。这个概念形成的过程是通过舍弃非本质特征而得到的，采取了"发现"这一形式。另外，如果我们事先就告诉被试："A 类字就是韵母为 ao 的汉字"，这种概念形成采取的形式就是"习得"或"学习"。不论是"发现"还是"习得"，其结果都是认识到某一类事物的本质属性。只不过前者需要一步一步地舍弃非本质属性，而后者一下子就将非本质属性舍弃干净，只剩下一个或一系列本质属性而已。当然，从思维心理学的研究内容来看，概念形成指的往往是前一种形式。这种概念形成，掌握的是规律或规则本身，本书将其称为"基于规则的概念形成"。

复杂规律或规则的掌握就不那么简单。有时，对于一个比较复杂的自然或社会现象，我们往往不能很清楚地用一个或一系列规则加以准确描述，但是在行为中可以很好地作出合乎规则的反应，本书根据复杂规则学习中被试的不同的认知方式，将这样的概念形成分别称为基于线索的概念形成、基于样例的概念形成和基于图式的概念形成。

概念形成就是人学会按照一定的规则对事物进行正确分类。从实验心理学的角度来说,这种分类不一定要求被试把他所分的每一个门类都叫得出名称,也不一定要求被试能讲出他分类时依据的规则。看一个人是否形成概念,只要看他能否对刺激进行正确分类。这个标准比较低,但是容易掌握,可以成为概念形成的操作性定义。当然,很多心理学实验要求被试说出分类时依据的规则。

即使是概念形成这样复杂的认知活动,也有其特异性的类别神经元(category-specific neurons)。克莱曼等人(Kreiman, Koch & Fried, 2000)记录到内侧颞叶(海马、杏仁核和内嗅皮质)部分神经元能够对不同类别的刺激产生不同的反应。他们使用的刺激类别有面孔、动物、自然景色、房屋、名人,等等(见图 8-2)。结果发现,有些神经元可以对特定类别中不同的刺激作出相同的反应,而对其他类别的刺激没有这种高强度的反应。

图 8-2 探测类别神经元实验所用的刺激

(来源:Kreiman, Koch & Fried, 2000)

8.3 基于规则的概念形成

假设检验理论

基本理论

基于规则的概念形成机制,以假设检验理论(hypothesis-testing theory)最为适合。这个理论可以追溯到亚里士多德,并且在 20 世纪 70 年代之前一直占据概念形成学说的支配性位置。在认知心理学中,布鲁纳等人(Bruner, Goodnow & Austin, 1956)是这个学派的主要代表。他们认为，概念形成是一个不断提出假设和验证假设的过程。

假设检验理论有一个前提：概念的所有正例都包含着共同的特征或属性。传统的假设检验理论还特别注重特征的必要性和充分性。"必要性"指的是，如果一个样例要成为正例，必须具备各个关键特征。例如，"有三条边"是三角形的必要特征，只要不是三条边，这个图形就一定不是三角形。"充分性"指的是，如果一个事物具备了某个概念规定的所有关键特征，它就自动成为这个概念的正例，不再需要满足其他条件。例如，如果一个几何图形具有"有三条边"和"封闭图形"这两个特征，就一定是一个三角形。

因此，假设检验理论认为，人们的概念是用一系列特征来表征的，也就是说，人们的概念系统是一个由抽象的规则组成的集合，任何一个正例都包含着所对应概念规定的特征。另外，正例和负例之间是泾渭分明的，要么具备所有的特征而成为正例，要么缺少其中任何一个或多个特征而成为负例。所有的正例都是"平等"的，没有"像与不像"或"好例子"和"坏例子"之分。

假设检验理论可以用来很好地解释规则比较简单的概念的形成，也可以用来解释科学概念的形成。

假设检验理论的缺陷

但是，假设检验理论有许多问题不能解释。

首先，最难以解释的就是被试对假设本身的记忆很差。

既然是进行假设检验，被试自然应该记得自己作出的假设。但是，事实并非总是如此。凯洛格（Kellogg，1980，1982）做了一些假设记忆实验。实验中，让被试形成相当简单的概念，在形成概念的过程中间的某些时刻，要求被试再认前面一次尝试中的刺激、假设、反应和反馈。结果发现，被试对于假设的再认成绩最差，对刺激较差，对反应和反馈却较好，更令人惊讶的是，即使该假设得到支持，其再认成绩也不比被否定的假设高。

其次，生活经验告诉我们，样例不像假设检验理论认为的那样，正负例泾渭分明，没有好坏之分。相反，我们常常认为有些例子很有代表性，是"好例子"。例如，相对于鸭子而言，麻雀是鸟的更好的例子，因为它似乎更有代表性、更典型。

第三个难以解释的问题就是内隐学习。在某些分类活动中，我们可能说不清楚分类的依据，好像是凭感觉作出判断。例如，一位中学生要判断自己是学习文科合适还是学习理科合适，他的判断标准是很模糊的：也许能说出两三条，也许完全凭感觉，或者虽然有判断标准但是未必一以贯之地加以执行。这往往被看作是一种内隐学习。本章第三节将集中介绍相关的理论和研究。

假设检验理论的实验方法

实验范式

研究基于规则的概念形成时，主要有两种实验范式。它们的主要区别在于由主试还是由被试来决定概念样例的呈现顺序。

第一种实验范式是"被动型":由主试一一或同时呈现实验材料(正负样例,以下简称"样例"),每呈现一个样例,被试就试着将这一样例归入某个类别,然后主试反馈,告诉被试反应正确与否。如此循环往复,直至被试不再发生分类错误为止。

第二种实验范式是"主动型":其基本方式就是由被试自己选择刺激材料作为某个概念的正例或负例,然后主试反馈,接着被试提出假设。如此循环往复,直至假设正确为止。

对于被试在主动型和被动型实验中的行为表现,有人进行过比较,但结果并不一致。一般来说,成人被试在主动型程序中概念形成比较快,儿童被试在被动型程序中概念形成比较快。

行为的测量

表 8-2 是一个数据记录表,有试验序号、刺激、被试反应、主试反馈、被试假设等内容。该实验向被试呈现一些卡片,在这些卡片上的不同位置画着不同数目、大小、颜色、形状的图形。要求被试指出维度,即找到关键特征。

表 8-2 概念形成记录表

试验序号	刺 激	被试反应	主试反馈	被试假设
1	1LR△T	+	+	LR△
2	2LG○M	−	+	LRT
3	2SR□T	+	−	R△
4	1LR□Bo	−	−	LR□
5	3LB△Bo	−	+	LR□
6	2LR□M	+	−	SR
7	1LR△M	−	−	1LR△M
8	3LR△M	−	+	1LR△M
9	1SR△M	−	+	1LR△M
10	1LG△M	+	+	1L△M
11	1LR□M	−	−	1LM
12	1LR△Bo	−	−	1L

注:答案为1L;总试验次数为12次;总错误次数为6次;维度:数目(1、2、3),大小(大、中、小),颜色(红、绿、蓝),形状(正方形、三角形、圆形),位置(上、中、下)。其中"大小"、"颜色"、"位置"均用各个特征的英文首字母表示:大小(L、M、S),颜色(R、G、B),位置(T、M、Bo)。

从表 8-2 可以看出,最简单易行的测量是被试得出答案前的试验次数和错误反应的次数。但是,单用这两个指标还不能反映被试的解答过程。在思维研究中,经常分析被试的分类反应与他提出的假设之间的联系。比如说,有多少次将与假设不一致的刺激当作正例(例如第三次)?被试是否以适当方式在适当的时候修改自己的假设?被试是否在相继试验中作出策略性的选择以确保获得新信息(比较前 6 次和后 6 次刺激的特征)?等等。

在概念形成的实验之前,都要有一段指导语。指导语应包括以下一些内容:(1)概念的一般描述;(2)刺激总体的描述、维度和特征;(3)刺激样例呈现的方式;(4)对反应的要求:反应如何进行、何时进行;(5)反应后出现的反馈的含义。另外,根据实验的特殊要求,还应灵活编写指导语。

刺激材料

究竟用什么样的材料作为概念形成研究的刺激?可以有两种选择:人工概念材料和自然概念材料。在实验室里,为了排除知识经验对概念形成的干扰,常常采用人工概念(artificial concept)来研究概念形成的一般过程和特点。

赫尔(Hull,1920)是提出人工概念的第一人。他的人工概念以汉字为材料。其概念的样例就是汉字,概念的定义就是汉字的偏旁等特征,另外用诸如"oo""yer""ta"等字母组合作为概念的名称。例如:"oo"的定义就是所有带"氵"的汉字,正例包括"江""河""湖""海"等。

但是,在赫尔的实验程序中,被试不知道自己的任务。相反,要求他们做的事情是机械识记,即学会将名称或无意义音节与呈现的样例联系起来。例如,有5个不同的概念,分别对应于一套样例;被试的任务是记住哪些卡片上标的是DAX,哪些卡片上标的是CIV,等等。如果被试没有领悟其中的奥妙,他就不会明白,卡片上标着相同的字母是因为它们具备某些共同的特征值。在赫尔的研究中,检验被试是否获得概念的证据是被试能否将无意义音节运用到一系列新的(没有呈现过的)代表各个概念的样例中。

赫尔的人工概念中,各个维度和它们的取值都是不能控制的。赫尔使用的是一套不容易加以实验控制的汉字,汉字中的某个特定偏旁就是正确概念的定义性特征。但是,除了偏旁,其他可能被认为与概念有关的特征是难以计数的:任何一个笔画、角、曲线、笔画的粗细、笔画的密集程度、直角的个数、笔画数、不连续线段的数目、汉字的宽度和高度、汉字的对称性、横竖笔画的显著性,以及笔画安排的动静特点等,都可能成为概念的定义性特征。这样一来,主试就难以对实验材料进行随心所欲的控制。

后来,海德布雷德(Heidbreder,1947,1948)以人工概念为材料,研究了概念的难度问题。她设计的人工概念比较生活化,刺激材料由卡片组成,上面画的是各种几何图形、物品、动物、人像等,且数量不等。概念的定义可以是一类图形,一类具体事物,或是某个数字。她发现概念难度顺序为(由小到大):具体概念——空间几何概念——数概念。

布鲁纳等人(Bruner,Goodnow & Austin,1956)制作了新的便于操纵其中变量的人工概念材料。这些人工概念材料都是卡片,卡片上画着不同颜色(红、绿、蓝)、不同形状(方块、圆、十字形)、不同数目(1~3个)的图形,卡片边上还有不同数目的边框(0~2个)。由于颜色、形状、数目、边框数各有3种,所以卡片总数为$3 \times 3 \times 3 \times 3 = 81$个。后来,他们还将卡片的特征数从上述4种增加到6个,可能的卡片总数就更多了。

布鲁纳等人不仅制作了新的人工概念材料,还进一步研究了概念的结构与其特征之间的结合方式,并且研究了它们的难度顺序(见表 8-3)。

表 8-3 不同结构的概念的难度

难度次序	结构名称	词语表达	符号式	实际例子
1	肯 定	红色图形	R	任何特征均可
2	合 取	红色星形	R∩S	又大又薄的书
3	包含分取	或红或星或红星	R∪S	老弱病残受照顾
4	条件式	如系红色必须为星形,如非红色则任何图形均可	R→S	举止文明的绅士:女士进门就起立
5	双重条件	如系红色必须星形,如非红色必非星形	R↔S	只有冷的时候才穿大衣

(来源:Bruner, Goodnow & Austin, 1956)

过去,人工概念的提出者和研究者较少考虑自己所用的实验材料的不足之处,没有对人工概念及其实验程序作出必要的改进。人类的概念系统是在不断地进化和复杂化的,而以往的研究者对此熟视无睹,只是习惯于用少数几个人工概念来揭示一些心理规律,很少让被试形成一个概念体系,从概念体系的高度去把握概念形成的规律。这样的研究当然难免会有很大的局限性。

实际上,人工概念还是有相当大改进的余地。卡闵(J.H.Camin)就曾经设计出一种新的概念材料——假想动物(见图 8-3)。他画出来的动物在自然界并不存在,但是动物身上的特征却是可以在自然界中找到的。用这种假想动物构造的"物种"或概念,既有人工的色彩,又有自然的特征。假想动物设计出来后,在研究工作中曾得到运用。可见,人工概念还是有强大的生命力。如果能让人工概念更全面地模拟自然概念,完全可以做到用人工概念来更精确地研究自然概念的获得。

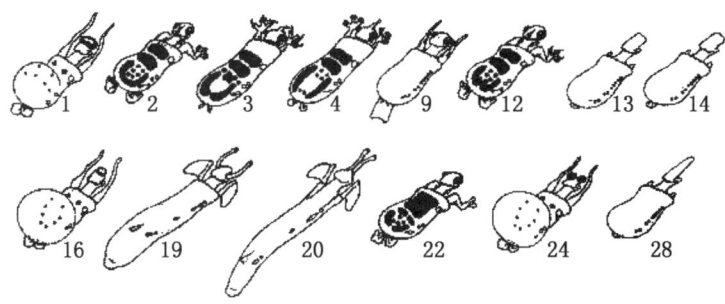

图 8-3 卡闵设计的部分假想动物

(来源:Sokal, 1977)

概念形成策略的实验研究

概念形成的行为是很复杂的,但我们仍能从中找出一定的组织和结构,因为人的行为不是漫无目标的瞎碰乱撞,而是受着一定的假设、期待和规则制约的。由于大多数概念课题都有逻辑性,通过一系列步骤总能得出答案,所以被试有了一定的经验后,就可能形成一个有组织的反应序列——策略。

对于概念形成的策略,最早进行经典研究的就是著名心理学家布鲁纳等人。他们发现,概念形成是一种有目的、有意识、有计划并且有高度组织性的行为。

概念形成中经常出现的策略有聚焦、扫描和真值表等策略。

聚焦

聚焦(focusing)策略是在比较各个样例的过程中,逐渐舍弃那些非本质属性,最后留下本质属性。为什么用"聚焦"这个词呢?因为这种策略选择一个正例作为焦点,将它与以后出现的样例进行比较,并且在此基础上进行舍弃。

聚焦又分两种情况:保守性聚焦和赌胜性聚焦。前者比较谨慎,后者比较冒险。下面是两个例子,分别见表 8-4 和表 8-5。

表 8-4　保守性聚焦(焦点刺激:1LR□)

序号	刺激	分类	假设
1	1LR△	+	1LR
2	1LG□	−	1LR
3	1SR□	+	1R
4	2LR□	−	1R

答:1R

表 8-5　赌胜性聚焦(焦点刺激:1LR□)

序号	刺激	分类	假设
1	1SR△	+	1R
2	2LR□	−	1R
3	1LG□	−	1R

答:1R

从以上两个例子可以看出,保守性聚焦是每次只检验一个特征,看它能否舍弃。而赌胜性聚焦常常是同时检验两个或两个以上的特征。可见,赌胜性聚焦要么一次成功地舍弃多个特征,要么一个也不能舍弃,所以它有高效率的一面,也有冒险的一面。

以上讲的两种聚焦往往用在主动型概念形成中。其实,在被动型概念形成中,也可以观察到这样的聚焦过程。布鲁纳等人发现,在被动型实验中,有些被试也将一个正例作为焦点刺激,然后与后面的卡片进行比较,但这样做比较困难。

扫描

布鲁纳等人发现的第二种策略叫作扫描(scanning)。这种策略不是先选择一个焦点刺激,而是先形成简单的假设,比如"所有大的正方形都是正例",然后根据这个假设将刺激进行分类,直至发现错误,再修改和另立假设。但是用这种策略成功率不高,因为比较困难,对记忆要求太高,尽管逻辑上并没有什么不妥。

真值表策略

以上两种策略常用于确定关键特征的概念问题中,但是如果已知关键特征而要求确定特征之间的相互关系,这两种策略就不再适用,至少不能直接运用。那么在确定相互关系的过程中有没有策略呢?伯恩等人(Bourne, Ekstrand & Dominowski, 1971)用一系列实验说明了确定相互关系时人的行为的系统性特征。最主要结果是,随着练习的进行,多数被试获得了一种一般策略。这个研究是这样进行的:要求被试解决一系列概念问题,这些概念的两个关键的特征是已知的,但是特征之间的关系是未知的,关系共有四种。结果发现,一开始被试的行为很混乱,不规则,效率很低;随着练习的进行,成绩不断提高,最后多数被试很快就能解决新问题。通过进一步的分析发现,被试可能是将所有刺激分成了TT、TF、FT、FF 四大类,然后把注意力集中在这四类刺激和两类反应的联系上。这样,只要根据真值表,检验一下这四类刺激都得出什么反应,就能确定两个特征之间的关系,这就是真值表策略(truth-table strategy)。所以,随着实验的进行,有经验的被试只要进行四次试验就可以解决问题。表 8-6 是四种不同结构的概念的真值表(表中 R 和 S 分别代表"红色"和"星形"特征,"+""—"号表示是否正例)。

表 8-6　四种概念的真值表

关　系	刺　激　形　式			
	R/S	R/—S	—R/S	—R/—S
合取 R∩S	+	—	—	—
包含分取 R∪S	+	+	+	—
条件式 R→S	+	—	+	+
双重条件 R↔S	+	—	—	+

怀疑与新实验

布鲁纳等人在发现各种策略以后,学者们渐渐产生了怀疑。有人提出,从行为表现上鉴别被试使用了什么策略是很困难的。约翰逊(Johnson, 1978)提出,如果出现如下情形,我们就很难下结论:一位被试第一次尝试就猜对了,这时如果他接着只改变一个维度,则似乎应该说他运用的是保守性聚焦策略;他也可以改变 2 个或 3 个维度,这时用的就是赌胜性聚焦策略。但是,当被试用一次赌胜性策略而且成功之后,就只剩下最多 1 个维度尚未检验了,而对剩下的这 1 个维度,他无法继续运用赌胜性聚焦策略。这就是说,根据一次实验就认为被试使用了某个策略似乎是不合理的。他进一步提出,如果解决某一概念问题的时候,策略甲的效果确实高于策略乙,那么运用策略甲的被试成绩就会好一些,统计上就可以画出双峰曲线。

为了检验自己的观点，约翰逊设计了一种新的人工概念形成任务，叫作 zaps-duds (ZD)任务。在这个任务中，被试观察由字母"X"和"O"组成的字符串(字母个数均为 6)，这些字符串都有名称(实际上就是概念名称)，有的叫"zap"，有的叫"dud"。被试的任务是在此基础上发现为什么有些字符被称为"zap"而有些被称为"dud"。实验在计算机上进行，字符串和假设由被试键入，而计算机则给出"zap"和"dud"的反馈，或告知被试假设是否正确。实验中要测定的因变量是形成概念所需的尝试次数。结果发现，画出的曲线有四个众数(或峰)。这说明被试运用了四种策略。第一种叫作聚焦策略，大约 10 次即可完成任务；第二种叫作"双 X 策略"，被试在每个字符中只输入两个"X"，约 15~16 次可完成任务；第三种策略是，被试在输入几个字符串以后，不再输入字符串，而只输入自己的假设，这样做需 21 次尝试才能形成概念；第四种叫作"纯扫描策略"，被试从开始就不输入字符串，而只输入自己的假设，这种策略需 30 次尝试才能成功。实验还发现，多数被试的策略是不变的。

关于被试根据什么标准选择不同的策略，梅丁和史密斯(Medin & Smith, 1981)提出了这样一个观点：不同的策略并不影响认知操作的性质；被试选择策略仅仅对于需要记住多少信息有影响。劳林等人(Laughlin, Lange & Adamopoulos, 1982)的研究则表明，被试选择的策略很可能对认知操作性质也产生了影响。他们让被试完成一个概念形成任务，这个任务要求被试找出一种颜色密码。他们的设想是，被试在完成任务过程中可能使用两种策略：聚焦策略和扫描策略。结果发现，36% 的被试运用了聚焦策略，平均猜测次数为 5.27 次(理论上认为至少要猜测 4.5 次)；另有 31% 的被试运用了扫描策略，平均猜测次数为 5.98 次(理论上认为至少要猜测 3.02 次)。可见，被试不善于利用扫描策略，尽管扫描策略效率比较高。有意思的是，运用上述两种策略的被试比运用其他策略的被试效率高一些，而当被试被引导着使用上述策略时，他们的成绩就上升。可见，采用不同的策略不仅影响记忆负荷，同时也影响了认知操作的性质。

8.4 基于线索的概念形成

基本理论

许多复杂的概念，它们的规则难以直接通过分析获得，但是其正例和负例与一定的线索相联系，因而可以进行基于线索的概念形成。与基于规则的概念形成相比，基于线索的概念形成不能得到一个完整、准确的规则或规则体系，它往往只能获得刺激的某些线索(表面特征)与类别的简单关联，这些关联是片面的、零碎的，其典型表现就是内隐学习。

所谓内隐学习(implicit learning)，就是个体在与环境接触的过程中不知不觉地获得了一些经验并因之而改变其事后的某些行为的学习。它的对立面就是外显学习(explicit learning)，这是一种有意识的、需要学习者作出意志努力的学习。

雷伯(Reber，1993)概括了内隐学习与外显学习相区别的一些重要特征：(1)稳固性，内隐学习较少受到记忆障碍的影响；(2)独立于年龄，内隐学习较少受年龄因素的影响；(3)低变异，内隐学习的个别差异较小；(4)独立于智力，内隐学习成绩较少受到智商的影响；(5)过程共有，内隐学习为大多数物种所共有，而外显学习仅人类身上表现充分。

认知神经科学关于内隐学习与外显学习脑机制的研究尚在起步阶段，结果也不太一致。不过，很多人倾向于认为基底神经节(尤其是纹状体)对内隐学习影响较大，而内侧颞叶影响外显学习。

雷伯的观点不仅对概念形成的假设检验理论是一个挑战，而且对有关概念学习的所有分析性理论都是一个挑战——当刺激结构高度复杂时，相对被动的、非分析性的学习方式更为有效。雷伯等人据此提出，人类的语言和另一些抽象概念的复杂结构就是在这种无意识的内隐学习中获得的。

当然，雷伯的人工语法实验虽然能够说明被试在内隐学习的指导语下能够在一定程度上作出正确的分类反应，但是不足以证明这些正确反应是由于被试掌握了抽象的语法规则导致的。稳健的说法也许应该是，被试利用了一些与正确分类有关的线索，作出了合理或他自认为合理的反应。这里所说的线索，包括字符串中的字母片断等表面特征。由于被试无暇或无力整理这些线索，因此他们也无法用言语对此加以表达。本节先详细介绍有关内隐学习的实验，然后论证内隐学习属于基于线索的概念形成。

人工语法与内隐学习实验

人工语法实验

人工语法(artificial grammar)最早是心理语言学的一种研究工具。在心理语言学研究中，需要类似于人工概念的刺激材料，它既可以用来模拟自然语言，又不容易受到知识经验的干扰。用人工语法产生的"人工语言"像自然语言一样富于变化，同时又有自身的语法规则，所以便于研究者计算由它生成的每一条字符串(语句)的复杂性和包含的信息量的大小。后来，经过雷伯的改造，人工语法成为一种限定状态语法(finite-state grammar)。他用这种"人工语法"作为产生"合法"字符串的规则。于是就有了两种字符串：一种符合"人工语法"；另一种不符合"人工语法"。可见，"人工语法"也可以被看作一种非常复杂的人工概念。其样例就是字符串，有正例，也有负例。雷伯就是用这种人工语法来研究内隐学习。

人工语法必须用图才能清楚地表现出来。图8-4就是一个典型的人工语法图。图中有多个圆圈，里面标出字母，表示一个状态，各个状态处有各种可能的走向，从而形成一个纵横交错的语法路线图。每一条语法路线称为"线路"(path)。线路中有像 S2 和 S3 这样的"返回",表示可以连续重复几个字母,例如 S2 处可以连续出现(当然也可以不出现)一个或多个"S",S3 处则可以连续出现(当然也可以不出现)一个或多个"T"。另外,几个状态可以产生周而复始的循环,例如 S4—S3—S5—S4……另外,根据开始位置的不同,又可以分成几个不同的"线路组"。以图8-4 的语法图为例,该语法因为存在循环,所以产生了无限多条线路,且分为两组。每一条线路上又因为包含至少一个返回,因此又可以生成无数个字符串。

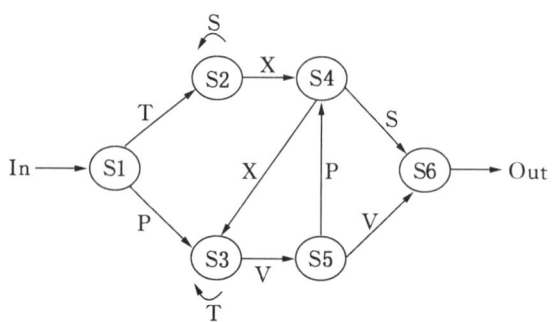

图 8-4 人工语法示意图

(来源:Reber,1993)

雷伯和艾伦(Reber & Allen,1978)等人的一系列内隐学习实验对假设检验理论提出了针锋相对的挑战。内隐学习的实验分两个阶段:第一阶段是学习阶段,要求被试观察和记忆一系列字符串,然后告诉他们这些字符串是根据一套规则(即语法)产生的;第二阶段是测验阶段,要求被试判断一些新的字符串是否也符合原来的语法规则。结果发现,被试作出的判断的正确率高于猜测概率,但在言语报告中他们却不能描述出已经学会的规则。可见,这种学习似乎不是一种基于规则的概念形成。

另外,雷伯等人还将被试分为记忆组和探索组。在学习阶段,要求记忆组的被试"努力记住字符串",而要求探索组被试"找出字符串排列的规则"。在接下来的测验阶段,向两组被试呈现新的字符串,要求他们判断这些字符串是否合乎语法。结果,死记硬背的记忆组成绩竟然好于动脑筋的探索组。这说明,原先没有意识到字符串里面有什么规则的被试反而比较多地掌握了人工语法!

内隐学习的其他研究范式

雷伯在最早提出内隐学习时使用的研究范式是人工语法学习,但是这不是内隐学习的唯一实验范式。随着研究的不断发展,出现了许多新的范式,其中最主要的是概率学习(probability learning)、控制任务学习(control-task learning)、矩阵扫描研究(matrix-scanning study)、内隐序列学习(implicit sequence learning)和双条件语法学习(biconditional grammar learning)。

概率学习范式最早是由心理学家汉弗莱斯(Humphreys，1939)提出来的,一开始并不是用来做内隐学习研究的,而是被用来开展条件反射实验,直到雷伯和米尔沃德(Reber & Millward，1968，1971)采用这种方法后,才被用于内隐学习实验。实验的过程是这样的：(1)在学习阶段,以每秒2个刺激的频率向被试呈现一系列刺激,其中某个特定的刺激出现的概率按照一定的规律发生周期性的变化；(2)在测验阶段,呈现刺激信号后,要求被试预告随后可能出现的刺激。结果发现,被试对后续刺激的预期与实际刺激出现的顺序相一致。雷伯认为,被试已经内隐地学到了刺激材料中包含的概率规则。

控制任务学习采用模拟生产或生活情境的方式来研究被试对情境中潜在的规律(或规则)的掌握和运用的能力。相对于人工语法实验范式,控制任务学习的一个最大优点是能够激发被试的主动性,不容易产生疲劳。布罗德本特和贝里(Broadbent，1977；Berry & Broadbent，1984)等人设计了许多模拟的情境。其中最有名的情境就是糖生产实验,要求被试作为制糖厂的管理者调整生产环节的各个要素的参数值来完成预定的生产任务,这些要素主要有工资、生产秩序、雇用工人人数,等等。实验中实际隐含的规则是：$A = 2w - (p + n)$,其中 A 表示产量,w 是工人数量,p 是被试上一次尝试的输出产量,而 n 是一个不确定的随机量(即噪声)——噪声的存在使得被试即使外显地学会了这个公式也不可能做到完全准确。但是,即使在这种情况下,被试的反应还是有很多落在答案的正确范围之内,而他们对规则本身却不能作出很好的表达。

列维奇等人(Lewicki & Hill，1987；Lewicki，Hill & Bizot，1988)使用矩阵扫描研究范式对内隐学习进行研究。这个范式同样包括学习和测验两个阶段：(1)学习阶段：要求被试观察屏幕上的四个象限中出现的数字矩阵,其中有一个目标数字每次出现在不同的象限中。目标刺激出现的规律是预先设定的,但是不告诉被试。(2)测验阶段：要求被试在呈现了6次刺激后按键判断目标刺激接下来将要出现在哪一个象限中。列维奇等人的实验发现,虽然没有告诉被试目标刺激出现的规律,但是随着学习次数的增加,他们判断的反应时显著地减少了,正确率也高于随机水平。而且,当实验规则突然改变时,被试的反应时就急剧增加,正确率也回到随机水平。列维奇等人认为,反应速度和准确率的提高说明被试获得了有关的规则。

内隐序列学习是现在内隐学习研究中仅次于人工语法学习范式的最重要、最常用的实验方法。其前身是由尼森和布莱默(Nissen & Bullemer，1987)提出的知觉-运动定位任务。该任务的实质是内隐序列学习,后来不断被人采用和发展。在内隐序列学习范式中,一个刺激符号(如"*"号)出现在水平排列的几个位置(通常是 ABCD 四个位置)上,出现的位置或是遵从一个特定的序列(如 DBCACBDA),或是按照随机顺序出现(不过这种随机也是实验者事先设计好的伪随机)。被试的任务是对刺激可能出现的位置进行尽可能快而准确的预测。这种研究范式以反应时为主要指标,故又称为序列反应时(serial reaction time,简称 SRT)任务。如果被试经过多次练习后,在特定的序列条件下完成任务成绩得到提高,这就表明他们对上述特定序列的规则很敏感,而且这种敏感并不说明被试一定意识到相应的序列规则,就可以认为被试产生了内隐学习。被试对特定序列与随机序列反应的时间差就体现了序列学习的效应,作为内隐序列学习量。

双条件语法学习范式是尚克斯等人(Shanks, Johnstone & Staggs, 1997)设计的。其中一个双条件语法见图8-5,它由分布在分隔号"·"左右的4对字母组成,成对的字母之间存在着某种对应规则。图8-5中箭头表示的是语法中的三个对应规则,即在分隔号"·"左右的第1、3、4号位置,分别应该出现 D—F、G—L、X—K 这三对字母,且左右位置可以互换,由此可以产生的正确字符串如 DFGX·FDLK, FFGK·DDLX 等,而错误字符串如 LFGK·KDLX, DFGK·DDLX 等。

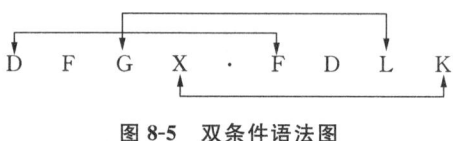

图 8-5　双条件语法图

(来源:Shanks, Johnstone & Staggs, 1997)

内隐学习——基于线索的概念形成

内隐指导语的作用

在标准的人工语法内隐学习实验中,引发被试的内隐学习的关键方法是借助内隐指导语。结果发现,接受内隐指导语的实验组判断字符串的正确率明显地高于接受外显指导语的对照组的成绩。雷伯的解释是:因为人工语法规则过于复杂,被试无法在短时间内很好掌握,因此外显指导语会对被试造成一种干扰,而内隐指导语则不会。

但是,也有研究认为,内隐指导语没有任何作用。米尔沃德曾将雷伯(Reber, 1967)实验中的字符串长度由8个字母增加到11个,结果没有发现内隐指导语和外显指导语造成的差异。马修斯等人(Mathews, Buss, Stanley, Blanchard-Fields, Cho & Druhan, 1989)使用较为复杂的人工语法时也没有发现两种指导语的差异。佩鲁奇和派克托(Perruchet & Pacteau, 1990)的研究也发现内隐指导语和外显指导语没有造成被试成绩的差异,因此他们对"被试是否真的按照内隐指导语的要求去做"提出质疑。他们认为内隐组被试也许会采用一些类似于记忆术的策略来寻找规则,发现一些诸如"首尾字母相同"的等效规则。外显组被试也可能采用了内隐组一样的学习方法,以至于两组的结果没有差异。

一些研究还发现,外显指导语有助于被试提高成绩。霍华德和巴拉斯(Howard & Ballas, 1980)的研究发现,外显指导语在刺激模式无法从语义上加以理解时会使被试的成绩降低,在刺激模式可以用语义来理解时则将提高被试的成绩。雷伯也发现,若语法的呈现方式使得体现语法的潜在规则变得明显时,外显指导语就会提高被试的成绩。

无论是找到一些等效规则,还是直接得到明显的语法规则,都只是部分的、片断的知识线索,因为被试无法完整准确地总结出整个语法规则体系。我们能够下的最远的一个结论是:在内隐学习条件下,被试可以根据一些片断的线索来对结果进行有效的猜测。

50%标准和线索的存在

在一般的内隐学习实验中,判断被试是否发生了内隐学习的一个标准是内隐组被试的成绩是否显著地高于50%的正确率,而外显组则低于或接近随机水平,这被称为"分离"。50%这个标准是随机反应应有的正确率,将它作为没有学到任何东西的标准看似理所当然,但还是受到很多人的质疑:设定50%的假设前提是人们如果不学习,则成绩一定在随机水平(50%)。然而过去的许多实验中都没有设立这样一个不学习、只测验的参照组。为此,新的实验中出现了无学习参照组的设计。但是雷丁顿和蔡特(Redington & Chater, 1996)发现,无学习参照组的被试也可以达到50%以上的正确率,难道他们也发生了学习?此外,在雷伯和佩鲁奇(Reber & Perruchet, 2003)调查的14个实验的16个控制组的成绩中,有8个高于50%,一般成绩均在45%~60%之间。于是,50%作为基线水平的合理性就受到了质疑。雷伯和佩鲁奇(Reber & Perruchet, 2003)还发现,刺激材料的某些表面特征能够影响无学习参照组被试的成绩。这些表面特征都是与人工语法规则无关的字母表达方式上的特征。

另外,既然将50%作为随机水平,那么正确率低于50%,显然也应该是学到一些东西了。因为根据概率论的原理,一个人在没有相关知识的情况下作出二选一的选择,正确率固然不太可能显著高于50%,同时也不大可能显著低于50%,例如,一个对物理学一窍不通的人做100道物理学是非题,几乎不可能做错60题以上(即正确率几乎不可能低于40%)。因此,正确率显著低于50%的被试应该也是利用了某种准则作出反应,但是这种准则显然不会是人工语法规定的规则系统,那么这种准则应该是什么呢?如果用前面说的表面特征来解释,似乎更有说服力:被试根据自己总结出来的一部分表面特征与所分类别的关联来对新的字符串进行类别判断,由于这些关联往往不准确、不全面,甚至与原规则决定的答案相反,结果才可能造成偏低的正确率。

还有一个问题是,内隐学习组和外显学习组的正确率是各组所有被试的综合指标,而不是单个被试的个人指标。这就不能排除这样的可能性:外显学习组的被试,就各人来说,反应正确率可能有的显著高于50%,有的则显著低于50%,当然还有一些被试就在50%左右。这些被试的总正确率虽然还是50%,但是那些高于50%的被试显然是正确掌握了一些零散的关联;那些低于50%的被试也总结了一些关联,却是错误的关联,这种关联使得他们作出与正确答案相反的反应。因此,不能仅仅根据外显学习组被试的总正确率接近50%就认定他们没有学到任何东西。

相似性理论

内隐学习抽象性的最有说服力的研究是关于健忘症患者的内隐学习效应。健忘症患者的陈述性记忆很差,但是在各种与非陈述性记忆有关的学习任务(如序列反应时任务等)中,他们都能表现出非常明显的学习效应。诺尔顿等人(Knowlton, Ramus & Squire, 1992)的研究发现,不管给健忘症患者学习的是整个的字符串还是字符串的片段,他们和控制组被试在分类任务中的表现非常相似,而在再认实验中的成绩则比较差。

但是,雷伯的观点还是受到许多研究者的质疑。以下介绍与雷伯观点相左的几个模型。

布鲁克斯(Brooks, 1978)是反对雷伯抽象说的第一人。他认为,对新字符串的正确的语法判断可以凭借新字符串与学习字符串的记忆痕迹之间的表面相似性来完成。布鲁克斯提出,人之所以将一只四足动物看成是狗,并不是因为它符合狗的抽象特征系统,而是因为它使人想起以前曾经见过的被称为"狗"的某个具体的动物。在人工语法学习中,一个新字符串之所以被认为是符合语法的,并不是因为它符合被试对人工语法的内隐表征,而是因为它使被试想起了一个过去见过的、被称为符合语法的字符串。由于字符串不是以一个片断而是以一个独立完整的项目的形式来担任判断新字符串的合法性的依据,因此,将这种可能的学习机制看作是另一种学习——基于样例的概念形成更合适。

但是,布鲁克斯的批评未必击中雷伯的要害。因为人工语法实验中不合语法的字符串是在合乎语法的字符串基础上略加改动获得的,两者其实比较相像,不应该用相似性来解释。因此,我们认为,不能断定人工语法学习是基于样例的概念形成。

组块理论

组块理论也可以用来证明基于线索的概念形成的存在。有多组心理学家持组块观点。

塞万-施莱贝尔和安德森(Servan-Schreiber & Anderson, 1990)认为,人们在他们生活环境中自然地倾向于寻找结构上的规律,因此在内隐学习中他们也会把长的、无意义的字符串分成不同的部分(组块)。这些组块可以分成不同层次:最基本的是字母,其次是词语(双字母、三字母),然后是短语,最后是句子(整个字符串)。在被试判断一个新的字符串的合法性时,如果字符串中存在学习过的组块,那么较高的熟悉度就会有可能把它视为一个合法字符串。

杜拉尼等人(Dulany, Carlson & Dewey, 1984)的研究更加细致一些。在实验中,不仅要求被试判断字符串的合法性,而且要求他们画出使得字符串符合语法的那部分字母。结果发现,被试在学习过程中确实试图从字符串中抽取部分字母,它们"使得"字符串成为合法字符串。在判断新的字符串时,被试则是在比对新字符串中是否包含那部分字母。由部分字母组成的组合可以被看作是一种线索,它对应于一定的小规则,是和意识有关的。上述字母组合显然可以看作是一种线索。

佩鲁奇和派克托(Perruchet & Pacteau, 1990)的研究中选用传统的人工语法规则。在学习阶段向被试呈现构成字符串的字母队(即由多个字母组成的字符串片断,例如双字母队、三字母队),结果发现,被试在随后的分类测验中获得的成绩与向他们直接呈现整个字符串时的测验成绩一样好。同时,在被试学习了字符串后,要求他们对结成字符串的字母队进行再认,结果被试的成绩高于随机水平。而且,如果某个字符串中包含了未能再认的字母队,这个字符串就常被他们判断为不符合语法。另外,如果字符串中都是可以再认的字母队,但是这些字母队仅仅在排列位置上发生了错误,则被试表现出较难作出判断。根据这些实验结果,佩鲁奇和派克托认为,被试在人工语法学习中获得的知识很可能是部分字母组块的具体知识。由于这些知识还不完善,他们在分类判断中不可能有很高的正确率。而且,被试对双字母队、三字母队的掌握是个外显的过程。当判断新字符串的合法性时,被试会把新字符串中的组块与头脑中储存的组块知识提取出来进行比对。

基于线索的概念形成可以解释某些复杂概念的形成,包括人工语法的内隐学习,但是它难以解释样例的代表性问题。

8.5 基于样例和基于图式的概念形成

样例学习理论

什么是样例学习理论

样例学习理论(exemplar theory)也是针对基于规则的概念形成理论——假设检验理论的缺陷提出来的,但是它同时可以解决基于线索的概念形成理论的缺陷。这个理论认为,概念的表征包括了对于各种样例的描述,概念形成的过程就是积累样例来表达概念的过程。

假设检验理论认为,人们头脑中的概念是有着明确界限的。例如"三角形"这个概念,凡是符合"有三条边"和"封闭"等条件的几何图形都是三角形,凡是不符合上述特征的都不是三角形。三角形和非三角形之间界限非常清楚。但是,日常生活中的概念却并非如此。对于有些样例,可以很明确地认为它属于某个概念;还有一些不典型的样例,有时很难说清楚它们的归属。

例如,如果问:"椅子是不是家具?"则人人都会十分明确地回答:"是。"但是,如果问:"书立(书架上使书直立的物件)是不是家具?"人们的回答就大不相同,有人说是,有人说不是。这说明,有些概念没有清晰的界限。例如"家具"就是这样,像书立这样的东西,可以看作是家具,也可以看作是文具。又如,"家用电器"也是一个界限很不清晰的概念,如果问:"手机是不是家用电器?"回答也是多种多样的。

为了解决上述问题,罗施和默维斯(Rosch, 1973a; Rosch, 1973b; Rosch & Mervis, 1975)提出,假设检验理论是以对人工概念的研究为基础的,而人工概念不能成为实际生活中的概念的代表。罗施认为,自然情况下,概念形成以样例学习为主。在她看来,自然概念不像人工概念那样有准确的定义,其样例上的特征不像人工概念那样明确而有限。自然概念的内涵和外延往往比较模糊,因而比人工概念复杂得多。因此,人们头脑中的自然概念不是一个或几个关键特征,而是对概念样例的记忆,不同的样例都可以不同程度地表征概念。换句话说,自然概念的形成用不着假设检验的参与,记忆中有代表性的一个或几个样例,就是概念存在的形式。

图 8-6 就是样例学习理论所认为的关于概念"鸟"的表征形式。从图中可以看到,一个概念(例如"鸟")可以用多个样例来表征。这些样例之间也存在一些差别:前三个样例其实也是概念,是鸟的下位概念,而"悦悦"则是一只真实存在的宠物鸟。当样例本身就是一个下位概念的时候,它又可以进一步用两种形式来表达:一是罗列出它的相关特征,例如图中的"知更鸟";二是用更下位的样例来表示,例如"北美蓝鸟"和"麻雀"。当然,这两种方法也可以同时采用。

在用样例来表征概念时,剔除个别样例对于概念表征影响不大,这是有别于基于规则的概念形成的一个重要特征。

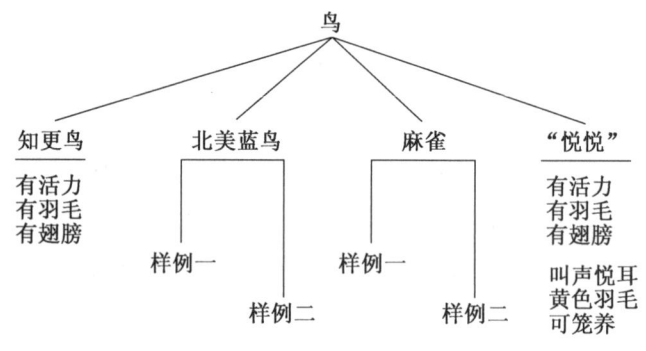

图 8-6　概念的样例表征

(来源:Smith & Medin,1981)

那么,自然概念究竟是怎样形成的呢?我们小时候学习什么是"鸟"这个概念的时候,大人总是指着天上飞的麻雀、燕子说:"这就是鸟。"久而久之,我们心目中的"鸟"就成了麻雀或燕子那种模样了。也就是说,"鸟"这个概念在我们头脑中的储存方式是一个或几个有代表性的样例的形象,而不是一系列特征的罗列。罗施进一步指出,对于某个概念来说,不是每一个正例都是它最好的例子。例如,"麻雀""燕子"等可以说是"鸟"的良好的、有代表性的例子,而"鸭子""鸵鸟"却不是"好例子",确实,在实际生活中,许多人甚至不知道鸭子也是鸟。可见,自然概念在我们头脑中储存了两方面的内容:样例及其代表性程度。

样例学习理论得到了一些实验(Rips, Shoben & Smith, 1973; McCloskey & Glucksberg，1979；Rosch，1973)的验证。例如,让被试判断一系列的句子是否正确,结果发现,被试对于"知更鸟是鸟"(A robin is a bird)这个句子的反应比较快,而对于"小鸡是鸟"(A chicken is a bird)的反应比较慢。

默维斯等人(Mervis，Catlin & Rosch，1976)让被试直接列出给定概念的例子,发现被试倾向于列出典型的例子而不是非典型的例子。

另外,在语义启动效应的研究中,高度典型的样例常常可以达到更强烈的启动效应。

基本水平概念

罗施及其同事的另一个重要理论就是关于分类原则的讨论。分类是粗略一些好还是细致一些好？当然要根据不同的要求作出选择。一方面,人们希望将不同类别的事物尽可能地区分开来,以便区别对待;另一方面,人们又希望将不同的事物合并归类,以便用相同的方法来处理相似的事情。这就需要我们在"分"（分类)与"合"（归类)之间找到一个平衡点。

在人类知识体系中,概念是分层次的。例如概念"动物"下面包括动物的子集:"鸟类""哺乳动物""鱼类"等,"哺乳动物"下面又包括"犬科动物""猫科动物"等,"猫科动物"下面又有"老虎""狮子"等概念。对于动物学家来说,自然区分得越细致越好;但是对于普通人来说,分得太细并无必要,相反还不必要地耗用很多认知资源;而不作任何区分当然也不行,因为不能作出必要的区别反应。这样,就需要寻找一个基本水平:这个水平的概念（或分类)既足以让个体作出恰当的反应,又不占用过多的认知资源,从而达到认知经济学的要求;如果在基本水平概念(basic-level concept)的上位概念的层次进行分类,就觉得太笼统,甚至找不出很典型的例子;如果在基本水平概念的下位概念的层次进行分类,又觉得这样的细致分类并没有给出更多的信息。

罗施提出,基本水平概念需要满足这样两个条件:第一,概念所指类别中的成员之间有较大的相似性;第二,类别与类别之间有较大的差异性。简单地说,就是"类内差异要小,类间差异要大"。

举例来说,"钢琴"和"吉他"就是两个基本水平概念。钢琴和吉他虽然都是乐器,但是它们之间差别很大,不宜归为一类;而钢琴类内部的成员（三角钢琴和竖式钢琴)差别比较小,不同的吉他之间相差也不大。因此,一般情况下,不必继续细细分辨,因为我们不再关心演奏者弹奏的是哪一种钢琴或吉他。

基本水平概念是表象和形象思维的基础。因为基本水平概念往往可以找到一个或多个典型的样例,这使得我们能够对于这一类概念中的事物产生一个概括性的表象,这使得形象思维成为可能。当一个人想象自己驾驶着汽车在高速公路上奔驰的时候,不必费神去确定开着什么牌子的车。

基本水平概念对知觉也有重要意义。罗施指出,一个具体的事物总是首先会被知觉为某一基本水平概念的成员,在得到进一步信息之后才会被知觉为基本水平概念的上位概念或下位概念的成员。所以,我们看到一架钢琴时,总是先辨别出它是钢琴,然后才说得出它是哪一种钢琴(下位概念),或概括地说这是一种乐器(上位概念)。

在儿童的发展过程中,基本水平概念起着重要作用。父母们总是先教孩子那些基本水平概念,例如"椅子""桌子""灯"等,而不会先教它们的上位概念——"家具",也不会先教它们的下位概念——"竹椅""木椅""沙发椅""餐桌""写字台""吊灯""台灯"等。只有在掌握了一系列基本水平概念后,才有可能教会儿童更抽象的上位概念。

在我们的语言中,最常用到的也是基本水平概念。即使一个人看到一把名贵红木做的椅子,也往往称其为"椅子",不会说"红木椅子",也不会说"家具"。当然,如果为了突出椅子的珍贵,必要的时候还是会说"红木椅子"。

另外,从语言进化的角度来考察,基本水平概念在语言中也更具活力,因为它们向上进一步可以抽象为上位概念,向下则可以具体化为下位概念。更有趣的是,在聋哑人的哑语中,比较简单的动作大多数都被用来记录基本水平概念。

样例学习理论的缺陷

但是,以后的研究又发现,样例学习理论也并不能完满地解释自然概念的形成。

例如,马丁和卡拉马扎(Martin & Caramazza,1980)提出,成人在某些情况下会使用假设检验策略来形成自然概念。他们让被试对一些脸谱进行分类,并告诉这些被试(都是大学生),脸谱中没有哪一个或哪几个特征可以总是作为分类的决定性依据。尽管这样说了,被试却还是采用了假设检验策略,即系统地考察脸谱的各个具体特征并进行分类。

可见,样例学习理论和假设检验理论应综合考虑。奥谢森和史密斯(Osherson & Smith,1981)提出,人们记忆中可能存在两类信息,一类是样例信息(对样例的记忆),另一类是类别信息(概念的定义、关键特征以及特征间的相互关系),前者用于迅速判断,后者用于逻辑证明。每一个概念都有类别信息和样例信息。

根据上述理论,自然概念除了有样例信息以外,还应当有类别信息。用这个观点来考察上述采用假设检验策略来形成自然概念的实验,就容易理解了:正是自然概念的类别信息形成了假设检验的基础。

同样,人工概念也会有样例信息。阿姆斯特朗等人(Armstrong, Gleitman & Gleitman,1983)发现,精确定义的概念(虽然它们不是严格意义上的人工概念)也有样例信息。他们让被试评价一些数字"像"奇数或偶数的程度。这实际上就是让被试评价样例的类别隶属程度。照理说,奇数就是奇数,偶数就是偶数,哪有像不像的道理。可是实验结果却是,被试对不同的数字有不同的评价。此外,他们还让被试评价"母亲""主妇""公主""女招待""女警察""喜剧女演员"是不是"女性"好的(有代表性的)例子,接着又评价各种不同的几何图形是不是"几何图形"好的例子。这实际上也是测定类别隶属程度,结果也发现了隶属程度的差异(见表8-7)。

表 8-7　被试对一些样例的隶属程度评价

偶数		奇数		女性		几何图形	
样例	得分	样例	得分	样例	得分	样例	得分
4	1.1	3	1.6	母　亲	1.7	正方形	1.3
8	1.5	7	1.9	主　妇	2.4	三角形	1.5
10	1.7	23	2.4	公　主	3.0	长方形	1.9
18	2.6	57	2.6	女招待	3.2	圆	2.1
34	3.4	501	3.5	女警察	3.9	不规则四边形	3.1
106	3.9	447	3.7	喜剧女演员	4.5	椭　圆	3.4

(来源：Armstrong, Gleitman & Gleitman, 1983)

原型学习理论

原型学习理论(prototype theory)的代表人物就是提出样例学习理论的罗施等人。原型学习理论可以说是特殊意义上的样例学习理论，两者都强调样例在概念学习中的作用，其区别之处在于，样例学习理论主张概念直接由样例来表征，而原型学习理论则主张概念由大量样例的综合形式——原型来表征。

原型与家族相似性

概念形成理论中所说的原型和知觉心理学中的原型一样，也是一种心理上的简约形式，但是概念形成中的原型与分类关系更加密切一些，它指的是对于一类事物的典型表征，是一个特定的具体的表象，包括这类事物的主要特征；它与本类别其他成员之间具有较多的共同特征，而且相对于其他成员而言，它最能代表某一类别；它和其他成员最相似，因而也最容易被提取出来。所以，在获得原型以后，遇到类似的新事物，就可以与这个原型进行比较，从而确定该事物是否属于该类别。

原型不一定是一个实际存在的样例，是由许多样例糅合而成的，它具备该类事物典型的特征，这种特征可以是内在的、本质的特征，也可以是外在的、非本质的特征，只要这些特征能够起到将同类事物与它类事物区别开来的作用就行；在判断一个新样例是否属于该类别事物时，不一定要求它包含原型中包含的所有特征，但是包含的特征越多，就越容易被认为是这个类别的成员。与之相反的是，假设检验理论强调的是掌握该类事物的本质特征(必要条件和充分条件)，并且只要缺乏其中一个特征，就认为不是该类别的成员。

原型经常和家族相似性(family resemblances)一起用来解释自然概念的形成。一个类别可以看作是一个家庭，其中的样例就像家庭成员一样，相互之间具有一定数量的共同特征。家族成员都会有某些家族特征，有的成员多一些，有的成员少一些。维特根斯坦(Wittgenstein, 1953)提出，概念或者类别就是以家族相似性为基础。他强调说，将不同的成员归入一个类别,依据的是它们之间的相似程度,而不是依据充分必要条件。图 8-7 里面的成员就像一个家庭,这个家庭有 8 个兄弟,他们具有一些共同的特征,例如多数人是白头发、大胡子、大耳朵、戴眼镜等。虽然这几个特征不是每一个人都具备,但是最当中的那个人(实际并不存在)却具备所有这些特征,因此这个人很有可能被认为是这个家庭最典型的成员!

图 8-7　家族相似性示意图

(来源:Armstrong, Gleitman & Gleitman, 1983)

原型学习的实验

里德(Reed, 1972)的一个研究显示出原型学习的存在。这个实验分为学习阶段和测验阶段。在学习阶段,向被试呈现两类人脸,每一类人脸有 5 个样例(见图 8-8)。到了测验阶段,再呈现 20 个新的人脸,要求被试将它们分别归入学习阶段中提到的两个类别。里德想弄清一个问题:被试会用什么样的策略完成归类任务?

被试可能用的策略有以下四种。

第一种策略:原型策略。这个策略就是每一个类别分别形成某种简约的表象,即原型,然后将新刺激与这些原型进行比较,并判断新刺激与哪个类别最匹配。

第二种策略:样例策略。如果采用样例策略,在学习阶段就要记住所有的 10 张人脸;在测验阶段,则将每一张新的人脸与这 10 张人脸分别比对,找到最接近的新老匹配以后,作出归类决策。

第三种策略:特征频率策略。这个策略要求被试比较新老刺激中的特征(例如鼻子的长短、额头的高低等),计算准确的特征配对数,根据配对数最多的一对新老匹配,作出归类决策。

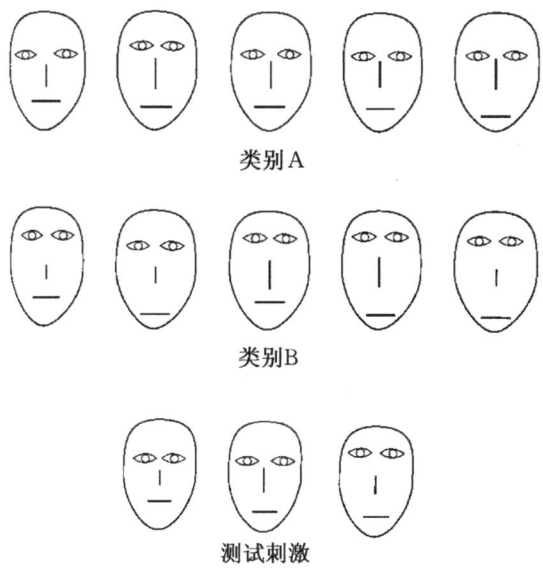

图 8-8　里德实验用的学习和测试材料示意图

(来源：Reed，1972)

第四种策略：平均距离策略。这个策略要求被试将每一类学习过的 5 张人脸分别与新刺激进行比较，计算出与它们之间的平均相似度，然后将新刺激归入平均相似度比较高的那一类。

里德给出了上述四种策略的描述，要求被试根据自己在归类学习中使用的方法作出选择。结果发现，58% 的被试采用了原型策略，28% 的被试采用了特征频率策略，10% 的被试采用了样例策略，只有 4% 的被试采用了平均距离策略。

凯姆勒·纳尔逊(Kemler Nelson，1984)的一个实验则说明，不同的指导语对于被试的学习策略有很大的影响。实验同样分为学习阶段和测验阶段。在学习阶段中，先向被试呈现一些专门设计的"人工脸"(见图 8-9)，这些人工脸在 4 个维度上有区别——头发的卷曲度、鼻子的长度、耳朵的大小、胡子的宽度。每一个维度有 3 个取值，例如鼻子的长度可以是短、中、长。每一张脸呈现的时候都告知被试这张脸属于哪个类别——"医生"还是"警察"。如果仔细分析特征，就可以发现，"医生"和"警察"之间关键的区分性特征就是鼻子的长度："医生"都是长鼻子，而"警察"都是短鼻子。但是每个类别的成员之间又具有一定的家族相似性："医生"大多是微卷的头发、大耳朵、宽胡子；而"警察"则大多是很卷的头发、小耳朵、窄胡子。

在测验阶段，向被试们呈现一系列"测试脸"，其中包括两张很关键的"测试脸"，要求被试进行归类。这些"测试脸"中既包括前面用到的关键特征(鼻子的长度)，同时它们与原来的成员也有一定的家族相似性。这两个方面可以产生竞争：被试可以根据关键特征对"测试脸"进行分类，这时，对于图 8-9 中的两个测试刺激的归类就应该是左边的是医生(长鼻子),右边的是警察(短鼻子);相反,如果被试根据家族相似性进行分类,则左边的大体上更接近警察,右边的更像医生。这样就可以根据被试的反应来判断他采用的策略。

在实验中,第一组被试被明确要求找到区分医生和警察的方法,第二组被试仅仅要求再认这些人脸。凯姆勒·奈尔逊发现,第二组被试有近60%的人采用家族相似性策略,第一组被试只有46%的人采用家族相似性策略。这说明被试的策略受到指导语的影响。

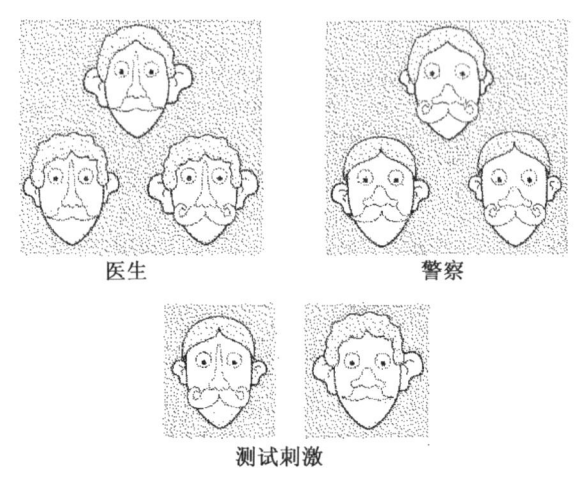

图8-9 凯姆勒·纳尔逊实验用的学习和测试材料示意图

(来源:Kemler Nelson,1984)

近年来,有人将原型学习理论和样例学习理论结合起来,成为一个"原型表征+样例记忆"的复合模型。这个模型认为,概念的形成同时建立在原型和样例的基础上。对于新刺激的归类过程是以下两个过程的共同作用:一是将刺激和原型作相似性比较;二是对特殊样例的提取和比较。史密斯和明达(Smith & Minda,1998;Minda & Smith,2000)认为,被试在学习阶段储存了原型信息,对新刺激的归类就根据其与原型的相似性得出;另外,学习阶段也存储了特殊样例的信息,如果这些样例在后面的任务中再次出现,将有利于被试快速作出决策,这一点与样例模型中所有的学习样例都通过相似性比较而作出决策的过程不同。

基于图式的概念形成

图式和脚本

在讲陈述性知识的记忆(第7章)的时候,我们曾经看到过图式和脚本这两个概念。图式是巴特利特(Bartlett,1932)研究人类记忆问题时提出的概念。它是一种广义的概念,是认知活动的基本构件,是经过组织的知识。而脚本就是一种特殊的图式,是一种对于常规性事件的图式。脚本表征的就是这种常规性事件的过程或步骤信息。

图式在概念形成中的作用

很多认知心理学家提出,概念与人们的知识及其组织有关。例如,墨菲和梅丁(Murphy & Medin,1985)提出,概念和它的样例的关系就像理论和支持该理论的事实之间的关系。

一个事物被归入某个类别,并不总是取决于它带有概念定义中规定的特征,有时会取决于人们根据自己的知识和经验作出的解释。

有些平时觉得相互之间没有什么关系的事物可以联系起来成为某个特定概念的样例。例如,以下这些样例就是某个概念的例子:儿童、宠物、相册、现金、传家宝。表面上它们之间没有什么关系,但是如果发生火灾,这些都是优先抢救的对象。这个归类的背后显然隐含着一个"如何应对火灾"的图式。这说明,当一些原本并没有关系(或有其他明显关系)的事物通过一个图式联系在一起的时候,就可能产生一个新的概念。

基于图式的概念形成与前面所说的概念学习形式有一个很大的区别,那就是基于图式的概念形成往往涉及事物的功能、作用等信息,而其他概念学习往往关注事物本体的特征。例如,根据事物的本体特征,"宿舍""教室"和"食堂"原本属于"建筑物",但是在大学里面,它们成为大学生每天都要进入的基本场所(功能),于是,它们结合在一起,组成了"大学生活"的图式(或概念)。

图式作为一种广义的概念,解释了假设检验理论、内隐学习理论、样例或原型学习理论难以解释的问题。图式可以用来表达日常生活中大量没有明确定义、没有典型样例的概念。

心理本质论

梅丁和奥托尼(Medin & Ortony,1989)提出,人们的一般行为似乎都是在承认物体、人、事件都有某种深层特征(或潜在本质),是本质决定事物的表面特征,限制样例的变化范围。例如,人类的基因就是人类的本质,所以,尽管不同的人长相和行为千差万别,但是差别再大,也大不过人和猴子的差异。这是因为人和人之间有着更多共同的本质。人们对于不同类别事物的本质的知识帮助他们将深层特征和表面特征联系起来。在一般情况下,可以根据表面的感知觉特征作出类别判断,这样可以提高效率;但是当研究细微差别时,则需要专业知识。

心理本质论还认为,人们形成概念和表征概念的方式随着概念本身的特征而改变。不同种类的概念包含不同的信息。从哲学角度考虑,概念可以分为名义(nominal-kind)概念、自然(natural-kind)概念和人造物(artifacts)概念。人们用不同的方式对待不同概念,关键在于归类的理由。

名义概念是高度抽象的,有严格的定义,哪些是关键特征,哪些是无关特征,都界定得清清楚楚,例如"三角形""力",等等。要判断一个事物是否属于某个名义概念,就要考察该事物是否具有该概念规定的关键特征。其概念表征方式就是基于规则的。

自然概念是自然界本来就有的事物,例如"黄金""老虎",等等。要判断这些事物的种类,往往根据其表面的相似性。这就是基于线索、样例或基于原型的概念表征方式。

人造物概念指的是人类创造出的事物,例如"房屋""汽车",等等。人类造物总是为了利用其功能、达到一定的目的。因此,判断此类事物往往根据其功能,是基于图式的概念表征方式。

不同类型概念激活的脑区有可能是不同的。认知神经心理学研究发现了两种患者,当他们根据图片进行反应时,一种患者不易认出生物(例如各种动物),却容易认出人造物,而另一种患者则相反。而且,这两种患者的脑损伤部位也不同(盖诺蒂/Gainotti,2000):认不出生物的患者,其脑损伤位置在颞叶;而认不出人造物的患者,其脑损伤在额顶叶。

8.6 应用研究

概念形成与文化背景

概念形成与受教育水平的关系

概念是分类活动产生的结果。随着受教育水平的提高,分类依据的水平也随之逐步提高,即从根据表面特征(例如颜色、形状等)转变为根据深层特征(例如用途、机制等)进行分类。

格林菲尔德等人(Greenfield, Reich & Olver, 1966)研究了非洲国家塞内加尔农村的一些没有上过学的儿童的分类特点。他们让那里的儿童对一些熟悉的东西进行分类,试图搞清楚儿童是否能够按照系统化的方法进行分类——纯粹地、一以贯之地根据某一特征对事物进行分类。实验是这样进行的:先向被试(6~16岁的儿童)呈现10个他们熟悉的物体,其中有4个物体是红色的,4个物体实际上是衣服,4个物体是圆形的。注意,有些物体同时包括多个特征,例如它又是红色的,又是衣服。然后问被试:这些东西当中,哪些比较像?怎么个像法?结果发现,超过65%的被试都根据颜色选择相像的物体。但不是每个年龄的儿童都能这样做,年龄越小的儿童越不善于一以贯之地采用某一特征(例如颜色)来分类。随着年龄的增大,直到15岁,被试才能够完整地选出所有的4个红色物体作为一个类别。

而在接下来的一个研究中,格林菲尔德等人比较了上过学和没有上过学的儿童概念形成的差异。他们找了一些6~13岁的被试,向他们呈现一些图片,每张图片上画了3样东西,这3样东西可以根据颜色分类,也可以根据形状或用途分类,得出的结果也不一样。

要求被试做的还是说出：哪两样东西比较像，像在哪里？结果发现，没有上过学的儿童很难作出回答或解释，而且即使进行分类，也几乎都将两个相同颜色的物体归成一类；上过学的儿童不仅可以作出正确的分类，而且他们分类的依据也随着受教育程度的提高而变化：采用颜色作为分类依据的越来越少，采用形状或用途来分类的越来越多。这个实验的结果可以体现出学校教育对于发展个体抽象思维能力的重要性。

不过，上述实验还是有一定问题的。因为被试并不知道主试期待他们表现出较高水平的分类能力，因而不能排除那些根据颜色分类的被试其实也能够根据形状甚至用途来进行分类。为此，应该让被试有进一步作出反应的机会。科尔等人(Cole, Gay, Glick & Sharp, 1971; Cole & Scribner, 1974)的一个研究方法似乎可以解决这个问题：要求被试对已分类的项目进行再分类。实验选择了墨西哥某地一、三、六年级学生和读书不超过三年的少年作为被试，考察他们进行再分类的特点。实验时，先向被试呈现一些卡片，这些卡片上画的是各种颜色、形状和数目的几何图形，然后要求被试按照不同的依据进行两次分类，其中第二次就是再分类。结果再次表明，随着受教育水平的提高，再分类水平也提高：一年级学生几乎不能进行再分类，三年级学生和文化不高的少年中只有不到50%的人能够进行再分类；而到了六年级，60%的儿童能够完成再分类任务，而且符合主试提出的用不同的依据进行再分类的要求。

概念形成与职业背景的关系

不同的职业背景也可以影响到个体的分类活动。前文提到的概念的样例学习理论中有一个叫做"基本水平概念"的术语，是说在一个概念体系中，人们经常用到的某个水平的概念。其上位概念感觉太笼统，其下位概念感觉又太琐碎。例如，人们往往将"老虎"作为基本水平概念，很少用到它的上位概念（例如"动物"）和下位概念（例如"东北虎""华南虎"等）。但是如果是专门研究老虎的生物学家，就不能仅仅知道"老虎"而不知道老虎还有多个品种。

欧文和麦克劳林等人(Irwin & McLaughlin, 1970; Irwin, Schafer & Feiden, 1974)抽取了利比里亚某地的一些农民和美国大学的一些本科生作为被试，比较他们分类的特点。实验设置两种条件：第一种条件是呈现画着几何图形的卡片，第二种条件是用几个碗盛着的大米（碗有大有小，米有脱粒的和未脱粒的）。农民被试文化低，面对卡片上的几何图形无所适从；但是对于大米却能够很快地完成分类任务。而大学生的表现正好相反，他们可以对卡片进行迅速的分类和再分类，但是对于大米却往往忽视了可以用来分类的特征（是否脱过粒）。

文化背景在概念形成中的作用

一个人所处社会的思想文化对于概念形成有着极大的作用。同样一个概念，不同国家的人们可能有不同的内容。波多野和西格勒等人(Hatano, Siegler, Richards, Inagaki, Stavy & Wax, 1993)对以色列、日本、美国（都是发达国家）儿童关于"生命"的概念进行了一个比较,得到了很有意思的结果。他们对三个国家的幼儿园儿童、二年级和四年级学生进行了访谈,询问他们这样一些问题:人、除了人以外的动物(例如兔子和鸽子)、植物、不动的事物(例如石头或椅子)有没有生命?有没有心脏、骨骼、大脑?有没有感觉?能不能长大?会不会死亡?等等。结果发现,被试的回答似乎遵从不同的规则。有的儿童始终认为,人、动物、植物都有生命,而石头之类没有生命,这就是"人-动物-植物"规则。依此类推,那些认为人、动物都有生命,而石头、植物之类没有生命的儿童遵从的规则就是"人-动物"规则;那些认为万物都有生命的儿童遵从的规则就是"万物"规则。

更有趣的是,儿童遵从不同规则的比例在各国是不一样的。大多数美国儿童都相信"人-动物-植物"规则,而以色列儿童比较多地运用"人-动物"规则。图8-10的三个小图体现了三个国家不同年龄的儿童遵从三个不同规则的比例。

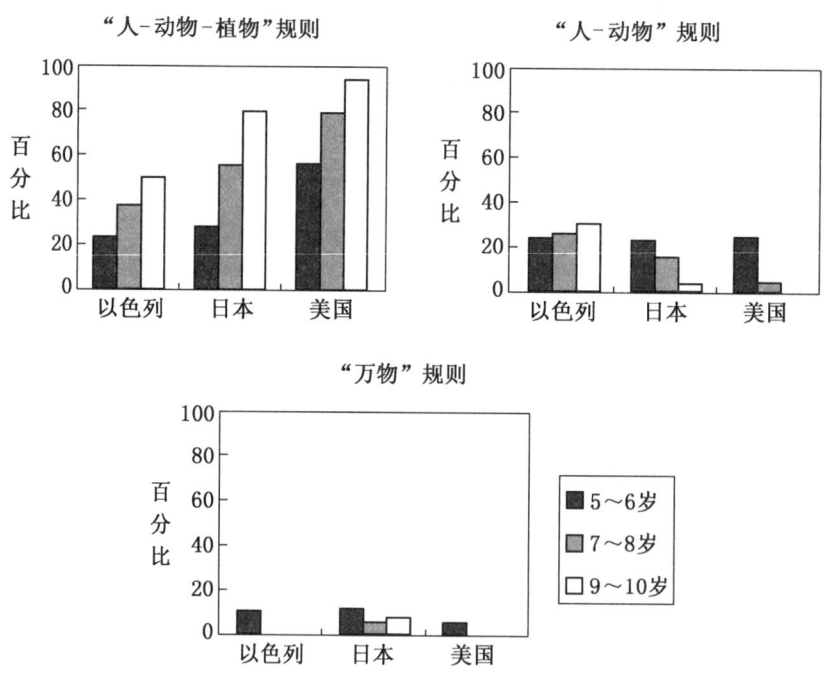

图 8-10 以色列、日本、美国不同年龄的儿童遵从三个不同规则的比例

(来源:Hatano, Siegler, Richards, Inagaki, Stavy & Wax, 1993)

概念教学的方法

概念学习是学生进行学校学习的重要内容,其中绝大多数属于应当进行细致分析的基于规则的概念学习。这里介绍进行概念教学时应当注意的几个问题。

样例的选择

选择样例时,教师必须挑选足够的正例。正例要来自概念下属的各个亚类。例如讲

"专有名词"这一概念时,选取的正例不但要有人名、地名,还要有书名、国名、机构名等亚类。所以,英语教师举出以下一些例子:

1. Mary 2. John 3. New York 4. London 5. China
6. United States 7. Jane Eyre 8. People's Daily
9. People's Insurance Company of China

如果只举例1～4,学生就会以为"专有名词"只指人名和地名。

还可以挑选一些负例来说明所学概念不是什么,从而划清概念所指的范围。例如,刚才的老师又举出这样一些负例:

1. chair 2. boy 3. run 4. heavy 5. and 6. slowly ……

举例的形式是多种多样的,除了用词或词组举例以外,必要时还可以用句子、故事、图画、动作等形式。

样例的编排

为了使学生的归纳过程有一定的难度,样例的编排可以适当杂乱一些,以免学生一眼就看出其中的奥妙。例如在讲授"平方根为整数的数"这一概念时,样例可以有以下两种编排方式:

A:4(是) 5(非) 9(是) 15(非) 16(是) 20(非) 25(是)

B:1(是) 1/2(非) 81(是) 110(非) 64(是) 12(非) 9(是)

如果按A方式编排则一目了然,起不到锻炼观察能力和概括能力的作用。按B方式编排则有利于进行这方面的锻炼。

样例的呈现

概念教学可以采用先呈现样例,再归纳出定义的教学模式。例如,教师打算讲"专有名词"这一概念,上课一开始举了两个例子,一个正例,一个负例:

上海(是)   汽车(非)

正负例呈现后,就可以鼓励学生通过观察提出假设。在前面那个例子中,学生可能提出许多假设,例如认为"专有名词"指的是:1.城市;2.大城市;3.直辖市;4.双字词;5.地点;……这时教师继续举例,推翻一些不正确的假设。如果上例中教师另举一例:

深圳(是)

这时就可以推翻第二、三这两个假设。接下去教师再举例:

家里(非)

就可以推翻最后两个假设。假设全部被推翻是常见的事情。这时要鼓励学生另立假设,然后举例验证,直到找到正确答案为止。

在呈现样例的整个过程中,教师最需要注意的是不要对学生提出的假设轻易表示肯定和否定。假设正确与否,应该推翻还是保留,要根据对样例的分析来作出决定。如果学生提出了一个假设,教师随即表示"正确"或"错误",教学就变成了猜谜。

在呈现样例时,可以一一呈现备课时准备好的样例,告诉学生这是正例还是负例,然后引导学生进行观察,提出假设;也可以从一开始就举出所有样例,并告诉学生哪些是正例哪些是负例,注意留一些样例暂时不告知正负,然后在引导学生进行观察和假设的前提下,让学生自己(而不是教师)选择未知正负的样例来检验提出的假设。

例如,教师在讲解"哺乳动物"这一概念时,在黑板上写出全部样例,并告诉学生:狗是今天要讲的一种动物,而鸵鸟不是。

狗——是　　　麻雀——
鸵鸟——否　　蜜蜂——
羊——　　　　熊猫——
牛——　　　　鲨鱼——
蛇——　　　　蚂蚁——

学生的假设可能是:1.小动物;2.会咬人的动物;3.家养动物;4.食肉动物;5.哺乳动物;等等。这些假设也写在黑板上。这时,认为是小动物的学生可能选择"麻雀""蜜蜂""蚂蚁",结果得到教师否定的回答,这就推翻了第一个假设。提出第二个假设的学生可能选择蛇作为正例,结果也被否定,……如此不断推翻错误假设,直至得到正确的结论。

还有一种更大胆的做法,就是教师只讲一个正例和负例,由学生自己寻找(而不是选择)样例进行假设检验。这种做法对学生来说难度更大。

特征分析

形成假设后,教师还应当要求学生仔细研究样例,分析这些例子的特征。分析特征有利于学生更透彻地理解概念,明确一类事物的特征也有利于掌握分类的标准。例如,专有名词的定义是"某事物专有的名称或称呼";如果学生年龄小,或文化程度低,或不善于分析,就不知道从中分析出专有名词的各项特征——单一性、专用性、名词性等。分析特征可以解决这一问题。

学生举例

让学生自己寻找有关的例子,可以使他们把新的知识与自己的生活经验联系起来,更好地理解这些知识,同时也可以从中看出学生对新的知识的掌握程度。

学生有时会举不出有关的例子,原因可能是平时对生活的观察不够。所以,教师应当注意在平时就多指导学生观察周围世界的事物,一点一滴地积累经验;另外,在学习某项知识以前,也可以让他们先接触有关的事物,得到一些感性经验(例如讲动物之前先去动物园参观,教师可规定一些观察项目),这样学生在上课时就有例子可举,不至于让教师唱独角戏了。

在学生举例时,教师应鼓励他们向刚才老师讲解例子那样,讲清楚概念的定义在例子中是如何体现出来的,或者至少能用概念来解释例子涉及的有关现象。

本 章 附 录

内容提要

（一）关于思维的定义,很多心理学家从不同角度提出过不同的见解。西方心理学偏重于思维过程本身,苏联和中国心理学界偏重于思维区别于其他认知过程的特点,双方从不同的侧面总结了思维的本质和特性。

（二）思维研究除了采用认知心理学的一般方法之外,还有在其领域内部比较常用的两种特殊方法:任务分析和反应模式分析。

（三）从逻辑学角度看,概念是反映事物本质属性的一种思维形式。形成概念的原动力在于人们希望对事物作出分类,以便区别对待不同类别的事物,故概念是分类的产物,是分类在个体头脑中的表征。

（四）基于规则的概念形成机制,以假设检验理论最为适合。该理论在 20 世纪 70 年代之前一直占据概念形成学说的支配性地位。它的一个前提是,概念的所有正例都包含着共同的特征或属性。传统的假设检验理论还特别注重特征的必要性和充分性。假设检验理论的提出者为了排除知识经验对概念形成的干扰,常常采用人工概念来研究概念形成的一般过程和特点。

（五）假设检验理论可以用来很好地解释规则比较简单的概念的形成,也可以用来解释科学概念的形成,但是难以解释被试对假设本身的记忆很差的现象,也不能解释典型性效应和内隐学习。

（六）布鲁纳等人发现,概念形成是一种有目的、有意识、有计划并且有高度组织性的行为。概念形成中经常出现的策略有聚焦、扫描和真值表等策略。

（七）与基于规则的概念形成相比,基于线索的概念形成不能得到一个完整、准确的规则或规则体系,它往往只能获得刺激的某些线索(表面特征)与类别的简单关联,这些关联是片面的、零碎的,其典型表现就是内隐学习。人工语法实验是用来研究内隐学习最典型的方法,其他还有概率学习、控制任务学习、矩阵扫描研究、内隐序列学习和双条件语法学习等。

（八）雷伯的观点受到许多研究者的质疑。布鲁克斯认为,对新字符串的正确的语法判断可以凭借新字符串与学习字符串的记忆痕迹之间的表面相似性来完成;组块理论也可以用来证明基于线索的概念形成的存在。

（九）罗施等人提出的样例学习理论也是针对基于规则的概念形成理论——假设检验理论的缺陷提出来的,但是它同时可以解决基于线索的概念形成理论的缺陷。这个理论认为,概念的表征包括了对于各种样例的描述,概念形成的过程就是积累样例来表达概念的过程。该理论的另一个贡献在于提出了"基本水平概念"。样例学习理论和假设检验理论应综合考虑,人们记忆中可能存在两类信息,一类是样例信息,另一类是类别信息,前者用于迅速判断,后者用于逻辑证明。

(十)原型学习理论可以说是特殊意义上的样例学习理论,它用原型和家族相似性来解释自然概念的形成。原型学习理论和样例学习理论结合起来就是原型表征+样例记忆复合模型。

(十一)一个事物被归入某个类别,并不总是取决于它带有概念定义中规定的特征,有时会取决于人们根据自己的知识和经验作出的解释。有些平时觉得相互之间没有什么关系的事物可以通过一个图式联系起来,成为某个特定概念的样例。基于图式的概念形成往往涉及事物的功能、作用等信息,而其他概念学习往往关注事物本体的特征。

(十二)心理本质论认为,本质决定事物的表面特征,限制样例的变化范围。人们形成概念和表征概念的方式随着概念本身的特征而改变。名义概念依据其规则,自然概念的表征根据其表面的相似性,人造物概念往往根据其功能。

(十三)随着受教育水平的提高,分类依据的水平也随之逐步提高,即从根据表面特征(例如颜色、形状等)转变为根据深层特征(例如用途、机制等)进行分类。不同的职业背景也可以影响到个体的分类活动。同样一个概念,不同国家的人们可能有不同的认知内容。

(十四)进行概念教学时必须挑选足够的正例和负例。样例的编排可以适当杂乱一些。教学中可以采用先呈现样例,再归纳出定义的教学模式。分析特征有利于学生更透彻地理解概念,明确一类事物的特征也有利于掌握分类的标准。让学生自己寻找有关的例子,可以使他们把新的知识与自己的生活经验联系起来,更好地理解这些知识,同时也可以从中看出学生对新的知识的掌握程度。

术语解释

思维(thinking) 对客观事物间接的概括的反映,它反映的是事物的本质属性和事物之间的规律性联系。思维是一个内在的、复杂的、多侧面的过程,它是运用不直接存在的事物或物体的符号进行表征的,但又是由某个外部事件激起的;其作用是产生和控制外显行为。概念形成、推理、问题解决是思维活动的主要形式。

任务分析(task analysis) 从现有的认知理论、前人的研究结果、人工智能方面的工作和问题解决者的言语报告中得到启发,分析被试在完成主试布置的思维任务时要经过哪些过程。

概念(concept) 反映事物本质属性的一种思维形式,是分类在个体头脑中的表征。

它指的是一种规则,依据这种规则,人们根据一定的、明显的刺激特征对事物加以分门别类,或推知事物的其他特征。

概念形成(concept formation) 获得一类事物的本质属性的认知过程,是一种掌握事物分类规则的认知过程。

假设检验理论(hypothesis-testing theory) 最经典的概念形成理论,主要用于解释基于规则的概念形成,认为概念是用一系列特征来表征的,概念形成是一个不断提出假设和验证假设的过程。

人工概念(artificial concept) 概念形成实验的刺激材料,能排除知识经验的干扰,用来研究概念形成的一般过程和特点。

聚焦(focusing) 概念形成的一种策略。选择一个正例作为焦点,将它与以后出现的样例进行比较,并且在此基础上逐渐舍弃那些非本质属性,最后留下本质属性。分保守性聚焦和赌胜性聚焦。

扫描(scanning) 概念形成的一种策略。先形成简单的假设,并根据该假设将刺激进行分类,直至发现错误,再修改和另立假设。

真值表策略(truth-table strategy) 概念形成的一种策略。根据不同结构概念的真值表,确定两个特征之间的关系。

内隐学习(implicit learning) 个体在与环境接触的过程中不知不觉地获得了一些经验并因之而改变其事后的某些行为的学习。

外显学习(explicit learning) 意识中进行的,需要学习者作出意志努力的学习。

人工语法(artificial grammar) 类似于人工概念的刺激材料,它既可以用来模拟自然语言,又不容易受到知识经验的干扰。后经雷伯的改造,成为一种限定状态语法,用来研究内隐学习。

样例学习理论(exemplar theory) 该理论认为,概念的表征包括了对于各种样例的描述,概念形成的过程就是积累样例来表达概念的过程。

基本水平概念(basic-level concept) 这个水平的概念既足以让个体作出恰当的反应,又不占用过多的认知资源。

原型学习理论(prototype theory) 特殊意义上的样例学习理论,主张概念由大量样例的综合形式——原型来表征。

深入阅读

(一) Smith, E.E. & Medin, D.L.(1981). The exemplar view. In E. Margolis & S. Laurence (Eds.), *Concepts: Core readings* (pp.207-221). Cambridge, MA: MIT Press.
——本文深入介绍了样例学习理论。

(二) 邵志芳,陆峥(2004),重新审视内隐学习人工语法范型,《华东师范大学学报

（教育科学版）》第 2 期。

——对人工语法进行新的思考，指出其特点和用于内隐学习实验时的重大缺陷。

（三）Rehder，B.(2003). A causal-model theory of conceptual representation and categorization. *Journal of Experimental Psychology: Learning, Memory, and Cognition*, *29*, 1141-1159.

——本研究用实验展示了图式在概念形成中的作用。

第 9 章

推 理 与 决 策

· 本章细目

9.1 形式逻辑推理

三段论推理

气氛效应说　匹配说和逆向说　对逻辑术语和命题的理解

条件推理与分取推理

条件推理　分取推理

命题的验证

卡片选择问题　2-4-6问题

推理研究的几个学派

过程分析学派　规则-启发学派　心理模型学派　互补系统理论

9.2 自然推理与决策

质的估计

典型特征的作用　信息可及性　框定效应　关系错觉　忽视偏差和沉没成本效应

数量预测

易计算性　评价和预测　预测和变换　对于回归现象的判断

贝叶斯推理

全概率公式和贝叶斯公式　直觉性的贝叶斯推理

9.3 应用研究

推理的跨文化差异

决策的标准模型

多重前景决策　多重目标决策

决策的描述模型

筛选法　表象理论

概率匹配:决策与适应

· 导读问题

- 结论正确就是好的推理吗？
- 什么是气氛效应？它有哪些表现形式？
- 条件推理中，人们容易犯何种错误？
- 关于卡片选择问题和2-4-6问题的研究说明了什么？
- 基础比率被忽视可以解释什么现象？
- 人们对回归现象的忽视有哪些表现？
- 贝叶斯推理为什么比较困难？
- 受教育程度低的人的推理活动有什么特点？
- 决策的表象理论是阐述表象或形象在决策中的作用吗？
- 概率匹配的实验结果对我们理解人类决策有何启发？

从心理学的角度来看，推理（reasoning）也是一个获取信息的过程，只不过它不是一个直接从外界获取未知信息的过程，而是一个根据已有的知识经验从已知信息推知未知信息的过程。这是思维间接性的重要体现。决策（decision making）可以看作是推理的高级形式。推理是根据已知推知未知，决策则是根据已知信息对事物的状态作出判断或对未来的行动方案作出选择，而且方案的选择也是基于对事物状态的判断。

9.1 形式逻辑推理

正规的形式逻辑推理应当遵守逻辑规则。当然，按照逻辑规则进行思维也是在不断的思维实践中逐步习得的。另外，我们也要注意，思维（包括推理）的规律不同于逻辑规则，正像踢足球的规律不等于足球比赛的规则一样。

一个推理是否圆满，主要看两个方面：一是推理是否合乎逻辑规则（有效性）；二是结论是否符合实际（正确性）。一个既有效又正确的推理才算是圆满的推理。

看一下下面这两个推理，想一想：如果让被试判断这两个推理是否正确，哪一个判断会更快一些？

推理一：

所有的 P 都是 M

所有的 S 都是 M

——————————

∴ 所有的 S 都是 P

推理二：

所有的狗都是动物

所有的猫都是动物

∴所有的狗都是猫

显而易见，推理二的错误比较容易发现。这说明推理涉及的内容越具体，就越不容易发生错误；反之，抽象的论据往往容易引起错误的推理。如果分析一下原因，我们可以提出这样一个假设：推理一只能从推理有效性方面来考察是否圆满，而难以从正确性方面来考察；推理二则可以从这两个方面（尤其是从正确性方面）来考察。

三段论推理

最早的亚里士多德三段论包含四种不同的与数量有关的判断：所有的 A 都是 B，有些 A 是 B，所有的 A 都不是 B，有些 A 不是 B。这些句子可以组成两个前提和一个结论。逻辑学将"所有的……"这样的判断称为"全称判断"，将"有些……"这样的判断称为"特称判断"，所以这四种判断可以分别称为"全称肯定判断""特称肯定判断""全称否定判断"和"特称否定判断"，用代号 A、I、E、O 来表示（见表 9-1）。

表 9-1　三段论推理中的四种判断

代号	文字表述	数量	判断
A	所有的 A 都是 B	全称	肯定
I	有些 A 是 B	特称	肯定
E	所有的 A 都不是 B	全称	否定
O	有些 A 不是 B	特称	否定

三段论中的三个判断之间是有联系的，这体现在三个判断是由三个不同的词项两两组合而成的。例如：

所有的动物(M)都是要摄取食物的(P)

所有的人(S)都是动物(M)

∴所有的人(S)都是要摄取食物的(P)

上述三段论推理中，S 称为主项（或主词），出现在结论中的主项又称为小项；P 称为谓项（或谓词），出现在结论中的谓项又称为大项；M 称为中项，它虽然不出现在结论中，却是主项和谓项产生联系的桥梁。

中项在前提中的不同位置形成三段论不同的格。上面举的这个例子就是最常见的第一格，此外还有第二格、第三格和第四格：

第一格	第二格	第三格	第四格
M—P	P—M	M—P	P—M
S—M	S—M	M—S	M—S
S—P	S—P	S—P	S—P

人们在进行三段论推理时常常出现各种错误,前文的推理一就是常见的一种错误。为此,学者们作出了种种解释。

气氛效应说

对于推理一的错误,伍德沃思和塞尔斯(Woodworth & Sells,1935)提出了一个假设:前提采取的形式会影响人们预测结论采取的形式,这是一种气氛效应(atmosphere effect)。以推理一为例,由于两个前提都冠以"所有"二字,被试难免就会想,结论会不会也以"所有"开头。

这个假设得到了实验数据的支持。伍德沃思和塞尔斯在一个实验中,向被试呈现不同的前提组合,要求被试选择结论。表9-2列出了不同前提组合的情况下,被试选择不同形式结论的人数,表中括号表示预测与结果不符。

表 9-2 伍德沃思和塞尔斯气氛效应实验数据表

前提组合	结论倾向	A	E	I	O
AA	(A)	58	14	63	17
EE	E	21	38	25	34
II	I	27	9	72	38
OO	O	14	16	38	52
AE	(E)	11	51	13	63
EA	(E)	8	64	12	69
AI	I	33	4	70	32
IA	I	36	15	75	36
AO	O	15	26	42	76
OA	O	13	33	28	75
EI	O	8	40	22	62
IE	O	11	42	22	63
EO	O	13	29	29	44
OE	O	15	31	24	48
IO	O	12	19	31	64
OI	O	11	23	33	71

(来源:Woodworth & Sells,1935)

从上面这个表中我们可以看出,尽管有个别例外,但推理的气氛效应似乎可以概括为:两前提皆为肯定,被试倾向于接受肯定结论;两前提皆为否定,被试倾向于接受否定结论;前提为否定＋肯定,被试倾向于接受否定结论;两前提皆为全称,被试倾向于接受全称结论;两前提皆为特称,被试倾向于接受特称结论;前提为特称＋全称,被试倾向于接受特称结论。

匹配说和逆向说

匹配说

韦瑟里克和吉尔胡利(Wetherick & Gilhooly,1990)提出的观点则略有不同。他们认为,人们在进行推理的时候,往往倾向于将结论中所用的数量词与前提中的数量词相匹配。这样,结论就往往倾向于使用某个前提用到的数量词。如果两个前提使用的数量词不同,则倾向于使用比较保守的那个词。这样一来,"没有"就比"有些"用得多,"有些"又比"所有"用得多。

逆向说

与匹配说相对应的还有逆向说。查普曼和查普曼(Chapman & Chapman,1959)早在1959年就提出了这个理论,后来又得到莱弗里斯(Revlis,1975)的进一步完善。这个理论认为,人们的推理之所以产生错误,是因为人们可能将一个命题解释为它的逆向表述,例如将"所有的 A 都是 B"解释为"所有的 B 都是 A",其实这是错误的转换。所以,如果在理解前提的同时得到补充提醒,例如被告知"所有的 A 都是 B,但是有些 B 不是 A"时,错误率就会降低。

不过,就实际情况而言,只有全称肯定命题("所有的 A 都是 B")和特称否定命题("有些 A 不是 B")容易因为被理解为它们的逆向表述而发生错误,而特称肯定命题("有些 A 是 B")和全称否定命题("所有的 A 都不是 B")的逆向表述也是有效的。

对逻辑术语和命题的理解

对逻辑术语和命题的不同理解也会产生不同的推理结果。比如说,"一些"这个词,逻辑学的理解和人们在日常生活中的理解是不一样的。逻辑学上对"一些"的严格的理解是"至少一个,可能全部";而在日常生活中,"一些"指的往往是"非全部,但至少有一个",所以由"一些 X 是 Y"推出"一些 X 不是 Y",在生活中是允许的,在逻辑学看来就是无效的。

埃里克森(Erickson,1974,1978)对 4 个大学的大学生进行调查,要求他们按照命题画出与命题相符合的集合图来,结果见图 9-1。经过统计发现,被试对于"所有的 A 都是 B"这个命题的理解中,40％的反应是"A＝B",60％的反应是"B 包含 A"。

关于形式逻辑推理,盖约特和斯腾伯格(Guyote & Sternberg,1981)提出了一个比较复杂的模型。这个模型把人的理想推理能力和实际推理行为区分开来。这很像心理语言学把人的语言能力和实际的言语表现区别开来。他们认为,被试看到前提和几个供选择的结论时,理想的推理过程应该有以下两步:第一,对前提进行编码;第二,对前提信息加以综合。在编码时,被试应运用符号来表征各个词项之间的关系,对于每个前提的每一种

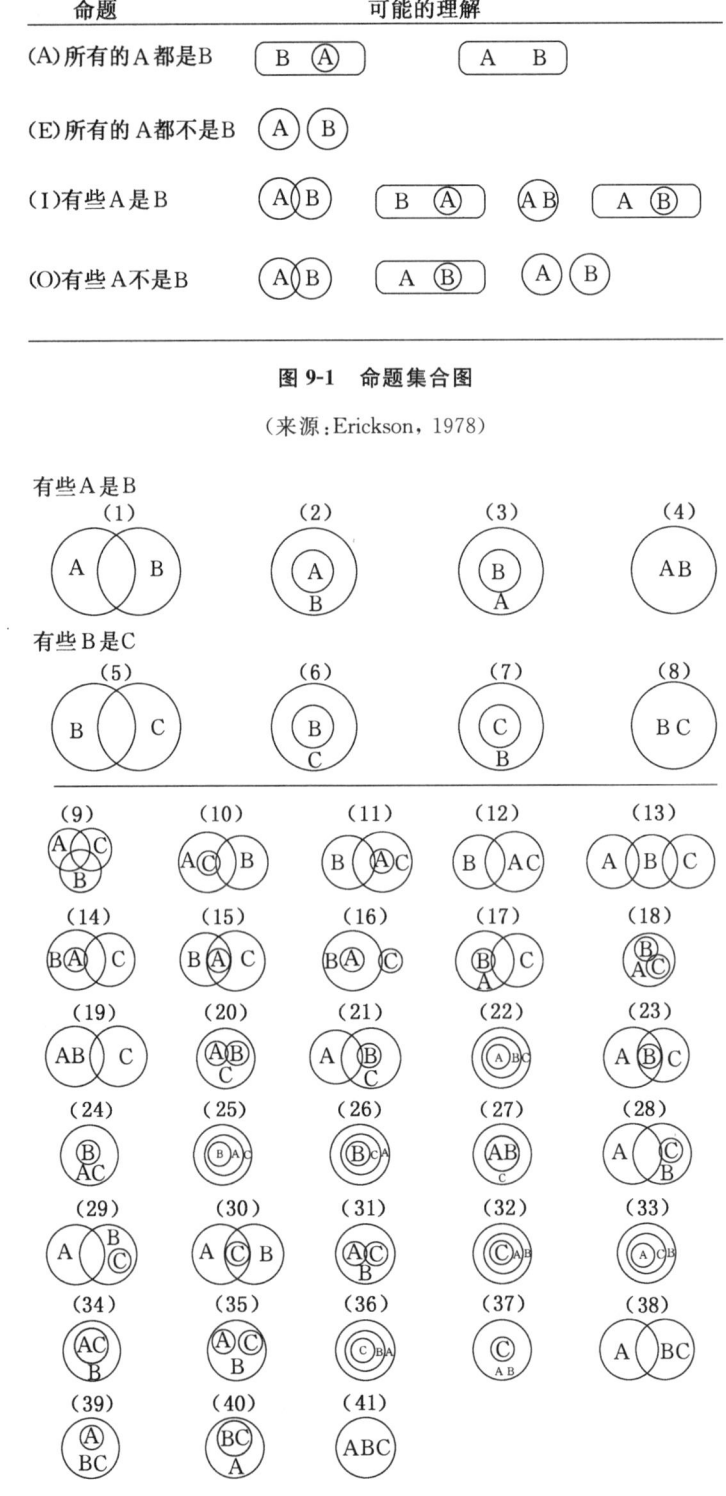

图 9-1 命题集合图

(来源：Erickson，1978)

图 9-2 两个特称肯定前提造成的各种可能性

(来源：Anderson，1980)

可能的解释都要考虑到,并用符号加以表征,接着还要考虑两个前提的可能解释之间的所有组合,然后才能得出结论。这样,如果两个前提都是特称肯定命题,由于这种前提可以有4种解释,可以得出16种组合(如果考虑到推论涉及的三个词项A、B、C之间的关系,就可以得出数十种组合)(见图9-2)。而实际上,很少有人能考虑这么多组合。所以,他们又提出推理的实际模型:第一,对前提进行编码;第二,对前提信息加以综合,这时被试实际上往往至少考虑1种组合,最多也不会超过4种,这是工作记忆容量决定的;第三,选择一个标记来说明被综合的表征,这些标记就是前面提到过的A、E、I、O和"没有结论",这时被试往往倾向于选择具有较少可能解释的命题(例如"A"和"E")和适合前提气氛的命题;第四,作出反应。

条件推理与分取推理

条件推理

所谓条件推理,又称假言三段论推理,就是"如果……那么"(if-then)推理,用公式表示就是:

  如果 P,那么 Q (P→Q)

  P 发生   (P)

  所以 Q   (∴ Q)

还有一个逆向推理形式:

  如果 P,那么 Q (P→Q)

  非 Q   (−Q)

  所以非 P   (∴ −P)

可见,条件推理有两个规则:

  规则 1   规则 2

  P→Q   P→Q

  P   −Q

  ∴ Q   ∴ −P

根据这两个规则推出的结论都是有效的。但是,在实际推理中还有两种情况:

  P→Q   P→Q

  −P   Q

  ∴ −Q   ∴ P

这两种推理都是无效的。

里普斯和马库斯(Rips & Marcus,1977)研究了人们进行条件推理时的一些特点。研究是这样进行的:先讲一个推理,然后要求被试回答,推理的答案是"永远正确""有时正确"还是"永不正确",结果见表9-3。

表 9-3　被试对 8 种条件推理形式的正误判断的百分比

推　　理	永远正确	有时正确	永不正确
1　P→Q，P，∴ Q	100	0	0
2　P→Q，P，∴ −Q	0	0	100
3　P→Q，−P，∴ Q	5	79	16
4　P→Q，−P，∴ −Q	21	77	2
5　P→Q，Q，∴ P	23	77	0
6　P→Q，Q，∴ −P	4	82	14
7　P→Q，−Q，∴ P	0	23	77
8　P→Q，−Q，∴ −P	57	39	4

（来源：Rips & Marcus，1977）

从表 9-3 中的数据来看，被试对第一规则比较熟悉，或者说对顺向推理比较熟悉，而对第二规则（逆向推理）则很不熟悉，所以回答第七、第八类问题的正确性明显低于对第一、第二类问题的回答。

第三至第六类问题是得不出有效结论的，所以正确答案应该是"有时正确"，但是还有相当数量的被试认为可以得出绝对的（"永远正确"或"永不正确"）答案。这是什么原因呢？

这也牵涉到对逻辑术语的理解。生活中对"如果"的理解与逻辑学上的理解是不同的。对逻辑不太熟悉的人往往把"如果"理解成"当且仅当"，这样，单一条件就被误解为双重条件："在……情况下"变成了"在……情况下且只有在……情况下"，这样当然容易得出错误的结论。

逻辑学上可以用真值表来说明单一条件和双重条件的区别（见表 9-4）。

表 9-4　单一条件和双重条件的真值表

	前　提　组　合			
	P/Q	−P/Q	P/−Q	−P/−Q
单一条件	T	T	F	T
双重条件	T	F	F	T

注："T"表示真，"F"表示假。

分取推理

分取推理涉及"或"这一概念。例如：

"或喝牛奶，或喝豆浆。"（二者择其一）

"或者是三角形，或者是红色图形"（也可以是红色三角形）

……

可见，分取推理涉及两个项目，它们可能分别出现，也可能同时出现。为了加以区别，我们把两个项目可能同时出现的情况称为包含分取推理,将两个项目不能同时出现的情况称为互斥分取推理。它们的真值表见表 9-5。

表 9-5 分取推理真值表

P	Q	包含分取推理 或 P,或 Q(或两者皆有)	互斥分取推理 或 P,或 Q(但不能两者皆有)
T	T	T	F
T	F	T	T
F	T	T	T
F	F	F	F

学者们对人们进行分取推理的能力进行了检验。根据埃文斯等人(Evans, Newstead & Byrne,1993)对部分研究报告的统计,发现了一些矛盾的现象。例如,在上述两种情况下,-P/-Q 一定被认为是"假",但是-P/+Q 和+P/-Q 却只有 80% 的次数被认为是"真";另外有些研究发现,在包含分取推理中,认为+P/+Q 是"真"的情况明显较多,而其他研究则没有这样的发现。有些心理学家还发现,在看到"或"这个词的时候,被试更倾向于进行互斥分取推理。

心理学家还研究了分取推理中否定前提和肯定前提对推理者反应的不同影响。

所谓否定前提,是指以下推理:

(1)　　　　　　　　　(2)

或者 P,或者 Q　　　　或者 P,或者 Q

非 P　　　　　　　　　非 Q

———————　　　———————

Q　　　　　　　　　　P

根据真值表,无论是包含分取推理还是互斥分取推理,只要一个条件为"假",另一个条件必然为"真",所以上述两种推理都是正确的。在可以根据上下文确定是互斥分取推理的情况下,有较多的被试认为上述推理是有效的;但是,在可以根据上下文确定是包含分取推理的情况下,被试较少认为它们有效。

而所谓肯定前提,是指以下推理:

(1)　　　　　　　　　(2)

或者 P,或者 Q　　　　或者 P,或者 Q

P　　　　　　　　　　Q

———————　　　———————

非 Q?　　　　　　　　非 P?

在一个条件为"真"的情况下,另一个条件是否为"假",这就难说了。如果是互斥分取推理，就一定为"假"；如果是包含分取推理，就可真可假，因为这时两个条件可以同时为真，故应该认为上述推理是无效的。与前文所述的否定前提的情况一样，在肯定前提的情况下，如果上下文提示是互斥分取推理，同样有比较多的被试认为上述推理是有效的；但是，如果上下文提示是包含分取推理，却有相当数量的被试认为它们是有效的。可见，互斥分取推理通常比包含分取推理容易。

命题的验证

前面提到的都是演绎推理。在当代心理学界，归纳推理的研究也受到十分广泛的重视。其中对卡片选择问题的研究成了人们了解归纳推理过程和特点的一个重要窗口。

卡片选择问题

卡片选择问题（card selection task）是沃森（Wason，1966，1968）设计出来的。问题是这样的：下面4张卡片都是一面是数字，另一面是字母。例如：

现在要验证这样一个命题："如果一面是元音字母，另一面就是偶数。"要求翻卡片进行验证，翻的卡片还要尽可能少。

从逻辑上讲，要证明"如果P，那么Q"这个命题的正确性，只有从P/Q，P/－Q，－P/Q，－P/－Q这四种情况找证据。其中只有P/－Q这种情况与原命题相冲突，－P/Q和－P/－Q与原命题无关。所以，上述问题的答案应该是翻"E"（P）和"7"（－Q）这两张卡片，但是大多数被试却翻了"E"（P）和"4"（Q）这两张卡片。对于这个结果，有一种解释认为，被试有意去证实而不是推翻原命题，所以总是去翻可以支持假设的卡片（P和Q），而忽视了可能推翻原假设的卡片。如果拿比较具体的、贴近生活的假设，或者用违反常识的假设（例如"学哲学的人一定在牛津大学"）给被试验证，被试的成绩就会好一些，因为这时被试会想到应该推翻这个假设。

也有人认为，被试翻错卡片可能是因为理解上有问题。因此，布雷斯韦尔（Bracewell，1974）将问题阐述得更加清楚："如果卡片的一面是J，那么另一面就是2；但这并不是说，2只可能与J写在一张卡片上。现在请你指出，为了检验上述假设，应该翻哪几张卡片？"这样一来，被试的成绩就好多了，因为后面一句补充的话实际上就是告诉被试"2"的反面不一定是"J"。

埃文斯（Evans，1984）则提出：被试翻错卡片是因为他们仅仅去翻那些命题中提到的数字和字母的卡片，而没有进一步加工信息。因此，如果命题是"一面是B，另一面就不是3"，翻对卡片（应该翻"B"和"3"）的被试就多了。他们认为，被试未必认识到自己翻卡片时的理由。他们在这个基础上提出两种不同的思维模式，一种叫"I型思维"，另一种叫"II型思维"。Ⅰ型思维是非语词的、不能内省的思维,而Ⅱ型思维则是语词性的、"合理"的思维。为了证明被试在完成卡片选择问题时的思维模型是Ⅰ型,埃文斯在被试解决问题以后,把几个"标准答案"告诉被试,并请他们证明这些"标准答案"(其实有的是错误的)是正确的。结果,被试对所有"标准答案"都很有把握地说出了理由,证明其"正确"。这就说明,被试在解答问题时可能没有很清楚地意识到自己翻哪几张卡片的理由,但如果事后问及,他们会临时建构出理由来。

埃文斯还进一步提出推理中的两种过程:启发过程和分析过程。启发过程只是注意到问题的表面特征,而分析过程则可以进行一些推论。对卡片选择问题的研究说明,解决这个问题时被试用的多数是启发过程,即只是注意到问题中提到的表面信息。

2-4-6 问题

心理学家还发现,在其他某些类型的任务中,被试有时也会表现出上述现象。例如沃森还设计了这样一个问题,即 2-4-6 问题。这个问题是告诉被试三个数字,即 2、4、6,要求他们发现这些数字遵循一个什么样的规律。实验的时候,要求被试按照自己设想的规律说出后面应该是什么数字,每次连说三个,主试则对被试进行反馈。被试一旦十分确信自己的假设成立,就说出自己的假设。

这个实验揭示出被试当中一种压倒性的倾向:他们说出的数字序列总是和自己提出的假设相一致,直到有信心声明自己的假设正确为止;很少有人提出与自己的假设相违背的数字序列来检验假设或改变假设。结果,只有 20% 的被试发现了真正的规律——"后面的数大于前面的数",而许多被试只是找到一个比较狭义的规律——"一个等差数列"。后续的实验也证明,如果不明确地告诉被试还可以采用另一种策略,他们就会一直沿用原来的方法。比如说,在指导语中仅仅提醒他们找出所有可能正确的规则,但没有效果。

推理研究的几个学派

过程分析学派

过程分析学派(componential approach)将推理看作是一个任务,着重分析它的组成成分,研究它由哪些认知过程组成。从这个意义上说,过程分析学派实际上把人看作是一台计算机。编过程序的人都知道,一个程序总是由很多模块构成,每个模块执行一个非常具体的功能。过程分析学派就希望分析出推理由哪些模块构成,这些模块是怎样运作的。

我们来看一个例子。斯腾伯格(Sternberg, 1977, 1986a, 1986b)多次研究了这样一个类比推理问题:如果华盛顿是一,那么杰斐逊是几?

他提出,为了回答这个问题,被试必须完成下面几个任务(模块):第一步,对每一个词项进行编码:识别"华盛顿""一"和"杰斐逊"这几个词项,从长时记忆中提取它们的含义。第二步,推断前面两个词项(A 项和 B 项,即"华盛顿"和"一")之间的关系,这时被试可能会想到,华盛顿是美国第一任总统。第三步,找出"华盛顿"和"杰斐逊"(C项)之间的关系:杰斐逊和华盛顿一样,也是美国总统。第四步,将"华盛顿"和"一"之间的关系用到"杰斐逊"身上,根据历史知识,杰斐逊是美国第三任总统。最后,被试得出答案:如果华盛顿是一,那么杰斐逊是三(D项)。

根据斯滕伯格的理论,每一个模块起作用的时候,都有一定的参数,例如:需要执行某个模块的概率,执行模块需要的时间,执行时的难度等。斯滕伯格采用反应时方法估计了一些这样的参数。

斯滕伯格的反应时实验采用了典型的减法反应时方法。在实验中,用速视仪向被试呈现各种不同的类比推理问题,有的是文字形式,有的是图片形式。每一次试验包括前导呈现和完整类比呈现。

在前导呈现部分,被试可能看到 4 种情况:(1)一个空白屏幕(无线索);(2)仅出现 A 项;(3)仅出现 A 项和 B 项;(4)出现 A、B、C 项。当呈现完整类比(即 4 个词项同时出现)时,要求被试判断这个类比是否正确(见图 9-3)。

斯滕伯格通过比较不同呈现条件下被试反应时的差异来得到执行各个模块需要的时间。因为,如果在前导呈现中不呈现任何词项,被试在后面的完整类比呈现情况下就必须进行完整的加工,才能正确判断类比是否正确,反应时(RT_0)就会比较长。如果在前导阶段呈现 A 词项,被试就会对其进行加工,在后面的判断中就不需要再加工 A 词项,反应时(RT_1)就会缩短。这样就可以推断,被试加工 A 词项花费的时间就是 RT_0 和 RT_1 之差。根据这样的逻辑,同样可以推断,($RT_0 - RT_2$)可以看作被试加工 A、B 词项并确定两者之间关系花费的时间。

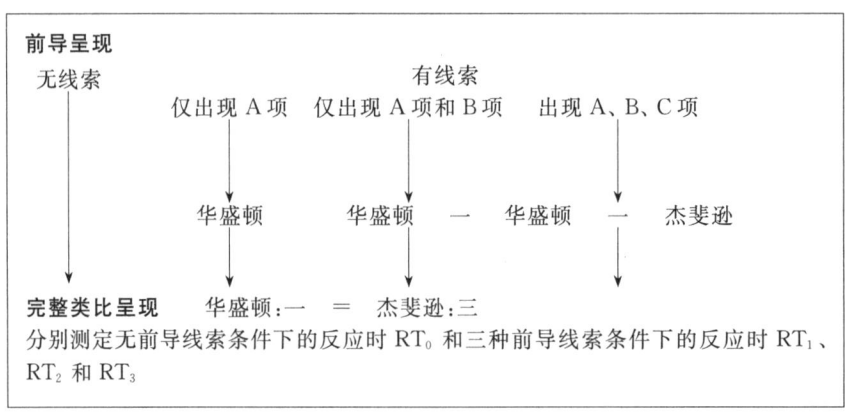

图 9-3 斯滕伯格的反应时实验刺激示意图

(来源:Sternberg,1977)

后来,斯滕伯格还提出,推理包括三个成分:行为成分(就是前面讲的模块)、元成分(指推理的执行过程,用于计划和监测推理)和知识获得成分(用于获取新知识,包括对信息进行选择性编码,对经过编码的知识进行选择性组合,以及进行选择性比较等)。

规则-启发学派

斯腾伯格将推理过程看作是一个一般的心理活动,和问题解决、决策活动差不多,但是还有哲学家和心理学家将推理看作是一个特殊的心理过程。他们认为,推理是人们根据特殊目的的心理规则来获得结论。

过去有人认为,逻辑规则就是推理的规律。当然,大多数现代心理学家都已经摒弃了这种极端的说法,但还是同意存在"心理逻辑"。布雷恩等人(Braine, 1978, 1990; Braine, Reiser & Rumain, 1984)、奥谢森(Osherson, 1975)和里普斯(Rips, 1988, 1990)在这方面进行了很多研究。这些研究者将心理逻辑比作语法:两者都是规则系统,而且很难意识到。也就是说,我们不可能说清楚推理时依据的所有规则,我们甚至不知道推理时还遵循着规则。但是,如果仔细观察人在推理时的行为,我们就可以找到推理的某些规律,这说明推理一定遵循某些规则或图式。有些学者认为,这些规则或图式是抽象的、普遍适用的(Braine, 1990),也有一些学者对此持反对态度,例如程和霍利约克(Cheng & Holyoak, 1985)提出,这些规则对情境敏感,在不同的情境下,人们会采用不同的规则。上述研究构成了规则-启发学派(rule/heuristics approach)的基本思想。

这些研究者研究了许多条件推理、三段论推理和概率问题,提出了一些图式。例如,下面是一个"许可图式",它包括四条规则:

规则一:如果采取某个行动,其前提条件必须得到满足。

规则二:如果不采取该行动,前提条件不一定要得到满足。

规则三:如果前提条件得到满足,可能采取该行动。

规则四:如果前提条件没有得到满足,就不可能采取该行动。

(来源:Cheng & Holyoak, 1985)

这个图式往往在某些情形中被激活,而在另外一些情形中则不起作用。例如,有这样一个问题:

只有出生于 2000 年 6 月 30 日之前的人才能喝酒,王小明的生日是 1999 年 6 月 6 日,他能不能喝酒?

这个问题就可以激活上述图式,被试只要判断一下王小明的生日是否在规定的时间界限之前就可以作出能否喝酒的判断。"许可图式"在这种情境下容易被激活。

再看下面这个问题:

A 公司所有的雇员乘飞机去北方出差都坐经济舱。徐亮亮是 A 公司的一位执行经理,她明天要去南京出差,一定要买经济舱的机票吗?

这也是一个涉及"许可"的问题,但是它无法得到明确的回答。这是因为问题中的前提条件不完全适合"徐亮亮"的情况,因而难以激活有效的"许可"图式。另外,如果人们对问题中涉及的事物不熟悉,也无法运用相应的图式。总之,同样结构的问题,由于人们对它的解释不同，采取的图式也就不同；甚至有时难以激活图式，无法作出确定的回答。

心理模型学派

　　心理模型学派（mental model approach）以约翰逊-莱尔德（Johnson-Laird，1982，1983）为代表，他们认为推理的过程就是我们用来理解语言的过程。推理是根据前提建立心理模型。当然，理解语言通常只要求我们建立一个能够同时表征字面信息和深层意义的模型，而推理则要求建立能够表征各种可能性的多个模型。他们对三段论推理、条件推理、无标准答案推理、社会和政治问题推理进行了许多研究，发现被试在推理的时候常常不能考虑到前提可能的各种解释和结果，还常常受到背景知识的影响。

　　约翰逊-莱尔德等人提出了这样一个推理问题：

　　　　有些父母是科学家
　　　　所有的科学家都会开车
　　　　────────────
　　　　?

　　对于这两个前提，被试倾向于得出"有些父母会开车"这个结论，而较少得出另外一个同样正确的结论："有些会开车的人是父母。"其实，实验中凡是像上面那种逻辑格，即"P—M，M—S"（第四格）总是倾向于引出"P—S"这个结论，而"S—P"也是对的。

　　另外一个推理问题：

　　　　有些科学家是父母
　　　　所有会开车的人都是科学家
　　　　────────────
　　　　?

　　这个推理在逻辑上是第一格（M—P，S—M），总是偏向于引出"有些会开车的人是父母"（S—P）这一结论；而另一正确结论："有些父母会开车"（P—S）却很少有被试发现。

　　上述效应被约翰逊-莱尔德等人称为"逻辑格偏向"。他们于1978年提出一种解释逻辑格偏向的原因，认为这是由于在短时记忆中组合前提表征造成的，即对于 P—M，M—S 前提，由于中项（M）相邻，被试可以先对前一个前提进行编码，然后将后一个前提的表征直接联在后面，这样就得出 P—S 结论；而在 M—P，S—M 情况下，由于中项不相邻，就必须先将第二个前提（S—M）储存在短时记忆中，而后再回忆第一个前提（M—P），得出 S—M，M—P 这个组合（这与 P—M，M—S 组合在形式上一致），从而得出 S—P 结论。

　　约翰逊-莱尔德和巴拉（Johnson-Laird & Bara，1984）还发现了一个新的效应。他们让被试看有关某个推理的结论，但结论只呈现10秒钟。结果，不但同样发现了明显的逻辑格偏向，而且还发现，被试反应"没有确定结论"的次数，在 P—M，M—S 情况下最少，而在 M—P，M—S 情况下最多。他们认为，这说明在某些逻辑格出现时，由于呈现时间短，被试难以对前提进行组合，从而造成较高的错误率。从这个结果也可以看出，前提的整合过程确实是在工作记忆中进行的。

根据心理模型理论,推理中的错误有这样几个来源:(1)未能建立相关的模型;(2)未能评价所建立模型的意义;(3)未能搜寻并建立足够的模型。例如,当前提中各词项的排列没有按照最佳顺序(例如 P—M,M—S)时,由于短时记忆广度不够,就难以建立模型。前提中如果有过多的额外信息占用心理资源,也会造成困难。

互补系统理论

斯洛曼(Sloman,1996)在研究大量推理实验的资料后提出互补系统理论。他认为,推理需要两个系统的协同作用:一个系统是联结系统(associative system),它根据观察到的相似性和时间上的接近性进行相应的心理操作;另一个是基于规则的推理系统(rule-based reasoning systems),它的功能就是根据符号之间的联系进行相应的操作。

联结系统可以使人对推理问题迅速作出反应。它显然是一种直觉性的推理。因此,联结系统注意的往往是问题当中比较显眼的要素,将当前的问题与过去经验中习得的模式加以匹配。

基于规则的推理系统则对信息进行细致、审慎的加工,从而得出可能更合乎逻辑的结论。说它"基于规则",是因为它严格按照逻辑上的要求,排除一切违反逻辑规则的可能性。在严格的科学推理中,这个系统起主要的作用。

按照斯洛曼的观点,上述两个系统对于人类生活都是很重要的,可以相互补充、相互协同。在日常生活中,可以通过联结系统迅速作出反应;同时,基于规则的推理系统可以帮助我们更精细地评价直觉反应,必要时还可以对错误的直觉反应加以纠正。

卡尼曼和弗雷德里克(Kahneman & Frederick,2005)也提出了一个类似的理论。他们认为,有两个推理系统:第一个系统是直觉的、自动的,因而也是快速的推理系统,往往是运用启发式;第二个系统则是分析的、控制的、遵守规则的推理系统。第一个系统快速得出直觉判断,然后将其交给第二个系统加以审核和更正。不过,人们其实很少运用第二个系统。

9.2 自然推理与决策

自然推理指的是那些在日常生活中根据一定的已知条件(或者说在一定的情境下)对现实事物作出的判断、推理、决定。自然推理没有严格的格式,尤其是没有学过逻辑学的人,推理时更不讲究格式。有关这方面的研究就是为了揭示自然推理受到哪些因素的影响。

自然推理涉及的是具体事物。在讲形式逻辑推理的时候我们提到,推理的内容越具体就越不容易出错。不过,自然推理有时涉及的是比较复杂的事物,尽管有知识经验帮助,但是这些知识经验有时也会对自然推理产生不利的影响。

在心理学中,"决策"这个概念不像一般意义上理解的那样狭隘,它可以指那些自然推理,也包括郑重其事的决策。

质的估计

典型特征的作用

卡尼曼和特沃斯基是两位在自然推理和决策研究方面著名的心理学家。在一个实验研究(Kahneman & Tversky,1973)中,他们把被试分成两组,并告诉第一组被试:从100个人(其中70人是工程师,30人是律师)中随机抽出1个人;同时告诉第二组被试:从100个人(其中30人是工程师,70人是律师)中随机抽出1个人。接着,要求两组被试判断,这个被抽出的人是工程师的可能性。对于这个问题,两组被试都能正确回答。第一组答70%,第二组答30%。接下来又告诉两组被试:从100个人中又随机抽出1个人来,对这个人的情况还有下面这样一段描述:

> 杰克,45岁,已婚,有四个孩子。他总是很深沉,很仔细,而且雄心勃勃。他对政治和社会问题不感兴趣,而是把大量空闲时间花在他的许多爱好上,比如在家干木匠活、驾驶帆船、解数学难题,等等。

最后问这两组被试,这个人是工程师可能性有多大。结果,这一次两个组的被试都认为这个人是工程师的可能性比较大(两组均超过90%)。这是为什么呢?可能是这段描述很符合工程师的典型特征。但是,他们(尤其是第二组被试)忽视了这样一个前提:工程师在100人中分别占70%和30%。可见在判断人属于哪一类时,人们往往忽视这一类人在人口中占的比率——基础比率(base rate),而只考虑对人的描述是否符合这一类人的典型特征(representativeness),或者说,是否符合对这一类人的刻板印象,这就容易得出错误的结论。

在基础比率特别低的情况下,忽视基础比率会产生比较大的判断失误。请看下面这个问题:

> 假设有位陌生人告诉你:有一个人很矮,很瘦,喜欢吟诗。然后要你猜一猜这个人是某大学古典文学教授还是一位卡车司机,你会如何回答?

很多人会说是教授,但是这个结论几乎肯定是错的。因为在全人口中,卡车司机的比例比教授大得多,何况还限定了是某大学的古典文学教授。即便卡车司机具备陌生人所描述特征的可能性很小,但是这样的人的总数也比符合这些特征的教授多一些,所以应该认为这个人更可能是司机而不是教授。

卡尼曼和特沃斯基(Kahneman & Tversky,1973)的实验进一步说明了根据典型特征进行的预测以及与这种预测相关的错误。实验中,对第一组被试(基础比率组,69人)提出以下问题:"考虑一下当今美国的所有一年级研究生,猜一猜这些学生从事以下9个专业领域的百分比。"9个领域见表9-6。表的第二列是各个领域基础比率的平均估计值。

表 9-6　有关汤姆在 9 个领域的基础比率的估计值、相似度、可能性预测数据

研究领域	平均基础概率(%)	平均相似度	平均可能性
商业管理	15	3.9	4.3
计算机科学	7	2.1	2.5
工程	9	2.9	2.6
人文和教育	20	7.2	7.6
法律	9	5.9	5.2
图书馆学	3	4.2	4.7
医学	8	5.9	5.8
自然与生活科学	12	4.5	4.3
社会科学和社会工作	17	8.2	8.0

(来源:Kahneman & Tversky,1973)

向第二组被试(相似度组,65 人)呈现以下性格描述:

汤姆,尽管缺乏真正的创造性,但智商很高。他喜欢秩序和明确,喜欢一切细节都井然有序而清楚整齐的东西。他写出来的东西相当呆板、机械,时而带出一些略带粗野的双关语和科幻小说般的想象。他对自己的能力要求很高,他对别人似乎很少表现出关心和同情,也不喜欢与人交往。他自我中心,但又很有道德感。

接着要求被试回答一个问题:汤姆在多大程度上像上述 9 个领域的典型的研究生？被试根据 9 个领域分别确定相似的等级。表 9-6 的第三列就是被试给出的汤姆在各个领域的相似度(数字越小表示越相似)。

最后,向第三组(预测组,114 人)来自美国 3 所大学心理学专业的研究生被试描述汤姆的性格,另外还提供以下信息:

以上对汤姆的性格描述是一个心理学家在汤姆读高中二年级的时候写下的。该心理学家根据的是投射测验的结果。汤姆现在已经是研究生了。请判断一下他从事上述 9 个专业领域研究的可能性。

表 9-6 的第四列是预测组被试对汤姆从事 9 个专业的可能性的排序的平均等级。

对表 9-6 各列数据计算其积差相关系数。结果发现,可能性和相似度的相关系数是 0.97,而可能性和基础比率的相关是－0.65(计算时要将大的等级数转换为小的,因为等级数越大意味着可能性越小)。显然,可能性判断基本上与相似度判断相一致而与基础比率大相径庭。这一结果直接支持这样一个假设:人们根据典型性或相似度来进行预测,而不太考虑基础比率。

有意思的是,第三组(预测组)的被试都是心理学专业的研究生,他们对可能性的预测违反了正规的预测规则。超过 95% 的人认为汤姆比较像是学计算机科学而不像是学人文和教育科学的,尽管他们肯定知道研究人文和教育科学的人比研究计算机的人多许多。根据表 9-6 中基础比率的估计值,研究人文和教育科学的人数和研究计算机科学的人数

之先验比率大约是 3 比 1(而实际的比率还要高许多)。由于对性格描述异乎寻常的依赖,预测组的被试显然没有考虑到以下问题。第一,既然投射测验的效度如此声名狼藉,那么汤姆实际上就很有可能不像描述中说的那样是一个强迫而又冷漠的人。第二,即使这样的描述是符合事实的,但那也只是他高中时候的事,而现在汤姆已经是研究生了,这种描述也许不再符合实际了。最后,就算这一描述至今仍然符合实际,但是在人文和教育科学界符合这样描述的人也许更多,原因很简单:研究人文和教育的人远远多于研究计算机的人。

合取谬误(conjunction fallacy)可能也是典型特征的作用的一种表现形式。合取谬误是 20 世纪 80 年代由特沃斯基和卡尼曼(Tversky & Kahneman, 1983)提出的一种概率判断偏差,它指的是,如果个体对合取事件(事件的积,或 A∩B)的概率判断值超过其对构成合取事件的两个事件(A、B)单独出现的概率判断值,他就犯了合取谬误。这是因为,根据概率论关于事件之积的概率的计算公式 $P(A\cap B)=P(A)\times P(B)$,$P(A\cap B)$ 是不可能大于 $P(A)$ 或 $P(B)$ 的。但是,当参试者面对这样一份关于一位虚拟女性人物的描述文字时,其随后的反应常常违反这一公式。

琳达今年 31 岁,她单身,说话直言不讳,非常聪明。她在大学时读的是哲学专业。她还是一名学生的时候,就特别关注性别歧视和社会正义问题,并且参加了反核示威活动。请问:以下两种说法各有多大的可能性(对于每种说法,给出 0~100 之间的百分比例作为概率):

I. 琳达是一名银行出纳员,并且是一位女权主义者。

II. 琳达是一名银行出纳员。

结果是,参试者对说法I给出的概率显著高于说法II。显然,对于琳达的描述十分契合"女权主义者"的典型特征,从而犯了合取谬误。

信息可及性

特沃斯基和卡尼曼(Tversky & Kahneman, 1973)还发现,人类推理受到记忆中的信息的易提取性程度——信息可及性(availability)的影响。容易想起来的事情也比较容易被当作是经常发生的事情。

比如说,游泳危险还是登山危险?很多人会回答:登山危险。这是情有可原的,因为登山运动员一出事,全世界的广播、电视、报纸等媒体都会纷纷加以报道,使人产生很深的印象,以后提到登山运动时就很容易想到这些事故,从而认为登山容易出危险。而游泳虽然经常会发生危险,但是很少报道,印象并不深,所以反而觉得不怎么危险了。其实根据专家的研究,游泳比登山危险得多。

表 9-7 就是普通人和专家对各种事物危险性的评价。其中有一致的地方,也有很不一致的地方。这就是信息可及性不同造成的。表中数字表示危险性大小的排列次序(数字越小表示越危险)。

表 9-7　普通人和专家对不同事物的危险性的评价

普通人评价等级	事物	专家评价等级	普通人评价等级	事物	专家评价等级
1	原子能发电	20	16	自行车	15
2	汽车	1	17	商业航空	16
3	枪支	4	18	非核能发电	9
4	抽烟	2	19	游泳	10
5	摩托车	6	20	避孕药物	11
6	酒精饮料	3	21	滑雪	30
7	民用航空	12	22	X光	7
8	警察工作	17	23	足球赛	27
9	农药	8	24	铁路	19
10	外科手术	5	25	食物储存	14
11	灭火	18	26	食品着色	21
12	建筑工作	13	27	电动割草机	28
13	打猎	23	28	抗生素	24
14	喷雾罐	26	29	家庭用品	22
15	登山	29	30	预防接种	25

框定效应

问题的形式也会影响推理过程。两个问题如果内容完全等值而采取不同的表达形式,有时也会得出截然相反的结果来。请看下面的问题。

假定美国正在准备对付一种疾病的爆发流行,估计这次流行会造成 600 人死亡,现在有两种方案,其估计效果是:

如果用方案一,200 人得救。

如果用方案二,600 人得救的可能性是 1/3,全部死亡的可能性是 2/3。

问被试准备采取哪个方案。结果 75％的人选择了方案一。

如果采用另一问法:

如果用方案一,400 人将会死亡。

如果用方案二,无人死亡的可能性是 1/3,全部死亡的可能性是 2/3。

这一次,当问被试准备采取哪个方案时,约有 75％的人选择了方案二。这个实验说明,问题的提法(形式)对推理也会产生重大影响。

特沃斯基和卡尼曼(Tversky & Kahneman, 1981)对上述结果提出了这样一个术语:框定效应(framing effects)作为解释。他们认为,人们评价结果的时候,往往有一个参照点(reference point),根据这个参照点来将结果分为"得"与"失"。一般来说,人们对"失"比对"得"更加在意一些。就上面这个例子而言,问题的第一种提法中的方案一强调 200 人能得救,其参照点为"没有人得救",这是一种"得",因此容易得到肯定;而与之等价的第二种提法中的方案一强调的"400人将会死亡",容易被看作是一种"失"而受到否定。

关系错觉

人们在推理中另外一个常犯的错误是"关系错觉"(illusory correlation)——人们往往发现那些自己愿意发现的关系。例如,查普曼和查普曼(Chapman & Chapman, 1967, 1969)的研究发现,"画人测验"中关于患者症状与患者画出来的人的特征之间关系的描述是一种错觉。

画人测验是一种临床心理诊断测验。测验要求患者画一个人,然后主试根据一系列维度来给患者打分并作出评价。这些维度包括:人物肌肉是否发达?眼睛是否怪异?是否孩子气?是否肥胖?等等。临床心理学家"发现",某些特征与患者特定的症状和行为特征有高度相关。例如,画出怪异的眼睛的患者往往比较多疑,而把头画得很大的患者则比较聪明。但是,这些"发现"一直没有得到专门研究画人测验的学者的证实。

为了探讨这个问题,查普曼和查普曼给一些大学生被试(他们不熟悉画人测验)看由患者画的45幅人像,这些人像与患者主诉的症状随机配对。这样,人像特征和症状之间应该没有什么关联。但是,这些大学生被试还是"发现"了临床心理学家"发现"的那些相关关系。看来,是先入为主的偏见造成了这种关系错觉。

忽略偏差和沉没成本效应

里托夫和巴伦(Ritov & Baron, 1990)对被试提出这样一个问题:

假定你是一个孩子的家长。如果现在有一种儿童传染病在迅速传播,有一种疫苗可以预防。尽管这种疫苗有一定的副作用,但是相对而言,拒绝疫苗造成的损失更大(死亡率为10/10 000)。问:副作用造成的死亡率达到多少,你才会选择接受还是拒绝给孩子接种该疫苗?

结果表明,被试可以容忍的副作用死亡率平均为5/10 000。如果再高(尽管仍低于10/10 000),他们就会选择拒绝,即"不作为"。这就是忽略偏差(omission bias)——人们往往更多地容忍不作为的风险,而不愿意冒作为的风险。有些被试也坦陈,如果因为接受接种而导致孩子死亡,他们会感到责任大于不接种导致的死亡。当然,也不是每个人都会表现出忽略偏差。巴伦和里托夫(Baron & Ritov, 2004)还发现,有58%的人表现出不作为,另有22%的人的表现正好相反,他们是"作为偏差"(action bias)。

沉没成本指的是已经投入无法回收的成本。例如,为某个工程投入了大量资金和人力,此时工程如果下马,已经支付的大笔费用无法回收。因此,很多情况下,只好将一些错误的决策将错就错地执行下去。这种效应就称为沉没成本效应(sunk-cost effect)。道斯(Dawes, 1998)曾讨论了这样一个研究。研究中告知被试,有两个人周末花了100美元(不可退票)去度假。两人途中略感不适,并且觉得此时回家会更好些。他们会继续前去还是回家?许多被试回答说,他们会继续前去,以免损失那笔钱。这些被试觉得难以向自己和他人解释为什么会白白损失 100 美元。有人曾调侃说,人类确实比动物聪明,不过动物用不着向别人解释自己为什么这样作决定。

数量预测

易计算性

事件概率计算的难易程度,是影响概率推断的一个重要因素。特沃斯基和卡尼曼(Tversky & Kahneman,1973)通过实验证明,两个事件即使实际概率相同,但是如果其中一个事件的概率不易算出,则相对容易算出的那个事件而言,它的概率就往往被低估。实验中主试问被试,由 10 个人组成一些小组,有几种组合方法。把被试分为两组,对第一组被试问:10 个人组成 2 人小组有多少种组合方法?被试认为可以有 70 种组合。对第二组被试问:10 个人组成 8 人小组有多少种组合方法?被试认为可以有 20 种组合。其实两种情况下都是 45 种组合。因为 2 个人编成小组后,其余 8 个人自然也形成了一个小组,所以用 10 个人组成 2 个人的小组和组成 8 个人的小组是等价的,但是不懂数学的被试一般看不到这一点。由于 8 人小组的组合数比较难以计算,所以第二组被试给出的组合数较少。

评价和预测

卡尼曼和特沃斯基(Kahneman & Tversky,1973)在一个实验研究中设置了这么一个问题情境:

假定告诉你:咨询人员将一位大学一年级新生描述为"聪明、自信、好学、努力、好奇心强"。考虑可能提出的以下两类问题:

(1)评价:这样的描述使您对该生的学业能力产生了多强烈的印象?您认为还有多少百分比的大学新生会超过他?

(2)预测:您认为这个学生平均可以得到怎样的成绩?比他成绩好的人占多少百分比?

这两个问题之间存在重要的差异。第一个问题让你评价学生的现状,第二个问题让你预测他的将来。应该说,预测未来涉及的不确定性远远大于评价当前现状,因此预测给出的百分比应该比评价给出的更接近 50%(一个随机猜测的概率)。进一步说,如果上面的个案描述不准确,会造成什么影响?其实,不准确的描述不会影响你的评价:评价是根据描述给你的印象为个案排序,与描述的准确性无关,但你对描述的怀疑程度将影响预测,否则你的预测将会是无效的。

但是,卡尼曼和特沃斯基的实验结果告诉我们,被试预测和评价的结果是一致的。在评价一个个案的时候,人们总是选择一个最能代表这个个案的分数。如果是根据对个案的描述进行预测,人们也会选择最有代表性的分数。这样,评价和预测将得出几乎相同的结果,而不是我们设想的,预测的结果相对而言会向 50% 接近,或者说,预测比评价更具有回归性(向 50% 回归)。

预测和变换

前面的研究告诉我们,对于变量的预测不比对同样变量的输入的评价更具有回归性。卡尼曼和特沃斯基(Kahneman & Tversky,1973)的另一个实验则告诉我们,在有些情形下,对于变量的预测(学业成绩)甚至不比这个变量纯粹的数量变换更具有回归性。参加实验的有三组被试。各组的被试都要根据 10 个假想学生的某种百分等级分别预测其平均学习成绩。呈现给三组被试的百分等级都是一样的,但是各组得到的输入变量的名称和解释却不一样。

1. 百分等级平均数。告诉第一组被试,他们将得到反映这些学生第一学年学习成绩的百分等级。被试的任务是尽可能地猜测那一年学生的平均学习成绩(分数)。对百分等级的解释是:"如果百分等级为 65,就意味着该学生班级里有 65% 的学生的平均分数不如他,依此类推。"可见,这只是一个数量变换(根据百分等级估计实际分数)而已。

2. 注意力。告诉第二组被试,他们将得到这些学生的注意力的百分等级,并且告诉他们:"研究发现,学习成绩好的学生,注意力测验的得分也比较高,反之亦然。但是,注意力测验的成绩往往受到被试在接受测试时的心理状态的影响。因此,如果重复测量,同一个人可能会得到完全不同的成绩。"也就是说,这组被试要根据注意力测验得分的百分等级来预测学业成绩。

3. 幽默感。告诉第三组被试,他们将得到这些学生的幽默感测验的百分等级,并且告诉他们:"研究发现,幽默测验得分比较高的学生学习成绩基本上比那些幽默分数低的成绩好。但是,我们不可能根据幽默能力准确地预测学习成绩。"也就是说,这组被试要根据幽默感得分的百分等级来预测学业成绩。

根据这样的设计,所有的被试都要预测学生的成绩。第一组被试只要将学业百分等级变换为学业平均分数。第二组和第三组被试则要根据联系不那么紧密的因素来预测学业平均分数。理论分析告诉我们,后两组的预测应当更具回归性,也就是说,它们比第一组的判断的离散程度小。但是,实验结果显示,第二组的预测的回归性不超过第一组。第三组是最具回归性的,因为大家都知道幽默感不能当作学习成绩的指标。

对每一个被试的数据都计算了预测的平均数、标准差、预测得分和输入得分之间回归线的斜率以及两个得分之间的积差相关系数。表 9-8 是三组被试上述指标的平均值,表中的 ns 表示没有显著差异。

从表 9-8 中显然可以看出,第一组和第二组、第二组和第三组之间的比较说明根据成绩的百分等级进行预测与根据注意力进行预测所得的结果没有显著差异。可见,人们在根据某种能力预测其成就的时候没能表现出回归性,尽管对这种能力的测量很不可靠。

表 9-8 三组被试统计指标的平均值以及各组之间的比较

	组　　别				
	1. 百分等级平均数	1—2	2. 注意力	2—3	3. 幽默感
预测成绩平均数	2.27	ns	2.35	0.05	2.46
预测成绩标准差	0.91	ns	0.87	0.01	0.69
回归线的斜率	0.030	ns	0.029	0.01	0.022
相关系数	0.97	ns	0.95	ns	0.94

(来源:Kahneman & Tversky,1973)

对于回归现象的判断

卡尼曼和特沃斯基(Kahneman & Tversky,1973)还提出,人们自然推理中经常忽视回归现象,其中甚至包括学过回归分析的人。在我们的生活中,回归现象到处存在着:杰出的父亲往往免不了有个不太争气的儿子,优秀的女人往往嫁一个木讷的丈夫,一帆风顺的人最终往往一蹶不振。尽管有这么多例子,人们对回归还是缺乏适当的认识。

为什么回归这么难以觉察?卡尼曼和特沃斯基提出以下看法:人们总是认为,人的每一个重要的行为都高度体现了这个人的人格特征,也就是说,一切都有人格上的原因;而对随机误差,人们往往考虑得比较少。

为了说明尽管考虑到统计学原理,非回归直觉仍然难以克服这一事实,卡尼曼和特沃斯基对一些心理学专业的研究生提出如下问题:

> 有一个经随机抽样抽取的被试,标准化智力测验得分为140。假设IQ是真实分数与随机误差(正态分布)之和。请猜测这个人的真实IQ值,要求:给出一个上限,保证真实的IQ有95%的机会低于这个上限;再给出一个下限,保证真实的IQ有95%的机会高于这个下限。

在这个问题里面,要求被试将观测到的数据(智商)看作是"真实"分数和误差分数的结合。既然观测到的智商显著高于普通人,那么误差值就很有可能是一个正值,这个人在以后的测验中分数就很可能下降。但是,大多数被试(108人中有73人)得出的置信区间的中心点还是140,没有表现出任何回归。在剩下的35名被试中,24人的置信区间有回归趋势,11人却有提高的趋势。由此可见,大多数被试将140看作是一个真实的分数,并在此基础上进行预测。这种仿佛输入信息没有错误的预测倾向是经常发生的。

为了说明识别和正确解释回归效应的困难之处,卡尼曼和特沃斯基还用下面这个问题来考验研究生:

> 飞行学校的教官采用了心理学家推荐的持续正强化的方案。他们对学员的飞行动作的每一个成功进行口头强化。这个方法实行了一段时间以后,教官觉得,心理学

家说的好像不对,对复杂动作奖励多了只会损害以后的成绩。对此,心理学家应该怎样回答?

其实,在飞行训练中,回归效应是不可避免的,因为成绩并不是一个完全可靠的指标,两个成功的动作之间产生的进步也是缓慢的。因此,飞行员前面一个动作做得非常好,后一个步骤就往往差一些,而无论教官对前面那个动作是否奖励。通常,我们总是奖励好的行为,惩罚不好的行为。而仅仅是由于回归效应,受到惩罚的人行为就很有可能出现改进,而受到奖励的则出现退步。结果,我们常常惩罚别人后得到奖励,而奖励别人后却受到惩罚。

但是,实验结果是没有一个研究生用回归效应来回答这个问题。相反,他们认为,言语强化对飞行员可能失效,也可能导致过度自信。有些学生甚至怀疑教官观察的效度,分析起他们知觉方面的偏差来。这些研究生毫无疑问都受过正规的统计学训练,应该懂得回归效应。但是,他们没有能够识别出这个回归,因为主试没有用他们熟悉的语言(即父亲和儿子的身高)来提出这个问题。显然,单单是统计学训练还不能改变人们对不确定性的直觉。

贝叶斯推理

全概率公式和贝叶斯公式

全概率公式

在概率统计学中,有全概率公式和贝叶斯公式。全概率公式用于计算多个原因性事件造成的结果事件的总概率。例如:

> 在一个城市中,有两家出租车公司。甲公司车辆占85%,乙公司占15%。根据记录知道,两公司司机被投诉的比率分别为5%和4%,现任意抽取一名司机,问他被投诉过的概率是多少?

这里,"被投诉"可以看作是"结果",司机来自哪个公司可以看作是"原因"。这个问题涉及的事件比较复杂:这位司机可能是甲公司的,也可能是乙公司的,而两个公司的投诉率又不同。遇到这样的问题,就需要把复杂的事件分解为几个互斥的简单事件之和,在计算出各个简单事件的概率的基础上,再计算其总和,得出该复杂事件的概率。根据题意,可以将"司机被投诉过"这个事件分解为:(1)司机是甲公司且被投诉过;(2)司机是乙公司且被投诉过。将这两个事件的概率算出来,再求总和即可得到"司机被投诉过"的概率:

分别用 H_1 表示抽到的司机属于甲公司,H_2 表示抽到的司机属于乙公司,用 A 表示"司机被投诉过"。用 $A \cap H_1$、$A \cap H_2$ 分别表示"司机被投诉且是甲公司、乙公司的司机",且 $A \cap H_1 + A \cap H_2 = A$。根据题意可知:$P(H_1) = 0.85$,$P(A \mid H_1) = 0.05$,$P(H_2) = 0.15$,$P(A \mid H_2) = 0.04$。故

$$P(A \cap H_1) = P(H_1) \cdot P(A \mid H_1) = 0.85 \times 0.05 = 0.042\,5$$
$$P(A \cap H_2) = P(H_2) \cdot P(A \mid H_2) = 0.15 \times 0.04 = 0.006\,0$$

因此，任意抽取一名司机被投诉过的概率为

$$P(A) = P(A \cap H_1) + P(A \cap H_2) = 0.042\,5 + 0.006\,0 = 0.048\,5$$

以上计算公式可以推广到一般情况，即全概率公式：

如果事件组 $H_1, H_2, \cdots, H_n$ 为一完备事件组（即两两互斥，且组成基本空间 Ω），则对于任一事件 A 都有

$$P(A) = \sum_{i=1}^{n} P(H_i) \cdot P(A \mid H_i)$$

贝叶斯公式

全概率公式计算的是各种原因性事件（$H_1, H_2, \cdots, H_n$）发生的条件下某结果性事件 A 发生的总概率。反过来，如果已知该事件 A 已经发生，各种"原因"发生的概率有多大？这就要用贝叶斯公式，亦称逆概率公式：

如果事件组 $H_1, H_2, \cdots, H_n$ 为一完备事件组（即两两互斥，且组成基本空间 Ω），则对于任一事件 $A(P(A) \neq 0)$，有

$$P(H_i \mid A) = \frac{P(H_i)P(A \mid H_i)}{\sum_{i=1}^{n} P(H_i)P(A \mid H_i)}$$

可以看到，贝叶斯公式中的分母就是全概率公式。这样算出来的概率，就是以事件 A 为全集，各事件 $A \cap H_i$ 的发生比例。根据这个公式，可以将全概率公式中的问题反过来：从全体出租车司机中抽出一名司机，发现他被投诉过（结果性事件），问他是甲公司司机（原因性事件）的概率是多少？解答过程为：

已知司机抽自甲公司和乙公司的概率分别为 $P(H_1) = 0.85$ 和 $P(H_2) = 0.15$。

根据贝叶斯公式，有

$$P(H_1 \mid A) = \frac{P(H_1)P(A \mid H_1)}{\sum_{i=1}^{2} P(H_i)P(A \mid H_i)}$$
$$= \frac{0.85 \times 0.05}{0.85 \times 0.05 + 0.15 \times 0.04} = 0.876\,29$$

直觉性的贝叶斯推理

典型的贝叶斯推理任务

一个典型的贝叶斯推理任务，是乳腺癌问题：

参加常规 X 光透视检查的 40 岁妇女中，患乳腺癌的概率是 1%。如果一个妇女患了乳腺癌，她的胸透片呈阳性的概率是 80%。如果一个妇女没有患乳腺癌，她的

胸透片呈阳性的概率是 9.6%。现在,有一个 40 岁妇女,她的胸透片呈阳性,那么她实际患乳腺癌的概率有多少?

在实际生活中,经常会遇到这种根据结果性事件来判断其原因性事件的概率的问题,心理学家将这样的问题称为贝叶斯推理。心理学研究的贝叶斯推理一般是二元假设的模型,其公式习惯上表示为:

$$P(H|A) = \frac{P(H)P(A|H)}{P(H)P(A|H)+P(-H)P(A|-H)}$$

这是前文贝叶斯公式在两个原因性事件的情况下的书写形式,其中 H 和 $-H$ 这两个原因性事件(或称为假设)互相排斥,并且构成了一个完全事件,A 是指某一事件,与 H,$-H$ 伴随发生。$P(H)$ 指假设 H 发生的概率,其值是预先给定的,习惯上称为基础概率。$P(-H)$ 指假设 $-H$ 发生的概率(由于是二元假设,也可以指假设 H 不发生的概率),可知 $P(-H)=1-P(H)$。$P(A|H)$ 是指假设 H 成立时事件 A 发生的概率;$P(A|-H)$ 是指假设 H 不成立,也就是 $-H$ 成立时事件 A 发生的概率,$P(A|H)$ 和 $P(A|-H)$ 的值也是已知的。$P(H|A)$ 指的是事件 A 发生时,假设 H 成立的概率,这是要通过公式求得的值。

在前面这个问题中,可以清楚地看到,H 指的是患乳腺癌,A 指的是胸透片呈阳性。题中 $P(H)$、$P(A|H)$、$P(A|-H)$ 分别为 1%、80%、9.6%,根据公式可以计算得到"胸透片呈阳性的妇女患乳腺癌"的概率 $P(H|A)$ 为 0.078,也就是 7.8%。

20 世纪 60 年代爱德华兹(W.Edwards)首先用实验方法研究人类推理是否遵循贝叶斯定理,最早研究的是基础比率受忽视的问题,到了 20 世纪 90 年代以来,心理学家开始对贝叶斯推理任务中信息表征的特点进行深入探讨。

基础比率受忽视现象

特沃斯基和卡尼曼(Tversky & Kahneman, 1974)在早期的概率推理研究中作出了突出贡献,他们介绍了一系列经典实验,其主要研究成果可概括为启发式与偏差(heuristics and bias)理论。他们认为直觉推理常常涉及一些独特的心理操作,他们把这些操作称为"判断启发式"。启发式通常是很有用的,但有时也会造成一些错误和偏差。例如,忽视基础比率的问题,在贝叶斯推理中表现得很突出。具体说来,就是被试进行直觉推理的时候,往往因为忽视低基础比率而作出远远高于标准答案的估计。除了特沃斯基和卡尼曼外,其他研究者也获得大量类似证据。例如埃迪(Eddy, 1982)用上文提及的乳腺癌问题,让内科医生判断,结果 95% 的人判断介于 70%~80%,这一值远远高于其标准答案 7.8%。

对基础比率的过度强调

其实,基础比率并不总是被忽视的,有时也会出现过度强调基础比率的现象。泰根和克伦(Teigen & Keren, 2007)曾要求被试回答以下问题:

弗雷德(Fred)每天乘坐巴士去上班。车站就在他家旁边,每个整点(即6点、7点和8点)发车。

根据长期的经验,他注意到,巴士每10班平均有1班会提前发车,平均有8班会晚0～10分钟,还有1班会晚点超过10分钟。

假设弗雷德在整点到达车站,等了10分钟也不见巴士到来,问原定于该整点发车的巴士还会来的概率是多大?

结果发现,大多数(63%)的回答是10%,其次(26%)是90%～100%,只有3%的回答是50%。

这个问题的正确答案正是50%。因为弗雷德在整点之后的10分钟内没有看到巴士,这就是说,这个整点的巴士要么早于整点开走了,要么还没有来。两个概率应该是相等的,各占50%。但是,被试似乎过于倚重题目中的基础比率(10%、80%和10%)。

自然频数理论

1995年,吉戈伦尔和霍夫雷格(Gigerenzer & Hoffrage, 1995)发表了一篇后来被广泛引用的论文。该论文在分析了大量贝叶斯问题的解决结果后得出结论:使用自然频数格式时,贝叶斯推理比使用概率格式时计算起来要简单;信息以自然频数格式表征时,没有受过专门统计训练的被试用贝叶斯算法解决推理问题的比例上升到50%。

吉戈伦尔和霍夫雷格认为,在人们的直觉推理中,数学意义上等价的表征,可能会造成不一样的理解。要想知道人们是否能进行贝叶斯推理,是否掌握贝叶斯算法,就必须给人们正确的表征。他们认为,过去的研究中,被试之所以在贝叶斯推理任务中表现很差,是因为呈现给被试的信息是以概率形式表征的,而根据进化论的观点以及动物觅食的研究,自然频数才是适合人类思维的正确表征。

吉戈伦尔和霍夫雷格考虑了信息表征的两个方面:信息格式(information format)和信息菜单(information menu)。吉戈伦尔和霍夫雷格把信息格式分成三种类型:概率、自然频数、相对频数;把信息菜单也分为三种类型:标准菜单、混合菜单、短菜单。所谓菜单,是指信息分割的方式,也就是提供哪几项信息。信息格式和信息菜单这两个因素可以组合在一起,产生8种信息表征不同的贝叶斯任务(理论上应该是9种,不考虑频数格式和混合菜单的结合)。以乳腺癌问题为例,概率格式和标准菜单组合起来进行表征就构成前面的问题。这种组合提供的是1%、80%、9.6%这三项信息,分别对应着$P(H)$、$P(A|H)$和$P(A|-H)$。可以用以下公式计算:$P(H|A) = P(H)P(A|H)/[P(H)P(A|H)+P(-H)P(A|-H)] = 1\% \times 80\%/[1\% \times 80\% + (1-1\%) \times 9.6\%] = 7.8\%$。

概率格式的短菜单提供$P(A)$和$P(H \cap A)$。$P(H \cap A)$指患乳腺癌且胸透呈阳性的概率,$P(A)$指胸透呈阳性的概率,包括患乳腺癌和不患乳腺癌两种情况下胸透呈阳性的概率。这种情况下可以用以下公式计算:$P(H|A) = P(H \cap A)/P(A)$。

概率格式的混合菜单提供 $P(H)$、$P(A|H)$ 和 $P(A)$。这三项信息有两项来自标准菜单,有一项来自短菜单。可以用以下公式计算:$P(H|A) = P(H)P(A|H)/P(A)$。

自然频数格式下标准菜单的情况为:

自然频数格式,标准菜单

参加常规体检的 40 岁妇女每 1 000 个人有 10 个人得乳腺癌。患有乳腺癌的妇女每 10 个中有 8 个胸透呈阳性。没有患乳腺癌的妇女中每 990 个中有 95 个人的胸透呈阳性。现有一些 40 岁妇女在常规体检中胸透呈阳性。这些妇女中实际上会有多少人患了乳腺癌?

答:____中有____

可以看到,自然频数格式时,标准菜单提供的是 10、8、95 这三项信息,分别记为 h、$h\&a$ 和 $(-h\&a)$。可以用以下公式计算:$P(H|A) = h\&a/[h\&a+(-h\&a)]$,其中第一项信息 h(10)并没有用到。

自然频数格式的短菜单提供的是 8、103 这两项信息,分别对应着 $h\&a$ 和 a。可以用以下公式计算:$P(H|A) = h\&a/a$。

再看相对频数的情况,其标准菜单表征如下:

相对频数格式,标准菜单

参加常规体检的 40 岁妇女中有 1% 的人患有乳腺癌。80% 患乳腺癌的妇女其胸透呈阳性。9.6% 没患乳腺癌的妇女胸透也呈阳性。这一组妇女中有一个人胸透呈阳性。她实际上得乳腺癌的概率是多少?

答:____%

相对频数格式和概率格式的表征方式十分相似,事实上,它们提供的信息、计算公式都完全一样。

吉戈伦尔和霍夫雷格得到的结果是:使用自然频数格式能使被试在直觉推理中更多地使用贝叶斯算法。从信息格式来说,采取概率格式和相对频数格式时,被试的成绩相等;采取自然频数格式时,被试的成绩最好,且提高的幅度很大。从信息菜单来说,采取自然频数格式时,菜单影响不大;采取概率格式和相对频数格式时,标准菜单、混合菜单、短菜单三种情况下,被试的成绩依次成倍上升。被试在直觉推理中不能正确使用贝叶斯算法,是因为没有得到恰当的信息表征,而自然频数就是一种恰当的信息表征。

吉戈伦尔和霍夫雷格提出的自然频数表征的作用是非常引人注目的,但是与特沃斯基和卡尼曼的启发式与偏差理论一样,自然频数理论也引发了众多争议和研究,这些研究都围绕着贝叶斯推理中的信息表征问题展开,并且大多怀疑频数的作用。他们从不同的角度出发提出不同的表征方式,都在一定程度上说明:在某些情况下,无论是频数格式还是概率格式,被试在贝叶斯推理任务中都能取得好的成绩;而在某些情况下,即使是使用了频数格式,被试的成绩也不理想甚至很差。

9.3 应 用 研 究

推理的跨文化差异

不同文化背景的人们的推理活动也是有差异的。受教育程度低的人往往由于不熟悉逻辑推理的规则，不喜欢根据假定的情况作出推断。

科尔和斯克里布纳(Cole & Scribner, 1974)在利比里亚格贝列部落中研究当地人的推理能力。他们讲了一些推理故事给被试听，例如：

有一次，蜘蛛去赴宴。吃饭前它被要求解答这么一个问题：蜘蛛和水鹿(*black deer*，又名马鹿、黑鹿，形体高大粗壮，耳大而直立，四肢细长，雄鹿角为名贵药材)总是在一起吃饭的，现在蜘蛛正在吃饭，请问水鹿在做什么？

这是一个三段论推理，但是科尔等人发现，当地人无法根据假定的前提来完成推理任务，因为他们认为这些推理问题只能由看到过实际情况的人来回答，而不能根据主试说的前提作出判断。推理是根据虚拟的前提作出一定的判断，被试对于这样的任务显然难以接受。

鲁利亚(Luria, 1976)也考察了一些文化程度不同的农民进行三段论推理的特点。其中有些三段论推理涉及的事物是农民十分熟悉的。例如：

棉花在热而湿润的地方生长
英格兰是一个冷而潮湿的地方
————————————————
英格兰可以种棉花吗？

或者：

北极圈有很多冰雪，那里的熊都是白颜色的
北极圈里有某个地方叫做 Novaya Zemlya
————————————————
那里的熊是什么颜色的？

这样一些三段论，对于受过一定程度教育的农民被试来说并不难，但是那些没有上过学的被试却无法完成任务，他们甚至拒绝或者回避主试提出的问题。他们常说的话就是："我不知道。""我怎么晓得？""我只见过黑熊。"等等。其中有一位被试告诉主试说："我们只说自己见到过的事情，不谈没有见过的事情。"尽管主试反复询问推理问题的含义，被试们就是一口咬定："你的问题只有那里的人可以回答。""我不是那里的人，不能根据你说的话来回答你的问题。"鲁利亚总结了没有上过学的被试的表现，发现他们难以接受与他们的经验相抵触的前提假设，更难以记住这样的假设；他们也难以接受概括性的前提("北极熊都是白色的")，相反，他们总认为上述前提仅仅是某个人的特定经历；最后，他们往往将一个三段论中的不同前提分割开来进行孤立的理解,而不是将它们当作同一个问题的组成部分。

决策的标准模型

决策科学和决策心理学研究的对象略有区别。决策科学研究如何更好更有效地进行决策,它注重的是理性,常常借助数学手段,提出来的决策模型称为标准模型(normative models)。决策的效用模型就是一种标准模型。而决策心理学研究的是人在决策时的实际表现,分析的是人在决策中采取的实际模型,这种模型称作描述模型(descriptive models),其中有筛选法和表象理论。

决策就是进行选择:决定做什么、怎么做,实际上就是确定一个行动计划。决策时必须考虑两个方面的问题:一是将在怎样的条件下实施行动计划;二是行动计划要达到什么目标。

但是,在很多时候,我们往往不能确定将来的客观条件。最简单的例子就是天气。明天是什么天,天气预报也只能说一个大概。那么明天是出去旅游还是呆在家里呢?这时我们遇到的困难就是:我们选择的行动方案面临着多个可能的前景(客观条件),实行其中任何一个方案,都可能成功,也可能失败。这就是多重前景决策。

还有很多时候,我们做一件事情是为了达到多个目标。比如说,医生给病人开刀,至少要有两个目标:一是除去体内不需要的东西;二是尽量不损害健康组织。由于必须同时达到两个目标,选择方案的时候就必须剔除那些只能达到一个目标而不能达到另一个目标的方案。这就是多重目标决策。

多重前景决策

人容易想当然,决策者也是如此。他很容易先一厢情愿地假定一个前景,而忽略其他可能的情况,然后一厢情愿地看中一个方案。而为了挑选出真正完善的行动方案,必须把实施这个方案时可能遇到的所有前景都考虑进去。决策科学中运用较多的是期待值分析。

期待值分析

假设明天要搞一次聚会。有两个方案:一是野外活动;二是室内活动。明天的天气有两个前景:下雨和不下雨(概率分别为 0.2 和 0.8)。为了帮助决策,可以先对"下雨时进行野外活动""不下雨时进行野外活动""下雨时进行室内活动"和"不下雨时进行室内活动"这四种结果分别加以评价,然后将结果及其评价画成树形图(见图9-4)。

从左边这个树形图来看,四种结果的得分分别是 4、10、9 和 7 分,接着可以采取以下方法选择方案了。

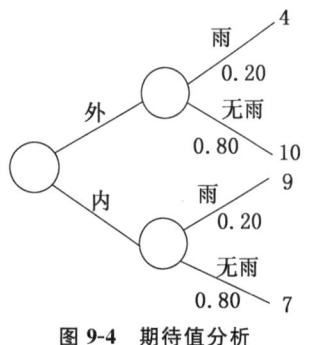

图9-4 期待值分析

第一种方法是劣中选优。野外活动的最坏可能是下雨(得 4 分),室内活动最坏可能是不下雨(得 7 分),于是就选择室内活动。这种方法是从最坏可能出发,从几个方案中挑选一个损失最小的方案来,所以又称为悲观决策法。

第二种方法正好相反,是优中选优。野外活动的最好可能是不下雨(得 10 分),室内活动的最好可能是下雨(得 9 分),相比之下,决定进行野外活动。这种方法以最好的可能为出发点,挑选一个效果最好的方案来,所以称为乐观决策法。

第三种方法是期待值计算法。这种方法涉及概率。假定明天不下雨的概率是 0.80(下雨的概率当然就是 0.20),然后计算一下,野外活动的期待值和室内活动的期待值。期待值的计算公式是:

$$EV = P_1V_1 + P_2V_2 + \cdots + P_kV_k$$

其中 EV 指期待值,P 指概率,V 指价值得分。这样,野外活动的期待值就是:

$$EV = 0.20 \times 4 + 0.80 \times 10 = 8.8$$

而室内活动的期待值就是:

$$EV = 0.20 \times 9 + 0.80 \times 7 = 7.4$$

相比之下,野外活动的期待值比较高,于是决定进行野外活动。

如果得不到概率数据,最简单的办法就是平分概率。上述问题中下雨和不下雨的概率都算作是 0.5。

敏感度分析

在计算期待值时,概率 P 和价值得分 V 都是凭主观感觉确定的。由于它们本身未必正确,算出来的期待值也就未必正确。为了检验决策是否经受得起考验,可以采用敏感度分析的方法。

估计出来的 P 值和 V 值都不是精确的值,实际上是一个范围内的数值。比如说,P 可能是 0.10~0.30,V 可能是 3~5 等。还是以前文讲的聚会作为例子,假定明天不下雨的可能性 0.70~0.90 之间,这时就要计算 EV 的变化范围。

如果不下雨的概率是 0.70,则:

$$EV_1(0.70) = 0.30 \times 4 + 0.70 \times 10 = 8.2$$
$$EV_2(0.70) = 0.30 \times 9 + 0.70 \times 7 = 7.6$$

如果不下雨的概率为 0.90,则:

$$EV_1(0.90) = 0.10 \times 4 + 0.90 \times 10 = 9.4$$
$$EV_2(0.90) = 0.10 \times 9 + 0.90 \times 7 = 7.2$$

也就是说,当不下雨的概率取最大值 0.90 的时候,应当选择野外活动;当不下雨的概率取最小值 0.70 的时候,还是应当选择野外活动。总而言之,在 0.70~0.90 这个范围里面,总是可以选择野外活动。

如果不下雨的概率是 0.60~0.90,那么

$$EV_1(0.60) = 0.40 \times 4 + 0.60 \times 10 = 7.6$$
$$EV_2(0.60) = 0.40 \times 9 + 0.60 \times 7 = 7.8$$

这样一来,在 $P = 0.60$ 的时候就应当选择室内活动,这与 $P = 0.90$ 时的选择会发生冲突,所以 P 的范围越大,就越容易产生不同的决策。

对于价值 V 也是如此。假定 V_1 的范围是 3~5,那么

$$EV_1(V = 3) = 0.20 \times 3 + 0.80 \times 10 = 8.6$$
$$EV_1(V = 5) = 0.20 \times 5 + 0.80 \times 10 = 9.0$$

EV_2 不变,仍是 7.4。这样,V_1 在 3~5 的范围里无论取什么值,都应当选择野外活动。

从上面举的这个例子中我们可以看到:P 和 V 取值发生变化以后,有时得出的结论是一致的,有时却是不一致的。当得出结论仍然一致的时候,可以放心采用这个决策;而当得出不一致的结论的时候,就要想办法把 P 或 V 估计得更加精确一些。

多重目标决策

抵消法

在决策过程中,几个方案都可以在不同程度上实现各个目标,这时,为了比较它们的优劣,可以采用抵消法。所谓抵消法,就是将各个方案达到的各方面的效果一一对比或综合对比,将效果相同的加以抵消,最后得出决策。

以挑选电视机为例。假定要求电视机尽可能价格便宜些,尺寸大一些,图像清晰些,色彩鲜艳些,音质更好些,现在有两种电视机(A 和 B)可供挑选,这时可以用抵消法来帮助决策。

首先,列出两种电视机满足上述几项要求的程度(见表 9-9),从各方面对比这两种电视机的效果。

表 9-9 两种电视机型号的比较

特 征	型号 A	型号 B	比较结果
1 价格	中等	较高	
2 尺寸	中等	中等	抵 消
3 图像	较好	很好	
4 色彩	很好	较好	3、4 综合抵消
5 音质	较好	较好	抵 消

由于在尺寸和音质这两个方面,两种电视机差不多,可以抵消,不再考虑。接下来再

看:两种电视机在图像的清晰度和色彩的鲜艳方面各有千秋,综合效果似乎也差不多,也可以抵消。最后要考虑的就只有价格因素了。既然型号 A 比较便宜,就决定购买它。

综合法

综合法也用于多个方案的挑选和决策。综合法分特征综合法和价值综合法。

运用特征综合法的步骤:首先列出所有的目标,然后将各个方案能否实现这些目标一一记下(用"＋"表示能够实现,"－"表示难以实现),最后将"＋"数最多的那个方案确定为最终选择。例如,在选购电视机的时候,有 A、B、C、D 四种型号可供挑选,特征指标还是前面那 5 个(见表 9-10)。

表 9-10 四种电视机的比较

特 征	A	B	C	D
1 价格	＋	－	＋	－
2 尺寸	－	＋	－	＋
3 图像	＋	－	＋	＋
4 色彩	＋	＋	－	＋
5 音质	＋	－	＋	＋
"＋"数	4	2	3	3

从这个表可以看出,还是选 A 比较好。

价值综合法是特征综合法的改进形式,又称为多特征效用理论(multiattribute utility theory,简称 MAUT)。运用价值综合法的步骤是:对各个方案在每个目标(特征)上的实现程度进行评价;对各个目标(特征)的重要性(权重)进行评价;根据评价得分计算综合得分;进行比较和决策。现在假定 A 和 B 两种电视机经特征综合法比较,"＋"数相同。为了进一步挑选,可以根据自己的主观意愿,对两者进行价值综合评价(见表 9-11)。

表 9-11 两种电视机价值综合评价

目标(权重)	A(得分)	B(得分)
1 价格(0.10)	7	9
2 尺寸(0.20)	5	8
3 图像(0.30)	8	7
4 色彩(0.30)	8	6
5 音质(0.10)	7	9
总 分	7.2	7.3

表中的总分是目标的权重与目标实现程度的乘积之和:

$$A 总分 = 0.10 \times 7 + 0.20 \times 5 + 0.30 \times 8 + 0.30 \times 8 + 0.10 \times 7 = 7.2$$

$$B 总分 = 0.10 \times 9 + 0.20 \times 8 + 0.30 \times 7 + 0.30 \times 6 + 0.10 \times 9 = 7.3$$

在上面这个评价中,对目标实现程度的评价用了 10 点量表。也就是说,在 1~10 这个范围内挑选一个数值,1 表示最差,10 表示最好。对目标重要性的评价使用的是比例权重,权重的总和为 1。当然,这不是一个硬性的规定。

决策的描述模型

决策的描述模型表述的是人们在决策时经常采用的实际策略。这种策略未必是最科学的,但是往往是比较容易掌握的,而且总的效果也是比较满意的。

筛选法

在人们的日常决策中,常常采用筛选法从大量可能的答案中选出最好的答案。这里有两个步骤。第一步是提出目标,即对待选的项目各个方面的特征提出明确要求;目标全部提出来以后,还要把它们分成必须达到的目标和尽可能达到的目标。第二步,在考虑每一个必须达到的目标的时候,就可以把那些达不到这个目标的设想和方案一一排除。比如说,一个消费者要买一台电视机,他提出五项要求:第一,价格不能超过 8 000 元;第二,必须是 34 英寸;第三,必须是高清晰度电视机;第四,必须是国产产品;第五,保修期最好是三年。这里,前面四个目标是必须达到的,最后一个目标是要求尽可能达到的。所以,在挑选电视机的时候,就首先考虑价格和尺寸。这样,第一步就排除了超过 8 000 元的电视机,第二步排除了所有非 34 英寸的电视机……最后得出一个各方面条件都符合的答案。特沃斯基(Tversky,1972)总结了这种方法,认为它是人们日常生活中进行决策的常用策略。这种策略可以降低认知负荷。

表象理论

20 世纪 80 年代后期以来,比奇和米切尔(Beach & Mitchell,1987;Beach,1993)屡屡提到人类决策的另一个描述模型——表象模型(image theory)。这个模型将筛选法中考虑的特征因素进行了概括,归结为三个方面的表象:价值表象(value image),它包括决策者的价值观、道德、原则等方面的要求;轨迹表象(trajectory image),它包括决策者的追求目标和对未来的憧憬;策略表象(strategic image),它包括决策者制定计划时采取的方式。人们在决策时会对照上述表象,将与上述要求、目标或策略不合的选项随时剔除,从而最终完成方案的筛选。如果最后有多个选项均符合上述三类表象,则继续引入新要求,继续筛选,或者可以考虑采用标准模型(例如 MAUT)完成最后的决策。

概率匹配:决策与适应

如果从理性角度看,人类的决策和选择方式往往不是最佳的,但是这种方式可能反映了人类长期进化过程中面对的复杂多变的情境。心理学家们研究的一种被称为"概率匹配"的偏差就很好地体现了这一点。

概率匹配(probability matching)指的是,人们往往根据不同选项的相对获益概率分配各选项的采用概率,而非永久采用获益概率最高的选项。展现概率匹配的经典实验是这样的(Neimark & Shuford, 1959):先让参试者通过 100 次尝试——每次尝试都从 A、B 这两个选项中作二择一决策,100 次尝试后,他们可以了解到从选项 A 获益的概率高于选项 B,例如选 A 时,获得奖励的次数达到 67%,而选 B 时获得同样奖励的次数仅占 33%。很显然,要取得最多的奖励,只要每一次都选 A 就可以了。但是,对于这样一个简单的概率问题,参试者最终表现出来的策略往往是,以大约 67% 的次数选择 A,另外约 33% 的次数选择 B。换言之,他们是按照两个选项的获益之比来分配对两者的采用概率的。

如果单纯根据概率论,人类的选择确实不够理性。要知道,这不是一个复杂的数学问题,如果在数学考试中,参试者面对这样一个问题:

> 有一个箱子,里面有 3 个球,其中 2 个球是白色的,另 1 个是黑色的。现在从箱子中随机取出 1 只球,它是白色球的可能性大还是黑色球的可能性大?

可以预见,无论参试者是不是学过概率论,单凭两种球的个数就可以得出正确的结果:白色球的可能性大。

但是,如果考虑到实际生活情境,概率匹配或许是人类长期进化过程中的一种为适应复杂多变的环境而形成的一种比较省力省心的策略。假定有一家猎户生活在一南一北两座山的中间,而且,猎人每次打猎要么去南山,要么去北山,但不能一天去两处。再假定,两座山各方面情况相同,唯一区别是,南山打到猎物的概率比北山多一倍。那么,这个猎户会天天盯着南山打猎而不去北山吗?显然不会。因为两座相邻的山不是两个孤立的系统,两座山里的猎物数量不会永恒不变;如果只在南山打猎,更势必造成两山猎物此消彼长。因此,按一定次数比例轮流去两山打猎可能更合理。

概率匹配现象告诉我们,面对复杂多变的环境,没有哪一种策略永远是最优的。像对待纯数学问题那样对待生存环境中的实际问题,恐怕是另一种有限理性。

同时我们也可以看到,人类决策方式不是为完成心理学家的实验任务而发展出来的。在实验室情境中,以典型特征、可及性、框定效应、概率匹配等为代表的人类决策的各种有限理性的方式仍然会顽强地表现出来。

本 章 附 录

内容提要

(一)推理是一个根据已有的知识经验从已知信息推知未知信息的过程。这是思维间接性的重要体现。决策可以看作是推理的高级形式,是根据已知信息对事物的状态作出判断或对未来的行动方案作出选择。一个圆满的推理既要合乎逻辑规则(有效性),又要符合实际(正确性)。

(二)人们在进行三段论推理时常常出现各种错误。对于这些错误的解释包括气氛效应说、匹配说和逆向说。对逻辑术语和命题的不同理解也会产生不同的推理结果。

(三)关于形式逻辑推理,盖约特和斯腾伯格认为,被试看到前提和几个供选择的结论时,实际的推理模型是:第一,对前提进行编码;第二,对前提信息加以综合,工作记忆容量决定了被试实际上考虑的组合数在 1~4 种之间;第三,选择一个标记来说明被综合的表征(往往倾向于选择具有较少可能解释的命题);第四,作出反应。

(四)关于条件推理的研究表明,被试对第一规则比较熟悉(顺向推理),而对第二规则(逆向推理)则很不熟悉。单一条件往往被误解为双重条件。分取推理包括两种情况,即包含分取推理和互斥分取推理。互斥分取推理通常比包含分取推理容易。

(五)卡片选择问题的研究是人们了解归纳推理过程和特点的一个重要窗口。对于被试的表现,有一种解释认为,被试有意去证实而不是推翻原命题,所以总是去翻可以支持假设的卡片;也有人认为,被试翻错卡片可能是因为理解上有问题,或者是因为他们没有进一步加工信息。2-4-6 问题实验说明,人们一般倾向于证实而不是证伪自己提出的假设。

(六)推理研究有多个学派,包括过程分析学派、规则-启发学派、心理模型学派。斯洛曼认为,推理需要两个系统的协同作用:联结系统和基于规则的推理系统,前者可以使人对推理问题迅速作出反应,后者则对信息进行细致、审慎的加工,从而得出更合乎逻辑的结论。

(七)自然推理中最常见的效应是典型特征的作用,人们往往忽视基础比率,而只考虑对人的描述是否符合某一类人的典型特征,甚至犯下违反数学常识的合取谬误。推理也常常受到信息可及性和框定效应的影响。在推理中其他常犯的错误还有关系错觉、忽略偏差和沉没成本效应。

(八)数量预测中,易计算性是影响概率推断的一个重要因素:如果其中一个事件的概率不易算出,则相对容易算出的那个事件而言,它的概率就往往被低估。人们在自然推理中还经常忽视回归现象。

(九)贝叶斯推理中常常出现基础比率受忽视的现象,但有时也会出现过度强调基础比率的现象。在人们的直觉推理中,数学意义上等价的表征,可能会造成不一样的理解。被试之所以在贝叶斯推理任务中表现很差,是因为呈现给被试的信息是以概率形式表征的。使用自然频数格式能使被试在直觉推理中更多地使用贝叶斯算法。

(十)不同文化背景的人们的推理活动也是有差异的。受教育程度低的人往往由于不熟悉逻辑推理的规则,不喜欢根据假定的情况作出推断。

(十一)决策科学研究如何更好更有效地进行决策,它注重的是理性,常常借助数学手段,提出来的决策模型称为标准模型;而决策心理学研究的是人在决策时的实际表现,分析的是人在决策中采取的实际模型,这种模型称作描述模型。

(十二)决策的描述模型未必是最科学的,但是往往是比较容易掌握的,而且总的效果也是比较满意的。其中表象模型尤其引人注目。该模型包括三个方面的表象:价值表象、轨迹表象和策略表象。

(十三)面对复杂而多变的生存环境,人类那些看似不合乎标准模型的决策策略可能具有重要的适应意义。

术语解释

推理(reasoning) 根据已有的知识经验从已知信息推知未知信息的过程。这也是思维的间接性的重要体现。

决策(decision making) 根据已知信息对事物的状态作出判断或对未来的行动方案作出选择。

气氛效应(atmosphere effect) 前提采取的形式会影响人们预测结论采取的形式:两前提皆为肯定,被试倾向于接受肯定结论;两前提皆为否定,被试倾向于接受否定结论;前提为否定+肯定,被试倾向于接受否定结论;两前提皆为全称,被试倾向于接受全称结论;两前提皆为特称,被试倾向于接受特称结论;前提特称+全称,被试倾向于接受特称结论。

过程分析学派(componential approach) 该学派将推理看作是一个任务,着重分析它的组成成分,研究它由哪些认知过程组成。

规则-启发学派(rule/heuristics approach) 认为推理是人们根据特殊目的的心理规则来获得结论。他们将心理逻辑比作语法:两者都是规则系统,而且很难意识到。有些学者认为,这些规则或图式是抽象的、普遍适用的,也有一些学者提出,这些规则对情境敏感,在不同的情境下,人们会采用不同的规则。

心理模型学派(mental model approach) 认为推理是根据前提建立心理模型。推理要求建立能够表征各种可能性的多个模型。根据心理模型理论,推理中的错误的来源有:未能建立相关的模型;未能评价所建立模型的意义;未能搜寻并建立足够的模型。

典型特征(representativeness) 人们往往忽视基础比率,而只考虑对事物的描述是否符合这一类事物的表征。

合取谬误(conjunction fallacy) 如果个体对合取事件(事件的积,或 A∩B)的概率判断值超过其对构成合取事件的两个事件(A、B)单独出现的概率判断值,他就犯了合取谬误。

信息可及性(availability) 记忆中的信息的易提取性程度。容易想起来的事情也比较容易被当作是经常发生的事情。

框定效应(framing effects) 人们评价结果的时候,往往有一个参照点,并据此将结果分为"得"与"失"。一般来说，人们对"失"比对"得"更加在意一些。

关系错觉(illusory correlation)　关于事物间关系的错误认知。人们往往发现那些自己愿意发现的关系。

忽略偏差(omission bias)　人们往往更多地容忍不作为的风险，而不愿意冒作为的风险。与之相反的是"作为偏差"(action bias)。

沉没成本效应(sunk-cost effect)　因为无法收回某些成本，只好继续执行错误的决策。

标准模型(normative models)　借助数学手段提出来的决策模型。

描述模型(descriptive models)　人在决策中采取的实际模型。

表象理论(image theory)　该模型将筛选法中考虑的特征因素进行了概括，归结为三个方面的表象：价值表象(决策者的价值观、道德、原则等方面的要求)、轨迹表象(决策者的追求目标和对未来的憧憬)和策略表象(决策者制定计划时采取的方式)。

概率匹配(probability matching)　人们往往根据不同选项的相对获益概率分配各选项的采用概率，而非永久采用获益概率最高的选项。

深入阅读

（一）Tversky, A. & Kahneman, D.(1974). Judgment under uncertainty: Heuristics and biases. *Science*, *185*, 1124-1131.

——本文介绍了特沃斯基和卡尼曼的一些重要研究成果。

（二）Kahneman, D. (2003). A perspective on judgment and choice: Mapping bounded rationality. *American Psychologist*, *58*, 697-720.

——本文系统介绍了有限理性。

（三）Newell, B.R.(2016). Decision making. In D.Groome & M.W.Eysenck(Eds.), *An introduction to applied cognitive psychology* (Second Edition) (pp.197-221). Psychology Press.

——本文系统介绍了决策心理学的应用研究。

第 10 章

问题解决

• 本章细目

10.1 问题解决及其研究方法

什么是问题和问题解决

问题解决的研究方法

人工问题　复杂的人工问题

问题空间假设

问题空间　问题行为图

10.2 问题解决的模式

针对人工问题进行的研究

状态动作模式　问题分解模式与手段-目的分析

格里诺对问题的分类

归纳结构问题　转换问题　排列问题

10.3 专长与专家

定势和定式

表征

准确性和速度的差异

知识经验上的差异

10.4 想象与创造

想象

想象是思维的一种形式　心理测量方面的研究　关于想象的实验研究

创造

对创造性个体的研究　创造性思维的阶段论　关于创造性思维过程机制的研究

10.5 应用研究

问题难度

关于知识因素的研究　关于搜索空间的研究　关于问题表征与问题难度之间关系的研究　关于复杂问题的判定

激发创造性思维的一些主要方法
变换刺激　抽象编码　形象编码　逆向法
迷信
迷信与科学　斯金纳关于迷信的实验研究　延迟强化的作用　习得性失助-控制错觉与迷信

·导读问题

- 本章讨论的"问题"有什么特殊性？
- 人工问题在问题解决研究中起什么作用？
- 怎样绘制问题行为图？
- 格里诺是怎样对问题进行分类的？不同类型的问题分别需要什么认知技能？
- 专家和新手相比有什么特点？
- 想象有哪些作用？
- 创造性思维中，发散思维和收敛思维分别起什么作用？
- 问题难度受到哪些因素的影响？
- 迷信的心理根源是什么？

10.1　问题解决及其研究方法

问题解决（problem solving）是思维的重要形式，也可以说是思维的目的。因此，心理学家一直在这个领域辛勤探索。但是由于问题解决过程受到知识、技能、经验和其他认知过程的影响，致使这方面的研究十分艰难。

问题解决所指的范围可宽可窄。从宽来说，各种形式的思维都是为了解决问题，例如，概念形成也可以称为概念问题解决。不过，我们还是按照习惯，将问题解决限制在一个比较狭窄的范围里面，把它看作是解决一般的问题、习题和课题等。

什么是问题和问题解决

要懂得什么是问题解决，首先必须弄清什么是问题（problem）。按照西方心理学者的看法，问题是一种情境，它具有三个主要组成部分：(1)当前状态；(2)目标状态；(3)从当前状态向目标状态转化所需的一系列操作（Newell & Simon, 1972）。例如，一辆汽车坏了，请你看看故障在哪里，这个问题的当前状态就是车子开不动这一事实，其目标状态就是对故障部位的获知，其操作就是一系列的检查比较。如果以这个框架理解问题,那么问题解决就是以一系列操作(有时还必须探究要进行哪些操作)使得当前状态转化到目标状态。可见,问题就是一种情境,在这个情境中:(1)某个人希望达到一定的目标,(2)但是初次尝试失败,(3)往往有多种方案可供选择。注意,这第三点相当重要,如果只有一个明摆着的答案,单凭记忆就能解决,如此简单的问题是不能算作心理学上讲的"问题"的。

另有人提出,不能直接用已有的知识来处理,但是可以用已有的知识进行间接处理的情境叫问题。所谓直接用已有的知识来处理的情境,就是那些只要用记忆过程就能处理的情境,例如认出一个熟人,或者根据交通规则,见红灯就停车,等等。

按照上述看法,在我们的日常生活中,有些问题不能算作思维心理学上讲的问题。比如说,人家问你:"你叫什么名字?"这是一个问题,有问号。但是回答这个问题只是一个回忆过程。有时,回忆也会发生困难,也要冥思苦想一番,但是由于最终回忆出的还是从头脑中直接提取的信息,所以还是不能算问题。只有人在运用已有的知识推断出其他信息的时候,我们才能说他处于一个问题情境中,即面临着一个问题。

所谓问题解决,就是人在面临着问题这个情境时,为处理这个情境而产生的一系列认知加工活动。

问题解决的研究方法

人工问题

心理学家采用各种各样的问题研究问题解决中的行为,推测被试对课题的理解(模式)。他们提出的实验课题往往带有人工性质,例如移字码问题、河内塔(Hanoi)问题、过河问题、量水问题、密码算题等。

移字码问题是这样的:要求被试对图 10-1 中的 8 个带有数字的方块作出一系列的移动,使方块的排列从图中左边的情况变为右边的情况。

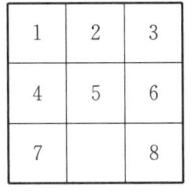

图 10-1 移字码问题

河内塔问题是要求被试把套在 S 柱上的 3 个盘子移到 T 柱上去,条件是:(1)一次只能移动一个圆盘;(2)不得把较大的圆盘放在较小的上面,(3)有一个可以临时寄存圆盘的柱子(O 柱)。当然,移动的次数要求越少越好(见图 10-2)。答案见本章末。

过河问题是这样的:有 3 个富翁和 3 个强盗要过河。河里只有 1 条小船,最多只能载 2 个人,没有船家。现在要被试设计一个过河方案,要求无论在左岸、右岸,还是在船上,任何时候强盗的人数都不能超过富翁,否则的话,强盗就会攻击富翁,谋财害命。答案见本章末。

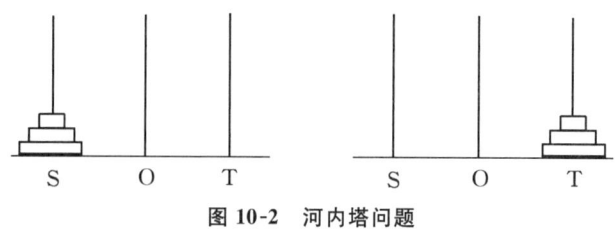

图 10-2 河内塔问题

密码算题的典型例子就是 DONALD+GERALD= ROBERT 这个题目。该题中的 10 个字母分别代表数字 0~9,现在已知 D= 5,要求推算出其他字母分别代表的数字。

    DONALD
  + GERALD
  ―――――――
    ROBERT(已知 D= 5)

这些问题有以下几个特点:一是新颖,相对于被试而言是第一次遇到的,过去经验的作用很小;二是规模小,解答时无需渊博的知识,也无需许多步骤,最多 20~30 个步骤就能完成,而且步骤多的问题往往有诀窍;三是明确具体,问题的各个要素确定无疑,不会造成其他误解。这些问题都是与领域无关的问题(domain-free problem)——有确定的答案,又基本上不需要什么专业知识。

复杂的人工问题

前文所述的用于研究问题解决过程的问题,可以称为简单的人工问题。为了研究复杂问题解决的心理机制,许多带有人工性质的问题应运而生。芬克(Funke,1991)介绍了以下 6 种较有代表性的人工问题。

黑盒子问题是麦金农和韦尔林(Mackinnon & Wearing,1985)提出来的。在实验中,被试的任务是控制一个抽象的、具有一定反馈的系统,控制的尝试次数规定为 75 次。这个系统的行为由一个复杂的公式决定,被试能够做的是操纵一个输入值,以保持系统的目标值;系统的特征决不告诉被试,但实验时无时间限制。麦基农和韦尔林用这个黑盒子问题做了一个研究,发现反馈对于解决问题的效率有很大影响。

国民经济问题是由布罗德本特等人(Broadbent,FitzGerald & Broadbent,1986)提出来的。实验时,交给被试一个"国家",被试可以调节税收(R)和政府投资(G),以控制失业率(U)和通货膨胀率(I),而上述四个因素之间的相互关系由以下公式决定:

$$U(t + 1) = 12.8 - [(1-R)(G + 7\,650)/730],$$

$$I(t+1) = I(t)[1.45 - 0.15U(t)]$$

制糖厂问题由贝里和布罗德本特(Berry & Broadbent, 1984)提出。这个问题的内容是:被试假想自己管理着一个小制糖厂,其任务是达到并维持某一个给定的生产水平。该糖厂的生产者能力(W)有 12 个变化等级,与产量(P)之间的关系是:

$$P(t+1) = 2W(t) - P(t)$$

据研究,被试可以在一定程度上"指挥"好这个制糖厂,而这是在对该系统内部关系没有什么明显意识(即说不出有什么关系)的情况下发生的。这似乎是一种内隐学习。

运输问题的提出比制糖厂问题早得多,它也是由布罗德本特(Broadbent, 1977)设计的。这个问题是交给被试一个"城市停车场",要求被试操纵公共汽车到达停车场的时间间隔(T)和停车场的收费标准(F),以控制公共汽车的载客量(L)和停车场的空车位置数(VS)。其公式是:

$$L(t+1) = 200T(t) + 80F(t),$$
$$VS(t+1) = 4.5F(t) - 2T(t)$$

芬克认为,相对而言,制糖厂问题和运输问题还不是什么复杂问题。以下介绍的 2 个问题都包含了 10～100 个变量,应该说是相当复杂了。

工厂问题是由奇莫龙(Zimolong, 1987)提出来的,它是一个实时的、交互式的计算机模拟程序。这个程序模拟某个包括 7 个生产场点的大型制造厂,问题包括的变量达 20 多个,例如生产场地的空间设计、材料运输的通路等。在计算机屏幕上,生产情景不断刷新,被试可以检查和维持机器运转情况,以保证工厂正常生产。

SIM00X 问题是由克鲁威和赖曼(Kluwe & Reimann, 1983)提出的。它的较早版本 SIM002 系统包括 10 个变量,这些变量之间的关系由一个一阶参数矩阵来表示,显示在计算机屏幕上,被试可以随时随地改变任意一个或多个变量。被试的目标是获得主试要求得到的值(也显示在屏幕上);最后获得的值与目标值之间的差距则作为解决问题的成绩。后来的 SIM00X 版本和 SIM002 基本上相同,但变量数目大大增加,并且分成几组,成为一个高度复杂的问题系统。

应当指出,上述 6 个问题并不是纯粹的人工问题,除 SIM00X 以外,这些问题都是将自然问题加以改造、简化而成,因此难以解决被试的先行经验对实验结果的干扰问题,SIM00X 虽然具备人工问题的主要特征,即被试没有先行经验,但是它的一个重大缺陷是离自然问题似乎又太远了(没有以自然问题作为原型),难以灵活地改变问题的各个变量。

问题空间假设

问题空间

问题空间(problem space)这一概念是信息加工理论学者纽威尔等人(Newell, Shaw & Simon, 1958)提出来的,指的是问题解决者对面临的问题的表征,这种表征中包含问题的起始状态、目标状态、解答问题时的操作(算子)和限定条件,以及因操作产生的中间状态。总括起来讲,问题空间就是问题解决者认识到的问题的所有状态。纽威尔等人将问题解决的过程看作是对问题空间的搜索过程。

问题空间可以用网络图表达。图 10-3 就是一个问题空间,图中的圆圈(节点)表示问题的各个状态,圆圈之间的连线表示通过某种操作可以从一个状态转化到另一个状态。在很多情况下,从起始状态到目标状态不是一条直线,而是有多种可能的途径,其中有些走得通(图中粗线条所示),有些走不通。问题解决者的任务就是从这个网络迷宫中找到通向目标状态的途径,并且最好是找到最短的途径。

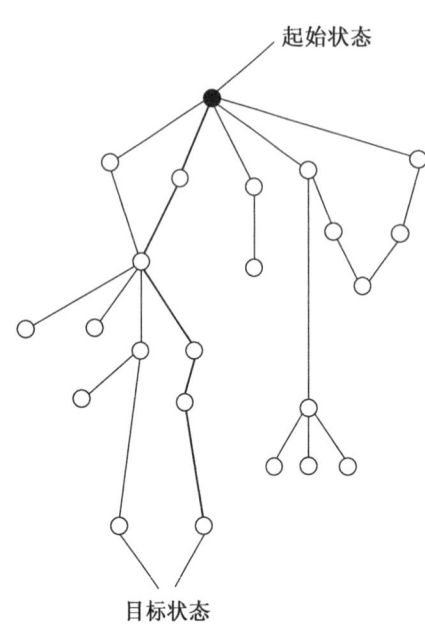

图 10-3　问题空间示意图

问题行为图

信息加工学派的学者还广泛使用问题行为图来表示问题解决者在问题解决过程中的思想和行为。问题行为图有两个组成元素,就是问题空间中提到的状态和操作。在制作问题行为图时,用方框表示状态,用箭头表示用于改变状态的操作,箭头的方向指出状态转化的路线。画图时,从左到右,自上而下。

纽威尔(Newell, 1967)以一位被试解答密码算题 DONALD + GERALD = ROBERT 中的部分口语记录为材料,制作了一个问题行为图(见图 10-4)。口语记录是这样的:

有 10 个不同的字母,每个字母都有一个数值。

所以,我可以看看两个 D——一个 D 是 5;因此 T 就是 0。所以,我想我可以写下这里的问题作为开始。我要写的是 5, 5 是 0。

现在,我还有别的 T 吗?没有了。不过我还有一个 D,这意味着在另一侧还有一个 5。

现在我有两个 A 和两个 L,它们各自在某个地方,而这个 R,有 3 个 R 呢。两个 L 等于一个 R。当然,要进 1,就是说 R 一定是奇数,因为两个 L 相加或任意两个数相加必然得出偶数,而1是奇数。所以R只能是1或3,但不会是5,7,9。

(此处被试长时间停顿,实验者问:"你现在在想什么?")

现在来看G,由于R可能是奇数,而D是5,G只能是偶数。

现在来看问题的左侧,这里说D+G,哦,也许还要加上另一个数,如果我从E+O必须进1的话。我想我会暂时忘记这一点的。

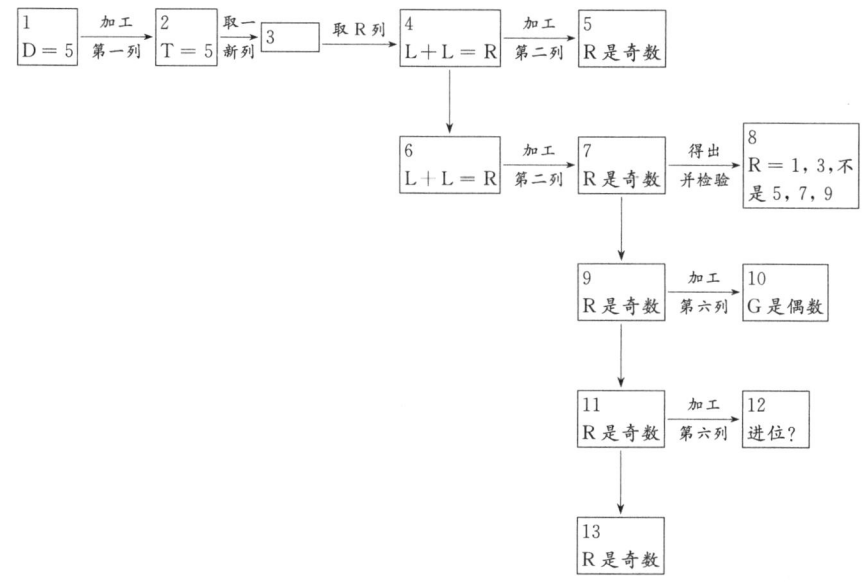

图 10-4　某被试解答密码算题 DONALD ＋ GERALD ＝ ROBERT 的问题行为图(片断)

(来源:Newell,1967)

10.2　问题解决的模式

针对人工问题进行的研究

利用前文所述的移字码、河内塔、过河等各种问题,学者们探讨了两种类型的解决问题的模式:状态动作模式和问题分解模式。

状态动作模式

所谓状态动作模式,指的是在问题解决过程中,用搜索的方式找出可以将起始状态转化为目标状态的一系列操作(动作)。例如,对于移字码问题,被试就可能(实际上不一定,真正这样做的恐怕是电脑)从图 10-5 的树形图中搜索到一系列合适的操作。当然,这种搜索往往带有一定的选择性,被试总是优先考虑那些被认为能使状态较快地转化为目标状态的操作。

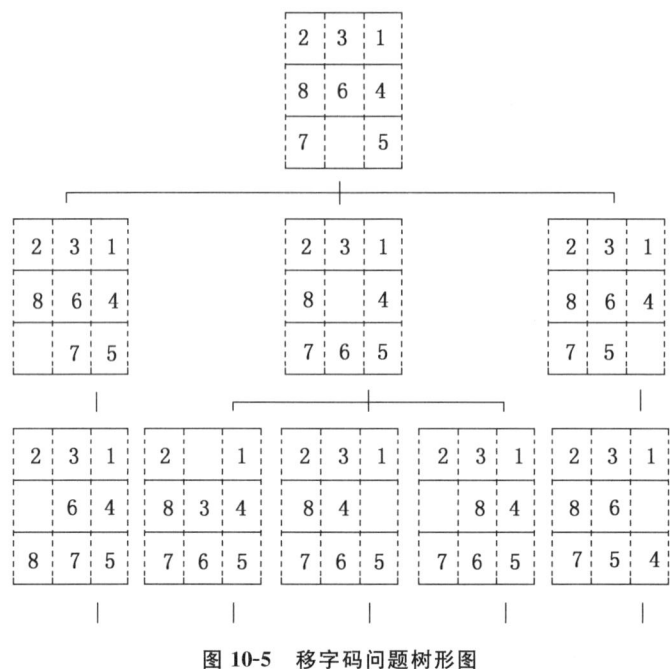

图 10-5　移字码问题树形图

托马斯(Thomas，1974)采用过河问题研究状态动作模式。他发现，当被试解题进入树形图的一个分支较多的节点时就会发生困难；在需要做暂时的倒退操作时也会发生困难。

西蒙和里德(Simon & Reed，1976)将过河问题略作改动：富翁和强盗由各3人改为各5人，小船由可载2人改为可载3人。这一简单的改动却大大提高了问题的难度。他们提出，被试在解决问题的过程中，策略可能有所变化。一开始，被试努力让两岸富翁和强盗的人数分别对等，即采用一种"平衡"策略，而当问题解决进展到一定阶段时，改为每走一步都力图使彼岸人数尽可能增加。另外，被试还要尽量避免出现前面曾经有过的状态，当然有时他们也随机地移动富翁和强盗。

为了检验上述假设，西蒙和里德做了两个实验。实验一将被试分为两组，控制组解决上述问题时不受任何提示，而实验组则被告知，在解题中会出现这样一个状态——右岸有3个强盗，而小船却在左岸。用代码表示，就是"521"(指左岸有5个富翁、2个强盗和1只小船)。实验二的被试分两次解答过河问题，以便考察训练效应。在所有条件下，都估计5个参数：(1)变换策略的概率；(2)检查有无陷入循环的概率；(3)随机移动的概率；(4)检查循环的概率增加的比率；(5)随机移动的概率增加的比率。结果发现，实验一中，实验组被试的策略由"平衡"法改为"手段-目的分析"法的人数较控制组多。这说明提示起了设立子目标的作用。实验二也表现出了预料中的训练效应。在第二次解题时，更多的被试出现了策略的变换。从上述两个实验来看,西蒙和里德的观点得到了支持。可以说,解决过河问题时被试无法预见许多步骤,只能"看一步,走一步"。估计这是由于短时记忆容量小的关系。

问题分解模式与手段-目的分析

问题分解模式则是将一个复杂的问题分解成几个较简单的子问题。手段-目的分析(means-ends analysis)就是问题分解的一种方式,其要点是:(1)比较初始状态和目标状态,提出第一个子问题:如何缩小两者之间的差距?(2)找出缩小差距的办法和操作;(3)如果提出的办法的实施条件不成熟,则提出第二个子问题:如何创造条件?(4)找出创造条件的办法和操作;(5)如果(4)中提出的办法的实施条件也不成熟,则提出第三个子问题:如何创造条件?……如此循环进展,直至问题解决。问题分解模式比状态动作模式圆熟一些,但也不是万能的。

在河内塔问题和密码算题的解答中,可以运用问题分解模式。例如卢格(Luger,1976)发现被试在解决问题时,往往连续的一些步骤都是为了接近某一个目标或子目标,而且一旦达到某一子目标,则达到该子目标的方法也往往会迁移到以后的操作中去。

西蒙(Simon,1975)对于河内塔问题解决也提出了几种策略,即目标递归策略、知觉策略和移动模式策略。目标递归策略实际上就是子目标策略。知觉策略只需要按照下列步骤行事:(1)找到尚未套入目标柱的最大盘(K);(2)找出阻碍最大盘(K)套入目标柱的最大盘;(3)如果没有其他盘阻碍,则将 K 移至目标柱;(4)如果有阻碍盘,则设立一个目标:将该盘移至其他柱子上;为了移动这个阻碍盘,还需要重复(2)、(3)两步。这个策略只需记住一个目标,而不论盘数多少。而目标递归策略则需记住许多目标和子目标。移动模式策略实际上是解决河内塔问题的口诀,见本章末。

心理学家还看到,在问题解决中,对问题的熟悉程度起了很大作用。安扎伊和西蒙(Anzai & Simon,1979)让一个被试做 4 次 5 个圆盘的河内塔问题,并要求他找出较好的解法。结果发现,被试的策略不断进步,先是出现状态动作模式,接着出现知觉策略,最后出现目标递归策略。

格里诺对问题的分类

格里诺(Greeno,1978)在分析各种不同问题的基础上提出将问题分为三类:归纳结构问题(problem of inducing structure)、转换问题(problem of transformation)和排列问题(problem of arrangement),问题解决相应地也分成三种基本模式。同时他还认为,这三种基本模式都要求问题解决者具有特定的认知操作和技能。

归纳结构问题

所谓归纳结构问题,就是类似这样的问题:

"狼:狗=虎:猫"这样的关系是否成立?

解决这种问题时，要求确定问题中给出的各个要素之间的关系，然后确定最后的答案。例如上面这种类比的例子中，有"狼""狗""虎"和"猫"四个要素，如果用符号表示这四个要素，就变成了"A∶B＝C∶D"是否成立？如果再难一些，就是给出其中3个要素，要求补上第4个要素，例如"狼∶狗＝虎∶?"

格里诺认为，解决这类问题需要的主要认知技能是某种形式的理解。那么，以类比问题为例，究竟需要哪些加工过程才能解决问题呢？

佩莱格里诺（Pellegrino，1985）提出解答类比问题的三阶段模式：特征发现、比较和评价。

第一步认知操作是特征发现或编码。如果呈现的4个要素都是用语词形式，那么编码过程就是激活语义记忆的一些相关的方面。如果这些要素是用图像的形式呈现的，那么编码过程就从特征抽取开始。编码过程的结果就是产生和储存关于这些要素的表征。这个表征是十分关键的，以后的操作都建立在它的基础上。

第二步就是进行比较。比较的对象是被编码要素各方面的特征。特征的比较往往是多方面的，不仅要找出两个要素之间的共同点，还要找出它们之间的不同点。

第三步就是进行评价。在解决某些简单的问题时，评价的作用并不明显，可能是过去有过多次评价，不必再进行评价，或可以只评价过去没有经验过的部分；而在问题比较复杂时，因为限制条件比较多（既要满足共同点，又要满足不同点），评价就显得十分重要了，因为问题解决者必须找出满足全部众多条件的答案来。

转换问题

所谓转换问题，就是要求问题解决者找到一个操作程序，将起始状态转化为目标状态。河内塔问题和过河问题就属于转换问题。格里诺认为，解决转换问题需要的主要认知技能是手段-目的分析。

对于转换问题的研究是相当多的。例如，有人发现，河内塔问题的解决是一个递归过程，也就是说，解决4个圆盘的河内塔问题包括了解决2次3个圆盘的河内塔问题，解决5个圆盘的问题则包括了解决2次4个圆盘的问题。当然，初次接触这种河内塔问题的被试对于这一点是不知道的，但是他们会从其他方面有所领悟。卡拉特（Karat，1982）肯定了这一点，尽管这种理解还不能使被试完全顺利地解决问题。比如说，被试很快就能认识到，连续2次移动同一个盘是没有意义的，同一个盘每次只需移动一个位置即可。之后，被试常常可以发现这样一个解题原则：最小盘总是在奇数次移动时才移动，而其他盘则在偶数次移动时移动。以后，他还可能总结出其他原则来。卡拉特认为，很多被试能总结出以下原则（程序）：(1)移动最小盘；(2)移动次小盘；(3)将最小盘移至次小盘上；(4)移其他盘。卡拉特将这些知识称作局部知识，因为这4步程序中没有讲明最小盘第一步应该移到哪个柱子上，而这却是关系全局的问题。我们看一看本章末河内塔问题的解答口诀就可以知道，盘数为奇数和偶数时，最小盘移动的位置顺序是不同的。卡拉特将应移到哪个柱子这样一个关系全局的知识称作全局知识。

卡拉特认为,除了这两种知识以外,解决转换问题还需要3个系统的认知操作。这3个系统是:(1)执行系统:从短时记忆中寻找可以进行的移动。如果找不到可以进行的移动,就激活设想系统。(2)设想系统:考虑当前条件,研究如果把盘重新调整一下以后还有没有可行的移动。(3)评价系统:检验设想系统提出的移动的合理性。

排列问题

排列问题要求问题解决者将一些要素按照某种标准重新排列。最典型的问题就是字谜问题。解决这类问题需要的主要认知技能是建构性搜索。也就是说,问题解决者要系统地考察各种可能的组合,直到找到答案。这里要注意,大多数问题解决者不会毫无选择地考察所有的排列组合。请看下面这个字谜:

AIFMA

看着这个字谜,我们会想到,前面两个字母很可能要分开,因为英语单词很少有以AI开头的。同样,我们会感到MA组合在一起的可能性很大,因为英语中以MA开头或结尾的单词是比较多的。格里诺将这种思维过程叫作产生部分解答,意思是说,被试在完全排列出要素之前,已经先排出了其中的一个或几个小的部分,它们可以称作部分排列。

以上这种部分排列的过程也可以看成是局部知识的作用,但是要完全解决问题,还要有全局知识。例如,解决字谜时告诉被试一个全局知识:谜底是一种运输工具,问题就容易解决了。这样,我们就可以推测,如果字谜中的字母按照语言学可以得出较多的合理的字母组合,这个字谜就比可得出较少字母组合(字母数都一样)的字谜难一些,因为它有许多局部知识,且互不相容,而造成决策上的困难,这就需要全局知识来指导,而有的时候全局知识又是很难获得的。

10.3 专长与专家

任何一个专家,都是从新手开始,经过长期的、不断积累经验的过程,逐渐成为解决某一专门领域问题的熟手乃至高手的。在这个过程中,个体学会处理各种问题的各种定式(regular formulary),学会有效地表征问题,从而提高解决复杂问题的速度和准确性。

定势和定式

定势又称心理定势(mental set),与定式是两个既相互联系又有一定差别的概念。定势指的是心理上的倾向性,它可以促使个体迅速作出反应,而且这种反应局限于一个狭窄的思路。"定式"这一术语来自围棋,它是棋手面临一定局面时可以采取的一系列正确的行棋步骤,放在问题解决中可以看作是个体面临一定的问题情境时可以采取的正确的解题方法。

在专长形成的初期,个体可能倾向于对不同的问题采取相同的思路。这种做法有时成功,有时失败,这时我们说他们受到定势的影响。

陆钦斯(Luchins,1942)是最早开展关于定势的实验研究的学者。他用著名的水罐问题(water jug problem)揭示了定势的存在。在水罐问题中,被试要用不同容量的量杯量出一定量的水。例如,用容量为21(A),127(B)和3(C)的三种量杯量出容量为100的水。答案是B－A－2C。如果这一公式多次奏效,被试每次解题时就会倾向于采用它,从而形成定势。当遇到容量为108(A),224(B)和8(C)的情况时,被试几乎不会注意到其实还有一个更简洁的答案:A－C。

后来,还有许多心理学家用六根火柴棍问题(six-matches)、绳索问题(string problem)和九点连线问题(nine-dot problem)演示了心理定势的作用。

定势往往被认为是创造性解决问题的一种阻碍。不过,随着个体问题解决经验的不断丰富,他们可以学会在不同的情境下灵活运用不同的解题思路和方法,这时,单一的定势就转化为丰富的定式。有了这些定式,个体就可以更迅速、更精确地解决复杂的问题。

表征

问题的表征对于问题解决具有极其重要的作用。许多难题的特征就是其表征方式与答案几乎风马牛不相及,使人难以找到解题的思路。例如,有这样一个问题:

> 国际象棋的棋盘是由64个黑白相间的方块组成,现在将两个对角的方块拿走,问能否用31个骨牌(长方形,正好能遮住两个方块)将剩下的方块全部遮住(注意:只能横着遮或竖着遮,不能斜着遮)(见图10-6)。

图10-6　国际象棋棋盘问题

这个问题不给一定的提示是很难的,常常被用来研究顿悟。其实,解决这个问题的关键在于认识到两个特征:第一,任何一个骨牌都只能覆盖一黑一白两个方块;第二,棋盘对角的两个方块颜色相同。在去掉 2 个白色方块后,剩下了 32 个黑色方块和 30 个白色方块,根据上述特征,可以认定没有办法用 31 个骨牌覆盖这其余的 62 个方块。被试觉得这个问题无从下手,是因为他们从一开始对于问题的表征就是残缺的,没有包括上述两个特征。

采用不同的方法表征问题往往产生截然不同的结果。施瓦茨(Schwartz,1971)在一个实验中向被试提出以下问题:

请根据以下信息,确定设得兰犬的主人有几个孩子?

有 5 位女士:凯茜、黛比、朱迪、琳达和索尼娅。

有 5 个职位:职员、执行官、律师、教师和外科医生。

每位女士的子女数不一样:0、1、2、3、4。

凯茜养的是爱尔兰长毛猎犬。

教师没有孩子。

拉布拉多猎狗的主人是外科医生。

琳达没有设得兰犬。

索尼娅是律师。

设得兰犬的主人家里不是 3 个孩子。

金毛猎犬的主人有 4 个孩子。

朱迪有 1 个孩子。

执行官养的是金毛猎犬。

黛比养的是伯尔尼山犬。

凯茜是一个职员。

被试在解答这个问题的时候,有的仅仅用笔写下问题中涉及的名字、狗、工作等,然后用箭头或线段将它们连接起来,例如"凯茜——爱尔兰长毛猎犬""金毛猎犬——4 个孩子"等。这些被试解决问题的速度远远不如用表格来表征问题(类似于表 10-1)的被试。

表 10-1 对于施瓦茨问题的列表表征(部分)

女 士	凯茜	黛比	朱迪	琳达	索尼娅
狗	爱尔兰长毛猎犬				
孩子数目			1		
职 位					律师

(来源:Schwartz,1971)

准确性和速度的差异

认知心理学家常常用国际象棋、围棋、桥牌和扑克等比赛类专业问题来研究专家思维的特点,还广泛研究了数学、物理学、计算机科学、医学和政治学等多个领域的专家-新手区别。

专家的特征之一就是在问题的解答上有很高的准确性。可以说,在众多领域(包括决策领域)中,专家能够更加自信而正确地解决问题或决策,或者说专家的表现更出色。他们是通过全面训练、辛勤工作、经验积累以及专业学习获得这种卓越能力的。

专家能够迅速完成本领域的任务,这至少可以从两方面来解释。一方面,在简单任务上,专家的技能在经历了大量的训练后趋于自动化,从而能腾出一部分工作记忆空间来处理其他任务,这样就能够同时进行更多的工作,从而减少完成整个任务的时间。例如,在打字任务中,专业打字员速度很快,是因为他们手指移动速度快,同时也因为他们释放了更多的心智资源,以加工一些出现频次低的单词;相反,新手只有少量的心智资源来关注这些单词。

还有研究表明,在问题解决的初始阶段,专家往往在全局计划或策略性计划上花更多的时间。在这个阶段,专家有时比新手还慢,但是专家在整个问题上的进度仍比新手快。这说明,在搜索解决方案之前,专家花费更大比例的时间来建立对问题情境的表征。可见,在全局计划或者策略性计划上花较多的时间帮助专家节省了花在后面的时间。相反,新手用于问题表征的时间相对较短,而错误的表征导致的往往是盲目的行动,这样反而延长了总时间。

另一方面,专家的速度还得益于较强的模式识别能力。例如,高级棋手善于识别棋盘上的模式,从而直接预测各种可能的棋着。

德格鲁特(De Groot,1965)就从国际象棋高手和一般好手的言语报告中总结出一个规律:他们在能够预见的步数和搜寻走法的广度等方面均无差异,但是高手却总是能够棋高一着。进一步的研究发现,高手对比赛棋局的回忆成绩比新手好得多,而无论是高手还是新手,对于随机摆放的棋子的回忆成绩都较差。以后,在围棋和桥牌等项目的实验中也发现了类似的结果。西蒙和吉尔马丁(Simon & Gilmartin,1973)对上述结果提出了一种解释,该解释运用了"组块"概念。他们认为,高水平的棋手在其长时记忆中储存着较多的模式或组块,在看到棋盘上有联系的棋子时,这些模式起了组织的作用,把许多棋子分成少数几个大的组块,这样就出现了优异的回忆成绩。这就是模式再认理论。

但是,模式再认理论在 20 世纪 80 年代受到了一些批评。查尼斯(Charness,1981)研究了一些不同年龄、不同水平的棋手。结果发现,即使老年棋手和青年棋手的水平是相当的,老棋手回忆棋子位置的成绩也偏低。另外,棋手水平越高,其搜寻着法的深度、广度和速度也越大。上述发现与德格鲁特的结论格格不入。另外,霍尔丁和雷诺兹(Holding &

Reynolds,1982)还发现,在记忆水平没有差异的情况下棋艺高低也能表现出来。他们让一些高水平的棋手和低水平的棋手同样完成两个任务:先是看一些随机摆放的棋子,只看8秒钟就回忆;然后由主试将刚才看的棋子重新摆好,让棋手决定走哪一步棋为最佳选择。结果,棋手水平无论高低,回忆棋子位置的成绩都差不多;而在决定走哪一步棋时,高水平棋手的走棋质量显然较高。但是,照理两者的走棋质量是一样的,因为棋子是随机摆放的。可见,这个结果说明,棋艺的高低并没有表现在记忆的差别上。查尼斯的研究说明了记忆有差别的人棋艺可以相当,而霍丁和雷诺兹的研究则发现记忆没有差别时棋艺也表现出高低。这两个结果用模式再认理论是难以解释的。

知识经验上的差异

专家之所以成为专家是因为他们在不断的学习中存储了大量相关的知识经验。相比较而言,新手的相关知识经验比较贫乏。

专家和新手在知识数量上有差异是毋庸证明的。有人以计算机编程专家和新手为被试,要求他们记忆有意义的程序和无意义的程序。结果表明,在回忆有意义的程序时,编程专家的成绩优于新手;但在回忆无意义的程序时,编程专家的成绩并不比新手好。这表明,在与领域相关的典型任务(例如计算机编程)上,专家的知识在数量上和新手存在着差异,专家多于新手。这种差异主要是对某一领域内知识的组织方式以及是否具有丰富的实践经验的体现,正是这些知识与经验在不断地构建着专业化的认知结构和知识体系。

赖夫(Reif,1979)从知识经验的层次组织的角度分析了专家和新手知识结构间的不同。他认为,专家凭借多年的经验,各项知识间已经形成各种联系。例如,它们之间已经可以归类,几个类的知识又可以归成更大的类。这些知识的归类是按照知识单元内在结构的相似性组织起来的,从而构成了一个高度抽象和概括的知识网络,利用这个网络,还能够对新的知识和信息进行辨识、推理和评价,并在更高层次进行概括。而新手头脑中的知识则是一些相对较小的、孤立的知识单元,它们之间可能有联结,但是这些联结往往是根据表面的相似性组织起来的。

艾隆(Eylon,1979)提出,如果教学中按照专家的知识结构来教学生,应该可以提高教学质量。他编写了两种讲授浮力的教材,第一种教材采用传统的编写方法,第二种教材是在分析专家有关浮力的知识之后,用分层次的方式呈现知识。结果,学习第二种教材的学生果然比学习第一种教材的学生成绩好得多。这个研究结果对于我们改进教材教法是一个启发。

另一个比较有代表性的研究是在物理学方面进行的,蔡等人(Chi, Feltovich & Glaser,1981)分析了物理学家和初学物理的人对于24道物理学习题(每一道习题都有一个附图)的分类。他们发现,初学者往往把表面上相似的习题分为一类,例如把附图中有斜面的习题都分为一类,并称之为斜面问题,把附图中有圆盘的问题都称为旋转问题,等等;而专家则将运用同一定理或解法相同的习题分为一类。这说明初学者易受问题的表层结构的迷惑，而专家则善于发现问题的深层结构——其内在涵义。结果见图 10-7 和图 10-8。

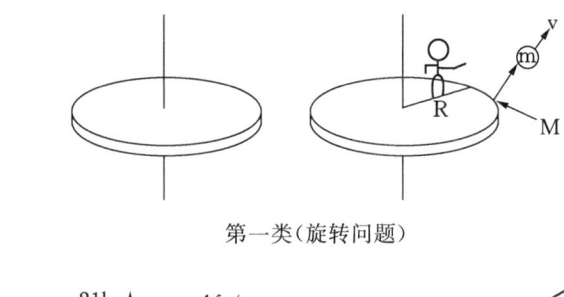

第一类（旋转问题）

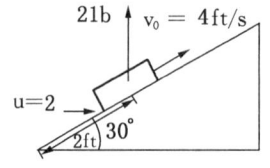 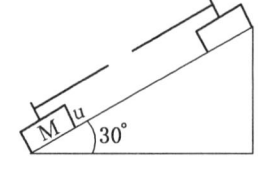

第二类（斜面问题）

图 10-7　新手的分类

（来源：Chi，Feltovich & Glaser，1981）

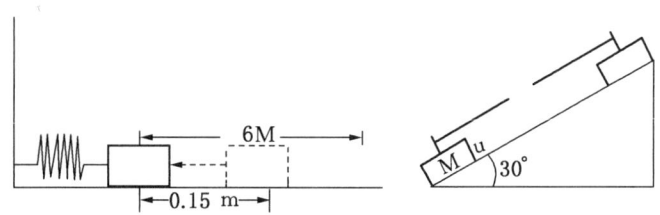

第一类（能量守恒定律）

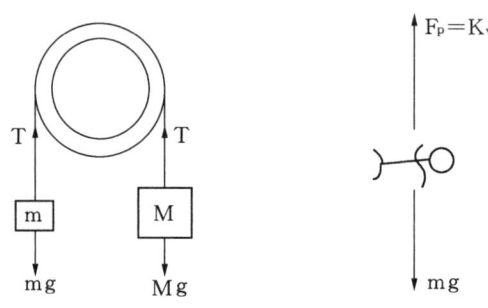

第二类（牛顿第二定律）

图 10-8　专家的分类

（来源：Chi，Feltovich & Glaser，1981）

专家除了知识经验高于新手外，解决问题的策略是否也与新手不同？一开始有人认为，新手常采用逆推法（working backwards），而专家常采用从已知条件推向答案的顺推法（working forwards）。但是也有人提出，专家遇上难题时常常也用逆推法。

表 10-2 列出了专家与新手的主要区别。

表 10-2 专家与新手的对比

	专 家	新 手
图式	拥有丰富的图式,其中包含大量有关领域的陈述性知识 图式中包括许多关于给定领域问题解决策略的程序性知识	图式相对贫乏,包含较少有关领域的陈述性知识 图式中较少包括关于给定领域问题解决策略的程序性知识
组织	图式中的知识单元之间有良好的组织,结构上高度互联	知识单元之间缺乏良好的组织,结构松散
用时	用于确定问题表征方式的时间比例高,用于搜索和执行解题策略的时间比例低	用于搜索和执行解题策略的时间比例高,用于确定问题表征方式的时间比例低
问题表征	已发展出建立在问题结构相似性基础上成熟表征	仅发展出建立在问题表面相似性基础上的相对贫乏而幼稚的表征
思考方向	从已知信息出发,运用各种策略搜寻未知信息	从未知信息出发,找到解题策略以利用已知信息
策略	通常根据完善的解题策略图式来选择策略;手段-目的分析仅作为预备策略(处理不寻常的问题)	经常运用手段-目的分析策略来解答大多数问题;有时会依据解题策略图式来选择策略
自动化	各种策略中的步骤得到自动化	各种策略中的步骤鲜见自动化
效率	高效率的问题解决;有时间限制时,解题速度快于新手	相对低效率的问题解决;解题速度不如专家
预测难度	能精确预测解答特定问题的难度	不能精确预测解答特定问题的难度
监控	仔细监控自己解答问题的策略和过程	难以监控自己解答问题的策略和过程
答案精度	答案合理、精确	答案不够合理、不够精确
面对不寻常问题	面对不寻常的、结构特征不典型的问题时,专家比新手将较多时间用于表征问题并提取合适的解题策略	面对不寻常的、结构特征不典型的问题时,新手比专家将较少时间用于表征问题并提取合适的解题策略
处理矛盾信息	遇到新信息与初始问题表征相矛盾时,能灵活地调整到更合适的策略	难以适应与初始问题表征和策略相矛盾的新信息

(来源:Sternberg, R.J. & Sternberg, K., 2012)

专家的工作效率并不总是令人满意的。有些研究发现,专家判断的准确性很不好,他们往往并不比同一领域的新手出色。例如,戈德堡(Goldberg, 1959)让精神病医生和他们的秘书用普通的本德完形测验(Bender-Gestalt Test)诊断脑损伤,发现两者的能力没有区别。他还分别让大学生、临床心理学家和精神病医生使用明尼苏达多相人格量表(MMPI)诊断精神病患者,结果发现,虽然专家的正确率为65%,而大学生为58%,但两者没有显著差异。在其他一些领域(例如,研究生录取和经济预测等)也发现了同样的现象。

10.4 想象与创造

想象和创造也是思维的重要形式,因为它们产生的认知结果是感知觉和记忆过程本身无法产生的新形象、新思想和新事物。

从某种意义上讲,想象和创造是人类社会赖以生存和发展的基石,而社会政治、经济和科技的不断进步又为人类的想象和创造活动开辟了广阔的天地。因此,弄清想象和创造的机制和特征,是十分重要的。

将迷信问题放在本章讨论的理由是,在迷信思维中存在着许多想象的成分。笔者认为,可以把它和一般被认为是正确的创造性思维看作是想象活动的两个极端。

想象

想象是思维的一种形式

想象(imagination)是思维的一种形式。在很久以前,思维就被分为两大类。根据这种分类,心理学家把为达到一定目的而进行的思维称为有向性思维,而把没有一定目的的思维称作无向性思维。300年前,英国哲学家霍布斯就曾经描述了这两种思维的区别,他认为,第一种形式的思维是连续的、有目的的;而第二种形式是不受引导的、无目的、断断续续的。

后来,弗洛伊德(Freud, 1900)也把思维分成两种:初级思维和高级思维。初级思维以满足欲望、不受逻辑和现实条件的制约为特征,它遵循快乐原则,要求立刻满足欲望(这种满足可能只是在想象中得到)。高级思维则同时还遵循现实原则,要求欲望的满足方式是可行的、安全的。按照弗洛伊德的理论,梦是纯粹的初级思维,而白日梦——想象的主要成分也是初级思维。现实问题的解决则主要依靠高级思维。

许多哲学家和心理学家对思维也作了类似的区分,只是术语不尽相同(见表10-3)。

表 10-3 思维的分类

名　　称	分　类　者
无向性思维——有向性思维	许多人
被动推理——主动推理	亚里士多德
无规则思维——有规则思维	霍布斯(Hobbes, 1651)
初级思维——高级思维	弗洛伊德(Freud, 1900)
前意识思维——意识思维	瓦伦敦科(Varendonck, 1921)
自我中心思维——现实思维	麦凯勒(McKeller, 1957)
冲动思维——现实思维	希尔加德(Hilgard, 1962)
自我中心思维——导向性思维	伯莱恩(Berlyne, 1965)
多重思维——连续思维	奈瑟(Neisser, 1967)
反应性思维——操作性思维	克林格(Klinger, 1971)
I型思维——II型思维	埃文斯(Evans, 1980)

(来源:Gilhooly, 1982)

在心理学成为一门独立学科的早期阶段,心理学家对意识流(包括无向性的意识流)抱有浓厚的兴趣。但是,到了华生以后,实验心理学研究重点放在有向性思维上。这可能是因为有向性思维在技术上容易进行行为研究,也可能是因为当时的人们认为有向性思维在教育上和社会上比无向性思维(其实就是想象)更有用处。当时的人们认为,想象、幻想都是浪费时间,是愚蠢的举动;甚至认为只有精神病患者才会有想象和幻想。所以,在20世纪60年代之前,实验心理学家很少研究想象,关心想象的是一些临床心理学家。当然,后来随着实验技术的发展,对于想象的实验研究也多了起来。

这里有一个关于形象思维的问题:想象是不是形象思维?

思维就其媒介来说,可以分为动作思维、形象思维和抽象思维。尽管在思维发展到一定的程度以后,形象思维也受到抽象思维的制约和指引,但是,形象思维的媒介和结果主要还是形象。而想象活动往往也是以形象为媒介的,这就使人不禁联想到形象思维是不是能和想象划等号。笔者认为不能完全划等号。因为,形象思维总的来说还是有目的的,从这一点上来说,它和想象有质的不同;但是,形象思维和想象还是有关系的,形象思维是一种对形象的操纵,它的基础还是想象。

心理测量方面的研究

所谓心理测量方面的研究,就是用问卷法、测验法等方式来搜集人们进行某种心理活动时的有关数据,并总结出一般规律。这样的研究主要是一些描述性研究。

想象的最基本问题就是在一般人群中出现想象的频率和内容。每个人都进行想象吗?大约多久进行一次?想象的频率和内容是否随年龄、性别、文化和人格因素的变化而不同?等等。为了回答这些问题,心理学家运用问卷法,得出如下一些结果。

首先,想象是一种极其常见的现象。辛格和麦克瑞文(Singer & McCraven, 1961)使用了"通用想象问卷",这个问卷是一个6点量表,量表中列出大约100种想象活动,要求被试用点数表达各种想象的频率。这些想象活动都用语言在量表上表述出来,例如,"小时候,我想象自己是一个大侦探""我忽然发现自己会飞,这使路上的人很惊奇"等。他们用这个量表调查了240个美国普通成人,结果,其中96%的人说自己每天都有某种形式的想象活动。这个调查还发现,想象的形式比较多的是相当清晰的表象,主要是人、物、事件等等。想象涉及的内容最多的是对于未来行动的计划,尤其是对人际关系行动的计划。还有,想象通常在人独处和休息时产生。

后来,辛格和安特罗伯斯(Singer & Antrobus, 1972)编制了一个更加细致的问卷——"想象调查表"。这是一个5点量表,共有400个项目。例如,"我头脑中的形象如同照片一样清晰""我常常反复幻想一件事""我的想象带有强烈的情绪色彩,使我常常感到害怕"。这些项目分为29组,也就是说,这个量表分为29个分量表。这些分量表分别测定想象的一些特征,例如想象出现的频率、对失败的恐惧、有关性和敌意-侵犯的内容、罪错想象、想象中的视觉形象,等等。利用这个调查表,他们对大批美国学生进行了问卷调查，然后进行因素分析，结果找到了3个因素，说明想象者有3种不同的风格。第一种风格叫负疚-烦躁型，具有这种想象风格的人喜欢进行严格的自我解剖，他们的成就动机很强，但是想象内容过于消极。第二种风格是焦虑-错乱型，具有这种风格的人往往很焦虑，对自己怀疑，思想没有头绪，想象缺乏清晰性和完整性，而且不看重成就和毅力。第三种风格是沉思型，具有这种风格的人对想象和幻想有比较积极的态度，而且表现出很高水平的"沉思默想"。辛格等人还研究了这三种风格随着年龄的增长会发生什么变化。结果发现，随着年龄的增长，具有第一、二种风格的人，其风格的表现程度会有所下降，而第三种风格则保持不变。最后，他们还发现，在美国，具有不同文化背景的群体在想象的频率上有一定的差异。如果排列一下次序，从最高频率到最低频率依次是：黑人、意大利人、爱尔兰人、移居英国的日耳曼人。辛格认为，这些差异可能与这些群体的社会地位有一定关系。

还有一个研究，是克里普科和索南夏因（Kripke & Sonnenschein, 1978）进行的。研究要求被试在一个白天的时间里每隔一段时间就报告他们的思想。结果发现，想象活动每隔90分钟左右出现一次高潮。

关于想象的功能，弗洛伊德曾作过概括，认为想象可以减弱内驱力，起到安全阀的作用，也就是起到宣泄情绪的作用。比如说，心中怨恨某个人，就在想象中痛打他一顿，也可以得到一定的满足。辛格（Singer, 1978）在总结了大量文献的基础上提出了想象的三大功能：(1)预测与计划；(2)提醒人去做未完成的事情；(3)在沉闷的环境中保持人的警醒。

关于想象的实验研究

除了运用问卷调查法以外，心理学家也致力于用实验方法来研究想象。他们发现，以下因素对想象的影响很大。

任务要求

在想象过程中，情境因素起着很大的作用。如果一个人在完成某个任务时需要较多地注意外部环境，他就不容易进行想象活动。支持这个观点的实验研究是很多的。

安特罗伯斯及其同事曾进行过这方面的研究。他们给被试布置的任务是信号检测，这种任务有一个优点，就是对任务负荷可以很方便地进行各种变换。比如说，信号出现的频率的高低，判断的复杂性（仅仅判断音高还是判断前后两个音的异同），等等。安特罗伯斯、辛格和格林伯格（Antrobus, Singer & Greenberg, 1966）就利用这两个因素作为自变量进行了一个研究。他们要求被试报告实验过程中产生的与任务无关的思想（这就是想象的证据）的次数。结果发现，信号出现的频率越高，与任务无关的思想的次数就下降；判断越复杂，这种思想的次数也下降；正确率却比较稳定（92.4）。这说明，任务的要求越高，需要的信息加工容量越大，剩余的加工容量越小，那么与任务无关的想象活动就会越少。

安特罗伯斯、辛格和格林伯格还做了一个实验，研究想象出现的频率和奖惩的关系。

他们把被试分成 4 组,各组被试都先发 3 美元,然后让他们完成信号检测任务。4 个组的区别在于:第 1 组做错了不罚款,第 2 组做错 1 次罚 2 美分,第 3 组做错 1 次罚 4 美分,第 4 组做错 1 次罚 8 美分。实验结果见图 10-9。

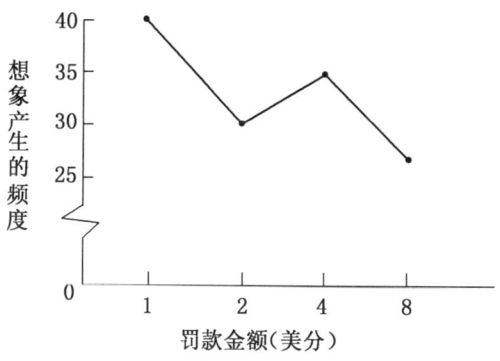

图 10-9　安特罗伯斯等人的实验结果

(来源:Antrobus,Singer & Greenberg,1966)

从图 10-9 我们可以看到,与任务无关的想象的频度基本上随着罚款金额的上升而下降。

从上面这两个实验我们可以看出,任务的复杂性和它对于被试的重要性都会影响被试在完成任务过程中的想象活动。

坏消息效应

前面讲过,想象往往是对未来的预测和计划,所以当一个人听到一个与自己密切相关的坏消息的时候,就难免会产生想象,而忽视当前的任务。

安特罗伯斯、辛格和格林伯格(Antrobus,Singer & Greenberg,1966)对这个问题进行了一个实验研究。他们让被试完成一些信号检测任务。但是在工作开始之前,对实验

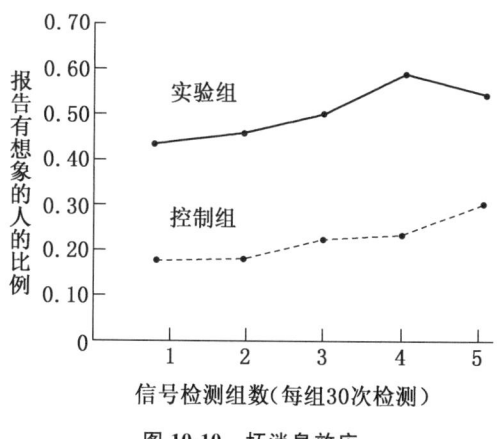

图 10-10　坏消息效应

(来源:Antrobus,Singer & Greenberg,1966)

组被试播放一段伪造的广播新闻,说美国在越南吃了败仗,要在全国征兵了,然后比较实验组和控制组(后者没有听到这样的"广播")在完成信号检测任务过程中与任务无关的思维(想象)的次数。结果不出所料,实验组被试在工作中出现的与任务无关的思想次数远远超过控制组,而且还更容易出错。结果见图10-10。

完成任务后,被试应主试要求写出想象的内容。他们很诚实地告诉主试,听到那则新闻,就想到了自己的未来,会不会被征去当兵?能不能逃到加拿大去?越南战场是什么样子?怎样应付征兵?当然,事后实验者告诉被试,"征兵"一事纯属杜撰。

应激效应

人在情境危急或情绪焦虑的情况下会产生什么样的想象活动?

贝克尔等人(Becker, Horowitz & Campbell, 1973)做了一个实验,研究人在应激状态下的想象情况。他们先把被试分成两组:应激组和正常组。让应激组的被试观看6分钟能够增强应激水平的紧张电影片断(例如一种手术),让正常组观看平淡无奇的电影片断(例如田园景色),然后两组被试都去完成信号检测任务。完成整个任务的工作过程分3段,这样就可以要求被试在3次休息时写下他们在前面检测过程中想象的内容。

从被试的报告可以看出,与看平淡无奇的电影片断的被试相比,看紧张电影的被试在信号检测过程中常常不由自主地反复回想起电影中的一些恐怖场面,有些念头想摆脱也摆脱不掉。为了描述这种过程,引入"侵入性思维"(intrusive thought)这一概念。侵入性思维的特征是:(1)不随意性——被试无法控制是否进行这样的思维;(2)难以摆脱——被试希望摆脱这样的思维,但是很难做到;(3)应该摆脱——侵入性思维往往引起不愉快的感受,应该摆脱;(4)同一念头反复出现。但是,应激组和正常组相比,与任务无关的想象的数量并没有显著差异,尽管与不看任何电影相比有所增加。

创造

要研究"创造"(creation)这个问题,不妨先从创造的产物谈起。创造性的产物必须符合两个条件:一是新颖;二是有价值(有用)。判断一个事物是否新颖还容易一些,但是判断是否有价值就难一些,往往是公说公有理、婆说婆有理。当然最后的标准还是有的,那就是新事物在实际生活中是否起作用。

创造过程就是产生新颖的、有价值的产物的过程。这句话是从创造构成的结果这个角度来讲的。与创造过程相联系的思维活动(或者说,为创造服务的思维成分)就是创造性思维。这句话也是从目的这个角度来讲的。至于创造过程本身究竟怎样,很难用一两句话概括出来。当然,关于创造的研究资料还是积累了不少。这一节讲的就是心理学家对人的创造过程及其特点的研究。

对创造性个体的研究

这方面主要进行的是心理测量研究,其目的就是揭示那些富有创造性的人(科学家、艺术家、作家,等等)特有的生理和心理特征。

罗(Roe,1952)研究了64位美国优秀科学家,包括物理学家、生物学家和社会科学家。研究者与每位科学家都进行了长时间的谈话,并让这些科学家做了主题统觉测验、罗夏测验和智力测验。在搜集这些资料的基础上,罗为这些优秀科学家总结出一些比较共同的特征:他往往排行老大,出身于中产阶级基督教家庭,父亲往往是专业人员;他小时候往往经常生病,要么就是失去父母之一;他的智商非常高,很小的时候就开始如饥似渴地读书;他感到孤独,和同学格格不入;他对女孩子不太感兴趣,结婚比较晚(平均年龄27岁);他通常在独立完成某个课题后决定以科学作为他的事业;他工作努力,坚韧不拔,节假日也常常不休息。

以上描述最适合物理学家。相比之下,社会科学家总的来说稍微外向一些,他们更关心人际关系。他们中很大一部分人有一位在家里说了算的母亲,他们的离婚率也比较高(40%),攻击性也比其他科学家略强一些。在其他方面,社会科学家和物理学家、生物学家差不多。

卡特尔和德雷弗达尔(Cattell & Drevdahl,1955)挑选了一些物理学家、生物学家和心理学家,要求他们完成"16项人格因素测验"。他们发现,这些科学家与普通人相比,往往比较内向、聪明、刚强、自律、多愁善感、勇于创新。

科学家是这样,艺术家、作家是不是这样呢?德雷弗达尔和卡特尔(Drevdahl & Cattell,1958)研究了艺术家和作家的人格特征,发现他们和科学家的人格差不多,只是艺术家比科学家更多愁善感些,内心世界更加紧张一些。

在人的创造性中,究竟是发散思维重要,还是收敛思维重要?我们的主要精力应该放在培养发散思维方面还是收敛思维方面?以下的研究也许对思考上述问题有所启发。米特罗夫(Mitroff,1974)发现,科学家的思维倾向于收敛思维。另外,收敛思维成绩比较好的男孩子也倾向于成为科学家。这样看来,似乎是收敛思维需要花费更多的功夫加以训练。这一点和我们普通的看法似乎不同,很多心理学家,尤其是教育学家认为发散思维是创造性思维的主要成分。事实上,理解这一点实在也不难。收敛思维牵涉到与问题有关的大量的知识经验,以及思考问题的逻辑方法。这些都需要长期的学习和训练方能获得。而发散思维比较少受知识、经验和逻辑的约束,它本身也没有多少技巧。这一点在儿童身上表现得十分清楚。儿童几乎不能解决大问题,但是他们想象丰富,发散思维的活跃程度有时远远超过成人。可见,发散思维几乎不需要训练。它好像不是一种能力,而是一种态度、一种习惯。只要一个人在想问题的时候,希望想出别出心裁的主意,他就可以产生发散思维,并且随着经常进行这样的思维而养成习惯。当然,这并不是说发散思维不重要。

另外,社会环境和个人性格对创造性也起着不小的作用。如果一个社会因循守旧(例如中国各个朝代的末期),或某种理论一统天下,或者某个人害怕失败,生怕自己的新奇想法贻笑大方,都会扼杀发散思维,从而扼杀创造。

创造性思维的阶段论

沃拉斯的四阶段论

沃拉斯(Wallas, 1926)根据前人的研究(包括科学家回忆录)提出了创造性思维的四阶段论:准备期、孕育期、灵感期和验证期。

在准备期(stage of preparation),问题解决者的主要活动是熟悉问题,并对问题进行有意识的、勤奋的、系统的但通常又是没有结果的研究。这时的问题解决者急于解决问题,采取各种方法一一试探,但是一一碰壁,最后不得不暂时放弃。这个阶段虽然不能解决问题,但是问题解决者的努力不一定白费,因为后面灵感的出现是有基础的,这个基础就是这一阶段搜集的材料和形成的观点。

问题被暂时放弃之后,就进入孕育期(stage of incubation)。在这段时间内,问题解决者或者休息,或者忙别的事情,前面研究的问题被搁在一边。这段时光怎样打发很有讲究。在问题百思不得其解而暂时将其搁置起来的这段时间内,干一些轻活,解一些简单的小题目对问题解决是有好处的。更好的办法是什么事也不去想,同时做一些轻微的身体活动。

灵感期(stage of illumination)是一个激动人心的时刻。这个阶段在科学家、发明家身上,甚至在我们自己的生活中经常发现。不过要注意,灵感不等于正确答案,甚至还不是一个完整的答案,它只是指出一个可能得到完整答案的方向。

灵感到来之前,我们往往还会感到有一种"告知感",觉得这个问题快要解决了。这个"告知感"有点像我们讲的预感。如果问题解决者意识到这种"告知感",就应该松弛一下自己的神经,静静地等待灵感的光临。否则,灵感可能就会失去。

在验证期(stage of verification),问题解决者的活动是验证灵感。这个阶段的活动其实和准备期的活动在本质上是一致的。只不过准备期验证的是头脑中早已储备下的那些思路,而验证期检验的则是新思路和新办法。

当然,经过了四个阶段并不一定能解决问题。如果经过验证,灵感不灵,就要重新回到准备期或孕育期,等待新的灵感出现。

从沃拉斯的创造性思维四阶段论来看,有些问题并没有得到满意的解释。创造性思维一定要经过这四个阶段吗?如果在准备期问题解决者就想出一个绝妙的办法,是不是就不算创造性思维了?还有,如果问题解决者在接触某个问题之前,由于他想象丰富,或者由于原型启发,心里已经有了解决问题的绝妙方案(尽管他当时并未意识到这一点),而接到这个问题时,他手到病除,什么孕育期、灵感期都免了,这又算不算创造性思维?从创造性思维的定义来看应该算,因为他创造出的是新颖的有价值的产物。但是从创造性思维的阶段论来看,又不像是创造性思维。所以,我们不妨将四阶段论看作是创造性思维的一个典型模式,而不是包揽一切的模式。

帕特里克对创造性思维四阶段论的实验研究

沃拉斯提出创造性思维四阶段论时,并没有进行过相应的实验研究。到了20世纪

30年代,帕特里克(Patrick,1935,1937)才为这个理论提供了一些材料。她的实验方法是这样的:(1)要求被试看着一幅画写一首诗(1935);(2)要求被试读一首诗后画一幅画(1937)。在被试写诗画画时,帕特里克记录下被试的所有言语和行为。下面以1937年的实验为例加以说明。

实验的时候,被试分成两组。50位画家(都发表过作品)为实验组,50位非画家为控制组。两组在年龄、性别比例和智力测验得分方面基本相同。实验是在被试家里进行的。实验时,先和被试进行一番交谈,使被试轻松自然一些,然后要求被试根据一首诗的内容画一幅画,没有时间限制,并鼓励被试进行出声思维。画完以后,画家们还要回答一些有关他们日常工作方法等方面的问题。

实验做完以后,帕特里克将言语录音分成时间上相等的四段,并分别分析这四段时间里:(1)思想改变的人数;(2)第一次画出总体轮廓图的人数;(3)修改的总次数。

"思想改变"被用来作为准备期的指标。帕特里克发现约有75%的思想改变发生在第一段时间。第一次画出总体轮廓图被作为灵感期的指标,约66%的这类事件发生在第二和第三段时间。修改是验证期的指标,约75%的修改发生在第三和第四段时间。从时间顺序来看,准备期、灵感期和验证期的排列符合沃拉斯的四阶段论。

另外,问卷的结果是:94%的画家说,在日常工作中他们经常或有时产生灵感。

实验组和控制组在上述指标方面没有多少区别,他们之间只在画的质量上有区别。

但是,上述实验得出的证据还是比较间接的,而对于孕育期则没有提供任何证据。

关于孕育期的实验研究

对于孕育期的实验研究一直很少。默里和丹尼(Murray & Denny,1969)做了一个实验研究。他们先根据解决问题能力的强弱将被试分成两组,这两组被试又分别分成实验组和控制组,然后让被试解一道很复杂的题目。控制组要求在连续的20分钟内解决问题,而实验组则先做5分钟,然后用5分钟干别的事情,最后15分钟再回过头来解决问题。这样的安排使得实验组有5分钟时间可以作为孕育期的机会。

结果发现,有没有孕育期和能力的强弱对这个问题的解决都没有显著影响。但是这里有一个显著的交互作用,即能力较强的人受到孕育机会的阻碍,而能力弱的人则受到这种机会的促进。在表10-4中,用"↓"表示受到阻碍,用"↑"表示得到促进。

表10-4 孕育期实验结果

	控制组(无孕育期)	实验组(有孕育期)
能力强	高	高↓
能力弱	低	低↑

(来源:Murray & Denny,1969)

这可能是因为,能力弱的人准备期短,较早进入孕育期,5分钟其他工作正好用上,从而提高了成绩,而能力强的人准备期长,5分钟的孕育期机会反而打乱他们的思路,因而成绩下降。于是,默里和丹尼提出,孕育期的作用在问题很难的时候达到最强,因为问题一难,能力强的人相形之下也变得能力弱了。

关于创造性思维过程机制的研究

联想理论

对于创造性思维,许多学者把它说成是一个联想的过程。代表人物有梅德尼克(S.A. Mednick)和凯斯特勒(A.Koestler)。

梅德尼克(Mednick,1962)给创造性思维过程下了这么一个定义:创造性思维就是"联想的成分产生新的组合,这种组合满足一定的需要,具有一定的作用"。这个定义和创造过程的产物的两个特征(新颖性和价值性)多么吻合。大家知道,任何两个概念之间都或多或少有些联系,平时联系得很紧密的两个概念(例如"钟"和"表")组合在一起没有什么新鲜感,算不上创造;如果平时联系很弱(例如"软"和"表"),组合起来就新颖了。

梅德尼克还提出了产生新颖组合的一些方法。第一种方法是碰运气法,这个方法的实质就是由偶然的外部刺激来激发新颖的联想组合。梅德尼克举例说,有一位物理学家在好多张小纸条上写了各种物理现象的名称,放在一只碗里,以后经常从中随机抽出两张纸条来,琢磨这两种物理现象之间的联系。由于是随机抽取,所以产生的都是偶然的联系,但从中却可能发现前人尚未发现的必然联系。可以说,这种方法是在偶然中寻找必然。第二种方法是相似法,即将两种(或多种)事物在某一个维度上相似的要素联想出来。比如说,建筑和音乐就可以联想到一起,因为它们有一个相似之处——反复。"建筑是凝固的音乐"说明了它们之间的密切联系。第三种方法是中介法,即以要素之间共有的某一事物作为中介,将两个要素联结起来。梅德尼克举例说,地板吸尘器有一个特征——地板;天花板上一群苍蝇也有一个特征——地板(天花板是上面的地板),"地板"就是一个中介,拿地板吸尘器去吸天花板上的苍蝇就是一个新颖的组合。

凯斯特勒(Koestler,1964)提出了一个更加成熟的联想理论。这个理论进一步认为,创造性思维就是将两个先前没有什么联系的体系(观点或理论)联系起来。阿基米德测量王冠体积的时候,一开始无法解决,后来把洗澡时出现的现象(体系1)和体积测量理论(体系2)联系起来,从而创造性地解决了问题。

格鲁伯的皮亚杰理论

格鲁伯(Gruber,1980)根据皮亚杰理论分析了达尔文生物进化论发展和成熟的过程。他认为,过分重视顿悟会把研究者的注意力从理论的长期发展上引开,因为顿悟只是理论发展过程中的一个部分。我们应该从创造性思维的整体上研究问题。格鲁伯认为,达尔文理论的发展过程(也就是创造性思维过程)可以用皮亚杰的"同化"和"顺应"概念来解释。对于能够用原先的理论来解释的材料,同化之(纳入原来的理论结构);对于不能解释的材料,则顺应之(修改理论,加以解释)。

西蒙的信息加工理论

西蒙(Simon，1966)认为，科学上要达到高度的创造性是很难的，科学发现是一个非常缓慢的过程。要创造性地解决一个问题，科学家要进行无数次探索和实验。所以，关于创造的科学研究不但要探讨创造过程的结果，还要回答为什么创造是如此稀有这个问题。

本来，人的长时记忆容量几乎是无限的，但是，长时记忆中的知识经验要进入工作记忆才能进入思维，而人的短时记忆容量太小了，所以要找到一个解题方案很不容易。这样一来，毅力和热情就成为有成就的科学家的"关键特征"了。

那么，孕育期和灵感期是怎么一回事呢？西蒙认为可以用熟悉化和选择性遗忘来解释。熟悉化指的是一个缓慢的在长时记忆中建立问题表征和相关资料的过程。西蒙认为，搜集信息受短时记忆中目标系统的影响，信息进入长时记忆后，又反过来影响目标系统。这样，短时记忆中的目标信息和长时记忆中的问题信息就不断地相互作用着。当问题被搁置在一边时，目标信息遗忘了(选择性遗忘)，以后就要重新组织目标系统。新的目标系统就可能导致问题的迅速解决(见图10-11)。

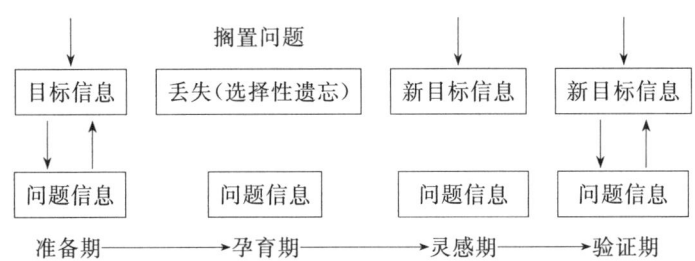

图 10-11 创造性思维四阶段中目标信息和问题信息之间的相互关系

10.5 应 用 研 究

问题难度

影响问题难度的因素主要有三个：一是解决问题所需的知识量(包括解决问题的策略的知识)；二是解决问题的搜索空间(这种空间随问题的复杂化或长度的增加而呈指数性增大)；三是问题的表征方式。

关于知识因素的研究

知识是解决问题必需的前提。当代心理学最早涉及知识在问题解决中的作用的研究是关于下棋的研究。当时，测定一个高级棋手必须具备多少有关知识是一个相当有意思的课题。蔡斯和西蒙(Chase & Simon，1973)、德格鲁特(De Groot，1966)、西蒙和吉尔马丁(Simon & Gilmartin，1973)都进行过这方面的研究。例如西蒙等人提出，一个优秀的棋手(专家)头脑中应储存10万个左右的"组块"。可见,下棋要求的知识量还是很高的,是一种比较难的问题。初学者与专家的区别就在于他们的组块积累量大不相同。初学者对问题涉及的知识知之甚少,所以解决问题时必须吃力地进行手段-目的分析,并且常常走弯路而不得不从头开始。而专家则不同,他们往往可以从问题的出发点直接达到问题的目标状态,因为他们有足够的经验对问题进行直接的加工——或称为顺推法加工。随着知识经验(也可以说是组块)的积累,同一个领域的问题对初学者来说也就越来越容易。这正好说明了知识量是影响问题难度的一个重要因素。

在知识比较密集的领域,问题解决更加依赖知识。问题解决者要找到必需的一系列操作,就必须在自己的知识库中搜寻相应的知识。而且,解决问题不仅需要陈述性知识,还需要程序性知识。

尽管知识在很大程度上影响着问题难度,但它不是唯一的因素。

关于搜索空间的研究

另一个影响问题难度的因素是搜索空间的大小。纽威尔和西蒙(Newell & Simon,1972)提出了问题解决过程的两个主要部分:一是内部问题表征的产生;二是在内部问题表征中的搜索。他们认为,由于问题解决的第一步就是将外部的任务环境转化为内部表征,而一个问题又往往可以产生多个内部表征,问题解决者必须挑选其中一个或几个,并在其中进行操作。这样,问题解决者就必须从许多可能的路线中找出一条正确的路线,所以,搜索空间的大小就成为影响问题难度的决定性因素。于是,诸如最简便解法的长度(步骤多少)、(搜索路线的)分支、"陷阱"的多少等都可以看作是影响问题难度的因素。

上述观点在一段时间曾占统治地位。但是,沃森和约翰逊-莱尔德(Wason & Johnson-Laird,1972)关于逻辑问题的研究以及海斯和西蒙(Hayes & Simon,1977)关于河内塔变式问题的研究对上述观点提出了质疑。沃森和约翰逊-莱尔德发现,逻辑推理问题的难度与被试对问题所用材料的熟悉程度有关,如果一个问题涉及的是人们熟悉的日常生活,难度就往往降低,例如"像"猫:虎=狗:?"这样的问题就比一些抽象的问题容易一些。海斯和西蒙采用河内塔问题的变式来研究问题。这种变式与河内塔问题在形式上大不相同,但是结构是一致的。经过形式上的变化,难度增加了一倍。既然问题的结构相同,那么它们的搜索空间也应该一样大,难度怎么会变了呢?结果自然就追究到了问题的表征方式。对于这个问题,科多夫斯基、海斯和西蒙(Kotovsky,Hayes & Simon,1985)进行了深入的研究。

关于问题表征与问题难度之间关系的研究

在分析问题表征如何影响问题难度的研究中,科多夫斯基、海斯和西蒙(Kotovsky,Hayes & Simon,1985)揭示了这样一个现象:问题难度与记忆负荷有关。他们在这个研究中还研究了其他几个影响问题难度的因素,即规则学习的难度、规则运用的难度、现实世界知识(实际生活经验)与问题规则的吻合程度。

他们的实验所用的问题是河内塔问题的变式。变式有两种,难易不同。

变式一:3个有5只手的外星人,手持3个钻石球。外星人身材有大有小,手里的球也有大有小。但是有一个不和谐的情况:小外星人手里的球最大,中外星人手里的球最小,大外星人手里则拿着不大不小的一个球(中球)。为了恢复和谐,他们决定调换手中的球。调换时有三条规则:(1)一次只能传递一只球;(2)如果谁手里有两只球,则只能递出较大的球;(3)不能接收比自己手中球小的球。请问如何传递方能达到目标?

变式二:3个有5只手的外星人,手持3个钻石球。外星人身材有大有小,手里的球也有大有小。但是有一个不和谐的情况:小外星人手里拿着不大不小的一个球(中球),中外星人手里的球最大,大外星人手里的球最小。为了恢复和谐,他们决定用魔术变化手中的球的大小。变化时还有三条规则:(1)一次只能变化一只球;(2)如果有两只球大小相同,则只能变化较大外星人手里的球;(3)较小外星人不能将自己手中的球变化得与较大外星人手中的球一样大。请问如何变化方能达到目标?

以上两个问题的结构与河内塔问题完全相同,只是表面特征不同,但是它们的难度比河内塔问题高得多。在他们的实验中,最难的问题变式比最容易的变式难15倍(以解题时间计)。研究者认为,河内塔问题容易物化,短时记忆负担小,故容易;它的变式则反之,犹如笔算易于心算。另外他们还认为,被试解答难题的时间几乎都花在了学习上。而一旦被试掌握了规则,则解难题和解容易的题目所花的时间几乎都一样了。研究者认为,这是因为被试学习之前要记住许多可能的解题路线,而学习之后只需记住一个正确解法就行了。

科多夫斯基等人的实验还证明,问题中规定的规则越是难懂,所需的学习时间越多,则问题也就越难。例如,在一个实验中,被试学习上述变式一的规则的平均时间是119(秒),学习变式二的规则的平均时间是309(秒),后来被试在解决变式一问题的时候所花平均时间为11.92(分),在解决变式二问题时所花的平均时间则是30.85(分)。

关于规则运用的难度,他们发现,规则越难运用,问题难度就越大。西蒙等人以被试阅读规则的时间以及判断某一操作是否合乎规则的时间来确定规则运用的难度。

关于现实世界知识(实际生活经验)与问题规则的吻合程度对问题难度的影响,他们发现,如果规则与日常生活知识经验相反,则问题难度增大。

科多夫斯基和西蒙(Kotovsky & Simon, 1990)的另一个研究中的实验材料的原型是中国古代流传下来的益智游戏——九连环。研究者将这个游戏抽象化,形成几个变式。这个研究检验了影响问题难度的两个因素。结果发现,几乎没有一个被试能在2个小时内解决九连环问题,即便在做了演示之后,也只有一半被试能解决问题。他们认为,问题难度的来源之一是对于如何操作的发现过程,而不是问题搜索空间的其他特征。其证据是,解决变式问题的被试大多数能够在10～25分钟完成任务,但这依赖变式的类型:信息提示程度高的变式比较容易解决,信息提示程度低的变式则不太容易解决。该实验说明,研究者所做的抽象化(只是改变了问题的操作方法,而没有改变其结构)导致了问题难度的降低,故问题难度的来源一定在操作部分。而被试一旦发现操作的方法,问题就容易了。

但是，抽象化问题的难度仍然是很高的。因为这类问题的搜索空间不大，没有什么分支，所以这样高的难度让人很难理解。于是研究者认为，问题的搜索空间不是问题难度的主要影响因素。

卡普兰和西蒙(Kaplan & Simon，1990)对顿悟的研究也说明，要产生顿悟就必须先获得一个有效的问题表征，而在获得这一问题表征的过程中，将问题解决者引向或推离正确表征的力量决定着问题解决的成绩。在研究中，他们总结出几项影响问题解决者思路的因素：线索显著性、先行知识、暗示和启发式。

关于复杂问题的判定

芬克(Funke，1991)对于复杂问题的判定作了一些研究和总结，提出了判定复杂问题的标准。他把复杂问题与简单问题作了系统的比较，发现下列标准是十分重要的。

(1) 能否获得问题的有关信息，即问题情境的透明度。

(2) 问题要求达到的目标是否清楚明确地表达出来；目标是单一的还是多重的；有无相互冲突的目标。

(3) 问题中变量的数目；变量之间的联系程度；函数关系的类型(是线性的还是非线性的)。

(4) 问题的易变性：随着时间的推移，问题会不会发生变化(例如随着季节的变化，穿什么衣服就应该随之变化)。

(5) 问题的隐晦性：语义上的多义性会使问题在很大程度上复杂化。

根据上述标准，芬克提出了复杂问题的如下一些重要特征。

(1) 不透明性：在复杂的问题情境中，只有少数的变量是可以直接观察到的，问题解决者一开始通常只能获得一些表面的信息，本质的内容必须自己寻找。

(2) 多目标性：复杂的问题往往有多个目标，各个目标之间往往还相互矛盾，问题解决者必须权衡利弊才能作出决定。

(3) 情境的复杂性：复杂的问题往往有许多变量，变量之间的关系也比较复杂，问题所指对象也不易操纵。

(4) 变量间的联系：复杂问题的各个变量往往联系得十分紧密，牵一发而动全身，使问题解决者很难作出准确的预测。

(5) 动态性：复杂的问题往往随着时间的推移而变得越来越难以解决。这就好像生病一样，越拖越不好治。

(6) 延迟性：在复杂的问题情境中，一个操作有时不能立刻看到效果，这就要求问题解决者有高度的耐心和记忆力。

研究影响问题难度的各种因素在实践中(尤其是在教育工作中)具有十分重要的作用。弄清这个问题，至少会有三点好处：第一，在许多有关问题解决的研究中，我们就可以随心所欲地操纵问题的难度，从而免去用于测定问题难度的相当大的工作量；第二，在智力测验工作中,由于可以随心所欲地操纵问题难度,测验题目可以随编随用,所以可以不再顾虑题目答案泄露,每次更换版本也无须大规模重新制定常模;第三,在教育工作中,教育者可以更科学地安排教学内容和学生练习。

激发创造性思维的一些主要方法

在讨论这个问题之前,首先要强调以下三点:第一,所有这些方法都不能代替一个人的思维,相反,这些方法只能促使人更多、更努力地思考。第二,这些方法是高度概括的。在解答具体问题的时候,要根据实际情况灵活掌握,并对这些方法加以丰富和发展,不要照搬照抄。第三,同时掌握这些方法是不容易的,可以先学习一种方法,运用熟练以后再学习另一种方法。

变换刺激

人类思维容易受到刺激本身的束缚。那么,变换一下刺激也许就可以改变我们的思维。变换刺激的办法是很多的。

第一,仔细观察。仔细观察本身就是一种最简单的变换刺激的办法,因为客观世界本身就是在不断变化中的,仔细观察客观世界,就能看到刺激的不断变化,从而激发创造性思维。事实上,我们的许多知识、经验就是自然和社会用它自身的发展变化无声地告诉我们的。

有一个人写了一些英文字母和阿拉伯数字,请你看一看,他写的字母和数字有什么特点。如果请你连下去,你会怎么连?

A K E Y I Z X F ……
2 8 3 6 5 5 8 0 ……

注意,在实际进行思维训练时,这个例题中的字母和数字要一个一个地依次呈现,这样可以表现出变换刺激的功效。在思考这个问题的时候,光是看 A、2 是不够的,还要看 K、8 和其他字母和数字。这样观察了刺激的各个变化形式之后,我们才能发现正确答案。如果老是看着第一个字母和数字,就永远得不出结论来。

有时候,即使我们看了很多刺激,但是由于某些特征或者内容没有注意到,还是得不出结论。如果在解决上面这个例题时,问题解决者没有注意到笔画的曲直,就做不出这个题目。所以,我们还要仔细地看,反复地看,看到刺激的不同方面。

第二,利用提示单。提示单列出一系列可供选择的思路。问题解决者按照提示逐条尝试,或者在冥思苦想毫无结果的时候,把提示单拿出来看一看,查一查哪些思路还没有想过。

这里有一张广泛使用的提示单,内容如下:

1. 有无其他用途?(例如一支笔除了写字画画以外,还有什么新用途?)能否修改一下产生新的用途? 等等。

2. 有无相仿的事物？比如说，有没有类似的东西？有没有可效仿的榜样？有没有相当的人或物？等等。

3. 可否修改？比如说，能不能改变颜色、动作、气味、形式、形状，等等。

4. 可否增添？比如说，可不可以增加一些内容？时间可否延长？频率可否提高？体积能否加大？等等。

5. 可否缩减？比如说，可不可以减去一些内容？体积可不可以减小些？内容是否可以浓缩一些？重量可否轻一些？

6. 可否重新组合？也就是说，可不可以重新组合系统内各个成分？可不可以采用其他形式、安排、序列、计划？

7. 可否替换？就是说，有没有其他人或物来代替？可不可以换用其他成分和材料？可不可以通过其他途径来达到目的？

8. 可否颠倒？就是说，可否利用相反的方法？可不可以从相反的角度观察和思考？例如，在邮政发展的早期，邮资是由收件人支付的，这样很不方便，后来就改由寄件人支付了。

9. 可否结合？也就是说，不同的方法、手段、目的、要求、观念等可不可以结合起来？例如，收录机就是收音机和录音机的结合。

读者也可以自己制作提示单。根据自己的经验，记下考虑某一类问题时可供选择的思路和注意事项，这就是一张提示单了。

第三，重组问题要素。看下面这个例题：

以下四个概念中哪一个与其他三个不同类？

1 大楼   2 寺院   3 教堂   4 祈祷

答案：4。1~3为建筑物

或者

1 祈祷   2 寺院   3 教堂   4 大楼

答案：4。1~3为宗教事物

从上面这个例子我们可以看到，问题的四个待选择的内容不变，而仅仅变动一下它们的顺序，就可以得出新的并且也是正确的答案。这就是对问题要素在空间上和时间上进行重新组合的结果。

重组问题要素有的时候非常简单。只要改变一下观察角度就行了。例如，下棋的时候，从自己的角度看棋盘和从对手的角度看棋盘，效果往往不一样。这就是一个在思想上重新组合问题要素的过程。而在旁边观战的人，对棋盘的观察角度和下棋者又不一样。下棋者往往只全面注意到自己一方的棋子，而对对方的棋子有时缺乏注意。这样，有些问题要素就没有组合进自己的思维中去。当他把棋盘旋转180度以后，就可以看到对方的阵势中有自己刚才没有注意到的情况。而旁观者能够比较全面地观察两方面的阵势,所以常常会产生"当局者迷,旁观者清"的情况。

第四,讨论。和其他人(这些人不一定是专家)进行讨论,也能得到许多灵感。有时候,别人可以提供一些解决问题所需要的新材料,也可以帮助出主意、想办法。

第五,合理休息。创造性思维分四个阶段:准备期、孕育期、灵感期和验证期。刚开始动脑筋的时候,我们积极地搜集事实材料,积极地想方设法,这就是准备期。如果问题很难,百思不得其解,就要休息一下。这就是孕育期。休息的时候,大脑各部分得到休息,精神也得到了放松,这时候容易产生在准备期难以产生的想法——灵感。灵感一产生,就进入灵感期,这时候人很兴奋,要赶紧把灵感记录下来。然后就是验证期,任务是检验新想法。如果行不通,就回到准备期和孕育期。

抽象编码

有些问题之所以难,只是因为它们的提法掩盖了答案。如果改变一下提法,就容易解决了。抽象编码提供了一种改变提法的方式。

抽象编码就是用抽象符号(语言文字和数学符号)来表征问题,或者对问题的各个已知条件进行抽象的分析和综合。

符号可以是语言文字,也可以是数学符号。在科学研究和实际生活中,在刚刚发现问题的时候,还没有语言文字的表述,只是觉得奇怪或者感到要想个办法。这时候,由于问题本身还没有得到清楚的表征,回答起来就很困难。所以,科学家都十分注意问题的表征,有时还用数学符号来表征问题。看下面这个例题:

> 有这么一个地方:这里的居民要么是诚实的,那么就是撒谎的。诚实的人永远说真话,而撒谎的人永远说假话。现在一个人要去码头,走到一个岔路口,准备问路,但是他不知道指路的人是诚实的还是撒谎的。他怎样才能得到正确的答案(只能问指路人一个问题)?

这个问题可以用数学符号来表征。我们可以用$+1$表示一句真话,用-1表示一句假话。另外,一个人对自己说过的话是否进行隐瞒也可以用数学符号来表示。我们可以用$+1$表示不隐瞒自己讲的话,用-1表示隐瞒自己讲过的话。因为诚实的人说的总是真话,所以他说了一句真话后,如果要他重复刚才说的话,他还是会讲出刚才那句真话:$(+1)\times(+1)=+1$。而撒谎的人讲了一句假话后,如果让他重复,由于他说谎成性,绝对不会重复刚才那句假话,这样就会说出相反的话来,而这句话就是真话了:$(-1)\times(-1)=+1$。所以,我们可以这样问指路人:"如果刚才有个人问您去码头往哪里拐,您会怎么说?"这样两种人都会说出正确的答案。

形象编码

形象编码就是用动作、图像和类比来进一步表征问题和解决问题。

思维根据其媒介可以分为动作思维、形象思维和抽象思维。其实,很多问题都要靠动作思维来解决。例如,要修理电器,总是进行一系列的实际操作,先检查开关,再检查线路,再检查电源……

一位幼儿教师拿来3只小碗和4只小球,准备把它们分给5个小朋友玩。每个小朋友至少要拿到1个,至多只能拿2个(但不能重复)。这样一来,只拿到1只小碗的有几个小朋友?只拿到1只小球的有几个小朋友?拿到1只小碗、1只小球的又有几个小朋友?

这个问题可以用三种思维方式来解决。动作思维最快。

用图示法来表征问题和解决问题,也是常见的。

一天,一个旅行者从日出开始沿着一条羊肠小道上一座山,并且在日落时分登到山顶。晚上他就住在山顶。第二天日出时,他沿原路返回,于日落时分回到山脚。请证明:这条小道上一定有一个地点,是旅行者两次出发后经过相同时间到达的。

这个问题可以用图示法解答。在一个坐标系上画出时间与位置的曲线。两条曲线的交点就是经过相同时间到达的同一地点(见图10-12)。从图中可以看出,两条曲线一定有一个交点。这就证明了问题中的假设。

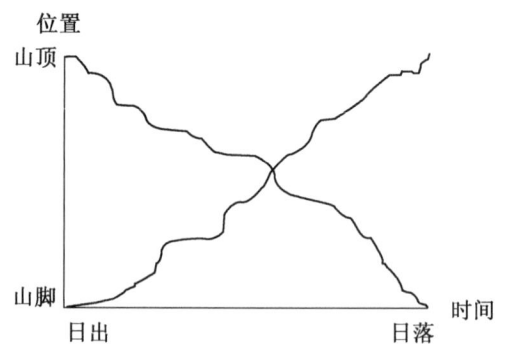

图 10-12　旅行者问题图解

其实,如果我们把这个问题看成有2个人同时出发,一个上山,一个下山,就更加容易了。这两个人总是要碰到的。而"碰到"就是在同一时间到达同一地点。

形象编码的另一个常见方法就是类比法。类比法实际上就是利用原型启发来解决问题。众所周知的一个例子就是鲁班发明锯子。在这个发明过程中,带齿状叶子的小草就是一个原型。这个原型割破了鲁班的手,说明了它的功能。在小草这个原型的启发下,鲁班发明了锯子。类似的例子可以举出很多很多。飞机的原型是小鸟,蒸汽机的原型是开水壶,潜水艇的原型是鱼泡泡,等等。

在科学研究中也有许多类比法,或者叫做模拟法。例如,信息加工学派的认知心理学家就是通过研究计算机的工作方式来模拟和推测人的信息加工方式。

当然,类比只是给我们一种启发,真正的答案还要通过不断的努力来获取。

逆向法

从结果向原因推理，从目的向手段推理，即逆事物发展的顺序思考问题，叫做逆向法。

有一个池塘，里面的水草生长速度很快，每 24 小时水草面积就增大 1 倍。50 天后，池塘里面已经长满了水草，问哪一天水草面积占池塘面积的 1/4？

这是一道相当简单的问题。但是如果采取顺向思维，就永远解答不出来。如果倒过来思考呢？

桌子上放了 15 个壹分硬币。现在有 2 个人在做游戏，要求是：2 个人轮流拿走一些硬币。但是每次最多只能拿 5 个，至少也要拿 1 个。拿掉桌子上最后一个硬币的算赢。问有没有必胜的办法？

如果用顺向思维，那是十分麻烦的：第一个人可以有 1~5 个这 5 种拿法，第二个人又有 5 种拿法，接着第一个人还是有 5 种拿法……很难得出结论。但是反过来想就不一样了。如果你想赢得胜利，你拿硬币的时候就要使得你能最后拿剩下 5 个或 5 个以下的硬币，这样一次拿完，就赢了。而为了保证这一点，你上次拿硬币的时候就必须至少留下 6 个硬币（否则就是对方赢）。再继续推想下去，最后可以得到结论：只要第一次就给对方留下 12 个硬币，那么不管他怎么拿，最后总是你赢。

迷信

迷信与科学

迷信（superstition）是一种不易消退的、错误的因果认知。好奇之心，人皆有之。每一个人对于他观察到的现象都希望得到一个解释。但是，要正确解释复杂的自然现象和社会现象，有赖于科学循序渐进的发展；而在任何时候，科学都只能解释一部分现象。这种局面（它会永远存在）不能满足人类寻求解释的欲望。这时，迷信就登场了。科学不能解释的现象，迷信一定会争相解释，而缺乏科学素养的人也会乐于相信这种解释，似乎这毕竟比没有解释要好。这样，迷信给出的错误的因果关系就会成为一部分人笃信不移的观念。如果说迷信有各种各样的根源，这可以说是迷信的心理根源。

正因为迷信有其心理根源，因此它并不完全是消极的东西。有些迷信的内容，在其长期发展中带上了部分有益于维持人们心理平衡和社会稳定的因素，其作用不能全盘否定。否则就不能解释，在求神拜佛的人当中，不仅有帝王将相，更有众多的平民百姓。

迷信与宗教也应该有所区别。迷信可以看作是比较初级的、原始的宗教；宗教作为一种信仰，则更像一种世界观和思想体系。宗教在许多国家发展得比较成熟，成为一种国教，成为指导人们生活的准则。虽然人人信奉国教，但是在一般情况下（尤其是在科学技术得到无比重视的当代世界），并不妨碍人们探究、学习和应用科学。

斯金纳关于迷信的实验研究

前文提到，作为彻底的行为主义心理学家，斯金纳（Skinner，1948）在思维心理学方面的最大贡献莫过于他对迷信行为的研究。斯金纳用鸽子作被试,在鸽子身上发现了类似于人类迷信的行为。他将8只鸽子分别放在经过改造的斯金纳箱中饲养,每个鸽子每天在斯金纳箱中待几分钟,在这段时间内,无论它们当时在做什么,都给予定时强化(每隔15秒自动发放一次食物)。结果发现,这8只鸽子中有6只各自发展出了有规律的行为。

那么,这些行为为什么就是迷信行为呢？这可以从三个方面加以论证。

第一,食物强化与鸽子这些行为之间并没有关系,但是它们的行为表现好像是这些行为能产生食物。人类的迷信与之极其类似——任何一种迷信都是违反科学思维逻辑的,例如烧香求财,拜观音求子,其行为与强化之间没有必然的因果关系,但是这丝毫不影响迷信者求神拜佛的信念和热情。

第二,在斯金纳的实验中,如果将强化与反应之间的间隔时间延长到1分钟,可以发现鸽子的行为表现得更积极了。这是普通的行为学习所没有的特征,倒是迷信常见的特征。当迷信者发现求神拜佛的行为要经过较长的时间才能"奏效"时,他们不会减少这种行为,相反,会更加起劲,以表"诚意"。

第三,在实验中,如果强化物消失了,鸽子的上述行为虽然逐渐减少,但是有些鸽子在持续10 000多次以后才完全消退。而人类的迷信同样如此,一旦形成,就难以消退。

延迟强化的作用

布鲁纳和莱弗斯基(Bruner & Revuski, 1961)的实验证明,在延迟强化时,人们很容易产生迷信行为。在一个实验中,要求被试敲击电报键——每当他们按下正确的键,就会伴随声音信号和红灯闪烁,然后被试就可以得到一个硬币作为强化。本来,正确的反应该是敲击键"3",但是,被试按下键"3"并不立即给予正强化,强化是在10秒后才给予。在这10秒内,被试可能尝试了其他多个键的组合。在10秒的延迟快要结束的时候,被试可能再次敲击键"3",并得到了"及时"的强化。结果发现,所有的被试都形成了一种特定的按键反应的模式。例如,1—2—4—3,1—2—4—3……被试相信,按下的其他键也是必要的。这就是一种类似迷信的错误的因果认知。

卡塔尼亚和卡茨(Catania & Cutts, 1963)的一个研究也证实了延迟强化的作用。他们让被试在一个有2个按钮及1个记分器的箱子上作出反应。其中一个按钮在按下后以30秒不定间隔为强化时程表产生积分(对这个按钮作出反应,平均30秒后会产生一个积分,记做VI30);另一个EXT按钮则按照消退时程表,即按下它后不会产生积分。结果,大部分被试产生了迷信的行为模式:在两个按钮之间来回反应,尽管消退按钮对积分没有任何影响。因此,只要对EXT按钮的反应在时间上和强化物连续,迷信反应就会产生并维持下去。

习得性失助-控制错觉与迷信

在一个自己无法控制的情境(不可控情境)中,被试常常产生习得性失助(learned helplessness)。习得性失助理论强调人们能够察觉到情境的不可操控性,并且这种对当前情境不可控的认识会影响他们后来在可控情境中的行为表现。在某个情境中产生习得性失助的人,在该情境转化成可控情境之后仍表现出消极的态度。但是,事实上,在不可控情境中,人们并不都产生习得性失助。相反,也有不少研究表明,不可控情境中的人们也容易形成控制错觉(illusion of control)和迷信,而不是发生习得性失助。

在日常生活中,控制错觉无处不在,但主要表现为个体高估自己的掌控能力。例如,问一个会开车的人两个问题:(1)你驾驶的车辆发生交通事故的可能性有多大?(2)你坐别人车时,车辆发生交通事故的可能性有多大?可以发现,认为自己开车不会出事故的比例显著高于坐别人车时遇上事故的比例。控制错觉有提高自信、增强完成艰难任务的信心等积极作用。但与此同时,它也容易导致个体作出冒险行为,在控制失败时则产生严重的失望情绪等(Thompson,2017)。

如果一个人错误地将实际上没有效果的行为当作获得奖励的原因,并且深信自己能够用这种行为控制结果,这时可以说他形成了某种类似迷信的行为。在马图特(Matute,1994,1995)的一个实验中,大学生被置于噪声环境中,告诉他们可以依照一定顺序按下计算机键盘上的一系列键来消除噪声。其实,按键和噪声终止间并没有关系。但是,大部分被试仍形成了某种反应模式,并报告他们在某种程度上能控制噪声。这很像迷信的人在拜神求子成功后,坚信是自己的拜求行为感动了上苍,并坚持拜求下去。总之,控制错觉和习得性失助是两种对立的现象,但两者或许都是产生迷信的原因。

目前关于迷信的心理学研究,多集中于对迷信形成机制的探讨,而比较缺乏如何破除迷信以形成正确因果认知的研究。

本 章 附 录

内容提要

(一)问题解决是思维的重要形式,也可以说是思维的目的。问题解决所指的范围可宽可窄。

(二)心理学家采用各种各样的问题研究问题解决中的行为,推测被试对课题的理解(模式)。他们提出的实验课题往往带有人工性质,例如移字码问题、河内塔问题、过河问题、量水问题、密码算题等。这些问题有以下几个特点:新颖、规模小、明确具体,而且与领域无关。

(三)纽威尔等人将问题解决的过程看作是对问题空间的搜索过程。问题空间可以用网络图表达。问题解决者的任务就是从这个网络迷宫中找到通向目标状态的途径,并且最好是找到最短的途径。

（四）信息加工学派的学者们还广泛地使用问题行为图来表示问题解决者在问题解决过程中的思想和行为。问题行为图有两个组成元素，就是问题空间中提到的状态和操作。

（五）学者们探讨了两种类型的解决问题的模式：状态动作模式和问题分解模式。状态动作模式用搜索的方式找出可以将起始状态转化为目标状态的一系列操作（动作）。问题分解模式则是将一个复杂的问题分解成几个较简单的子问题。手段-目的分析就是问题分解的一种方式。

（六）格里诺在分析了各种不同问题的基础上，提出将问题分为三类：归纳结构问题、转换问题和排列问题。解决归纳结构问题需要的主要认知技能是某种形式的理解；解决转换问题需要的主要认知技能是手段-目的分析；解决排列问题需要的主要认知技能是建构性搜索。

（七）专长形成是个体解决某一领域问题能力提高的过程，是一个长期的、不断积累经验的过程。在这个过程中，个体学会处理各种问题的各种定式，学会有效地表征问题，从而提高解决复杂问题的速度和准确性。

（八）陆钦斯是最早开展关于定势的实验研究的学者。他用著名的水罐问题揭示了定势的存在。定势往往被认为是创造性解决问题的一种阻碍。不过，随着个体问题解决经验的不断丰富，他们可以学会在不同的情境下灵活运用不同的解题思路和方法，这时，单一的定势就转化为丰富的定式。

（九）问题的表征对于问题解决具有极其重要的作用。采用不同的方法表征问题往往产生截然不同的结果。

（十）专家能够迅速完成本领域的任务，这至少可以从两方面来解释。一方面，在简单任务上，专家的技能在经历了大量的训练后趋于自动化，从而能腾出一部分工作记忆空间来处理其他任务，这样就能够同时进行更多的工作。在搜索解决方案之前，专家花费更大比例的时间来建立对问题情境的表征，从而节省了花在后面的时间。另一方面，专家的速度还得益于较强的模式识别能力。

（十一）专家凭借多年的经验，各项知识间已经形成各种联系。例如，它们之间已经可以归类，几个类的知识又可以归成更大的类。这些知识的归类是按照知识单元内在结构的相似性组织起来的，从而构成了一个高度抽象和概括的知识网络，利用这个网络，还能够对新的知识和信息进行辨识、推理和评价，并在更高层次进行概括。不过，专家的工作效率并不总是令人满意的。

（十二）想象和创造也是思维的重要形式，因为它们产生的认知结果是感知觉和记忆过程本身无法产生的新形象、新思想和新事物。在迷信思维中，存在着许多想象的成分。

（十三）想象的三大功能是：(1)预测与计划；(2)提醒人去做未完成的事情；(3)在沉

闷的环境中保持人的警醒。对于想象和创造的研究包括心理测量方面的研究和实验研究。

（十四）沃拉斯提出了创造性思维的四阶段论：准备期、孕育期、灵感期和验证期。帕特里克对该理论进行了实验验证。关于创造性思维，人们先后提出了联想理论、皮亚杰理论和信息加工理论加以解释。

（十五）影响问题难度的因素主要有三个：一是解决问题所需的知识量；二是解决问题的搜索空间；三是问题的表征方式。芬克提出了判定复杂问题的标准。

（十六）科学不能解释的现象，迷信一定会争相解释。这样，迷信给出的错误的因果关系就会成为一部分人笃信不移的观念。斯金纳用鸽子作被试，在鸽子身上发现了类似于人类迷信的行为。在延迟强化时，人们很容易产生迷信行为。在不可控情境中，人们容易形成控制错觉和迷信。

术语解释

问题(problem)　问题是一种情境，它具有三个主要组成部分：(1)当前状态；(2)目标状态；(3)从当前状态向目标状态转化所需的一系列操作。另有人提出，不能直接用已有的知识来处理，但是可以用已有的知识进行间接处理的情境叫问题。

问题解决(problem solving)　人在面临着问题情境时，为处理这个情境而产生的一系列认知加工活动。纽威尔等人将问题解决的过程看作是对问题空间的搜索过程。

与领域无关的问题(domain-free problem)　有确定的答案，又基本上不需要什么专业知识的问题。

问题空间(problem space)　问题解决者对问题的表征，这种表征中包含问题的起始状态、目标状态、解答问题时的操作(算子)和限定条件，以及因操作产生的中间状态。

手段-目的分析(means-ends analysis)　问题分解的一种方式，其要点是比较初始状态和目标状态，并提出一系列逐级深入的子问题。

归纳结构问题(problem of inducing structure)　一种要求确定问题中给出的各个要素之间的关系的问题。解决这类问题需要的主要认知技能是某种形式的理解。

转换问题(problem of transformation)　要求问题解决者找到一个操作程序，将起始状态转化为目标状态的问题。解决转换问题需要的主要认知技能是手段-目的分析。

排列问题(problem of arrangement)　要求问题解决者将一些要素按照某种标准重新排列的问题。解决这类问题需要的主要认知技能是建构性搜索。

定式(regular formulary)　源于围棋，指棋手面临一定局面时可以采取的一系列正确的行棋步骤，可以看作是个体面临一定的问题情境时可以采取的正确的解题方法。

心理定势(mental set)　心理上的倾向性，它可以促使个体迅速作出反应，而且这种反应局限于一个狭窄的思路。与定式既相互联系又有一定差别。

想象（imagination） 无一定方向的思维，是思维的一种形式。

创造（creation） 产生新颖的、有价值的思维产物的过程。与创造过程相联系的思维活动就是创造性思维。

准备期（stage of preparation） 创造性思维的第一个阶段。在这个阶段，问题解决者对问题进行有意识的、勤奋的、系统的但通常又是没有结果的研究。

孕育期（stage of incubation） 创造性思维的第二个阶段。在这个阶段，问题被搁在一边。

灵感期（stage of illumination） 创造性思维的第三个阶段。这个阶段出现了灵感，得到完整答案的方向。

验证期（stage of verification） 创造性思维的第四个阶段。在这个阶段，问题解决者的活动是验证灵感。

迷信（superstition） 一种不易消退的、错误的因果认知。

习得性失助（learned helplessness） 人们能够察觉到情境的不可操控性，并且这种认识会影响他们后来在可控情境中的行为表现，即在该情境转化成可控情境之后仍表现出消极的态度。

控制错觉（illusion of control） 有时，人们未能认识情境的不可控性，反而觉得自己正在控制情境，或者相信至少是部分地能够控制。

深入阅读

（一）Kotovsky, K. & Simon, H. A. (1990). What makes some problems really hard: Explorations in the problem space of difficulty. *Cognitive Psychology*, 22, 143-183.

——该论文对问题难度的影响因素进行了深入研究。

（二）Skinner, B. F. (1948). Superstition in the pigeon. *Journal of Experimental Psychology*, 38, 168-172.

——斯金纳关于迷信的动物实验。

（三）Fürst, G. & Grin, F. (2018). A comprehensive method for the measurement of everyday creativity. *Thinking Skills and Creativity*, 28, 84-97.

——关于日常生活中创造性解决问题能力的测量方法。

本章问题答案

一、河内塔问题解法：(1)奇数次移动时，移最小盘；(2)偶数次移动时，移放在最上面的较小盘；(3)如果盘数是奇数，最小盘移动的顺序为 S—T—O—S……如果盘数为偶数，最小盘移动的顺序为 S—O—T—S……

二、过河问题解法：

步骤	左 岸		右 岸	
1	$ $ $	♯ ♯ ♯		
2	$ $ $	♯		♯ ♯
3	$ $ $	♯ ♯		♯
4	$ $ $		河	♯ ♯ ♯
5	$ $ $	♯		♯ ♯
6	$	♯	$ $	♯ ♯
7	$ $	♯ ♯	流 $	♯
8		♯ ♯	$ $ $	♯
9		♯ ♯ ♯	$ $ $	
10		♯	$ $ $	♯ ♯
11		♯ ♯	$ $ $	♯
12			$ $ $	♯ ♯ ♯

注：$代表富翁，♯代表强盗。

第 11 章 言 语

·本章细目

11.1 语言、言语和言语的习得
语言和言语

转换生成语法

言语的习得

强化理论　LAD 理论

11.2 言语的理解
言语知觉

语音知觉中的类别效应和视觉线索的影响　连续语音的知觉

阅读

词的识别　句子的理解　语段的理解

11.3 言语的发生
言语发生的阶段模型

安德森的三阶段模型　言语生成错误　词汇产生

故事语法

交谈

11.4 认知(思维)与言语的关系
思维决定言语论

思维不必依靠言语　思维决定言语

言语决定思维论

语言相对论　苏联学者的观点

思维与言语相互作用论

语言是思维的工具　言语的发展推动思维的发展　思维对言语的作用

11.5 应用研究
言语障碍

失语症　阅读障碍　特异性言语障碍

双语和双语教学

双语现象　双语教学

·导读问题

- 语言和言语有什么区别和联系？
- 关于言语的习得，LAD理论能否驳倒强化理论？
- 语音知觉有概括性吗？
- 怎样加工歧径句？
- "故事语法就是一种图式"，此话是否正确？
- 问："你有兄弟吗？"答："有。"这样的对话违反了什么原则？
- "语言是思维的物质外壳"，因此语言是物质的，思维是意识的。这样的理论是否存在问题？
- 言语障碍与大脑损伤部位是严格对应的吗？
- 双语教学可能会使儿童母语的学习受到干扰，能否避免？为什么说双语教学的效果难以评价？

11.1 语言、言语和言语的习得

语言和言语

尽管部分动物身上似乎也表现有萌芽状态的语言现象，但是语言（language）仍是人类区别于动物的一个重要标志。语言之所以重要，是因为它作为一种沟通工具，帮助人们记录、传递信息和知识经验，协调人与人之间的关系。任何一个社会都有它的语言，任何一个民族都有它区别于其他民族的、特殊的语言。

语言是一种符号系统。不同的事物用不同的符号来表示，就形成了语言的词汇系统。事物和符号之间的对应关系是约定俗成的，这就造成不同民族具有不同的语言文字。据估计，世界上的语言现在有2 000种以上，一些语言为几亿乃至十多亿人使用，如汉语、英语、俄语，另一些语言则只为几千乃至几百人使用，如鄂伦春语、赫哲语。不过，各民族的语言还是有一定相互关联的。根据它们的历史来源和亲属关系，可以将各民族的语言分为若干语系，语系以内根据亲属关系的远近再分为若干语族，语族以下再分为若干语支。现在世界上的语言可以分为以下一些语系：汉藏语系、印欧语系、乌戈尔-芬兰语系、萨莫狄语系、阿尔泰语系、伊比利亚-高加索语系、闪含语系、达罗毗荼语系、南亚语系、南岛语系、苏丹语系、班图语系、柯伊撒语系以及美洲印第安诸语言、澳洲诸语言、古亚细亚诸语言等。此外还有语系未定的语言,如日语。

20世纪初,瑞士语言学家索绪尔(Ferdinand de Saussure,1857—1913)创建了结构主义语言学。他的一个重要贡献就是将语言和言语区别开来。他认为,语言是一种社会现象,而言语(speech)是一种心理现象,它是个体运用语言规则表达个人思想,从而实现与他人沟通的目标的过程。

转换生成语法

从20世纪五六十年代开始,乔姆斯基提出了转换生成语法(transformation generative grammar)。他认为,人们掌握一种语言,就是掌握这种语言的转换规则系统,并用这些有限的规则生成无限数目的句子。

转换生成语法的标准模型可以用图11-1表示,它由三个部分组成:句法规则、语义规则和语音规则。其中句法规则又分为基础和转换两个部分。基础部分包括短语结构规则[phrase structure rule,或称为基础规则(base rule)]和词库(lexicon)。基础部分生成句子的深层结构,它决定了句子的语义解释;深层结构再经过转换部分的转换规则的作用,产生句子的表层结构,它表明了实际句子中各个成分之间的关系。语义规则和语音规则分别提供句子表示的语义和发音。

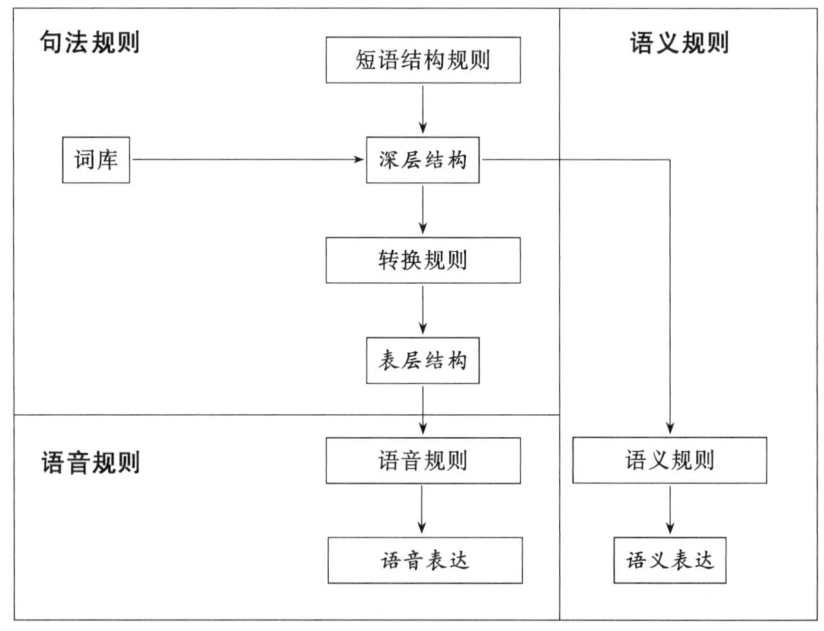

图 11-1　转换生成语法的标准模型示意图

(来源:彭聃龄,张必隐,2004)

为了说明深层结构和表层结构的关系,可以来考察一下这样一个英文句子:

Time flies like an arrow.

这是一个可以产生歧义的句子,既可以解释为"光阴似箭",也可以解释为"时间苍蝇喜欢一支箭"。产生不同解释的原因在于深层结构中的施事者的不同:"光阴似箭"的解释中,施事者是 time;而在"时间苍蝇喜欢一支箭"中,施事者是 time flies;这就使同一个句子表达出不同的含义。

汉语中同样有这样的情形,最有名的就是那个"下雨天留客天天留我不留"的故事了,这句话可以做不同的分析和理解:

下雨天,留客天;天留,我不留!

下雨天,留客天;天留我不?留!

反过来,相同的深层结构可以通过不同的转换规则形成不同的表层结构,这样,一个句子就可以从主动语态变成被动语态,从陈述句式变成疑问句式。

后来,语言学研究中还出现了格语法和生成语义学,转换生成语法进一步发展出另一个版本——"修正的扩展的标准理论",目的都是解决转换生成语法中关于语义的问题。由于本书不是语言学教材,故不赘述。

言语的习得

言语是如何习得的?这是言语心理学和学习心理学共同关心的问题,不同的学派产生了不同的看法,相互之间还发生了争论,这就是强化理论和乔姆斯基 LAD 理论之争。

强化理论

"强化"(reinforcement)这个词在心理学上有两个意思。(1)在经典条件反射中,"强化"指的是无条件刺激和条件刺激的结合。比如说,铃声一响,出现一些肉粉,这种"结合"就是强化。(2)在操作条件反射中,"强化"指的是适当的反应与某个事件(如给予食物)的结合。如老鼠按一下杠杆,得到一个食丸,这种"结合"就是强化。两种强化的结果都是正确反应频率的增加,所以"强化"归根到底是指一切能够使反应频率增大的事件。在操作条件反射中,强化还分成正强化和负强化两种形式。正强化是指适当的反应之后给予奖励性刺激,以此增加适当反应发生的频率。一个小孩做了件好事,奖励他一根冷饮,这就是正强化。负强化是指正确的反应出现后撤走伤害性刺激,以此增加反应发生的频率。例如,看到老鼠按一下按钮,我们就撤去对它强烈的电击,以后它就能学会一遇电击就去按按钮,或者电击出现以前就按住按钮,这就是负强化的作用。要注意的是,"奖励"是正强化的同义词,而"惩罚"却不是负强化的同义词。惩罚是指在某个反应后给予伤害性刺激或不愉快刺激,以减少反应发生的频率。老鼠动一动杠杆,你就给它一次电击,它按动杠杆的反应就会减少。

行为主义心理学家斯金纳(Skinner,1957)主张,言语行为和其他行为一样,也是通过成人对于儿童言语行为的选择性强化得来的。一开始，儿童自发地发出各种声音，一些正确的声音组合得到了奖励，另一些没有得到奖励，反复多次以后，儿童就能辨别哪些是正确的单词、词组乃至语法。长期的训练使得儿童习得了接近成人形式的语言习惯。

LAD 理论

LAD 是"语言获得装置"(language acquisition device)的简称，是乔姆斯基(Chomsky，1959)提出来的。他认为，儿童可以在很短的时间里获得接近成人形式的语言能力，如果每一个单词都是通过选择性强化才能学会，那是不可能有如此高的学习效率的。句子的学习更是如此，儿童不可能对每一个句子都经过创造——选择性强化——辨别这样的过程。

有鉴于此，乔姆斯基提出了 LAD 理论。他认为，LAD 是人类与生俱来的装置，是通过遗传得到的，它可以帮助儿童在短时间内学会人类任何一种语言。这个装置中有一些具体"规定"，它们是学习各种语言的基础。儿童在生活中接受了各种原始的、具体的语言素材，将它们交给 LAD 进行处理，就可以逐步转换成一整套个别的、内化的言语系统。

但是，LAD 究竟是个什么样的装置，在大脑当中处于哪个位置？一个不能确认其存在的东西，在科学上只能暂时认为它子虚乌有。倒是强化理论的生命力并未终结。在强化理论中，有行为塑造(behavior shaping)技术，这是形成复杂技能的一套循序渐进的强化指导思想。有人曾训练一只白鼠学会这样一个复杂的行为系列：(1)爬螺旋斜坡；(2)过一座玩具小桥；(3)爬上楼梯；(4)驾驶玩具汽车；(5)爬楼梯；(6)钻过一根管子；(7)开动电梯下"楼"；(8)按动一根杠杆。

要白鼠自发地一次性完成这一系列活动，几乎是不可能的，它只能自发地爬一下斜坡，或自发地爬一下楼梯。训练者就采用循序渐进的方法塑造白鼠的行为。白鼠偶然地爬上螺旋斜面，就马上给予食物强化，让它形成操作条件反射。爬斜坡的反射形成以后，白鼠再爬上斜坡就不给予食物强化。如果它爬上斜坡后，再偶然地通过小桥，就又给它食物强化，这样它就学会了"爬上斜坡再通过小桥"这样一个行为系列；以后也是如法炮制，一直到让它连续做完 8 个动作，才给它食物强化，形成条件反射。这样就完成了复杂行为的塑造。

教儿童说话，也可以采用上述方法。先对儿童说出单个正确的单词给予奖励，以后奖励连续正确的两个词、三个词，直至对他说出完整正确的句子给予奖励。再辅之以模仿学习，也能使儿童高效率地掌握语言。

强化理论和 LAD 理论之争体现了心理能力后天说和先天说的对立。对于言语习得问题还需要多方面的深入研究。

11.2 言语的理解

言语知觉

言语知觉是理解他人言语的重要环节。言语知觉可以是听觉的,也可以是视觉(阅读)的。

语音知觉中的类别效应和视觉线索的影响

在我们的一般经验中,一句话当中的各个音素是独立的、互不干扰的。其实,语音总是连续的,各个音素之间总是相互影响的。例如,要发一个[pa]音,在结束[p]音之前,发音者就已经开始[a]的发音动作。又如,在汉语发音中,"啊"音往往根据前面的音分别发成"呀"或"哇";"哥哥"中有两个一模一样的"哥",但是前面的"哥"发长音,后面的"哥"发短音。这就是"协发音运动"(coarticulation):当前音素的发音是从前面音素发音形成的相对位置开始的,同时还受到后面音素的影响。

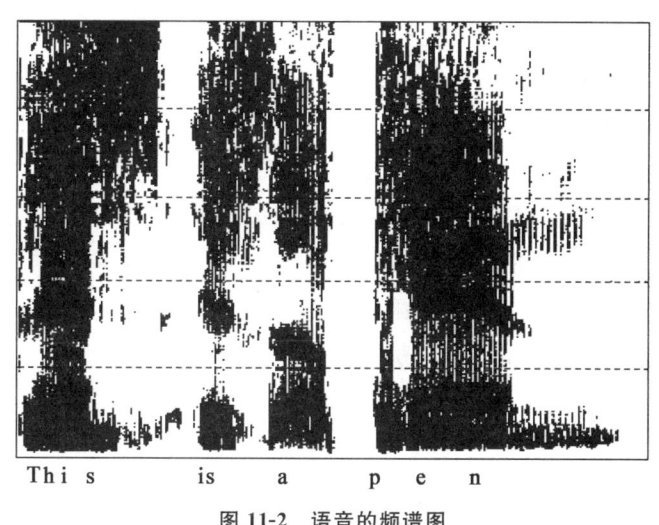

图 11-2 语音的频谱图

(来源:Gallotti,1999)

语音的物理特征可以用仪器描记的声音频谱图来显示。图 11-2 就是一句英语(This is a pen)的频谱图。从图中可以看出,音素之间可以是连续的。图 11-3 则说明,同一个音素[b]在不同的上下文(baby, boondoggle, bunny)中的发音是不同的。

这样一来,对语音的知觉加工似乎复杂了许多,但是一般情况下我们觉得听人说话是一件容易的事,甚至不同的口音也不会影响理解。这是因为语音知觉有一定的概括性:尽管实际听到的语音刺激千变万化,但是知觉加工使得个体可以按照类别来区分语音,从而

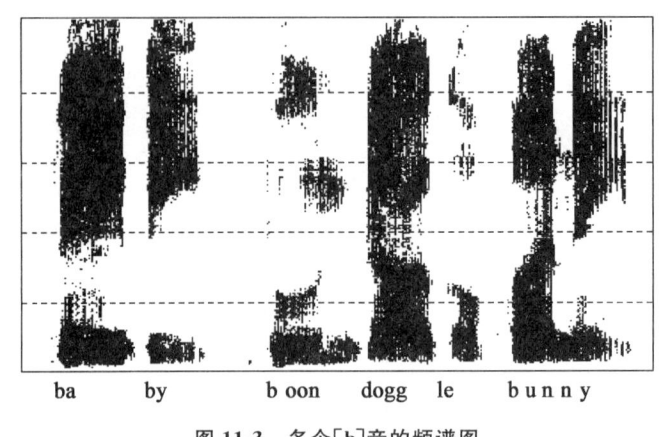

图 11-3 多个[b]音的频谱图

(来源：Gallotti, 1999)

大大提高了语音知觉的效率。

利斯克和艾布拉姆森(Lisker & Abramson, 1970)的一个研究揭示了语音知觉中的类别效应。在实验中,他们利用计算机技术产生人工语音(artificial speech sounds)。举例来说,[ba]和[pa]音有一个共同点,那就是它们的口腔和嘴唇动作相同,差别仅在于嗓音启动时间(voice onset time,简称 VOT,表示从辅音发出后到声带开始振动之间的时间间隔)。如果 VOT 为负数,表示辅音发出之前声带就开始振动了。利斯克和艾布拉姆森以 0.01 秒为间隔,系统地改变 VOT,从－0.15 到＋0.15 秒,产生了 31 个不同的[ba]-[pa]音节。但是,当被试听到这些音节时,他们并未听出那么多不同的音节,而只能区别出两个音,那就是[ba]和[pa]。而且,当 VOT 小于等于＋0.03 秒时,被试报告的是[ba];当 VOT 大于＋0.03 秒时,被试报告的是[pa];可见,＋0.03 秒将 VOT 分割成两个区间,同一区间内的音节(例如 VOT 分别为－0.05 秒和－0.10 秒)难以辨别,不同区间的音节(例如 VOT 分别为 0.00 秒和 0.05 秒)则完全能够辨别。

利伯曼等人(Liberman, Harris, Hoffman & Griffith, 1981)也证明了语音识别中存在类别效应。他们同样采用计算机技术合成语音,得到由[ba]到[da]再到[ga]的 14 个系统变化的音节。将这些音节随机地呈现给被试,让他们加以命名。结果表明,被试对大多数音节都能够准确命名,仅仅在[b]与[d]以及[d]与[g]的交界处产生混淆,但是混淆集中在很狭窄的区间内。

上述研究结果表明,对于语音的知觉已经带有一定的概括性。这使我们能够不受说话者年龄、性别、口音等无意义特征的影响而高效率地理解别人所说的话。

对于语音的知觉还受到视觉线索的影响。例如,麦格克和麦克唐纳(McGurk & MacDonald, 1976)让被试听[ba]-[ba]的语音,同时观看一段录像,录像中有一位女子做[ga]-[ga]的发音动作,且动作与被试听到的[ba]-[ba]同步。结果,被试报告听到的音节既不是[ba],也不是[ga],而是[da]。

连续语音的知觉

在连续语音的情况下,句法、语义等上下文因素也会强烈地影响到知觉。

沃伦(Warren, 1970; Warren & Warren, 1970)的一个实验研究发现,如果连续的语音流中漏掉了一个音素,听者仍能根据上下文恢复它,并且好像和实际听到一样,这就是音位恢复效应(phonetic restore effect)。其中有一个著名的实验是让被试听以下一些句子:

It was found that the *eel was on the axle.
It was found that the *eel was on the shoe.
It was found that the *eel was on the orange.
It was found that the *eel was on the table.

根据上下文,以上四个句子中的*eel分别应该是wheel, heel, peel和meal,但是录音时全都漏掉了开头的辅音[w]、[h]、[p]和[m]。尽管如此,被试没有报告察觉到漏掉了这些音素。这无疑是上下文的作用。

马斯伦-威尔逊和韦尔什(Marslen-Wilson & Welsh, 1978)的研究同样表现出上下文的影响。他们在实验中要求被试出声重复听到的言语,这些言语中某些地方的发音受到歪曲,使单词成为一个不存在的伪词,例如,将"cigarette"最后的[t]音录制成[sh]音,"cigarette"就成了一个字典里不存在的"cigaresh"。但是,只要cigaresh是在一定的上下文(例如Still, he wanted to smoke a_____.)中,被试报告的往往还是"cigarette"。

阅读

阅读是从书面文句中提取意义的过程,这个过程既是自下而上的又是自上而下的,两个方向的加工相互作用,才产生有效的阅读。

词的识别

词是标志事物的约定俗成的符号。前面讲,语言是一种符号系统,基本上是由词的符号作用来体现的。对于词的识别(这里单讲书面单词的识别)是根据词形及其上下文,在心理词典中找到相应的条目,从而了解它的意义,这就是词汇通达(lexical access)。

研究词的识别有很多方法。最简单的是词汇判断任务:向被试呈现一串字母,这些字母有的构成一个词(例如DOG),有的不是词(即非词,相当于无意义音节,例如DOP),被试的任务是尽可能又快又准确地判断呈现的是词还是非词。其反应时和错误率就是单词识别的效率指标,这样就可以测定各种因素对于单词识别的影响。

命名作业也是研究词的识别的重要方法。命名就是让被试朗读一个词,并记录从呈现词到被试发出声音之间的反应时。这种方法比较接近正常阅读的情况,因此经常得到运用,但是它不容易排除语音的作用。遇到反应慢、口齿不清的被试,反应时数据不够准确,何况正常阅读往往是默读而不是朗读。

还有一种方法称为语义分类作业：在实验中，要求被试判断呈现的词是不是属于先前规定的某个类别。例如，规定语义类别为"花"，呈现"郁金香"时，被试应作出肯定回答；呈现"鼠标"时，应作出否定回答。

奥康纳和福斯特（O'Connor & Forster, 1981）对词频与单词识别的关系所做的一个研究表明，高频词中细微的拼写错误不容易被发现。例如将高频词 MOTHER 拼写成 MOHTER，较多的被试还是会将其错判为词；相比之下，BOTHER 被错拼为 BOHTER 后，较多的被试判断其为非词。

另外，用命名作业进行实验也发现，词频能影响命名的反应时：读低频词之前停顿的时间长，高频词前时间短。在控制单词长度的情况下，被试阅读常用词比阅读非常用词所需的注视时间短。

词的启动效应也是词的识别研究的一个重要领域。前面出现过的单词对后面出现的相同单词有促进作用，这就是一种直接启动，又称为重复启动效应。本书在第 3 章"知觉"中曾详细介绍了启动效应研究，读者可以参考前文。

关于词的识别，有多个理论或模型。最早的是莫顿（Morton, 1969）提出的单词产生器模型（logogen model）。这个模型认为，单词产生器的工作原理是进行加法运算，计算信息的总量。而这里所谓的信息，既包括视觉的词形信息、听觉的语音信息，也包括上下文提供的语义信息。每输入一项信息，单词产生器的计数值都会增加，当累加的值超过了阈限，就产生反应。如果累加的信息没有使累加值达到阈限，就通过复述暂时保持在记忆中。常用词的阈限低，故容易激活；使用频率低的单词阈限高，激活比较困难。

此外，福斯特（Forster, 1976）提出了词汇通达的搜索模型（search model of lexical access）。该模型的主要思想是，输入的感觉信息和一个内部词典中的某个词条之间产生适当的匹配，就产生单词的识别。该模型同样考虑到词的感觉输入包括视觉和听觉两种基本形式，并分别建构了两种表征形式作为对应：视觉信息对应于正字法通达文件，听觉信息对应于语音通达文件。这两个"文件"并不是真正的文件，可以看作是信息的两种表征。正字法通达文件或语音通达文件进入内部心理词典或"主文件"。单词识别过程就是根据感觉输入在上述通达文件中进行搜索的过程：如果通达文件中词汇的表征与感觉输入之间产生适当的匹配，就意味着通达文件中搜索到了对应的单词；然后再将最初的刺激或其在工作记忆中的表征来检验这个单词的完整拼写，如果匹配，就识别出这个单词，否则就要在通达文件中重新搜索。

福斯特提出，由于词典容量很大，序列搜索费时较多，无法满足阅读速度上的要求。为此，可以先将单词分成许多个子集（又称"箱子"），在搜索开始前通过某种方式选定一个箱子进行搜索，就可以提高效率。各个单词在搜索空间中的位置受到其使用频度和近期重复情况的影响，高频词或近期用过的词排在靠前的位置。

麦克莱兰和鲁梅尔哈特（McClelland & Rumelhart, 1981; Rumelhart & McClelland,

1982)提出了一个对后来研究产生重大影响的交互作用模型。他们认为,单词识别是在自下而上加工和自上而下加工的交互作用下完成的。

交互作用模型认为,单词的加工单元从最底层到最高层分为视觉特征单元、字母单元、词单元等。视觉呈现的字符串首先激活有关的视觉特征单元,然后激活一定的字母单元,最终激活词单元。某一单元的激活可以抑制同一层次其他单元的活动,从而更快地产生分辨。例如,单词 house 激活后,近似的单词 horse 或 mouse 就受到抑制,这样 house 就得到了识别。

句子的理解

句子是表达一个完整意思的符合一定语法特征的最基本的语言单位,句子的理解是一个认知过程,在这个过程中,阅读者根据书面文句中的各个成分和语法特征,建构出一种解释或意义。换句话说,阅读就是根据文句的表层结构来建构其意义。

意义可以用一系列的命题来表示。例如,句子"惊慌的男孩赶走抓他的猫"可以分解为以下三个命题:

  猫抓男孩。

  男孩是惊慌的。

  男孩赶走猫。

比较英语和汉语文句,我们可以发现,英语多长句,汉语多短句。在将英语翻译成汉语时,常常将英语长句断开,形成几个短句。而短句更接近命题。从这个意义上讲,汉语文句更容易理解,汉语也更容易掌握。

泰勒和泰勒(Taylor & Taylor,1983)调查了 181 个子句,10 个段落(每个段落包括 150 个单词),统计其中不同类型句子的出现频率。虽然调查的语料较少,但是仍然得到了一些倾向性的结果:在英语中最常出现的句子是基本句、被动句和否定句(见表 11-1)。

表 11-1 不同结构英语句子的相对使用频度

结 构	例 句	相对频度(%)
SAAD 句	He read the book.	80.7
(P.)句	The book was read by him.	13.8
(N.)句	He did not read the book.	2.2
PN 句	The book was not read by him.	1.7
命令句	Read the book.	1.1
Wh-疑问句	Why did he read the book?	0.6
Yes/No 疑问句	Did he read the book?	0
PQ 句	Was the book read by him?	0
NQ 句	Did he not read the book?	0
PNQ 句	Was not the book read by him?	0

(来源:Taylor & Taylor,1983)

一般来说，否定句比陈述句复杂，因为否定之后还需要弄清应该肯定的是什么。例如，"我没有说过这句话"的意思可能是我说了句别的话，或者是别人说了这句话，或者我不是说而是写了这句话，等等。如果后面补充一句话"这话是小王说的"，意思才完全明确。

在英语中大量使用被动语态，尤其是英语的科技文章中。但是，被动句在理解、学习和产生上都比主动句困难。人们在回忆被动句的时候，也常常将其回忆成主动句。汉语和英语不同，较少采用被动语态，这就降低了汉语文句的理解难度。

句子理解的最终结果是句子的意义表征，而不是句子本身。例如，贾维拉（Jarvella，1971）在一个研究中采用了这样两段话作为听觉刺激材料：

With this possibility, Taylor left the capital. After he had returned to Manhattan, he explained the offer to his wife.

Taylor did not reach a decision until after he had returned to Manhattan. He explained the offer to his wife.

在这两段话中，"after he had returned to Manhattan"这个从句所处的位置是相同的，只是在第一段话中，它属于第二个句子；在第二段话中，它属于第一个句子。实验的结果是，被试在回忆两段话时，首尾的内容都是相似的，都是段首的回忆成绩差，段尾（he explained the offer to his wife）回忆成绩好。这还是容易理解的，因为段尾的内容还存留在工作记忆当中。照此继续推理下去，居于中间位置的上述从句的回忆成绩原本应该是介于首尾内容之间，而且两种情况下的成绩应该比较接近，但是结果表明，听到第一段话的被试对于"after he had returned to Manhattan"这个从句的回忆正确率为大约54%，听到第二段话的被试对该从句的回忆正确率仅为20%。贾维拉认为，在听第一段话的情况下，该从句听完后，整个句子还没有全部结束，该从句还在受到加工，因而回忆句子时还处于工作记忆中；而在听第二段话的情况下，该从句听完后，它所在的句子就结束了，回忆句子时该从句已经不在工作记忆中了。可见，句子理解的最终结果是解读其意义，而不是存储句子的外在表述形式。

歧义处理也是句子理解时可能遇到的问题。不过，在一般文句的理解中几乎不会意识到歧义现象，除了一些专门用来"修理"读者的歧径句（garden path sentences）。例如，加勒特（Garrett，1990）列举了下面几个英文句子：

Fatty weighed 350 pounds of grapes.

The cotton shirts are made from comes from Arizona.

The horse raced past the barn fell.

上述句子的共同特点是，当读到句子中间或末尾的时候，读者会发现对前面部分的理解根本就是错的。例如，对于第一个句子，一开始的理解是Fatty重达350磅，读到最后一个词，才知道是Fatty称了350磅葡萄。对于这样的句子，不宜急于判断句子结构，而是待句子读完后再加以分析,这称为"晚终止策略"。

上述歧径句在阅读中倒也不很常见,作者一般不敢频频使用这种修理读者的手法。但是另一种歧义现象却是很常见的,那就是由于多义词(尤其是义项差别很大的多义词)造成的歧义。这种歧义往往能根据上下文轻松解决。不过,心理学家还是细致地研究了人们处理歧义的某些细节。其中一个重要的研究是斯温尼(Swinney,1979)的词汇通达实验。在这个实验中,斯温尼向被试听觉呈现一些成对的语段,每对语段的用词基本相同,唯一的区别在于一个语段在特定位置用了一个歧义单词,另一语段在此位置用了一个不会产生歧义的单词。例如下面成对的两段话中,bug 是一个歧义单词,可以解释为"昆虫",也可以解释为"窃听器"。而 insect 专指"昆虫",无歧义问题。

Rumor had it that, for years, the government building had been plagued with problems. The man was not surprised when he found several roaches, spiders, and other bugs* in the corner of his room.

Rumor had it that, for years, the government building had been plagued with problems. The man was not surprised when he found several roaches, spiders, and other insects* in the corner of his room.

在被试听句子的同时,还要完成一个视觉词汇决策任务——尽可能迅速地判断一个字符串是不是一个英文单词。字符串在被试听到上述语段的"*"(即出现歧义单词或非歧义单词)处呈现。这实际上是一个启动效应实验,考察的是被试听到歧义单词能否同时激活它的多个不同义项。例如,bug 的两个义项("昆虫"和"窃听器")能否同时得到激活?

结果发现,bug 的两个义项在被试听到这个单词之后同时得到了激活,其依据是在视觉词汇决策任务中,分别与上述两个义项有关的单词 ant(蚂蚁)和 spy(间谍)都得到了启动,不过前提是它们要在"*"后立即呈现;如果呈现时间延迟到 4 个音节或以上,则只有 ant 得到启动。在英语中,4 个音节的时间大约在 750~1 000 毫秒之间。可见,被试在刚听到 bug 时,两个义项都得到激活,而在 4 个音节以后再呈现,则只能通达"昆虫"这个义项了。

在本书第 3 章"知觉"中,曾提到马塞尔关于启动效应的研究,与这个实验相映成趣,读者可以前后参看、比较。

语段的理解

语段指的是由若干个前后连贯的句子组成的语言段落。对于语段的理解不仅要以对词和句子的理解为基础,又要加工句子间的相互关系,是更加复杂的认知过程。

语段理解当然与语段中的语意因素有关。金奇和基南(Kintsch & Keenan,1973)指出,句子中命题的复杂性对于阅读的效率有重要影响。他们在实验中向被试呈现句子或语段,被试在默读完句子或语段后立即按键并回忆刚才读到的内容。结果发现,长度相同的两段话,包含较多命题的所需的阅读时间要长一些(见图11-4)。另外,被试容易回忆出来的也是那些比较"中心"的命题(即那些与句子的主旨有关的命题),而不是那些用来修饰"中心命题"的"边缘命题"。这说明,命题的心理表征可能也是分层次的:"中心命题"位于顶部,最容易提取到。

后来,金奇和范迪克(Kintsch & van Dijk, 1978)提出了一个关于语段理解的模型。这个模型的基本观点是:(1)理解是指读者对文件提供的信息建构某种心理表征;(2)命题是话语的基本结构单元,一个句子可以表示一个命题,也可以表示多个命题;(3)理解中的建构指的是建立某种命题网络;(4)话语加工具有周期性,即由于工作记忆容量是有限的,每个加工周期中只有一些最重要的命题被保存在工作记忆中,它们的作用就是将前面的课文和现在输入的信息联系起来;各个加工周期中,保存在工作记忆中的命题也是不同的。

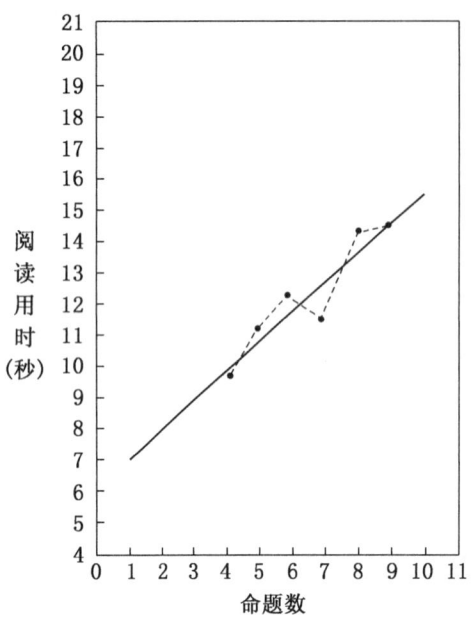

图 11-4 命题数与阅读用时的关系

(来源:Kintsch & Keenan, 1973)

贾斯特和卡彭特(Just & Carpenter, 1987)开展了一系列关于阅读中的眼动特点的研究。他们发现,阅读过程中,被试的注视点在文字间不断地停顿和跳跃,每次停顿的时间平均在 250 毫秒,每次跳跃的时间大约是 10~20 毫秒。另外,影响注视时间的因素很多,包括词的长度、词的使用频度、异常情况,以及词的性质——注视实词的时间比虚词长。下面列出的就是一位被试在阅读一段文字时,各个单词得到的注视时间(毫秒):

编号	1	2	3	4	5	6	7	8	9
时间	1 566	267	400	83	267	617	767	450	450
单词	Flywheels	are	one	of the	oldest	mechanical	devices	known	to	man.
编号	1	2	3	4	5	6	7	8	9
时间	400	616	517	684	250	317	617	1 116	367
单词	Every	internal	combustion	engine		contains	a small	flywheel	that	converts
编号		10	11		12		13	14	15	16
时间		467	483		450		383	284	383	317
单词	the	jerky	motion	of the	pistons	into	the	smooth	flow	of
编号	17		18	19	20	21				
时间	283		533	50	366	566				
单词	energy	that	powers	the	drive	shaft.				

(来源:Just & Carpenter, 1987)

贾斯特和卡彭特还提出,阅读过程就是对看到的单词加以解释,赋予其角色。阅读时,每一个单词得到解释都发生在它们受到注视的期间,这就是眼-心假设(eye-mind hypothesis)。因此,注视时间的长短就可以作为被注视内容的加工难度的指标。

哈维兰和克拉克(Haviland & Clark, 1974; Clark & Clark, 1977)则提出了阅读的"已知-新信息策略"(given-new strategy)。他们认为,任何一个句子都包含已知的信息和新的信息,阅读就是将两者联系起来,从而达到理解。在说话时,可以用重音来突出需要注意的新信息,在书面语中,则可以用特定的句式来区分已知的信息和新的信息(见表11-2)。

正是由于句子中有新旧两种信息,一个语段就成为已知信息引出新信息——新信息成为已知信息——已知信息引出更新信息这样一个功能体,从而表达一段相对完整的意思。

表 11-2 句子中的已知-新信息

句　　子	已知-新信息
(1) 就是这个男孩宠爱猫	已知信息:X 宠爱猫 新信息:X＝这个男孩
(2) 就是这只猫是这个男孩所宠爱的	已知信息:这个男孩宠爱 X 新信息:X＝这只猫
(3) 宠爱这只猫的就是这个男孩	已知信息:X 宠爱这只猫 新信息:X＝这个男孩
(4) 这个男孩宠爱的就是这只猫	已知信息:这个男孩宠爱 X 新信息:X＝这只猫
(5) 这个男孩宠爱这只猫	已知信息:X 宠爱这只猫 新信息:X＝这个男孩

(来源:Haviland & Clark, 1974)

已知信息和新信息之间应该有某种联结方式,那就是前后句子中有共同的元素。例如下面这个语段的两个句子中(Haviland & Clark, 1974),单词 beer 就是承前启后的共同元素。

　　We got some beer out of the car. The beer was warm.
　　(我们从车里取出一些啤酒。啤酒还是温的。)

第一个 beer 被称为先行词(antecedent)。在看完或听完第一句时,beer 被储存在工作记忆中,当看到或听到第二句的 beer 时,两者就能联系起来,"The beer was warm."就容易理解。如果换一种说法:

　　We checked the picnic supplies. The beer was warm.
　　(我们检查了野炊物资。啤酒还是温的。)

被试在看到或听到第二句话时就觉得 beer 仿佛是凭空出现的,两句话难以联系起来。这时必须有一个联结推理(bridging inference),即考虑野炊和啤酒的关系,推出"野炊物资中包括啤酒"这一信息,然后才能顺利地理解这个语段。

布兰斯福德和约翰逊(Bransford & Johnson, 1972)的研究更是体现了图式对于阅读的重要意义。他们编写了一些含义模糊的语段,被试虽然一开始很难明白这些内容,但是如果告诉他们相关的图式或脚本,被试就恍然大悟。其中一个模糊语段是这样的:

> 这个程序实际上是极其简单的。首先,你要将东西分组。当然,分成一组也够了,就看有多少要做。如果由于缺少设施,你必须到别处去,那是下一步,否则你会一切顺利。重要的是不要做得太多。这就是说,一次少做些比做太多要好。这在短时期内似乎不重要,但是容易产生麻烦。一个错误的代价同样是很高的。首先,整个手续会复杂起来。但它很快就会成为生活的另一方面。很难预见这种任务的必要性在不远的将来能够终结,而且没有人能这样说。在这个程序完成以后,你要再次将东西分组,然后将它们放在合适的地方。终究它们要被再次使用,而且这是一个必将得到重复的周期性活动。无论怎样,这是生活的一部分。

(译文采自王甦和汪安圣的《认知心理学》1992年版第353页,部分措辞有技术性修改)

如果加上标题"洗衣服",上述语段就容易理解得多。

11.3 言语的发生

言语的发生也有着极其复杂的机制。虽然它不是一个认知过程,但是它与言语的理解有关,因此有必要给予一定的关注。

言语发生的阶段模型

安德森的三阶段模型

言语的发生是人们运用语言文字表达自己思想的过程,用心理语言学的话来说,就是深层结构转化成表层结构的过程。这个过程可以分为数个不同的阶段,但是究竟怎样划分,诸说不同,划分出来的阶段也从3个到7个不等。这里仅介绍比较简明的三阶段模型,是由安德森(Anderson,1980)提出的。

安德森的模型包括以下三个阶段(见图11-5)。

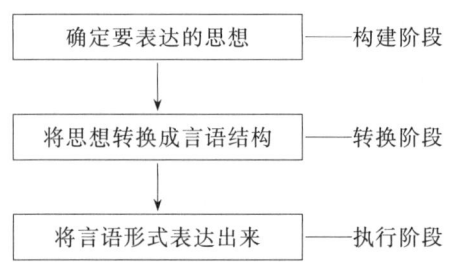

图11-5 言语发生的三阶段模型

(来源:Anderson,1980)

构建阶段——根据言语者的目的,确定要表达的思想。人们用语言表达的是自己的思想,表达出来是为了影响别人。因此,第一阶段的任务,就是确定说什么或写什么。这是一个复杂的思维过程,它受到动机、情绪、当前任务和情境以及其他认知过程等因素的影响。

转换阶段——运用规则将思想转换成句法、词汇和语音等不同层次的语言结构。在这个过程中,确定句法结构是一个关键性的环节。句法结构可以为以后的转换提供一个整体框架,引导和限定词汇和词法形式的选择。短语是句法结构的构建单位,因此,人们说话时的停顿往往发生在短语之间的结合部,而且人们重复或纠正语言时,也是以短语为单位,总是完整地重复某个短语,而不是仅仅重复短语中的个别单词。

执行阶段——将转换阶段得到的语言结构用口头或书面的形式表述出来。这一阶段需要与言语有关的动作技能参与,产生人们可以看懂的文字或听懂的语音。

言语生成错误

在将思想转换成语言结构的过程中,会产生各种失误(简称语误),尤其是在口头表达中。对于言语生成错误很难开展实验研究,因为相关的因素不容易控制,故多采取观察法。加勒特(Garrett,1990)列举了言语生成错误的几种情况:

Sue keeps food in her *v*esk. ["v"代替了"d"]

Keep your cotton-pickin' hands off my weet *s*peas. ["s"换位]

... got a lot of po*ns* and pa*ts* to wash. [音素交换]

We'll sit around the **song** and sing **fires**. [词与词素交换]

加勒特发现了两类错误:意义型错误和形状型错误。意义型错误,指的是用错的单词与正确的单词有意义上的联系,例如将"脚"说成了"手",将"跑"说成了"走";形状型错误指的是用错的单词与正确的单词仅仅有形态上的相似性,例如将"goat"写成"guest",将"mushroom"写成"mustache"。加勒特发现,这两种错误几乎不会同时出现,这说明在句子建构的过程中,对于词的意义和形状的加工是在不同阶段进行的。

从前面的例句中还可以看出,言语生成错误虽然偶尔产生像"vesk"这样的无意义的非词,但是大多数情况下产生的都是有意义的单词,这称为词汇偏差效应(lexical bias effect)。德尔等人(Dell,1986;Dell et al.,2008)认为,说话者头脑中可能同时有多个音被激活,从而造成语误。但是,有意义单词中的音被激活的可能性远远大于非词中的音。例如,看到"deep cot"可能激活单词"keep"和"dot",从而造成语误;而看到"deed cop"却不太会激活"keed"或"dop",因为这两个根本不是单词。

词汇产生

词汇产生是言语发生过程的重要组成部分,勒维尔特(Levelt,1999)将有关词汇发生的错误分析和反应时分析模型作了总结,提出这一过程可细分为四个组成阶段:(1)单词选择。在这个阶段,言者根据要表达的语义和句法约束,选择合适的单词或语汇。(2)提取音位。在这个阶段,言者提取前一阶段选出的单词的语音特征。(3)划分音节。

在这一阶段,根据上下文关系,单词的词汇结构、韵律特征和音段组成得到展开,词素单位内的音位信息被组合成音节。(4)准备发声方式。在这一阶段,言者做好产生具体发音的准备。

词汇产生研究中的一个重要问题就是单词选择与音位编码之间的关系问题。勒维尔特(Levelt,1999)认为,单词选择与音位编码是两个完全模块化的、独立的阶段。语义特征的激活会传输到多个特定词汇表征之上,这些表征之间产生竞争,最终产生一个最符合语义要求的单词,然后才可能开始下一阶段的音位编码。因此,这两个阶段在时间上不存在重叠现象。

不过,也有人认为两者之间存在着交互作用。例如德尔(Dell,1986)就提出了两阶段交互作用理论,认为音位编码在词条选择完成之前就开始。交互作用模型能够很好地解释语误中的混合错误。前面曾经说到,意义型错误和形状型错误很少同时出现,但是也不是绝对不可能。例如,"cat"可能被说成"rat",两者在语义和语音上都相关联。这很可能是由于两个阶段相互影响所致。

故事语法

不同的故事都有共同的组成部分和组织结构——背景、情节、原因和结局等,这就是故事语法(story grammar),它类似于一种图式,即讲故事的图式。故事语法的作用是给故事的写作者或阅读者提供一个框架,在这个框架的指引下,故事的各种要素可以顺利地找到自己的位置,并建立起相互联系,还能通过推理自动补上一些"缺省"的内容。一个容易被读者接受的故事都会遵循这样的图式。表 11-3 是索恩代克(Thorndyke,1977)总结的故事语法,他认为,故事语法是一个规则体系,第一条规则就是:一个故事由背景、主题、情节和结局等成分组成。而这四个成分又可以细分为一些下级成分,从而形成一个层次体系。表中星号"*"表示该成分可以无限重复。

表 11-3　故事语法的规则体系

规则号码	规则	规则号码	规则
1	故事—背景+主题+情节+结局	7	结果 { 事件* / 状态
2	背景—人物+地点+时间		
3	主题—(事件)*+目标		
4	情节—片断*	8	结局 { 事件 / 状态
5	片断—子目标+尝试*+结果		
6	尝试 { 事件* / 片断	9	子目标—期望的状态
		10	人物 / 地点 / 事件 } 状态

(来源:Thorndyke,1977)

索恩代克运用自己总结出来的故事语法对一些故事进行了分析。例如,下面这个故事中共有 34 个成分,可以用图 11-6 来表示它们之间的层次关系。

（1）Circle Island is located in the middle of the Atlantic Ocean,（2）north of Ronald Island.（3）The main occupations on the island are farming and ranching.（4）Circle Island has good soil,（5）but few rivers and（6）hence a shortage of water.（7）The island is run democratically.（8）All issues are decided by a majority vote of the islanders.（9）The governing body is a senate,（10）whose job is to carry out the will of the majority.（11）Recently, an island scientist discovered a cheap method（12）of converting salt water into fresh water.（13）As a result, the island farmers wanted（14）to build a canal across the island,（15）so that they could use water from the canal（16）to cultivate the island's central region.（17）Therefore, the farmers formed a procanal association（18）and persuade a few senators（19）to join.（20）The procanal association brought the construction idea to a vote.（21）All the islanders voted.（22）The majority voted in favor of construction.（23）The senate, however, decided that（24）the farmers' proposed canal was ecologically unsound.（25）The senators agreed（26）to build a smaller canal（27）that was 2 feet wide and 1 foot deep.（28）After starting construction on the smaller canal,（29）the islanders discovered that（30）no water would flow into it.（31）Thus the project was abandoned.（32）The farmers were angry（33）because of the failure of the canal project.（34）Civil war appeared inevitable.

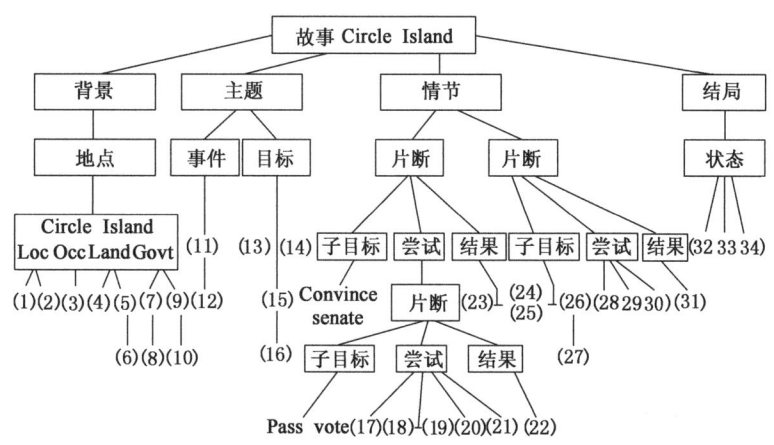

图 11-6　对故事 *Circle Island* 的分析

（来源：Thorndyke，1977）

交谈

交谈是人们交流思想的一种重要方式,也是一种特殊的言语发生方式。在心理语言学中,交谈是很受重视的一个研究领域,因为在交谈过程中,说话者不仅要表达自己的思想观点,还要照顾到参与交谈的他人的目的、动机、情绪和思想方法等等。另外,交谈是频繁发生的,并且是在较少计划和修改的条件下产生大量的语句,这也使研究者对其产生浓厚的兴趣。

说话和写作都是有规律可循的,都要遵守语音、句法和词汇方面的规则;前面讲的故事语法就是叙事时应遵守的基本规则。交谈则有自己特殊的规则。这里要介绍的是格赖斯(Grice,1975)关于交谈的规则系统。

格赖斯认为,交谈是一种合作行为。一个人说话,除了要表达自己的思想,他的话本身又可以成为别人说话的上下文。因此,说什么,怎么说,什么情况下说,都是很费思量的问题,需要遵守一定的规则,而这些规则的核心就是"合作"。下面所列,就是格赖斯的"合作性交谈四准则"(Gricean four maxims of cooperative conversation)。

  1. 量的准则:你说的话应当提供尽可能多的信息,但是也不要超过别人的需求。
  2. 质的准则:你说的话应当尽可能真实可信,不要说虚假的事情,不要说没有证据的事情。
  3. 关系准则:你说的话与谈话的目的要有关联。
  4. 方式准则:你说的话应该清楚明确,简短有序,避免晦涩、歧义。

格赖斯所说的规则不是机械执行的。例如第二条准则,牵涉到说真话还是假话,一般情况下自然是说真话,但是某些情况下,善意的假话也是允许的。另外,如果交谈的一方希望结束谈话,往往明显有意地违反上述准则,作为结束信号。例如,他可以违反第三条准则,"王顾左右而言他",令人感到话不投机,识趣地结束交谈。

11.4 认知(思维)与言语的关系

认知与言语的关系是非常密切的,也是相当复杂的。心理学家为此争论不休,争论的焦点是思维与言语的关系问题。心理学家提出过多种观点,主要有:言语等于思维论、思维决定言语论、言语决定思维论以及言语与思维相互作用论。

言语等于思维主要是行为主义的观点。这从华生(Watson,1930)对思维的一个简单定义就可以看出来。他说,思想只是自己对自己说话,无论这种说话是多么轻微和内敛。他又说,出声言语中习得的肌肉习惯,也负责进行潜在的、内部的言语(即思想)。这是把内部言语和思维完全等同起来了。相形之下,斯金纳(Skinner,1957)讲的倒还全面一些,他说,思想仅仅是一种行为,包括语词的和非语词的、隐蔽的和公开的。可见,斯金纳已经认识到思维也包括非言语行为(例如动作、表象等),思维不等于言语。至于言语是否等于思维,从斯金纳的这句话还看不出肯定的结论。但是从心理学上的发现(尤其是病理心理学的发现)来看,说言语等于思维是越来越站不住脚了:一个精神病患者在说胡话,他有言语行为,他有没有思维呢?一个人照着书念,也许口到心到,也许有口无心,他们的思维一样吗?当然不一样。所以,下面我们主要介绍的是后三种观点。

思维决定言语论

思维不必依靠言语

说思维决定言语,首先就要否定思维对言语的依赖关系。

19世纪末20世纪初,符兹堡学派对思维进行了大量研究,其中比较重要的有马尔比的判断研究、瓦特的联想研究和彪勒的思维研究。他们发现,被试在判断轻重、进行联想和回答问题时,对自己的内在心理过程都无法进行内省,也就是说,被试觉得在作出反应以前脑子是空的,没有什么内容,既没有表象,也没有言语。于是符兹堡学派提出一个看法,说思维中没有任何意象(包括言语表象),这就是所谓的"无意象思维"观点。对于这个观点,我们觉得它的实验资料不充分,是站不住脚的。这三个实验也许根本没有引发出思维来。比较重量可以说是对客观事物的直接反映,谈不上是思维;而简单的控制联想和回答简单的问题也完全可以由回忆过程来完成,无须进行什么思维。对"你叫什么名字"这样的问题还用得着进行一番思考吗?1加1等于几?随手就可以写出答案,也用不着思维。只要人对问题的答案十分熟悉,回答时就只需从记忆中把有关信息提取出来即可,但这是记忆,而不是思维。所以,我们说"无意象思维"观点是站不住脚的,并不能证实思维不依赖言语。

思维决定言语

思维决定言语这个观点,亚里士多德早就提出过。他认为思维范畴决定言语范畴。今天,不少西方心理学家仍然持这种观点,皮亚杰就是其中之一。

皮亚杰研究的重点是发展心理学。他对儿童的认知发展进行了长期大量的研究,取得了丰硕的成果。皮亚杰(Piaget,1955)得出的一个重要发现是,思维的发生早于语言的发生。这实际上就是说,思维不必依靠言语。不过我们要注意,思维不依赖言语只是思维发展的一个阶段,到了抽象思维阶段,言语还是不能缺少的。

皮亚杰的另一个发现是,思维决定言语。有些心理学家认为,儿童掌握语言后,就会更有逻辑性地进行思维,但是皮亚杰却不以为然。他虽然也认为语言是很重要的,是人们交往时运用的符号,但它本身并不会使思维的逻辑性有所提高。在前运算思维阶段(2~7岁),儿童已经学会运用语言,但他们的思考仍然是无系统的、不合逻辑的。儿童的逻辑是由动作产生的,或者说是在与外界环境的相互作用中产生的。有了逻辑以后,语言才具有逻辑性。所以,不是言语决定思维,而是思维决定言语。

当然,皮亚杰也曾经提到过言语对思维的作用,但是他的理论的主要倾向还是思维决定言语。

言语决定思维论

言语决定思维这个观点在西方和苏联都曾流行过,在中国也流行过。

语言相对论

在西方,言语决定思维论的代表人物是沃夫(Whorf,1956)。他提出了语言相对论(linguistic relativity),认为语言决定我们对世界的观察和思维的方式。为此,他找到了不少有关的证据。

第一,不同民族语言中分化不一的现象。在英语中,紫色有两个单词(purple 和 violet)来表示,而汉语中只有"紫"1个词;爱斯基摩人有 20 个词来代表不同的雪,而英语只有 1 个;有个印度尼西亚部落有 80 个词表示稻米,菲律宾人对稻米则有 92 种称呼……沃夫认为,语言上的差异会影响到人的思想。例如,英国人对于雪的辨别就不如爱斯摩

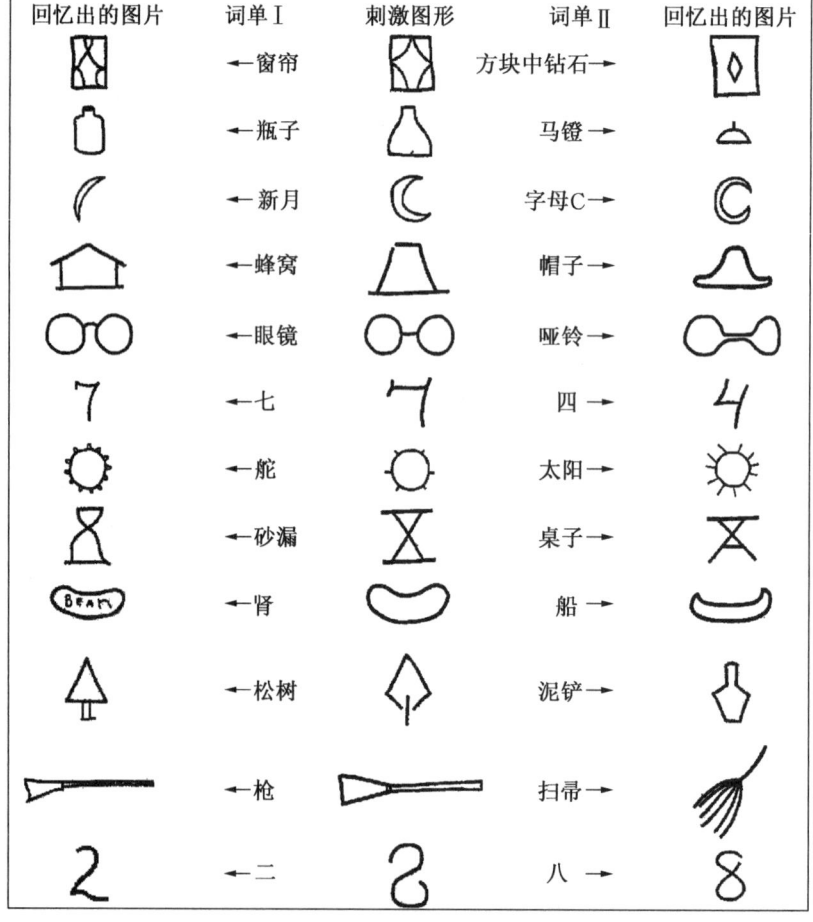

图 11-7 语词对记忆的影响

(来源:Carmichael,Hogan & Walter,1932)

人那么细致。

第二，记忆定势的影响。根据卡迈克尔等人(Carmichael，Hogan & Walter，1932)的研究，在记忆的时候，如果对同一图形配上不同的语词标记，就会诱使被试回忆出不同的图形(见图11-7)。例如，记忆的时候呈现的图形是两个圆，中间有一条横线，但是分别配以"眼镜"和"哑铃"这两个不同的语词。结果回忆的时候，配以"眼镜"的被试组回忆出来的图形接近眼镜，配以"哑铃"的被试组的回忆则接近哑铃。

第三，功能固着效应。在梅尔(Maier，1930，1931)的一个实验中，要求被试将两根从天花板上垂下的绳索结在一起。由于绳子长度不够，被试抓住一根绳子却够不着另一根，无法打结。在实验的房间里，还有一张桌子，桌上有火柴、螺丝刀和一些棉花。这个问题的解法是：把螺丝刀绑在一根绳子上，让其像单摆一样摆动，被试抓住另一根绳子，当螺丝刀摆动过来时将其抓住，然后打结。但是，由于"螺丝刀"一词一直是作为劳动工具的符号而不是作为重物的符号，所以只有不到40%的被试能够独立思考(无需主试提示)想出上述办法。还有一个著名的问题，就是要用火柴盒充当蜡烛台，"火柴盒"这个词阻碍了思维，使人想不到它可以当烛台。

根据以上事实，语言相对论者认为，言语对思维起了决定性的作用。但是，这三个根据仅能说明言语对思维有一定的影响，未必是决定性的影响。

语言相对论的主要论点是站不住脚的。以不同民族语言中分化不一的现象为例，一类事物能分化出多少个名称，至少有两个条件：一是要通过观察、比较、概括来确定同类事物间的差异，作出分类以后才能给出名称。二是要有分化的必要，有的民族觉得对某事物不必分得太细，名称就少一些，觉得有必要分得细，名称就多一些。个人也是这样，不关心衣着的，对这个式样那个式样，都一窍不通；但是他如果潜心研究服装，不要说有那么多名称，就是没有他也能造出一大串来。这样倒是可以说，是对世界的观察决定了人的言语。名称实际上是已有的分类的标记，它确实对思维有一定的作用，但不能把这种作用绝对化。罗施(Rosch，1973b)的实验就证明，没有丰富颜色名称的民族，同样能对不同的颜色

表11-4　颜色单词的层次结构

颜色词数目	颜　色　词
2	白、黑
3	白、黑、红
4	白、黑、红、黄(或绿)
5	白、黑、红、黄、绿
6	白、黑、红、黄、绿、蓝
7	白、黑、红、黄、绿、蓝、棕
8～11	白、黑、红、黄、绿、蓝、棕以及粉红、紫、橘黄、灰等

(来源：Berlin & Kay，1969)

作出精细的辨别。由人类学家柏林和凯(Berlin & Kay, 1969)的调查还发现,不同民族的颜色命名都遵循一定的规则。任何一个民族的语言中,基本的颜色单词不会超过 11 个,而且颜色单词的组织具有一定的层次结构:如果只有两个颜色单词,它们一定是"黑"和"白";如果有三个颜色单词,新加入的一定是"红"……(见表 11-4)。这说明,颜色单词和颜色概念具有跨文化的一致性,并不像沃夫说的,不同民族因为语言不同造成颜色辨别能力的差异。

苏联学者的观点

马克思曾说过,语言是思维的物质外壳。如果对这句话进行简单的理解,那就是:语言是物质,思维是意识,物质决定意识,所以语言决定思维;并进一步推知,没有语言就没有思维。于是,言语自然就决定思维。

但是,如果仔细想一想,就可以发现疑问。言语也是人脑的机能,它和思维一样,都是物质运动的产物,两者之间怎么又成了物质和意识的关系呢?因此,我们最多只能说,思维是大脑物质运动的产物,言语是同时产生的另一个产物,而且言语往往与思维的内容有着对应关系。当然,只有抽象思维的时候,才会同时产生相对应的言语活动。

苏联学者讲得很多的是人在思维的时候喉头肌肉有动作电位活动。这个现象确实说明思维时有言语活动参与,但是究竟是言语引起思维,还是思维引起言语却很难说。这就好像"先有鸡还是先有蛋"的问题一样难以回答。

还有一个实验是请言语能力受到阻碍的被试解答问题。例如,要求被试咬住自己的舌尖来想问题,由于言语活动需要舌头的动作帮忙,现在舌头的活动受到阻碍,被试就觉得解决问题的时候很不自然了。从这个实验来看,似乎是没有言语就没有思维了。但是另外有一些实验却得出了相反的结果。其中最有名的实验,就是史密斯等人(Smith, Brown, Toman & Goodman, 1947)的箭毒实验。史密斯用箭毒将自己全身肌肉麻醉,但是发现自己还照样能记住周围发生的事情,还能想问题。可见,没有言语动作,照样可以进行思维和认知。

反对言语决定思维的学者的主要思路就是像史密斯等人(Smith, Brown, Toman & Goodman, 1947)那样,想办法让言语器官不活动或从事与思维任务无关的活动,但是这样做也有问题。言语器官虽然不活动了,但是头脑中的言语机构是否一律不活动了?很难说,我们实际上很难完全冻结言语活动,所以实际上也难以驳倒言语决定思维论。只能通过比较说明这个理论和其他理论相比是否更加符合实际。

思维与言语相互作用论

持这种观点的学者提出了以下三方面的论点。

语言是思维的工具

思维的工具有三种:动作(产生动作思维)、表象(产生形象思维)和语言(产生抽象思维)。

从出生到1岁半这段时间中,婴儿的思维是由动作作为媒介的。利用动作,婴儿可以操纵一些外界事物,并从中得到乐趣。这个阶段就是皮亚杰所说的感觉运动阶段。到了感觉运动阶段后期,婴儿的表象开始得到发展,以后就不必事事都要经过动作才能明白结果,而只要在头脑中,根据已有的经验,想象一下事物的发展过程就可以了。这时就会观察到顿悟现象。其实这也许是尝试错误的内化。

2~7岁正是儿童学习语言的时期。学习语言的过程,就是学会用语词和句型等来标志客观事物的过程。有了这种标志,客观事物及其相互联系就可以用一种更经济的符号形式来表示。这样,语言就成为思维的一个有力工具。

不过,在思维过程中,真正起作用的恐怕是知识经验。动作、表象和语言只是知识经验的构成材料。几个相关联的表象,按照合乎事理的次序组合在一起,就形成一个知识点;语言也是按一定的规则组合起来形成一个知识点。这样的"知识点",如果每用到一次,都要重新过一遍所有的内容,思维的效率未免太低了!会不会还有一种代号来代表这些知识点?假如这个设想成立,我们就可以解释为什么内部言语总是缩减的、片断的、简化的,还可以解释为什么有时候心里很明白,就是表达不出来。

言语的发展推动思维的发展

这一点很容易理解。随着言语的发展,尤其是词汇量的扩大,人就能看懂和听懂越来越多的语言材料,得到越来越丰富的知识,他的思维能力自然就能不断提高了。另外,词汇的增加本身也能提高思维的效率。试想,如果只有汽车的表象而没有"汽车"这个词,每次想到汽车的时候就要让汽车的表象浮现出来,这样思维的效率就大大降低了。

思维对言语的作用

思维对言语也起着很大的作用。这主要表现在两个方面:

一是思维影响言语表达。想不到的事情自然不会说出来。同样一件事情如何表达,有时也要运用思维细细推敲,以免词不达意。另外,人们创造新词汇也是思维对言语的作用的表现。随着对客观事物的认识的不断深化,越来越多的新现象都要求用新词汇来表示。一个民族的语言就是这样不断丰富和发展的。

二是对个人来说,思维的发展也推动言语的发展。现在,儿童心理学已经有足够的证据证明这一点。儿童理解一个词的过程,就是一个概念形成的过程。他看了许多汽车,才知道"汽车"这个词指的是什么。同样,学习句型也是这样,也是一个不断总结规律、作出概括的过程。

思维和言语的关系问题是很重要也很复杂的问题。要彻底弄清它们之间的联系,还需要进行深入细致的研究。

11.5 应 用 研 究

言语障碍

失语症

人们对于言语功能在大脑中的定位的兴趣由来已久。不过一开始,这种兴趣来自对失语症患者的关注。19世纪中叶,法国医生布罗卡(Pierre Paul Broca,1824—1880)从一则报告中得知有一位外号叫做"Tan"的患者,他失去了说话的能力(除了"Tan"这个单词)。在这位患者去世后,布罗卡迅速检查了他的大脑,发现其左侧额叶遭到损伤。这部分区域后来就被称为布罗卡区。

仅仅过了十多年,德国神经科学家韦尼克(Karl Wernicke,1848—1905)也发现了一个与言语功能有关的区域。这个区域如果遭到损害,患者几乎无法听懂别人的语言,不过这并不影响他进行表达。这个区域后来自然也就被称为韦尼克区。布罗卡区和韦尼克区的位置见图11-8。

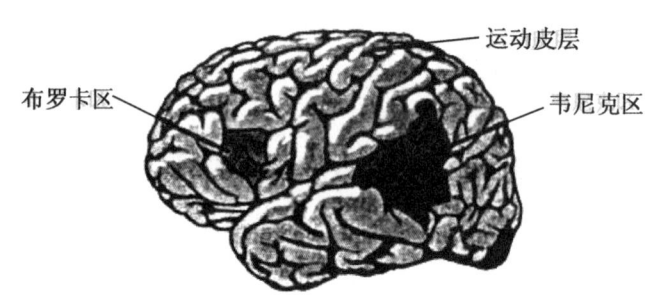

图11-8 布罗卡区和韦尼克区

上述患者的言语障碍统称为失语症(aphasia)。布罗卡区损伤造成患者无法产生言语,称为布罗卡失语症或运动性失语症;韦尼克区损伤造成患者无法听懂言语,称为韦尼克失语症或感觉性失语症。有趣的是,布罗卡失语症患者理解没有问题,韦尼克失语症患者说话没有障碍(不过患者说话常常是在胡扯)。

失语症患者脑损伤的部位基本上都在左侧皮层,结果引出了皮层功能单侧化(lateralization)理论。这个理论认为,大脑皮层左右侧功能是有分工的:左侧负责言语活动,右侧负责处理复杂的空间关系。

不过,脑损伤和失语症之间的关系并非如此简单。另有一些研究发现,布罗卡区受损的患者并不一定都产生布罗卡失语症,反过来,布罗卡失语症患者也不一定是布罗卡区受损;同样的情况也出现在韦尼克区损伤与韦尼克失语症的关系上。因此,卡普兰(Caplan, 1994)提出,不能简单化地划分具体言语功能的皮层区域;言语功能也许不是某个单独的区域能够完成的,应该是散布在大脑中的神经网络作用的结果,而且不同人的言语功能的皮层定位也可能不一样。

阅读障碍

学习离不开阅读。有学习障碍的儿童,阅读方面总能找到缺陷。从1965年开始,美国全国儿童健康与人类发展协会(National Institute of Child Health and Human Development,简称NICHD)组织了一系列的研究,试图了解阅读障碍的基本特点。

NICHD在30多年的时间里,先后研究了3万多名儿童和成人的阅读发展,有些被试参加研究达12年之久。还有大批儿童参加了阅读的早期干预和康复研究,参与研究的学校达数百所之多。长时间、大规模的研究获得了关于阅读问题的重要成果。

阅读能力是如何习得的

NICHD指出,阅读不是一个自发的过程。对于儿童来说,学说话是一件自发的事情:它是在和父母、成人的交往中不知不觉地完成的。而阅读对于大多数儿童来说,需要的是系统而外显的教学,尽管各个儿童经历的阅读教学的内容、形式和持续时间各有不同。

阅读是在儿童入学前就开始的漫长的过程。阅读发展需要语音和口语训练作为准备,儿童必须意识到,平常他说的连贯的话可以分解为多个成分——音节,印在纸上的文字就是这些音节的化身。阅读的任务就是将纸上的文字转译成音节。就英语为母语的儿童来说,他们要学会的是26个字母和44个英语音素之间的联系。

阅读能力的提高取决于多方面的因素,其中包括经验、背景知识、口语理解能力、概括能力、阐述能力、预测能力以及对于惯用句法的掌握,等等。阅读也为口语表达能力的进一步发展提供了动力。

阅读障碍的来源

成功的阅读需要如此众多的前提条件,难怪部分儿童和成人在学习阅读时产生困难。而且,阅读障碍如同慢性疾病,迁延不息。根据NICHD的统计,大约有17%~20%的儿童表现出阅读方面的障碍。有些人提出,男生阅读障碍的比例大约是女生的4倍,不过NICHD的调查发现两者差不多。另外,调查发现,阅读障碍者几乎没有音素概念,不认得字母,没有文字意识,词汇量少,口语能力差,对阅读的目的和技能也知之甚少。他们认字费力,常常认错熟悉的字,念书结结巴巴,常常发错音。不过,阅读障碍与智商没有必然关系。

最容易发生阅读障碍的儿童往往生活于缺乏语言刺激的环境中,这些儿童往往家境贫穷,或有说话和听力方面的缺陷,或来自文化程度较低的家庭。阅读障碍还有一定的家族史特征,父母之一有阅读障碍的,他们的子女大约有23%~65%也受到阅读障碍的困扰。

造成阅读问题的因素还有：词汇上的缺陷，对于课文的背景知识的不足，对于语义、句法结构和不同写作方式的生疏，言语推理能力的薄弱，以及记忆能力的低下，等等。

神经生理学研究还发现，阅读正常者与阅读障碍者在颞叶—顶叶—枕叶神经地带有一定的差别。阅读障碍其至与第6号染色体有一定的关系。

如何帮助儿童学会阅读

为了帮助儿童克服阅读障碍，NICHD提出了以下原则：

（一）花大力气开展早期教育。父母或育儿者应尽早让儿童接触丰富的语言环境，使他们从小获得口语的训练，具备读写的经验，了解更多的词汇和句法。

（二）朗读故事给儿童听。这是发展儿童词汇量的一个重要方法，而且也是增进儿童背景知识的重要手段。

（三）对阅读障碍高风险的儿童进行早期干预。应在丰富的语文环境中早日对这些儿童开展系统的语音训练，加强其阅读的流畅性，使其掌握进行阅读理解的策略。

（四）不宜过多鼓励根据上下文进行猜测。

（五）早期鉴别，早期干预，则事半功倍，为此应发展准确可靠的阅读障碍鉴别方法。

（六）加强师资培训，使教师更好地掌握母语的结构、儿童阅读发展和阅读障碍的基本知识。

特异性言语障碍

特异性言语障碍（specific language impairment，简称SLI），是指与其他发展性障碍、心理发育迟滞、脑损伤、听力障碍等无关，与教育环境或其他环境因素的影响也无关的发展性言语障碍。男孩出现特异性言语障碍的几率要高于女孩。特异性言语障碍儿童经常难以整合语音信息以表达语义，只好使用简单的句子来表达想法。其实，特异性言语障碍儿童与正常儿童在开口学说话的时间基本相同，但他们的词汇量比同龄人少很多，而且不容易发现和学习新词语。

特异性言语障碍儿童难以识别相似语音（如无法辨别/b/和/p/音），无法辨别英文里的词缀，跟不上快速变化的语音，记不住语音呈现的顺序，即难以将听到的语音信息在工作记忆中进行缓存，进而难以整合语音信息。

特异性言语障碍越早发现越好。目前，西方已经提出了相对系统的特异性言语障碍的诊断标准，其中包括语言能力测验低于常模1.25个标准差，非言语智力正常（85分或以上），无明显生理器质病变等等。有一个简单的判断标准是，如果2～3岁儿童的日常词汇量（指儿童能听懂的单词的数量）小于50，而且基本上无法说出由2个或以上的词语组成的句子，就应警惕特异性言语障碍的风险。

西方已经开发出针对特异性言语障碍的干预策略，其重点有二：第一，针对儿童语义练习的密集式语言能力训练；第二，针对语言结构信息（如语音结构、词法、句法等）的形式干预策略。在增强儿童说话能力训练(看图说话练习和编故事练习等)的同时,针对一些语言结构信息对儿童进行辅导。

双语和双语教学

双语现象

双语(bilingualism)指的是一个个体可以同时熟练地使用两种语言。会双语的人被称为双语者。其实,还有些人会两种以上的语言,这里都统称双语。产生双语者的原因有二:一是个体生活在多民族共存的环境中,需要掌握多种语言以适应交往的需要;二是需要运用另一种语言,以便学习其他民族的科学和文化。

双语现象引起了心理学家浓厚的兴趣,因为它牵涉到言语信息是如何表征的这一重大问题。双语者可以用两种甚至多种语言获得相同的信息,例如,汉语中有"学校",英语中有"school",语义是相同的。问题是,这些信息是储存于一个共同的系统之中,采取统一的意义表征方式,还是储存于不同的系统之中,采取区别化的意义表征方式?科勒斯(Kolers,1965)很早就对这两种对立储存方式做过研究,并将它们分别命名为共同存储模型和单独存储模型。

共同存储模型承认,两种语言的语音、词汇和句法是不同的,言语理解和言语发生的方式也可以不同,因而需要相互转译。但是这个模型认为两种语言信息可以拥有共同的意义表征,储存于一个单一的语义记忆系统中(见图11-9)。

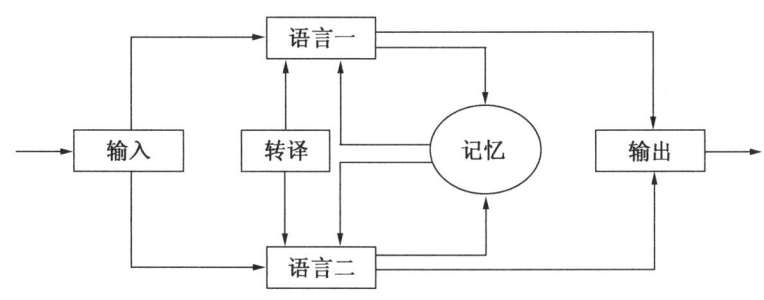

图 11-9 双语的共同存储模型

(来源:王甦,汪安圣,1992)

单独储存模型则认为,两种语言通道获得的信息不仅在语音、词汇、句法上以及在理解和发生上有区别,而且同一意义的内容储存在不同的语义记忆系统中。换句话说,双语就意味着存在两个语义记忆系统,同时掌握更多语言就意味着存在更多的语义记忆系统(见图11-10)。

两种模型都有一定的神经心理学证据。有些双语者在患上外伤性失语症时,两种语言同时受损,这好像支持共同存储模型;另一些患者则表现出一种语言受损,或者两种语

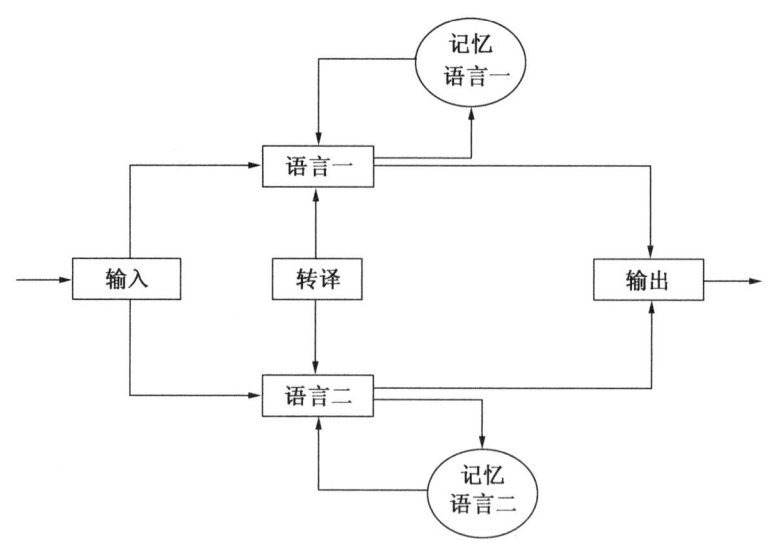

图 11-10　双语的单独储存模型

(来源:王甦,汪安圣,1992)

言受损的程度和恢复过程有显著差异,这又好像支持单独存储模型。另外,实验室研究也分别发现了支持上述两种模型的结果,由于结果矛盾百出,至今未有定论。也许,这两种情况其实都存在。

双语教学

近年来,在国内的大中小学甚至幼儿园中,都如火如荼般地搞起了双语教学。双语教学的初衷,大致上是为了弥补国内外语教学的缺憾:学了十多年英语,还是只会应付书面考试,不能与外籍人士当面交谈。为了与国际接轨,想出这么一个办法,就是让其他课程全都用外语来讲授,以便消灭哑巴英语。

这种做法很快就引起了学者的质疑。脑科学家杨雄里在《文汇报》(2001 年 11 月 21 日)上撰文指出,学生应先学好母语。小孩年纪小,认识能力尚未达到一定水平,母语还未学好又来学英语,两种语言混淆在一起,结果两个都学不好。过早地让孩子学习外语,可能会影响孩子正常思维的发展。当他们在运用母语思考问题的时候,外语可能会干扰他们的思维,甚至可能造成逻辑混乱。其实,早在 1976 年,就有人提出了双语可能相互促进也可能相互削弱的观点——加强式双语与削弱式双语(Cummins, 1976)。加强式双语指的是在第一语言得到充分发展的前提下,高效率地习得第二语言;而削弱式双语却是一种糟糕的情形:用第二语言的元素替换第一语言的元素,这种削弱式双语只能降低思维能力。而且,想让双语起积极的作用,恐怕还需要两种语言都达到一定程度才能做到。有学者认为,许多人实际上在鼓励削弱式双语(Sook Lee & Oxelson, 2006)。

这些学者的担心也许是多余的,因为两种语言总有相通的地方,才会造成混淆;因此,有混淆,就意味着可能有相互促进。以字母学习为例,学完英语字母,汉语拼音字母基本上也都会写了。毕竟它们的写法和发音都有相似之处。在教师的指导下,完全可以避免混淆。事实上,很多双语者也是从小学习两种语言,也没有产生他们所说的严重后果。

不过,对于大多数中国学生来说,外语只是一种交流工具,学到什么程度取决于实际需要,没有必要追求和母语达到同一水平(实际上大多数人也不可能达到)。过去哑巴英语多,是因为出国机会少,身边也没有外国人,开口不开口都没关系。一旦决心出国,集中一段时间补一下听力和口语,出国后也渐渐应付过去了。这反而体现出哑巴英语实际上是讲效率的学习方式。

双语教学的效果很难评定,因为能够开展双语教学的学校不是重点学校,就是特色学校。这样的学校,本身就有优良的生源和师资。再说,开展双语教学,师生双方都势必投入更多的精力于相关课程,因此双语教学的效果完全淹没在这些干扰因素中。

本 章 附 录

内容提要

(一)语言是人类区别于动物的一个重要标志,因为它作为一种沟通工具,帮助人们记录、传递信息和知识经验,协调人与人之间的关系。任何一个社会都有它的语言,任何一个民族都有它区别于其他民族的、特殊的语言。索绪尔创建了结构主义语言学。他的一个重要贡献就是将语言和言语区别开来。

(二)转换生成语法的标准模型由三个部分组成:句法规则、语义规则和语音规则。其中句法规则又分为基础和转换两个部分。基础部分包括短语结构规则和词库,生成句子的深层结构,它决定了句子的语义解释;深层结构再经过转换部分的转换规则的作用,产生句子的表层结构,它表明了实际句子中各个成分之间的关系。语义规则和语音规则分别提供句子表示的语义和发音。

(三)关于言语的习得,有强化理论和乔姆斯基 LAD 理论之争。行为主义主张,言语行为和其他行为一样,也是通过成人对于儿童言语行为的选择性强化得来的。强化理论中的行为塑造技术能很好地解释言语的习得。乔姆斯基认为,LAD 可以帮助儿童在短时间内学会人类任何一种语言。这个装置中有一些具体"规定",它们是学习各种语言的基础。儿童在生活中接受了各种原始的、具体的语言素材,将它们交给 LAD 进行处理,就可以逐步转换成一整套个别的、内化的言语系统。强化理论和 LAD 理论之争体现了心理能力后天说和先天说的对立。

(四)语音知觉有一定的概括性:尽管实际听到的语音刺激千变万化,但是知觉加工使得个体可以按照类别来区分语音,从而大大提高了语音知觉的效率。在连续语音的情

（五）词的识别的研究方法有词汇判断任务、命名作业和语义分类作业等。词的启动效应也是词的识别研究的一个重要领域。关于词的识别有多个理论或模型，包括单词产生器模型、词汇通达的搜索模型和交互作用模型等。

（六）意义可以用一系列的命题来表示。一般来说，否定句比陈述句复杂，被动句比主动句复杂。人们在回忆被动句的时候，常常将其回忆成主动句。句子理解的最终结果是句子的意义表征，而不是句子本身。

（七）在一般文句的理解中几乎不会意识到歧义现象。歧义单词的多个义项一开始都得到激活，而在大约 4 个音节以后，只剩下符合上下文的义项。

（八）语段理解与语段中的语意因素有关。句子中命题的复杂性对于阅读的效率有重要影响。金奇和范迪克提出了一个关于语段理解的模型，认为理解是指读者对课文提供的信息建构某种心理表征；命题是话语的基本结构单元，理解中的建构指的是建立某种命题网络；话语加工具有周期性。

（九）贾斯特和卡彭特开展了一系列关于阅读中的眼动特点的研究。影响注视时间的因素包括词的长度、词的使用频度、异常情况、词的性质等。阅读过程就是对看到的单词加以解释，赋予其角色。哈维兰和克拉克提出了阅读的"已知-新信息策略"。布兰斯福德和约翰逊的研究更是体现了图式对于阅读的重要意义。

（十）言语发生的阶段模型很多，著名的有安德森的三阶段模型：构建阶段——根据言语者的目的，确定要表达的思想；转换阶段——运用规则将思想转换成句法、词汇和语音等不同层次的语言结构；执行阶段——将转换阶段得到的语言结构用口头或书面的形式表述出来。

（十一）言语生成错误大多数情况下产生的都是有意义的单词，这称为词汇偏差效应。对于言语生成错误很难开展实验研究，因为相关的因素不容易控制，故多采取观察法。加勒特发现了两类语误：意义型错误和形状型错误。这两种错误几乎不会同时出现，这说明在句子建构的过程中，对于词的意义和形状的加工是在不同阶段进行的。

（十二）词汇产生是言语发生过程的重要组成部分，勒维尔特将有关词汇发生的错误分析和反应时分析模型作了总结，提出这一过程可细分为四个组成阶段。

（十三）故事语法的作用是给故事的写作者或阅读者提供一个框架，在这个框架的指引下，故事的各种要素可以顺利地找到自己的位置，并建立起相互联系，还能通过推理自动补上一些"缺省"的内容。

（十四）在交谈过程中，说话者不仅要表达自己的思想观点，还要照顾到参与交谈的他人的目的、动机、情绪和思想方法等等。格赖斯认为，交谈是一种合作行为，应遵循"合作性交谈四准则"。

（十五）认知与言语的关系是非常密切的，也是相当复杂的。心理学家为此争论不休,争论的焦点是思维与言语的关系问题。心理学家提出过多种观点,主要有:言语等于思维论、思维决定言语论、言语决定思维论以及言语与思维相互作用论。

(十六)失语症患者脑损伤的部位基本上都在左侧皮层,结果引出了皮层功能单侧化理论。不过,脑损伤和失语症之间的关系并非如此简单。卡普兰提出,不能简单化地划分具体言语功能的皮层区域;言语功能也许不是某个单独的区域能够完成的,应该是散布在大脑中的神经网络作用的结果,而且不同人的言语功能的皮层定位也可能不一样。

(十七)有学习障碍的儿童,阅读方面总能找到缺陷。阅读不是一个自发的过程,阅读发展需要语音和口语训练作为准备,阅读能力的提高取决于经验、背景知识、口语理解能力、概括能力、阐述能力、预测能力以及对于惯用句法的掌握等等因素。阅读也为口语表达能力的进一步发展提供了动力。

(十八)最容易发生阅读障碍的儿童往往生活于缺乏语言刺激的环境中。造成阅读问题的因素还有:词汇上的缺陷,对于课文的背景知识的不足,对于语义、句法结构和不同写作方式的生疏,言语推理能力的薄弱,以及记忆能力的低下,等等。

(十九)特异性言语障碍与其他发展性障碍、心理发育迟滞、脑损伤、听力障碍等无关,与教育环境或其他环境因素的影响也无关,患儿经常难以整合语音信息以表达语义,只好使用简单的句子来表达想法。

(二十)双语现象引起了心理学家浓厚的兴趣,因为它牵涉到言语信息是如何表征的这一重大问题。共同存储模型认为两种语言信息可以拥有共同的意义表征,储存于一个单一的语义记忆系统中。单独储存模型则认为,同一意义的内容储存在不同的语义记忆系统中。双语教学的效果引起很大争议,但是其正面和负面效果都难以验证。

术语解释

语言(language) 语言是一种社会现象,是一种符号系统。不同的事物用不同的符号来表示,就形成了语言的词汇系统。事物和符号之间的对应关系是约定俗成的,这就造成不同民族具有不同的语言文字。

言语(speech) 个体运用语言规则表达个人思想,从而实现与他人沟通的目标的过程。

转换生成语法(transformation generative grammar) 乔姆斯基提出的语言理论。他认为,人们掌握一种语言,就是掌握这种语言的转换规则系统,并用这些有限的规则生成无限数目的句子。转换生成语法的标准模型由三个部分组成:句法规则、语义规则和语音规则。

语言获得装置(language acquisition device,简称 LAD) 乔姆斯基提出的概念。他认为,LAD 是人类与生俱来的装置,是通过遗传得到的,它可以帮助儿童在短时间内学会人类任何一种语言。

强化(reinforcement) 在经典条件反射中,指的是无条件刺激和条件刺激的结合。在操作条件反射中,指的是适当的反应与某个事件(如给予食物)的结合。

行为塑造(behavior shaping) 形成复杂技能的一套循序渐进的强化指导思想。

阅读(reading) 从书面文句中提取意义的过程,这个过程既是自下而上的又是自上而下的,两个方向的加工相互作用,才产生有效的阅读。

词汇通达(lexical access) 根据词形及其上下文,在心理词典中找到相应的条目,从而了解它的意义。

歧径句(garden path sentences) 其共同特点是,当读到句子中间或末尾的时候,读者才发现对前面部分的理解根本就是错的。

眼-心假设(eye-mind hypothesis) 贾斯特和卡彭特提出,阅读过程就是对看到的单词加以解释,赋予其角色。阅读时,每一个单词得到解释都发生在它们受到注视的期间。

已知-新信息策略(given-new strategy) 哈维兰和克拉克认为,任何一个句子都包含已知的信息和新的信息,阅读就是将两者联系起来,从而达到理解。

词汇偏差效应(lexical bias effect) 言语生成错误大多数情况下产生的都是有意义的单词,极少产生无意义的非词。

故事语法(story grammar) 类似于一种图式,即讲故事的图式。不同的故事都有共同的组成部分和组织结构——背景、情节、原因和结局等。

语言相对论(linguistic relativity) 沃夫提出的语言理论,认为语言决定我们对世界的观察和思维的方式。

失语症(aphasia) 各类言语障碍的统称。布罗卡区损伤造成患者无法产生言语,称为布罗卡失语症或运动性失语症;韦尼克区损伤造成患者无法听懂言语,称为韦尼克失语症或感觉性失语症。

特异性言语障碍(specific language impairment,简称SLI) 一种言语障碍,经常难以整合语音信息以表达语义,只好使用简单的句子来表达想法。

双语(bilingualism) 个体可以同时熟练地使用两种或多种语言的现象。会双语的人称为双语者。

深入阅读

(一) Grice, H.P. (1975). Logic and conversation. In P.Cole & J.L.Morgan(Eds.), *Syntax and semantics*; Vol.3. *Speech acts* (pp.41-58). New York: Seminar Press.
——格赖斯在该文中详细阐述了他的"合作性交谈四准则"。

(二) Solso, R.L., MacLin, M.K. & MacLin, O.H. (2005). *Cognitive psychology* (7th Edtion), pp.318-351, Allyn and Bacon.

——该书对语言学概念作了简洁的介绍。

（三）Sternberg，R.J. & Sternberg，K.(2012). *Cognitive Psychology*(6th Edtion)，pp.359-441，Wadsworth，Cengage Learning.

——斯腾伯格在这本书中用两章的篇幅阐述了人类语言与言语行为，包括语言与思维的关系，动物的语言，以及社会情境对语言的影响等问题。

第 12 章

认知能力的发展、差异与表现

・本章细目

12.1 认知能力的发展

儿童认知发展的研究技术

婴儿期知觉的研究方法　儿童言语的研究方法　儿童概念分类的研究方法

皮亚杰儿童发展阶段理论

皮亚杰理论的基本概念　感觉运动阶段　前运算阶段　具体运算阶段　形式运算阶段　皮亚杰理论的缺陷

信息加工学说

新皮亚杰主义

12.2 认知能力的个别差异

认知能力的测量

智力　智力结构　智力的测量

认知风格和学习风格

认知风格　学习风格　思维风格

12.3 认知能力的性别差异

性别差异研究的方法论问题

性别差异的模式　实验者期望效应　元分析

各种认知能力的性别差异

言语能力　视觉空间能力　数学能力　推理能力

12.4 元认知及其发展

元认知的含义

元认知的结构

元认知知识　元认知监控和元认知体验

元认知能力的发展

12.5 身心状态与认知表现

情绪状态对认知的影响

情绪与个人知觉　情绪与说服

认知因素对情绪线索的影响
12.6 应用研究
智力可否训练

实践智力

实践智力的概念　实践智力的重要性和独立性　斯腾伯格理论的缺陷

情境智力与社会智力

情境智力　社会智力

·导读问题

- 儿童认知实验有什么特殊困难？
- 皮亚杰的儿童发展阶段理论为什么会受到重视？它有哪些缺陷？
- 信息加工学说和新皮亚杰主义怎样发展了皮亚杰理论？
- "智力就是智力测验测到的东西。"这样的操作性定义有没有意义？
- 认知风格和学习风格怎样影响个体的认知活动？
- 男女两性在认知能力上差别是否很大？
- 怎样促进元认知能力的发展？
- 训练工作记忆以提高流体智力的研究有什么意义和缺陷？
- 实践智力和情境智力有什么联系和区别？"急中生智"体现了什么样的智力？
- 社会智力与一般智力和情绪智力有什么联系和区别？

前面第 2 章至第 11 章阐述的都是成年人认知过程的一般规律,但是个体的认知能力是在他与环境的相互作用中逐步发展起来的,因此,不同年龄的个体之间,不同性别的个体之间,除了存在一些共性特征以外,在发展的水平和风格等方面都存在着一定的差别。

12.1　认知能力的发展

认知能力的发展体现出不同年龄个体之间在认知的方式、容量、策略等方面的差异。研究认知能力的发展,有两种思路。一种思路讲的是阶段论,认为认知能力的发展可以分成多个阶段,各个阶段之间存在着质的差异。另一种思路不讲阶段论,只讲数量上(例如工作记忆容量)的差异。就理论探讨而言,阶段论把不同年龄的认知特征梳理得比较清楚,容易为研究者把握,因而比较受欢迎。非阶段论否认不同年龄阶段之间认知能力有质的差异,本身就是不合理的,况且其表述难以把握,少受欢迎,但是它强调量的差异,还是有其学术和应用价值。

儿童认知发展的研究技术

无论用何种思路去研究儿童的认知发展，无一例外都会遇到研究方法（尤其是实验方法）的问题，原因很简单：儿童的理解能力、表达能力和操作能力都处在发展过程中，难以很好地完成研究者希望他完成的任务。如果是新生儿，则研究的难度更大。但是，心理学家还是想出了许多聪明的办法来获取相关的证据。

婴儿期知觉的研究方法

婴儿期的知觉有什么特点？他们喜欢看些什么？这是一个非常重要而且有趣的问题。一个新生儿呱呱坠地，许多老人告诉孩子的新"上任"的父母，说小孩在月子里头是看不清楚什么东西的。出了月子，他们才会"开眼光"，即有了视知觉。事情果真如此吗？范茨（Fantz，1964）的工作给出了一种重要的研究方法。

这种方法其实可以看作是一种精细的"察言观色"。范茨设计了一个小屋子，让婴儿躺在屋子里，自由观看实验者选择的各种视觉刺激物；与此同时，实验者通过屋顶上的小洞观察婴儿看物体时瞳孔的变化。这样就可以记录婴儿注视各种刺激物的持续时间。

结果发现，出生仅仅10小时的婴儿就表现出视觉的偏爱。如果在他们面前放一些正常脸型的照片，同时放一些不正常脸型（将五官胡乱排列形成）的照片，婴儿会用较多时间注视正常脸型的照片。

卡尔宁和布鲁纳（Kalnins & Bruner，1973）设计的一个实验装置更加精巧。他们制作了一种特殊的橡皮奶嘴，这种奶嘴与电影放映机相连，只要婴儿用力吮吸，与奶嘴相连的放映机就会自动使得模糊的画面变得清晰。结果，当给出生5至12周的婴儿放映一部有关爱斯基摩人家庭生活的无声彩色电影时，婴儿居然学会调整他们每次大口吮吸的间隔时间，促使电影画面更加清晰。这说明婴儿很早就喜欢看清晰的图像，而且有了很不错的学习能力。

心理学家还经常用"去习惯化"（dishabituation）方法来研究婴儿的知觉能力。习惯是对某种刺激的逐渐适应，表现在被试对旧刺激作出的反应越来越弱，直至仿佛没有这个刺激的程度。而去习惯化指的是，当新异刺激出现的时候，被试摆脱了对原刺激的习惯状态，重新出现反应。例如婴儿闻一种气味，一开始婴儿的身体动作和呼吸变化很大，显示他闻到了这种味道，但是反复闻这种气味会削弱他的反应。这时，如果给他闻另一种新气味，他会重新产生比较强烈的反应。去习惯化说明被试能够区分新旧刺激。

凯尔曼和斯佩克（Kellman & Spelke，1983）就曾用去习惯化方法来研究婴儿知觉中有没有遵循格式塔原则。他们把4个月大的婴儿分成3组。实验组婴儿观看一根中段被方块"挡住"的棍子（见图12-1上半部分），另2个控制组婴儿观看图12-1中上半部分所示的另两种情况。观看结束之后，所有的婴儿都观看图12-1下半部分（测试部分）。结果发现，控制组的婴儿对原先看到的那种情况的棍子不太关心（习惯了），倒是喜欢看原来没有看到的情况,也就是说,原来看到完整棍子的,现在喜欢看中间断开(但不是遮断)的棍子,反之亦然。而实验组的婴儿却没有显示出偏向性。这说明,他们在观看中段被遮住的棍子的时候,既没有想到棍子是完整的,也不觉得这棍子中间是断了的。不过,如果在前面的习惯化呈现阶段,主试控制着棍子在遮挡它的方块后面来回运动,测试阶段的婴儿就会"惊奇"地注视图 12-1 中右下角的中断棍子。可见,他们在知觉中已经初步学会了"良好连续"这一格式塔原则,只不过这时还要借助物体的运动。

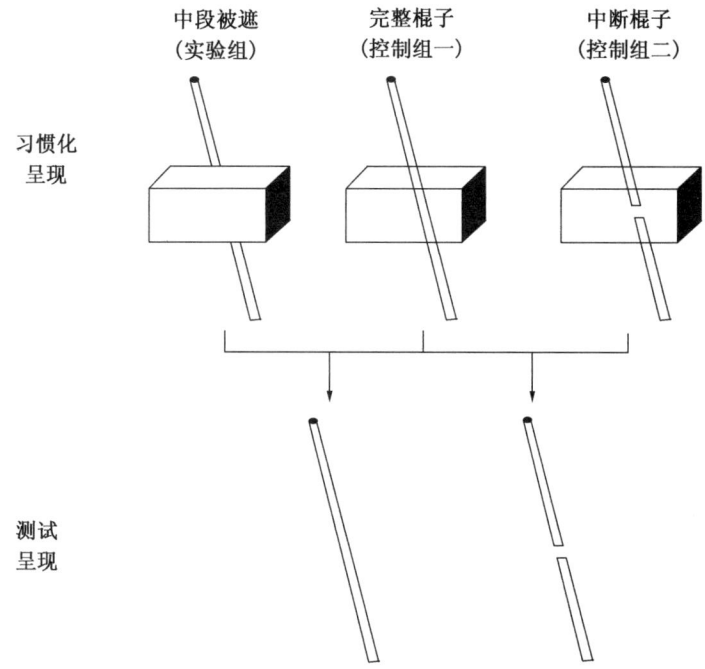

图 12-1　凯尔曼和斯佩克实验的刺激材料

(来源:Kellman & Spelke, 1983)

儿童言语的研究方法

在第 11 章"言语"里,我们曾经提到,儿童以相对很短的时间习得了与成人相近的语言。不过,如何研究儿童言语的发展,这是一个很复杂的问题,因为研究者很难在自然状态下对年龄很小的儿童开展实验研究,他们能够开展的工作主要是自然观察,让儿童自由活动,自由交谈,研究者运用录音、录像等各种手段搜集资料,并对这些资料详加分析、比较,从中得出规律性的认识。这可以说是"劳动密集型"的工作方式。

一个非常典型的例子,是斯洛宾(Slobin, 1971)等人领导的加利福尼亚大学伯克利分校的一个研究小组对于世界各国儿童言语发展的研究。小组成员奔波于世界各地,带回大量有关儿童言语行为的记录和磁带。根据这些资料,他们发现了儿童言语发展的一些普遍规律。其中双词句阶段是发展心理学家最感兴趣的一个言语发展时期,在这个阶段,全世界儿童以非常类似的方式谈论事情。表 12-1 是他们对于儿童双词句的功能的一个总结。

表 12-1 儿童双词句的功能

句子功能	语 种			
	英语	德语	芬兰语	卢奥语
位置、名称	there book(那边书) that car(那个汽车) see dog(看狗)	buch da(书那儿) gukuk wauwau(看狗)	tuossa Rina(丽娜那儿) vetta siinä(水那儿)	Keith lea(克斯那儿)
要求、愿望	more milk(再要牛奶) give candy(给糖) want gum(要橡皮)	mehr milch(再要牛奶) bitte apfel(请苹果)	anna Rina(给丽娜)	mail pepe(给娃娃) fia moe(要睡觉)
否定	not wet(不湿) no wash(不洗) not hungry(不饿) allgone milk(牛奶没了)	nicht blasen(不响) kaffee nein(没咖啡)	ei susi(不是狼) enää pipi(不再痛了)	le'ai(不吃) uma mea(要睡觉)
描述	Bambi go(Bambi 去了) mail come(邮件来了) hit ball(打球) block fall(积木倒了) baby highchair(婴儿的高椅)	puppe kommt(娃娃来了) tiktak hängt(钟挂着) sofa sitzen(坐沙发) messer schneiden(切刀)	Seppo putoo(赛波跌倒) talli "bm-bm"(车库"汽车")	pa'u pepe(娃娃倒了) tapale'oe(打你) tu'tu lalo(放下)
指示	my shoe(我的鞋子) mama dress(妈妈的衣服)	mein ball(我的球) mamas hut(妈妈的帽子)	tāti auto(婶婶汽车)	lole a'u(糖我的) polo 'oe(球你的) paluni mama(气球妈妈)
变化、性质	pretty dress(漂亮衣服) big boat(大船)	milch heiss(牛奶热的) armer wauwau(可怜的狗)	rikki auto(破的汽车) torni iso(塔大)	fa'ali'i pepe(任性的孩子)
疑问	where ball(球在哪儿)	wo ball(球在哪儿)	missä pallo(哪儿球)	fea Punafu(甫纳夫在哪儿)

(以上内容及汉语译文采自周先庚、林传鼎、张述祖等译《心理学纲要》第 172-173 页之插页,有删节)

儿童概念分类的研究方法

概念学习是儿童积累知识和构建知识体系的重要形式。在皮亚杰的理论中,对于学前儿童的概念分类能力的评价是比较低的,这可能是因为皮亚杰主要采用观察法,要求儿童作出比较复杂的言语报告,并且缺乏严格的实验控制。而格尔曼和马克曼(Gelman & Markman, 1986; Gelman, 1988)的研究证明,学前儿童的概念分类能力超过皮亚杰理论的预期。

根据皮亚杰的理论,学前儿童处于前运算阶段,他们能借助表象进行思维活动,但是还不能进行抽象思维。因此,他们的分类能力也就处于"知觉联结"的水平,其典型表现之一,就是仅仅根据表面上的特征来进行分类活动。这样,他们就会认为麻雀是鸟,而鸭子不是鸟;另外,他们可能会认为蝙蝠是鸟,因为麻雀和蝙蝠的外部特征很接近,而鸭子在很多方面不像典型的鸟。但是,事实可能并非如此。

格尔曼等人进行了一系列实验。实验中,向儿童成组地呈现图片,每组3张。每一组图片都经过精心设计,使得其第三张图片中的事物外形看上去像前面的某一张图,而实际上应当与另一张外形相差较大的图片中的事物属于同类。同时,向儿童提供前面两张图的相关信息,例如,指着一张火烈鸟的图说"这只鸟的心脏只有一条右主动脉弓",指着一张蝙蝠的图说"这只蝙蝠的心脏只有一条左主动脉弓"。在呈现第三张图片(猫头鹰,外形画得比较接近蝙蝠)的时候,要求儿童说出猫头鹰心脏的特征。结果发现,4岁大的儿童的表现与皮亚杰理论预测的正好相反。儿童的回答并不受外形相似的影响,他们在大多数情况下(将近68%的次数)可以根据事物的原来归类回答问题。

进一步的研究发现,就连学前儿童也懂得,一个结论的推广只限于同类事物。例如,如果告诉他们苹果中有胶质,然后问"香蕉有没有胶质",儿童会回答"有";如果问"钢琴有没有胶质",很少有人回答"有"。

布鲁纳(Bruner,1966)也通过一种精巧的实验方法来研究儿童概念的发展。呈现给儿童被试的样例每三个为一套,这三个样例可以根据不同的依据进行分类和再分类,不同的分类依据产生的样例组合也不一样。例如,图12-2中有3套样例,它们分别可以根据颜色、形状和功能进行不同的组合。例如第一套的样例中,如果按照颜色,则黄颜色的闹钟和香蕉算一类(黄色);如果按照形状,则闹钟和橘子算一类(圆形);如果按照功能,则橘子和香蕉算一类(食用)。把这些样例呈现给不同年龄的儿童,可以发现他们分类的依据越来越高级:年幼儿童只会根据颜色作出分类;稍大些,他们就学会用形状来分类;直到最后,他们能够用功能来分类。而这种发展是建立在受教育水平提高的基础上的。

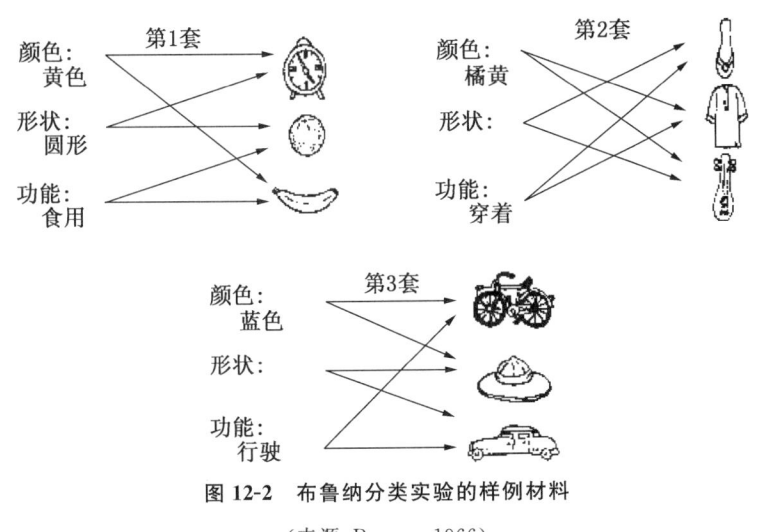

图 12-2 布鲁纳分类实验的样例材料

(来源:Bruner,1966)

皮亚杰儿童发展阶段理论

皮亚杰理论的基本概念

在本书第1章中,我们就已经知道了皮亚杰对于儿童的智能结构的看法。他认为,儿童的智力发展(就是认知发展)是心理结构对自然和社会环境的适应过程,而且是儿童通过自己的活动、试验和发现进行的主动的、建构性的适应过程。

其实,皮亚杰的理论可以从格式塔心理学派那里找到其萌芽。格式塔心理学派传人沃纳(Werner,1940)就曾提出:心理的组织随着结构从低级到高级不断发展而逐渐分化。儿童在认知发展过程中,先后经过感觉运动阶段、知觉想象阶段和抽象符号阶段。后来,几乎在皮亚杰提出发生认识论的同时,布鲁纳等人(Bruner, Olver, Greenfield et al., 1966)也提出了一个类似的发展阶段理论,只不过这个理论以知识的表征方式作为划分儿童认知发展阶段的依据。这里的表征方式,指的是动作方式、表象方式和符号方式,相应地,儿童认知发展阶段分为动作表达阶段、表象表达阶段和符号表达阶段。

当然,与前两个理论相比,皮亚杰的理论丰富,论证更加有力些。皮亚杰(Piaget, 1963,1970/1988,见 Ginsburg & Opper,1988)关于儿童智力发展的理论中,有四个基本的概念:图式、同化、顺应和平衡。

图式

皮亚杰所说的图式(scheme),与巴特利特(Bartlett,1932)所说的图式不尽相同。在皮亚杰的理论中,图式指的是一定的心理结构(或认知结构、智力结构),或者说是动作的结构或组织,它可以产生迁移和概括。婴儿一出生,就开始在与外界的相互作用中建构自己的图式。他会很快在无条件反射的基础上建立起一系列条件反射。

同化和顺应

同化(assimilation)就是将环境因素纳入已有的图式之中,以加强和丰富主体的动作。换句话说,同化就是用已有的方式去处理新的问题。顺应(accommodation)就是改变主体的图式或动作以适应环境的变化。有些情况下,旧的心理结构已经无法处理新的情况,就要改变结构,即改变应付环境的方法。以学习英语为例,如果你一开始学习动词的过去式就是学会在动词后面加"-ed",以后每见一个新的动词就是加上"-ed",这就是同化;但是当学习 go 的过去式时,你却得知英语里原来还有一批所谓的不规则动词,它们变过去式是不按常理出牌的,于是就知道"-ed"不再永远正确,这回要说成"went",这一方式上的改变就是顺应。

平衡

个体适应环境既需要同化也需要顺应,两者相辅相成,缺一不可。平衡(equilibrium)指的就是同化和顺应之间这样一种相辅相成的关系。这种平衡很容易被内外条件的变化破坏,出现又一次的不平衡。于是,机体再一次自动调节,努力达到新的平衡。最终,个体就是通过同化和顺应来达到机体和环境的平衡。图式、同化、顺应和平衡，推动着认知能力的发展。这就是皮亚杰的生物适应理论。可以说，儿童认知能力的发展就是图式的发展。一开始是感觉运动图式，以后出现表象图式、直觉思维图式，最后出现运算思维图式。而运算思维图式又可以分为两个水平：具体运算水平和形式运算水平。

感觉运动阶段

在感觉运动阶段(sensorimotor stage，从出生到大约 2 岁)，儿童主要通过感觉运动图式来和外界打交道。这个阶段又分为 6 个时期。

第一个时期是反射练习时期(0～1 个月)。在这个时期，婴儿只有有限的几种无条件反射，例如吮吸、定向注意等。通过这些反射活动，婴儿和外界建立联系、保持平衡。

第二个时期是动作习惯和知觉的形成时期(1～4、5 个月)。在这个时期，婴儿形成了最早的习得性适应能力，例如吮吸指头、视线追随移动的物体、寻找声音的来源等等。这还仅仅是一种习惯，离真正的智慧行为还有一定的距离。

第三个时期是有目的动作的形成时期(4、5～9 个月)。在这个时期，儿童开始学会重复一些他觉得有意思的动作。这些动作往往是偶然产生的，却伴随着某些效果。例如儿童偶然摇一下铃铛，结果铃铛发出声响，于是儿童会有意重复摇铃的动作。这说明，这时儿童的行为已经有了一定的目的性。儿童这时已经开始了他的发现，当然还只是偶然的发现。

第四个时期是图式之间的协调以及手段和目的之间的协调时期(9～11、12 个月)。在这个时期，儿童可以不依赖原来的方法达到自己的目的。他们开始学会采用一定的手段。这就需要手段和目的之间的协调。同时，儿童在这一时期开始真正发展出客体永恒性图式。这时他们会寻找被藏起来的东西，而在此之前他们没有这种行为。

第五个时期是感觉运动智慧时期(11、12～18 个月)。到了这个时期，儿童的重复动作出现了新的特点。他们不但会重复，而且重复动作本身会产生一些变式或分化。例如，敲打东西可以有轻有重，或者从不同的方向敲打。这是根据实际情况作出灵活反应的开端。

第六个时期是智慧的综合时期(18 个月～2 岁)。在这个时期，儿童已经能够产生突然的理解和顿悟。他们在与外界交往的过程中既可以采用尝试错误，又能通过观察和想象来解决问题。这意味着感觉运动阶段即将终结，前运算阶段开始出现萌芽。

前运算阶段

前运算阶段(preoperational stage，2～7 岁)的儿童发生了一个重大进步：儿童已经可以在事物不在面前的时候进行思考。这是因为他们开始具备利用表象进行思维的能力。

这一阶段儿童的认识活动的特点是：

(1) 相对的具体性。他们能借助表象进行思维活动，但是还不能进行抽象思维。

(2) 不可逆性。在儿童的认识世界里，关系是单向的，是不可逆的。例如，问一个 3

岁的女孩："你有姐妹吗？"回答："有。"问："她叫什么名字？"答："琪恩。"再问："琪恩有姐妹吗？"回答："没有！"另外，他们还没有守恒的观念。

（3）自我中心。儿童总是站在自己的角度看问题，说话以自我为中心，认识不到自己的思维过程。例如，让一个幼儿从某一个方向看一个沙盘，沙盘上堆起3座山，然后让他根据自己看到的情景选择一张正确的图片。这是没有问题的。但是如果让他选择另一个方向看到的应该是哪一张图片，他就难以完成了。

（4）刻板性。思考问题时，注意力不能转移，不善于分配；概括事物性质时，缺乏等级概念。例如在液体守恒实验中，儿童要么只注意到杯子的高度，要么只注意到杯子的宽度，可见他们不能同时注意事物的多个方面。

根据我国心理学家的传统阶段分类法，前运算阶段的儿童基本上就是我们平常讲的幼儿。幼儿认知是在婴儿时期认知水平的基础上，在新的生活条件的影响下，在其自身言语发展的前提下逐渐发展起来的。

具体运算阶段

到了具体运算阶段（concrete operational stage，约7～12岁），儿童的认知出现了守恒和可逆性。他们的自我中心在很大程度上得到了克服，开始从别人的角度思考问题。他们还初步掌握了逻辑思维，出现了对具体事物进行群集运算的能力。群集运算包括5个特点：组合性、可逆性、结合性、同一性和重复性。这个阶段的儿童虽然初步掌握了运算思维，但是他们的认知活动还是不能摆脱具体事物的支持，如果让他们完全用口头叙述的方式解答题目，就会感到困难。他们学习抽象知识的时候也常常需要形象的教学方式，否则学习也会发生困难。可见，这个阶段的儿童处于从以具体形象思维为主向以抽象逻辑思维为主的转型期。

形式运算阶段

形式运算就是命题运算思维。处于形式运算阶段（formal operational stage，约11～15岁）的青少年在认知能力方面已经超出了感知的具体事物，已经能够进行抽象的形式逻辑推理。

朱智贤和林崇德（1986）提出，抽象逻辑思维是一种假设的、形式的、反省的思维形式。这种思维有以下特征：

（1）通过假设进行思维。青少年开始能够提出问题、明确问题、提出假设、检验假设，从而解决问题。

（2）预计性。这种带有预计性的思维，在解决问题之前就已经有了计划、方案和策略。

（3）思维的形式化。从青少年开始，思维的成分中，具体事物已经不起决定作用。

（4）思维活动中自我意识或监控能力越来越明显。

（5）思维能够跳出旧框框。

他们还认为,虽然抽象逻辑思维占有越来越重要的地位,但是思维中的具体形象成分仍然起着重要的作用。而且,抽象逻辑思维的发展是存在关键期和成熟期的。初中二年级是中学阶段思维发展的关键期,到高中二年级,思维趋向成熟。

皮亚杰理论的缺陷

皮亚杰的理论存在着两个主要问题。

第一个问题属于这个理论本身发展上的缺陷。皮亚杰的理论表述常常比较武断,有时甚至无法检验。即使是那些能够检验的部分,证据也不总是很充分。例如,关于守恒观念形成的时间问题,皮亚杰认为守恒是在具体运算阶段出现的,但是实际上,数量守恒早在6岁就已经出现,而重量守恒则要到大约10岁才出现。

第二个问题是,皮亚杰的理论建立在往往是比较可疑的经验证据的基础上。皮亚杰采用的研究方法主要是观察法,重视儿童的言语报告,缺乏严格的实验控制。皮亚杰喜欢确定某个阶段的儿童不能干什么,但是后来的研究却说明这个阶段的儿童经过引导可以完成这些任务。许多实验显示,年幼儿童比皮亚杰说的要聪明些。只是由于种种原因,儿童不能说清楚心里想的内容。这些实验的普遍做法是降低问题的难度,使之容易记忆,或者简化指导语,但是不改变问题的实质内容。例如,皮亚杰认为演绎推理和类比推理要到形式运算阶段才会出现,但是,许多实验研究显示,儿童的这些能力发展得不像皮亚杰说的那么晚。

信息加工学说

信息加工学说和新皮亚杰理论有着极其密切的联系,后者实际上就是前者的发展和引申,因此我们这里合在一起进行介绍。

信息加工学说注重的不是儿童认知发展的阶段,而是认知发展的机制。信息加工学说关心的是儿童在进行认知的时候会注意什么信息,产生什么样的表征和过程,记忆容量会如何限制儿童利用这些表征和加工过程等。

没有哪一个关于儿童认知发展的信息加工学说像皮亚杰理论那么完整,但是它们对细节的研究都更加具体。因此,有些新皮亚杰主义者甚至主张修改皮亚杰理论以便将信息加工学说的成果吸收进来。也有一些学者采用信息加工学说的概念和方法重新审视皮亚杰理论的某些结论。

这里要举的一个例子就是西格勒(Siegler,1976)怎样用信息加工学说的方法研究复杂规则的习得过程。他的基本假设是这样的:随着儿童认知的发展,他们逐渐学会对问题中过去被忽视的方面进行编码,这种编码提高了他们从经验中学习的能力,从而掌握了更加复杂的规则。

为了进行这方面的研究,就要设计出这样的问题:按照不同的规则(策略)行事,就会产生不同的结果。这样才能根据结果推断儿童使用的规则。

西格勒设计的问题中就有在本书第 8 章"分类与概念"中提到过的重量平衡问题。这里我们将详细介绍。

重量平衡问题要求儿童看一个"天平","天平"两臂的不同位置可以摆放不同数量的砝码(这些砝码的重量都相同),然后根据情况判断"天平"能否保持平衡。西格勒列举了儿童解答这个问题时可能遵循的四种规则(策略)。

第一种规则:只考虑两边砝码的总重量,哪边重哪边下沉。这个规则忽略了砝码的位置(离天平中心的距离)因素。当天平两边重量相同而且距离也相同,或者重量不同而距离相同时,采用这个规则的儿童可以得出正确答案。而在"重量冲突"问题上,他们有时也能像遵循第四种规则的被试那样做对。

第二种规则:先考虑两边砝码的重量,如果重量不同,则认为重的一边下沉;如果两边重量相等,则认为距离大的那一边下沉。

第三种规则:遵循这种规则的儿童已经懂得他们必须同时考虑重量和距离。如果重量和距离都相等,就认为平衡;如果其中有一个不相等,就根据不相等的那个方面作出判断。而当重量和距离都不相等的时候,那就只有在两者都显示应该是某一边下沉(即重量大的一边距离也大)的条件下,遵循第三种规则的儿童才能得到正确答案;否则的话,他们就只好猜测了。

第四种规则:如果重量和距离发生冲突,就计算两边的力矩(重量乘以距离),然后比较哪个大。这是完全正确的规则。

采用四种规则分别产生的合理结果见图 12-3。图中的数字表示按照相应的规则答题应有的正确率,在正确率为 0 的情况下还列出了按照相应规则应产生的答案。33% 的正确率意味着这是一种随机回答(瞎猜)。

西格勒发现,大多数 5 岁幼儿遵循第一种规则,到了 9 岁左右,多数儿童遵循第二种规则,13～17 岁的青少年多数遵循第三种规则,很少有人用到第四种规则。

西格勒设计了多个这样的实验,每个实验都有一系列不同复杂程度的规则,它们证明了认知的发展受到加工容量的制约。信息加工论者主张,信息加工容量是随着年龄的增长而扩大的,这样儿童才能学会解决越来越复杂的问题。

但是,我们知道,儿童和成人的记忆广度差别并不很大。加工容量是如何增大的呢?信息加工学说认为,不仅记忆广度的增大可以提高儿童解决问题的能力,而且认知操作需要的加工容量的下降也可以起到相同的作用。这种下降也许是因为信息加工的速度加快了,也许是因为儿童的知识经验更加丰富了。

信息加工学说关心认知发展的机制,着重研究以下四个方面:自动化、编码、泛化和策略建构。自动化指的是随着练习,认知过程越来越自动化,从而占用越来越少的认知资源。编码涉及的是儿童对某一情境注意的方面。年幼儿童一般总是只注意问题的一个方面,而随着年龄的增长,他们逐渐学会注意各方面的相关信息。泛化是根据有关证据推出一般性结论,实际上就是归纳。策略建构是指儿童不断发展成熟的解决问题的策略。

问题类型	规则			
	一	二	三	四
平衡 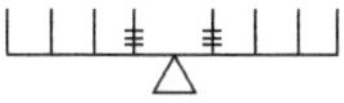	100	100	100	100
重量 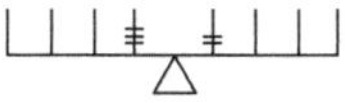	100	100	100	100
距离 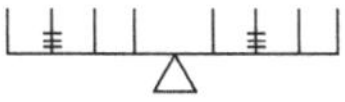	0 应回答"平衡"	100	100	100
重量冲突 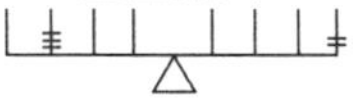	100	100	33 随机回答	100
平衡冲突 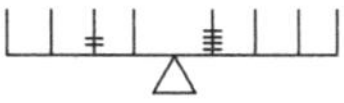	0 应回答"右边下沉"	0 应回答"右边下沉"	33 随机回答	100
平衡冲突 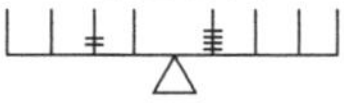	0 应回答"右边下沉"	0 应回答"右边下沉"	33 随机回答	100

图 12-3　重量平衡问题实验结果

(来源:Siegler,1976)

接下来的问题是:什么造成了这样的变化? 自动化是怎样产生的? 儿童怎么知道什么时候应该泛化? 等等。西格勒提出这样一个假设:从很早开始,儿童就有各种各样的选择,而随着他的发展,一些选择占据了主导地位,另一些选择退居次要地位。在某一个年龄阶段,也许可以发展新的策略,但是由于旧策略一开始总是占据主导地位,这就出现了竞争。这就是儿童认知的发展模式。

新皮亚杰主义

有些心理学家试图将皮亚杰理论和信息加工学说结合起来解释认知发展。其中有一个重要人物是凯斯(Case,1978,1985)。他提出了一个新的认知发展阶段理论。这个理论将认知发展看作是一个获得复杂认知结构的渐进的过程。他的理论源于皮亚杰理论,并吸收了信息加工学说的一些成果。

凯斯也将儿童的认知发展分成四个阶段,但是他区分阶段的标准是心理表征和儿童可能进行的心理操作。下面简单地介绍这四个阶段。

第一阶段：感觉运动操作阶段。在这个阶段，儿童的心理表征源于他们得到的感觉输入。他们的活动是身体的动作。例如，小孩看到一个陌生人（感觉刺激）而飞快地跑开（动作）。

第二阶段：表象操作阶段。在这个阶段，儿童的表征中包括了比感觉更加持久的表象（尽管还是带有鲜明的具体性），他们的反应活动也丰富起来，出现了利用表象产生新表象的能力。例如，同样是看到一个人，这时的孩子已经可以产生对这个人的表象，并根据这个表象画一张画。

第三阶段：逻辑操作阶段。在这个阶段，儿童能够表征更加抽象的刺激，他们的反应活动更加高级，可以操纵表征，即对表征进行简单的变换。也就是说，他们已经能够进行某些逻辑思维和推理。例如，小孩知道两个小朋友之间有矛盾（这是一个抽象表征），他会加以劝解，告诉他们如果和睦相处会多么开心（这是简单的变换）。

第四阶段：形式操作阶段。这个阶段和第三个阶段密切相关，这时的儿童不仅可以对刺激作抽象表征，而且能对这些表征作出更加复杂的变换。还是上面这个例子，这时的儿童已经知道单纯的劝解不会产生大的作用（抽象表征），要产生友谊就应该有共同的兴趣、爱好、需要或活动。

和西格勒一样，凯斯也主张儿童的发展就是获得更加复杂的策略（他将其命名为"执行性控制结构"）。他提出，这些复杂策略的获得受制于儿童在特定领域里的经验和工作记忆的容量；发展的动力就是不随年龄而变的活动（例如探索和问题解决）和随年龄而变化的因素（尤其是工作记忆容量）之间的相互作用。他将工作记忆分为两个组成成分，一个叫操作空间，一个叫短时记忆空间。他认为，工作记忆的绝对容量不会增大，但是相对来说，随着儿童的心理发展，对于基本操作的心理投入（操作空间）减少了，这样一来，容量就增大了。

诺尔廷（Noelting，1980）的研究表明了工作记忆对问题解决的限制作用。他告诉儿童，有两种橘子水（A 和 B），A 是多少杯白开水和多少杯橘子汁混合而成的，B 是多少杯白开水和多少杯橘子汁混合而成的，要求儿童说出哪一种橘子水的味道比较浓。像西格勒一样，他也提出了儿童解决这个问题的四种策略，并且发现，随着年龄的增长，儿童使用的策略对工作记忆的要求也逐步提高。

第一种策略：3～4 岁的儿童只考虑"橘子水"里面有没有放橘子汁，而不考虑橘子汁的多少。诺尔丁认为这种策略只要求 2 个步骤，即先问 A 中有没有橘子汁，如果有，就是 A 的味道浓；如果没有，再问 B 里面有没有橘子汁，如果有，就是 B 的味道浓。工作记忆中也只需要储存一项信息——A 里面有没有橘子汁。

第二种策略：4 岁半～6 岁的儿童将他们的判断建立在参加混合的橘子汁的多少上，而不考虑水的多少。执行这个策略需要 3 个步骤：(1)考虑 A 中加入了多少杯橘子汁；(2)考虑 B 中加入了多少杯橘子汁；(3)比较两者多少。通过这样几个步骤就可以得出答案。工作记忆中需要储存的信息最多是 2 项——两种橘子水中分别放了多少杯橘子汁。

第三种策略:大约7~8岁的儿童开始同时考虑橘子汁和白开水的多少,比较之后作出回答。如果一种橘子水是橘子汁多于白开水,另一种橘子水是白开水多于橘子汁,当然容易解答;如果两种橘子水都是橘子汁多于白开水,或都是相反,儿童就只好猜测了。执行这个策略需要7个步骤:(1)考虑A中有几杯橘子汁;(2)考虑A中有几杯白开水;(3)考虑A中的橘子汁是否超过白开水;(4)考虑B中有几杯橘子汁;(5)考虑B中有几杯白开水;(6)考虑B中的橘子汁是否超过白开水;(7)考虑哪一种橘子水中橘子汁比白开水多。工作记忆中需要储存的信息最多是3项——A橘子水中橘子汁是否多于白开水、B中橘子汁的杯数和白开水的杯数。

第四种策略:9~10岁的儿童开始采取更加高级的策略。他们要考虑两种橘子水中橘子汁和白开水的相对量。但是,他们用的不是比例方法,而是用减法,也就是说,将橘子汁的杯数减去白开水的杯数(或倒过来减),然后作出判断。执行这种策略同样需要7个步骤:(1)、(2)、(4)、(5)和第三种策略相同,(3)、(6)分别做A和B中橘子汁和白开水的减法,(7)考虑减下来的差数哪一个大。工作记忆中需要储存的信息最多可达4项——2个差数及其意义(或正负,即白开水多还是橘子汁多)。

12.2　认知能力的个别差异

在心理学发展的历史长河中,关于个别差异的研究一直是一条不起眼的支流,它甚至不构成一个学派。但是,这条支流对认知心理学的发展也起到了重要的推动作用,并且成为当代认知心理学的重要组成部分。

在认知的个别差异研究中,高尔顿是先行者。他和生物进化论的创始人达尔文有密切的血缘关系,且天资极高,两岁多一点就认字、写字和阅读了,但是他的大学生活却不很成功。此后,他将自己的大部分精力用于认知能力的个别差异研究。他不仅编制了许多测验和量表,测量了大量被试的认知能力,而且还提出了处理测量结果的一些统计方法,其中有些沿用至今。例如,为了研究不同人的表象特点,高尔顿(Galton, 1883)编制了一个问卷,要求被试仔细考察心目中出现的事物(表象),并报告该表象是鲜明的还是暗淡的,表象中的组成部分是否清楚,表象的颜色是否自然,等等。结果发现,不同的人对表象的感受大不相同:有些人报告不出表象,有些人则报告说自己的表象栩栩如生,几乎与知觉无异。这一研究结果至今仍被引用。

认知能力的测量

智力

智力(intelligence)是认知能力中最核心的因素,智力上的差异也成为人与人之间的一个重要差异。但是,什么是智力?这个问题长期以来众说纷纭,没有定论。为了得到比较统一的意见,1921年,美国的《教育心理学杂志》(Journal of Educational Psychology)邀请了14位著名的研究智力和智力测验的专家(E.L.Thorndike, L.M.Terman, F.N.Freeman, S.S.Colvin, R.Pintner, B.Ruml, S.L.Pressey, V.A.C.Henmon, J.Peterson, L.L.Thurstone, H.Woodrow, W.F.Dearborn, M.E.Haggerty 和 B.R.Buckingham)以"智力及其测量"为题,对智力的涵义及其测量方法发表看法(Intelligence and its measurement: A symposium, 1921)。结果是,专家们对智力测验的见解相对一致,而对于智力的定义差别很大。当然,大家共同提到,智力的本质涉及从经验中学习的能力以及适应环境的能力。不过,这些定义基本上只回答了智力的功能(能够做什么),而没有回答智力为什么具有这样的功能。

后来,斯腾伯格和德特曼(Sternberg & Detterman, 1986)又邀请了24位认知心理学家回答同样的问题。专家们同样强调了学习和适应的重要性,但是也注意到元认知——个体对自己认知过程的理解和掌控;另外,他们还强调了文化在智力中的作用,因为在一种文化中被看作是聪明的事,在另一种文化中或许就会被看作是愚蠢的事。

上述关于智力的看法都是比较抽象的。还有一种操作性定义,认为智力就是智力测验测得的东西。波林(Boring, 1923)对于这个定义就非常赞赏。不过,这个定义显然是有缺陷的。如果这个定义成立,智力指的是什么岂不是由智力测验说了算?学者们编制了那么多智力测验,岂不是有无数种智力?况且,迄今为止,还没有一个公认的、能全面而准确地反映智力水平的测验问世。既然这样,智力究竟是什么,也难以确定下来。

智力结构

分析智力的结构,就是分析智力内部的各种因素以及它们之间的联系。这对于了解智力的本质、合理设计智力测验、拟定发展智力的原则都十分必要。下面介绍几个重要的智力结构理论。

斯皮尔曼的二因素论

斯皮尔曼(C.Spearman)是一位英国心理学家。他一开始编制了几个智力测验,然后计算智力测验的得分。结果发现,各种测验的得分有一定的联系。于是,他计算了各种测验得分之间的相关,发现得分的变化有一定的共同趋势。比如说,一个人在算术推理上得分越高,他在语文测验中的得分往往也比较高;反之,算术测验得分越低,语文测验得分往往也不高。这种情况叫正相关。但是,这种正相关又不是完全的正相关。怎么解释这个现象呢?斯皮尔曼就推测说:为什么一个人在一种测验中得分越高,在另一种测验中就容易得高分?很显然,有一个普遍因素(G因素)制约着这个人的智力,这个因素在各种测验中都能起作用,所以得分就有一定相关。但为什么又不完全相关呢?因为除了G因素以外,不同测验中还有各种不同的、无相互联系的特殊因素(S因素)在起作用,所以得分不完全相关。这样,一个算术测验需要G能力和S_1能力,得分就由$G+S_1$决定;同样,另一个言语测验需要G能力和S_2能力,得分由$G+S_2$决定。于是,在斯皮尔曼智力结构理论中,最重要的是 G 因素,各种智力测验就是通过广泛测量求出 G 因素。

瑟斯顿的群因素论

瑟斯顿(L.L.Thurstone)对斯皮尔曼的观点表示反对。他认为,智力的主要成分有 7 种:(1)计算;(2)词的流畅性;(3)言语意义(词的理解);(4)记忆;(5)空间知觉;(6)知觉速度;(7)推理。一开始瑟斯顿觉得这几种能力之间是没有关系的,智力就是由这一群彼此无关的因素构成的。为了测定智力,他根据这 7 种因素,设计了一系列分测验。不料,测验的结果与设想的相反:任何一种能力都与其他几种能力有正相关。比如计算与词的流畅性的相关系数为 0.46,与言语意义的相关系数为 0.38,与记忆的相关系数为 0.18 等;言语意义与词的流畅性的相关系数为 0.51,与记忆的相关系数为 0.39,与推理的相关系数为 0.54。这下,瑟斯顿无话可说,于是就设想可能存在一种"二级的普遍因素",这样,群因素论又变成了二因素论。

吉尔福德的智力结构模型

吉尔福德(Guilford,1967,1982,1988)提出了一个相当有条理的三维智力结构模型。他认为智力由操作、内容、产品 3 个维度构成,而每一维度又有若干从简单到复杂的类别,不同类别的操作、内容、产物相结合,可以构成各种不同的智力,即 120 种智力(见图 12-4)。

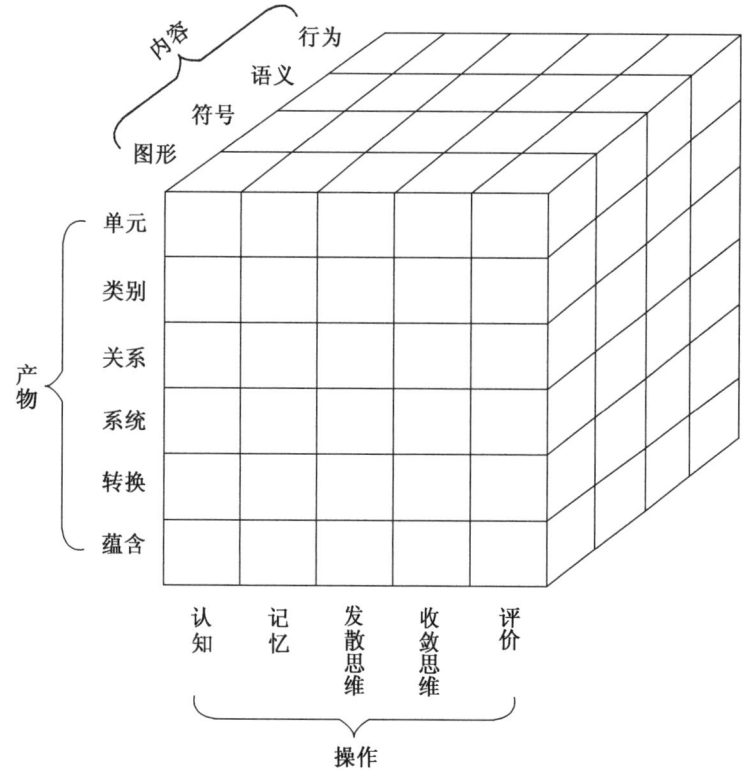

图 12-4　三维智力结构模型示意图

(来源:Guilford,1967)

第一个维度是操作。分成5种水平：认知、记忆、发散思维、收敛思维和评价。认知的意思是发现或再发现（即再认），相当于知觉；记忆指对已经认知到的信息的保持；发散思维指向着各种不同方向的思维；收敛思维指的是为得出一个正确答案而进行的思维。评价则指对各种已知信息的优劣性、正确性、适用性和稳定性诸方面加以评定。

第二个维度是内容。分4种水平：图形、符号、语义和行为。图形内容是各种具体实物；符号内容指由字母、数字及其他记号组成的材料；语义内容是指具有言语意义的材料，如词、词组、句子、段落、篇章等；行为内容就是人们做的事情。

第三个维度是产物。分成6种水平：单元、类别、关系、系统、转换和蕴含。单元是最基本的产物，例如一个词，一个数字和概念等；类别指的是一系列有关的单元，即将单元归入不同类型中；关系指的是事物之间的关联性，例如一个定理；系统指的是各单元的有机组合或完整体系；转换指的是某种改变；蕴含指的是一种预见，例如根据隐喻来理解字面后面的意思。

有了这个智力结构图，就可以按照它去测量智力。例如，要测量符号单元的认知能力，就可以出下面两个题目：(1)填充，构成一个单词 power，marvel，curtain；(2)将字母重新排列成一个单词：racih—chair；tvoes—votes；klcco—clock。认知语义单元的能力可以这样测：力的含义是什么，杂技的含义是什么，等等。又如，要测定符号单元的评价能力，可以出这样一道题目：判断下面几对符号是否一样：825170493—825176493；dkeltvmpa—dkeltvmpa；C.S.Meyevson—C.E.Meyerson。

后来，吉尔福德(Guilford，1982，1988)对自己的智力结构模型进行了一些修订，将内容维度的图形改为视觉图形和听觉图形两种，将操作维度的记忆分为长时记忆和短时记忆两种，由此将智力分为180种。

卡特尔的流体智力和晶体智力理论

卡特尔(Cattell，1971)根据因素分析的结果，将智力分成两种形态：流体智力和晶体智力。流体智力(fluid intelligence)是与生俱来的以生理素质为基础的认知能力，表现为辨别、记忆、理解能力，受教育与文化的影响比较少；晶体智力(crystallized intelligence)则是以后天习得的知识和经验为基础的认知能力，表现为用学到的知识和经验来解决新问题的能力，受教育和文化的影响比较大，应该通过词汇、数学、技能以及各种知识的测验来测量。卡特尔的理论对斯坦福-比内量表的发展影响很大，其第四版就引入了流体智力和晶体智力的概念。

多重智力理论

加德纳(Gardner，1983，1993，1999)秉承瑟斯顿的理论，提出了多重智力理论(theory of multiple intelligences)，认为智力不是铁板一块的，而是可以分成多种类型。表12-2就是加德纳提出的各种类型智力的定义。

表 12-2　加德纳各种类型智力的定义

智力类型	定义
音乐智力	音乐活动中体现出的能力
身体-运动智力	运动、舞蹈、手术等活动中体现出的智力,对身体运动的控制力
逻辑-数学智力	科学研究和逻辑思维活动中体现出的智力
言语智力	阅读和写作活动中体现出的智力
空间智力	导航活动中体现出的智力,对于空间场景的视觉化能力
人际交往智力	推断他人心态、气质、意图和动机的活动中体现出的智力
内省智力	理解自己的感受和情绪的能力

(来源:Gardner,1983)

另一个著名的多重智力理论是斯腾伯格(Sternberg,1999)提出的智力三元理论。斯腾伯格认为,智力由三个方面组成,分别是分析智力、创造智力和实践智力。分析智力负责进行分析、比较、评价和判断等过程;创造智力负责进行创造、发明、设计和想象等过程;实践智力负责进行运用、利用、执行和付诸实践的过程。

智力的测量

测量一个人的智力有着重要的意义。在教育上,知道了各个学生之间能力上的差异,可以方便教师进行因材施教;在职业选拔上,测量能力,了解能力的个别差异,可以为人尽其才提供依据;在临床上,可以用来诊断心理疾病,比如鉴别智障人士;在心理学研究中,可以用来检验某些理论是否正确,等等。不过,智力测验也常常被滥用,在升学、求职等领域制造出一些不必要的歧视现象,这是应该着力防止的。

世界上第一个正式推行的智力测验,是比内和西蒙(Binet & Simon,1916)制定的。这个测验一开始是为了鉴别低能儿童,以后经过多次修订,形成一个相当成熟的智力测验体系。以其第四版为例,为了测定智力因素(G因素),该测验设计了3个方面的测验:一是晶体智力方面;二是流体-分析方面;三是短时记忆方面。晶体智力方面又细分为言语推理因素(包括词汇、理解、谬误、语词关系等4个分测验)和数量推理因素(包括算术、数列关系、等式建立等3个分测验);流体-分析方面主要测试抽象/视觉推理因素(包括图形分析、仿造与仿画、矩阵、折纸与剪纸等4个分测验);短时记忆因素的测验包括珠子记忆、语句记忆、数字记忆、物品记忆等4个分测验。该版除了能够给出总智商,还可以给出上述4个因素和15个分测验的分数。

另一个重要的智力测验,是韦克斯勒(D.Wechsler)智力测验,它是一个率先引入分测验和离差智商的智力测验。韦克斯勒智力测验包括韦氏儿童智力量表(适用于6~16岁儿童)、韦氏成人智力量表(适用于16~75岁的成人)以及韦氏学前儿童和学龄初期儿童智力量表(适用于4~6岁的儿童),而且也经过多次修订。比较常用的韦氏儿童智力量表第三版(以下简称WISC-Ⅲ)可以测定4个因素:言语理解、知觉组织、注意集中和加工速度。言语理解包括常识、类同、词汇和理解等4个分测验;知觉组织包括填图、排列、积木和拼配等4个分测验;注意集中包括算术和背数等2个分测验;加工速度包括译码和符号搜索等2个分测验。

除了上述经典的智力测验以外,比较重要的智力测验还有考夫曼夫妇(Kaufman & Kaufman,1983)运用达斯(J.P.Dass)的PASS模型制定的考夫曼儿童成套评价测验(Kaufman Assessment Battery for Children,简称K-ABC)。K-ABC将智力和成就区分开来,认为解决问题的能力属于智力范畴,而有关事实的知识属于成就的范畴。另外,该测验还尽量减少语言文字对测验结果的影响,并且注意到性别差异问题。K-ABC也有多个分测验,它们是:(1)动作模仿;(2)数字背诵;(3)系列记忆;(4)图形辨认;(5)人物辨认;(6)完形测验;(7)图形组合;(8)图形类推;(9)位置记忆;(10)照片系列;(11)语汇表达;(12)人名地名辨认;(13)数字运用;(14)物件猜谜;(15)阅读发音;(16)阅读理解。上述测验中,第1~3分测验测量继时加工过程,第4~10分测验测量同时加工过程,且第1~10分测验共同测量智力,第11~16分测验用于测量知识(或成就)。

还有一个比较简便易用且照顾到文化公平的智力测验,就是雷文(J.C.Raven,旧译瑞文)测验。该测验是一个非文字测验,主要测定被试的观察力和归纳推理能力。雷文测验原名"渐进矩阵"(progressive matrices),最早出现在1938年,经数十年发展,现已有多个版本。测验题以一张张图片的形式出现,每张图片上有一系列小图,小图之间存在一定的变化规律,根据这个规律可以推断最后一空白处的小图应该是什么样子。被试只要从待选的若干个小图中选择一个最合适的就可以了。测题式样见图12-5,图中(A)~(F)是可供被试选择的6个选项(答案:B)。

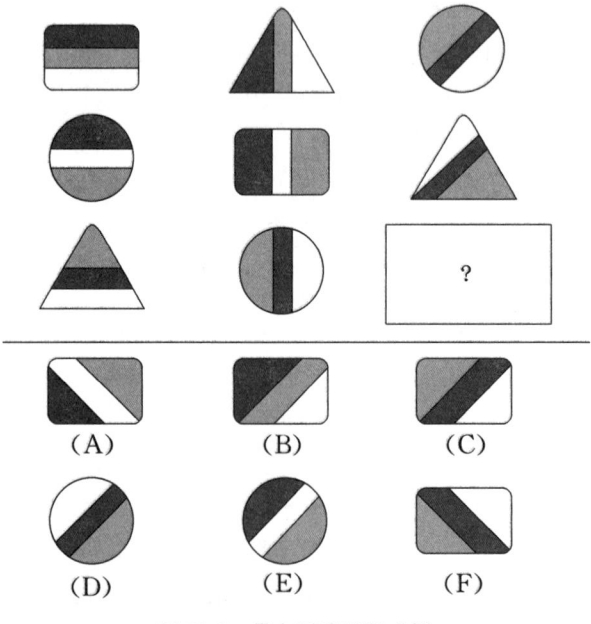

图 12-5　雷文测验试题式样

(来源:Gallotti,1999)

认知风格和学习风格

人与人之间除了存在智力水平的差异之外,还存在认知风格(cognitive style)的差异。所谓认知风格,就是在人完成认知任务时影响其方式方法的某些人格和动机因素。如果某个个体习惯于用某一套相近的策略来处理各种问题,我们就说他已经形成了自己的认知风格。

与认知风格密切相关的是学习风格(learning style)。学习风格有两重含义:第一种含义是个体在学习过程中表现出来的相对稳定的行为方式;第二种含义和认知风格相同。当它以第一种含义使用时,往往与"智力"和"人格"并列,作为个体差异的一个指标。

认知风格

最典型的认知风格理论就是场依存性和场独立性理论。这个理论最早是威特金等人(Witkin, Dyk, Faterson, Goodenough & Karp, 1962; Witkin & Goodenough, 1981)在研究知觉的时候提出来的。他们在实验中发现,有些人比较容易从视野中分析出知觉单元,有些人却不容易。他们用嵌入图形测验、棒框实验和身体调节实验证明,有些人的判断比较容易受到外部信息的干扰。例如,在棒框实验中,当框不与地面保持垂直状态时,有些被试就难以将棒调节到与地面垂直的水平,而是跟随框的状态,与框的底边保持垂直。另外一些人则不容易受到框的影响。于是他们就提出,人的认知风格可以分成依存于外部环境的场依存性风格和独立于外部环境的场独立性风格。场依存性的人倾向于把外在参照系作为认知的依据,他们容易受到附加刺激的干扰;而场独立性的人则倾向于更多地利用内在参照,不容易受到外来事物的干扰,能够独立地对事物作出判断。在后来对大学生进行的研究中,他们还发现,场依存性的学生比较喜欢人际关系方面的领域,不喜欢认知改组方面的技能,即偏爱文科;而场独立性的人正好相反,他们喜欢的是与社会联系比较少且需要认知改组技能的自然科学,而不太喜欢与人际关系有密切联系的学科,即偏爱理科。他们甚至还发现,大学生转专业也与认知风格有密切关系,他们一般都是转向与自己的认知风格相符的学科。

除了场独立性和场依存性理论以外,还有许多认知风格的分类理论。主要有以下几种。

1. 扫描和聚焦:这是布鲁纳等人(Bruner, Goodnow & Austin, 1956)提出的。在概念形成的有关章节中,讲到概念形成的策略的时候,我们提到过的聚焦策略和扫描策略,就反映了两种不同的认知风格。

2. 广谱分类和窄谱分类:如果让被试对事物按照自己的想法进行分类,则有的被试提出的类别数量很少,每一类别中包含的项目很多,这是一种广谱分类的风格;有的被试提出的类别很多而每一类内部的项目很少,这是一种窄谱分类的风格。

3. 标准化和尖锐化:在接收新的信息时,标准化的人喜欢将新信息同化进先前的知识结构或分类系统中,而尖锐化的人喜欢将新旧信息区分开来。

4. 严格控制和灵活控制:严格控制者对无关刺激的干扰特别敏感,而灵活控制者比较能抗干扰。

5. 对不协调或不真实经验的容忍和不容忍:容忍者能够显示出比较强的调适,能迅速适应异常知觉,不容忍者在接受异常知觉之前需获得较多的信息。

6. 冲动反应和反省反应:冲动反应者的特征是反应迅速,反省反应者常常考虑可能发生的各种情况,考虑预备分类和反应。

7. 分析和综合:分析型的人能分析出具体特征或属性,他们比较注意特征的相似性;综合型的人看问题往往是主题性的、描述性的或关系性的,他们比较注意功能上的关系。

8. 冒险和谨慎:当一件事情获利高而成功率低时,冒险的人会要求去做,而小心谨慎的人喜欢做获利不多但成功率高的事情。

9. 认知复杂化和认知简单化:认知复杂化的人喜欢分层整合,而认知简单化的人不喜欢复杂的分析。当只需要根据一个维度进行水平分析的时候,有利于认知简单化者;当需要对两个维度之间的关系进行纵向分析时,有利于认知复杂化者。

10. 先验规则和接受规则、系统和直觉:先验规则个体将新信息同化进他原有的知识体系中,对信息按照呈现时那样分类或组块;接受规则个体则同化一些尽可能原始的素材,经常对呈现的信息提出新的看法,因为他们是以信息本身的形式而不是以概念的形式储存它们的。系统的个体创造出一些有序的、连续的计划和策略,冲动的直觉个体则喜欢提出新的观念,缺乏细致的分析。

学习风格

关于学习风格的理论也是相当多的。恩特威斯尔和拉姆斯登(Entwistle & Ramsden, 1983)用调查法做了大量研究工作,他们用帕斯克(G.Pask)学习方式量表对学生进行调查,揭示了学习程度、方式和动机之间的关系。他们发现,喜欢深入学习的学生往往具有整体型学习风格,而浅尝辄止的学生往往具有序列型学习风格,前者大脑右半球占优势,后者左半球占优势。两类学习类型的具体特点是:整体型的人常常有冲动性的内向思维,有理论远见和审美情趣,能形成复杂的观念,发散思维能力强;而序列型的人思维较外向,理论远见不足而实践能力较强,审美情趣差,喜欢语词的、分析的、抽象的、数字的操作和运算,发散思维能力比较弱,直觉思维较少。

施梅克(Schmeck, 1988)提出了学习方式综合模型。这个模型包括三种具有明显差异的学习方式,分别称为深层方式、精细方式和浅层方式。他发现,稳定内倾者往往采取深层方式,他们发展出有效的图式和观念系统,思维呈场独立性,善于分析和综合。而稳定外倾者则往往采取精细方式,他们具有冲动的个人化的知识,思维全面并呈场依存性,喜欢现实世界的具体例子。焦虑的人往往采用浅层方式,他们依赖记忆,喜欢不断背诵知识,常常能够把学习材料逐字逐句地背出来。表12-3综合了恩特威斯尔和施梅克的理论,描述了不同学习风格在各方面的表现。

表 12-3 学习风格表

学习风格	全面型 策略型	深层整体型 精细型	深层序列型 分析型	表面型 浅层型
学习策略	善于组织	个人化	形成概念体系	记忆
认知方式	整合型	场依存性 发散思维	场独立性 收敛思维	发展不足
动机	内部动机 渴望成功	内部动机	内部动机	外部动机 害怕失败
人格	情绪稳定 喜欢理论	冲动 内倾	小心谨慎 外倾	神经质
学习过程	全面综合与精细分析交替使用	综观全局、重新组织、发现相互联系	比较注意证据和逻辑论证	喜欢反复背诵以求逐字逐句地复述知识
学习结果	深层水平的理解	容易高度概括化	在理解不寻常的关系时感到困难	浅层水平的理解

(来源:Entwistle,1990)

思维风格

斯腾伯格(Sternberg,1997)提出了关于思维风格的概念和理论,为我们系统地研究思维与人格的关系提供了重要的基础。

什么是思维风格呢?斯腾伯格认为,思维风格是指人们偏好的进行思考的方式。思维风格不是一种能力,而是一种倾向性。能力相同的人可以具有完全不同的思维风格。

斯腾伯格提出了一种关于思维风格的理论,即心理自我管理理论(mental self-government theory)。该理论认为,人们在日常生活中,需要有一个管理机构对自己的思想和行为进行管理。斯腾伯格将这个思维的管理机构比作一个政府,它在功能、形式、水平、范围和倾向等方面具有不同的特点。

第一,心理自我管理的功能。在功能方面,这个管理机构有"立法""执行"和"审判"三种功能,相应地,就有三种以不同功能为主要风格的人。具有立法型风格的人喜欢提出计划,设计方案,并按自己的计划和方案做事;具有执行型风格的人喜欢按已经确定了的结构、程序、规则做事;具有审判型风格的人喜欢品头论足,判断和评价已有的事物和方法。

第二,心理自我管理的形式。心理自我管理的形式有四种:专制型、等级型、平等竞争型和无政府型。具有专制型思维风格的人在同一时间内只能处理一件事物或事物的某一个方面,喜欢做完一件事情再做另一件事情,在处事时不易受到外界的干扰。具有等级型思维风格的人可以同时面对多种事物和进行多种活动,但是他们有很好的秩序感,事情头绪虽然多，但是做起事来有条不紊。这种特征很接近多血质。具有平等竞争型思维风格的人认为多个目标和方法具有同等的重要性。具有无政府型思维风格的人喜欢无拘无束，偏好在无结构、没有清晰程序可遵循的环境中工作。

第三，心理自我管理的水平。心理自我管理有全局型和局部型两种水平。具有全局型思维风格的人喜欢处理整体的、抽象的事物，喜欢概念化、观念化的任务。具有局部型思维风格的人喜欢处理事物的具体细节。

第四，心理自我管理的范围。按照心理自我管理的范围，可分为内倾型和外倾型两种思维风格。具有内倾型思维风格的人具有内向性，喜欢安静，喜欢单独工作。具有外倾型思维风格的人具有外向性，喜欢接触外界事物，善于交际，喜欢与他人共事。

第五，心理自我管理的倾向。心理自我管理有两种不同的倾向，即激进的和保守的。具有激进型思维风格的人喜欢新事物，喜欢面对不熟悉、不确定的情境，喜欢超出现有的程序和规则，对变化的容忍性比较强。具有保守型思维风格的人喜欢按照已有的程序和规则做事，喜欢按部就班地做自己熟悉的工作，不喜欢模糊与变化。

斯腾伯格还编制了一个思维风格问卷。该问卷是一个七点量表，由104道题目组成，这些题目分别测量13种思维风格，每一个题目都是由被试评价题目中的陈述与他们实际情况的符合程度。

12.3 认知能力的性别差异

"男女有别"，区别在哪里呢？《红楼梦》中讲，男人是土做的，女人是水做的。看来男人是污浊的，女人是高洁的。无独有偶，一个叫格雷（Gray, 1992）的外国人写了一本书，书名叫做《男人来自火星，女人来自金星》(Men Are From Mars, Women Are From Venus)，火星是战神，金星是爱神，这样来区分男女，好像还说得过去。总的来说，大家都认为男女之间有鸿沟。

不过，这条鸿沟从生理上说是完全可以接受的，从气质、性格上讲，就打一些折扣，浅了一些，不过仍可以大致接受。但是如果就认知能力而言，则基本上不能接受，因为大量研究告诉我们，男女在认知能力上的差异并不显著，两性之间并无鸿沟。

性别差异研究的方法论问题

性别差异的模式

性别差异可能存在多种模式。如果让一群男生和女生一起学习刺绣，恐怕女生的平均水平远远超过男生；如果是学习四则运算，男女生平均成绩可能差不多，但是女生成绩比较接近，差异小，而男生成绩可能更加参差不齐一些。

加洛蒂(Gallotti,1999)列出了各种可能的差异模式(见图12-6中A~D),并且认为出现模式(A)的可能性比较小：

(A) 一种性别中最差的个体也好于另一种性别中最好的个体；

(B) 两种性别的个体之间没有差异；

(C) 两种性别的平均成绩有差异,且重合之处比较多；

(D) 两种性别的平均成绩有差异,且重合之处比较少。

此外,还应加上第5种模式,那就是(图12-6的E所示)：

(E) 两种性别的平均成绩没有差异,但是一种性别的内部个别差异大,另一种性别的内部个别差异小。

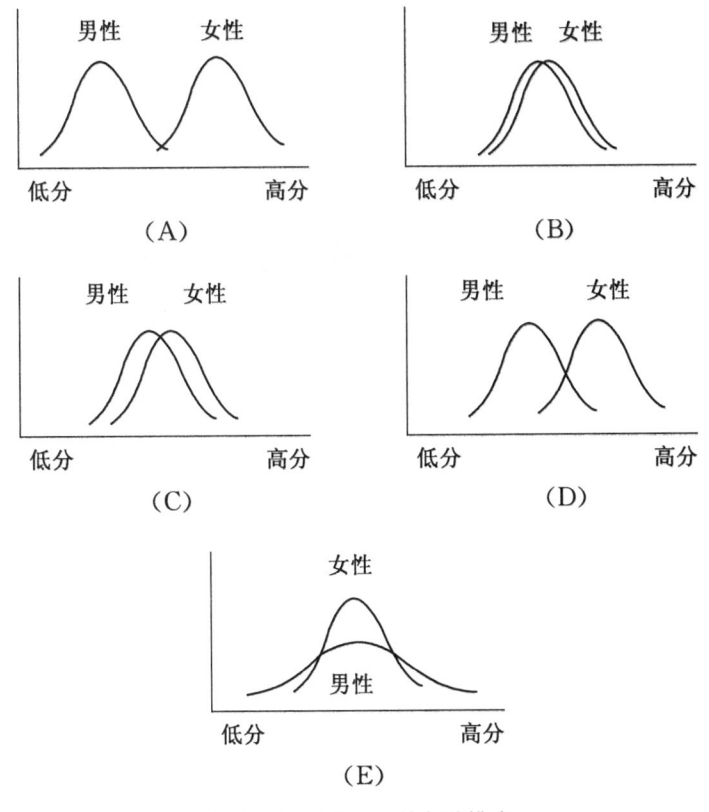

图 12-6 性别差异的各种模式

(其中小图 A~D 来源：Gallotti,1999)

实验者期望效应

在性别差异研究中,一个主要的困难是容易产生实验者期望效应。例如,一个主试如果主观上觉得男性应该是善于逻辑推理的,他让男性被试完成推理任务的时候就可能有意无意流露出信任、鼓励的神情；当面临女性被试的时候则可能流露出比较随意、对她能否成功流露出无所谓的态度,这样就会导致实验的结果向着有利于"男性善于逻辑推理"这一假设的方向发展。

另外,主试的性别也可能影响到研究结果,因为研究材料的选择、研究程序的制定、指导语的编写乃至研究过程中主试与被试的交流,都会染上一定的性别色彩。例如,让被试评价自己对家庭生活的满意程度时,女性主试编制的问卷可能更适合女性填写;即便让男性主试参与编写,排除了这一因素,也不能排除问卷填写过程中男女被试不同的反应倾向(女性可能更加倾向于诉苦)。

在心理学研究中,对一种心理现象的确认往往需要许多人的重复实验,性别差异研究尤其如此。这样,我们就要对众多的文献资料进行综合研究。但是,文献资料也不是那么可以轻信的。这是因为,研究人员在研究开题的时候,往往希望发现性别差异,而不是否定性别差异。这样,他的做法往往是很"荒唐"的。例如,他会使用智力测验来证明男女两性在智力上的差异,但是他忘记了,智力测验的制订者往往都采取许多措施来保证他的测验在性别上是公平的,男女成绩理论上应该相等。于是,最终的结果可能就是男女两性无显著差异。这本来是很合理的一个结果,但是研究者会觉得自己的研究"失败"了,羞于(或不屑于)报告这一结果,而是重做研究,希冀着做出显著差异来。同样,学术刊物的编辑也可能带有这个定势。如果看到论文里面说没有差异,他可能也认为是研究者设计不合理,从而退回稿件。这样一来,我们就可能与大量结论为无显著差异的文献失之交臂。这是实验者期望效应的另一种体现。

元分析

虽然我们看到的文献可能体现了实验者效应,但是长期积累下来,还是得到了许多重要的信息。为了对这些研究信息加以综合,得出一些倾向性结论,人们想出了一些办法。最简单的办法是"投票法"(vote counting):统计持各种不同观点的论文篇数,最终得出数量上占优的结论。出现于每一篇文献的观点都是一张"选票",它支持有差异的,"有差异"一方就得一票;它支持无差异的,"无差异"一方就得一票,最终得票多的那个观点就是具有倾向性的结论。同样,我们可以通过这样的方法来得出某项认知能力是男优于女,还是女优于男。

投票法未免太简单机械了,后来出现了元分析(meta-analysis)。元分析提供了一种新的研究方法。"元"(meta-)是非常有意思的一个前缀,它的含义是"关于 X 的 X"。例如,元分析就是"关于分析的分析",也就是将以前的分析报告汇总起来加以进一步的分析。元分析引入了一些数量分析指标,其中最常用的是效应量(effect size),其一般算法是,每项研究中两个样本的平均数之差除以两个样本的平均标准差,即 $d = (M_1 - M_2)/Sd$。例如,某个关于推理能力的性别差异的研究中,男生组的推理测验得分平均数为 75,女生组平均数为 70,两组平均标准差为 10,则效应量 $d = (75 - 70)/10 = 0.5$。科恩(Cohen, 1969)提出了对于不同 d 值的判断标准:d 小于 0.20,是较弱的效应量;$d = 0.5$ 左右,是中等的效应量;d 大于 0.8,是较强的效应量。

各种认知能力的性别差异

言语能力

在许多人的心目中,性别差异在言语能力上表现得最明显。我们也确实常常看到 2～3 岁的女童说话已经滔滔不绝,而同年龄的男童有的还没有"开口"(学说话),整日默默无语,只会"闷玩"。不过,开口的早晚毕竟还不能作为言语能力的唯一指标。言语能力还包括词汇量、言语流畅性、语法、书(拼)写、阅读和听力理解等。

麦科比和杰克林(Maccoby & Jacklin, 1974)总结了当时他们能够搜集到的大量研究报告,最终得出的结论是,11 岁以后的男生和女生在言语能力方面已经基本相同,但是女性在一系列言语任务中超过男性,包括语言理解和产生、创造性写作、言语类比和言语流畅性。

不过,这一看法后来受到了挑战。海德和林(Hyde & Linn, 1988)用元分析方法汇总了 165 个可以计算其性别差异的效应量的研究(有些还是未发表的),这些研究涉及词汇、类比、阅读理解、口语交流、写作、一般能力(其他测量的混合)、SAT(美国高中生进入美国大学的标准入学考试)语言得分等。结果发现,其中 25% 的研究显示男性强于女性,另 75% 的研究显示女性强于男性;但是差异有显著意义的分别只有 7%(男强于女)和 27%(女强于男),没有显著意义的倒有 66%;而且,即使是在那些女性显著强于男性的任务上,其平均 d 值也只有 0.20～0.33。海德(Hyde, 2005)进一步将男女两性无差异的假设推广到认知、交流、社会与人格、心理适存(psychological well-being)和动作行为等方面。

视觉空间能力

麦科比和杰克林(Maccoby & Jacklin, 1974)根据文献综合的结果提出,童年期结束后,男性的视觉空间能力显著地超过了女性,他们计算的 d 值高达 0.40[计算 d 值时分子是(男性平均数-女性平均数),故正的 d 值说明男强于女,下同]。不过,当时对于空间能力的界定还是相当模糊的,而且相当多的实验采用了棒框测验,而这个测验不仅仅用于测定空间能力,还可以测定认知风格(场依存性-场独立性),其实验结果可以随指导语改变。

后来,林和彼得森(Linn & Petersen, 1985)对于 172 项关于空间知觉、心理旋转、空间视觉化能力的研究报告进行了元分析。林和彼得森所谓的空间知觉能力,指的是个体根据自身方向来判断空间关系的能力,例如在棒框测验中进行正确的反应;所谓的心理旋转能力,与本书第 5 章"长时记忆"所述一致,指的是对于旋转了一定角度的图形或物体的判断能力;所谓的空间视觉化能力,指的是从复杂图形中找出隐藏图形或想象一个立体纸品展开后的样子的能力。他们得到的 d 值分别是 0.44(空间知觉)、0.73(心理旋转)和 0.13

(空间视觉化能力),并且与年龄和测验有关。可见,在视觉空间能力方面,男女两性还是有一定差别的。不过,他们也发现,空间知觉的效应量与被试的年龄有关,心理旋转的效应量与具体的实验任务有关,这说明空间知觉能力上的性别差异很可能是后天的社会环境造成的,而心理旋转上的差异可能与男女两性被试采用了不同的策略有关。

林和彼得森(Linn & Petersen, 1985)的见解后来在沃耶等人(Voyer, Voyer & Bryden, 1995)的研究中得到了进一步的支持。沃耶等人同样针对视觉空间能力的研究报告进行了元分析,其中涉及空间知觉的有92篇,涉及心理旋转的有78篇,涉及空间视觉化能力的有116篇。结果相当接近:d值分别是0.44(空间知觉)、0.56(心理旋转)和0.19(空间视觉化能力)。至此,我们基本上可以判断,男性在视觉空间能力上强于女性。

数学能力

麦科比和杰克林(Maccoby & Jacklin, 1974)对于数学能力也进行了元分析研究。他们的结果是,小学阶段,男女生平分秋色,从12~13岁开始,男生的成绩加速上升,并显著超过女生,平均d值达到0.43。本博和斯坦利(Benbow & Stanley, 1980, 1983)对男女中学生的研究也支持这一结论。他们调查了参加SAT考试的学生,发现在语言成绩基本相同的情况下,男生的数学成绩高于女生近30分;而且,分数越高,男女生比例也越悬殊,例如,700分以上的学生中,男女生比例高达13∶1。

不过,海德等人(Hyde, Fennema, Ryan, Frost & Hopp, 1990)对于数学计算、数学概念和数学问题解决这三个方面的文献进行的元分析却表明,两性的数学能力并无显著差异,平均d值分别为-0.14,-0.03和0.08。这样一来,数学上的性别差异又模糊起来。

推理能力

关于推理能力的元分析则表明,在推理方面,两性之间基本上没有差异,除非推理任务与计算有关。米汉(Meehan, 1984)对53个研究进行了元分析,这些研究主要涉及皮亚杰形式运算类的逻辑推理问题,结果发现,不同类型的推理平均d值都比较低(0.10~0.22),仅当问题需要计算比例时,d值才比较高(0.48)。

林恩和欧温(Lynn & Irwing, 2004)对于一些运用前文所说的"渐进矩阵"测验(即雷文测验)比较男女推理能力差异的研究进行了元分析。这些研究中,被试年龄在6~14岁的有15项,15~19岁的有23项,成年人的有10项。得到的d值分别是0.02,0.16和0.30,差别虽有增加的趋势,但是并不明显。

综上所述,男女两性在认知能力方面并无十分明显的差别。男女两性的相同之处远远多于不同之处。许多关于认知性别差异的描述往往是错觉,是夸张。海德(Hyde, 1981)甚至指出,即使是证据确凿的认知性别差异,男女平均数之间的差异也常常是很小的,最多只能解释总方差的5%。

12.4 元认知及其发展

元认知的含义

个体在自己的认知活动中,对于自身、当前的认知任务以及完成任务可以采取的方式可能有不同的认识,对于自己的认知活动也就具有不同的驾驭能力。这样,对于同样一个问题,年长的或经验丰富的被试可能更善于判断任务的难度,更懂得哪个思路容易成功,也善于总结经验,从而根据不同的情况灵活地采取策略来完成任务——总之,他知道自己在干什么。年幼的被试则缺乏这种对于自身认知活动的意识和监控,遇到复杂的任务常常茫然不知所措。

数学史上广泛流传的儿童时代的高斯计算 $1+2+\cdots+100$ 的故事,可以看作是元认知的典型案例。当别的孩子按照平常从左到右的运算顺序辛辛苦苦地做加法的时候,高斯早就审视并且摒弃了这一笨拙的策略,而是利用 $1+99=100$,$2+98=100$……这一规律,简化了计算过程,从而迅速得出结论。可见,对于认知的认知,是非常重要的过程。这就是本节要阐述的核心概念——元认知。前面讲元分析的时候说过,"元"的含义是"关于 X 的 X",因此元认知也就成为"关于认知的认知"。

"元认知"(meta-cognition)这个概念,最早是由弗拉维尔(J.H.Flavell)提出来的。其定义前后略有变动,比较近的一个定义(Flavell, 1985)是:元认知是某种知识或认知过程,它以认知活动为对象,或用于调节认知活动。换句话说,元认知就是对个体自己的认知的认知和控制。

根据上述定义,还可以看到弗拉维尔所说的元认知包括两个方面:元认知的知识和元认知的过程。前者是知识体系,它包括个体对认知过程和认知能力的认识,对影响认知效率的因素的认识,对自身认知能力长短处的认识,以及对当前认知任务的有效认知策略的认识等;后者是执行机制,它体现在个体对自己的认知过程的调节和控制。

元认知的结构

元认知知识

弗拉维尔对于元认知强调的是元认知知识和元认知监控这两个方面。对此,他觉得还是过于笼统,故继续深入细分。

弗拉维尔将元认知知识主要分为三类:第一类是个体元认知知识,即个体关于自己及他人作为认知加工者在认知方面的某些特征的知识;从这层意义说,认知心理学就是人们对认知的比较科学、系统的认识,是人类元认知结出的硕果。一个元认知知识丰富的人应该懂得一些认知心理学,应该了解自己在认知能力上的长处和短处,等等。

第二类知识是任务元认知知识,即关于认知任务已提供的信息的性质、任务的要求及目的的知识。例如,一个人在记忆一篇课文的时候,应该对课文的体裁、主题、长度、结构、语言特点、逻辑性和熟悉度等有所了解,同时还要考虑到记忆任务的目的、要求和进度,等等。

第三类知识是策略元认知知识,即关于策略(认知策略和元认知策略)及其有效运用的知识。例如,记忆课文的时候,是集中一段时间学习,还是分散学习?是逐字逐句背诵,还是先分析其逻辑结构,在理解的基础上记忆?

此外,弗拉维尔还特别强调上述知识的相互作用,认为不同个体会依据特定的认知任务判断策略的优劣。

元认知监控和元认知体验

元认知监控是一种元认知的执行机制,其实质是将元认知知识运用于调节认知过程。当然,适合不同认知过程的元认知监控也是不同的。纳尔逊和纳伦斯(Nelson & Narens, 1990)曾经建立了一个学习和记忆过程的元认知监控模型,认为元认知的监控分为四个成分:(1)对学习的难易程度的判断,即预测学习的轻松程度;(2)在学习过程中或学习之后所作的对自己的记忆过程和绩效的体验;(3)知道感的判断;(4)提取信息的信心判断,即个体对自己提取的回答的正确性有多大把握。

元认知监控总是和元认知体验纠缠在一起。所谓元认知体验,指的是伴随着认知活动的有意识的认知体验或情感体验。弗拉维尔认为,元认知体验往往是关于某一认知活动中已取得的进展或将要取得的进展的感受。

在各种元认知体验中,人们最熟悉的莫过于"舌尖现象"(tip-of-the-tongue phenomenon)了。这是一种答案将到未到、可望而不可及的感受。与之相关联的一种体验就是知道感(feeling of knowing,简称FOK)。所谓知道感,就是个体确定某个信息能够被回忆出来的状态,虽然可能一时半会儿回忆不起这个信息。哈特(Hart, 1965)率先开展了对知道感的研究。他向被试呈现一些常识性问题(例如法国的首都在哪里),在被试不能回忆起正确答案时,就让他们作一个判断:我是否知道问题的答案?结果发现,知道感判断和真实记忆成绩之间呈显著相关,这说明知道感的判断是准确可信的。很多心理学家还认为,知道感是在记忆提取之前的、快速的、弥散性的加工过程。

后来,梅特卡夫(Metcalfe, 1986)将知道感研究扩展到问题解决领域,并对问题解决和记忆的知道感准确性加以比较。与哈特研究知道感的方法相似,梅特卡夫采取了这样的程序:先让被试在5秒钟内解决问题,对于被试在这段时间内无法解决的问题,要求他们先对这些问题作知道感判断,然后继续解决这些问题。结果发现,与记忆任务中的知道感判断不同,问题解决中的知道感判断和真实成绩没有出现显著相关,而且问题解决中被试常常高估知道感。

弗拉维尔认为,元认知知识和元认知体验也是相互作用的。一方面,元认知体验丰富和扩展了元认知知识,个体在认知过程中发现新的元认知知识,并将这些发现同化到现有的元认知知识系统中;另一方面,元认知知识可以帮助个体理解元认知体验的意义,或根据元认知体验判断应采取何种认知行为或策略。另外,两者有时还是部分重叠的:有些元认知体验可以看作是进入意识的那部分元认知知识。

元认知能力的发展

儿童对于自己认知过程的了解和监控能力是比较弱的。例如,马克曼(Markman,1979)发现,三年级学生与六年级学生相比,不太善于从阅读材料中发现不一致或相互抵触的内容。这说明儿童不容易发现自己认知过程中的错误。很多研究表明,幼儿在记忆时,几乎都说不清楚记忆的目的和任务,他们对自己记忆效果的评价的准确性也是在进小学后才有了明显发展。还有研究者比较学习困难儿童与正常儿童元记忆的特点,发现学习困难儿童的元记忆发展水平明显偏低。当然,这些仅仅是儿童元认知能力较弱的部分表现而已。

随着年龄的增长和教育训练的增加,元认知能力才逐渐发展起来。元认知能力的发展主要表现在元认知监控方面。任何一种监控能力的发展都包括以下五个方面。

(1) 从他控向自控发展。幼儿的自控能力是比较差的,他们没有强烈的自我意识,往往肆意吵闹,这时能够出来控制他们的行为、收拾场面的往往是父母和老师。元认知监控能力也是如此。一开始是他人指导下进行的监控,但是随着年龄的增长,他控将逐渐向独立完成监控任务——自控方向发展。

(2) 从不自觉向自觉发展。幼儿的注意分配能力差,意志力也比较薄弱,因此他们的元认知监控处于不自觉、不随意的阶段。随着他们生理和心理的不断发展和成熟,监控的自觉性也逐步增强,监控技巧逐步娴熟,甚至可以达到自动化的程度。

(3) 从单一维度监控向多重维度监控发展。元认知发展的初期,儿童往往只能就认知活动的某一个方面进行监控。例如在阅读课文的时候,注意了文章的意思,却忘记了阅读的另一层目的:学习文章的语言特色。年长的学生就可以做到同时达成两个目的;即使不能同时达到两个目的,也会做好前后安排,先看文章的意思,再揣摩文章的语言。

(4) 从局部监控向整体监控发展。低年级小学生即使能够进行一些自我监控,也是间断的、片面的。例如,做错一道题目后,不会分析是哪一步出的错,只好从头再做一遍。随着元认知的发展,他们逐渐学会全程、全面的监控。这时的监控贯穿整个认知活动,从而能够更及时有效地纠正错误。

(5) 监控的敏感性增强,迁移性提高。认知监控与认知体验密切相关。敏感性包括对认知对象的认识的敏感性,对问题情境中各种因素及其关系和变化的敏感性。如果没有这种敏感性,就可能会遗漏或者忽略某些重要信息,尤其是隐含条件,以至于对问题情境的认识产生偏差。例如,速度时间类的应用题,如果对题目表述的条件不敏感,对速度与时间的关系不敏感,那么即使计算很熟练,也不能正确地解决问题。

迁移性可以看作是敏感性的特殊形式,它指的是在不同情境下激活和提取相同或相似的策略、知识和经验的敏感性。迁移水平高的人,善于将过去进行认知监控的经验应用到新的认知任务中。例如,学习语文时养成自我监控经验可以迁移到对外语或历史的学习中去。

12.5　身心状态与认知表现

以各种情绪状态为代表的形形色色的身心状态与人的认知之间有着复杂的相互作用。本书在讲到长时记忆的编码特异性理论时,曾详细介绍了两种状态依存效应,即生理状态和情绪状态对回忆所起的线索作用——在一定的身心状态下识记的材料,在同样的状态下比较容易回忆出来。除此之外,身心状态与其他认知活动之间也可能产生相互影响。

情绪状态对认知的影响

情绪与个人知觉

博登豪森等人(Bodenhausen, Sheppard & Kramer, 1994)的一个研究探讨了快乐情绪与中性情绪状态下的参试者对个人知觉的影响。实验中呈现的材料描述了一次校园暴力事件,要求参试者评定施暴者的罪责程度(个人知觉)。研究者对一部分参试者诱导快乐情绪,另一部分不作操纵;同时,用施暴者的姓名激发参试者的刻板印象,即有些参试者

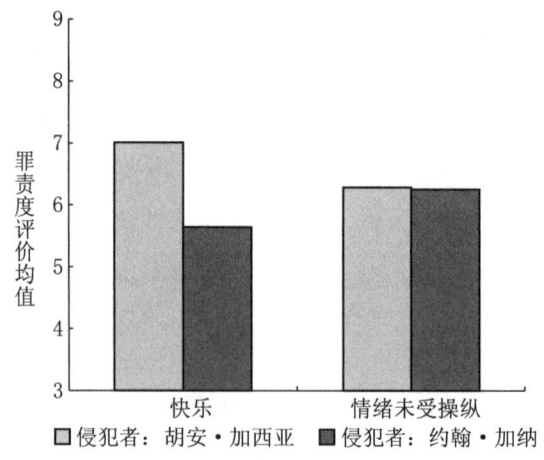

图 12-7　情绪与个人知觉

情绪被操纵为"快乐"的参试者觉得"胡安·加西亚"(这个名字在部分西方人的心目中带有攻击性色彩)的罪责度高于没有明显攻击性的"约翰·加纳",而情绪未受操纵的参试者没有表现出这种效应
(来源:Bodenhausen, Sheppard & Kramer, 1994)

看到的施暴者的名字是"胡安·加西亚"(这个名字在部分西方人的心目中带有攻击性色彩),另一些参试者看到的名字是没有明显攻击性的"约翰·加纳",这样就形成了一个2(情绪:快乐-中性)×2(刻板印象:有攻击性-无攻击性)的双因素实验设计。结果(见图12-7)发现了显著的交互作用:情绪被操纵为"快乐"的参试者觉得"胡安·加西亚"的罪责度高于没有明显攻击性的"约翰·加纳",而这种刻板印象效应在中性情绪的参试者身上却没有表现出来。可见,刻板印象是否起作用,与个体的情绪状态有很大关系。

情绪与说服

在社会生活中,每时每刻都发生着说服与被说服的过程。众所周知,要说服他人,需要充分有力的论证,这种论证被称为"强论证",反之就是"弱论证"。但是,被说服者的情绪状态也在其中起着重要作用。布莱斯等人(Bless, Mackie & Schwarz, 1992)将参试者的情绪区分为快乐和悲伤两种状态,并用强、弱两种水平的论证说服他们接受一个上涨费用的提案。结果见图12-8。从结果可以看出,虽然弱论证的说服效果就整体而言确实不如强论证,但是对快乐的参试者的说服效果却显著好于对悲伤的参试者的效果。换言之,强弱论证效应只表现在悲伤参试者身上。也许正是这样,那些论证能力差的说服者总要想方设法先将对方哄高兴了?不过,从结果看,论证能力强的说服者却不能哄对方高兴,因为人在快乐情绪下反而不如在悲伤情绪下更容易接受强论证!

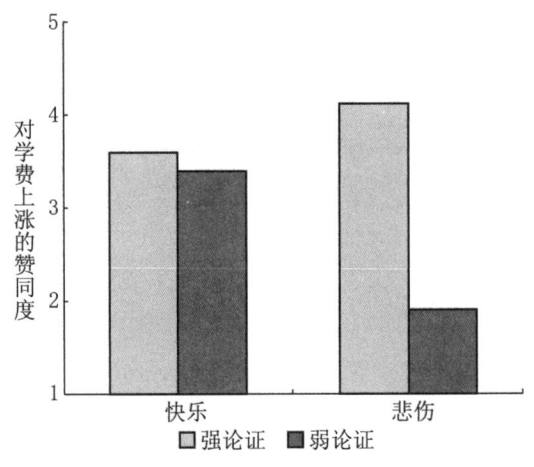

图 12-8　情绪状态与说服力

悲伤的参试者容易受说服者论证强弱的影响,更倾向于接受强论证的说服;而快乐的参试者不受论证强弱的影响,不过,强论证对快乐者似乎不如对悲伤者的说服力强

(来源:Bless, Mackie & Schwarz, 1992)

认知因素对情绪线索的影响

认知因素对情绪的影响也是广泛存在的。很多情况下,人的负性情绪往往源于令人沮丧的认知结果。而改变认知的视角,也往往可以改善人的情绪状况。这里介绍施瓦茨

和克洛尔(Schwarz & Clore，1983)的一个研究，更是表明认知可以改变情绪，甚至可以改变对于个体对自己生活总体满意度的评价。研究者分别在晴天和雨天打电话访问参试者，要求他们评价当时的情绪状态以及自己的生活满意度。结果发现，雨天受访的参试者相对而言不快乐，自感不幸福。这本来也不是一个新发现。但是，研究者对另一些参试者进行同样的电话访谈时，特意提醒他们"当前的天气也会影响情绪的"。于是就发现图12-9所示的结果。从图中可以看到，那些受到研究者的引导而注意天气状况的参试者不再受天气的影响：无论晴雨，幸福感一样强，甚至强于没有受到研究者引导的参试者。施瓦茨等人提出用情感信息论(feelings-as-information)解释上述结果。他们认为，参试者尚未注意天气之时，晴天和雨天诱发的不同情绪作为一种线索，使人更容易想到高兴(晴天时)和沮丧(雨天)的事，从而造成幸福感评价的差异；而一旦这种"暗中使坏"的线索暴露于人的意识中，它就不再起信息的作用。

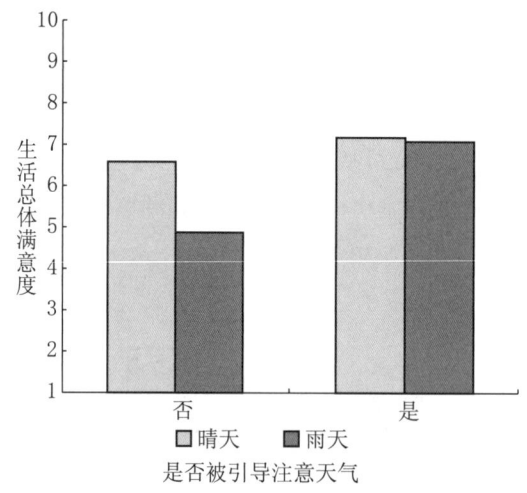

图 12-9　生活总体满意度受天气与认知的影响

(来源：Schwarz & Clore，1983)

12.6　应用研究

个体之间认知能力上的差异，很大一个来源是他从事的活动。每个人的活动都与他人有所区别，尤其是在开始其职业生涯之后。在不同的活动中，个体逐渐展现出他的实践智力和情境智力。

智力可否训练

智力可否通过训练加以提高？一般认为，训练不可能显著提高智力。卡特尔

(Cattell，1971)将智力分成流体智力和晶体智力，晶体智力受教育与文化的影响比较大，是可以训练的，但流体智力以与生俱来的生理素质为基础，难以通过训练提高。

不过，耶吉等人(Jaeggi，Buschkuehl，Jonides & Perrig，2008)的一个研究似乎表明，对于工作记忆的训练可以提高流体智力。研究者设计了一个"双 n-back 任务"来训练被试的工作记忆。例如，图12-10是一个2-back的任务。其听觉刺激为C-P-C-T-C。当听到第3个字母时，由于它与前面第2个字母相同(都是C)，应该作出反应；同样，当听到第5个字母时，又出现了与前面第2个字母相同的情况，又需要作出反应。而听到第4个字母时，由于它(T)和前面第2个字母(P)不同，因此不作反应。任务中的 n 可以自行设定为1，2，3乃至更大。可以想见，n 越大，意味着记忆负荷越高。这个任务原本就有一定难度，而本研究用的"双 n-back 任务"要求被试同时完成视觉(针对视觉空间展板)和听觉(针对语音环路)两个 n-back 任务。随着训练的进行，被试可以完成的 n 逐步增大。

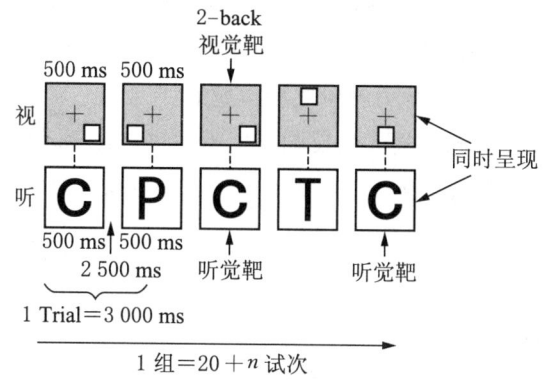

图 12-10　工作记忆训练任务

(来源：Jaeggi，Buschkuehl，Jonides & Perrig，2008)

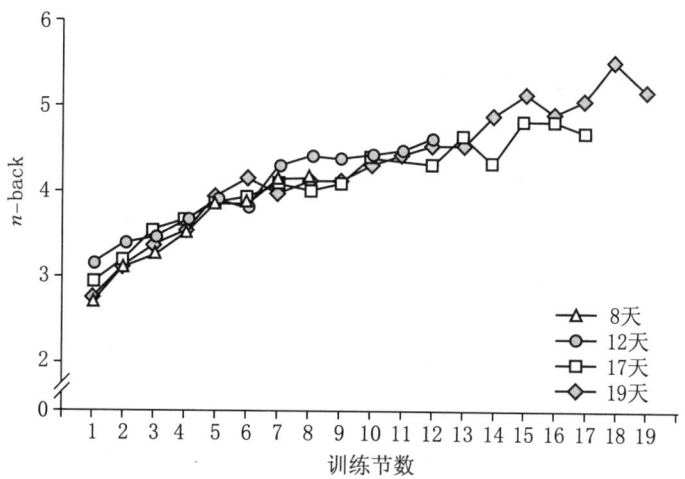

图 12-11　工作记忆训练成绩

(来源：Jaeggi，Buschkuehl，Jonides & Perrig，2008)

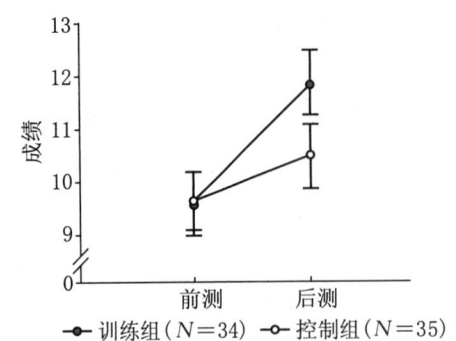

图 12-12　训练组和控制组前测与后测的成绩

（来源：Jaeggi, Buschkuehl, Jonides & Perrig, 2008）

为了检验双 n-back 任务训练能否提高流体智力，研究者将被试分为训练组和控制组。控制组不进行训练，只进行前测与后测；训练组又分为 8 天训练、12 天训练、17 天训练和 19 天训练这 4 种条件。图 12-11 显示了工作记忆的训练成果。可以看到，随着训练天数的增加，可以完成的 n 也逐日上升，到了 19 天，n 已经超过了 5。

通过比较训练前后进行的流体智力测验（雷文高级测验和 BOMAT 简版测验），就可以体现出训练对于流体智力有无作用。考察图 12-12 可以发现，在开始训练之前，训练组和控制组的前测成绩是相同的；而到训练完成后，两个组的后测成绩显著地拉开了距离，训练组把控制组远远地抛在后面。另外，训练时间越长，流体智力测验成绩也越好。

该研究结果发表后，引起了很大的反响。斯腾伯格（Sternberg, 2008）在肯定其意义之余，提出了若干尚待解决的问题。科洛姆等人（Colom et al., 2010）则提出了反对意见。

实践智力

实践智力的概念

实践智力（practical intelligence）是早就有的概念，但以前总说是"实践能力""实干精神"，只是在斯腾伯格（Sternberg, 1997）的努力下，才成为认知心理学中的一个重要概念。前文已经谈到，实践智力负责进行运用、利用、执行和付诸实践的过程。可见，实践智力是在实际活动中将已有的想法以一种行之有效的方法加以实现的能力。

实践智力的重要性和独立性

斯腾伯格转述的一个故事，体现出实践智力的重要意义。

> 在一个闷热难当的城市塔拉哈西，每家都有一只巨大的、全市统一式样的垃圾桶。垃圾搬运工须从每一家运出垃圾桶，将垃圾倒入垃圾车，然后将空桶放回原处。
>
> 做这些工作的都是高中辍学生，由于缺少教育，想必他们参加智力测验不会表现出色。这些工作似乎只要气力，也不需要多少智力。
>
> 但是，自从有一位年纪稍长的工人加入队伍之后，情况就发生了变化。他发明了一种新的工作流程：带一只空垃圾桶进入第一家，将这家的垃圾桶替换出来，倒掉垃圾后，带着这替换出来的空桶进入下一家，如此重复，直到最后一家。这样，原来每家要来回跑两次，现在只需要一次，节省了几乎一半的时间。

（来源：Sternberg, 1997，文字有精简）

斯腾伯格还根据一项智力测量的研究，说明实践智力的独立性。这个研究的结果是，在流体智力测验中，20～30岁阶段表现为增加的趋势，30～40岁为稳定阶段，之后有所下降。而在日常生活问题解决能力测验和晶体智力测验中，被试的表现直到70岁以上仍在上升。而且流体智力、晶体智力与日常生活问题解决能力成绩之间的相关都不高。这说明，以解决实际生活中的问题为己任的实践智力独立于传统理论中的智力。

斯腾伯格还进一步解释了实践智力的本质。他认为，具有实践智力的个体，其标志是容易学会并运用那些"未明言知识"(tacit knowledge)。所谓未明言知识，指的是"以行动为导向的知识"，即关于如何行动的知识；这类知识具有鲜明的目的性，而且常常不需要别人教导就能无师自通。

斯腾伯格本人在他的书里面自称是一个智商低的人，其根据是自己心理学课程成绩差。虽然这种对于智商和学业成绩之间关系的认识本身就是错误的，但是这并不妨碍他这么一个"资质平平"的人后来成为30多部著作和500多篇论文的作者。这说明，他懂得在心理学这个行当中获取成功的原则和诀窍。

斯腾伯格理论的缺陷

不过，斯腾伯格关于实践智力的理论也有瑕疵。他的一句话使他所说的"未明言知识"的成色下降不少："胜利者可以找到获得成功的秘诀，这比工作质量更为重要。"(见于吴国宏、钱文译华东师范大学出版社1999年第1版《成功智力》第234页)。另一段文字则说明这些"未明言知识"几乎可以和广受诟病的"潜规则"相提并论：

　　……一般人们都会向国家科学基金(National Science Foundation)或国家健康学会(National Institute of Health)这两家机构申请资助，但现在几乎已没有什么必要浪费气力去申请了。为什么？因为人人都知道有这么两家机构，能够成功获得基金资助的人——具有实践性智力的人——可以从别人不知晓的渠道获得资助。

　　(见吴国宏、钱文译，华东师范大学出版社1999年第1版《成功智力》，第236页)

另外，虽然斯腾伯格强调了学校教育中经常忽视的实践智力，但是，他对传统智力理论的批评并不公允。就智力这一概念来说，原本就丰富多彩，并非专指掌握了多少书本知识，而是包括了适应环境的能力。就智力测验理论而言，虽然计算预测效度时将被试后来的学习成绩或工作绩效与智商计算相关，但是这并不意味着，智商高的人将来一定能在生活中取得成功，也没有人认为智商是智力的唯一体现，测验学家更多地倒是告诫智力测验的使用者，在评定被试智力水平的时候，还要考虑被试学习和生活中各方面的情况，作出综合的评价。

即使是书本知识里面，也有实践智力的体现。例如，$1001 \times 999 = ?$ 小学生也知道怎么算，但是计算过程可能繁复一些。但是，中学教材会告诉你，可以根据 $(a+b)(a-b) = a^2 - b^2$ 的公式，将 1001×999 写成 $(1000+1)(1000-1) = 1000^2 - 1^2$，就能很快得出结果：999 999。因此，不能一概说书本知识里面没有实践智力。

情境智力与社会智力

情境智力

情境智力(situational intelligence)是一个与实践智力有关联的概念,有些人基本上将两者混为一谈。不过,从时间特征上来说,实践往往是较长时期中要完成的工作,而情境则是短时间内存在的一种外部状态,因此本书将情境智力作为与实践智力相对照的概念进行阐述。

实践智力和情境智力都可以看作是"以行动为导向的知识",但是,实践智力是某一较长时期内完成某项任务需要的能力,而情境智力则是在完成上述任务时,在突如其来的特殊情况面前,个体迅速想出新办法来解决问题的能力。前文中斯腾伯格援引的垃圾清运工改进工作流程的故事,可以看作是实践智力的表现,但这不是情境智力。

情境智力面对的不是惯常的情况,而是异常的情况,而且是需要紧急处置的情况,通俗的说法是"急中生智",或者是"即兴发挥"。当然,情境智力也可以转化为实践智力。急中生智产生的办法,如果有一定的普遍意义,可以作为重要的经验推广到日常情况,成为一种惯常的做法。

情境智力的重要性不言自明。很多"急中生智"都发生在瞬息万变的战场或赛场上:诸葛亮面临司马懿兵临城下的突然变故,使出"空城计";孙膑定计,帮助田忌赛马获胜;这些故事都是情境智力的极致发挥。在日常生活中,情境智力也同样重要。前文中童年高斯计算 $1+2+\cdots+100$ 的故事,不仅是元认知的典型案例,也是情境智力的体现。

情境智力涉及多方面的能力,在学校教育、职前培训以及个人日常生活中都应当有意识地培养这些能力。

第一,对于变化了的情境的敏感性。这是许多人欠缺的一种品质。例如,一个学生面对一道貌似平常的测试题,往往按照惯常的做法答题,而忽视了题目的条件表述中某个异常的细节。因此,事先对各种可能出现的变化,尤其是细微的变化要多作预测,从心理上做好应付变化的准备。

第二,遇事冷静的自控能力。"急中生智"只是一句成语,并不表明着急了就一定产生智慧。好办法往往在带有一定紧迫感的冷静中产生。

第三,创造性思维能力。情境智力要求个体利用当时环境中一切可以利用的资源,想出的解决问题的办法往往是超常规的。

第四,当机立断的决策能力。有了行动方案后,要迅速地判断这个方案能否奏效,或者哪个方案最为有效。如果优柔寡断,就会贻误时机。

最后需要强调的是,人总是有个体差异的,不是每一个人都能训练成急智型人才。一个优柔寡断的人,可以通过训练改善情境智力,但是不可能被彻底改造成一个高情境智商的人。因为情境智力受气质影响较大,而气质是不容易被改变的,因此还需要一定的选拔机制加以发现、培养和使用急智型人才。

社会智力

社会智力(social intelligence)是针对社会性事物的认知能力。这个概念其实很早就提出来了。桑代克提出了社会智力是理解并妥善处理人际关系的能力(Thorndike & Stein, 1937)，后来，加德纳(Gardner, 1983)提出的人际交往智力——推断他人心态、气质、意图和动机的活动中体现出的智力——也属于社会智力的范畴。

认知和行为总是紧密联系的。布朗和安东尼(Brown & Anthony, 1990)提出，社会智力有两个维度——社会认知和社会行为。前者强调社会认知技能，例如社会行为的计划、社会信息的编码能力。后者强调社会行为的效率及适应性，关注个体在社会情境中行为的结果。

还有人对社会智力进行因素分析。马洛(Marlowe, 1986)用因素分析的方法提取了社会智力的五个因素：亲社会、社会技能、共情能力、情绪表达与感知、社会焦虑(这五个因素都与言语和抽象智力相关较小)。韦斯等人(Weis & Süß, 2007)将社会智力分为社会理解、社会记忆、社会知识三个因素。社会理解指理解特定社会情境中社会刺激的能力，即正确理解他人通过言语或非言语方式想要表达的内容；社会记忆是指对于社会信息的有意识储存和提取的能力，例如对名字和面孔的记忆；社会知识包括描述性社会知识、程序性社会知识。

社会智力以一般智力和情绪智力的主要成分为基础，同时又有独立的成分。

社会智力是以许多一般智力为基础的，没有一般的感知、记忆、推理等能力，个体就很难具有较高的社会智力。正因为如此，许多研究者对社会智力的独立性抱有怀疑，他们认为，社会智力只是一般智力在社会领域的应用，本质上仍为一般的心理加工能力。不过，福特等人(Ford & Tisak, 1983)认为社会智力不仅仅是纯粹的能力，必须考虑特定情境需要、社会价值、个体目标等，而一般智力的情境性较弱。他们认为，个体应对社会情境的行为能力(例如关于实现某一社会目标的策略)是独立于一般智力的成分。我国学者谢宝珍和金盛华(2002)对中国中学生社会智力的研究显示，瑞文测验与社会智力量表测验中社会知觉的相关显著较高，但是与其他涉及社会行为的维度相关较低，这也支持了社会智力以一般智力为基础，但其行为成分与一般智力的相对独立。

社会智力与情绪智力的界限更为模糊。情绪智力负责感知、调控自己和他人的情绪、利用情绪信息进行思考，等等，正是社会智力的基础。但是，社会智力仍有独立于情绪智力的成分。里吉奥(Riggio, 1986)指出，社会智力是接受、理解、表达社会信息等一系列社会技能，包括情绪表达、情绪感受、情绪控制、社会表达、社会觉察、社会控制。前三个技能是情绪智力的主要成分，而后三个技能指的是促进与他人交往、对社会规范的理解与应用、社会角色扮演及社会自我表现等能力，是社会智力相对于情绪智力(同时也相对于一般智力)独有的成分。

我国学者关于社会智力的研究尚处于概念辨析及量表编制阶段。"社会智力""社会技能"和"社会适应性"等概念往往被混同使用，社会智力量表数量极少且信效度研究不足，未建立常模，而且仅有的几个量表都是基于学生群体，更缺乏关于量表在现实情境中预测力的实证研究。可见，社会智力的研究有着广阔的发展前景。

本 章 附 录

内容提要

（一）儿童的理解能力、表达能力和操作能力都处在发展过程中，难以很好地完成研究者希望他完成的任务。如果是新生儿，则研究的难度更大。但是，心理学家还是想出了许多聪明的办法来获取相关的证据。去习惯化就是研究婴儿知觉能力的重要方法。

（二）皮亚杰的理论可以从格式塔心理学派那里找到其萌芽。几乎在皮亚杰提出发生认识论的同时，布鲁纳等人也提出了一个类似的发展阶段理论。皮亚杰关于儿童智力发展的理论中，有四个基本的概念：图式、同化、顺应和平衡，它们推动着认知能力的发展。

（三）儿童认知能力的发展就是图式的发展。一开始是感觉运动图式，以后出现表象图式、直觉思维图式，最后出现运算思维图式。而运算思维图式又可以分为两个水平：具体运算水平和形式运算水平。

（四）皮亚杰的理论存在着两个主要问题：一是证据不很充分；二是研究方法单一，主要是观察法，重视儿童的言语报告，缺乏严格的实验控制。

（五）信息加工学说和新皮亚杰理论有着极其密切的联系，后者实际上就是前者的发展和引申。信息加工学说注重的不是儿童认知发展的阶段，而是认知发展的机制。信息加工学说关心的是儿童在进行认知的时候会注意什么信息，产生什么样的表征和过程，记忆容量会如何限制儿童利用这些表征和加工过程等。

（六）有些心理学家试图将皮亚杰理论和信息加工学说结合起来解释认知发展。凯斯将认知发展看作是一个获得复杂认知结构的渐进的过程。他的理论源于皮亚杰理论，并吸收了信息加工学说的一些成果。凯斯也主张儿童的发展就是获得更加复杂的策略。

（七）智力是认知能力中最核心的因素，智力上的差异也成为人与人之间的一个重要差异。专家们对智力测验的见解相对一致，而对于智力的定义差别很大。后来专家们也注意到元认知和文化在智力中的作用。

（八）智力的结构理论主要包括斯皮尔曼的二因素论、瑟斯顿的群因素论、吉尔福德的智力结构模型、卡特尔的流体智力和晶体智力理论、加德纳多重智力理论和斯腾伯格的智力三元理论等。

（九）智力的测量有着重要的意义，但也常常被滥用。主要的智力测验有比内-西蒙智力量表、韦克斯勒智力量表、考夫曼儿童成套评价测验(K-ABC)和雷文测验等。

（十）人与人之间还存在着认知风格的差异。如果某个个体习惯于用某一套相近的策略来处理各种问题，就意味着他已经形成了自己的认知风格；最典型的认知风格是场依存性和场独立性。斯腾伯格提出了关于思维风格的概念和理论。

（十一）与认知风格密切相关的是学习风格。整体型的人常常有冲动性的内向思维，有理论远见和审美情趣，能形成复杂的观念，发散思维能力强；而序列型的人思维较外向，理论远见不足而实践能力较强，审美情趣差，喜欢语词的、分析的、抽象的、数字的操作和运算，发散思维能力比较弱，直觉思维较少。施梅克提出了学习方式综合模型。这个模型包括三种具有明显差异的学习方式，分别称为深层方式、精细方式和浅层方式。

（十二）在性别差异研究中，一个主要的困难是容易产生实验者期望效应。大量研究表明，男女在认知能力上的差异并不显著。11岁以后的男生和女生在言语能力方面已经基本相同，即使有些方面有差异，效应量也比较低。在视觉空间能力方面，男女两性还是有一定差别的。不过，空间知觉的效应量与被试的年龄有关，心理旋转的效应量与具体的实验任务有关。数学上的性别差异也未能确认。在推理方面，两性之间基本上没有差异，除非推理任务与计算有关。

（十三）弗拉维尔对于元认知强调的是元认知知识和元认知监控这两个方面。元认知知识主要分为三类：一是个体元认知知识，二是任务元认知知识，三是策略元认知知识。此外，弗拉维尔还特别强调上述知识的交互作用，认为不同的个体会依据特定的认知任务判断策略的优劣。

（十四）元认知监控是一种元认知的执行机制，其实质是将元认知知识运用于调节认知过程。元认知监控总是和元认知体验纠缠在一起。在各种元认知体验中，知道感得到了详细的研究。弗拉维尔认为，元认知知识和元认知体验也是相互作用的。

（十五）随着年龄的增长和教育训练的增加，元认知能力逐渐发展起来。元认知能力的发展主要表现在元认知监控方面。任何一种监控能力的发展都包括以下五个方面：从他控向自控发展；从不自觉向自觉发展；从单一维度监控向多重维度监控发展；从局部监控向整体监控发展；监控的敏感性增强，迁移性提高。

（十六）对工作记忆的训练似乎可以提高流体智力测验成绩。实践智力在斯腾伯格的努力下，成为认知心理学中的一个重要概念。斯腾伯格说明了实践智力的独立性，解释了实践智力的本质。不过，斯腾伯格关于实践智力的理论也有瑕疵。而且，他对传统智力理论的批评并不公允。

（十七）情境智力面对的不是惯常的情况，而是异常的情况，而且是需要紧急处置的情况。情境智力也可以转化为实践智力。情境智力涉及多方面的能力：对于变化了的情境的敏感性，遇事冷静的自控能力，创造性思维能力和当机立断的决策能力。情境智力受气质影响较大。因此,还需要一定的选拔机制来发现、培养和使用急智型人才。

(十八) 社会智力以一般智力和情绪智力为基础,又具有独立的成分。

术语解释

去习惯化(dishabituation) 当新异刺激出现的时候,被试摆脱了对原刺激的习惯状态,重新出现反应。

图式(scheme) 在皮亚杰的理论中,指的是一定的心理结构(或认知结构、智力结构),或者说是动作的结构或组织,它可以产生迁移和概括。

同化(assimilation) 将环境因素纳入已有的图式之中,以加强和丰富主体的动作。同化就是用已有的方式去处理新的问题。

顺应(accommodation) 改变主体的图式或动作以适应环境的变化。有些情况下,旧的心理结构已经无法处理新的情况,就要改变结构,即改变应付环境的方法。

平衡(equilibrium) 同化和顺应之间相辅相成的关系。这种平衡很容易被内外条件的变化所破坏,出现又一次的不平衡。于是,机体再一次自动调节,努力达到新的平衡。

感觉运动阶段(sensorimotor stage) 该阶段从出生到大约2岁,儿童主要通过感觉运动图式来和外界打交道。

前运算阶段(preoperational stage) 该阶段为2~7岁,儿童已经可以在事物不在面前的时候进行思考,说明他们开始具有利用表象进行思维的能力。

具体运算阶段(concrete operational stage) 约7~12岁,该阶段儿童的思维出现了守恒和可逆性。他们的自我中心在很大程度上得到了克服,开始从别人的角度思考问题。他们还初步掌握了逻辑思维,出现了对具体事物进行群集运算的能力。

形式运算阶段(formal operational stage) 约11~15岁,该阶段的青少年在认知能力方面已经超出了感知的具体事物,已经能够进行抽象的形式逻辑推理。

智力(intelligence) 认知能力中最核心的因素,智力的本质涉及从经验中学习的能力以及适应环境的能力。

流体智力(fluid intelligence) 与生俱来的以生理素质为基础的认知能力,表现为辨别、记忆、理解能力,受教育与文化的影响比较少。

晶体智力(crystallized intelligence) 以后天习得的知识和经验为基础的认知能力,表现为用学到的知识和经验来解决新问题的能力,受教育和文化的影响比较大。

多重智力理论(theory of multiple intelligences) 加德纳认为智力可以分成多种类型,包括音乐智力、身体-运动智力、逻辑-数学智力、言语智力、空间智力、人际交往智力、内省智力等。斯腾伯格认为,智力由三个方面组成,分别是分析智力、创造智力和实践智力。

认知风格(cognitive style)　在人完成认知任务时影响其方式方法的某些人格和动机因素。

学习风格(learning style)　有两重含义:第一种含义是个体在学习过程中表现出来的相对稳定的行为方式;第二种含义和认知风格相同。

心理自我管理理论(mental self-government theory)　斯腾伯格提出的一种关于思维风格的理论。该理论认为,人们在日常生活中,需要有一个管理机构对自己的思想和行为进行管理。斯腾伯格将这个思维的管理机构比作一个政府,它在功能、形式、水平、范围和倾向等方面具有不同的特点。

元分析(meta-analysis)　关于分析的分析,即将以前的分析报告汇总起来加以进一步的分析。元分析引入了一些数量分析指标,其中最常用的是效应量指标。

效应量(effect size)　元分析的重要指标。一般算法是:每项研究中两个样本的平均数之差除以两个样本的平均标准差。d 小于 0.20,是较弱的效应量;d 等于 0.50 左右,是中等的效应量;d 大于 0.80,是较强的效应量。

元认知(meta-cognition)　某种知识或认知过程,它以认知活动为对象,或用于调节认知活动。换句话说,元认知就是对个体自己的认知的认知和控制。元认知包括两个方面:元认知知识和元认知监控。

知道感(feeling of knowing,简称 FOK)　个体确定某个信息能够被回忆出来的状态,虽然可能一时半会儿回忆不起这个信息。

实践智力(practical intelligence)　在实际活动中将已有的想法以一种行之有效的方法加以实现的能力,是某一较长时期内完成某项任务所需要的能力。

未明言知识(tacit knowledge)　关于如何行动的知识;这类知识具有鲜明的目的性,而且常常不需要别人教导就能掌握。

情境智力(situational intelligence)　完成实践任务时,在突如其来的特殊情况面前,个体迅速想出新办法来解决问题的能力。

社会智力(social intelligence)　针对社会性事物的认知能力。社会智力有两个维度——社会认知和社会行为。

深入阅读

(一) Sternberg, R.J.(1997). *Thinking styles*. New York: Cambridge University Press.

——斯腾伯格关于思维风格的专著。

(二) Hyde, J.S.(2005). The gender similarities hypothesis. *American Psychologist*, *60*, 581-592.

——海德认为男女两性在包括认知在内的各种心理特征上都是相近的。

（三）Jaeggi, S.M., Buschkuehl, M., Jonides, J. & Perrig, W.J. (2008). Improving fluid intelligence with training on working memory. *Proceedings of the National Academy of Sciences of the United States of America*, 105, 6829-6833.

（四）Sternberg, R.J. (2008). Increasing fluid intelligence is possible after all. *Proceedings of the National Academy of Sciences of the United States of America*, 105, 6791-6792.

——第三、四两篇文章可以对照着看，对提高拓宽研究视野极为有益。

外国人名英汉对照表

Abelson　埃布尔森
Abramson　艾布拉姆森
Allen　艾伦
Amsel　阿姆泽尔
Anderson　安德森
Anthony　安东尼
Antrobus　安特罗伯斯
Anzai　安扎伊
Aristotle　亚里士多德
Armstrong　阿姆斯特朗
Atkinson　阿特金森
Averbach　埃夫巴克
Awh　奥

Baddeley　巴德利
Bahrick　巴利克
Baker　贝克
Ballas　巴拉斯
Baron　巴伦
Barsalou　巴萨卢
Bartlett　巴特利特
Bass　巴斯
Bates　贝茨
Beach　比奇
Becker　贝克尔
Becklen　贝克伦
Belmont　贝尔蒙特
Berlyne　伯莱恩
Berry　贝里
Biederman　比德曼
Binet　比内
Binford　宾福德
Blaxton　布拉克斯顿
Bless　布莱斯
Bobrow　博布罗
Bodenhausen　博登豪森

Boring　波林
Bourne　伯恩
Bousfield　鲍斯菲尔德
Bower　鲍尔
Bowers　鲍尔斯
Bracewell　布雷斯韦尔
Braine　布雷恩
Brandimonte　布兰迪蒙特
Bransford　布兰斯福德
Brewer　布鲁尔
Broadbent　布罗德本特
Broca　布罗卡
Brooks　布鲁克斯
Brown　布朗
Bruner　布鲁纳
Bruno　布鲁诺
Buckhout　巴克霍特

Camin　卡闵
Caplan　卡普兰
Caramazza　卡拉马扎
Carmichael　卡迈克尔
Carpenter　卡彭特
Case　凯斯
Catania　卡塔尼亚
Cattell　卡特尔
Cave　凯夫
Chapman　查普曼
Charlton　查尔顿
Charness　查尼斯
Chase　蔡斯
Chater　蔡特
Cheng　程
Chi　蔡
Chokron　乔克朗
Chomsky　乔姆斯基

Chorover　乔洛福
Clark　克拉克
Clore　克洛尔
Cohen　科恩
Cole　科尔
Collins　柯林斯
Colom　科洛姆
Conrad　康拉德
Conway　康韦
Cooper　库珀
Coriell　科里尔
Cowan　考恩
Craik　克雷克
Crouse　克劳斯
Crowder　克劳德
Cutts　卡茨

Darwin　达尔文
Dass　达斯
Davis　戴维斯
Dawson　道森
De Groot　德格鲁特
Deese　迪斯
Dell　德尔
Denny　丹尼
Deregowski　德雷高夫斯基
DeRosa　德罗莎
Descartes　笛卡尔
Detterman　德特曼
Deutsch　多伊奇
Drevdahl　德雷弗达尔
Dulany　杜拉尼
Duncan　邓肯

Ebbinghaus　艾宾浩斯
Eddy　埃迪

Egly 埃格利
Einstein 爱因斯坦
Ellis 埃利斯
Ellison 埃利森
Entwistle 恩特威斯尔
Erickson 埃里克森
Eriksen 埃里克森
Etherton 埃瑟顿
Evans 埃文斯
Eylon 艾隆
Eysenck 埃森克

Fantz 范茨
Finke 芬克
Flavell 弗拉维尔
Flower 弗劳尔
Ford 福特
Forster 福斯特
Frame 弗雷姆
Franks 弗兰克斯
Frederick 弗雷德里克
Freud 弗洛伊德
Funke 芬克

Gainotti 盖诺蒂
Galanter 加兰特
Gallotti 加洛蒂
Galton 高尔顿
Gardner 加德纳
Garrett 加勒特
Geffen 格芬
Gelade 格雷德
Gelman 格尔曼
Gibson 吉布森
Gigerenzer 吉戈伦尔
Ginsburg 金斯伯格
Gildea 吉尔德
Gilhooly 吉尔胡利
Gilmartin 吉尔马丁
Glass 格拉斯

Glucksberg 格卢克斯伯格
Godden 戈登
Goldberg 戈德堡
Goldstein 戈尔茨坦
Goodale 古德尔
Goodwin 古德温
Goschke 戈什科
Graf 格拉夫
Gray 格雷
Greenberg 格林伯格
Greenfield 格林菲尔德
Greeno 格里诺
Grice 格赖斯
Groome 格鲁姆
Gruber 格鲁伯
Guilford 吉尔福德
Guynn 盖恩
Guyote 盖约特

Handel 汉德尔
Harris 哈里斯
Hart 哈特
Hatano 波多野
Haviland 哈维兰
Hayers 海叶斯
Hayes 海斯
Heidbreder 海德布雷德
Heinz 海因茨
Hennelly 亨内利
Hilgard 希尔加德
Hirst 赫斯特
Hitch 希契
Hippocrates 希波克拉底
Hoffrage 霍夫雷格
Holding 霍尔丁
Holyoak 霍利约克
Howard 霍华德
Hubel 休贝尔
Hudson 赫德森
Hull 赫尔

Humphreys 汉弗莱斯
Hyde 海德
Hyman 海曼

Irwin 欧文
Irwing 欧温

Jacklin 杰克林
Jacoby 雅各比
Jaeggi 耶吉
James 詹姆斯
Jarvella 贾维拉
Jenkins 詹金斯
Jerison 杰里森
Johansson 约翰森
Johnson 约翰逊
Johnson-Laird 约翰逊-莱尔德
Johnston 约翰斯顿
Just 贾斯特

Kahneman 卡尼曼
Kalnins 卡尔宁斯
Kant 康德
Kaplan 卡普兰
Karat 卡拉特
Karlin 卡林
Karpicke 卡皮克
Kaufman 考夫曼
Kearins 基林斯
Keele 基尔
Keenan 基南
Kellman 凯尔曼
Kellogg 凯洛格
Kemler Nelson 凯姆勒·纳尔逊
Keppel 凯佩尔
Keren 克伦
Kerns 克恩斯
Kintsch 金奇
Kirkpatrick 柯克帕特里克

Klinger 克林格	Luria 鲁利亚	Millward 米尔沃德
Kluwe 克鲁威	Lynn 林恩	Milner 米尔纳
Knowlton 诺尔顿		Minda 明达
Koestler 凯斯特勒	Maarten 马尔滕	Mitchell 米切尔
Koffka 考夫卡	Maccoby 麦科比	Mitroff 米特罗夫
Köhler 苛勒	MacDonald 麦克唐纳	Moray 莫里
Kolers 科勒斯	MacKay 麦凯	Morton 莫顿
Kosslyn 科斯林	Mackinnon 麦金农	Müsterberg 闵斯特伯格
Kotovsky 科多夫斯基	Mackworth 麦克沃思	Murdock 默多克
Kreiman 克莱曼	MacLeod 麦克劳德	Murphy 墨菲
Kripke 克里普科	Maier 梅尔	Murray 默里
Kroll 克罗尔	Mandler 曼德勒	
Kuhl 库尔	Mani 马尼	Narens 纳伦斯
Kurby 库尔比	Marcel 马塞尔	Nath 纳什
Kvavilashvili 克瓦韦拉什维立	Marcus 马库斯	Neale 尼尔
	Markman 马克曼	Neely 尼利
Lakoff 拉考夫	Marlowe 马洛	Neisser 奈瑟
Landauer 兰道尔	Marslen-Wilson 马斯伦-威尔逊	Nelson 纳尔逊
LaPorte 拉波特		Newell 纽威尔
Laughlin 劳林	Martin 马丁	Noelting 诺尔廷
Lave 拉弗	Mathews 马修斯	Norman 诺曼
Lawrence 劳伦斯	Matute 马图特	Novak 诺瓦克
Leibo 莱博	McCarthy 麦卡锡	
Levelt 勒维尔特	McClelland 麦克莱兰	O'Connor 奥康纳
Levi 利瓦伊	McCloskey 麦克洛斯基	Oltmanns 奥特曼斯
Levin 勒温	McCraven 麦克瑞文	Opper 奥珀
Lewicki 列维奇	McDaniel 麦克丹尼尔	Ortony 奥托尼
Lewis 刘易斯	McEvoy 麦克沃伊	Osherson 奥谢森
Liberman 利伯曼	McGurk 麦格克	
Liddell 利德尔	McKeller 麦凯勒	Pacteau 派克托
Lindsay 林赛	McLaughlin 麦克劳林	Paivio 佩维奥
Linn 林	Medin 梅丁	Palmer 帕尔默
Lisker 利斯克	Mednick 梅德尼克	Pascoe 帕斯科
Locke 洛克	Meehan 米汉	Pashler 帕什利
Lockhart 洛克哈特	Melton 梅尔顿	Patrick 帕特里克
Loeb 洛布	Mervis 默维斯	Pavlov 巴甫洛夫
Loftus 洛夫特斯	Metcalfe 梅特卡夫	Pellegrino 佩莱格里诺
Logan 洛根	Metzler 梅茨勒	Perruchet 佩鲁奇
Luchins 陆钦斯	Meyer 迈耶	Petersen 彼得森
Luger 卢格	Miller 米勒	Peterson 彼得森

Pezdek 佩兹德克	Roe 罗	Snodgrass 斯诺德格拉斯
Pichert 皮切特	Rogers 罗杰斯	Snyder 斯奈德
Phillips 菲利普斯	Rosch 罗施	Solso 索尔所
Piaget 皮亚杰	Roediger 罗迪格	Sonnenschein 索南夏因
Pickett 皮克特	Ross 罗斯	Souther 索瑟
Pickrell 皮克雷尔	Rubin 鲁宾	Spearman 斯皮尔曼
Pillemer 皮利默	Rumain 鲁梅因	Spelke 斯佩克
Plato 柏拉图	Rumelhart 鲁梅尔哈特	Sperling 斯珀林
Pogue-Geile 波格-盖勒	Russell 拉塞尔	Sperry 斯佩里
Pomerantz 波梅兰茨	Ryan 瑞安	Squire 斯夸尔
Posner 波斯纳		Stanley 斯坦利
Postman 波斯特曼	Sachs 萨克斯	Sternberg 斯腾伯格
Prabhakaran 普拉巴卡兰	Santrock 桑特罗克	Stroop 斯特鲁普
Pribram 普里布拉姆	Saussure 索绪尔	Swinney 斯温尼
Price 普赖斯	Schacter 沙克特	
Pritchard 普里查德	Schank 尚克	Taylor 泰勒
Pylyshyn 匹利欣	Schell 谢尔	Teasdale 蒂斯代尔
	Schiller 席勒	Teigen 泰根
Quillian 奎利恩	Schmeck 施梅克	Thomas 托马斯
Quinlan 昆兰	Schmidt 施密特	Thompson 汤普森
	Schneider 施奈德	Thomson 汤姆森
Ramsden 拉姆斯登	Schwartz 施瓦茨	Thorndike 桑代克
Reason 理森	Schwarz 施瓦茨	Thorndyke 索恩代克
Reber 雷伯	Scribner 斯克里布纳	Thurstone 瑟斯顿
Reder 雷德	Segall 西格尔	Titchener 铁钦纳
Redington 雷丁顿	Selfridge 塞尔弗里奇	Tkacz 特卡克兹
Reed 里德	Sells 塞尔斯	Tolman 托尔曼
Reicher 赖彻	Servan-Schreiber 塞万-施莱贝尔	Treisman 特雷斯曼
Reif 赖夫		Tulving 塔尔文
Reimann 赖曼	Shanks 尚克斯	Turing 图灵
Reiser 赖泽	Shepard 谢泼德	Turnbull 特恩布尔
Reitman 赖特曼	Shoben 肖本	Tversky 特沃斯基
Revlis 莱弗里斯	Shiffrin 希夫林	
Revuski 莱弗里基	Siegler 西格勒	Underwood 安德伍德
Reynolds 雷诺兹	Simon 西蒙	
Riggio 里吉奥	Simons 西蒙斯	Van Boxtel 范博克斯泰尔
Rips 里普斯	Singer 辛格	Varendonck 瓦伦敦科
Ritov 里托夫	Skinner 斯金纳	Voyer 沃耶
Robinson 鲁宾逊	Sloman 斯洛曼	
Rock 罗克	Smith 史密斯	Walker 沃克

Wallas 沃拉斯	Welford 韦尔福德	Wilton 威尔顿
Warren 沃伦	Wells 韦尔斯	Winograd 威诺格拉德
Warrington 沃林顿	Welsh 韦尔什	Withington 威辛顿
Wason 沃森	Werner 沃纳	Witkin 威特金
Watkins 沃特金斯	Wernicke 韦尼克	Wittgenstein 维特根斯坦
Watson 华生	Wertheimer 魏特海默	Wixted 威克斯特德
Waugh 沃	Wetherick 韦瑟里克	Wundt 冯特
Wearing 韦尔林	Whitney 惠特尼	Wolfe 沃尔夫
Weaver 韦弗	Whorf 沃夫	Wood 伍德
Weis 韦斯	Wickens 威肯斯	Woodworth 伍德沃思
Weisberg 韦斯伯格	Wiesel 威塞尔	
Weiskrantz 韦斯克兰茨	Williams 威廉斯	Zacks 扎克斯
Weistein 韦斯坦	Wilson 威尔逊	Zimolong 奇莫龙

参 考 文 献

中文部分

杨清(1980).现代西方心理学主要派别.沈阳:辽宁人民出版社.

王甦,汪安圣(1992).认知心理学.北京:北京大学出版社.

彭聃龄,张必隐(2004).认知心理学.杭州:浙江教育出版社.

邵志芳(2001).思维心理学.上海:华东师范大学出版社.

张述祖,沈德立(1987).基础心理学.北京:教育科学出版社.

周先庚,林传鼎,张述祖,等,译(1980).心理学纲要. Krech, D., Crutchfield, R. & Livson, N.(1974). Elements of psychology.

本书编辑委员会(1995).心理学:历史、现状和展望,见于心理学百科全书.杭州:浙江教育出版社.

李其维(2008)."认知革命"与"第二代认知科学"刍议.心理学报,40,1306-1327.

谢宝珍,金盛华(2002).中学生社会智力的测量研究.心理科学,25,249-250.

英文部分

Amsel, A.(1989). *Behaviorism, neobehaviorism, and cognitivism in learning theory: Historical and contemporary perspectives.* Hillsdale, NJ: Erlbaum.

Anderson, J.R.(1976). *Language, memory, and thought.* Hillsdale, NJ: Erlbaum.

Anderson, J.R.(1980). *Cognitive psychology and its implication.* San Francisco: Freeman.

Anderson, J.R.(1983). *The architecture of cognition.* Cambridge, MA: Harvard University Press.

Anderson, J.R. & Bower, G.H.(1973). *Human associative memory.* New York: Wiley.

Anderson, J.R., Fincham, J.M., Qin, Y. & Stocco, A.(2008). A Central circuit of the mind. *Trends in Cognitive Science, 12,* 136-143.

Anderson, M.C., Bjork, R.A. & Bjork, E.L.(1994). Remembering can cause forgetting: retrieval dynamics in long-term memory. *Journal of Experimental Psychology: Learning, Memory, and Cognition, 20,* 1063-1087.

Anderson, M.C. & Neely, J.H.(1996). Interference and inhibition in memory retrieval. In E.L.Bjork & R.A.Bjork(Eds.), *Memory*(pp.237-313). San Diego, CA: Academic Press.

Antrobus, J.S., Singer, J.L. & Greenberg, S.(1966). Studies in the stream of consciousness: Experimental enhancement and suppression of spontaneous cognitive processes. *Perceptual and Motor Skills, 23,* 399-417.

Anzai, Y. & Simon, H.A.(1976). The theory of learning by doing. *Psychological Review, 86,* 124-140.

Armstrong, S.L., Gleitman, L.R. & Gleitman H.(1983). What some concepts might not be. *Cognition, 13,* 263-308.

Atkinson, R.C. & Shiffrin, R.M.(1968). Human memory: A proposed system and its control processes. In K.W.Spence & J.T.Spence(Eds.), *The psychology of learning and motivation: Advances in research and theory*(Vol.2, pp.89-195). New York: Academic Press.

Averbach, E. & Coriell, A.S.(1961). Short-term memory in vision. *Bell System Technical Journal, 40,*

309-328.

Awh, E., Serences, J., Laurey, P., Dhaliwal, H., Jagt, T. & Dassonville, P. (2004). Evidence against a central bottleneck during the attentional blink: Multiple channels for configural and featural processing. *Cognitive Psychology*, *48*, 95-126.

Baddeley, A. D. (1966). The influence of acoustic and semantic similarity on long-term memory for word sequences. *Quarterly Journal of Experimental Psychology*, *18*, 302-309.

Baddeley, A. D. (1978). The trouble with levels: A re-examination of Craik and Lockhart framework for memory research. *Psychological Review*, *85*, 139-152.

Baddeley, A. D. (1981). The concept of working memory: A view of its current state and probable future development. *Cognition*, *10*, 17-23.

Baddeley, A. D. (1984). Neuropsychological evidence and the semantic/episodic distinction. *Behavioral and Brain Sciences*, *7*, 238-239.

Baddeley, A. D. (1986). *Working memory*. New York: Oxford University Press.

Baddeley, A. D. (1990). *Human memory: Theory and practice*. Boston: Allyn & Bacon.

Baddeley, A. D. (1992). Is working memory working? *Quarterly Journal of Experimental Psychology*, *44A*, 1-31.

Baddeley, A. D. (1993). Working memory and conscious awareness. In A. F. Collins, S. E. Gathercole, M. A. Conway & P. E. Morris (Eds.), *Theories of memory* (pp.11-28). Hove, U.K: Erlbaum.

Baddeley, A. D. (1996). Exploring the central executive. *Quarterly Journal of Experimental Psychology*. *49A*, 5-28.

Baddeley, A. D. (2000). Short-term and working memory. In E. Tulving & F. I. M. Craik (Eds.), *The Oxford handbook of memory* (pp.77-92). New York: Oxford University Press.

Baddeley, A. D. (2012). Working Memory: Theories, Models, and Controversies. *Annual Review of Psychology*, *63*, 1-29.

Baddeley, A. D. & Hitch, G. J. (1974). Working memory. In G. A. Bower (Eds.), *The psychology of learning and motivation* (Vol.8, pp.47-90). New York: Academic Press.

Baddeley, A. D., Lewis, V. F. J. & Vallar, G. (1984). Exploring the articulatory loop. *Quarterly Journal of Experimental Psychology*, *36*, 233-252.

Baker, C. H. (1963). Signal duration as a factor in vigilance tasks. *Science*, *141*, 1196-1197.

Bahrick, H. P. (1983). The cognitive map of a city: Fifty years of learning and memory. In G. H. Bower (Eds.), *The psychology of learning and motivation* (Vol.17, pp.125-163). New York: Academic Press.

Bahrick, H. P. (1984). Semantic memory content in permastore: Fifty years of memory for Spanish learned in school. *Journal of Experimental Psychology: General*, *113*, 1-29.

Baron, J. (1988). *Thinking and deciding*. New York: Cambridge University Press.

Baron, J. & Ritov, I. (2004). Omission bias, individual differences, and normality. *Organizational Behavior and Human Decision Processes*, *94*, 74-85.

Barsalou, L. W. (1988). The content and organization of autobiographical memories. In U. Neisser & E. Winograd (Eds.), *Remembering reconsidered: Ecological and traditional approaches to the study of memory* (pp.193-243). New York: Cambridge University Press.

Bartlett, F. C. (1932). *Remembering: A study in experimental and social psychology*. Cambridge, UK:

Cambridge University Press.

Bartlett, F.C.(1968). *Thinking: An experimental and social study*. New York: Basic Books.

Bartlett, J.C. & Santrock, J.W.(1979). Affect-Dependent Episodic Memory in Young Children. *Child Development*, *50*, 513-518.

Bass, E. & Davis, L.(1988). *The courage to heal: A guide for women survivors of child sexual abuse*. New York: Harper & Row.

Beach, L.R. & Mitchell, T.R.(1987). Image theory: Principles, goals, and plans in decision-making. *Acta Psychologica*, *66*, 201-220.

Beach, L.R.(1993). Broadening the definition of decision-making: The role of prechoice screening of options. *Psychological Science*, *4*, 215-220.

Becker, S., Horowitz, M. & Campbell, L.(1973). Cognitive responses to stress: Effects of changes in demand and sex. *Journal of Abnormal Psychology*, *82*, 519-522.

Belmont, J.M. & Butterfield, E.C.(1977). The instructional approach to developmental cognitive research. In R. Kail & J. Hagen(Eds.), *Perspectives on the development of memory and cognition*(pp.437-481). Hillsdale, NJ: Erlbaum.

Benbow, C.P. & Stanley, J.C.(1980). Sex differences in mathematical ability: Fact or artifact? *Science*, *210*, 1262-1264.

Benbow, C.P. & Stanley, J.C.(1983). Sex differences in mathematical reasoning: More facts. *Science*, *222*, 1029-1031.

Berry, D.C. & Broadbent, D.E.(1984). On the relationship between task performance and associated verbalizable knowledge. *Quarterly Journal of Experimental Pschology*, *36*, 209-231.

Biederman, I.(1985). Human image understanding: Recent research and a theory. *Computer Vision, Graphics and Image Processing*, *32*, 29-73.

Biederman, I.(1987). Recognition-by-components: A theory of human image understanding. *Psychological Review*, *94*, 147-155.

Biederman, I.(1990). Higher-level vision. In E.N.Osherson, S.M.Kosslyn & J.M.Hollerbach(Eds.), *An invitation to cognitive science*(Vol.2, pp.41-72). Cambridge, M.A: The MIT Press.

Binet, A. & Simon, T.(1916). *The development of intelligence in children*(E.S.Kite, Trans.). Baltimore: Williams & Wilkins.

Blaxton, T.A.(1989). Investigating dissociations among memory measures: Support for a transfer-appropriate processing framework. *Journal of Experimental Psychology: Learning, Memory, and Cognition*, *15*, 657-668.

Bless, H., Mackie, D.M. & Schwarz, N.(1992). Mood effects on attitude judgments: Independent effects of mood before and after message elaboration. *Journal of Personality and Social Psychology*, *63*, 585-595.

Bodenhausen, G.V., Sheppard, L.A. & Kramer, G.P.(1994). Negative affect and social judgment: The differential impact of anger and sadness. *European Journal of Social Psychology*, *24*, 45-62.

Boring, E.(1923, June 6). Intelligence as the tests test it. *New Republic*, 35-37.

Bourne, L.E., Jr., Ekstrand, B.R. & Dominowski, R.L.(1971). *The Psychology of Thinking*. Englewood Cliffs, N.J.: Prentice-Hall.

Bousfield, W.A.(1953). The occurrence of clustering in recall of randomly arranged associates. *Journal of General Psychology*, *49*, 229-240.

Bower, G.H.(1970). Imagery as a relational organizer in associative learning. *Journal of Verbal Learning and Verbal Behavior*, *9*, 529-533.

Bower, G.H. & Karlin, M.B.(1974). Depth of processing pictures of faces and recognition memory. *Journal of Experimental Psychology*, *103*, 751-757.

Bowers, K.S., Regehr, G., Balthazard, C. & Parker, K.(1990). Intuition in the context of discovery. *Cognitive Psychology*, *22*, 72-109.

Bracewell, R.J.(1974). Interpretation factors in the four card selection task. *Paper presented at the Selection Task Conference*, trento, Italy, *4*, 17-19.

Braine, M.D.S.(1978). On the relation between the natural logic of reasoning and standard logic. *Psychological Review*, *85*, 1-21.

Braine, M.D.S.(1990). The "natural logic" approach to reasoning. In W.F.Overton(Eds.), *Reasoning, necessity, and logic: Developmental Perspectives*(pp.133-157). Hillsdale, NJ: Erbaum.

Braine, M.D.S., Reiser, B.J. & Rumain, B.(1984). Some empitical justification for a theory of natural propositional logic. In G.H.Bower(Eds.), *The psychology of learning and motivation*(Vol.18). New York: Academic Press.

Brandimonte, M., Einstein, G.O. & McDaniel, M.A.(1996). *Prospective Memory: Theory and Applications*. Mahwah, NJ: Lawrence Erlbaum.

Bransford, J.D. & Franks, J.J.(1971). Sentence memory: A constructive versus interpretive approach. *Cognitive Psychology*, *3*, 331-350.

Bransford, J. D. & Johnson, M.K.(1972). Contextual prerequisites for understanding: Some investigations of comprehension and recall. *Journal of Verbal Learning and Verbal Behavior*, *11*, 717-726.

Brewer, W.L.(1988). Memory for randomly sampled autobiographical events. In U.Neisser & E.Winograd (Eds.), *Remembering reconsidered: Ecological and traditional approaches to the study of memory* (pp. 21-90). New York: Cambridge University Press.

Broadbent, D.E.(1954). The role of auditory localization in attention and memory span. *Journal of Experimental Psychology*, *47*, 191-196.

Broadbent, D.E.(1957). A mechanical model for human attention and immediate memory. *Psychological Review*, *54*, 205-215.

Broadbent, D.E.(1958). *Perception and communication*. London: Pergamon Press.

Broadbent, D.E.(1977). Levels, hierarchies, and the locus of control. *Quarterly Journal of Experimental Psychology*, *29*, 181-201.

Broadbent, D.E., FitzGerald, P. & Broadbent, M.H.P.(1986). Implicit and explicit knowledge in the control of complex systems. *British Journal of Psychology*, *77*, 33-50.

Brooks, L.(1968). Spatial and verbal components of the act of recall. *Canadian Journal of Psychology*, *22*, 349-368.

Brooks, L.R.(1978). Nonanalytic concept formation and memory for instances. In E.Rosch & B.B.Lloyd (Eds.), *Cognition and Categorization*.(pp.169-211). Hillsdale, N.J.: Erlbaum.

Brown, J.(1958). Some tests of the decay theory of immediate memory. *Quarterly Journal of Experimen-*

tal *Psychology*, 10, 12-21.

Brown, L. T. & Anthony, R. G. (1990). Continuing the search for social intelligence. *Personality and Individual Difference*, 11, 463-470.

Brown, A.S., Caderao, K.C., Fields, L.M. & Marsh, E.J.(2015). Borrowing Personal Memories. *Applied Cognitive Psychology*, 29, 471-477.

Brown, R. & Kulik, J.(1977). Flashbulb memories. *Cognition*, 5, 73-99.

Bruner, A. & Revuski, S.(1961). Collateral behavior in humans. *Journal of the Experimental Analysis of Behavior*, 4, 349-350.

Bruner, J.S.(1957). Going beyond the information given. In Colorado University Psychology Department (Eds.), *Contemporary approaches to cognition* (pp.41-69). Cambridge, MA: Harvard University Press.

Bruner, J.S.(1966). On cognitive growth: II. In J.S.Bruner, R.Olver, P.Greenfield, J.R.Hornsby, H.J.Kenney, M.Maccoby, N.Modiano, F.A.Mosher, D.R.Olson, M.C.Potter, L.C.Reich & A.M.Sonstroem (Eds.), *Studies in cognitive growth: A collaboration at the Center for Cognitive Studies* (pp.30-67). New York: Wiley.

Bruner, J.S., Goodnow, J.J. & Austin, G.A.(1956). *A study of thinking*. New York: Wiley.

Bruner, J.S., Olver, R., Greenfield, P. et al.(1966). *Studies in cognitive growth*. New York: Wiley.

Bruno, N., Bernardis, P. & Gentilucci, M.(2008). Visually guided pointing, the Müller-Lyer illusion, and the functional interpretation of the dorsal-ventral split: Conclusions from 33 independent studies. *Neuroscience and Biobehavioral Reviews*, 32, 423-437.

Caplan, D.(1994). Language and the brain. In M.A.Gernsbacher(Eds.), *Handbook of psycholinguistics* (pp.1023-1053). San Diego, CA: Academic Press.

Carmichael, L., Hogan, H.P. & Walter, A.A.(1932). An experimental study of the effect of language on the reproduction of visually perceived form. *Journal of Experimental Psychology*, 15, 73-86.

Case, R.(1978). Intellectual development from birth to adulthood: A neo-Piagetian interpretation. In R. Siegler(Eds.), *Children's thinking: What develops?* (pp.37-71). Hillsdale, NJ: Erlbaum.

Case, R.(1985). *Intellectualdevelopment: Birth to adulthood*. New York: Academic Press.

Catania, A.C. & Cutts, D.(1963). Experimental control of superstitious responding in humans. *Journal of Experimental Analysis of Behavior*, 6, 203-208.

Cattell, R.B.(1971). *Abilities: Their structure, growth, and action*. Boston: Houghton Mifflin.

Cattell, R.B. & Drevdahl, J.E.(1955). A comparison of the personality profile(16PF) of eminent researchers with that of eminent teachers and administrators, and of the general population. *British Journal of Psychology*, 46, 248-261.

Cave, K.R. & Wolfe, J.M.(1990). Modeling the role of parallel processing in visual search. *Cognititive Psychology*, 22(2), 225-271.

Chapman, L.J. & Chapman, J.P.(1959). Atmosphere effect re-examined. *Journal of Experimental Psychology*, 58, 220-226.

Chapman, L.J. & Chapman, J.P.(1967). Genesis of popular but erroneous psychodiagnostic observations. *Journal of Abnormal Psychology*, 72, 193-204.

Chapman, L.J. & Chapman, J.P.(1969). Illusory correlation as an obstacle to the use of valid psychodiagnostic signs. *Journal of Abnormal Psychology*, 74, 271-280.

Charlton, S.G.(2009). Driving while conversing: cell phones that distract and passengers who react. *Accident Analysis and Prevention*, *41*(1), 160-173.

Charness, N.(1981). Search in chess: Age and skill differences. *Journal of Experimental Psychology: Human Perception and Performance*, *7*, 467-476.

Chase, W.G. & Simon, H.A.(1973). Perception in chess. *Cognitive Psychology*, *4*, 55-81.

Chen, L.(1982). Topological structure in visual perception. *Science*, *218*, 699-670.

Cheng, P.W. & Holyoak, K.J.(1985). Pragmatic reasoning schemas. *Cognitive Psychology*, *17*, 391-416.

Chi, M.T.H., Feltovich, P.J. & Glaser, R.(1981). Categorization and representation of physics problems by experts and novices. *Cognitive Science*, *5*, 121-125.

Chokron, S., Dupierrix, E., Tabert, M. & Bartolomeo, P.(2007). Experimental remission of unilateral spatial neglect. *Neuropsychologia*, *45*, 3127-3148.

Chomsky, N.(1957). *Syntactic structures*. The Hague: Mouton.

Chomsky, N.(1959). A Review of Skinner's *Verbal Behavior*. *Language*, *35*, 26-58.

Chomsky, N.(1965). *Aspects of the theory of syntax*. Cambridge, MA: MIT Press.

Chorover, S.L. & Schiller, P.H.(1965). Short-term retrograde amnesia in rats. *Journal of Comparative and Physiological Psychology*, *59*, 73-78.

Clark, H.H. & Clark, E.V.(1977). *Psychology and language: An introduction to psycholinguistics*. New York: Harcourt Brace Jovanovich.

Cohen, J.(1969). *Statistical power analysis for the behavioral sciences*. New York: Academic Press.

Cohen, N.J.(1995). Memory. In M.T.Banich(Eds.), *Neuropsychology: The neural base of mental function* (pp.314-367). New York: Houghton Mifflin.

Cole, M., Gay, J., Glick, J. & Sharp, D.W.(1971). *The cultural context of learning and thinking: An exploration in experimental anthropology*. New York: Basic Books.

Cole, M. & Scribner, S.(1974). *Culture and thought: A psychological introduction*. New York: Wiley.

Collins, A.M. & Loftus, E.F.(1975). A spreading-activation theory of semantic processing. *Psychological Review*, *82*, 407-428.

Collins, A.M. & Quillian, M.R.(1969). Retrieval time from semantic memory. *Journal of Verbal Learning and Verbal Behavior*, *8*, 240-248.

Colom, R., Quiroga, M.A., Shih, P.C., Martínez, K., Burgaleta, M.Martínez-Molina, A., Román, F., Requena, L. & Ramírez, I.(2010). Improvement in working memory is not related to increased intelligence scores. *Intelligence*, *38*, 497-505.

Conrad, C.(1972). Cognitive economy in sematic memory. *Journal of Experimental Psychology*, *92*, 149-154.

Conrad, R.(1964). Acoustic confusions in immediate memory. *British Journal of Psychology*, *55*, 75-84.

Conrad, R.(1970). Short-term memory processes in deaf. *British Journal of Psychology*, *61*, 179-195.

Conway, M.A.(2005). Memory and the self. *Journal of Memory and Language*, *53*, 594-628.

Conway, M.A. & Pleydell-Pearce, C.W.(2000). The construction of autobiographical memories in the self-memory system. *Psychological Review*, *107*, 261-288.

Cooper, L.A.(1975). Mental rotation of random two-dimensional shapes. *Cognitive Psychology*, *7*, 20-43.

Cooper, L.A.(1976). Demonstration of a mental analog of an external rotation. *Perception and Psychophys-*

ics, 19, 296-302.

Cooper, L.A. & Shepard, R.N.(1973). The time required to prepare for a rotated stimulus. *Memory and Cognition*, 1, 246-250.

Cooper, L.A. & Shepard, R.N.(1975). Mental transformations in the identification of left and right hands. *Journal of Experimental Psychology: Human Perception and Perception*, 1, 48-56.

Craik, F.I.M. & Lockhart, R.S.(1972). Levels of processing: A framework for memory research. *Journal of Verbal Learning and Verbal Behavior*, 11, 671-684.

Craik, F.I.M. & Tulving, E.(1975). Depth of processing and the retention of words in episodic memory. *Journal of Experimental Psychology: General*, 104, 268-294.

Craik, F.I.M. & Watkins, M.J.(1973). The role of rehearsal in short-term memory. *Journal of Verbal Learning and Verbal Behavior*, 12, 599-607.

Crouse, J.H.(1974). Acquisition of college course material under conditions of repeated testing. *Journal of Educational Psychology*, 66, 367-372.

Crowder, R.G.(1972). Visual and auditory memory. In J.F.Kavanaugh & I.G.Mattingly(Eds.), *Language by ear and by eye: The relations between speech and learning to read* (pp.251-275). Cambridge, MA: MIT Press.

Crowder, R.G.(1976). *Principles of learning and memory*. Hillsdale, NJ: Erlbaum.

Cummins, J.(1976). The influence of bilingualism on cognitive growth: A synthesis of research findings and explanatory hypothesis. *Working Papers on Bilingualism*, 9, 1-43.

Darwin, C.T., Turvey, M.T. & Crowder, R.G.(1972). An auditory analogue of the Sperling partial report procedure: Evidence for brief auditory storage. *Cognitive Psychology*, 3, 255-267.

Dawson, M.E. & Schell, A.M.(1982). Electrodermal responses to attended and nonattended significanct stimuli during dichotic listening. *Journal of Experimental Psychology: Human Perception and Performance*, 8, 315-324.

Deese, J. & Kaufman, R.A.(1957). Serial effects in recall of unorganized and sequentially organized verbal material. *Journal of Experimental Psychology*, 54, 180-187.

De Groot, A.D.(1965). *Thought and choice in chess*. Mouton, The Hague.

De Groot, A.D.(1966). Perception and memory versus thought. In B. Kleinmuntz(Eds.), *Problem-solving*. New York: Wiley.

Dell, G.S.A.(1986). Spreading activation theory of retrieval in language production. *Psychological Review*, 93, 226-234.

Dell, G.S.A., Oppenheim, G.M. & Kittredge, A.K.(2008). Saying the right word at the right time: Syntagmatic and paradigmatic interference in sentence production. *Language and Cognitive Processes*, 23, 583-608.

Deregowski, J.B.(1968). Difficulties in pictorial depth perception in Africa. *British Journal of Psychology*, 59, 195-204.

DeRosa, D.V. & Tkacz, D.(1976). Memory scanning of organized visual material. *Journal of Experimental Psychology: Human Learning and Memory*, 2, 688-694.

Deese, J. & Kaufman, R.A.(1957). Serial effects in recall of unorganized and sequentially organized verbal material. *Journal of Experimental Psychology*, 54, 180-187.

Deutsch, J.A. & Deutsch, D.(1963). Attention: Some theoretical considerations. *Psycological Review*, *70*, 80-90.

Drevdahl, J.E. & Cattell, R.B.(1958). Personality and creativity in artists and writers. *Journal of Clinical Psychology*, *14*, 107-111.

Dulany, D.E., Carlson, R.A. & Dewey, G.I.(1984). A case of syntactical learning and judgment: How conscious and how abstract? *Journal of Experimental Psychology: General*, *113*, 541-555.

Duncan, J. & Humphreys, G.(1989). Visual search and stimulus similarity. *Psychological Review*, *96*, 433-458.

Duncan, J. & Humphreys, G.(1992). Beyond the search surface: Visual search and attentional engagement. *Journal of Experimental Psychology: Human Perception & Performance*, *18*, 578-588.

Ebbinghaus, H.(1885). *Memory: A Contribution to Experimental Psychology*. Translated by Henry A. Ruger & Clara E. Bussenius(1913). Originally published in New York by Teachers College, Columbia University.

Eddy, D.M.(1982). Probabilistic reasoning in clinic medicine: Problems and opportunities. In: D. Kahneman, P. Slovic & A. Tverskey (Eds.). *Judgement under uncertainty: Heuristics and biases*, (pp. 249-267). Cambridge University Press.

Egly, R., Driver, J. & Rafal, R.D.(1994). Shifting visual attention between objects and locations: Evidence from normal and parietal lesion subjects. *Journal of Experimental Psychology: General*, *123*, 161-177.

Eich, E.(1995). Searching for mood dependent memory. *Psychological Science*, *6*, 67-75.

Eich, J.E. (1980). The cue-dependent nature of state-dependent retrieval. *Memory and Cognition*, *8*, 157-158.

Einstein, G.O. & McDaniel, M.A.(1990). Normal Aging and Prospective Memory. *Journal of Experimental Psychology: Learning, Memory, and Cognition*, *16*, 717-726.

Ellison, K.W. & Buckhout, R.(1981). *Psychology and criminal justice*. New York: Harper & Row.

Ellis, N. & Hennelly, R.A.(1980). A bilingual word-length effect: Implications for intelligence testing and the relative ease of mental calculation in Welsh and English. *British Journal of Psychology*, *71*, 43-52.

Entwistle, N.J.(1990). Learning styles. In M.W. Eysenck, A. Ellis, E. Hunt & P. Johnson-Laird(Eds.), *The Blackwell Dictionary of Cognitive Psychology* (pp.208-213). Oxford, UK.

Entwistle, N.J. & Ramsden, P.(1983). *Understanding student learning*. London: Croom Helm.

Erickson, J.R.(1974). A set analysis theory of behavior in formal syllogistic reasoning tasks. In R. Solso (Eds.), *Theories of Cognitive Psychology: The Loyola Symposium*. Lawrence Erlbaum Associates, New Jersey.

Erickson, J.R.(1978). Research in syllogistic reasoning tasks. In R. Revlin & R.E. Meyer(Eds.), *Human Resoning* (pp.39-50). John Wiley, New York.

Eriksen, B.A. & Eriksen, C.W.(1974). Effects of noise letters upon the identification of a target letter in a nonsearch task. *Perception And Psychophysics*, *16*, 143-149.

Evans, J.St.B.T.(1984). Heuristics and analytic processes in reasoning. *British Journal of Psychology*, *75*, 541-568.

Evans, J.St.T., Newstead, S.E. & Byrne, R.M.J.(1993). *Human reasoning*. Hillsdale, NJ: Lawrence Erlbaum.

Eylon, B.(1979). *Effects of knowledge organization on task performance*. Unpublished doctorial dissertation, University of California at Berkeley.

Eysenck, M.W.(2012). *Fundamentals of Cognition*. Psychology Press.

Fantz, R.L.(1964). Visual experience in infants: decreased attention to familiar patterns relative to novel ones. *Science*, 146, 668-670.

Finke, R.A.(1989). *Principles of mental imagery*. Cambridge, MA: MIT Press.

Flavell, J.H.(1985). *Cognitive development* (2nd ed.). Englewood Cliffs, NJ: Prentice Hall.

Flower, L. & Hayers, J.R.(1981). A cognitive process theory of writing. *College Composition and Communication*, 32, 365-387.

Ford, M.E. & Tisak, M.S.(1983). A further search for social intelligence. *Journal of Educational Psychology*, 75, 196-206.

Forster, K.I.(1976). Accessing the mental lexicon. In R.J.Wales & E.Walker(Eds.), *New Approaches to Language Mechanisms* (pp.257-287). Amsterdam: North-Holland.

Frame, C.L. & Oltmanns, T.F.(1982). Serial recall by schizophrenic and affective patients during and after psychotic episodes. *Journal of Abnormal Psychology*, 91, 311-318.

Freud, S.(1900). The interpretation of dreams. In "Standard Edition", Vols. IV and V. Hogarth Press, London 1953.(First German edition, 1900).

Funke, J.(1991). Solving complex problems: Exploration and control of complex systems. In Sternberg, R.J. & Frensch, P.A.(Eds.), *Complex Problem Solving: Principles and Mechanisms*. 185-222. Lawrence Erlbaum Associates, Inc.

Gainotti, G.(2000). What the locus of brain lesion tells us about the nature of the cognitive defect underlying category-specific disorders: A review. *Cortex*, 36, 539-559.

Galton, F.(1883). *Inquiry into human faculty and its development*. London: Macmillan.

Gallotti, K.M.(1999). *Cognitive Psychology: In and out of the laboratory*. Brooks/Cole Publishing Company.

Gardner, H.(1983). *Frames of mind: The theory of multiple intelligences*. New York: Basic Books.

Gardner, H.(1985). *The mind's new science: A history of the cognitive revolution*. New York: Basic Books.

Gardner, H.(1993). *Multiple intelligences: The theory in practice*. New York: Basic Books.

Gardner, H.(1999). *Intelligence reframed*. New York: Basic Books.

Garrett, M.F.(1988). Processes in language production. In F.J.Newmeyer(Eds.), *Linguistics: The Cambridge survey: Vol.3. Language: Psychological and biological aspects* (pp.69-96). Cambidge, UK: Cambridge University Press.

Garrett, M.F.(1990). Sentence processing. In D.N.Osherson & H.Lasnik(Eds.), *An invitation to cognitive science: Vol.1. Language* (pp.133-175). Cambridge, MA: MIT Press.

Gelman, S.A.(1988). The development of induction within natural kind and artifact categories. *Cognitive Psychology*, 20, 65-95.

Gelman, S.A. & Markman, E.M.(1986). Categories and inductions in young children. *Cognition*, 23, 183-209.

Gibson, E.J.(1969). *Principles of perceptual learning and development*. New York: Meredith.

Gibson, J.J.(1979). *The ecological approach to visual perception*. Boston: Houghton Mifflin.

Gibson, J.J. & Gibson, E.J.(1955). Perceptual learning: Differentiation or enrichment? *Psychological Review*, *62*, 32-41.

Gilhooly, K.J.(1982). *Thinking: Directed, undirected, and creative*. London: Academic Press.

Ginsburg, H.P. & Opper, S.(1988). *Piaget's theory of intellectual development* (3rd ed.). Englewood Cliffs, NJ: Prentice Hall.

Glass, A.L. & Holyoak, K.J.(1975). Alternative conceptions of semantic memory. *Cognition*, *3*, 313-339.

Gigerenzer, G. & Hoffrage, U.(1995). How to improve Bayesian reasoning without instruction: frequency format. *Psychological Review*, *102*, 684-704.

Godden, D.R. & Baddeley, A.D.(1975). Context-dependent memory in two natural environments: On land and underwater. *British Journal of Psychology*, *66*, 325-331.

Godden, D.R. & Baddeley, A.D.(1980). When does context influence recognition memory? *British Journal of Psychology*, *71*, 99-104.

Goldberg, L.R.(1959). The effectiveness of clinicians' judgments: The diagnosis of organic brain damage from the Bender-Gestalt test. *Journal of Consulting Psychology*, *23*, 25-33.

Goodwin, D.W., Powell, B., Bremer, D., Hoine, H. & Stern, J.(1969). Alcohol and recall: state-dependent effects in man. *Science*, *163*(*873*): 1358-1360.

Goldstein, E.B.(2005). *Cognitive Psychology*. Thomson Wadsworth.

Goschke, T. & Kuhl, J.(1993). Representation of Intentions: Persisting Activation in memory. *Journal of Experimental Psychology: Learning, Memory, and Cognition*, *19*, 1211-1226.

Graf, P., Squire, L.R. & Mandler, G.(1984). The information that amnesic patients do not forget. *Journal of Experimental Psychology: Learning, Memory and Cognition*, *10*, 164-178.

Gray, J.(1992). *Men are from Mars, women are from Venus: A practical guide for improving communication and getting what you want in your relationships*. New York: HarperCollins.

Greenfield, P.M., Reich, L.C. & Olver, R.R.(1966). On culture and equivalence: II. In J.S. Bruner, R. Olver, P. Greenfield, et al.(Eds.), *Studies in cognitive growth* (pp.270-318). New York: Wiley.

Greeno, J.G.(1978). Natures of problem-solving abilities. In W.K. Estes(Eds.), *Handbook of learning and cognitive processes*. Hillsdale, NJ: Erlbaum.

Grice, H.P.(1975). Logic and conversation. In P.Cole & J.L.Morgan(Eds.), *Syntax and semantics: Vol.3. Speech acts* (pp.41-58). New York: Seminar Press.

Groome, D. & Eysenck, M.W.(2016). *An Introduction to Applied Cognitive Psychology(Second Edition)*, Psychology Press.

Gruber, H.E.(1980). *Darwin on man: A psychological study of scientific creativity*, 2nd edition. University of Chicago Press.

Guilford, J.P.(1967). *The nature of human intelligence*. New York: McGraw-Hill.

Guilford, J.P.(1982). Cognitive psychology's ambiguities: Some suggested remedies. *Psychological Review*, *89*, 48-59.

Guilford, J.P.(1988). Some changes in the structure-of-intellect model. *Educational & Psychological Measurement*, *48*, 1-4.

Guyote, M.J. & Sternberg, R.J.(1981). A transitive chain theory of syllogistic reasoning. *Cognitive Psychology, 13, 461-525.

Handel, S.(1989). *Listening: An introduction to the perception of auditory events*. Boston, MA: MIT Press.

Hart, J.T.(1965). Memory and the feeling-of-knowing experience. *Journal of Educational Psychology*, 56, 208-216.

Hatano, G., Siegler, R.S., Richards, D.D., Inagaki, K., Stavy, R. & Wax, N.(1993). The development of biological knowledge: A multi-national study. *Cognitive Development*, 8, 47-62.

Haviland, S.E. & Clark, H.H.(1974). What's new? Acquiring new information as a process in comprehension. *Journal of Verbal Learning and Verbal Behavior*, 13, 512-521.

Hayes, J.R. & Simon, H.A.(1977). Psychological differences among problem isomorphs. In N.J.Castellan Jr., D.B.Pisoni & D.M.Potts(Eds.), *Cognitive Theory*, pp.21-42. Erlbaum, Hillsdale, New Jersey.

Heidbreder, E.(1947). The attainment of concepts: III. The process. *Journal of Psychology*, 24, 93-138.

Heidbreder, E.(1948). The attainment of concepts: IV. Exploratory experiments or conceptualization at perceptual levels. *Journal of Psychology*, 26, 193-216.

Hirst, W., Spelke, E.S., Reaves, C.C., Caharack, G. & Neisser, U.(1980). Dividing attention without alternation and automaticity. *Journal of Experimental Psychology: General*, 109, 98-117.

Holding, D.H. & Reynolds, R.I.(1982). Recall or evaluation of chess positions as determinants of chess skill. *Memory & Cognition*, 10, 237-242.

Howard, C.Q., Maddern, A.J. & Privopoulos, E.P.(2011). Acoustic characteristics for effective ambulance sirens. *Acoustics Australia*, 39(2), 43-53.

Howard, J.H. & Ballas J.A.(1980). Syntactic and semantic factors in the classification of nonspeech transient patterns. *Perception and Psychophysics*, 28, 431-439.

Hubel, D.H. & Wiesel, T.N.(1959). Receptive fields of single neurons in the cat's striate cortex. *Journal of Physiology*, 148, 574-591.

Hubel, D.H. & Wiesel, T.N.(1963). Receptive fields of cells in the striate cortex of very young, visually inexperienced kittens. *Journal of Neurophysiology*, 26, 994-1002.

Hudson, W.(1960). Pictorial depth perception in sub-cultural groups in Africa. *Journal of Social Psychology*, 52, 183-208.

Hudson, W.(1967). The study of the problem of pictorial perception among unacculturated groups. *International Journal of Psychology*, 2, 89-107.

Hull, C.L.(1920). Quantitative aspects of the evolution of concepts. *Psychological Monographs*(Whole No.123).

Humphreys, L.G.(1939). Acquisition and extinction of verbal expectations in a situation analogous to conditioning. *Journal of Experimental Psychology*, 25, 294-301.

Hyde, J.S.(1981). How large are cognitive gender differences? A meta-analysis using ω^2 and d. *American Psychologist*, 36, 892-901.

Hyde, J.S.(2005). The gender similarities hypothesis. *American Psychologist*, 60, 581-592.

Hyde, J.S., Fennema, E., Ryan, M., Frost, L. A. & Hopp, C.(1990). Gender comparisons of mathematics attitudes and affect: A meta-analysis. *Psychology of Women Quarterly*, 14, 299-324.

Hyde, J.S. & Linn, M.C.(1988). Gender differences in verbal ability: A meta-analysis. *Psychological Bul-

letin, 104, 53-69.

Hyde, T.S. & Jenkins, J.J.(1969). Differential effects of incidental task on the organization of recall of a list of highly associated words. *Journal of Experimental Psychology*, 82, 472-481.

Hyman, I.E., Jr., Husband, T.H. & Billings, F.J.(1995). False memories of childhood experience. *Applied Cognitive Psychology*, 9, 181-198.

Intelligence and its measurement: A symposium.(1921). *Journal of Educational Psychology*, 12, 123-147, 195-216, 271-275.

Irwin, M.H. & McLaughlin, D.H.(1970). Ability and preference in category sorting by Mano schoolchildren and adults. *Journal of Social Psychology*, 82, 15-24.

Irwin, M.H., Schafer, G.N. & Feiden, C.P.(1974). Emic and unfamiliar sorting of Mano farmers and US undergraduates. *Journal of Cross-Cultural Psychology*, 5, 407-423.

Jacoby, L.L.(1983). Perceptual enhancement: persistent effects of an experience. *Journal of experimental psychology: Learning, memory, and cognition*, 9, 21-38.

Jacoby, L.L.(1991). A process dissociation framework: Separating automatic from intentional uses of memory. *Journal of Memory and Language*, 30, 513-541.

Jacoby, L.L., Woloshyn, V. & Kelley, C.M.(1989). Becoming famous without being recognized: Unconscious influences of memory produced by dividing attention. *Journal of Experimental Psychology: General*, 118, 115-125.

Jaeggi, S.M., Buschkuehl, M., Jonides, J. & Perrig, W.J.(2008). Improving fluid intelligence with training on working memory. *Proceedings of the National Academy of Sciences of the United States of America*, 105, 6829-6833.

James, W.(1890). *The principles of psychology*. New York: Henry Holt.

Jarvella, R.J.(1971). Syntactic processing of connected speech. *Journal of Verbal Learning and Verbal Behavior*, 10, 409-416.

Jerison, H.J. & Pickett, R.M.(1964). Vigilance: The importance of the elicited observing rate. *Science*, 143, 970-971.

Johansson, G.(1973). Visual perception of biological motion and a model for its analysis. *Perception and Psychophysics*, 14, 201-211.

Johnson, E.S.(1978). Validation of concept-learning strategies. *Journal of Experimental Psychology: General*, 107, 237-266.

Johnson-Laird, P.N.(1982). Ninth Bartlett memorial lecture: Thinking as a skill. *Quarterly Journal of Experimental Psychology*, 34, 1-29.

Johnson-Laird, P.N.(1983). *Mental models*. Cambridge, MA: Harvard Universiry Press.

Johnson-Laird, P.N. & Bara, B.G.(1984). Syllogistic inference. *Cognition*, 16, 1-62.

Johnson-Laird, P. N.(1999). Mental models. In R.A. Wilson & F.C. Keil(Eds.), *The MIT encyclopedia of the cognitive sciences* (pp.525-527). Cambridge, MA: MIT Press.

Johnston, W.A. & Heinz, S.P.(1978). Flexibility and capacity demands of attention. *Journal of Experimental Psychology: General*, 107, 420-435.

Just, M.A. & Carpenter, P.A.(1987). *The psychology of reading and language comprehension*. Boston: Allyn & Bacon.

Kahneman, D.(1973). *Attention and Effort*. Englewood Cliffs, NJ: Prentice-Hall.

Kahneman, D.(2003). A perspective on judgment and choice: Mapping bounded rationality. *American Psychologist*, *58*, 697-720.

Kahneman, D. & Frederick, S.(2005). A model of heuristic judgment. In K.J.Holyoak & R.G.Morrison (Eds.), *The Cambridge handbook of thinking and reasoning*. Cambridge, UK: Cambridge University Press.

Kahneman, D. & Tversky, A.(1973). On the psychology of prediction. *Psychological Review*, *80*, 237.

Kalnins, I. V. & Bruner, J.S.(1973). The coordination of visual observation and instrumental behavior in early infancy. *Perception*, *2*, 307-314.

Kaplan, R.M. & Pascoe, G.C.(1977). Humorous lectures and humorous examples: Some effects upon comprehension and retention. *Journal of Educational Psychology*, *69*, 61-65.

Kaplan, C.A. & Simon, H.A.(1990). In search of insight. *Cognitive Psychology*, *22*, 374-419.

Karat, J.(1982). A model of problem solving with incomplete constraint knowledge. *Cognitive Psychology*, *14*, 538-559.

Kaufman, A.S. & Kaufman, N.L.(1983). *Kaufman Assessment Battery for Children*. Circle Pines, MN: American Guidance Service.

Kearins, J.M.(1981). Visual spatial memory in Australian aboriginal children of desert regions. *Cognitive Psychology*, *13*, 434-460.

Kellman, P.J. & Spelke, E.S.(1983). Perception of partially occluded objects in infancy. *Cognitive Psychology*, *15*, 483-524.

Kellogg, R.T.(1980). Feature frequency and hypothesis testing in the acquisition of rule governed concepts. *Memory & Cognition*, *17*, 297-303.

Kellogg, R.T.(1982). Hypothesis recognition falure in conjuctive and disjunctive concept-identification tasks. *Memory & Cognition*, *19*, 327-330.

Kemler Nelson, D.K.(1984). The effect of intention on what concepts are acquired. *Journal of Verbal Learning and Verbal Behavior*, *23*, 734-759.

Keppel, G. & Underwood, B.J.(1962). Proactive inhibition in short-term retention of single items. *Journal of Verbal Learning and Verbal Behavior*, *1*, 153-161.

Kerns, K.A. & Price, K.J.(2001). An Investigation of Prospective Memory in Children with ADHD. *Child Neuropsychology*, *7*, 162-171.

Kintsch, W. & Bates, E.(1977). Recognition memory for statements from a classroom lecture. *Journal of Experimental Psychology: Human Learning and Memory*, *3*, 150-159.

Kintsch, W. & Keenan, J.(1973). Reading rate and retention as a function of the number of propositions in the base structure of sentences. *Cognitive Psychology*, *5*, 257-274.

Kintsch, W. & van Dijk, T. A.(1978). Toward a model of text comprehension and production. *Psychological Review*, *85*, 363-394.

Kirkpatrick, E.A.(1894). An experimental study of memory. *Psychological Review*, *1*, 602-609.

Kluwe, R. H. & Reimann, H.(1983). *Problemlösen bei vernetzten, komlexen Problemen: Effekte des Verbalisierens auf die Problemlöseleistung* [Problem solving with complex problems: Effects of verbalizing on problem solving quality]. Hamburg: Bericht aus dem Fachbereich Pädagogik der Hochschule der

Bundeswehr.

Knowlton, B. J., Ramus, S. J. & Squire, L. R. (1992). Intact artificial grammar learning in amnesia: Dissociation of classification learning and explicit memory for specific instances. *Psychology Science*, *3*, 172-179.

Koestler, A. (1964). *The act of creation*. Hutchinson, London.

Koffka, K. (1935). *Principles of Gestalt psychology*. New York: Harcourt Brace & Company.

Kolers, P. (1965). Bilingualism and bicodalism. *Language and Speech*, *8*, 122-128.

Kosslyn, S. M. (1973). Scanning visual images: Some structural implications. *Perception and Psychophysics*, *14*, 90-94.

Kosslyn, S. M. (1975). Information representation in visual images. *Cognitive Psychology*, *7*, 341-370.

Kosslyn, S. M. (1976a). Can imagery be distinguished from other forms of internal representation? Evidence from studies of information retrieval times. *Memory and Cognition*, *4*, 291-297.

Kosslyn, S. M. (1976b). Using imagery to retrieve semantic information: A developmental study. *Child Development*, *47*, 434-444.

Kosslyn, S. M. (1981). The medium and the message in mental imagery: A theory. *Psychological Review*, *88*, 4-6.

Kosslyn, S. M., Ball, T. M. & Reiser, B. J. (1978). Visual images preserve metric spatial information: Evidence from studies of image scanning. *Journal of Experimental Psychology: Human Perception and Performance*, *4*, 47-60.

Kotovsky, K., Hayes, J. R. & Simon, H. A. (1985). Why are some problems hard? Evidence from the tower of Hanoi. *Cognitive Psychology*, *17*, 248-294.

Kotovsky, K. & Simon, H. A. (1990). What makes some problems really hard: explorations in the problem space of difficulty. *Cognitive Psychology*, *22*, 143-183.

Kreiman, G., Koch, C. & Fried I. (2000). Category-specific visual responses of single neurons in the human medial temporal lobe. *Nature Neuroscience*, *3*, 946-953.

Kripke, D. F. & Sonnenschein, D. (1978). A biologic rhythm in waking fantasy. In K.S. Pope and J.L. Singer (Eds.), *The Stream of Consciousness* (pp 321-332). John Wiley, New York.

Kroll, N. E. A. (1975). Visual short-term memory. In D. Deutsch & J. A. Deutsch (Eds.), *Short-term memory*. New York: Academic Press.

Kurby, C. A. & Zacks, J. M. (2008). Segmentation in the perceptionand memory of events. *Trends in Cognitive Sciences*, *12(2)*, 72-79.

Kvavilashvili, L., Messer D. & Ebdon, P. (2001). Prospective memory in children: The effects of age and task interruption. *Developmental Psychology*, *37*, 418-430.

Landauer, T. K. (1986). How much do people remember? Some estimates of the quantity of learned information in long-term memory. *Cognitive Science*, *10*, 477-493.

Landauer, T. K. & Meyer, D. E. (1972). Category size and semantic-memory retrieval. *Journal of Verbal Learning and Verbal Behavior*, *11*, 539-549.

LaPorte, R. E. & Nath, R. (1976). Role of performance goals on prose learning. *Journal of Educational Psychology*, *68*, 260-264.

Laughlin, P. R., Lange, R. & Adamopoulos, J. (1982). Selection strategies for "Mastermind" problems.

Journal of Experimental Psychology: Learning, Memory, and Cognition, 8, 475-483.

Lave, J. (1988). *Cognition in practice. Cambridge*, UK: Cambridge University Press.

Leibo, J.Z., D'Autume, C.D.M., Zoran, D., Amos, D., Beattie, C., & Anderson, K., et al. (2018). Psychlab: a psychology laboratory for deep reinforcement learning agents. arXiv:1801.08116v2[cs.AI].

Levelt, W.J.M. (1999). Models of word production. *Trends in Cognitive Sciences*, 3, 223-232.

Lewicki, P. & Hill, T. (1987). Unconscious processes as explanations of behavior in cognitive, personality, and social psychology. *Personality and Social Psychology Bulletin*, 13, 355-362.

Lewicki, P., Hill, T. & Bizot, E. (1988). Acquisition of procedural knowledge about a pattern of stimuli that cannot be articulated. *Cognitive Psychology*, 20, 24-37.

Lewis, J. L. (1970). Semantic processing of unattended messages using dichotic listening. *Journal of Experimental Psychology*, 85, 225-228.

Liberman, A.M., Harris, K.S., Hoffman, H.S. & Griffith, B.C. (1981). The discrimination of speech sounds within and across phoneme boundaries. *Journal of Experimental Psychology*, 54, 358-368.

Liddell, C. (1997). Every picture tells a story—or does it? Young South African children interpreting pictures. *Journal of Cross-Cultural Psychology*, 28, 266-283.

Lindsay, P.H. & Norman, D. A. (1977). *Human information processing: An Introduction to psychology*. New York: Academic Press.

Linn, M. C. & Petersen, A.C. (1985). Emergence and characterization of sex differences in spatial ability: A meta-analysis. *Child Development*, 56, 1479-1498.

Linton, M. (1975). Memory for real-world events. In D.A. Norman & D.E. Rumelhart (Eds.), *Explorations in cognition* (pp.376-404). San Francisco: WH Freeman.

Linton, M. (1982). Transformations of memory in everyday life. In U. Neisser (Eds.), *Memory observed: Remembering in natural contexts* (pp.77-91). San Francisco: Freeman.

Lisker, L. & Abramson, A. (1970). The voicing dimension: Some experiments in comparative phonetics. *Proceedings of the Sixth International Congress of Phonetic Sciences*, Pague, 1967 (pp.563-567). Prague, Czechoslovakia: Academia.

Loeb, M. & Binford, J.R. (1963). Variation in performance on auditory and visual monitoring tasks as a function of signal and stimulus frequencies. *Perception and Psychophysics*, 4, 361-367.

Loftus, E.F. (1975). Leading questions and the eyewitness report. *Cognitive Psychology*, 7, 560-572.

Loftus, E.F. & Pickrell, J.E. (1995). The formation of false memories. *Psychiatric Annuals*, 25, 720-725.

Logan, G.D. & Etherton, J.L. (1994). What is learned during automatization? The role of attention in constructing an instance. *Journal of Experimental Psychology: Learning, Memory, and Cognition*, 20, 1022-1050.

Logan, G.D., Taylor, S. E. & Etherton, J. L. (1996). Attention in the acquisition and expression of automaticity. *Journal of Experimental Psychology: Learning, Memory, and Cognition*, 22, 620-638.

Luchins, A. S. (1942). Mechanization in problem solving: The effect of Einstellung. *Psychological Monographs*, 54 (Whole No.248).

Luger, G.F. (1976). The use of the state-space to record the behavioural effects of subproblems and symmetries on the Tower of Hanoi problem. *International Journal of Man-Machine Studies*, 8, 411-421.

Luria, A.R. (1976). *Cognitive development: Its cultural and social foundations* (M. Cole, Eds., M. Lpoez-

Morillas & L. Solotaroff, Trans.). Cambridge, MA: Harvard University Press.

Lynn, R. & Irwing, P.(2004). Sex differences on the progressive matrices: A meta-analysis. *Intelligence*, *32*, 481-498.

Maarten, W. S., Yvonne, F. B. & Jacobijn, A.C.(1994). *The Think-Aloud Method: A practical guide to modeling cognitive processes*. Academic Press, Harcourt Brace & Company, Publishers.

Maccoby, E.E. & Jacklin, C.N.(1974). *Psychology of sex differences*. Stanford: Stanford University Press.

MacKay, D.G.(1973). Aspects of the theory of comprehension, memory, and attention. *Quarterly Journal of Experimental Psychology*, *25*, 22-40.

Mackinnon, A.J. & Wearing, A.J.(1985). Systems analysis and dynamic decision making. *Acta Psychologica*, *58*, 159-172.

Mackworth, N.H.(1950). Researches on the measurement of human performance. Medical *Research Council Special Report Series*, *268*, H.M. Stationery Office, reprinted in H.W. Sinaiko(Eds.), *Selected papers on human factors on the design and use of control systems*. New York: Dover. 1961.

MacLeod, C.M.(1991). Half a century of research on the Stroop effect: An integrative review. *Psychological Bulletin*, *109*, 163-203.

Maier, N.R.F.(1930). Reasoning in humans: I. On direction. *Journal of Comparative Physiological Psychology*, *10*, 115-143.

Maier, N.R.F.(1931). Reasoning in humans: II. The solution of a problem and its appearance in conciousness. *Journal of Comparative Physiological Psychology*, *12*, 181-194.

Marlowe, H.A.(1986). Social intelligence: Evidence for multidimensionality and construct independence. *Journal of Educational Psychology*, *78*, 52-58.

Mandler, G.(1967). Organization and memory. In K. W. Spence & J.T. Spence(Eds.), *The psychology of learning and motivation* (Vol. 1, pp. 327-372). New York: Academic Press.

Mani, K. & Johnson-Laird, P. N.(1982). The mental representation of spatial descriptions. *Memory & Cognition*, *10*(*2*), 181-187.

Marcel, A.J.(1983a). Conscious and unconscious perception: An approach to the relations between phenomenal experience and perceptual processes. *Cognitive Psychology*, *15*(2), 438-300.

Marcel, A.J.(1983b). Conscious and unconscious perception: Experiments on visual masking and word recognition. *Cognitive Psychology*, *15*(2), 197-237.

Markman, E.M.(1979). Realizing that you don't understand: Elementaty school children's awareness of inconsistencies. *Child Development*, *50*, 643-655.

Marslen-Wilson, W. & Welsh, A.(1978). Processing interactions and lexical access during word recognition in continuous speech. *Cognitive Psychology*, *10*, 29-63.

Martin, R. C. & Caramazza, A.(1980). Classification in well-defined and ill-defined categories: evidence for common processing strategies. *Journal of Experimental Psychology: General*, *109*, 320-353.

Mathews, R.C., Buss, R.R., Stanley, W.B., Blanchard-Fields, F., Cho, J.R. & Druhan, B.(1989). Role of implicit and explicit processes in learning from examples: A synergistic effect. *Journal of Experimental psychology: Learning, Memory, and Cognition*, *15*, 1083-1100.

Matute, H.(1994). Learned helplessness and superstitious behavior as opposite effects of uncontrollable reinforcement in humans. *Learning and motivation*, *25*, 216-232.

Matute, H.(1995). Human reaction to uncontrollable outcomes: Further evidence for superstition rather than helplessness. *Quarterly Journal of Experimental Psychology*, *48*, 142-157.

McClelland, J. L. & Rumelhart, D. E.(1981). An Interactive Activation Model of Context Effects in Letter Perception: Part 1. An Account of Basic Findings, *Psychological Review*, *88*, 375-407.

McCloskey, M. & Glucksberg, S.(1979). Decision processes in verifying category membership statements: Implications for models of semantic memory. *Cognitive Psychology*, *11*, 1-37.

McDaniel, M. A. & Einstein, G. O.(1993). The Importance of Cue Familiarity and Cue Distinctiveness in Prospective Memory. *Memory*, *1*: 23-41.

McEvoy, S.P., Stevenson, M.R. & Woodward, M.(2007). The prevalence of, and factors associated with, serious crashes involving a distracting activity. *Accident Analysis & Prevention*, *39(3)*, 475-482.

McGurk, H. & MacDonald, T.(1976). Hearing lips and seeing voice. *Nature*, *264*, 746-748.

Medin, D. L. & Smith, E. E.(1981). Strategies and classification learning. *Journal of Experimental Psychology: Human Learning & Memory*, *7*, 241-253.

Medin, D.L. & Ortony, A.(1989). Psychological essentialism. In S.Vosniadou & A.Ortony(Eds.), *Similarity and analogical reasoning*. Cambridge: Cambridge University Press.

Mednick, S.A.(1962). The associative basis of the creative processes. *Psychological Review*, *69*, 220-232.

Meehan, A. M. (1984). A meta-analysis of sex differences in formal operational thought. *Child Development*, *55*, 1110-1124.

Melton, A. W.(1963). Implications of short-term memory for a general theory of memory. *Journal of Verbal Learning and Verbal Behavior*, *2*, 1-21.

Mervis, C.B., Catlin, J. & Rosch, E.(1976). Relationships among goodness-of-example, category norms, and word frequency. *Bulletin of the Psychonomic Society*, *7*, 268-284.

Metcalfe, J.(1986). Feeling of knowing in memory and problem solving. *Journal of Experimental Psychology: Learning, Memory, & Cognition*, *12*, 288-294.

Meyer, D. E.(1970). On the representation and retrieval of stored semantic information. *Cognitive Psychology*, *1*, 242-300.

Meyer, D.E. & Schvaneveldt, R.W.(1971). Facilitation in recognizing pairs of words: Evidence of a dependence between retrieval operations. *Journal of Experimental Psychology*, *90*, 227-234.

Meyer, D. E., Schvaneveldt, R.W. & Ruddy, M.G.(1974). Loci of contextual effects on visual word recognition. In P.M.A. Rabbit & S. Dornic(Eds.), *Attention and performance V*. London: Academic Press.

Miller, G.A.(1956). The magical number seven, plus or minus two: Some limits on our capacity for processing information. *Psychological Review*, *63*, 81-97.

Miller, G.A., Galanter, E. H. & Pribram, K.H.(1960). *Plans and the structure of behavior*. New York: Holt, Rinehart & Winston.

Miller, G.A. & Gildea, P. M.(1987). How children learn word. *Scientific American*, *257*, 94-99.

Milner, A.D. & Goodale, M.A.(2008). Two visual systems re-viewed. *Neuropsychologia*, *46*, 774-785.

Minda, J.P. & Smith, J.D.(2002). Comparing prototype-based and exemplar-based accounts of category learning and attentional allocation. *Journal of Experimental Psychology: Human, Learning, and Memory*, *28*, 275-292.

Mitroff, I.I.(1974). *The subjective side of science*. Elsevier, Amsterdam.

Moray, N.(1959). Attention in dichotic listening: Affective cues and the influence of instructions. *Quarterly Journal of Experimental Psychology*, *11*, 56-60.

Moray, N., Bates, A. & Barnett, T.(1965). Experiments on the four-eared man. *Journal of the Acoustical Society of America*, *38*, 196-201.

Morton, J.(1969). Interaction of information in word recognition. *Psychological Review*, *76*, 165-178.

Murdock, B.B., Jr.(1961). The retention of individual items. *Journal of Experimental Psychology*, *62*, 618-625.

Murdock, B.B., Jr.(1962). The serial position effect in free recall. *Journal of Experimental Psychology*, *64*, 482-488.

Murphy, G.L. & Medin, D.L.(1985). The role of theories in conceptual coherence. *Psychological Review*, *92*, 289-316.

Murray, H.G. & Denny, J.P.(1969). Interaction of ability level and interpolated activity in human problem solving. *Psychological Reports*, *24*, 271-276.

Nairne, J.S.Thompson, S.R. & Pandeirada, J.N.S.(2007). Adaptive memory: Survival processing enhances retention. *Journal of Experimental Psychology: Learning, Memory, and Cognition*, *33*, 263-273.

Neimark, E.D. & Shuford, E.H.(1959). Comparison of predictions and estimates in a probability learning situation. *Journal of Experimental Psychology*, *57*, 294-298.

Neisser, U.(1963). Decision-time without reaction-time: Experiments in visual scanning. *American Journal of Psychology*, *210*, 94-102.

Neisser, U.(1967). *Cognitive psychology*. New York: Appleton-Century-Crofts.

Neisser, U.(1976). *Cognition and reality: Principles and implications of cognitive psychology*. San Francisco: W.H. Freeman.

Neisser, U.(1982). Snapshots or benchmarks? In U. Neisser(Eds.), *Memory observed: Remembering in natural contexts*. San Francisco: W.H. Freeman.

Neisser, U. & Becklen, R.(1975). Selective looking: Attending to visually specified events. *Cognitive Psychology*, *7*, 480-494.

Nelson, T.O. & Narens, L.(1990). Metamemory: A theoretical frame work and new findings. In G.H. Bower(Eds.), *The psychology of learning and motivation* (Vol 26, pp. 125-141). New York: Academic Press.

Newell, A.(1967). *Studies in problem solving: Subject 3 on the crypt-arithmetic task, DONALD plus GERALD equals ROBERT*. Pittsburgh: Carnegie-Mellon Institute.

Newell, A., Shaw, J.C. & Simon, H.A.(1958). Elements of a theory of human problem solving. *Psychological Review*, *65*, 151-166.

Newell, A. & Simon, H.A.(1972). *Human problem solving*. Englewood Cliffs, NJ: Prentice-Hall.

Nissen, M.J. & Bullemer, P.T.(1987). Attentional requirements for learning: Evidence from performance measures. *Cognitive Psychology*, *19*, 1-32.

Noelting, G.(1980). The development of proportional reasoning and the ratio concept. PART I: Determination of Stages. *Educational Studies in Mathematics*, *11*, 217-253.

Norman, D.A.(1968). Toward a theory of memory and attention. *Psychological Review*, *75*, 522-536.

Norman, D.A. & Bobrow, D.G.(1975). On data-limited and resource-limited processes. *Cognitive Psychology, 7, 44-64.

Norman, D. A. & Rumelhart, D. E.(1975). *Explorations in cognition*. San Francisco: Freeman.

Novak, J. D.(1977). *A theory of education*. Ithaca, NY: Cornell University Press.

Novak, J. D. & Musonda, D.(1991). A twelve-year longitudinal study of science concept learning. *American Educational Research Journal*, 28, 117-153.

O'Connor, R.E. & Forster, K. I.(1981). Criterion bias and search sequence bias in word recognition. *Memory and Cognition*, 9, 78-92.

Oltmanns, T.F. & Neale, J.M.(1975). Schizophrenic performance when distractors are present: Attention deficit or differential task difficulty? *Journal of Abnormal Psychology*, 84, 205-209.

Osherson, D.N.(1975). Logic and models of logical thinking. In R.J. Falmagne(Eds.), *Reasoning: Representation and process* (pp. 81-91). Hillsdale, NJ: Erlbaum.

Osherson, D. N. & Smith E. E.(1981). On the adequacy of prototype theory as a theory of concepts. *Cognition*, 9, 35-58.

Paivio, A.(1969). Mental imagery in associative learning and memory. *Psychological Review*, 76, 241-263.

Paivio, A.(1971). *Imagery and verbal processes*. New York: Holt, Rinehart and Winston.

Paivio, A.(1983). The empirical case for dual coding. In J. C. Yuille(Eds.), *Imagery, memory and cognition* (pp. 307-332). Hillsdale, NJ: Erlbaum.

Palmer, S.E. & Rock, I.(1994). Rethinking perceptual organization: The role of uniform connectedness. *Psychonomic Bulletin & Review*, 1, 29-55.

Pashler, H.E.(1993) Doing two things at the same time. *American Scientist*, 81, 48-55.

Pashler, H.E.(1994). Dual-task interference in simple tasks: Data and theory. *Psychological Bulletin*, 116 (2), 220-244.

Pashler, H.E.(1998). *The psychology of attention*. Cambridge, MA: MIT Press.

Patrick, C.(1935). Creative thought in poets. *Archives of Psychology*, 26, 73.

Patrick, C.(1937). Creative thought in artists. *Journal of Psychology*, 4, 35-73.

Pellegrino, J.W.(1985). Inductive reasoning ability. In R.J. Sternberg(Eds.), *Human abilities: An information-processing approach* (pp. 195-225). New York: WH Freeman.

Perruchet, P. & Pacteau, C.(1990). Synthetic grammar learning: Implicit rule abstraction or explicit fragmentary knowledge? *Journal of Experimental Psychology: General*, 119, 264-275.

Perruchet, P, Vinter, A., Pacteau, C.& Gallego, J.(2002). The formation of structurally relevant units in artificial grammar learning. *The Quarterly Journal of Experimental Psychology*, 55, 485-503.

Peterson, L.R. & Peterson, M.J.(1959). Short-term retention of individual verbal items. *Journal of Experimental Psychology*, 58, 193-198.

Pezdek, K.(1994). The illusion of illusory memory. *Applied Cognitive Psychology*, 8, 339-350.

Pezdek, K., Finger, K. & Hodge, D.(1997). Planting false childhood memories: The role of event plausibility. *Psychological Science*, 8, 437-441.

Piaget, J.(1955). *The language and thought of the child*. New York: Meridian Books.

Piaget, J.(1963). *The psychology of intelligence*. New York: Routledge.

Piaget, J.(1970). *Genetic epistemology*. New York: W.W. Norton & Company.

Piaget, J.(1970/1988). Piaget's theory. In P.H. Mussen(Eds.), *Manual of child psychology* (3rd ed., pp.703-732). London: John Wiley and Sons. Reprinted(extract) in K. Richardson & S. Sheldon(Eds.), *Cognitive development to adolescence* (pp. 3-18). Hillsdale, NJ: Erlbaum (Original work published 1970).

Pichert, J. W. & Anderson, R.C.(1977). Taking different perspectives on a story. *Journal of Educational Psychology*, 69, 309-315.

Pillemer, D.B.(2001). Momentous events and the life story. *Review of General Psychology*, 5, 123-134.

Pogue-Geile, M. F. & Oltmanns, T.F.(1980). Sentence perception and distractability in schizophrenic, manic, and depressed patients. *Journal of Abnormal Psychology*, 89, 115-124.

Pomerantz, J.R., Sager, L.C. & Stoever, R.J.(1977). Preception of wholes and of their parts: Some configural superiority effects. *Journal of Experimental Psychology: Human perception and performance*, 3, 422-435.

Posner, M.I., Boies, S.J., Eichelman, W.H. & Taylor, R.L.(1969). Retention of visual and name codes of single letters [Monograph]. *Journal of Experimental Psychology*, 79, 1-16.

Posner, M.I. & Keele, S.W.(1968). On the genesis of abstract ideas. *Journal of Experimental Psychology*, 77, 353-363.

Posner, M.I. & Raichle, M.E.(1994). *Images of mind*. New York: Scientific American Library.

Posner, M.I. & Snyder, C.R.R.(1975). Attention and cognitive control. In R.L. Solso(Eds.), *Information processing and cognition: The Loyola Symposium* (pp. 55-85). Hillsdale, NJ: Erlbaum.

Postman, L. & Phillips, L.(1965). Short-term temporal changes in free recall. *Quarterly Journal of Experimental Psychology*, 17, 132-138.

Postman, L., Stark, K. & Fraser, J.(1968). Temporal changes in interference. *Journal of Verbal Learning and Verbal Behavior*, 7, 672-694.

Prabhakaran, V., Narayanan, K., Zhao, Z. & Gabrieli, J.D.(2000). Integration of diverse information in working memory within the frontal lobe. *Nature Neuroscience*.3, 85-89.

Pritchard, R.M.(1961). Stabilized images on the retina. *Scientific American*. 204, 72-78.

Pylyshyn, Z.W.(1973). What the mind's eye tells the mind's brain: A critique of mental imagery. *Psychological Bulletin*, 80, 1-24.

Quinlan, P.T. & Wilton, R.N.(1998). Grouping by proximity or similarity? Competition between the Gestalt principles in vision. *Perception*, 27, 417-430.

Reason, J.(1990). *Human error*. New York: Cambridge University Press.

Reber, A.S.(1967). Implicit learning of artificial grammars. *Journal of Verbal Learning and Verbal Behavior*, 77, 317-327.

Reber, A.S.(1969). Transfer for syntactic structure in synthetic languages. *Journal of experimental psychology*, 81, 115-119.

Reber, A.S.(1993). *Implicit learning and tacit knowledge: An essay on the cognitive unconscious*. NY: Oxford University Press.

Reber, A. S. & Allen, R.(1978). Analogic abstraction strategies in synthetic grammar learning: A functionalist interpretation. *Cognition*, 6, 189-221.

Reber, A.S. & Millward, R. B.(1968). Event observation in probability learning. *Journal of Experimental Psychology*, 77, 317-327.

Reber, A.S. & Millward, R.B.(1971). Event tracking in probability learning. *American Journal of Psychology*, *84*, 85-99.

Reber, R. & Perruchet, P.(2003). The use of control groups in artificial grammar learning. *The Quarterly Journal of Experimental Psychology*, *56*, 97-115.

Reder, L.M. & Anderson, J.R.(1980). A comparison of texts and their summaries: Memorial consequences. *Journal of Verbal Learning and Verbal Behavior*, *19*, 121-134.

Redington, M. & Chater, N.(1996). Transfer in artificial grammar learning: A reevaluation. *Journal of Experimental Psychology: General*, *125*, 123-138.

Reed, S.K.(1972). Pattern recognition and categorization. *Cognitive Psychology*, *3*, 382-407.

Reicher, G.M.(1969). Perceptual recognition as a function of meaningfulness of stimulus material. *Journal of Experimental Psychology*, *81*, 275-280.

Reif, F.(1979). *Cognitive mechanisms facilitating human problem solving in a realistic domain: The example of physics*. Unpublished manuscript.

Reitman, J.S.(1971). Mechanisms of forgetting in short-term memory. *Cognitive Psychology*, *2*, 185-195.

Reitman, J.S.(1974). Without surreptitious rehearsal, information in short-term memory decays. *Journal of Verbal Learning and Verbal Behavior*, *13*, 365-377.

Revlis, R.(1975). Two models of syllogistic reasoning: Feature selection and conversion. *Journal of Verbal Learning and Verbal Behavior*, *14*, 180-195.

Riggio, R.(1986). Assessment of basic social skills. *Journal of personality and social psychology*, *51*, 649-660.

Rips, L.J.(1975). Inductive judgments about natural categories. *Journal of Verbal Learning and Verbal Behavior*, *14*, 665-681.

Rips, L.J.(1988). Deduction. In R.J. Sternberg & E.E. Smith(Eds.), *The psychology of human thought* (pp. 116-152). New York: Cambridge University Press.

Rips, L.J.(1990). Reasoning. *Annual Review of Psychology*, *41*, 321-353.

Rips, L.J. & Marcus, S.L.(1977). Suppositions and the analysis of conditional sentences. In M.A. Just & P.A. Carpenter(Eds.), *Cognitive processes in comprehension*. Hillsdale, NJ: Lawrence Erlbaum.

Rips, L.J., Shoben, E.J. & Smith, E.E.(1973). Semantic distance and the verification of semantic relations. *Journal of Verbal Learning and Verbal Behavior*, *12*, 1-20.

Ritov, I. & Baron, J.(1990). Reluctance to vaccinate: Omission bias and ambiguity. *Journal of Behavioral Decision Making*, *3*, 263-277.

Robinson, F.(1972). *Effective study*. New York: Macmillan.

Robinson, D.N.(1995). *An Intellectual History of Psychology* (3rd Eds.). Madison: University of Wisconsin Press.

Robinson, J.A. & Swanson, K.L.(1990). Autobiographical memory: The next phase. *Applied Cognitive Psychology*, *4*, 321-335.

Roe, A.(1952). A psychologist examines sixty-four eminent scientists. *Scientific American*, *187*, 21-25.

Roediger, H.L., Ⅲ(1990). Implicit memory: Retention without remembering. *American Psychologist*, *45*, 1043-1056.

Roediger, H.L., Ⅲ & Guynn, M.J.(1996). Retrieval processes. In E.L. Bjork & R.A. Bjork(Eds.),

Memory (pp.197-236). San Diego, CA: Academic Press.

Roediger, H.L., III & Karpicke, J.D.(2006). Test-enhanced learning: Taking memory tests improves long-term retention. *Psychological Science*, *17*, 249-255.

Roediger, H.L., III, Weldon, M.S. & Challis, B.H.(1989). Explaining dissociations between implicit and explicit measures of retention: A Processing account. In H.L. Roediger & F.I.M. Craik(Eds.), Varieties of memory and Consciousness: Essays in honour of Endel Tulving (pp. 3-41). Hillsdale, NJ: Erlbaum.

Rogers, T.B., Kuiper, N.A. & Kirker, W.S.(1977). Self reference and the encoding of personal information. *Journal of Personality and Social Psychology*, *35*, 677-688.

Rosch, E.H.(1973a). Natural categories. *Cognitive Psychology*, *4*, 328-350.

Rosch, E.H.(1973b). On the internal structure of perceptual and semantic categories. In T.E. Moore(Eds.), *Cognitive development and the acquisition language* (pp. 111-144). New York: Academic Press.

Rosch, E.H. & Mervis, C.B.(1975). Family resemblances: Studies in the internal srtucture of categories. *Cognititle Psychology*, *7*, 573-605.

Ross, J. & Lawrence, K.A.(1968). Some observation on memory artifice. *Psychonomic Science*, *13*, 107-108.

Rubin, D.C., Berntsen, D. & Hutson, M.(2009). The normative and the personal life: Individual differences in life scripts and life story events among USA and Danish undergraduates. *Memory*, *17*, 54-68.

Rubin, D.C., Rahal, T.A. & Poon, L.W.(1998). Things learned in early childhood are remembered best. *Memory & Cognition*, *26*, 3-19.

Rubin, D.C., Wetzler, S.E. & Nebes, R.D.(1986). Autobiographical memory across the lifespan. In D.C. Rubin(Ed.), *Autobiographical memory*. Cambridge: Cambridge University Press.

Rumelhart, D.E. & McClelland, J.L.(1982). An interactive activation model of context effects in letter perception: Part 2. The contextual enhancement effect and some tests and extensions of the model. *Psychological Review*, *89*, 60-94.

Russell, P.N., Consedine, C.E. & Knight, R.G.(1980). Visual and memory search by process schizophrenics. *Journal of Abnormal Psychology*, *89*, 109-114.

Ryan, J.D., Althoff, R.R. Whitlow, S. & Cohen, N.J.(2000). Amnesia is a deficit in relational memory. *Psychological Science*, *11*, 454-461.

Sachs, J.S.(1967). Recognition memory for syntactic and semantic aspects of connected discourse. *Perception and Psychophysics*, *2*, 437-442.

Schacter, D.L.(1996). *Searching for memory: The brain, the mind, and the past*. New York: Basic Books.

Schacter, D.L.(2001). *The seven sins of memory: How the mind forgets and remembers*. Boston: Houghton Mifflin.

Schank, R.C. & Abelson, R.P.(1977). *Scripts, plans, goals, and understanding: An inquiry into human knowledge structures*. Hillsdale, NJ: Erlbaum.

Schmeck, R.R.(1988). *Learning styles and strategies*. New York: Plenum Press.

Schneider, W. & Shiffrin, R.(1977). Controlled and automatic human information processing. *Psychological Review*, *84*, 1-66.

Schwartz, S.H.(1971). Modes of representation and problem solving: Well evolved is half solved. *Journal* of *Experimental Psychology*, *91*, 347-350.

Schwarz, N. & Clore, G.L.(1983). Mood, misattribution, and judgment of well-being: Informative and directive functions of affective states. *Journal of Personality and Social Psychology*, *45*, 513-523.

Segall, M.H., Campbell, D.T. & Herskovits, M.J.(1966). *The influence of culture on visual perception*. Indianapolis: Bobbs-Merrill.

Selfridge, O.G.(1959). *Pandemonium: A paradigm for learning*. In D.V. Blake & A.M. Uttley(Eds.), *Proceedings of the Symposium on the Mechanization of Thought Processes* (pp. 511-529). London: Her Majesty's Stationety Office.

Servan-Schreiber, E. & Anderson, J.R.(1990). Learning artificial grammars with competitive chunking. *Journal of Experimental Psychology: Learning, Memory and Cognition*, *16*, 592-608.

Shanks, D.R., Johnstone, T. & Staggs, L.(1997). Abstraction processes in artificial grammar learning. *Quarterly Journal of Experimental Psychology*, *50*A, 26-252.

Shepard, R.N.& Metzler, J.(1971). Mental rotation of three-dimensional objects. *Science*, *171*, 701-703.

Siegler, R.S.(1976). Three aspects of cognitive development. *Cognitive Psychology*, *8*, 481-520.

Simon, H.A.(1966). Scientific discovery and the psychology of problem solving. In R.G. Colodny(Eds.), *Mind and Cosmos: Essays in Contemporary Science and Philosophy*. University of Pittsburgh Press, Pittsburgh.

Simon, H.A.(1975). The functional equivalence of problem solving skills. *Cognitive Psychology*, *7*, 268-288.

Simon, H.A. & Gilmartin, K. A.(1973). A simulation of memory for chess positions. *Cognitive Psychology*, *8*, 165-190.

Simon, H.A. & Reed, S. K.(1976). Modeling strategy shifts in a problem-solving task. *Cognitive Psychology*, *8*, 86-97.

Simons, D.J. & Levin, D. T.(1997). Change blindness. *Trends in Cognitive Sciences*, *1*, 261-267.

Singer, J. L. (1978). Studies of daydreaming. In K. S. Pope and J. L. Singer (Eds.), *The Stream of Consciousness*, pp. 187-223. John Wiley, New York.

Singer, J.L. & Antrobus, J. S.(1972). Daydreaming, imaginal processes, and personality: A normative study. In P. Sheeham(Eds.), *The function and nature of imagery*. Academic Press, London and New York.

Singer, J.L. & McCraven, V.(1961). Some characteristics of adult daydreaming. *Journal of Psychology*, *51*, 151-164.

Skinner, B.F.(1948). Superstition in the pigeon. *Journal of Experimental Psychology*, *38*, 168-172.

Skinner, B.F.(1957). *Verbal behavior*. New York: Appleton-Centuty-Crofts.

Slobin, D.I.(1971). *Psycholinguistics*. Glenview, IL: Scott, Foresman.

Sloman, S.(1996). The empirical case for two systems of reasoning. *Psychological Bulletin*, *119*, 3-22.

Smith, E.E. & Medin, D.L.(1981). The exemplar view. In E. Margolis and S. Laurence(Eds.), *Concepts: Core Readings* (pp 207-221). Cambridge, MA: MIT Press.

Smith, E.E., Shoben, E.J. & Rips, L.J.(1974). Structure and process in semantic memory: A featural model for semantic decisions. *Psychological Review*, *81*, 214-241.

Smith, J.D. & Minda, J.P.(1998). Prototypes in the mist: The early epochs of category learning. *Journal of Experimental Psychology: Learning, Memory, and Cognition*, 24, 1411-1436.

Smith, S.M., Brown, H. O., Toman, J. E. P. & Goodman, L. S.(1947). The lack of cerebral effects of d-Tubercurarine. *Anesthesiology*, 8, 1-14.

Snodgrass, J.G.(1984). Concepts and their representations. *Journal of Verbal Learning and Verbal Behavior*, 23, 3-22.

Sokal, R.R.(1977). Classification: Purposes, principles, progress, prospects. In P.N. Johnson-Laird & P.C. Wason(Eds.), *Thinking: Readings in cognitive science* (pp. 185-198). Cambridge: Cambridge University Press.

Solso, R. & McCarthy, J.E.(1981). Prototype formation of faces: A case of pseudomemory. *British Journal of Psychology*, 72, 499-503.

Sook Lee, J. & Oxelson, E.(2006). "It's not my job": K-12 teacher attitudes towards students' heritage language maintenance. *Bilingual Research Journal*, 30(2), 453-477.

Spearman, C.(1927). *The abilities of man*. New York: Macmillan.

Spelke, E., Hirst, W. & Neisser, U.(1976). Skills of divided attention. *Cognition*, 4, 215-230.

Sperling, G.(1960). The information available in brief visual presentations. *Psychological Monographs: General and Applied*, 74, 1-28.

Sperry, R.W.(1968). Hemisphere disconnection and unity in conscious awareness. *American Psychologist*, 23, 723-733.

Squire, L.R.(1987). *Memory and the brain*. New York: Oxford University Press.

Squire, L.R.(1993). The organization of declarative and nondeclarative memory. in T. Ono, L.R. Squire, M. E. Raichle, D.I. Perrett & M. Fukuda(Eds.), *Brain mechanisms of perception and memory: From neuron to behavior* (pp. 219-227). New York: Oxford University Press.

Sternberg, R. J.(1977). *Intelligence, information-processing, and analogical reasoning: The componential analysis of human abilities*. Hillsdale, NJ: Erlbaum.

Sternberg, R.J.(1986a). *Intelligence applied: Understanding and increasing your intellectual skills*. San Diego, CA: Harcourt Brace Jovanovich.

Sternberg, R.J.(1986b). Toward a unified theory of human reasoning. *Intelligence*, 10, 281-314.

Sternberg, R.J.(1997). *Successful intelligence: How practical and creative intelligence determine success in life*. New York: Simon & Schuster.

Sternberg, R.J.(1997). *Thinking styles*. New York: Cambridge University Press.

Sternberg, R.J.(1999). The theory of successful intelligence. *Review of General Intelligence*, 3, 292-316.

Sternberg. R.J.(2003). *Cognitive psychology*. Belmont, CA: Thomson/Wadsworth.

Sternberg, R. J. (2008). Increasing fluid intelligence is possible after all. *Proceedings of the National Academy of Sciences of the United States of America*, 105, 6791-6792.

Sternberg. R.J. & Ben-Zeev, T.(2001). *Complex Cognition*. New York : Oxford University Press.

Sternberg, R.J. & Determan, D.K.(1986). *What is intelligence? Contemporary viewpoints on its nature and definition*. Norwood, NJ: Ablex.

Sternberg, R. J. & Sternberg, K. (2012). Cognitive Psychology (6th Edtion), Wadsworth, Cengage Learning.

Sternberg, S.(1966). High-speed memory scanning in human memory. *Science*, 153, 652-654.

Sternberg, S.(1969). Memory-scanning: Mental processes revealed by reaction-time experiments. *American Scientist*, *4*, 421-457.

Stroop, J.R.(1935). Studies of interferences in serial verbal reactions. *Journal of Experimental Psychology*, *18*, 643-662.

Swallow, K.M., Kemp, J.T. & Simsek, A.C.(2018). *Cognition*, *177*, 249-262.

Swinney, D.A.(1979). Lexical access during sentence comprehension: (Re) consideration of context effects. *Journal of Verbal Learning and Verbal Behavior*, *18*, 645-659.

Taylor, I. & Taylor, M.M.(1983). *The psychology of reading*. New York: Academic Press.

Teasdale, J.D., Dritschel, B.H., Taylor, M.J., Proctor, L., Lloyd, C.A., Nimmo-Smith, I. & Baddeley, A.D.(1995). Stimulus-independent thought depends on central executive resources. *Memory and Cognition*, *23*, 551-559.

Teigen, K.H. & Keren, G.(2007). Waiting for the bus: When base rates refuse to be neglected. *Cognition*, *103*, 337-357.

Thomas, J.C., Jr.(1974). An analysis of behavior in the hobbits-orcs problem. *Cognitive Psychology*, *6*, 257-269.

Thompson, C.P., Skowronski, J. J., Larsen, S.F. & Betz, A.L.(1996). *Autobiographical memory: Remembering what and remembering when*. Mahweh, NJ: Erlbaum.

Thompson, S.C.(2017). Illusions of Control. In Pohl, R.F.(Ed). *Cognitive Illusions: Intriguing phenomena in thinking, judgment and memory(2nd Edition)*, pp.134－149, Psychology Press.

Thomson, D. M. & Tulving, E.(1970). Associative encoding and retrieval: Weak and strong cues. *Journal of Experimental Psychology*, *86*, 255-262.

Thorndike, R.L. & Stein, S.(1937). An evaluation of the attempts to measure social intelligence. *The Psychological Bulletin*, *34*, 275-285.

Thorndyke, P.W.(1977). Cognitive structures in comprehension and memory of narrative discourse. *Cognitive Psychology*, *9*, 77-110.

Thurstone, L.L.(1938). *Primary mental abilities*. Chicago: University of Chicago Press.

Tolman, E.C.(1932). *Purposive behavior in animals and men*. New York: Century.

Treisman, A.(1960). Contextual cues in selective listening. *Quarterly Journal of Experimental Psychology*, *12*, 242-248.

Treisman, A.(1982). Perceptual grouping and attention in visual search for features and for objects. *Journal of Experimental Psychology: Human Perception and Performance*, *8*, 194-214.

Treisman, A. & Geffen, G.(1967). Selective attention: Perception or response? *Quarterly Journal of Experimental Psychology*, *19*, 1-18.

Treisman, A. & Gelade, G.(1980). A feature-integration theory of attention. *Cognitive Psychology*, *12*, 97-136.

Treisman, A. & Schmidt, G.(1982). Illusory conjunctions in the perception of objects. *Cognitive Psychology*, *14*, 107-141.

Treisman, A. & Souther, J.(1985). Search asymmetry: A diagnostic for preattentive processing of separable features. *Journal of Experimental Psychology: General*, *114*, 285-310.

Tulving, E.(1972). Episodic and semantic memory. In E. Tulving & W. Donaldson(Eds.), *Organization of memory* (pp.381-403). New York: Academic Press.

Tulving, E.(1983). *Elements of episodic memory*. New York: Oxford University Press.

Tulving, E.(1989). Remembering and knowing the past. *American Scientist*, *77*, 361-367.

Tulving, E.(1993). What is episodic memory? *Current Perspectives in Psychological Science*, *2(3)*, 67-70.

Tulving, E. & Schacter, D.L.(1990). Priming and human memory systems. *Science*, *247*, 301-305.

Tulving, E., Schacter, D. L. & Stark, H. A. (1982). Priming effects in word-fragment completion are independent of recognition memory. *Journal of Experimental Psychology*, *Learning*, *Memory*, *and Cognition*, *8*, 336-342.

Tulving, E. & Thomson, D. M.(1973). Encoding specificity and retrieval processes in episodic memory. *Psychological Review*, *80*, 352-373.

Turnbull, C.M.(1961). Some observations regarding the experiences and behavior of the BaMbuti Pygmies. *American Journal of Psychology*, *74*, 304-308.

Tversky, A.(1972). Elimination by aspects: A theory of choice. *Psychological Review*, *79*, 281-299.

Tversky, A. & Kahneman, D.(1973). Availability: A heuristic for judging frequency and probability. *Cognitive Psychology*, *5*, 207-232.

Tversky, A. & Kahneman, D.(1974). Judgment under uncertainty: Heuristics and biases. *Science*, *185*, 1124-1131.

Tversky, A. & Kahneman, D.(1981). The framing of decisions and the psychology of choice. *Science*, *211*, 453-458.

Tversky, A. & Kahneman, D.(1983). Extensional versus intuitive reasoning: The conjunction fallacy in probability judgment. *Psychological Review*, *90*, 293-315.

Tversky, B.(1981). Distortions in memory for maps. *Cognitive Psychology*, *13*, 407-433.

Underwood, B.J.(1957). Interference and forgetting. *Psychological Review*, *64*, 49-60.

Van Boxtel, J.J.A., Tsuchiya, N. & Koch, C.(2010). Opposing effects of attention and consciousness on afterimages. *Proceedings of the National Academy of Sciences of United States of America*, *107*, 8883-8888.

Voyer, D., Voyer, S. & Bryden, M.P.(1995). Magnitude of sex differences in spatial abilities: A meta-analysis and consideration of critical variables. *Psychological Bulletin*, *117*, 250-270.

Wallas, G.(1926). *The Art of Thought*. Jonathan Cape, London.

Walker, M.P., Brakefield, T., Allan Hobson, J. & Stickgold, R.(2003). Dissociable stages of human memory consolidation and reconsolidation. *Nature*, *425(6958)*, 616-620.

Warren, R.M.(1970). Perceptual restoration of missing speech sounds. *Science*, *167*, 392-393.

Warren, R. M. & Warren, R. P.(1970). Auditoty illusions and confusions. *Scientific American*, *223*, 30-36.

Warrington, E. K. & Weiskrantz, L.(1970). Amnesic syndrome: Consolidation or retrieval? *Nature*, *228*, 628-630.

Wason, P.C.(1966). Reasoning. In B.M. Foss(Eds.), *New Horizons in Psychology*. Penguin, London.

Wason, P.C.(1968). Reasoning about a rule. *Quarterly Journal of Experimental Psychology*, *20*, 273-281.

Wason, P. C. & Johnson-Laird, P.N.(1972). *Psychology of reasoning: Structure and content*. London: B.

T. Batsford.

Watkins, O.G. & Watkins, M.J.(1980). The modality effect and visual persistence. *Journal of Experimental Psychology: General*, *109*, 251-278.

Watson, J. B.(1913). Psychology as the behaviorist views it. *Psychological Review*, *20*, 158-177.

Watson, J.B.(1930). *Behaviorism*. New York: Norton.

Watkins, M.J. & Peynircioglu, Z.F.(1990). The revelation effect: When disguising probes induces recognition. *Journal of Experimental Psychology: Learning, Memory, and Cognition*, *16*, 1012-1020.

Waugh, N. C. & Norman, D.A.(1965). Primary memory. *Psychological Review*, *72*, 89-104.

Weaver, C. A.(1993). Do you need a "flash" to form a flashbulb memory? *Journal of Experimental Psychalogy: General*, *122*, 39-46.

Weis, S.& Süβ, H.(2007). Reviving the search for social intelligence: A multitrait-multimethod study of its structure and construct validity. *Personality and Individual Difference*, *4*, 3-14.

Weisberg, R.W.(1969). Sentence processing assessed through intrasentence word associations. *Journal of Experimental Psychology*, *82*, 332-338.

Weistein, N. & Harris, C.S.(1974). Visual detection of line segments: An object-superiority effect. *Science*, *186*, 752-755.

Welford, A.T.(1952). The "psychological refractory period" and the timing of high speed performance: A review and a theory. *British Journal of Psychology*, *43*, 2-19.

Wells, G.L.(1993). What do we know about eyewitness identification? *American Psychologist*, *48*, 553-571.

Werner, H.(1940). *Comparative psychology of mental development*. NY: International Universities Press, Inc.

Wertheimer, M.(1945). *Productive thinking*. New York: Harper & Brother.

Wetherick, N.E. & Gilhooly, K.J.(1990). Syllogistic reasoning: Effects of premise order. In K.J.Gilhooly, M.Keane, R.Logie & G.Erdos(Eds.), *Lines of Thinking: Reflections on the psychology thought* (Vol. 1). Chichester, UK: John Wiley.

Whitney, D. & Levi, D.M.(2011). Visual crowding: a fundamental limit on conscious perception and object recognition. *Trends in Cognitive Sciences*, *15*(4), 160－168.

Whorf, B.L.(1956). *Language, thought and reality*. Cambridge, MA: MIT Press.

Wickens, D.D.(1970). Encoding categories of words: An empirical approach to meaning. *Psychological Review*, *77*, 1-15.

Wickens, D.D.(1972). Characteristics of word encoding. In A. Melton & E. Martin(Eds.), *Coding processes in human memory*, pp. 191-215. Washington, D. C.: Winston.

Wickens, D.D.(1973). Some characteristics of word encoding. *Memory and Cognition*, *1*, 485-490.

Wickens, D.D., Born, D.G. & Allen, C. K.(1963). Proactive inhibition and item similarity in short-term memory. *Journal of Verbal Learning and Verbal Behavior*, *2*, 440-445.

Williams, H.L., Conway, M.A. & Cohen, G.(2008). Autobiographical Memory. In G.Cohen & M.A.Conway(Eds.), *Memory in the real world*. Hove: Psychology Press.

Winograd, E.(1998). Some Observations on Prospective Remembering. In M.M. Gruneberg, P.E. Morris, R.N. Sykes(Eds.), *Practical Aspects of Memory: Current Research and Issues*. Vol.1: 12-18. Chichester, England, Wiley.

Withington, D.(1999). Localisable alarms. In N.A. Stanton and J.Edworthy(eds), *Human factors in auditory warnings*. Aldershot: Ashgate.

Witkin, H.A, Dyk, R.B., Faterson, H.F., Goodenough, D.R. & Karp, S.A.(1962). *Psychological differentiation: Studies of development*. New York: Wiley.

Witkin, H. A. & Goodenough, D. R.(1981). *Cognitive style: Essence and origins*. New York: International University Press.

Wittgenstein, L.(1953). *Philosophical investigations*. New York: Macmillan.

Wixted, J.T.(2004). The psychology and neuroscience of forgetting. *Annual Review of Psychology*, 55, 235-269.

Wood, N. L. & Cowan, N.(1995). The Cocktail Party Phenomenon Revisited: Attention and Memory in the classic selective listening procedure of Cherry(1953). *Journal of Experimental Psychology: General*, 124, 243-262.

Woodworth, R.S. & Sells, S.B.(1935). An atmosphere effect in formal syllogistic reasoning. *Journal of Experimental Psychology*, 18, 451-460.

Zacks, J.M.(2008). Neuroimaging Studies of Mental Rotation: A Meta-analysis and Review. *Journal of Cognitive Neuroscience*, 20, 1-19.

Zimolong, B.(1987). Decision aids and risk taking in flexible manufacturing systems: A simulation study. In G. Salvendy(Ed.), *Cognitive engineering in the design of human-computer interaction and expert systems* (pp.265-272). Amsterdam: Elsevier Science Publishers.

图书在版编目(CIP)数据

认知心理学:理论、实验和应用/邵志芳著.—3
版.—上海:上海教育出版社,2019.8(2023.4重印)
上教心理学教材系列
ISBN 978 - 7 - 5444 - 9250 - 8

I. ①认… Ⅱ. ①邵… Ⅲ. ①认知心理学-高等学校
-教材 Ⅳ. ①B842.1

中国版本图书馆 CIP 数据核字(2019)第 173099 号

责任编辑　徐凤娇　谢冬华
封面设计　王　捷

认知心理学
——理论、实验和应用(第三版)
邵志芳　著

出版发行　上海教育出版社有限公司
官　　网　www.seph.com.cn
地　　址　上海市闵行区号景路159弄C座
邮　　编　201101
印　　刷　上海展强印刷有限公司
开　　本　787×1092　1/16　印张　29.75　插页　1
字　　数　615 千字
版　　次　2019 年 8 月第 3 版
印　　次　2023 年 4 月第 3 次印刷
书　　号　ISBN 978 - 7 - 5444 - 9250 - 8/B・0164
定　　价　68.00 元

如发现质量问题,读者可向本社调换　电话:021 - 64373213